21 世纪高等学校计算机教育实用规划教材

国家精品课程教材

计算机网络原理与实用技术

高 阳 主编
王坚强 副主编

清华大学出版社
北京

内 容 简 介

本书共分 10 章,详细介绍计算机网络的基本原理、方法、实用技术和案例。全书按照基础理论—实用技术—实际应用为主线组织编写。第一部分是基础理论,包括计算机网络概论和数据通信,它们是计算机网络的基础,既有经典内容,也有计算机网络的最新成果与进展。第二部分以较大篇幅介绍了实用技术,包括局域网、网络互联和广域网、Internet、intranet 与 extranet、网络安全、网络管理和网络操作系统等相关技术。第三部分是实际应用,包括网络设计与案例分析,在介绍计算机网络工程中的网络规划和网络设计两个步骤的基础上,重点分析三个案例,分别从不同的应用角度,阐述计算机网络系统的设计方法和步骤。

全书体系结构及知识结构合理,层次清楚,理论联系实际,既强调介绍基本原理和技术,又突出了实例说明和实际应用,内容新颖充实,文字简练,可读性好。

本书既可用作高等院校管理科学与工程类、工商管理类各专业学生以及 MBA 学生的教材,也可用作非电气信息类其他专业学生的教材,同时对于计算机网络系统开发和维护的工程技术人员、管理人员也是一本实用的参考书或培训教材。

图书在版编目(CIP)数据

计算机网络原理与实用技术/高阳主编. —北京:清华大学出版社,2009.8（2024.1重印）
(21 世纪高等学校计算机教育实用规划教材)
ISBN 978-7-302-20071-0

Ⅰ.计… Ⅱ.高… Ⅲ.计算机网络—高等学校—教材 Ⅳ.TP393

中国版本图书馆 CIP 数据核字(2009)第 066952 号

责任编辑:索 梅
责任校对:时翠兰
责任印制:宋 林

出版发行:清华大学出版社
网 址:https://www.tup.com.cn, https://www.wqxuetang.com
地 址:北京清华大学学研大厦 A 座 **邮 编**:100084
社 总 机:010-83470000 **邮 购**:010-62786544
投稿与读者服务:010-62776969,c-service@tup.tsinghua.edu.cn
质量反馈:010-62772015,zhiliang@tup.tsinghua.edu.cn
课件下载:https://www.tup.com.cn,010-83470236
印 装 者:三河市龙大印装有限公司
经 销:全国新华书店
开 本:185mm×260mm **印 张**:26.5 **字 数**:648 千字
版 次:2009 年 8 月第 1 版 **印 次**:2024 年 1 月第12次印刷
定 价:69.00 元

产品编号:019834-04

出版说明

随着我国高等教育规模的扩大以及产业结构调整的进一步完善，社会对高层次应用型人才的需求将更加迫切。各地高校紧密结合地方经济建设发展需要，科学运用市场调节机制，合理调整和配置教育资源，在改革和改造传统学科专业的基础上，加强工程型和应用型学科专业建设，积极设置主要面向地方支柱产业、高新技术产业、服务业的工程型和应用型学科专业，积极为地方经济建设输送各类应用型人才。各高校加大了使用信息科学等现代科学技术提升、改造传统学科专业的力度，从而实现传统学科专业向工程型和应用型学科专业的发展与转变。在发挥传统学科专业师资力量强、办学经验丰富、教学资源充裕等优势的同时，不断更新教学内容、改革课程体系，使工程型和应用型学科专业教育与经济建设相适应。计算机课程教学在从传统学科向工程型和应用型学科转变中起着至关重要的作用，工程型和应用型学科专业中的计算机课程设置、内容体系和教学手段及方法等也具有不同于传统学科的鲜明特点。

为了配合高校工程型和应用型学科专业的建设和发展，急需出版一批内容新、体系新、方法新、手段新的高水平计算机课程教材。目前，工程型和应用型学科专业计算机课程教材的建设工作仍滞后于教学改革的实践，如现有的计算机教材中有不少内容陈旧(依然用传统专业计算机教材代替工程型和应用型学科专业教材)，重理论、轻实践，不能满足新的教学计划、课程设置的需要；一些课程的教材可供选择的品种太少；一些基础课的教材虽然品种较多，但低水平重复严重；有些教材内容庞杂，书越编越厚；专业课教材、教学辅助教材及教学参考书短缺，等等，都不利于学生能力的提高和素质的培养。为此，在教育部相关教学指导委员会专家的指导和建议下，清华大学出版社组织出版本系列教材，以满足工程型和应用型学科专业计算机课程教学的需要。本系列教材在规划过程中体现了如下一些基本原则和特点。

(1) 面向工程型与应用型学科专业，强调计算机在各专业中的应用。教材内容坚持基本理论适度，反映基本理论和原理的综合应用，强调实践和应用环节。

(2) 反映教学需要，促进教学发展。教材规划以新的工程型和应用型专业目录为依据。教材要适应多样化的教学需要，正确把握教学内容和课程体系的改革方向，在选择教材内容和编写体系时注意体现素质教育、创新能力与实践能力的培养，为学生知识、能力、素质协调发展创造条件。

(3) 实施精品战略，突出重点，保证质量。规划教材建设仍然把重点放在公共基础课和专业基础课的教材建设上；特别注意选择并安排一部分原来基础比较好的优秀教材或讲义修订再版，逐步形成精品教材；提倡并鼓励编写体现工程型和应用型专业教学内容和课程体系改革成果的教材。

(4) 主张一纲多本，合理配套。基础课和专业基础课教材要配套，同一门课程可以有多本具有不同内容特点的教材。处理好教材统一性与多样化，基本教材与辅助教材，教学参考书，文字教材与软件教材的关系，实现教材系列资源配套。

(5) 依靠专家，择优选用。在制订教材规划时要依靠各课程专家在调查研究本课程教材建设现状的基础上提出规划选题。在落实主编人选时，要引入竞争机制，通过申报、评审确定主编。书稿完成后要认真实行审稿程序，确保出书质量。

繁荣教材出版事业，提高教材质量的关键是教师。建立一支高水平的以老带新的教材编写队伍才能保证教材的编写质量和建设力度，希望有志于教材建设的教师能够加入到我们的编写队伍中来。

21世纪高等学校计算机教育实用规划教材编委会
联系人：丁岭 dingl@tup.tsinghua.edu.cn

前　言

本书作者申报的“计算机网络”获得了教育部 2004 年国家精品课程，到现在已过去了将近 5 年。由于计算机网络技术及其应用的快速发展，特别是作为国家精品课程的教材，更应与时俱进，不断更新，以尽力实现国家精品课程建设的要求，因此我们对第 2 版进行了重大修改。在清华大学出版社的支持和帮助下，本书经第 3 次修订将作为国家精品课程教材出版，在此我们首先向广大读者、教育部以及清华大学出版社表示深深的感谢。

本书第 3 次修订对第 2 版进行了重大修改。首先，删去了第 2 版的第 9 章，并对其余各章节进行了适度删节；其次，对第 2 版大部分章节均进行了修改与更新；再次，经第 3 次修订后的大部分章节均增加了新内容，以尽量将计算机网络的最新发展成果和教改、教研成果引入教材，并注意知识结构以及经典内容与现代内容的合理安排与统一。例如，1.5 节增加了近年发展起来的大容量路由器技术，以及计算机网络系统和计算机网络应用方面的新内容；2.1.4 节增加了目前广泛应用的 USB(串行通信总线)；2.10.1 节增加了第三代和第四代数字蜂窝移动通信系统；2.10.3 节增加了卫星通信的多址接入方式以及宽带卫星通信技术；3.7.7 节增加了无线局域网发展趋势的内容；5.3.2 节增加了可变长度子网掩码；5.4.9 节增加了 Wi-Fi 和 WIMAX 技术的相关内容；5.5.6 节增加了 P2P 技术的下载软件及 Web 2.0 等内容；6.4.2 节增加了 VPN(虚拟专用网络)的相关内容；7.2 节增加了密码基础知识和传统密码技术；7.3 节大部分内容是新增加的；7.5 节增加了特洛伊木马和网络蠕虫等相关内容；9.2 节增加了 Windows Server 2003 操作系统及其新的安全技术；10.2 节为新增加的案例。

我们在第 3 次修订时注意了以下几点：

(1) 与第 2 版一样，本书主要定位于管理科学与工程类、工商管理类各专业的本科生及 MBA 学生，也适合非电气信息类其他专业的学生使用。管理科学与工程类、工商管理类学科不同于电气信息类学科。一方面，计算机网络教材的内容范围和深度，前者弱于后者，并要加强实际应用；另一方面，任何应用均以理论和技术为基础，特别是计算机网络作为管理科学与工程类、工商管理类学科的专业基础课，仍应以基本概念、原理、方法和实用技术为核心内容进行组织，力求内容新颖、符合学科要求，知识结构合理，并注意学科交叉，合理统筹课程经典内容与现代内容的关系。在阐述基本原理、方法和技术时，宜伴有实例进行说明，做到理论联系实际、文字简练、概念清晰、原理讲述清楚。例如，本书第 1 章在介绍了计算机网络几种拓扑结构的基本概念之后，列举了相应的实例予以说明；第 3 章在阐述了局域网的基本理论之后，列举了两个局域网组网实例进行说明；第 4 章在讲述网络互联与广域网的基本原理之后，列举了一个广域网实例——CERNET 来进一步说明；第 5 章在介绍子网划分时，引用了相应的例子进行说明；第 7 章在介绍 RSA 密码系统时，列举了简单的案例以说明 RSA 算法的应用；第 8 章在介绍网络管理时，引用了某大学校园网管理案例进行了较详细的说明；第 10 章结合本学科学生今后可能的就业场所列举了 3 个案例来论述计算机网络的设计与应用，力求将前述有关章节的理论与技术加以实际应用，又进行了扩展，旨在深化读者对相关理论、方法与技术的理解，以及培养学生理论与实践相结合的作风。

(2) 第 3 次修订仍以基础理论—实用技术—实际应用为主线展开，力求层次清楚、逻辑清晰。在基础理论方面，主要包含计算机网络概论和数据通信两章。数据通信是计算机网络的基础，既有经典内容，也有计算机网络最新的成果与进展，应特别重视，力求讲清、讲透。在实用技术方面，介绍了局域网、网络互联与广域网、Internet、intranet 与 extranet、网络安全、网络管理和网络操作系统。在实际应用方面，分别从不同的应用角度介绍了 3 个案例，即某纸业集团计算机网络信息集成系统设计简介、某市电子政务系统设计以及某金融机构容错网络的设计。

(3) 坚持理论教育与实践教育并重的原则，重视在实践教学中培养学生的实践能力和创新能力。为此，本书第 3 次修订对第 2 版的实验进行了修改和更新。第 3 次修订后的书末附录共有 8 个实验，既有设计性和探索性的实验(如局域网组网实验)，又有综合性的实验(如 Internet 的应用实验)，力求通过实验培养学生的动手能力以及创新思维和独立分析问题、解决问题的能力。

考虑到学校、专业等差异，本书内容按 64 学时规划。根据专业不同，计算机网络可能分为必修课和选修课。开课学时可在 40～64 学时范围内选择，教学内容亦可进行选择。此外，本书每章末均附有习题，便于复习思考。

课程讲授建议如下：

(1) 讲授。本书第 1 章～第 3 章、第 4 章的 4.1 节和 4.2 节以及第 5 章是重点，各专业均应讲授，第 7 章及第 8 章可根据实际情况进行选择。对于信息管理与信息系统专业、电子商务专业的学生而言，第 7 章及第 8 章也应讲授。

(2) 自学。除讲授内容之外，其余内容均以自学为主，教师可适当讲解难点。

本书主要由高阳、王坚强、高楚舒编著，参加编著的还有于湘东、胡东滨、毕文杰、郑桂玲、张忠、胡颖、王君、张坤、谭阳坡、余建伟、王润琪，8.5 节由中南大学校园网中心黄家琳教授撰写，10.2 节由某纸业集团信息中心欧阳健明高级工程师撰写，10.3 节由某市信息中心王惜珍高级工程师撰写。全书由高阳任主编，王坚强任副主编。

由于水平有限，书中不当之处敬请读者指正。

高　阳

2009 年 5 月于岳麓山

目　录

第1章 计算机网络概论

计算机网络是计算机科学与工程中迅速发展的新兴技术之一，也是计算机应用中一个空前活跃的领域。计算机网络是计算机技术与通信技术相互渗透和密切结合而形成的一门交叉学科。随着Internet技术的迅速发展，全球信息高速公路的建设不断向前推进。目前，计算机网络技术已广泛应用于电子政务、电子商务、企业信息化、远程教学、远程医疗、通信、军事、科学研究和信息服务等各个领域。

通过本章学习，可以了解（或掌握）：

- 计算机网络的概念；
- 计算机网络的发展历程；
- 计算机网络的组成、功能和类型；
- 计算机网络的体系结构与协议；
- 计算机网络技术的发展趋势。

1.1 计算机网络发展概述

从20世纪50年代开始发展起来的计算机网络技术，随着计算机技术和通信技术的飞速发展而进入了一个崭新的时代。信息技术的迅猛发展，使得计算机网络技术面临新的机遇和挑战，同时也将促进计算机网络技术的进一步发展。

1.1.1 计算机网络

计算机网络是现代计算机技术和通信技术密切结合的产物，是随着社会对信息共享和信息传递的要求而发展起来的。所谓计算机网络，即指利用通信设备和线路将地理位置不同和功能独立的多个计算机系统互联起来，以功能完善的网络软件（如网络通信协议、信息交换方式以及网络操作系统等）来实现网络中信息传递和资源共享的系统。这里所谓功能独立的计算机系统，一般指有CPU的计算机。

1.1.2 计算机网络的演变和发展

计算机网络的发展过程经历了从简单到复杂，从单机到多机，由终端与计算机之间的通信到计算机与计算机之间直接通信的演变过程。其发展可以概括为四个阶段：以单个计算机为中心的远程联机系统，构成面向终端互联的计算机网络；多个主计算机通过通信线路互联的计算机网络；具有统一网络体系结构、遵循国际化标准协议的计算机网络；以

Internet为核心的高速计算机互联网络。

1. 联机系统

所谓联机系统，即以一台中央主计算机连接大量在地理上处于分散位置的终端。所谓终端通常指一台计算机的外部设备，包括显示器和键盘，无中央处理器(Central Processing Unit，CPU)和内存。早在20世纪50年代初，美国建立的半自动地面防空系统(SAGE)，将远距离的雷达和其他测量控制设备通过通信线路汇集到一台中心计算机进行处理，开始了计算机技术和通信技术相结合的尝试。这类简单的"终端-通信线路-计算机"系统，构成了计算机网络的雏形。这样的系统除了一台中心计算机外，其余的终端设备都没有CPU，因而无自主处理功能，还不能称为计算机网络。为区别后来发展的多个计算机互联的计算机网络，称其为面向终端的计算机网络。随着终端数的增加，为了减轻中心计算机的负担，在通信线路和中心计算机之间设置了一个前端处理机(Front End Processor，FEP)或通信控制器(Communication Control Unit，CCU)，专门负责与终端之间的通信控制，出现了数据处理与通信控制的分工，以便更好地发挥中心计算机的处理能力。另外，在终端较集中的地区，设置集线器或多路复用器，通过低速线路将附近群集的终端连至集线器和复用器，然后通过高速线路、调制解调器与远程计算机的前端机相连，构成如图1.1所示的远程联机系统。

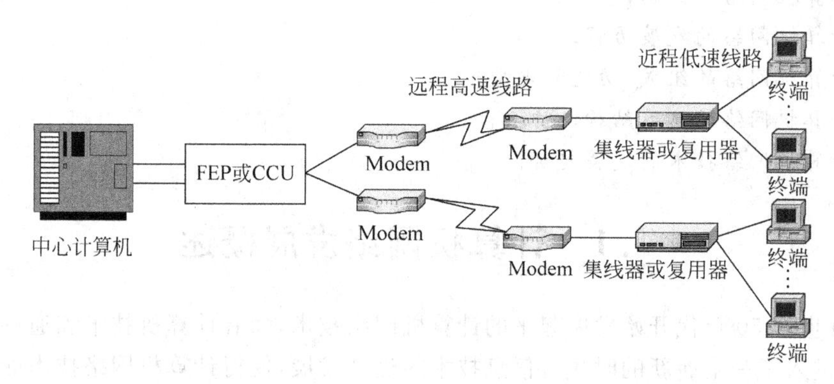

图1.1　以单台计算机为中心的远程联机系统示意图

2. 计算机互联网络

从20世纪60年代中期开始，出现了若干个计算机互联系统，开创了计算机-计算机通信时代。20世纪60年代后期，以美国国防部资助建立起来的ARPANET(Advanced Research Projects Agency Network，阿帕网)为代表，从此标志着计算机网络的兴起。当时，这个网络把位于洛杉矶的加利福尼亚大学、位于圣巴巴拉的加利福尼亚大学、斯坦福大学及位于盐湖城的犹它州州立大学的计算机主机连接起来，采用分组交换技术传送信息。这种技术能够保证：如果这四所大学之间的某一条通信线路因某种原因被切断(如核打击)以后，信息仍能通过其他线路在各主机之间传递。这个ARPANET就是今天Internet的雏形。到1972年，ARPANET上的结点数已达到40个。在这40个结点彼此之间可以发送小文本文件，当时称这种文件为电子邮件，也就是现在的E-mail；利用文件传输协议发送大文本文件，包括数据文件，即现在Internet中的FTP；同时，通过把一台计算机模拟成另一台远程计算机的一个终端而使用远程计算机上的资源，这种方法被称为TELNET(远程通信网)。ARPANET 是一个成功的系统,它在概念、结构和网络设计方面都为后继的计算机网络打下了坚实的基础。

随后,各大计算机公司都陆续推出了自己的网络体系结构,以及实现这些网络体系结构的软件和硬件产品。1974 年,IBM 公司提出的 SNA(System Network Architecture,系统网络体系结构)和 1975 年 DEC 公司推出的 DNA(Digital Network Architecture,数字网络体系结构)就是两个著名的例子。凡是按 SNA 组建的网络都可称为 SNA 网,而按 DNA 组建的网络都可称为 DNA 网或 DECNet。目前,世界上仍有这样的一些计算机网络在运行和提供服务,但这些网络也存在不少弊端,主要问题是各厂家提供的网络产品实现互联十分困难。这种自成体系的系统称为"封闭"系统。因此,人们迫切希望建立一系列的国际标准,渴望得到一个"开放"系统,这正是推动计算机网络走向国际标准化的一个重要因素。

第二阶段典型的计算机网络结构如图 1.2 所示。这一阶段计算机网络的主要特点是资源的多向共享、分散控制、分组交换以及采用专门的通信控制处理机和分层的网络协议,这些特点往往被认为是现代计算机网络的典型特征。但这个时期的网络产品彼此之间是相互独立的,没有统一标准。

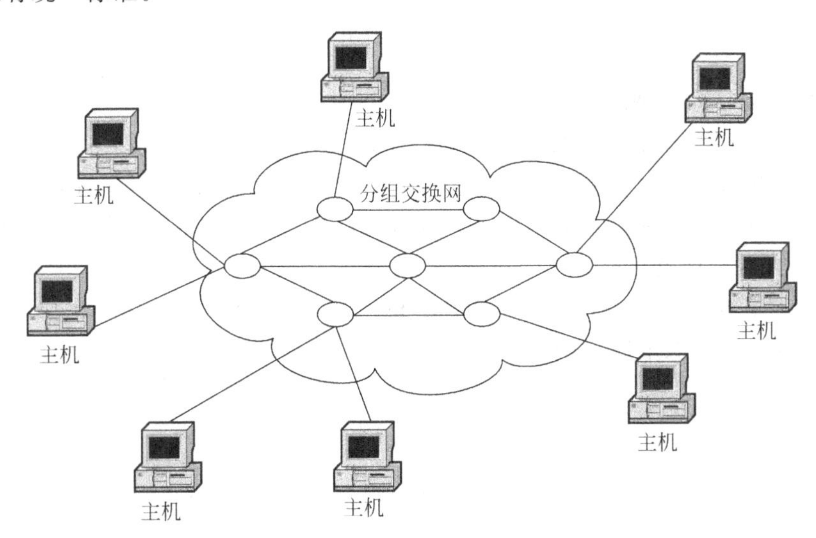

图 1.2　以多台计算机为中心的网络结构示意图

3. 标准化网络

20 世纪 70 年代中期,计算机网络开始向体系结构标准化的方向迈进,即正式步入网络标准化时代。为了适应计算机向标准化方向发展的要求,国际标准化组织(ISO)于 1977 年成立计算机与信息处理标准化委员会(TC97)下属的开放系统互连分技术委员会(SC16),开始着手制定开放系统互连的一系列国际标准。经过几年卓有成效的工作,1984 年 ISO 正式颁布了一个开放系统互连参考模型的国际标准 ISO 7498。该模型分为七个层次,有时也被称为 ISO 七层参考模型。从此,网络产品有了统一的标准,该标准促进了企业的竞争,尤其为计算机网络向国际标准化方向发展提供了重要依据。

20 世纪 80 年代,随着微型机的广泛使用,局域网获得了迅速发展。美国电气与电子工程师协会(IEEE)为了适应微型机、个人计算机(PC)以及局域网发展的需要,于 1980 年 2 月在美国旧金山成立了 IEEE 802 局域网络标准委员会,并制定了一系列局域网络标准。在此期间，各种局域网大量涌现。新一代光纤局域网——光纤分布式数据接口(FDDI)网络标准及产品也相继问世，从而为推动计算机局域网技术的进步及应用奠定了良好的基础。这一阶段典型的标准化网络结构如图 1.3 所示，其通信子网的交换设备主要是路由器和交换机。

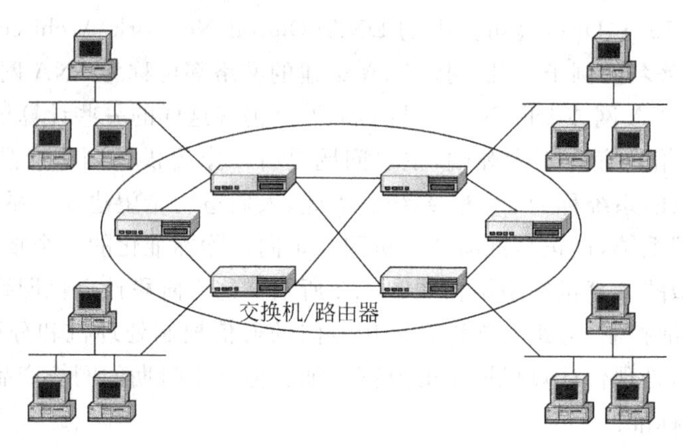

图 1.3　标准化网络结构示意图

4. 网络互联与高速网络

进入 20 世纪 90 年代，随着计算机网络技术的迅猛发展，特别是 1993 年美国宣布建立国家信息基础设施(National Information Infrastructure，NII)后，全世界许多国家都纷纷制定和建立本国的 NII，从而极大地推动了计算机网络技术的发展，使计算机网络的发展进入了一个崭新的阶段，这就是计算机网络互联与高速网络阶段。

目前，全球以 Internet 为核心的高速计算机互联网络已经形成，Internet 已经成为人类最重要的和最大的知识宝库。网络互联和高速计算机网络被称为第四代计算机网络，如图 1.4 所示。

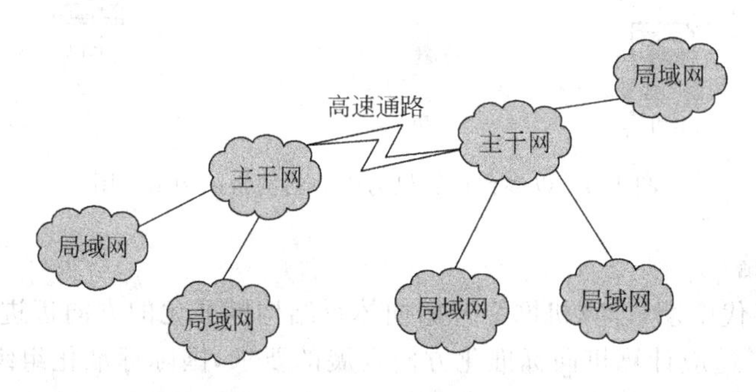

图 1.4　网络互联与高速网络结构示意图

1.1.3　信息社会对计算机网络技术的挑战

未来学家托夫勒、奈斯比特曾在《第三次浪潮》、《大趋势》等著作中描绘过未来信息社会的蓝图。而今天，信息化浪潮正以排山倒海之势席卷全球，人类正以前所未有的步伐向信息社会迈进。发展信息技术和信息产业，为生存与发展争取主动权，已经成为世界范围经济、政治和军事竞争的焦点。人们已认识到：信息已经成为一种重要的战略资源，信息技术的发展正引发一场信息革命，信息产业正在成为经济发展的主导产业，人类活动将逐步实现全球化。总之，现代工业社会将在本世纪过渡到以信息价值生产为核心的信息社会，这已经是一个可以预见的历史大趋势。

在信息社会，人们的工作、生活、学习和娱乐在很大程度上将不再受地理环境的限制，而大部分可在家庭进行，也即人们的就业方式、生产方式、工作方式、学习方式以至生活方式将发生深刻变化。光纤、数据通信、卫星通信和移动通信等现代信息技术将使世界范围内的交流变得更加方便、更加容易，真正实现所谓天涯若比邻。

应该看到，信息社会对计算机网络技术提出了新的挑战和新的要求，特别是业务量的增长、网络站点数的扩大以及多媒体的应用，要求网络的规模更大、带宽更宽和数据速率更高。

1.1.4 信息高速公路必将促进计算机网络技术的进一步发展

1993年9月，美国推出了一项举世瞩目的高科技项目——国家信息基础设施(NII)，也被称为信息高速公路计划。这项跨世纪的信息基础工程将耗资4 000亿美元，历时20年左右，其目标是用光纤和相应的计算机硬件、软件及网络体系结构，把美国的所有学校、研究机构、企业、医院、图书馆以及每个普通家庭连接起来，为21世纪的"信息文明"打好物质基础。人们无论何时何地都能以最合适的方式(文字、声音、图形、图像和视频等)与自己想要联系的对象进行信息交流。

信息高速公路是"网络的网络"，是一个由许多客户机-服务器和同等层与同等层组成的大规模网络，它能以数兆位每秒、数十兆位每秒甚至数吉位每秒或更高的速率在其主干网上传输数据。它是由通信网、计算机、数据库以及日用电子产品组成的所谓无缝网络，其从纵向可分为下述五个层次。

(1) 物理层。物理层包括对声音、数据、图形和图像等信息进行传输、计算、存取、检索以及显示等操作的设备，如摄像机、扫描仪、键盘、传真机、计算机、交换机、光盘、声像盘、磁盘、电缆、电线、光纤、光缆、转换器、电视机、监视器和打印机等。

(2) 网络层。网络层是将以上设备及其他设备物理地相互连接成一体化的、交互式的和用户驱动的无缝网络。其中包括各项网络协议标准、传输编码以及保证网络的互联性、互操作性、隐私性、保密性、安全性与可靠性等功能的运作体制。

(3) 应用层。应用层由各行各业的计算机应用系统与软件系统组成。

(4) 信息库。信息库包括电视、广播节目、声像带盘、科技和商业经济数据库、档案、图书以及其他媒体或多媒体信息。

(5) 人。人是指包括从事信息操作及其应用的各类各层次人员，还包括开发应用系统和服务系统的人员，设计与制造的人员以及从事培训的人员。

由上可知，信息高速公路已经包括了整个信息产业的诸多部分，涉及人、信息和机械制造等许多方面，已成为一个复杂的巨型社会系统工程。如果说在20世纪50～60年代发展起来的计算机数据处理是第一次信息革命，它已给人类的工作带来意义深远的影响，那么20世纪90年代初掀起的信息高速公路计划无疑是意义更为重大的第二次信息革命，它给人类社会带来的深远影响尚难以估量。可以肯定的是，这次信息革命预示着信息化时代的全面到来，它将对人类的工作、生活、学习等产生巨大影响。同时，信息高速公路的建设也必然大大促进计算机网络技术的进一步发展。

1.2 计算机网络的组成与功能

1.2.1 计算机网络的组成

一般而言，计算机网络有三个主要组成部分：若干个主机，它们为用户提供服务；一个通信子网，它主要由结点交换机和连接这些结点的通信链路所组成；一系列的协议，这些协议为主机和主机之间或主机和子网中各结点之间的通信而采用，它是通信双方事先约定好的和必须遵守的规则。

为了便于分析，按照数据通信和数据处理的功能，一般从逻辑上将网络分为通信子网和资源子网两个部分。图1.5给出了典型的计算机网络的基本结构。

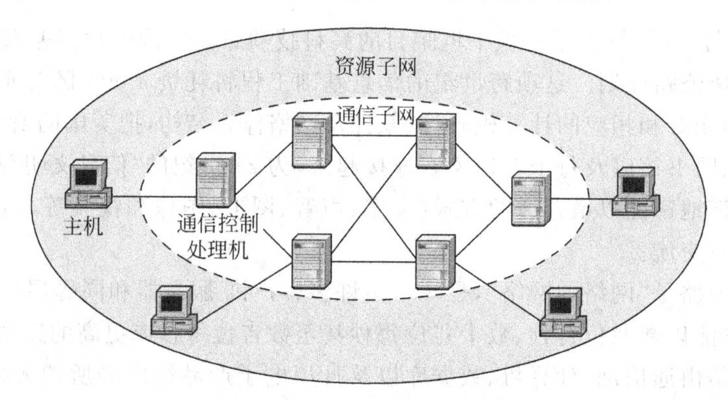

图1.5 典型的计算机网络的基本结构

1. 通信子网

通信子网由通信控制处理机(Central Processing Processor，CCP)、通信线路与其他通信设备组成，负责完成网络数据传输、转发等通信处理任务。

通信控制处理机在网络拓扑结构中被称为网络结点。它一方面作为与资源子网的主机、终端连结的接口，将主机和终端连入网内；另一方面它又作为通信子网中分组存储转发的结点，完成分组的接收、校验、存储和转发等功能，实现将源主机报文准确发送到目的主机的功能。目前通信控制处理机一般为路由器和交换机。

通信线路为通信控制处理机与通信控制处理机、通信控制处理机与主机之间提供通信信道。计算机网络采用了多种通信线路，如电话线、双绞线、同轴电缆、光缆、无线通信信道、微波与卫星通信信道等。

2. 资源子网

资源子网由主机系统、终端、终端控制器、联网外部设备(简称外设)、各种软件资源与信息资源组成。资源子网实现全网的面向应用的数据处理和网络资源共享，它由各种硬件和软件组成。

(1) 主机系统。它是资源子网的主要组成单元，装有本地操作系统、网络操作系统、数据库、用户应用系统等软件。它通过高速通信线路与通信子网的通信控制处理机相连接。早期的普通用户终端一般通过主机系统连入网内，而主机系统主要是指大型机、中型机与小型机。

(2) 终端。它是用户访问网络的界面。终端可以是简单的输入输出终端,也可以是带有微处理器的智能终端。智能终端有 CPU,除具有输入输出信息的功能外,还具有存储与处理信息的能力。终端可以通过主机系统连入网内,也可以通过集线器或交换机等连入网内。

(3) 网络操作系统。它是建立在各主机操作系统之上的一个操作系统,用于实现不同主机之间的用户通信,以及全网硬件和软件资源的共享,并向用户提供统一的、方便的网络接口,便于用户使用网络。

(4) 网络数据库。它是建立在网络操作系统之上的一种数据库系统,可以集中驻留在一台主机上(集中式网络数据库系统),也可以分布在每台主机上(分布式网络数据库系统),它向网络用户提供存取、修改网络数据库的服务,以实现网络数据库的共享。

(5) 应用系统。它是建立在上述软、硬件基础之上的具体应用,以实现用户的需求。

图 1.6 表示了主机操作系统(如 UNIX、Windows 及其他)、网络操作系统(NOS)、网络数据库系统(NDBS)和应用系统(AS)之间的层次关系。

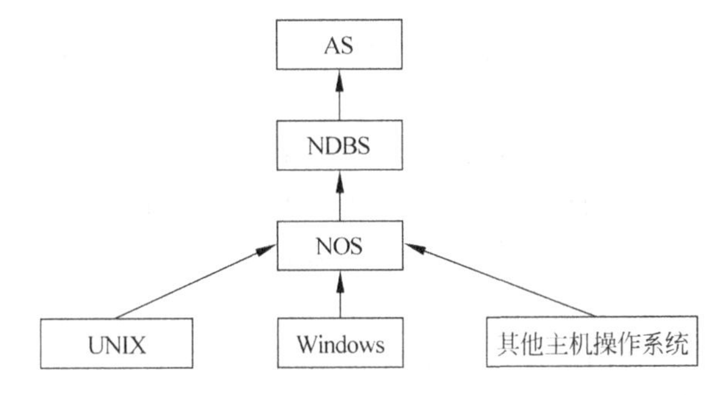

图 1.6 主机操作系统、网络操作系统、网络数据库系统和应用系统之间的关系

3. 现代网络结构的特点

在现代的广域网结构中,随着使用主机系统用户的减少,资源子网的概念已经有了变化。目前,通信子网由交换设备与通信线路组成,它负责完成网络中数据传输与转发任务。交换设备主要为路由器与交换机。随着微型计算机的广泛应用,连入局域网的微型计算机数目日益增多,它们一般通过路由器将局域网与广域网相连接。前面图 1.3 表示的是目前常见的计算机网络的结构示意图。

另外,从组网的层次角度看网络的组成结构,也不一定是一种简单的平面结构,而可能变成一种分层的立体结构。图 1.7 所示的是一个典型的三层网络结构,其最上层称为核心层,中间层称为分布层,最下层称为访问层,为最终用户接入网络提供接口。

1.2.2 计算机网络的功能

计算机网络的主要目标是实现资源共享,其主要功能如下。

1. 数据通信

该功能用于实现计算机与终端、计算机与计算机之间的数据传输,这是计算机网络最基本的功能,也是实现其他功能的基础。为实现数据传输,数据通信功能包含以下六项具体内容。

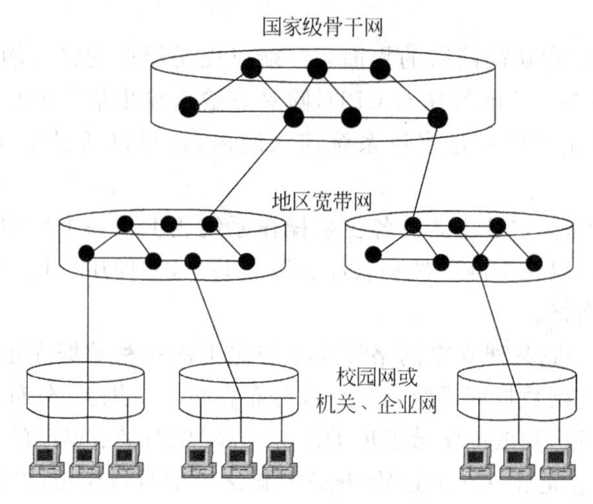

图 1.7 层次状网络组成

(1) 连接的建立和拆除。为使网络中源主机和目的主机进行通信,通常应先在它们之间建立连接,即建立一条由源主机到目标主机之间的逻辑链路,通信结束时拆除已建立的连接。

(2) 数据传输控制。在通信双方建立起连接后,即可传输用户数据。为使用户数据能在网络中正确传输,必须为数据配上报头,其中含有用于控制数据传输的信息,如目的主机地址、源主机地址、报文序号等。此外,传输控制还应对传输过程中出现的异常情况进行及时处理。

(3) 差错检测。数据在网络中传输时,难免会出现差错。为减少错误,网络中必须具有差错控制设施,既可检错,又可纠错。

(4) 流量控制。数据在网络中传输时,应控制源主机发送数据流的速率,使之与目的主机接收数据流的速度相匹配,以保证目的主机能及时接收和处理所接收的数据流。否则,可能使接收方缓冲区中的数据溢出而丢失,严重时可能导致网络拥挤和死锁。

(5) 路由选择。公共数据网中,由源站到目的站通常都有多条路径。路由选择指按一定策略,如传输路径最短、传输时延最小或传输费用最低等为被传输的报文选择一条最佳传输路径。

(6) 多路复用。为提高传输线路利用率,通常都采用多路复用技术,即将一条物理链路虚拟为多条虚链路,使一条物理链路能为多个"用户对"同时提供信息传输功能。

上述主要内容将在第 2 章中详细讨论。

2. 资源共享

计算机网络中的资源可分为数据、软件、硬件三类。相应地,资源共享也可分为以下三类。

(1) 数据共享。当今数据资源的重要性越来越大,在计算机网络中的计算机普遍建有各类专门数据库,如科技文献数据库、机械制造技术和产品数据库等,可提供给全国乃至全世界的网络用户使用。

(2) 软件共享。通过计算机网络,可实现各种操作系统及其应用软件、工具软件、数据库管理软件和各种 Internet 信息服务的共享等。共享软件允许多个用户同时调用服务器中的各种软件资源，并能保持数据的完整性和一致性。用户可以通过客户机-服务器(C/S)或浏览器-服务器(B/S)模式，使用各种类型的网络应用软件，共享远程服务器上的软件资源。

(3) 硬件共享。为发挥巨型机和特殊外围设备的作用，并满足用户要求，计算机网络也应具有硬件资源共享的功能。例如，某计算机系统A由于无某种特殊外围设备而无法处理某些复杂问题时，它可将处理问题的有关数据连同有关软件，一起传送至拥有这种特殊外围设备的系统B，由B利用该硬件对数据进行处理，处理完成后再把有关软件及结果返回A。此外，用户可共享网络打印机、共享磁盘、共享CPU等。

3. 负荷均衡和分布处理

(1) 负荷均衡。负荷均衡是指网络中的工作负荷均匀地分配给网络中的各计算机系统。当网络上某台主机的负载过重时，通过网络和一些应用程序的控制和管理，可以将任务交给网上其他计算机去处理，由多台计算机共同完成，起到均衡负荷的作用，以减少延迟，提高效率，充分发挥网络系统上各主机的作用。

(2) 分布处理。分布处理对一个作业的处理可分为三个阶段：提供作业文件，对作业进行加工处理，把处理结果输出。在单机环境下，上述三个阶段都在本地计算机系统中进行。在网络环境下，根据分布处理的需求，可将作业分配给其他计算机系统进行处理，以提高系统的处理能力，高效地完成一些大型应用系统的程序计算以及大型数据库的访问等。

4. 提高系统的安全可靠性

可靠性对于军事、金融和工业过程控制等部门的应用特别重要。计算机通过网络中的冗余部件可大大提高可靠性，例如在工作过程中，一台机器出了故障，可以使用网络中的另一台机器；网络中一条通信线路出了故障，可以取道另一条线路，从而提高了网络整体系统的可靠性。

1.3 计算机网络的类型

为了对计算机网络有更进一步的认识，可以从不同的角度对计算机网络进行分类，如从网络拓扑结构、网络控制方式、网络作用范围、通信传输方式、网络配置、使用范围、物理通信媒体、通信速率、数据交换方式、传输信号类型和网络操作系统等方面进行分类。

1.3.1 按网络拓扑结构分类

拓扑结构一般指点和线的几何排列或组成的几何图形。计算机网络的拓扑结构是指一个网络的通信链路和结点的几何排列或物理布局图形。链路是网络中相邻两个结点之间的物理通路，结点指计算机和有关的网络设备，甚至指一个网络。这即抽象原理的应用。按拓扑结构，计算机网络可分为以下5类。

1. 星状网络

星状拓扑是由中央结点为中心与各结点连接组成的，各结点与中央结点通过点对点的方式连接。其拓扑结构如图1.8(a)所示，中央结点执行集中式控制策略，因此中央结点相当复杂，负担要比其他各结点重得多。现有的数据处理和语音通信的信息网大多采用星状网络。目前流行的专用小交换机PBX(Private Branch Exchange)，即电话交换机就是星状网络结构的典型实例。

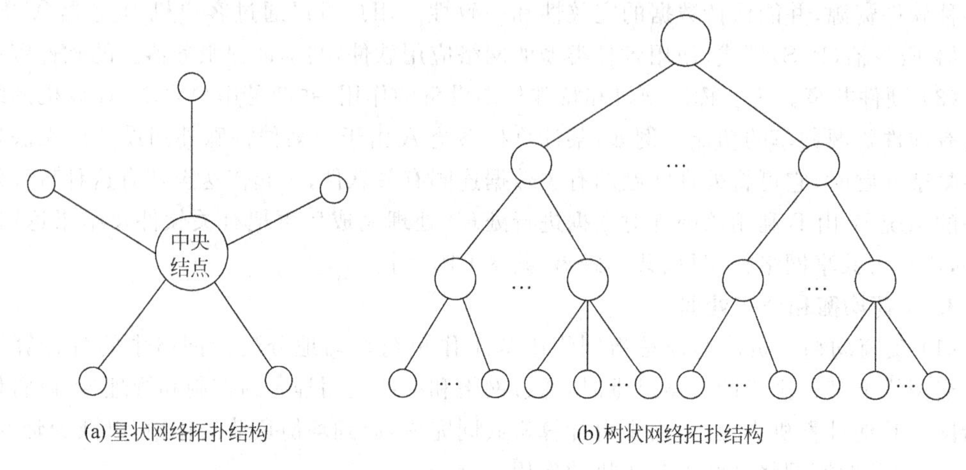

图 1.8 星状和树状网络拓扑结构

在星状网络中任何两个结点要进行通信都必须经过中央结点。因此,中央结点的主要功能有三项:当要求通信的站点发出请求后,中央结点的控制器要检查中央结点是否有空闲的通路,被叫设备是否空闲,从而决定是否能建立双方的物理连接;在两台设备通信过程中要维持这一通路;当通信完成或者不成功要求拆线时,中央结点应能拆除上述通道。

由于中央结点要与多机连接,线路较多,为便于集中连线,目前多采用集线器(hub)或交换机(switch)作为中央结点。hub 工作在 OSI/RM(开放系统互连参考模型)的第一层,是一种物理层的连接设备,主要起信号的再生转发功能,通常有八个以上的连接端口。每个端口之间电路相互独立,某一端口的故障不会影响其他端口状态,可以同时连接粗缆、细缆和双绞线。交换机工作在 OSI/RM 的第二层,功能比集线器更强。星状网络是目前广泛使用的局域网之一。

星状网络的特点是:网络结构简单,便于管理;控制简单,建网容易;网络延迟时间较短,误码率较低;网络线路共享能力差;线路利用率不高;中央结点负荷较重。

2. 树状网络

在实际建造一个大型网络时,往往是采用多级星状网络,即将多级星状网络按层次方式排列而形成树状网络,其拓扑结构如图 1.8(b)所示。由图可见,树状拓扑以其独特的特点而与众不同:具有层次结构。中国传统的电话网络即采用树状结构,其由五级星状网构成。著名的因特网(Internet)从整体上看也采用树状结构。位于树状结构不同层次的结点具有不同的地位,而且结点既可以是一台机器,也可以是一个网络。在 Internet 中,树根对应于最高层 ARPANET 主干或 NSFNET(国家科学基金会基于 TCP/IP 的网络)主干,这是一个贯穿全美的广域网。中间结点对应于自治系统(autonomous system),一组自治管理的网络。叶结点对应于最低层的局域网。不同层次的网络管理、信息交换等可能不尽相同。

图 1.9 给出了某大学校园网主校区网络的拓扑结构示意图,其为典型的树状网络。

树状网络的主要特点是:结构比较简单,成本低。在网络中,任意两个结点之间没有回路,每个链路都支持双向传输。网络中结点扩充方便灵活,寻找链路路径比较方便。但在这种网络系统中,除叶结点及其相连的链路外,任何一个结点或链路产生的故障都会影响整个网络。树状拓扑结构是目前企、事业单位局域网中应用最广泛的拓扑结构。

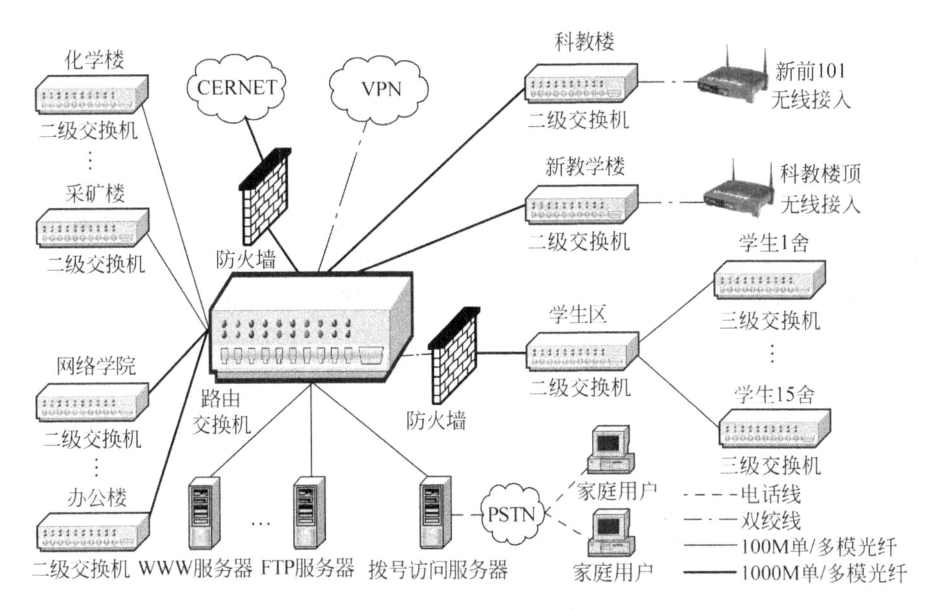

图 1.9　某大学校园网主校区网络拓扑结构示意图

3. 总线状网络

由一条高速公用总线连接若干个结点所形成的网络即为总线状网络，其拓扑结构如图 1.10(a)所示。

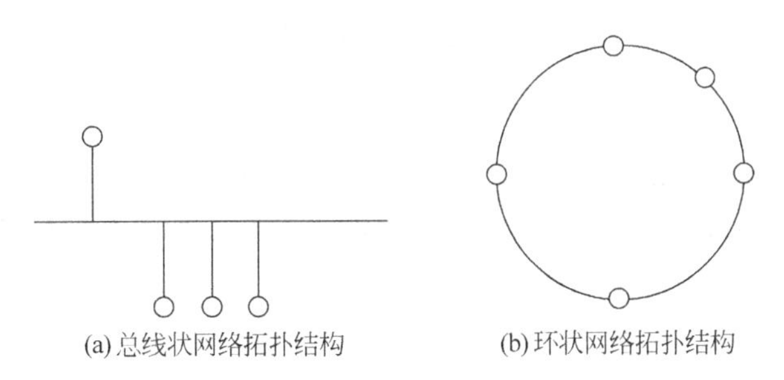

图 1.10　总线状和环状网络拓扑结构

其中一个结点是网络服务器，它提供网络通信及资源共享服务，其他结点是网络工作站，即用户计算机。总线状网络采用广播通信方式，即由一个结点发出的信息可被网络上的任一个结点所接收。由于多个结点连接到一条公用总线上，容易产生访问冲突。因此，必须采取某种介质访问控制方法来分配信道，以保证在一段时间内，只允许一个结点传送信息。

总线状网络的主要特点是：结构简单灵活，便于扩充，是一种很容易建造的网络。由于多个结点共用一条传输信道，故信道利用率高，但容易产生访问冲突；数据速率高；但总线状网络常因一个结点出现故障(如接头接触不良等)而导致整个网络瘫痪，因此可靠性不高。

4. 环状网络

环状网络中各结点通过环路接口连在一条首尾相连的闭合环状通信线路中，其拓扑结构如图 1.10(b)所示，环上任何结点均可请求发送信息。由于环线公用，一个结点发出的信息必须穿越环中所有的环路接口，信息流的目的地址与环上某结点地址相符时，信息被该结点的环路接口所接收，并继续流向下一环路接口，一直流回到发送该信息的环路接口为止。

环状网络的主要特点是：信息在网络中沿固定方向流动，两个结点间有唯一的通路，因而大大简化了路径选择的控制；某个结点发生故障时，可以自动旁路，可靠性较高；由于信息是串行穿过多个结点环路接口，当结点过多时，使网络响应时间变长。但当网络确定时，其延时固定，实时性强。

环状网络也是微机局域网常用的拓扑结构之一，如企业实时信息处理系统和生产过程自动化系统，以及某些校园网的主干网常采用环状网络（简称环网）。图 1.11 是某大学校园网的主干网，其三个校区通过路由交换机以环状网络的形式连接起来。

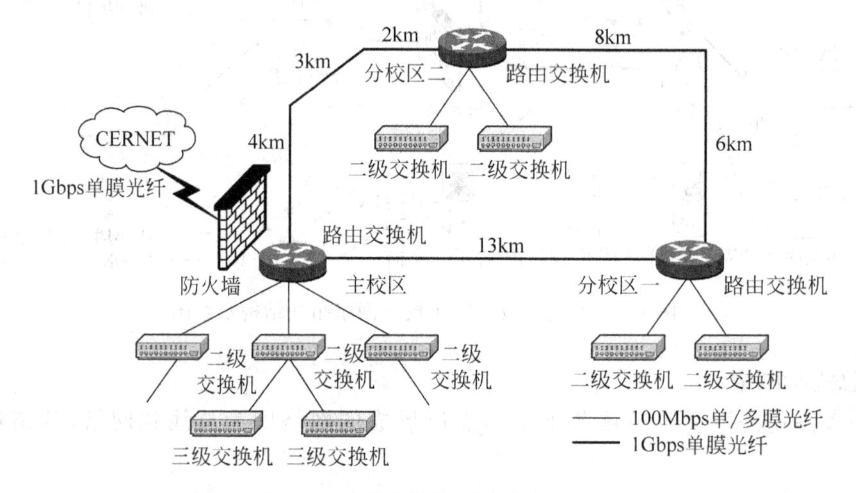

图 1.11　某大学校园网的主干网

5. 网状网络

网状网络拓扑结构如图 1.12 所示，其为分组交换网示意图。该图中虚线以内部分为通信子网，每个结点上的计算机称为结点交换机，图中虚线以外的计算机（host）和终端设备统称为数据处理子网或资源子网。

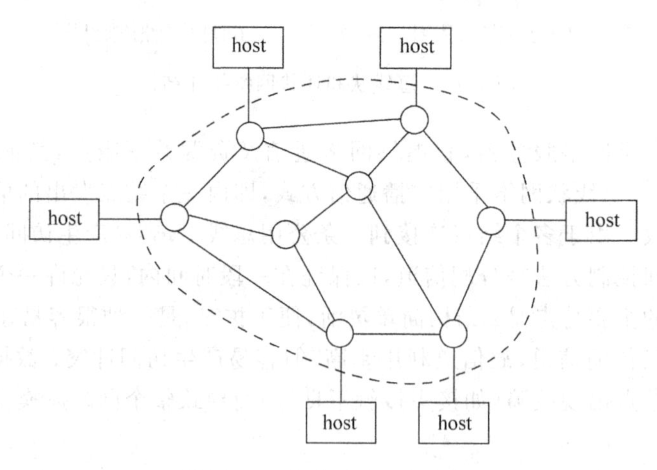

图 1.12　网状网络拓扑结构

网状网络是广域网中最常采用的一种网络形式，是典型的点对点结构。当然点对点信道可能会浪费一些信道带宽，但正是用带宽换取了信道访问控制的简化。在长距离信道上一旦发生信道访问冲突，控制起来是相当困难的。而在这种点对点的拓扑结构中，没有信道竞争，几乎不存在信道访问控制问题。除了网状网络采用点对点的结构外，上面介绍的星状网络，某些环网，尤其是广域环网，如图 1.11 所示，也采用点对点的结构。在树状网络中，如果每一个结点都是一台机器，则上下层结点之间的信道也采用点对点的结构。总线状网络、局域环网是广播型结构，即网中所有主机共享一条信道，某主机发出的数据，所有其他主机都可能收到。在广播信道中，由于信道共享而引起信道访问冲突，因此信道访问控制是首先要解决的问题。

网状网络的主要特点是：网络可靠性高，一般通信子网任意两个结点交换机之间，存在着两条或两条以上的通信路径。这样，当一条路径发生故障时，还可以通过另一条路径把信息送到结点交换机。另外，可扩充性好，该网络无论是增加新功能，还是要将另一台新的计算机入网，以形成更大或更新的网络时，都比较方便；网络可建成各种形状，采用多种通信信道，多种数据速率。

以上介绍了 5 种基本的网络拓扑结构，事实上以此为基础，还可构造出一些复合型的网络拓扑结构。例如，中国教育科研计算机网络（CERNET）可认为是网状网络、树状网络和环状网络的复合，如图 1.13 所示。其主干网为网状结构，连接的每一所大学大多是树状结构或环状结构。

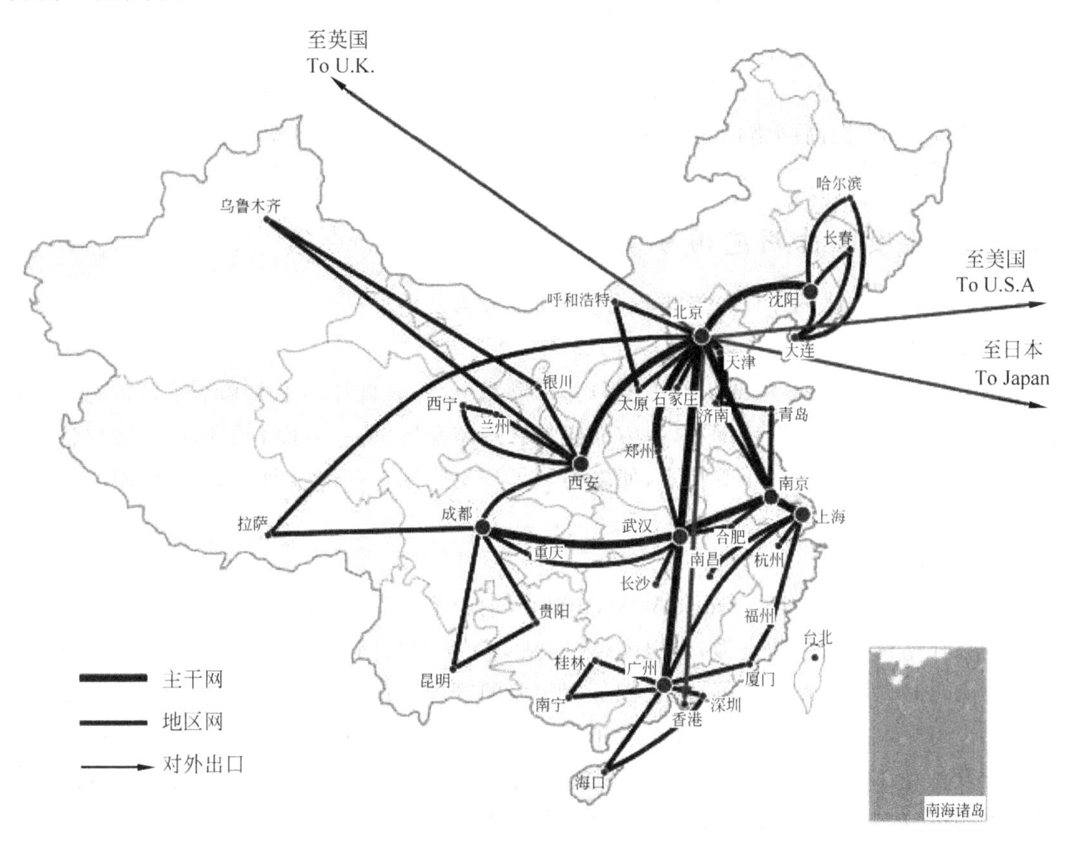

图 1.13　中国教育科研计算机网络拓扑结构图

1.3.2 按网络控制方式分类

按网络所采用的控制方式,可分为集中式和分布式两种计算机网络。

1. 集中式计算机网络

这种网络的处理和控制功能都高度集中在一个或少数几个结点上,所有的信息流都必须经过这些结点之一。因此,这些结点是网络的处理和控制中心,其余的大多数结点则只有较少的处理和控制功能。星状网络和树状网络都是典型的集中式网络。集中式网络的主要优点是实现简单,其网络操作系统很容易从传统的分时操作系统经适当扩充改造而成,故早期的计算机网络都属于集中式计算机网络,目前仍广泛采用。其缺点是实时性差、可靠性低、缺乏较好的可扩充性和灵活性。应当指出,20 世纪 80 年代所推出的大量商品化的局域网中,用于提供网络服务和网络控制功能的软件主要驻留在网络服务器上,因而也把它们归于集中式控制网络,但它们具有分布处理功能。

2. 分布式计算机网络

在这种网络中,不存在一个处理和控制中心,网络中任一结点都至少和另外两个结点相连接,信息从一个结点到达另一结点时,可能有多条路径。同时,网络中各个结点均以平等地位相互协调工作和交换信息,并可共同完成一个大型任务。分组交换网、网状网络属于分布式网络。这种网络具有信息处理的分布性、可靠性、可扩充性及灵活性等一系列优点。因此,它是网络发展的方向。目前大多数广域网中的主干网多采用分布式控制方式,并采用较高的通信速率,以提高网络性能;对大量非主干网,为了降低建网成本,则仍采取集中控制方式。

1.3.3 按网络作用范围分类

有时需要按网络的作用范围进行分类,通常分为三类。

1. 局域网

局域网(Local Area Network,LAN)分布范围小,一般直径小于 10km,是最常见的计算机网络。由于局域网分布范围小,一方面容易管理与配置,另一方面容易构成简洁规整的拓扑结构,加上速度快、延迟小等特点,使之得到了广泛应用。一般企业内部网、校园网等都是典型的局域网。

2. 广域网

广域网(Wide Area Network,WAN)有时又称远程网,其分布范围广,网络本身不具备规则的拓扑结构。由于速度慢,延迟大,入网站点无法参与网络管理,所以,它要包含复杂的互联设备,如交换机、路由器等,由它们负责重要的管理工作,而入网站点只管收发数据。

由上可见,广域网与局域网除在分布范围上的区别外,局域网一般不具有像路由器那样的专用设备,不存在路由选择问题;局域网有规则的拓扑结构,广域网则没有。广域网采用点对点的传输方式,并且几乎都使用存储转发技术。

中国公用分组交换网(CHINAPAC)、中国公用数字数据网(CHINADDN)、国家公用信息通信网又名金桥网(CHINAGBN)、中国教育科研计算机网(CERNET)以及覆盖全球的Internet 均是广域网。

3. 城域网

城域网(Metropolitan Area Network,MAN)规模局限在一座城市的范围之内,辐射的地理范围从几十千米至数百千米。城域网基本上是局域网的延伸,像是一个大型的局域网,通常使用与局域网相似的技术,但是在传输介质和布线结构方面牵涉范围较广。例如,涉及大型企业、机关、公司和社会服务部门的计算机联网需求,以及实现大量用户的多媒体信息,如声音方面包含语音和音乐,图形方面包含动画和视频图像,文字方面包含电子邮件及超文本网页等。城域网列为单独一类,主要是因为有了一个可实施的标准,即一般采用IEEE 802.6标准委员会提出的分布队列双总线(Distrbuted Queue Dual Bus,DQDB)、光纤分布式数据接口,以及交换多兆位数据服务作为主要的协议标准与技术规范。关键技术是使用了一条或两条单向总线电缆,所有的计算机都连接在上面。每条总线都有一个启动传输活动的设备作为顶端器(head-end),一般不包含交换单元。城域网介于广域网和局域网之间,它采用LAN技术。

多年来局域网和广域网一直是网络的热点,城域网近年来正在兴起。局域网是组成其他两种类型网络的基础,城域网一般都连入了广域网。每个主机都被连接到一个带有路由器的局域网上,或直接连接到路由器上。

1.3.4 按通信传输方式分类

如前所述,计算机网络常见的拓扑结构有总线、星状、树状、环状和网状五类。不同的拓扑结构其信道访问技术、性能、设备开销等各不相同,分别适用于不同的场合。尽管不同的信道拓扑结构差别明显,但总起来可以分为两类:点对点(point-to-point)信道和广播(broadcasting)信道,信息只可能沿着其中一种信道传播。因此,按通信传播方式可将计算机网络分为两类。

1. 点对点传播型网

网络中的每两台主机、两台结点交换机之间或主机与结点交换机之间都存在一条物理信道,机器(包括主机和结点交换机)沿某信道发送的数据确定无疑地只有信道另一端的唯一一台机器能收到。在这种点对点的拓扑结构中,没有信道竞争,几乎不存在访问控制问题。绝大多数广域网都采用点对点的拓扑结构,网状网络是典型的点对点拓扑结构。此外,星状结构、树状结构,某些环网,尤其是广域环网,也是点对点的拓扑结构。

点对点信道无疑要浪费一些带宽,但广域网之所以都采用点对点信道,正是用带宽来换取信道访问控制的简化,以防止发生访问冲突。在长距离信道上一旦发生信道访问冲突,控制起来将十分困难。

2. 广播型网

在广播型结构中,所有主机共享一条信道,某主机发出的数据,其他主机都能收到。在广播信道中,由于信道共享而引起信道访问冲突,因此信道访问控制是要解决的关键问题。广播型结构主要用于局域网,不同的局域网技术可以说是不同的信道访问控制技术。广播型网的典型代表是总线网,局域环网、微波、卫星通信网也是广播型网。局域网线路短,传输延迟小,信道访问控制相对容易,因此宁愿以额外的控制开销换取信道的利用率,从而降低整个网络成本。

1.3.5 按网络配置分类

这主要是对客户机-服务器模式的网络进行分类。在这类系统中，根据互联计算机在网络中的作用可分为服务器和工作站两类。于是，按配置的不同，可把网络分为同类网、单服务器网和混合网。几乎所有这种模式的网络都是这三种网中的一种。

网络中的服务器是指向其他计算机提供服务的计算机，如文件服务器、Web 服务器、E-mail 服务器等。工作站是请求和接收服务器提供服务的计算机。

1. 同类网

如果在网络系统中，每台机器既是服务器，又是工作站，则这个网络系统就是同类网，也称对等网络(Peer-to-Peer network，P2P)。在同类网中，每台计算机都可以共享其他任何计算机的资源。

P2P 技术是近年被业界广泛重视并迅速发展的一项技术，它是现代网络技术和分布式计算技术相结合的产物，是一种网络结构的思想，与目前网络中占据主导地位的客户机-服务器(C/S)结构的一个本质区别，是网络结构中不再有中心结点，所有用户都是平等的伙伴。

目前，P2P 技术的应用非常广泛，主要有以下几个方面：

(1) 对等计算。对等计算研究的是如何充分把网络中多台计算机暂时不用的计算能力结合起来，使用积累的能力执行超级计算机的任务。这方面的例子主要有美国柏克莱大学的 SET@home，据说在不到两年的时间里，已经完成了单台计算机 345 000 年的计算量。

(2) 搜索引擎。P2P 技术使用户能够深度搜索文档，而且无需通过 Web 服务器，也可以不受信息文档格式和宿主设备的限制，目前 Infrasearch 和 google 都已投入到开发 P2P 搜索引擎的研究队伍当中。

(3) 随时沟通。P2P 技术允许用户互相沟通、交换信息和文件，google 的 Gtalk、微软的 MSN 就是目前最流行的应用。

另外比较重要的还有比特流(Bit Torrent，BT)下载，电驴(eMule)以及 Napster 的 P2P 文件共享技术。

但是在看到 P2P 优势及广阔前景的同时，也应注意 P2P 所带来的问题。在 P2P 环境下，方便的共享和快速的选路机制，常为某些网络病毒提供了更好的入侵机会，而且很多在 P2P 网络上共享的文件是流行音乐和电影，但很多时候共享这些副本是非法的，常常引起版权纠纷。

2. 单服务器网

单服务器网指只有一台机器作为整个网络的服务器，其他机器全部都是工作站。在这种网络中，每个工作站在网中的地位是一样的，并都可以通过服务器享用全网的资源。

3. 混合网

如果网络中的服务器不只一个，同时又不是每个工作站都可以当做服务器来使用，那么这个网就是混合网。混合网与单服务器网的差别在于网中不仅仅是只有一个服务器，而混合网与同类网的差别在于每个工作站不能既是服务器又是工作站。

由于混合网中服务器不只一个，因此它避免了在单服务器网上工作的各工作站完全依赖于一个服务器，即当服务器发生故障时，全网都处于瘫痪状态。所以，对于一些大型的、信息处理工作繁忙的和重要的网络系统，最好采用混合网系统。

1.3.6 按使用范围分类

按网络使用范围,可分为公用网和专用网。

1. 公用网

公用网是由政府出资建设,由电信部门统一进行管理和控制的网络。它由若干公用交换机互联组成,主要用于连接各专用网,但也可连接端点用户设备。公用网络中的传输和交换装置可以租给按电信部门规定缴纳费用的任何机构部门使用,如中国分组交换网(CHINAPAC)、公用数字数据网(CHINADDN)等,部门的局域网就可以通过公用网连接到广域网上,从而利用公用网提供的数据通信服务设施来实现本行业的业务及信息的扩展。公用网又分为公用电话网(PSTN)、公用数据网(PDN)、数字数据网(DDN)和综合业务数据网(ISDN)等类型。

2. 专用网

专用网是由某个部门或企事业单位自行组建,不允许其他部门或单位使用。如中国金融信息网、邮政绿网等。专用网也可以租用电信部门的传输线路。专用网络根据网络环境又可细分为部门网络、企业网络和校园网络三种。

(1) 部门网络(department network)。部门网络又称为工作组级网络,它是局限于一个部门的局域网,一般供一个分公司、处(科)或课题组使用。这种网络通常由若干个工作站点、数个服务器和共享打印机组成。部门网络规模较小且技术成熟,管理简单。在大型企业和校园中,通常包含多个部门网络,并通过交换机等互联。部门网络和部门网络之间遵循80/20原则:部门网络中的信息业务流局限于部门内部流动的约占80%,而部门之间的业务流约占20%。

(2) 企业网络(enterprise-wide network)。企业网络通常由两级网络构成,高层为用于互联企业内部各个部门网络的主干网,而低层则是各个部门或分支机构的部门网络。中型企业通常位于一幢大楼或一个建筑群中,而大型企业往往由分布在不同城市的分公司或分厂组成,所以企业网络不仅规模大,而且还可能具有多种类型的网络,品种繁多的网络硬件设备和网络软件。企业主干网中关键部件多采用容错技术。企业网络还必须配备经验丰富的专职网络管理人员。

(3) 校园网络(campus network)。校园网络通常也是两级网络形式。它利用主干网络将院系、办公、行政、后勤、图书馆和师生宿舍等多个局域网连接起来。大部分校园网都有一个网络中心负责管理与运行维护。中国绝大部分高等院校都已建成了各自的校园网,通过"校校通"工程的实施,将会促进中国教育科研信息网络(CERNET)的进一步完善。

1.3.7 其他分类方式

除了上述分类方法外,还可以采用下述分类方式。

(1) 按网络传输信息采用的物理信道来分类,可分为有线网络和无线网络,而且两者还可细分。

(2) 按通信速率来分类,可分为低速网络(数据速率在1.5Mbps以下的网络系统)、中速网络(数据速率在1.5Mbps~50Mbps的网络系统)、高速网络(数据速率在50Mbps以上的网络系统)。

(3) 按数据交换方式分类,可分为线路交换网络、报文交换网络、分组交换网络、ATM网络等。

(4) 按传输的信号分类,可分为数字网和模拟网。

(5) 按采用的网络操作系统分类,可分为 Novell 网、Windows NT 网、Windows 2000 Server 网、UNIX 网和 Linux 网等。

1.4 计算机网络体系结构与协议

计算机网络系统是比邮政系统更复杂的系统。在这个系统中,由于计算机类型、通信线路类型、连接方式、同步方式和通信方式等的不同,给网络各结点间的通信带来诸多不便。由于不同厂家不同型号的计算机通信方式各有差异,所以通信软件需根据不同情况进行开发。特别是异型网络的互联,它不仅涉及基本的数据传输,同时还涉及网络的应用和有关服务,应做到无论设备内部结构如何,相互都能发送可以理解的信息,因此这种真正以协同方式进行通信的任务是十分复杂的。要解决这个问题,势必涉及通信体系结构设计和各个厂家共同遵守约定标准的问题,这也即计算机网络的体系结构和协议问题。

1.4.1 引言

为了对体系结构与协议有一个形象的理解,可以先分析一下实际生活中的邮政系统,如图 1.14 所示。人们平时写信时,都有个约定,即信件的格式和内容。一般必须采用双方都懂的语言文字和文体,开头是对方称谓,最后是落款等。这样,对方收到信后才能看懂信中的内容,知道是谁写的,什么时候写的等。信写好之后,必须将信件用信封封装并交邮局寄发。寄信人和邮局之间也要有约定,这就是规定信封写法并贴足邮票。邮局收到信后,首先进行信件的分拣和分类,然后交付有关运输部门进行运输,如航空信交付民航,平信交铁路或公路运输部门等。这时,邮局和运输部门也要有约定,如到站地点、时间、包裹形式等。信件送到目的地后进行相反的过程,最终将信件送到收信人手中。由上可知,邮政系统可分为三层,而且上下层之间,同一层之间均有约定,亦即协议。这里的分层与协议,也即体系结构的基本含义。计算机网络中的通信也与邮政系统类似,首先将其分解为不同的层次,不同的层次完成相应的职能,然后层与层之间通过事先规定好的约定进行交互,从而完成全部通信任务。上述邮政系统的例子中涉及了两个重要的概念,即体系结构与协议,下面进行介绍。

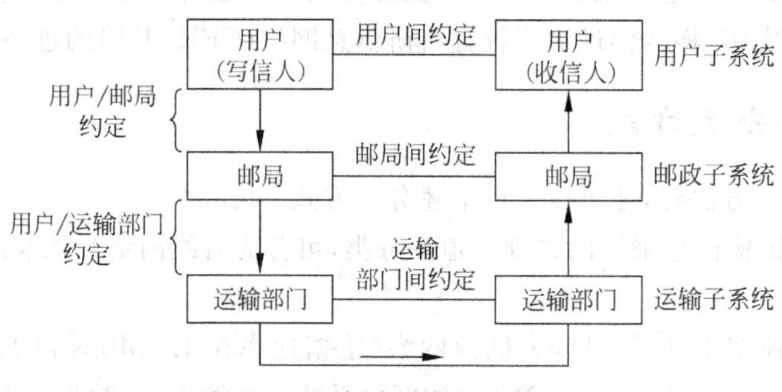

图 1.14　邮政系统分层模型

1.4.2 网络系统的体系结构

1. 层次结构

人类的思维能力不是无限的，如果同时面临的因素太多，就不可能做出精确的思维。处理复杂问题的一个有效方法，就是用抽象和层次的方式去构造和分析。同样，对于计算机网络这类复杂的大系统，亦可如此。如图 1.15 所示，可将一个计算机网络抽象为若干层。其中，第 n 层是由分布在不同系统中的处于第 n 层的子系统构成。

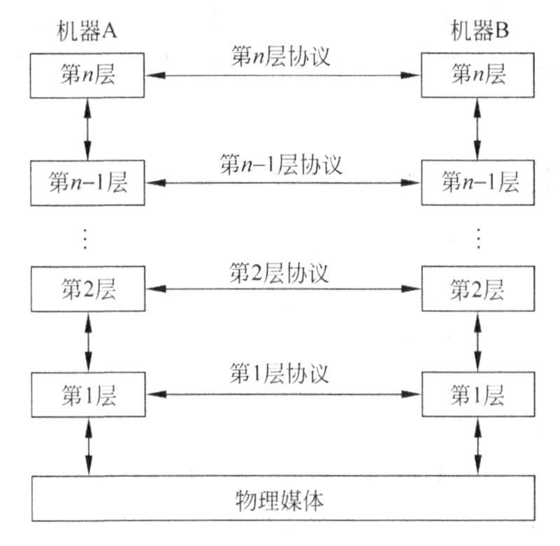

图 1.15　网络层次结构

在采用层次结构的系统中，其高层仅是利用其较低层次的接口所提供的功能，而不需了解其较低层次实现功能时所采用的算法和协议；其较低层次也仅仅是使用从高层传送来的参数。这就是层次间的无关性。这种无关性可使得一个层次中的模块可用一个新的模块取代，只要新模块与老模块具有相同的功能和接口，即使它们执行着完全不同的算法和协议也无妨。

2. 网络协议

在计算机网络中，为使各计算机之间或计算机与终端之间能正确地传递信息，必须在有关信息传输顺序、信息格式和信息内容等方面有一组约定或规则，这组约定或规则即所谓的网络协议。它由三个要素组成。

(1) 语义。语义是对构成协议的协议元素含义的解释。不同类型的协议元素规定了通信双方所要表达的不同内容。例如，在基本型数据链路控制协议中，规定协议元素 SOH 的语义表示所要传输的报文报头开始，协议元素 ETX 的语义表示正文结束。

(2) 语法。语法用于规定将若干个协议元素组合在一起来表达一个更完整的内容时所应遵循的格式，也即对所表达内容的数据结构形成的一种规定。例如，在传输一份数据报文时，可用适当的协议元素和数据，按照下面的格式来表达，其中 SOH、ETX 如上所述，HEAD 表示报头，STX 表示正文开始，TEXT 是正文，BCC 是校验码。

SOH	HEAD	STX	TEXT	ETX	BCC

(3) 规则。规则规定事件的执行顺序。例如，在双方通信时，首先由源站发送一份数据报文，如果目的站收到的是正确的报文，就应遵循协议规则，利用协议元素 ACK 来回答对方，以使源站知道其所发出的报文已被正确接收；如果目的站收到的是一份错误报文，便应按规则用 NAK 元素做出回答，以要求源站重发刚刚发过的报文。由此可见，网络协议实质上是实体间通信时所使用的一种语言。在层次结构中，每一层都可能有若干个协议，当同层的两个实体间相互通信时，必须满足这些协议。

3. 网络体系结构

计算机网络的层次及其协议的集合即为网络的体系结构(architecture)，这是关于计算机网络应设置哪几层,每层应提供哪些功能的精确定义。至于这些功能应如何实现,则不属于网络体系结构部分。也就是说,网络体系结构只是从层次结构及功能上来描述计算机网络的结构,并不涉及每一层硬件和软件的组成,更不涉及这些硬件和软件本身的实现问题。由此可见,网络体系结构是抽象的,是存在书面上的对精确定义的描述。而对于为完成规定功能所用硬件和软件的具体实现问题,则并不属于网络体系结构的范畴。对于同样的网络体系结构,可采用不同的方法设计出完全不同的硬件和软件来为相应层次提供完全相同的功能和接口。

1.4.3 网络系统结构参考模型 ISO/OSI

1. 有关标准化组织

为确保发送方与接收方能彼此协调,若干标准化组织促进了通信标准的开发。下面简单介绍 ANSI、ITU(CCITT)、EIA、IEEE 和 ISO 五个标准化组织。

(1) ANSI(American National Standard Institute,美国国家标准协会)。ANSI 设计了 ASCII 代码组,它是一种广泛使用的通信标准代码。

(2) ITU(International Telecommunication Union,国际电信联盟)。ITU 有无线通信部门(ITU-R)、电信标准化部门(ITU-T)、开发部门(ITU-D)三个主要部门。

1953—1993 年,ITU-T 被称为 CCITT(国际电报电话咨询委员会)。ITU-T 和 CCITT 都在电话和数据通信领域提出建议。人们常常遇到 CCITT 建议,例如 CCITT 的 X.25,自 1993 年起,这些建议都打上了 ITU-T 标记。

(3) EIA(Electronic Industries Association,电子工业协会)。EIA 是美国的电子厂商组织,最为人们熟悉的 EIA 标准之一是 RS-232 接口,这一通信接口允许数据在设备之间交换。

(4) IEEE(Institute of Electrical and Electronics Engineers,电气和电子工程师协会)。IEEE 设置了电子工业标准,IEEE 下设一些标准组织(或工作组),每个工作组负责标准的一个领域,工作组 802 制定了网络设备和如何彼此通信的标准。

(5) ISO(International Standard Organization,国际标准化组织)。ISO 开发了开放系统互连(Open System Interconnection,OSI)网络结构模型。该模型定义了用于网络结构的七个数据处理层。网络结构是在发送设备和接收设备间进行数据传输的一种组织方案。

2. 开放系统互连参考模型的制定

虽然自 20 世纪 70 年代以来,国外一些主要计算机生产厂家都先后推出了本公司的网络体系结构,但它们都属于专用性的。为使不同计算机厂家生产的计算机能相互通信,以便在更大范围内建立计算机网络,有必要建立一个国际范围的网络体系结构标准。国际标准化组织信息处理系统技术委员会(ISO TC97)于 1978 年为开放系统互连建立了分委员会(SC16),并于 1980 年 12 月发表了第一个开放系统互连参考模型(Open Systems Interconnection/Reference Model,OSI/RM)的建议书,1983 年它被正式批准为国际标准,即著名的 ISO 7498 国际标准。通常人们也将它称为 OSI 参考模型,并记为 OSI/RM,简称为 OSI 标准,中国相应的国家标准是 GB 9398。

所谓"开放"是指只要遵循 OSI 标准,一个系统就可以和位于世界上任何地方的、也遵循这同一标准的其他任何系统进行通信。这一点类似世界范围的电话系统和邮政系统,这两个系统都是开放系统。

所谓“系统”，本来是指按一定关系或规则工作在一起的一组物体或一组部件。但是在OSI标准术语中，“系统”则有其特殊的含义。人们用“实系统”(real system)表示在现实世界中能够进行信息处理或信息传递的自治整体，它可以是一台或多台计算机以及和这些计算机相关的软件、外部设备、终端、操作员和信息传输手段等的集合。若这种实系统在和其他实系统通信时遵守OSI标准，则这个实系统即称为开放实系统(real open system)。但是，一个开放实系统的各种功能并不一定都与互连有关。在开放系统互连参考模型中的系统，只是在开放实系统中与互连有关的各部分。为方便起见，就将这部分称为开放系统。所以，开放系统和开放系统互连参考模型一样，都是抽象的概念。

在OSI标准的制定过程中，所采用的方法是将整个庞大而复杂的问题划分为若干个较容易处理的范围较小的问题，亦即前面提到的分层的体系结构方法。在OSI标准中，问题的处理采用了自上而下的逐步求精。先从最高一级的抽象开始，这一级的约束很少。然后逐渐更加精细地进行描述，同时加上越来越多的约束。

3. 开放系统互连参考模型的七层体系结构

开放系统互连参考模型的体系结构及协议如图1.16所示，由低层至高层分别称为物理层、数据链路层、网络层、运输层、会话层、表示层和应用层，各层的主要功能如下。

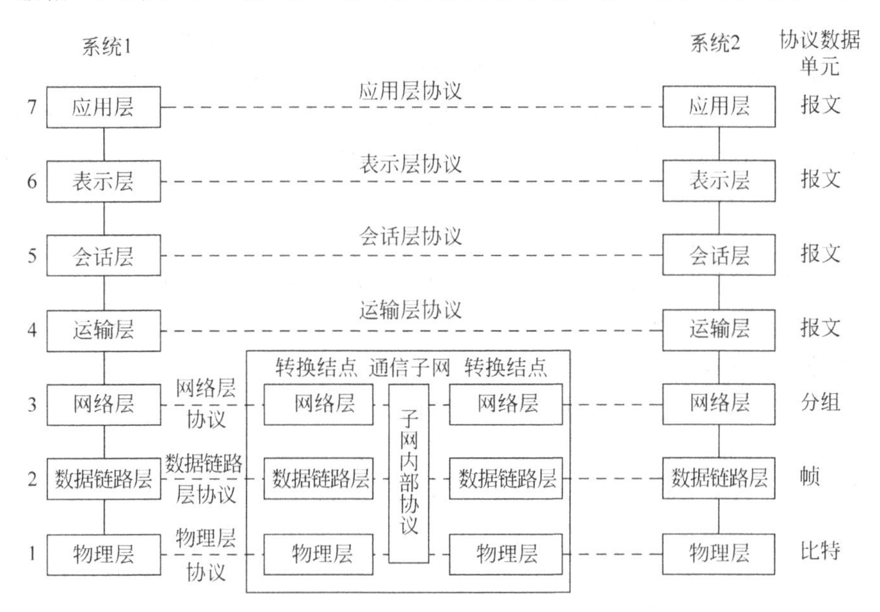

图1.16　开放系统互连参考模型体系结构及协议

1) 物理层(Physical Layer)

传送信息要利用物理媒体，如双绞线、同轴电缆、光纤等。但具体的物理媒体并不在OSI的七层之内。有人把物理媒体当做第0层，因为它的位置处在物理层的下面。物理层的任务就是为其上一层(即数据链路层)提供一个物理连接，以便透明地传送比特流。在物理层上所传数据的单位是比特。

“透明”是一个很重要的术语。它表示某一个实际存在的事物看起来却好像不存在一样。“透明地传送比特流”表示经实际电路传送后的比特流没有发生变化，因此，对传送比特流来说，这个电路好像没有对其产生什么影响，因而好像是不存在的。也就是说，这个电路对该比特流来说是透明的。这样，任意组合的比特流都可以在这个电路上传送。当然，那几个比特代表什么意思，则不是物理层所要管的。

物理层要考虑多高的电压代表"1"和"0"，以及当发送端发出比特"1"时，在接收端如何识别出这是比特"1"而不是比特"0"。物理层还要确定连接电缆的插头应当有多少根腿以及各个腿应如何连接。

2）数据链路层（Data Link Layer）

数据链路层负责在两个相邻结点间的线路上无差错地传送以帧为单位的数据。帧是数据的逻辑单位，每一帧包括一定数量的数据和一些必要的控制信息。为了进一步说明帧的概念，首先要明白何谓报文（message）。简单地说，一个报文就是由若干字符组成的完整信息。在传输过程中，先把报文分块，每个块上加一定的信息（指明报文的最初或最后的代码），这样的代码块称之为包或分组（packet）。在传输这些包时，为了实现差错控制，还要加上一层"封皮"。这层"封皮"分首尾两部分，而包就在中间，形象地说，加了"封皮"的包称之为帧。在这里可以打个比方，帧就是一本书，书的封面（分前后两页）就是"封皮"。这本书除封面以外的东西，就称之为"包"。当帧进行传输时，包的内容不变，而"封皮"用过后就被取消。也就是说在进行另外一个包的传输时，又要重新组合成一个新的帧来进行传输。

和物理层相似，数据链路层要负责建立、维持和释放数据链路的连接。在传送数据时，若接收结点检测到所传数据中有差错，就要通知发送方重发这一帧，直到这一帧正确无误地到达接收结点为止。在每帧所包括的控制信息中，有同步信息、地址信息、差错控制，以及流量控制信息等。这样，链路层就把一条有可能出差错的实际链路，转变成让网络层向下看起来好像是一条不出差错的链路。

3）网络层（Network Layer）

计算机网络中进行通信的两个计算机之间可能要经过许多个结点和链路，也可能还要经过好几个通信子网。在网络层，数据的传送单位是分组或包。网络层的任务就是要选择合适的路由，使发送站的运输层所传下来的分组能够正确无误地按照地址找到目的站，并交付给目的站的运输层。这就是网络层的寻址功能。

4）运输层（Transport Layer）

运输层有几个译名，如传送层、传输层或转送层，现在多称为运输层。在运输层，信息的传送单位是报文。当报文较长时，先要把它分割成好几个分组，然后交给下一层（网络层）进行传输。

运输层的任务是根据通信子网的特性最佳地利用网络资源，并以可靠和经济的方式，为两个端系统（即源站和目的站）的会话层之间建立运输连接，透明地传送报文。或者说，运输层向上一层（会话层）提供一个可靠的端到端的服务。它屏蔽了网络层，使它看不见运输层以下的数据通信的细节。在通信子网中没有运输层。运输层只能存在于端系统（即主机）之中。运输层以上的各层就不再管信息传输的问题了。正因为如此，运输层就成为计算机网络体系结构中最为关键的一层。

5）会话层（Session Layer）

会话层也称为会晤层或对话层。在会话层及以上的更高层次中，数据传输的单位没有另外再取名字，一般都可称为报文。

会话层虽然不参与具体的数据传输，但它却对数据传输进行管理。会话层在两个互相通信的应用进程之间建立、组织和协调其交互(interaction)。例如，确定是双工工作(每一方同时发送和接收)还是半双工工作(每一方交替发送和接收)；当发生意外时(如已建立的连接突然断了)，要确定在重新恢复会话时应从何处开始。

6) 表示层(Presentation Layer)

表示层主要解决用户信息的语法表示问题。表示层将欲交换的数据从适合于某一用户的抽象语法(abstract syntax)变换为适合于 OSI 系统内部使用的传送语法(transfer syntax)。有了这样的表示层，用户就可以把精力集中在他们所要交谈的问题本身，而不必更多地考虑对方的某些特性。例如，对方使用什么样的语言。此外，对传送信息加密和解密也是表示层的任务之一。

7) 应用层(Application Layer)

应用层是 OSI 参考模型中的最高层。它确定进程之间通信的性质以满足用户的需要(这反映在用户所产生的服务请求)；负责用户信息的语义表示，并在两个通信者之间进行语义匹配，也即应用层不仅要提供应用进程所需要的信息交换和远地操作，而且还要作为互相作用的应用进程的用户代理(user agent)，来完成一些为进行语义上有意义的信息交换所必需的功能。

为了对 ISO/OSI/RM 有更深刻的理解，表 1-1 给出了两个主机用户 A 与 B 对应各层之间的通信联系以及各层操作的简单含义。

表 1-1　主机间通信以及各层操作的简单含义

主机 H_A	控制类型	对等层协议规定的通信联系	简单含义	数据单位	主机 H_B
应用层	进程控制	用户进程之间的用户信息交换	做什么	用户数据	应用层
表示层	表示控制	用户数据可以编辑、交换、扩展、加密、压缩或重组为会话信息	对方看起来像什么	会话报文	表示层
会话层	会话控制	建议和撤出会话，如会话失败应有秩序的恢复或关闭	轮到谁讲话和从何处讲	会话报文	会话层
运输层	运输控制	会话信息经过传输系统发送，保持会话信息的完整	对方在何处	会话报文	运输层
网络层	网络控制	通过逻辑链路发送报文组，会话信息可以分为几个分组发送	走哪条路可到达该处	分组	网络层
数据链路层	链路控制	在物理链路上发送帧及应答	每一步应该怎样走	帧	数据链路层
物理层	物理控制	建立物理线路，以便在线路上发送位	对上一层的每一步怎样利用物理媒体	位(比特)	物理层

上述解释还是很肤浅的，这里限于篇幅不再详细介绍。应指出的是，ISO/OSI 七层模型在网络技术发展中有重要的指导作用，它促进了网络技术的发展和标准化。但网络七层模型除最低两层外，链路层以上的高层还没有完全具体化，而要最终完成统一标准的制定工作尚有难度，尤其是高层协议方面任务艰巨。因而在产品开发过程中，关于各层的分配以及层次多少方面各厂商互有差别。实际上存在着多种网络标准，这些标准的形成和改善不断促进网络技术的发展和应用。下面要介绍的 TCP/IP 即如此。

1.4.4 TCP/IP 协议

TCP/IP(Transmission Control Protocol/Internet Protocol,传输控制协议与网间协议)是20世纪70年代中期美国国防部为其ARPANET(Internet的前身)开发的网络体系结构和协议标准。它是当今计算机网络最成熟、应用最广泛的互联技术,拥有一整套完整而系统的协议标准。按TCP/IP标准所建立的、全球最大的计算机互联网络——Internet风靡全球,已成为世界上很多人工作环境的一部分。TCP/IP虽不是国际标准,但它是全世界广大用户和厂商接受的事实上的国际标准,而且ISO制定的OSI主要参考了Internet的TCP/IP协议簇及其分层体系结构。因此,TCP/IP的重要性及其生命力是毋庸置疑的,并将随着技术进步和信息高速公路的发展而不断发展和完善。

1. TCP/IP 协议分层

前面已经介绍,开放系统互连参考模型最基本的技术就是分层,TCP/IP也采用分层体系结构,每一层提供特定的功能,层与层间相对独立,因此改变某一层的功能就不会影响其他层。这种分层技术简化了系统的设计和实现,提高了系统的可靠性及灵活性。

TCP/IP分为四层,即网络接口层、Internet层、传输层和应用层。每一层提供特定功能,层与层之间相对独立,与OSI标准的七层模型相比,TCP/IP没有表示层和会话层,这两层的功能由应用层提供,OSI标准的物理层和数据链路层功能由网络接口层完成。TCP/IP参考模型及协议簇如图1.17所示。

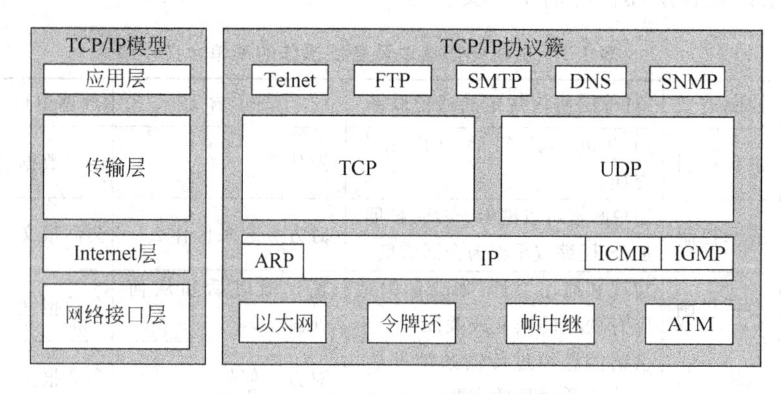

图1.17　TCP/IP参考模型及协议簇

(1) 网络接口层。网络接口层是TCP/IP参考模型的最底层,它负责通过网络发送和接收IP数据报。TCP/IP参考模型允许主机连入网络时使用多种现成的与流行的协议,如局域网协议或其他一些协议。

(2) Internet层。Internet层也叫互联层,是TCP/IP参考模型的第二层,它相当于OSI参考模型中的网络层。Internet层负责将源主机的报文分组发送到目的主机,源主机与目的主机可以在同一个网上,也可以在不同的网上。

(3) 传输层。传输层是TCP/IP参考模型的第三层,它负责在应用进程之间的"端—端"通信。传输层的主要目的是,在互联网中源主机与目的主机的对等实体间建立用于会话的"端—端"连接。从这一点上看,TCP/IP参考模型的传输层与开放系统互连参考模型的传输层功能是相似的。

(4) 应用层。应用层是 TCP/IP 参考模型的最高层,它包括所有的高层协议,并且不断有新的协议加入。

2. TCP/IP 协议简介

TCP/IP 的最高层是应用层。在这层中有许多著名协议,如远程登录协议 Telnet、文件传输协议 FTP、简单邮件传送协议 SMTP、域名系统协议 DNS 以及简单网络管理协议 SNMP 等。

再往下的一层是 TCP/IP 的传输层,也叫主机到主机层。这一层可使用两种不同的协议:一种是面向连接的传输控制协议(Transmission Control Protocol,TCP),另一种是无连接的用户数据报协议(User Data Protocol,UDP)。传输层传送的数据单位是报文(message)或数据流(stream)。报文也常称为报文段(segment)。

传输层下面是 TCP/IP 的互联层,其主要的协议是无连接的网络互联协议(Internet Protocol,IP)。该层传送的数据单位是分组(packet)。与 IP 协议配合使用的还有四个协议:Internet 控制报文协议(Internet Control Message Protocol,ICMP)、Internet 组管理协议(Internet Group Manage Protocal,IGMP)、地址解析协议(Address Resolution Protocol,ARP)和逆地址解析协议(Reverse Address Resolution Protocol,RARP)。

处于最低层的网络接口层支持所有流行的物理网络协议,如 IEEE 802 系列局域网协议、高级数据链路控制协议(HDLC)等系列广域网协议以及各种物理网络产品,如以太网、ATM 网等。

1.4.5 OSI 参考模型与 TCP/IP 参考模型的比较

由前面的分析可以看出,两个模型之间有很多相似之处:它们都采用了层次体系结构,每一层实现的特定功能大体相似。当然,这两个模型之间也存在着许多差异。OSI 参考模型有三个主要概念,即服务、接口和协议。TCP/IP 参考模型最初没有明确区分服务、接口和协议。另一个差别是 OSI 参考模型在网络层支持无连接和面向连接的通信,但是在传输层仅有面向连接的通信;TCP/IP 模型在 Internet 层只有一种通信模式,在传输层支持两种模式。特别要指出的是,这两者的协议标准是不相同的。相对而言,TCP/IP 协议要简单得多,OSI 参考模型的协议在数量上也要远远大于 TCP/IP 协议。

OSI 参考模型的存在和发展有利也有弊。其利在于:它的诞生便朝国际标准化方向大大迈进了一步,因此各国政府进行了大量投资,而许多大公司也做了很多努力,使 OSI 参考模型逐步走向成熟。其弊在于:OSI 参考模型的协议数量和复杂度要远大于 TCP/IP 协议,因为前者是作为国际标准化而制定的,照顾的关系太多,显得大而全,极大地影响了效率,而且它制定的标准已达到 200 多项,但仍未完成,使其至今未能推出完整成熟的产品。

目前,OSI 标准已被中国采用为计算机网络体系结构的发展方向。中国已明确了在计算机网络的发展中要等效或等同采用 OSI 标准作为中国国家标准的方针。但考虑到目前以及近期内大量的计算机产品仍然是非 OSI 标准,而越来越广泛使用的 UNIX 系统产品中,网络协议都是以 TCP/IP 为核心,为确保近期的使用,紧跟国际技术发展潮流,以及将来能以最小代价逐步过渡和升级,中国计算机科学研究者同时也在研究 TCP/IP 与 OSI 参考模型协议的转换技术,以期在 TCP/IP 的网络环境中实现 OSI 参考模型的协议。

1.5 计算机网络的发展趋势

人们常用C&C(computer and communication)来描述计算机网络,但从系统的观点看,这还很不够。固然计算机和通信系统是计算机网络中非常重要的基本要素,但计算机网络并不是计算机和通信系统的简单结合,也不是计算机或通信系统的简单扩展或延伸,而是融合了信息采集、存储、传输、处理和利用等一切先进信息技术,是具有新功能的新系统。因此,对于现代计算机网络的研究和分析,应该特别强调"计算机网络是系统"的观点。只有站在一定的高度来认识计算机网络系统的结构、性能以及网络工程技术和网络实际应用中的重要问题,才有可能把握计算机网络的发展趋势。下面仅从计算机网络的研究热点、计算机网络的支撑技术、计算机网络的关键技术、计算机网络系统以及计算机网络应用等方面来展望计算机网络的发展趋势。

1. 计算机网络的研究热点

计算机通信网将是一个包括地下的光缆、地面的微波和蜂窝移动通信,地面以上数百至数千千米的低轨道卫星通信,10 000km 左右的中轨道卫星通信,以及 36 000km 高的静止轨道通信卫星系统组成的一个混合系统。在这样一个复杂系统的支持下,以下七个方面将成为计算机网络的研究热点。

1) 下一代 Web 研究

下一代的 Web 研究涉及四个重要方向:语义互联网、Web 服务、Web 数据管理和网格。语义互联网是对当前 Web 的一种扩展,其目标是通过使用本体和标准化语言(如 XML、RDF 和 DAML)使 Web 资源的内容能被机器理解,为用户提供智能索引,基于语义内容检索和知识管理等服务。Web 服务的目标是基于现有的 Web 标准(如 XML、SOAP、WSDL 和 UDDI)为用户提供开发配置、交互和管理全球分布的电子资源的开放平台。Web 数据管理是建立在广义数据库理解的基础上,在 Web 环境下,实现对信息方便而准确的查询与发布,以及对复杂信息的有效组织与集成。从技术上讲,Web 数据管理融合了 WWW 技术、数据库技术、信息检索技术、移动计算技术、多媒体技术以及数据挖掘技术,是一门综合性很强的新兴研究领域。网格计算初期主要集中在高性能科学计算领域,提升计算能力,并不关心资源的语义,故不能有效的管理知识,但目前网格已从计算网络发展成为面向服务的网格,语义就成为提供有效服务的主要依据。

2) 网络计算

网络已经渗透到人们工作和生活中的每个角落,Internet 将遍布世界的大型和小型网络连接在一起,使它日益成为企事业单位、个人日常活动不可缺少的工具。Internet 上汇集了大量的数据资源、软件资源和计算资源,各种数字化设备和控制系统共同构成了生产、传播和使用知识的重要载体。信息处理也已步入网络计算(network computing)的时代。

目前,网络计算还处于发展阶段。网络计算有企业计算、网格计算(grid computing)、对等计算(peer-to-peer computing)和普适计算(ubiquitous computing)四种典型的形式。其中 P2P 与分布式已成为当今计算机网络发展的两大主流,通过分布式,将分布在世界各地的计算机联系起来;通过 P2P 又使通过分布式联系起来的计算机可以方便地相互访问,这样就充分利用了所有的计算资源。并且网络计算的主要实现技术也已从底层的套接字

(socket)和远程过程调用(Remote Procedure Call,RPC)发展到如今的中间件(middleware)技术。

3) 业务综合化

所谓业务综合化,是指计算机网络不仅可以提供数据通信和数据处理业务,而且还可提供声音、图形、图像等通信和处理业务。业务综合化要求网络支持所有的不同类型和不同速率的业务,如话音、传真等窄带业务;广播电视,高清晰度电视等分配型宽带业务;可视电话、交互式电视、视频会议等交互型宽带业务;高速数据传输等突发型宽带业务等。为了满足这些要求,计算机网络需要有很高的速度和很宽的频带。例如,一幅 640×480 中分辨度的彩色图像的数据量为每帧 7.37Mb。即便每秒传输一帧这样的图像,网络传输率也要大于 7.37Mbps 方可。假如要求实现图像的动态实时传输,网络传输速率还应增加 10 倍。

业务综合化带来多媒体网络。一般认为凡能实现多媒体通信和多媒体资源共享的计算机网络,都可称为多媒体计算机网。它可以是局域网、城域网或广域网。多媒体通信是指在一次通信过程中所交换的信息媒体不只一种,而是多种信息媒体的综合体。所以,多媒体通信技术是指对多媒体信息进行表示、存储、检索和传输的技术。它可以使计算机的交互性、通信的分布性、电视的真实性融为一体。

4) 移动通信

便携式智能终端(Personal Communication System,PCS)可以使用无线技术,在任何地方以各种速率与网络保持联络。用户利用 PCS 进行个人通信,可在任何地方接收到发给自己的呼叫。PCS 系统可以支持语音、数据和报文等各种业务。PCS 网络和无线技术将大大改进人们的移动通信水平,成为未来信息高速公路的重要组成部分。

随着增加频谱、采用数字调制、改进编码技术和建立微小区和宏小区等措施,在未来 10 年里,无线系统的容量将增加 1 000 倍以上。而且系统的容量通过动态信道分配技术将得到进一步的增长。利用自适应无线技术,将由电子信息组成的无线电波信号发送到接收方,并将其他的干扰波束清除,从而可降低干扰,提高系统的容量和质量。

第一代无线业务分为两类:一类是蜂窝/PCS 广域网,它提供语音业务,工作在窄带,服务区被分为宏小区;第二类是无线局域网,工作于更宽的带宽,提供本地的数据业务。新一代的无线业务将包括新的移动通信系统和宽带信道速率(64kbps~2Mbps)在微小区之间进行的固定无线接入业务。

5) 网络安全与管理

当前网络与信息安全受到严重威胁,一方面是由于 Internet 的开放性和安全性不足,另一方面是由于众多的攻击手段出现,诸如病毒、陷门、隐通道、拒绝服务、侦听、欺骗、口令攻击、路由攻击、中继攻击和会话窃取攻击等。以破坏系统为目标的系统犯罪,以窃取、篡改信息和传播非法信息为目标的信息犯罪,对国家的政治、军事、经济和文化都会造成严重的损害。为了保证网络系统的安全,需要有完整的安全保障体系和完善的网络管理机制,使其具有保护功能、检测手段、攻击的反应以及事故恢复功能。

计算机网络从 20 世纪 60 年代末、70 年代初的实验性网络研究,经过 70 年代中后期的集中式和封闭式网络应用,到 80 年代中后期的局部开放应用,一直发展到 90 年代的开放式大规模推广,其速度发展之快,如今已渗透到社会的各个领域,它对于其他学科的发展具有使能和支撑作用。目前,关于下一代计算机网络(Next Generation Network,NGN)的研究已在全面展开，计算机网络正面临着新一轮的理论研究和技术开发的热潮，计算机网络继续朝着开放、集成、高性能和智能化的方向发展，将是不可逆转的大趋势。

6）三网融合

随着网络的发展和人们对通信业务需求的不断提升，话音、传真、文本、图像、视频等多媒体网络承载业务得到迅猛的发展。除了网络运营商提供的普遍业务之外，越来越多的专业化业务提供商需要利用自身的优势为特定用户群提供量身定做的个性化业务；同时用户可以通过业务门户进行简单的选择和配置生成个性化的业务。于是现代网络业务具有明显实时性，业务智能化和个性化要求越来越高等特点。这些都对网络的服务质量提出了很高的要求，即对带宽（bandwidth）、延迟（delay）、抖动（jitter）以及丢包率（packet loss）等网络参数的要求越来越高。但是现有的网络并不能很好地适应这种对网络业务的需求：电话网不能有效地传输数据，更不适合传输宽带视频信号；有线电视网不适合传输数据和电话，即使在其擅长的视频应用方面，也不适合一对一、一对多及多对多的视频通信。计算机网也还不能保证电话和视频信号的实时性要求和服务质量。

以后的计算机网络是将电信网（PSTN）、计算机网（IP 网）和有线电视网（CATV）融合在一起，构成可以提供现有在三种网络上提供的话音、数据、视频和各种业务的新网络。但是三网融合并不意味着三大网络的物理合一，而主要是指高层业务应用的融合。三网融合表现在技术上趋向一致，网络层上可以实现互联互通、无缝覆盖，业务层上互相渗透和交叉，应用层上趋向使用统一的 IP 协议，在经营上互相竞争、互相合作，朝着向人类提供多样化、多媒体化、个性化服务的目标逐渐交汇在一起。

7）网络体系结构

层次型网络体系结构是计算机网络出现以后第一个被提出并实际使用的网络体系结构。直到目前，其产生和发展的过程始终与计算机网络产生和发展的过程保持协调一致，如 OSI 参考模型和 TCP/IP 四层参考模型都采用了层次型结构。

但是，随着计算机网络的不断发展，新增技术和应用需求层出不穷。很多网络新增功能不可能安置在某个特定层次中，而需要不同层次通过复杂机制协同完成，这样不但极易造成机制混乱，而且很难避免功能冗余，直接影响网络效率。

针对上述问题，有两种不同的解决思路：一是在原有层次型网络体系结构基础上，为各种新增协议和机制设计特别规则，使之不必受到层次化结构的约束，以满足实际应用需求；二是彻底摆脱层次的束缚，研究开发新型的非层次的网络体系结构。前者出现了模块化通信系统构架（Modular Communication System，MCS）等体系结构，它是一个抽象的系统建模框架，它甚至没有规定固定的层数和固定的面数，以方便人们利用该框架对任何网络通信系统进行建模。后者出现了基于角色的计算机网络体系结构、无层次的服务元网络体系结构等。根据已经公开的资料进行分析，基于角色的网络体系结构的理论研究在 2002 年已经取得了初步成果，目前正处在深入研究和构建原型网络阶段。服务元网络体系结构的第一个参考模型——微通信元系统构架正处在开发实现的过程当中。但这两种新型非层次的体系结构能否实际投入使用仍取决于后期研究和开发工作的进展情况。

总的来讲，根据应用需求修补层次型网络体系结构和研发使用非层次型的网络体系结构，是计算机网络体系结构将来的两大发展方向。

2. 计算机网络的支撑技术

从系统的观点看，计算机网络是由单个结点和连接这些结点的链路所组成。单个结点主要是连入网内的计算机以及负责通信功能的结点交换机、路由器，这些设备的物理组成主要是集成电路，而集成电路的一个重要支撑就是微电子技术。网络的另一个组成部分就是通信链路，负责所有结点间的通信，通信链路的一个重要支撑就是光电子技术。为了对计算机网络的发展有所把握，首先要对计算机网络的两个重要的支撑技术，即微电子技术和光电子技术进行简要介绍。

微电子技术的发展是信息产业发展的基础，也是驱动信息革命的基础。其发展速度可用摩尔定律来预测，即微电子芯片的计算功能每18个月提高一倍。这一发展趋势到2010年趋于成熟，那时芯片最多可包含10^{10}个元件，理论上的物理极限是每个芯片可包含10^{11}个元件。对于典型的传统逻辑电路，每个芯片可包含的元件数少于10^{8}～10^{9}个。每个芯片的实际元件数可能因经济上的限制而低于物理上的极限值。自1980年以来，微处理器的速度一直以每5年10倍的速度增长。PC的处理能力在2000年达10^{3} MIPS(million instructions per second)，预测在2011年可达10^{5} MIPS。2001年电路的线宽为0.18μm，2013年将达到0.05μm。Metcalfe定理(主宰数字无线通信网络的定理)用于预测网络性能的增长，该定理预测网络性能的增长是连到网上的PC能力的平方，这表示网络带宽的增长率是每年3倍。不久的将来会出现每秒10^{15} b的网络带宽需求。新的微电子工艺正在开发一种称为Cu(铜)的芯片技术，其具有低阻抗、低电压、高计算能力特点。IBM研制的第一块Cu芯片，其运行频率可达到400MHz～500MHz，包含150M～200M个晶体管。另一种用紫外平面印刷技术的EUV(Extreme Ultraviolet Radiation)工艺是0.1μm的新一代芯片制造技术，目前Intel、AMD、Motorola均提供了巨额经费进行研究。Intel有望在2011年能生产每个芯片包含10^{9}个晶体管的产品。同时随着微电子制造技术的发展，集成系统(Integrated System，IS)技术已经渐露头角，21世纪将是IS技术真正快速发展的时期。21世纪的微电子技术将从目前的3G时代逐步发展到3T时代，集成的速度由GHz发展到THz。

驱动信息革命的另一项支撑技术是光电子技术。光电子技术是一个较为庞大的领域，可应用于信息处理的各个环节，这里讨论的是在信息传输中的光电子技术——光纤通信。评价光纤传输发展的标准是，传输的比特率和信号需要再生前可传输距离的乘积。在过去10年间，该性能每年翻一番，这种增长速度可望持续10～15年。第一代光纤传输使用0.8μm波长的激光器，数据速率可达280Mbps；第二代光纤使用1.3μm波长的激光器和单模光纤，数据速率可达560Mbps；第三代光纤使用单频1.5μm波长的激光器和单模光纤；目前使用的第四代光纤采用光放大器，数据传输率可达10Gbps～20Gbps。随着光发大器的引入，它给光纤传输带来了突破性的进展。而波分复用技术对于传输容量的提高有极大影响，如一个40Gbps的系统能在同一光纤中传送16种波长的信号，每一波长速率为2.5Gbps。因为允许所有波长同时放大，所以光放大器能提供很大的容量。在单芯光纤上传输100Gbps含40种波长的商用系统已在2000年实现，可同时传送100万个话音信号和1 500个电视频道。

3. 计算机网络的关键技术

上面已从系统物理组成的角度分析了计算机网络的发展趋势，下面再从系统的层次结构对计算机网络进行分析。计算机网络的发展方向将是IP技术加光网络，光网络将会演进为全光网络。从网络的服务层面上看将是一个IP的世界；从传送层面上看将是一个光的世界；从接入层面上看将是一个有线和无线的多元化世界。因此，从计算机网络系统的结构上看，目前比较关键的技术主要有软交换技术、IPv6技术、光交换与智能光网络技术、宽带接入技术、3G以上的移动通信系统技术和大容量路由技术等。

1) 软交换技术

从广义上讲，软交换是指一种体系结构。利用该体系结构建立下一代网络框架，主要包含软交换设备、信令网关、媒体网关、应用服务器、综合接入设备等。从狭义上讲，软交换是指软交换设备，其定位是在控制层。它的核心思想是硬件软件化，通过软件的方式来实现原来交换机的控制、接续和业务处理等功能。各实体之间通过标准的协议进行连接和通信，以便于在下一代网络中更快地实现有关协议以及更方便地提供服务。

软交换技术作为业务/控制与传送/接入分离思想的体现，是下一代网络体系架构中的关键技术之一，通过使用软交换技术，把服务控制功能和网络资源控制功能与传送功能完全分开。根据新的网络功能模型分层，计算机网络将分为接入与传输层、媒体层、控制层和业务/应用层(也叫网络服务层)四层，从而可对各种功能进行不同程度的集成。

通过软交换技术能把网络的功能层分离开，并通过各种接口规约(规程公约的简称)，使业务提供者可以非常灵活地将业务传送和控制规约结合，实现业务融合与业务转移，非常适用于不同网络并存互通的需要，也适用于从话音网向数据网和多业务多媒体网演进。引入软交换技术的切入点随运营商的侧重点而异，通常从经济效果比较突出的长途局和汇接局开始，然后再进入端局和接入网。

2) IPv6技术

目前的互联网以IPv4协议为基础，还剩14亿个地址可以使用，可能在2010年左右全部耗尽。此外，IPv4在服务质量、传送速度、安全性、管理灵活性、支持移动性与多播等方面的内在缺陷也越来越不能满足未来发展的需要，因此使用基于IPv6技术的计算机网络将是不可避免的大趋势。

采用IPv6从根本上解决了IPv4存在的地址限制和更加有效地支持移动IP，给业务实现和网络运营管理带来的好处是革命性的。如IPv6使地址空间从IPv4的32比特扩展到128比特，完全消除了互联网地址壁垒造成的网络壁垒和通信壁垒，解决了网络层端到端的寻址和呼叫，有利于运营商网络向企业网络和家庭网络的延伸；IPv6避免了动态地址分配和网络地址转换(Network Address Translation，NAT)的使用，解决了网络层溯源问题，给网络安全提供了根本的解决措施，同时扫清了NAT对业务实现的障碍；IPv6协议已经内置移动IPv6协议，可以使移动终端在不改变自身IP地址的前提下实现在不同接入媒体之间的自由移动，为第三代移动通信(3rd Generation，3G)、无线局域网(Wireless Local Area Network，WLAN)、微波存取全球互通(World wide interoperability for Microwave Access，WiMAX)等的无缝使用创造了条件；IPv6协议通过一系列的自动发现和自动配置功能，简化了网络结点的管理和维护，可以实现即插即用，有利于支持移动结点和大量小型家电和通信设备的应用；采用IPv6后可以开发很多新的热点应用，特别是P2P业务，例如在线聊天、在线游戏等。简言之，IPv6协议是下一代网络的基础，将使网络上升到一个新台阶，并将在发展过程中不断地完善。

3）光交换与智能光网络技术

尽管波分复用光纤通信系统有巨大的传输容量，但它只提供了原始带宽，还需要有灵活的光网络结点实现更加有效与更加灵活的组网能力。当前组网技术正从具有上下光路复用（Optical Add/Drop Multiplexer，OADM）和光交叉连接（Optical Cross Connect，OXC）功能的光联网向由光交换机构成的智能光网络发展；从环状网向网状网发展；从光—电—光交换向全光交换发展。即在光联网中引入自动波长配置功能，也就是自动交换光网络（Automatic Switched Optical Network，ASON），使静态的光联网走向动态的光联网。其主要特点是：允许将网络资源动态的分配给路由；缩短业务层升级扩容的时间；显著增大业务层结点的业务量负荷，进行快速的业务提供和拓展；降低运营维护管理费用；具备光层的快速反应和业务恢复能力；减少了人为出错的机会；可以引入新的业务类型，例如按带宽需求分配业务、波长批发和出租、动态路由分配、光层虚拟专用网等；具有可扩展的信令能力，提高了用户的自助性；提高了网络的可扩展性和可靠性等。总之，智能光网络将成为今后光通信网的发展方向和市场机遇。

目前的自动交换光网络结构是两个功能层。其外层是电层网络，用于完成各种业务的汇聚和路由功能，内层是交换光网络（Switched Optical Network，SON），用于完成光传输和交换功能。边缘交换单元（Edge Switch，ES）位于光电二层的边界处。各种业务（如 IP 业务）通过标准的电层网络进入 ES，ES 完成业务的汇聚与基本的路由功能，确定输入的 IP 包转发到哪一个 ES，即边缘的 ES 要把传输的 IP 包组装到目的地的 ES 的一个光包中。在组装过程中，IP 包的等待时间是关键，光包一旦组装完成就进入交换光网络。SON 把光包从源 ES 交换传送到目的 ES，目的 ES 又将业务分解并分送到目的电层网络。SON 中的交换单元称为核心交换单元（Core Switch，CS），它们通过光波分多路复用（WDM）光传送网相连接。CS 在光域完成光包的交换与转发，同时还完成到 WDM 光链路的统计复用。为了简化光网络结点的包转发过程，ES 和 CS 间可以采用多协议标记交换（MultiProtocol Label Switching，MPLS）技术。

4）宽带接入技术

计算机网络必须要有宽带接入技术的支持，各种宽带服务与应用才有可能开展。因为只有接入网的带宽瓶颈问题被解决，核心网和城域网的容量潜力才能真正发挥。尽管当前宽带接入技术有很多种，但只要是不和光纤或光结合的技术，就很难在下一代网络中应用。目前光纤到户（Fiber To The Home，FTTH）的成本已下降至每户 100～200 美元，即将为多数用户接受。这里涉及两个新技术，一个是基于以太网的无源光网络（Ethernet Passive Optical Network，EPON）的光纤到户技术，一个是自由空间光系统（Free Space Optical，FSO）。

EPON 是把全部数据都装在以太网帧内传送的网络。EPON 的基本作法是在 G. 983 的基础上，设法保留物理层 PON（Passive Optical Network，无源光纤网），而用以太网代替 ATM（Asynchronous Transfer Mode，异步传输模式）作为数据链路层，构成一个可以提供更大带宽、更低成本和更多更好业务能力的结合体。现今 95%的局域网都是以太网，故将以太网技术用于对 IP 数据最佳的接入网是非常合乎逻辑的。由 EPON 支持的光纤到户，现正在异军突起，它能支持吉比特的数据，并且不久的将来成本会降到与数字用户线路（Digital Subscriber Line，DSL）和光纤同轴电缆混合网（Hybrid Fiber Cable，HFC）相同的水平。

FSO技术是通过大气而不是光纤传送光信号,它是光纤通信与无线电通信的结合。FSO技术能提供接近光纤通信的速率,如可达到1Gbps,它既在无线接入带宽上有了明显的突破,又不需要在稀有资源无线电频率上有很大的投资。FSO同光纤线路相比较,其系统不仅安装简便,时间少很多,而且成本也低很多,大概是光纤到大楼成本(100 000～300 000美元)的1/3～1/10。FSO现已在企业和居民区得到应用。但是和固定无线接入一样,易受环境因素干扰。

5) 3G以上的移动通信系统技术

3G系统比现用的2G和2.5G系统传输容量更大,灵活性更高,它以多媒体业务为基础,已形成很多的标准,并将引入新的商业模式。3G以上包括后3G、4G,乃至5G系统,它们将更是以宽带多媒体业务为基础,使用更高更宽的频带,传输容量更上一层楼。它们可在不同的网络间无缝连接,提供满意的服务;同时网络可以自行组织,终端可以重新配置和随身携带,是一个包括卫星通信在内的端到端的IP系统,可与其他技术共享一个IP核心网。它们都是构成下一代移动互联网的基础设施。

此外3G必将与IPv6相结合。欧盟认为,IPv6是发展3G的必要工具。制定3G标准的3GPP组织于2000年5月已经决定以IPv6为基础构筑下一代移动通信网,使IPv6成为3G必须遵循的标准。

6) 大容量路由器技术

近几年来,IP应用的快速普及化和宽带化对网络的扩展性提出了严峻的挑战。大容量路由器、高速链路、大型网络负载分担技术、大规模路由技术是当前保证网络扩展性的主要技术。其中最关键的是大容量路由器技术,解决方案已经有多种,最可行的方法是采用一体化路由器结构方案,又称为路由器矩阵技术或多机箱(Multi-Chassis)组合技术。目前采用这种技术已经开发的路由器单机箱交换容量达到1.28Tbps,交换矩阵具备250%的加速比,采用多机箱组合技术后,最大交换容量理论上可以达到92Tbps,支持1152个40Gbps端口,大大减少了业务呈现点(POP)内设备间互联端口。但是这样大规模的多机箱组合技术在实践上是否经济可行还有待证明,配套的40Gbps传输系统还需要几年时间才具备规模化商用的条件,现有网络的光缆线路能否支持40Gbps的传输还需要作大量的调研和改造工作。

4. 网络系统

1) 对设备规范要求更严格

为了确保网络的全程全网、提高业务的端到端支撑能力,组建网络系统时将进一步强调对设备机型种类的控制,强调在软交换引入、城域网优化等网络演进过程中对设备功能、性能及互通性等方面的要求。

2) 软交换网主导交换网

电路交换机将全面停止,转而采用软交换技术。软交换网络将以长途、固网智能化改造、企业客户综合接入、增值业务作为软交换引入的切入点,并根据业务需求逐步实现端局接入。在2008年左右,基本形成软交换网络架构。而软交换机将全面采用双归属相互备用工作方式成对设置,同一汇接区内的成对设置的中继媒体网关设备,应分别由该业务区内双归属设置的不同软交换机控制,并将对软交换机容量进一步扩充。

3) 限制建设基础数据网

基础数据网将不再扩充,除非是实际业务的需要。分组交换网络和电报网将要退出历史舞台，由软交换网取而代之。

4）传输网将采用自动交换光网络

虽然目前自动交换光网络（Automatically Switched Optical Network，ASON）的标准化程度还不高，但却是下一代传输网的发展趋势。如为利用发挥 ASON 网络应有的优势，中国电信集团就准备完成体制标准制定、设备测试和现场试点等工作，然后进一步推广。

5）接入网

近期各地将坚持"以 ADSL2＋为主，谨慎发展 FTTx＋LAN，完善 WLAN 热点覆盖"的原则进行宽带接入网的建设，同时积极跟踪甚高速数字用户环路 2（Very-high-bit-rate Digital Subscriber loop2，VDSL2）、WiMAX、光纤到户（Fiber To The Home，FTTH）等宽带接入技术。

此外，在窄带光纤接入网络的建设过程中，考虑到网络演进的发展趋势，在新建光纤接入设备，尤其是城市地区新建光纤接入设备时，根据实际情况考虑采用软交换的接入网关设备或能够平滑升级为软交换接入网关设备的综合接入系统。

6）通信管道

近期管道建设工作的重点是严格控制新建管道规模和投资，逐步推进管道资源的精确管理。各地将充分利用资源管理系统逐步对管道资源实施精确化管理，建立和完善管道资源资料和管孔占用情况资料，并实行动态管理。在系统数据的支撑下合理使用既有管道资源、制定管道建设计划，减少甚至杜绝乱占管孔、小对数电缆占用大口径管孔现象，提高现有管线资源的利用率。

5. 网络应用

网络应用是指通过计算机硬件、计算机软件和网络基础设施，通过网络环境和标准规范，推进网络技术在专项行业的应用。随着人们对信息化认识的更进一步深入和加强，对网络应用需求的切实增加，以及网络技术的不断发展，计算机网络应用已步入高速发展阶段，呈现出以下趋势。

1）e 商务

今后，e 商务的"新花样"将会层出不穷，每一年都有新的应用出现。前几年的电子商务平台还是 Web 加 PC，现在已经有众多的一体化、开放式架构推向市场，更适于多种电子信息交换的可扩展标识语言（The Extensible Markup Language，XML）标准也被频频应用于新的系统中。如果说在电子商务中，门户网站被比喻成广告、信息交换平台就是商店，2000 年"商店"应用的完善令"e"风潮涨潮涌。

2）数字城市

数字城市建设包括三个层面：一是网络基础设施建设；二是在网络上构建适应不同需求的应用服务；三是培育良好的电子商务市场环境。其中仅建宽带网一项，就引得众多网络产品厂商和系统集成商跃跃欲试，已形成了一个巨大的市场。而传统企业也在"数字城市"计划中看到了转型良机，普通市民更会享受到信息带来的便利。当"数字城市"收获之时，网络将成为千家万户必不可少的生活方式。

3）语音门户

就人的自身习惯来看，嘴和耳朵是"第一感能"器官，是人们最愿意使用的交流工具。而对于以提供交互式信息为特征的 Web 网络门户来说，若能与语音结合起来，前景将十分广阔。剑桥信息技术的发展和VoiceXML规范的出现使这一设想走向应用。雅虎、来科斯、美国在线等都已推出支持通过语音获取信息、收取邮件的业务。中国的企业，比如亚洲语音在线也建立了号码为63964666的语音门户。尽管现在的语音门户还面临着识别能力、服务内容等一系列难题，但未来人们肯定会选择更贴近日常生活的与网络发生关系的方式。所以语音门户的主人决不会仅仅限于网络内容提供商(Internet Content Provider,ICP)，也许不久之后，人们随时随地对着话筒喊一声"芝麻开门"，就会看到无数的信息宝藏。

4）互联网数据中心资源

互联网数据中心(Internet Data Central,IDC)这种应用2000年被炒得火热，到9月底，仅北京就有30多家企业进入市场。IDC资源是互联网业内分工更加细化的一个必然结果，它通过资源外包，提供整机租用、服务器托管、机柜租用、机房租用、专线接入、网络管理等服务。一个好网络、一个好地点是IDC应用成功的保证。对于企业来说，把自己的网站外包给IDC，可以在减少设备投入的同时获得专业级的服务。目前，各IDC的客户组成主要还都是一些商业网站，企业网站还很少。当众多的传统企业走入电子商务领域时，IDC的盛世就会到来。

5）应用服务提供商服务

应用服务提供商(Application Service Provider,ASP)在市场催生中，通过广域网向客户提供应用软件及增值服务，并为此收取费用。在网络背后，ASP可以是企业的理财专家、人力资源经理、进销存的帮手、市场营销研究员、管理咨询顾问等。无论是个人商务用户还是企业商务用户，都可以在这种新的信息运营模式下找到比传统网络信息服务更加实用、便宜和有效的服务内容。中国IT公司——用友、金蝶、汉普等均于不久前宣布进军ASP；在中国开展ASP业务的国外公司更是名流荟萃——IBM、CA、HP等。有分析家认为，ASP将成为继网络服务提供商(Internet Service Provider,ISP)和ICP之后，Internet时代的第三种商业服务模式，而且是最佳的商业模式。

6）客户关系管理套件

各企业正在寻找现成的，包含销售、市场、客户服务、电子商务、为客户准备个性化内容等功能的套件，以便为市场营销、决策等提供支持。这个套件就是客户关系管理(Customer Relationship Management,CRM)系统。CRM能够找出优质和持久的客户关系的突出特点，帮助企业通过一切形式的互动，如查询、订货、发货和服务使客户感受到连续一贯的支持。可以说，CRM是网络互动功能的具体应用。随着虚拟客服中心的出现，CRM也发展为基于Web的eCRM，它集数据库、呼叫中心、网络营销等多种功能于一身。许多想在"e"时代有所作为的企业都开始建立自己的CRM系统。而CRM应用本身也正在向个性化与全方位客户交流方向发展。

7）服务水平协议网管

服务水平协议(Service Level Agreement,SLA)的目标是每一个网络的网管员的企盼：它要让运营商或者服务提供商与用户签一份合同，保证提供最低限度的服务水平，并且规定了违约所受的惩罚。SLA又不仅仅是一份合同，它实际上是网管工具的应用方案，只有在拥有对网络连接性能、带宽使用情况和系统时延的实时监控能力的企业才有执行SLA的能力。对于网站和运营电子商务、客户关系管理系统的企业来说，广域网的每一分钟中断往往都意味着巨额的经济损失，而企业的IT主管却又对广域网的维护鞭长莫及(那是运营商的领地)，有了 SLA，他们就可以理直气壮地向运营商要服务质量，从而能够进一步摆脱网络技术细节纠缠，而运营商也会通过它开辟另一个财源，根据不同的服务级别收费。世界上许多大运营商都已开展这种应用，如 AT&T、MCIWorldCom，中国的相关服务也已悄然登场。

8）主动网络

主动网络也叫可编程网络，其主要特征是用可计算的主动结点代替传统的仅完成存储转发功能的路由器和交换机，主动结点可以对流经它的包含代码和数据的主动包进行计算。用户可以根据应用的需要，通过主动包对网络进行编程，使网络能够提供新的服务以适应各种新的网络应用需要。但如果主动网络的研究脱离现在广泛使用的 IP 网络，其发展前景就会受到很大的影响。

主动网络在新协议和新服务的部署方面与传统网络相比有着很大的优势，但是由于主动网络的体系结构和工作方式与传统的网络有较大的区别，这就限制了主动网络的实际产品化的进度。因此，国外的很多研究机构都在从事主动网络在现有 IP 网络上的应用研究，力求在对 IP 网络做较少的改动的前提下，完成主动网络动态加载新协议/服务的要求。

主动网络目前有三个主要的研究方向，但是各有优缺点。主动报文封装在 IP 分组中传输的方式以较小的开销为网络提供了主动处理的能力，但由于方案建立在 IP 分组可选项扩展的基础之上，其实用性受到了 IP 分组头可选项长度、主动结点的部署等许多方面限制；基于可编程路由器技术的方式可从根本上将传统路由器结点变成具有动态运算能力的主动结点，是三种技术中最接近于主动网络体系结构的方式，但由于造价、性能等因素使得实际实施有一定难度；基于应用层的主动网络技术是最成熟，也是最易实施的一种方案，但在性能和主动能力方面存在明显不足，只能是一种临时的过渡方法。

随着主动网络技术本身的成熟和网络应用的不断发展，主动网络在现有网络中的应用将越来越得到关注。其中的主要问题是实施的代价问题和性能问题。因此主动网络在 IP 网络中应用的难点在两个方面，一个是如何在现有的网络设施的基础上提供中间结点的可编程能力，另一个是中间结点在完成计算的同时如何保证转发效率。该领域下一步的研究重点在于路由器的可编程能力改造方面的研究。

本章小结

本章概述了计算机网络的发展过程，对其发展的四个阶段做了简要回顾，并对各个阶段的特点做了分析。接着介绍了计算机网络的组成和功能，并重点讨论了计算机网络的分类，其中对按计算机网络的拓扑结构分类、网络控制方式分类、网络作用范围分类、通信传输方式分类、网络配置分类和使用范围分类做了详细论述。接下来通过 ISO/OSI 模型和 TCP/IP 模型的对比分析，对网络的体系结构与协议做了重点讨论。最后简要介绍了计算机网络的发展趋势。

习 题 1

1.1 什么是计算机网络？计算机网络与分布式系统有什么区别和联系？

1.2 简述计算机网络的发展阶段。

1.3 计算机网络由哪几部分组成？各部分的功能是什么？

1.4 计算机网络有哪些功能？

1.5 按拓扑结构分类，计算机网络可分为哪几类？各有何特点？

1.6 按通信传输方式分类，计算机网络可分为哪几类？各有何特点？

1.7 计算机网络中为什么要引入分层的思想？

1.8 什么是网络协议？它由哪三个要素组成？

1.9 什么是计算机网络的体系结构？

1.10 简述 ISO/OSI 七层模型结构，并说明各层的主要功能有哪些？

1.11 在 ISO/OSI 中，“开放”是什么含义？

1.12 在 ISO/OSI 中，“透明”是什么含义？

1.13 简述 TCP/IP 的体系结构，各层的主要协议有哪些？

1.14 对比 ISO/OSI 七层模型与 TCP/IP 模型，分析各自的优缺点。

1.15 结合自己的体会，论述计算机网络的发展趋势。

第2章 数据通信

计算机网络是计算机技术与通信技术密切结合的产物。在当今的信息社会中，数据通信系统是整个国家的神经中枢。所以，学习和了解数据通信的基本概念、基本理论和方法，以及实用技术就显得十分重要。本章分 10 节简要介绍上述内容，为后续有关章节提供基础，因此本章是非常重要的一章。

通过本章学习，可以了解(或掌握)：

- 数据通信的基本概念；
- 数字信号的频谱与数字信道的特性；
- 模拟传输；
- 数字传输；
- 多路复用技术；
- 数据通信媒体；
- 数据交换方式；
- 流量控制、差错控制；
- 无线通信。

2.1 数据通信的基本概念

2.1.1 数据、信息和信号

通信是为了交换信息(information)。信息的载体可以是数字、文字、语音、图形和图像，常称它们为数据(data)。数据是对客观事实进行描述与记载的物理符号。信息是数据的集合、含义与解释。如对一个企业当前生产各类经营指标的分析，可以得出企业生产经营状况的若干信息。显然，数据和信息的概念是相对的，甚至有时将两者等同起来，此处不多论述。

数据可分为模拟数据和数字数据。模拟数据取连续值，数字数据取离散值。在数据被传送之前，要变成适合于传输的电磁信号——模拟信号或是数字信号。所以，信号(signal)是数据的电磁波表示形式。模拟数据和数字数据都可用这两种信号来表示。模拟信号是随时间连续变化的信号，这种信号的某种参量，如幅度、频率或相位等可以表示要传送的信息。电话机送话器输出的语音信号，模拟电视摄像机产生的图像信号等都是模拟信号。数字信号是离散信号，如计算机通信所用的二进制代码“0”和“1”组成的信号。模拟信号和数字信号的波形图如图 2.1 所示。应指出的是，图 2.1(a)所示为正弦信号，显然它是一种模拟信号，但模拟信号绝不是只有正弦信号。如前所述，各种随时间连续变化的信号都是模拟信号。

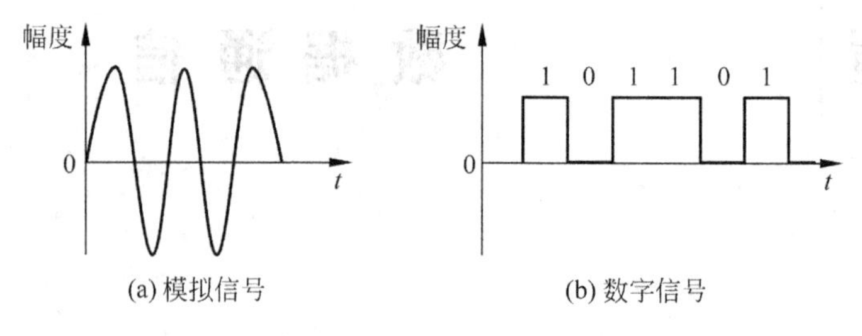

图 2.1　模拟信号与数字信号的波形示意图

与信号的这种分类相似，信道也可以分成传送模拟信号的模拟信道和传送数字信号的数字信道两大类。但是应注意，数字信号在经过数/模变换后就可以在模拟信道上传送，而模拟信号在经过模/数转换后也可以在数字信道上传送。

2.1.2　通信系统模型

通信系统的模型如图 2.2 所示，一般点对点的通信系统均可用此图表示。图 2.2 中，信源是产生和发送信息的一端，信宿是接收信息的一端。变换器和反变换器均是进行信号变换的设备，在实际的通信系统中有各种具体的设备名称。如信源发出的是数字信号，当要采用模拟信号传输时，则要将数字信号变成模拟信号，并用所谓的调制器来实现，而接收端要将模拟信号反变换为数字信号，则用解调器来实现。在通信中常要进行两个方向的通信，故将调制器与解调器做成一个设备，称为调制解调器，具有将数字信号变换为模拟信号以及将模拟信号恢复为数字信号的两种功能。当信源发出的信号为模拟信号，而要以数字信号的形式传输时，则要将模拟信号变换为数字信号，通常是通过所谓的编码器来实现，到达接收端后再经过解码器将数字信号恢复为原来的模拟信号。实际上，也是考虑到一般为双向通信，故将编码器与解码器做成一个设备，称为编码解码器。

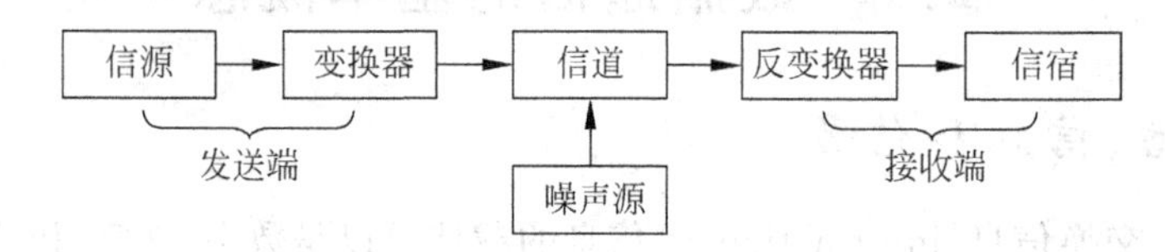

图 2.2　通信系统的模型

信道即信号的通道，它是任何通信系统中最基本的组成部分。信道的定义通常有两种，即狭义信道和广义信道。所谓狭义信道是指传输信号的物理传输介质，如双绞线信道、光纤信道，是一种物理上的概念。对信道的这种定义虽然直观，但从研究信号传输的观点看，对信道的这种定义，其范围显得很狭窄，因而引入新的、范围扩大了的信道定义，即广义信道。所谓广义信道是指通信信号经过的整个途径，它包括各种类型的传输介质和中间相关的通信设备等，是一种逻辑上的概念。对通信系统进行分析时常用的一种广义信道是调制信道，如图 2.3 所示。调制信道是从研究调制与解调角度定义的，其范围从调制器的输出端至解调器的输入端，由于在该信道中传输的是已被调制的信号，故称其为调制信道。另一种常用到的广义信道是编码信道，亦如图 2.3 所示。编码信道通常指由编码器的输出到解码器的输入之间的部分。实际的通信系统中并非要包括其所有环节，如下节所要讲的基带传输系统就不包括调制与解调环节。至于采用哪些环节，取决于具体的设计条件和要求。

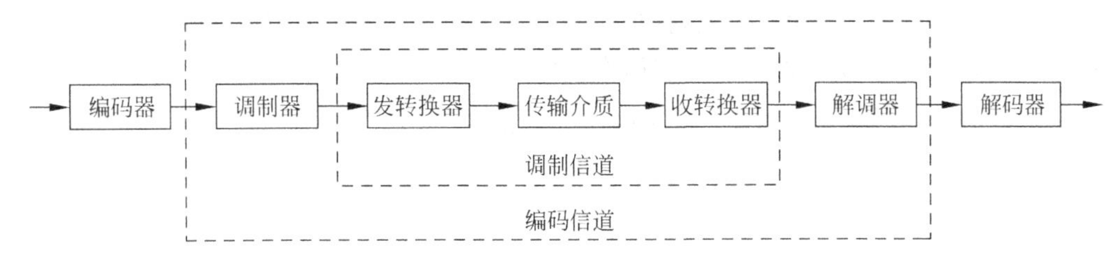

图 2.3 广义信道的划分

此外，信号在信道中传输时，可能会受到外界的干扰，称之为噪声。如信号在无屏蔽双绞线中传输会受到电磁场的干扰。

由上可见，无论信源产生的是模拟数据还是数字数据，在传输过程中都要变成适合信道传输的信号形式。在模拟信道中传输的是模拟信号，在数字信道中传输的是数字信号。

2.1.3 数据传输方式

数据有模拟传输和数字传输两种传输方式。

1. 模拟传输

模拟传输指信道中传输的为模拟信号。当传输的是模拟信号时，可以直接进行传输。当传输的是数字信号时，进入信道前要经过调制解调器调制，变换为模拟信号。图 2.4(a)所示为当信源为模拟数据时的模拟传输，图 2.4(b)所示为当信源为数字数据时的模拟传输。模拟传输的主要优点在于信道的利用率较高，但是在传输过程中信号会衰减，会受到噪声干扰，且信号放大时噪声也会放大。

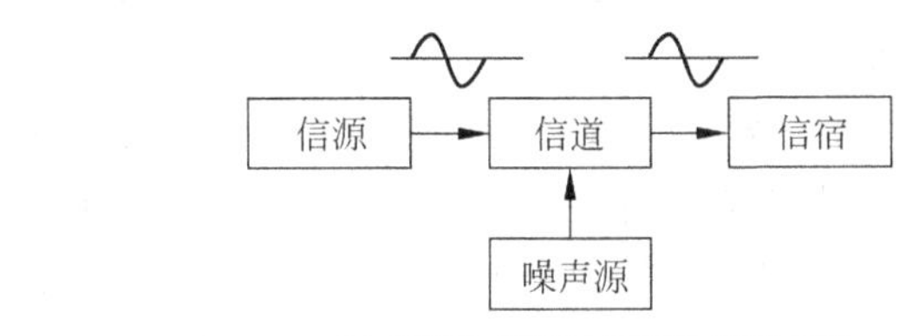

(a) 信源为模拟数据时的模拟传输

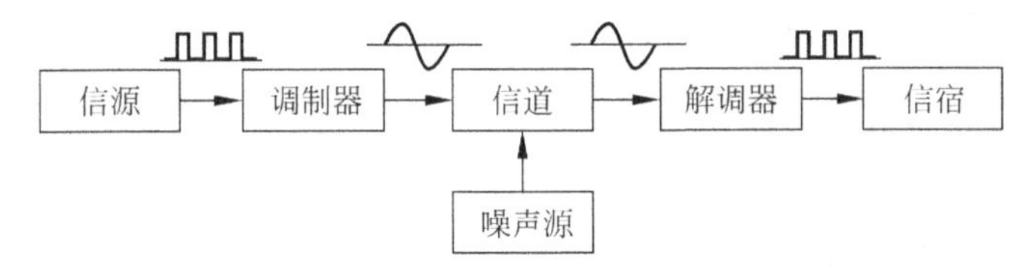

(b) 信源为数字数据时的模拟传输

图 2.4 模拟传输

2. 数字传输

数字传输指信道中传输的为数字信号。当传输的信号是数字信号时，可以直接进行传输。当传输的是模拟信号时，进入信道前要经过编码解码器编码，变换为数字信号。图 2.5(a)

所示为当信源为数字数据时的数字传输,图 2.5(b)所示为当信源为模拟数据时的数字传输。数字传输的主要优点在于数字信号只取有限个离散值,在传输过程中即使受到噪声的干扰,只要没有畸变到不可辨识的程度,均可用信号再生的方法进行恢复,也即信号传输不失真,误码率低,能被复用和有效地利用设备,但是传输数字信号比传输模拟信号所需要的频带要宽得多,因此数字传输的信道利用率较低。

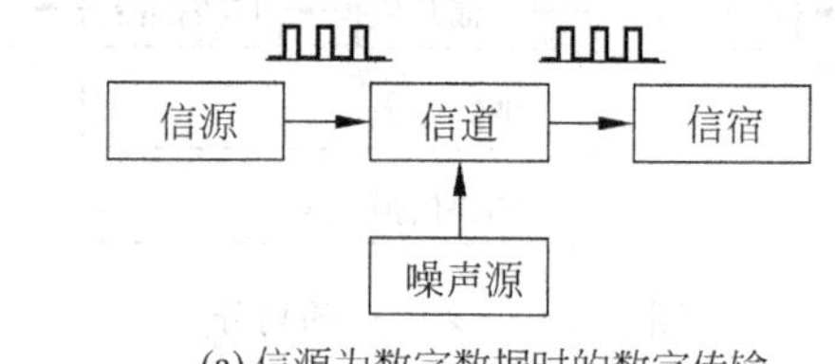

(a) 信源为数字数据时的数字传输

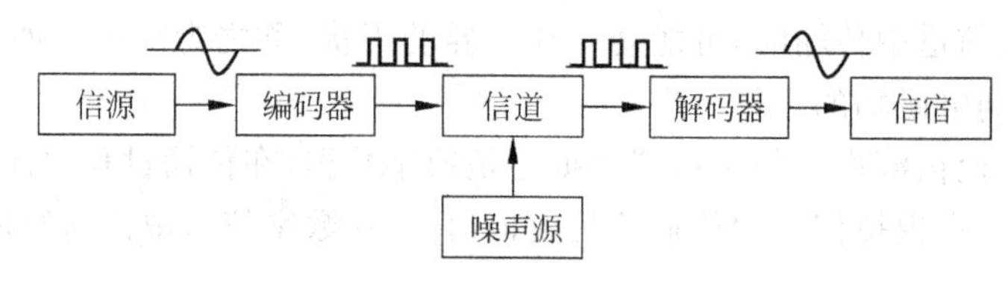

(b) 信源为模拟数据时的数字传输

图 2.5　数字传输

2.1.4　串行通信与并行通信

串行通信指数据流一位一位地传送,从发送端到接收端只要一个信道即可,易于实现。并行通信是指一次同时传送一个字节(字符),即 8 个码元。并行传送数据速率高,但传输信道要增加 7 倍,一般用于近距离范围要求快速传送的地方。如计算机与输出设备打印机的通信一般是采用并行传送。串行传送虽然速率低,但节省设备,是目前主要采用的一种传输方式,特别是在远程通信中一般采用串行通信方式。

在串行通信中,收、发双方存在着如何保持比特(b)与字符同步的问题,而在并行传输中,一次传送一个字符,因此收、发双方不存在字符同步问题。串行通信的发送端要将计算机中的字符进行并/串变换,在接收端再通过串/并变换,还原成计算机的字符结构。特别应指出的是,近年使用的通用串行总线(Universal Serial Bus,USB)是一种新型的接口技术,它是新协议下的串行通信,其标准插头简单,传输速度快,是一般串行通信接口的 100 倍,比并行通信接口也要快 10 多倍,因此目前在计算机与外部设备上普遍采用,广泛应用于计算机与输出设备的近距离传输。

2.1.5　数据通信方式

数据通信除了按信道上传输的信号分类之外,还可以按数据传输的方向及同步方式等进行分类。按传输方向可分为单工通信、半双工通信及全双工通信;按同步方式可分为异步传输和同步传输。

1. 单工、半双工与全双工通信

(1) 单工通信方式。在单工信道上信息只能在一个方向传送。发送方不能接收,接收方不能发送。信道的全部带宽都用于由发送方到接收方的数据传输。无线电广播和电视广播都是单工传送的例子。

(2) 半双工通信方式。在半双工信道上，通信双方可以交替发送和接收信息，但不能同时发送和接收。在一段时间内，信道的全部带宽用于一个方向上的信息传递。航空和航海无线电台以及对讲机等都是这种方式通信的。这种方式要求通信双方既都有发送和接收能力，又有双向传送信息的能力。在要求不很高的场合，多采用这种通信方式。

(3) 全双工通信方式。这是一种可同时进行信息传递的通信方式。现代的电话通信都是采用这种方式。其要求通信双方都有发送和接收设备，而且要求信道能提供双向传输的双倍带宽。

2. 异步传输和同步传输

在通信过程中，发送方和接收方必须在时间上保持步调一致，亦即同步，才能准确地传送信息。解决的方法是，要求接收端根据发送数据的起止时间和时钟频率，来校正自己的时间基准与时钟频率。这个过程叫位同步或码元同步。在传送由多个码元组成的字符以及由多个字符组成的数据块时，也要求通信双方就数据的起止时间取得一致，这种同步作用有两种不同的方式，因而也就对应了两种不同的传输方式。

(1) 异步传输。异步传输即把各个字符分开传输，字符与字符之间插入同步信息。这种方式也叫起止式，即在组成一个字符的所有位前后分别插入起止位，如图 2.6 所示。起始位对接收方的时钟起置位作用。接收方时钟置位后只要在 8～11 位的传送时间内准确，就能正确地接收该字符。最后的终止位(1 位)告诉接收者该字符传送结束，然后接收方就能识别后续字符的起始位。当没有字符传送时，连续传送终止位。加入校验位的目的是检查传输中的错误，一般使用奇偶校验。

1位	7位	1位	1位
起始位	字符	校验	终止位

图 2.6　异步传输

(2) 同步传输。异步传输不适合于传送大的数据块，如磁盘文件。同步传输在传送连续的数据块时比异步传输更有效。按这种方式，发送方在发送数据之前先发送一串同步字符 SYN(编码为 0010110)，接收方只要检测到两个或两个以上的 SYN 字符就确认已进入同步状态，准备接收数据，随后双方以同一频率工作(数字数据信号编码的定时作用也表现在这里)，直到传送完指示数据结束的控制字符，如图 2.7 所示。这种方式仅在数据块前加入控制字符 SYN，所以效率更高，但实现起来较复杂。在短距离高速数据传输中，多采用同步传输方式。

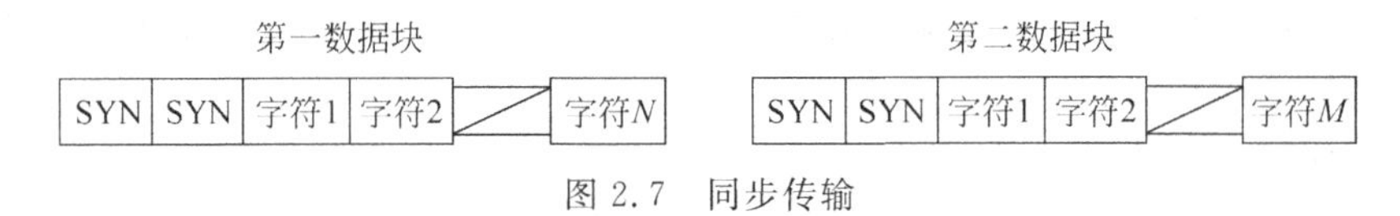

图 2.7　同步传输

2.1.6　数字化是信息社会发展的必然趋势

所谓数字化，是指利用计算机信息处理技术把声、光、电、磁等信号转换成数字信号，或把语音、文字、图像和视频等数据转变为数字数据(0 和 1)，用于传输与处理的过程。数字化是信息社会发展的大趋势，主要原因如下。

1. 数字通信比模拟通信更具优势

模拟通信系统在传输模拟的信号过程中，噪声将叠加在有用的模拟信号上，接收端很难将信号和噪声分开，因而模拟通信系统的抗干扰能力比较差。相反，数字通信系统传输的是二进制信号，数据是介于数字脉冲波形的两种状态之中。在数字通信的接收端对每一个接收信号进行采样并与某个门槛电平进行比较，只要采样时刻的信号电平不超过门槛电平，接收端就不会形成错判，可以正确接收数据，而不受噪声的影响。因此，数字通信系统比模拟通信系统的抗干扰能力更强。

同样，模拟通信时，噪声是叠加在有用的模拟信号上，而通信系统中的模拟放大器无法将有用的信号与噪声分开，因此只好将有用信号和噪声同时放大。随着传输距离的增加以及模拟放大器的增多，噪声也会越来越大。因此模拟通信系统中噪声的积累，会对远距离通信的质量造成很大的影响。而数字通信系统则是采用再生中继器的方法，在传输过程中信号所受到的噪声干扰经过中继器时就已经被消除，然后中继器恢复出与原始信号相同的数字信号，因而克服了模拟通信系统噪声叠加的问题。因此数字通信系统比模拟通信系统可以更好地实现高质量的远距离通信，这也即数字电视比模拟电视的图像、声音更清晰的原因。

同时由于数字通信系统中传输的是数字信号，因而在传输过程中，可以对数字信号进行各种数字处理，如存储、转发、复制、压缩、计算、加密、检错、纠错等。但这些处理在模拟通信系统中是很难实现的。正因为在数字通信系统中可以对信号进行各种处理，因而也就可以在数字通信系统中采用复杂的、非线性的、长周期的密码序列对数字信号进行加密，从而使数字通信具有高度的保密性。而且通过对数字信号使用合适的压缩算法，使其在传输过程中获得更高的传输效率，在接收端再使用相应的解压缩算法，以恢复到压缩前同样的形式，这对解决网络通信中的拥塞控制也大有帮助。

2. 数字机比模拟机使用更广泛

电子计算机从原理上可分为模拟电子计算机和数字电子计算机，分别简称为模拟机和数字机。模拟机问世较早，内部所运算的是模拟信号，处理问题的精度差，所有的处理过程均需模拟电路来实现，电路结构复杂，抗外界干扰能力差，因此模拟机已越来越少。数字机是当今世界电子计算机行业中的主流，其内部处理的是数字信号，它的主要特点是“离散”，在相邻的两个符号之间不可能有第三种符号存在。由于这种处理信号的差异，使得它的组成结构和性能大大优于模拟机。

目前的计算机绝大部分都是数字机，而数字机只能对数字数据进行存储和处理，因此，文字、声音、视频、图像等数据，必须变换为数字数据后才能存入计算机，才能进行计算处理，而且数字传输的质量远高于模拟传输。

3. 数字设备越来越便宜

计算机等数字设备的主要器件是集成电路（芯片），它的集成度大约每 18 个月翻一番。这就是 1.5 节中提到的摩尔定律，它是英特尔公司创始人之一戈登·摩尔（Gordon Moore）于 1965 年在总结存储器芯片的增长规律时发现的。伴随着集成电路集成度越来越高，造价也越来越低，因而集成电路在生活中到处可见，人们已越来越多地使用数字设备，如数字手机、数字照相机、数字彩电、数字摄像机等，几乎所有的设备都在数字化。综上可见，数字化是信息社会发展的必然趋势。

当然，数字通信也有缺点，最大的缺点就是占用的频带宽，可以说数字通信的许多优点是以牺牲信道带宽为代价的。以电话为例，一路数字电话所占用的信道带宽远大于一路模拟电话所占用的信道带宽。数字通信的这一缺点限制了它在某些信道带宽不够大的场合下使用。但随着微波、卫星、光缆等高宽带信道的广泛使用，带宽的问题就不突出了。

2.2 数字信号的频谱与数字信道的特性

如前所述，通信中的数字化是大趋势。因此本节重点对数字信号的频谱与数字信道的特性进行分析。

2.2.1 傅里叶分析

任何周期信号都是由一个基波信号和各种高次谐波信号合成的。根据傅里叶分析法，可以把一个周期为 T 的复杂函数 $g(t)$ 表示为无限个正弦和余弦函数之和，即：

$$g(t)=\frac{a_0}{2}+\sum_{n=1}^{\infty}a_n\sin(2\pi nft)+\sum_{n=1}^{\infty}b_n\cos(2\pi nft)$$

式中 a_0 是常数，代表直流分量，且 $a_0=\frac{2}{T}\int_0^T g(t)\mathrm{d}t$，$f=\frac{1}{T}$ 为基频，a_n、b_n 分别是 n 次谐波振幅的正弦和余弦分量，即：

$$a_n=\frac{2}{T}\int_0^T g(t)\sin(2\pi nft)\mathrm{d}t$$

$$b_n=\frac{2}{T}\int_0^T g(t)\cos(2\pi nft)\mathrm{d}t$$

2.2.2 周期矩形脉冲信号的频谱

频谱指组成周期信号各次谐波的振幅按频率的分布图。这种频谱图以 f 为横坐标，相应的各种谐波分量的振幅为纵坐标，如图 2.8 所示。该图中，谐波的最高频率 f_h 与最低频率 f_l 之差（f_h-f_l）叫信号的频带宽度，简称信号带宽或带宽，它由信号的特性所决定，表示传输信号的频率范围。而信道带宽是指某个信道能够不失真地传送信号的频率范围，由传输媒体和有关附加设备以及电路的频率特性综合决定，简言之，信道带宽是信道的特性决定的。例如，一路电话话频线路的信道带宽为 4kHz。一个低通信道，若对于从 0 到某个截止频率 f_c 的信号通过时，振幅不会衰减得很小，而超过截止频率的信号通过时就会大大衰减，则此信道的带宽为 f_c。

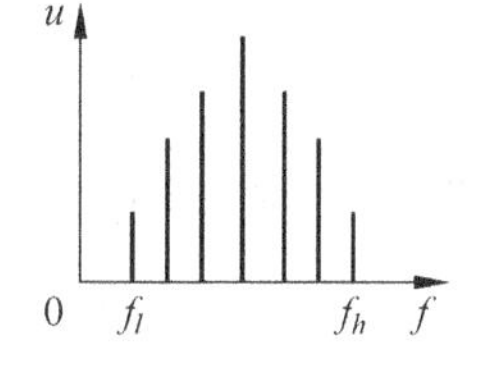

图 2.8 信号的频谱图

周期性矩形脉冲如图 2.9(a)所示，其幅值为 A，脉冲宽度为 τ，周期为 T，对称于纵轴。这是一种最简单的周期函数，实际数据传输中的脉冲信号比这要复杂得多，但对这种简单周期函数的分析，可以得出信道带宽的一个重要结论。

上述周期性矩形脉冲信号的傅立叶级数中只含有直流和余弦项，令 $\omega=2\pi/T$，有：

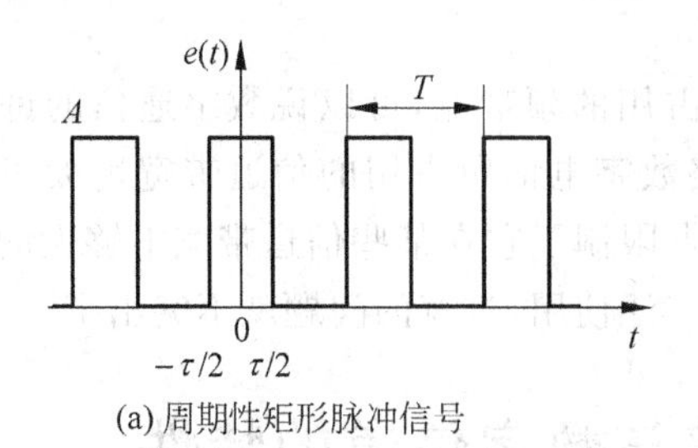

(a) 周期性矩形脉冲信号

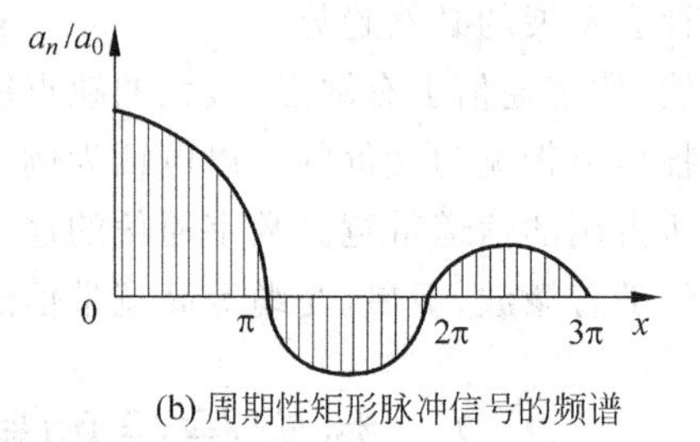

(b) 周期性矩形脉冲信号的频谱

图 2.9 周期性矩形脉冲信号及其频谱

$$g(t)=\frac{A\tau}{T}+\sum_{n=1}^{\infty}\frac{2A\tau}{T}\frac{\sin\left(\frac{n\tau\omega}{2}\right)}{\frac{n\tau\omega}{2}}\cos(n\omega t)$$

令 $x=\frac{n\tau\omega}{2}$，则上式可写成：

$$g(t)=\frac{A\tau}{T}+\sum_{n=1}^{\infty}\frac{2A\tau}{T}\frac{\sin(x)}{x}\cos(n\omega t)$$

由上式可得周期性矩形脉冲信号的频谱如图 2.9(b)所示。该图中横轴用 x 表示，纵轴用归一化幅度 a_n/a_0 表示$\left(a_0=\frac{2A\tau}{T},a_n=\frac{2A\tau}{T}\frac{\sin x}{T}\right)$，谱线的包络为$\frac{\sin x}{x}$，当 $x\to\infty$时，其值趋于 0。由图 2.9(b)可知，谐波分量的频率越高，其幅值越小。可以认为信号的绝大部分能量集中在第一个零点的左侧，由于第一个零点处于 $x=\pi$，因而有 $n\tau\omega/2=\pi$，亦即 $n\tau=T$。若取 $n=1$，则有 $\tau=T$。这里定义周期性矩形脉冲信号的带宽如下。

$$B=f=\frac{1}{T}=\frac{1}{\tau}$$

可见信号的带宽与脉冲的宽度成反比，与之相关的结论是传送的脉冲频率越高(即脉冲越窄)，则信号的带宽也越大，因而要求信道的带宽也越大。通常信道的带宽指信道频率响应曲线上幅度取其频带中心处值的 $1/\sqrt{2}$ 倍的两个频率之间的区间宽度，如图 2.10 所示。为了使信号在传输中的失真小些，则信道要有足够的带宽，即应使信道带宽大于信号带宽。

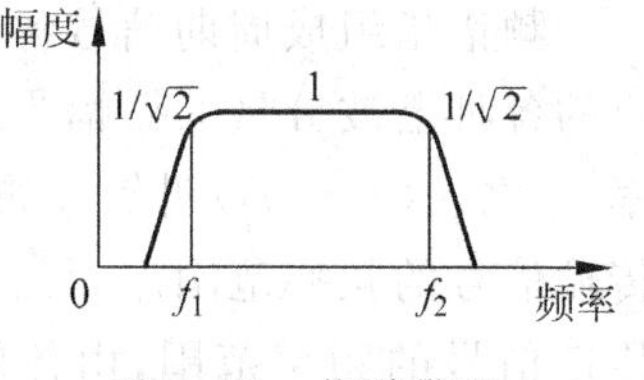

图 2.10 信道带宽

2.2.3 数字信道的特性

一个数字脉冲称为一个码元。如字母 A 的 ASCII 码是 1000001，可用 7 个脉冲来表示，亦可认为由 7 个码元组成。码元携带的信息量由码元取的离散值个数决定。若码元取 0 和 1 两个离散值，则一个码元携带 1 比特(b)的信息量。若码元可取 4 个离散值，则一个码元携带 2 比特的信息量。一般地，一个码元携带的信息量 n 比特(b)与码元取的离散值个数 N 具有如下关系：

$$n=\log_2 N$$

下面用码元和信息量的概念说明数字信道的基本情况。

1. 波特率、数据速率和信道容量

码元速率表示单位时间内信号波形的变换次数，即通过信道传输的码元个数。若信号码元宽度为 Ts，则码元速率 $B=1/T$，其单位叫波特，这是为了纪念电报码的发明者法国人波特(Baudot)，故码元速率也称波特率，或称做调制速率、波形速率和符号速率。1924 年奈奎斯特推导出有限带宽无噪声信道的极限波特率，称为奈氏定理。若信道带宽为 W，则奈氏定理的最大码元速率为：

$$B = 2W(\text{Baud})$$

奈氏定理指定的信道容量也称为奈氏极限，它由信道的物理特性决定。超过奈氏极限传送脉冲信号是不可能的。因此要进一步提高波特率，就必须改善信道的带宽。

数据速率指单位时间内信道上传送的信息量(比特数)。数字信道的通频带(即信道带宽)决定了信道中能不失真地传输脉冲序列的最高速率，即信道容量。在一定波特率下提高数据速率的途径是用一个码元表示更多的比特数。若把 2b 编码为一码元，则数据速率可成倍提高，有公式：

$$R = B\log_2 N = 2W\log_2 N(\text{bps})$$

公式中，R 表示数据速率，B、N、W 的含义如上所述，单位为每秒比特(bits per second)，记为 bps 或 b/s。

数据速率"比特/秒"与码元的传输速率"波特"是两个不同的概念。两者在数量上有上述公式所描述的关系。若 1 个码元只取 0 和 1 两个离散值，即 $N=2$，亦即仅携带 1b 的信息量，则两者在数值上是相等的，即 $R=B$。但若使 1 个码元携带 nb 的信息量，则 M Baud 的码元传输速率为 Mnbps。例如，有一个信道带宽为 3kHz 的理想低通信道，其码元传输速率为 6 000baud。而最高数据速率可随编码方式的不同而有不同的取值。若 1 个码元能携带 2b 的信息量，则最高的数据速率为 12 000bps。这些都是不考虑噪声的理想情况下的极限值。至于有噪声影响的实际信道，则远远达不到这个极限值。

2. 误码率

香农(Shannon)提出有噪声信道的极限数据速率用下述公式计算，即：

$$C = W\log_2(1 + S/N)$$

该公式中，W 为信道带宽，S 为信号的平均功率，N 为噪声平均功率，S/N 称信噪比。实际使用中，S 与 N 的比值太大，故常取分贝数。例如当 $S/N=1\,000$ 时，信噪比为 30dB(分贝)。这个公式与信号取的离散值个数无关，也即无论用什么方式调制，只要给定了信号和噪声的平均功率，则单位时间内最大的信息传输量就确定了。例如，信道带宽为 3 000Hz，信噪比为 30dB，则最大数据速率 $C=3\,000\log_2(1+1\,000)=3\,000\times 9.97\approx 30\,000$bps。这是极限值，只有理论上的意义。实际上在 3 000Hz 带宽的电话线上，数据速率能达到 9 600bps 就很不错了。

在有噪声的信道中，数据速率的增加意味着传输中出错的概率增加，可用误码率来表示传输二进制数据时出现差错的概率。

$$P_e = N_e/N$$

该公式中，P_e 表示误码率，N_e 表示出错位数，N 为传送的总位数。计算机通信网络中，要求误码率低于 10^{-6}，即平均传送 1Mb 才允许错 1 位。当误码率高于一定数值时，可用差错控制进行检查和纠正。

3. 信道延迟

信号在信道中从源端到达宿端需要的时间即为信道延迟，它与信道的长度及信号传播速度有关。电信号一般已接近光速(300m/μs)传播，但随介质的不同而略有差别。例如，电缆中的传播速度一般为光速的77%，即200m/μs左右。一般来说，考虑信号从源端到达宿端的时间是没有意义的，但对于一种具体的网络，人们经常对该网络中相距最远的两个站点之间的传播时延感兴趣。这时要考虑信号传播速度即网络通信线路的最大长度。如500m同轴电缆的时延大约是2.5μs，远离地面3.6万公里的卫星，上行和下行的时延共约270ms。

2.2.4 基带传输、频带传输和宽带传输

计算机网络通信系统依其传输介质的频带宽度可分为基带系统和宽带系统两类，两者的差别是传输介质的带宽不同，允许的传输速率也不同。基带系统只传输一路信号，既可以是数字信号也可以是模拟信号，但通常是数字信号。宽带介质实际上可划分为多条子信道。由于数字信号的频带很宽，故不能在宽带系统中直接传输，必须将其转化为模拟信号方可在宽带系统中传输。宽带系统通常传输的是模拟信号。

1. 基带传输

所谓基带指的是基本频带，也就是数据编码电信号所固有的频带，这种信号可称为基带信号。所谓基带传输就是对基带信号不加调制而直接在线路上进行传输，它将占用线路的全部带宽，也可称为数字基带传输。2.4.2节将介绍数据可编码成数字信号进行传输的几种编码，就是基带信号的编码。但是不能认为数字信号只能进行基带传输，为了充分利用线路带宽，可对数字信号进行调制，变成模拟信号后再进行传输，即频带传输。

2. 频带传输

20世纪90年代以前，当进行远距离数据传输时，一般要借用已有的通信网(如电话网)，而数据的原始形式是数字信号(基带信号)，它无法在带宽较窄的通信网中传输，需要将带宽很宽的数字信号(基带信号)变换为带宽符合通信网要求的模拟信号，而这种模拟信号通常由某一频率或某几个频率组成，它占用了一个固有频带，所以称为频带传输。

频带传输与传统的模拟传输有一定的区别，传统的模拟传输使用的是模拟信号波形，波形中的频率、电压与时间的函数关系比较复杂，如声音波形。而频带传输的波形比较单一，即频率分量为很有限的一个或几个，电压幅度也为有限的几个，其作用是用不同幅度或不同频率表示0或1电平。所以传统的模拟传输对传输过程中保真度要求较高，而频带传输则要求较低，故适合于模拟传输的信道一般都适合于频带传输。过去，大部分通信网都是为模拟传输而设计的，所以通常把频带传输和传统的模拟传输都称为模拟传输。频带传输有两个作用：第一是为了适应公用通信网的信道要求；第二是为了频分多路复用，即在同一条物理线路中传输多路数据信号。

3. 宽带传输

宽带的概念来源于电话业，指的是比4kHz更宽的频带。宽带传输系统使用标准的有线电视技术，可使用的频带高达300MHz(常常到450MHz)。由于使用模拟信号，可以传输近100km，对信号的要求也没有像数字系统那样高。为了在模拟网上传输数字信号，需要在接口处安放一个电子设备，用以把进入网络的比特流转换为模拟信号，并把网络输出的信

号再转换成比特流。根据使用的电子设备的类型，1bps 可能占用 1Hz 带宽。在更高的频率上，可以使用先进的调制技术，达到多个 bps 只占用 1Hz 带宽。

2.3 模拟传输

尽管数字传输优于模拟传输，以及数字网是今后网络发展的方向，但事实上早在计算机网络出现之前，采用模拟传输技术的电话网已经工作了一个世纪左右。现在谁也不会轻易丢弃规模庞大且仍能继续工作相当长时间的模拟网，因此对模拟传输系统应有所了解。

2.3.1 模拟传输系统

传统的电话通信系统是典型的模拟传输系统。目前全世界的电话机早已超过 20 亿部。如此多的电话要互连成网，唯一可行的办法就是分级交换。我国的电话网络现分为 5 级，上面 4 级是长途电话网，最低一级是市话网。4 级长途交换中心从上到下分别是：

① 一级中心，又称大区中心或省间中心；

② 二级中心，又称省中心；

③ 三级中心，又称地区中心或县间中心；

④ 四级中心，又称县中心。

每一个上级交换局均按辐射状与若干个下级交换局连成星状网。在这以下就是市话交换局，又称为端局，直接与其管辖范围内的各电话用户相连。因此，一般属于同一个市话局内的两个电话用户之间的通信只需通过市话局的交换。但在复杂的情况下，两个电话用户之间可能需要经过多个不同级别的交换局的多次转接。随着计算机处理能力的提高和网络容量的增大，现有的 5 级电话网络结构正向更简单的两级结构过渡。

一个市话局内的通信线路称为用户环或用户线。用户环使用二线制，它采用最便宜的双绞线电缆，通信距离约为 1km～10km。用户环的投资占整个电话网投资的很大分量。

长途干线最初采用频分多路复用的传输方式，也就是所谓的载波电话。一个标准话路的频率范围是 300Hz～3 400Hz。但由于话路之间应有一些频率间隔，因此国际标准取 4kHz 为一个标准话路所占用的频带宽度。通常级别越高的交换局之间的长途干线就需要更多的话路容量才能满足通信业务的需求。人们平常所说的 60 路、300 路或 1 800 路等，就是指长途干线频分多路复用的话路数目。在传统的长途干线中，由于使用了只能单向传输的放大器，因此不能像市话线路那样使用二线制而是要使用四线制，即要用两对线来分别进行发送和接收，也即发送和接收各需要占用一条信道。

传统的模拟传输系统已更新为数字传输系统，即 5 级中心以上的各干线之间均采用数字传输方式，而大量的用户电话和用户环在今后一段时间内还将保持传统的模拟传输方式。因此，模数混合传输系统仍将大量存在。

2.3.2 调制解调器

2.3.1 节介绍的模拟传输系统如用来直接传输计算机数据，当失真或干扰严重时，就会出现差错，也即产生误码。发送的码元速率越高，传统的电话线路产生的失真就越严重。为解决数字信号在模拟信道中传输产生失真的问题，可采用两种方法。一种办法是在模拟信道两端各加上一个调制解调器，另一种方法是把模拟信道改造为数字信道。本节仅讨论前者，数字信道在后面介绍。

本书2.1节曾指出，由于计算机之间的通信常为双向通信，因此一个调制解调器包括了为发送信号用的调制器和接收信号用的解调器。调制解调器(modem)即由调制器(modulator)和解调器(demodulator)组合而成。如没有特别说明，调制解调器即为一条标准话路使用。为群路(即许多条话路复用而成的)用的调制解调器称为宽带调制解调器。调制器是个波形变换器，即将计算机送出的基带数字信号变换为适合于模拟信道上传输的模拟信号。解调器是个波形识别器，它将经过调制器变换过的模拟信号恢复成原来的数字信号。

1. 调制方式

进行调制时，常把正弦信号作为基准信号或载波信号。调制即利用载波信号的一个或几个参数的变化来表示数字信号(调制信号)的过程。基于载波信号的三个主要参数，可把调制方式分为振幅调制、频率调制和相位调制三种，可分别简称为调幅、调频和调相，如图2.11所示。

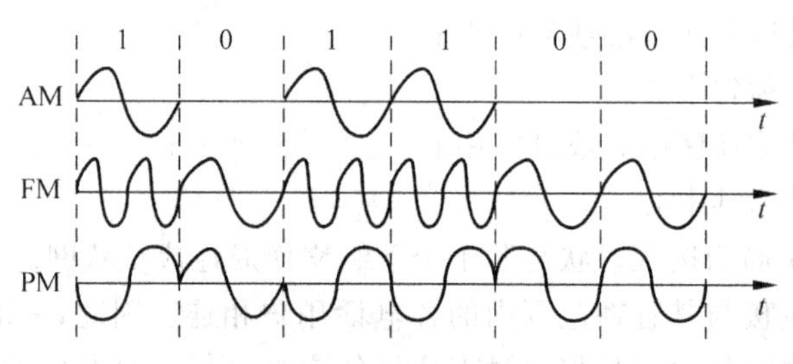

图2.11　三种模拟调制方式

(1) 调幅。调幅(Amplitude Modulation，AM)指载波的振幅随计算机送出的基带数字信号变化而变化。例如数字信号0对应于无载波输出，1对应于有载波输出。调幅也可以表述为用两个不同的载波信号的幅值分别代表二进制数字0和1。

(2) 调频。调频(Frequency Modulation，FM)指载波的频率随计算机送出的基带数字信号变化而变化。例如数字信号0对应于频率f_1，1对应于频率f_2。同样，调频也可表述为用两个不同的载波信号的频率分别代表二进制数字0和1。

(3) 调相。调相(Phase Modulation，PM)指载波的初始相位随计算机送出的基带数字信号变化而变化。例如数字信号0对应于0°，1对应于180°。调相也可以表述为两个不同的载波信号的初相位来代表二进制数字0和1。这种只有两种相位(如0°或180°)的调制方式称为两相调制。为了提高信息的传输速率，还经常采用四相调制和八相调制方式，这两种调制方式的数字信息的相位分配情况如图2.12所示。

数字信息	00	01	10	11
相位	0°(或45°)	90°(或135°)	180°(或225°)	270°(或315°)

(a) 四相调制方式的相位分配

数字信息	000	001	010	011	100	101	110	111
相位	0°	45°	90°	135°	180°	225°	270°	315°

(b) 八相调制方式的相位分配

图2.12　四相位、八相位调制方式的数字信息的相位分配

由图 2.12 可以看出，在四相调制方式中，用四个不同的相位分别代表 00、01、10、11，或者说每一次调制可以传送 2b 的信息量；在八相调制方式中，则每一次调制可传送 3b 的信息量，显然两者都提高了信息的传输速率。为了达到更高的信息传输速率，必须采用技术上更为复杂的多元制的振幅相位混合调制方法。

2. 调制解调器的分类

调制解调器可以根据应用环境、传输速率、功能先进性和调制方式等进行分类。

(1) 按应用环境分类。

① 音频 modem。它将数字信号调制成频率为 0.3kHz～3.4kHz 的音频模拟信号。当这种模拟信号经过电话系统传到对方后，再由解调器将它还原为数字信号。因此，用电话信道传输数字信号时应采用音频调制解调器。

② 基带 modem。一般音频调制解调器，功能较齐全，多在进行远距离传输时使用。当距离较近，比如只需使用市话线传输数据，可使用基带调制解调器，其数据传输速率较高，可达到 64kbps～2Mbps，它主要用于网络用户接入高速线路中。

③ 无线 modem。在短波及卫星通信中，应使用与信道特点相适应的无线调制解调器。这类调制解调器对差错的检测和纠错能力较强，以克服无线信道差错率较高的缺点。

(2) 按传输速率分类。对音频 modem 可按传输速率分为低速、中速和高速 modem 三类，现一般使用高速 modem，即数据速率为 56kbps 的 modem。

(3) 按功能先进性分类。按其功能先进性可分为以下三类。

① 人工拨号 modem。进行数据通信前，先要通过人工拨号呼叫对方。待电话局的交换机接通对方并经双方确认后，便转向利用 modem 进行通信。

② 自动拨号/自由应答式 modem。用户可通过个人计算机键盘拨打电话号码或通过相应软件取出存放在某磁盘文件中的电话号码，由 modem 按指定顺序在指定时间自动拨号，建立与对方的连接。

③ 智能 modem。在 modem 中配置 CPU 来提高 modem 的性能和增加新功能，如对 modem 的参数进行自动设置，对传输的数据进行数据压缩。在高档次的 modem 中还引入了网络管理功能。

(4) 按调制方式分类。按调制方式可分为频移键控 modem、相移键控 modem 和相位幅度调制 modem。后者是为了尽量提高传输速率又不提高调制速率，于是采用相位调制与幅度调制相结合的方法，使一次调制能产生更多不同的相位和幅度，从而提高传输速率。

(5) 按使用线路分类。按使用线路可分为拨号线 modem、专线 modem 和 cable modem。拨号线 modem 使用电话线拨号上网，速度一般为 56kbps；专线 modem，如 ADSL modem，也使用电话线，和拨号上网不同的是，它使用传统电话没有使用到的频率区域作为传送和接收数据的信道，速度较快，下载速度可达到 9Mbps；而 cable modem 使用同轴电缆执行数据下载，速度较 ADSL 更快，可达 36Mbps。

2.4 数字传输

2.4.1 脉码调制

数字传输在许多方面优于模拟传输，即使是模拟信号也可以先变换为数字信号，然后在信道上进行传输。在发送端将模拟信号变换为数字信号的装置称为编码器(encoder)，而在接收端将收到的数字信号恢复成原模拟信号的装置称为解码器(decoder)。通常是进行双向通信,需既能编码又能解码的装置,故集二者于一体,称编码解码器(codec)。用编码解码器把模拟数据变换为数字信号的过程叫模拟数据的数字化。可见编码解码器的作用正好和调制解调器的作用相反。

将模拟信号变换为数字信号常用的方法是脉码调制(Pulse Code Modulation,PCM)。PCM最初并不是为传送计算机数据用的,而是为了解决电话局之间中继线不够用的问题,希望使用一条中继线不是只传送一路而是可以传送数十路的电话。由于历史上的原因,PCM有两个互不兼容的国际标准,即北美的24路PCM(简称为T1)和欧洲的30路PCM(简称为E1)。中国采用的是E1标准。T1的数据速率是1.544Mbps,E1的数据速率是2.048Mbps。下面结合PCM的取样、量化和编码三个步骤,说明这些数据速率是如何得出的。

为了将模拟电话信号转变为数字信号,必须对电话信号进行取样。即每隔一定的时间间隔,取模拟信号的当前值作为样本。该样本代表了模拟信号在某一时刻的瞬时值。一系列连续的样本可用来代表模拟信号在某一区间随时间变化的值。取样的频率可根据奈氏取样定理确定。奈氏取样定理表述为,只要取样频率大于模拟信号最高频率的2倍,则可以用得到的样本空间恢复原来的模拟信号,即:

$$f_1 = \frac{1}{T_1} \geqslant 2f_{2\max}$$

公式中,f_1为取样频率,T_1为取样周期,即两次取样之间的间隔,$f_{2\max}$为信号的最高频率。标准电话信号的最高频率为3.4kHz。为方便起见,取样频率就定为8kHz,相当于取样周期为125μs(1/8 000s)。PCM的基本原理如图2.13所示。

图2.13(a)表示一个模拟电话信号的一段。T为取样周期。连续的电话信号经取样后成为图2.13(b)所示的离散脉冲信号,其振幅对应于取样时刻电话信号的数值。下一步即进行编码。为简单起见,图2.13(c)将不同振幅的脉冲编为4位二进制码元。在中国使用的PCM体制中,电话信号是采用8位编码,也即将取样后的模拟电话信号量化为256个不同等级中的一个。模拟信号转换为数字信号后就进行传输(为提高传输质量,还可再进行编码,本节下面要介绍)。在接收端进行解码的过程与编码过程相反。只要数字信号在传输过程中不发生差错,解码后就可得出和发送端一样的脉冲信号,如图2.13(d)所示。经滤波后最后得出恢复后的模拟电话信号,如图2.13(e)所示。

这样,一个话路的模拟电话信号,经模数变换后,就变成每秒8 000个脉冲信号,每个脉冲信号再编为8位二进制码元。因此一个话路的PCM信号速率为64kbps。

为有效利用传输线路,通常总是将多个话路的PCM信号用时分多路复用(见下一节)的方法装成帧(即时分复用帧),然后再往线路上一帧接一帧地传输。图2.14说明了E1的时分复用帧的构成。

E1的一个时分复用帧(其长度T=125μs)共分为32个相等的时间间隙(简称时隙),时隙的编号为CH0~CH31。时隙CH0用做帧同步,时隙CH16用来传送信令(如用户的拨号信令)。可供用户使用的话路是时隙CH1~CH15和CH17~CH31,共30个时隙用做30个话路。每个时隙传送8b。因此,整个32个时隙共传送256b,即一个帧的信息量。每秒传送8 000个帧,故PCM一次群E1的数据率即为2.048Mbps。在图2.14中,2.048Mbps传

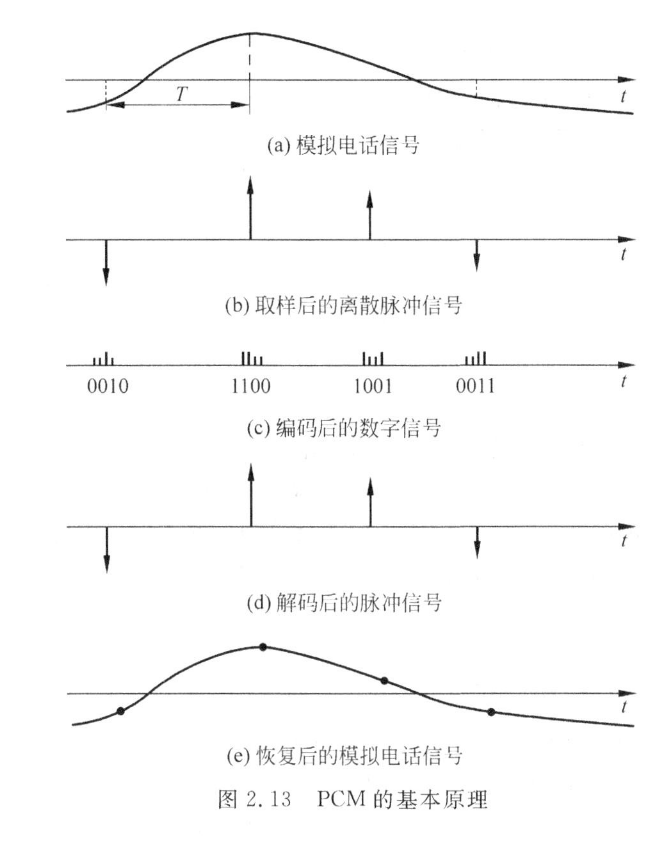

图 2.13　PCM 的基本原理

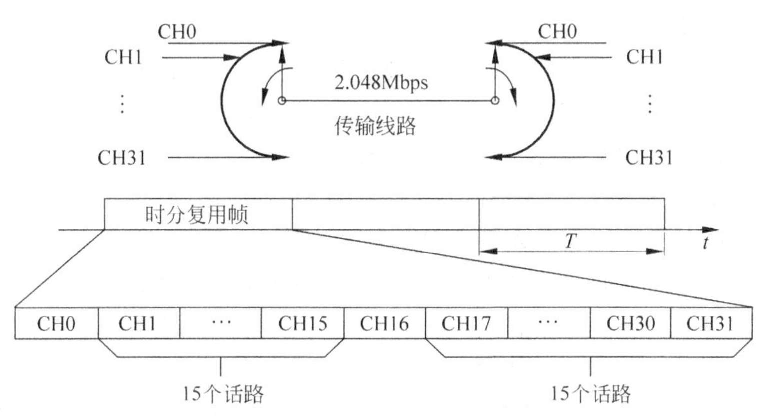

图 2.14　E1 的时分复用帧的构成

输线路两端的同步旋转开关，表示 32 个时隙中比特的发送和接收必须和时隙的编号相对应，不能弄乱。

北美使用的 T1 系统共 24 个话路。每个话路的取样脉冲用 7b 编码，然后再加上 1b 信令码元，因此一个话路也是占用 8b。帧同步是在 24 路的编码之后加上 1b，这样每帧共 193b。因此 T1 一次群的数据率为 1.544Mbps。

当需要有更高的数据速率时，可以采用复用的方法。例如，4 个一次群就可以构成一个二次群。当然，一个二次群的数据速率要比 4 个一次群的数据速率总和还要多一些，因为复用后还需要一些同步的码元。表 2-1 给出了欧洲和北美数字传输系统高次群的话路数和数

据速率。日本的一次群用T1,但自己另有一套高次群的标准。

表2-1 数字传输系统高次群的话路数和数据速率

系统类型		一次群	二次群	三次群	四次群	五次群
欧洲体制	符号	E1	E2	E3	E4	E5
	话路数	30	120	480	1 920	7 680
	数据速率(Mbps)	2.048	8.488	33.368	139.264	565.148
北美体制	符号	T1	T2	T3	T4	
	话路数	24	96	672	4 032	
	数据速率(Mbps)	1.544	6.312	43.736	273.176	

应指出的是,如果在两个计算机之间的通信电路中,只有部分电路采用数字传输,那么数字传输的优越性并不能充分发挥。如果传输电路是模拟信道与数字信道交替组成的,那么由于要多次模/数和数/模转换,通信质量反而会受到一些影响。因此,只有整个的端到端通信电路全部都是数字传输,数字传输的优越性才能得到充分发挥。现在的通信网正朝这一方向发展。

2.4.2 数字数据信号编码

2.3节指出,在实现远距离计算机通信时,目前端局还常借助电话系统,此时需利用频带传输方式。如前所述,频带传输指把数字信号调制成音频信号后再发送和传输,到达接收端后再把音频信号解调成原来的数字信号,其通过在通信的两端均加modem来实现。而如果计算机等数字设备发出的数字信号,原封不动的送入数字信道上传输,则称为基带传输。由于数字信号的频率可以从零到几兆赫,故要求信道有较宽的频带。在对数字信号进行传输前,必须对它进行编码,亦即用不同极性的电压或电平值来代表数字“0”和“1”。在基带传输中,数字数据信号的编码方式主要有以下三种。

1. 不归零编码

不归零编码(Non-Return to Zero,NRZ)如图2.15(a)所示。NRZ码规定用负电平表示“0”,用正电平表示“1”,亦可有其他表示方法。如果接收端无法确定每个比特信号从何时开始、何时结束(或者说,每个比特信号持续的时间是多长),则还是不能从高低电平的矩形波中读出正确的比特串。如表示01001011的矩形波,若把发送比特持续时间缩短一半的话,就会读成0011000011001111。为保证收发正确,必须在发送NRZ码的同时,用另一个信道同时传送时钟同步信号,如图2.15(a)所示。此外,若信号中的“1”与“0”个数不相等时,则存在直流分量,增大了损耗。

2. 曼氏编码

曼氏(Manchester)编码自带同步信号,如图2.15(b)所示。在曼氏编码中每个比特持续时间分为两半。在发送比特“0”时,前一半时间为高电平,后一半时间为低电平;在发送比特“1”时则相反。或者也可在发送比特“0”时,前一半时间电平为低,后一半时间电平为高;在发送比特“1”时则相反。这样,在每个比特持续时间的中间肯定有一次电平的跳变,接收方可通过跳变来保持与发送方的比特同步。因此,曼氏编码信号又称为“自含时钟编码”信号,无须另外发送同步信号。另外,曼氏编码不含直流分量,但编码效率较低。

3. 差分曼氏编码

差分曼氏(difference Manchester)编码是对曼氏编码的改进。它与曼氏编码的不同之处主要是：每比特的中间跳变仅做同步用；每比特的值根据其开始边界是否发生跳变决定，每比特开始处出现电平跳变表示二进制“0”，不发生跳变表示二进制“1”，如图 2.15(c)所示。

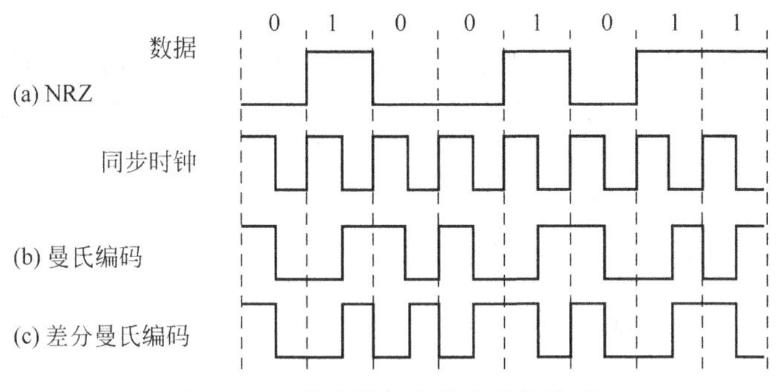

图 2.15 数字数据的数字信号编码

2.4.3 字符编码

数字传输时，在信道上传送的数据都是以二进制位的形式出现的，如何组合“0”与“1”这两种码元，使之代表不同的字符或信息(数据信息和控制信息)，称做字符编码。国际标准化组织 1967 年推荐了一个 7 单位编码(每个字符由 7 位二进制码元组成，另外附加 1 位奇偶校验位)，即国际标准 ISO646，为世界各国广泛采用。中国 1981 年由国家标准总局公布了信息处理交换用 7 单位编码，与 ISO646 的 7 单位编码一致，国标代号 GB/T 1988－1998，其字符集标准见表 2-2 所示，该字符集与美国 ASCII 字符集基本一致。

表 2-2 信息交换用 7 位编码字符集标准

	b_7	0	0	0	0	1	1	1	1
	b_6	0	0	1	1	0	0	1	1
	b_5	0	1	0	1	0	1	0	1
$b_4\,b_3\,b_2\,b_1$	列 ＼ 行	0	1	2	3	4	5	6	7
0000	0	NUL 空白	DLE 数据链转义	间隔	0	@	P	、	p
0001	1	SOH 标题开始	DC1 设备控制 1	!	1	A	Q	a	q
0010	2	STX 正文开始	DC2 设备控制 2	“	2	B	R	b	r
0101	5	ENQ 询问	NAK 否认	%	5	E	U	e	u
0110	6	ACK 承认	SYN 同步	^	6	F	V	f	v
0111	7	BEL 告警	ETB 组传输结束	.	7	G	W	g	w
1000	8	BS 退格	CAN 作废	(	8	H	X	h	x
1001	9	HT 横向制表	EM 媒体结束	)	9	I	Y	i	y
1010	10	LF 换行	SUB 取代	*	:	J	Z	j	z
1011	11	VT 纵向制表	ESC 转义	+	;	K	[	k	←
1100	12	FF 换页	FS 文卷分隔	,	<	L	V	l	|
1101	13	CR 回车	GS 群分隔	—	=	M	]	m	→
1110	14	SO 移出	RS 记录分隔	•	>	N	↑	n	—
1111	15	SI 移入	US 单元分隔	/	?	O	—	o	抹掉

该字符集标准中除一般字符和常用控制字符外，还有 10 个为便于信息在传输系统中传输而提供的控制字符，此处从略。

2.5 多路复用技术

通信中采用多路复用技术是必然的。一是网络工程中用于通信线路架设的费用相当高，人们需要充分利用通信线路的容量；二是无论在广域网还是局域网中，传输介质的传输容量往往都超过单一信号传输的通信量。为了充分利用传输介质，可在一条物理线路上建立多条通信信道的技术，这即多路复用(multiplexing)技术。多路复用技术主要有三种：频分多路复用、时分多路复用和光波分多路复用。

2.5.1 频分多路复用

当物理信道能提供比单个原始信号宽得多的带宽情况下，可以将该物理信道的总带宽分割成若干个和单个信号带宽相同(或略为宽一点)的子信道，每一个子信道传输一路信号。这即频分多路复用(Frequency Division Multiplexing，FDM)。多路的原始信号在频分复用前，首先要通过频谱搬移技术，将各路信号的频谱搬移到物理信道频谱的不同段上，这可以通过频率调制时采用不同的载波来实现。图 2.16 给出了 3 路话频原始信号频分多路复用 FDM(带宽从 60kHz～72kHz 共 12kHz)的物理信道的示意图。

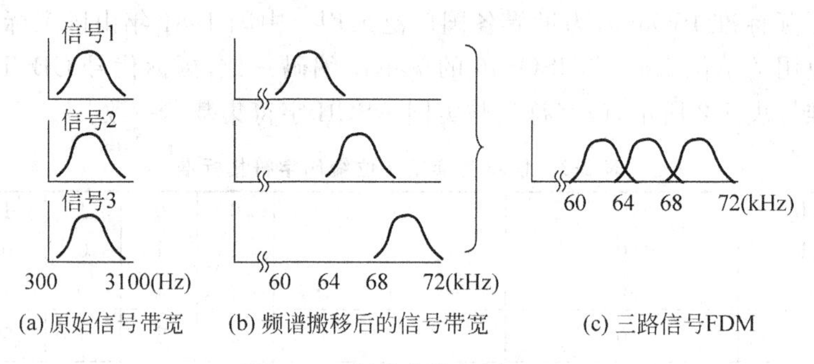

图 2.16 频分多路复用 FDM

国际上对频分多路复用提出了一系列标准。常用的标准是将 12 条 4kHz 语音信道复用在 60kHz～108kHz 的频带上，也有将 12 条 4kHz 语音信道复用在 12kHz～60kHz 的频带上，12 条信道组成 1 个基群，5 个基群组成 1 个超群，5 个超群(CCITT 标准)或 10 个超群(Bell 标准)组成 1 个主群。

除电话系统中使用频分多路复用技术外，在无线电广播系统中早已使用了该技术，即不同的电台使用不同的频率，如中央台用 560kHz，东方台则用 792kHz 等。在有线电视系统(CATV)中也如此。一根 CATV 电缆的带宽大约是 500MHz，可传送 80 个频道的彩色电视节目，每个频道 6MHz 的带宽中又进一步划分为声音子通道、视频子通道和彩色子通道。每个频道两边都留有一定的警戒频带，防止相互干扰。宽带局域网中也使用频分多路复用技术，所使用的电缆带宽至少要划分为不同方向上的两个子频带，甚至还可分出一定带宽用于某些工作站之间的专用连接。

2.5.2 时分多路复用

1. 时分多路复用原理

时分多路复用(Time Division Multiplexing,TDM)是将一条物理线路按时间分成一个个的时间片,每个时间片常称为一帧(frame),每帧长 125μs,再分为若干个时隙,轮换地为多个信号所使用。每一个时隙由一个信号(也即一个用户)占用,也即在占有的时隙内,该信号使用通信线路的全部带宽,而不像 FDM 那样,同一时间同时发送多路信号。时隙的大小可以按一次传送一位、一个字节或一个固定大小的数据块所需的时间来确定(见 2.4.1 节)。从本质上来说,时分多路复用特别适合于数字信号的场合。通过时分多路复用,多路低速数字信号可复用一条高速信道。例如,数据速率为 48kbps 的信道可为 5 条 9 600bps 数据速率的信号时分多路复用,也可为 20 条速率为 2 400bps 的信号时分多路复用。

2. 同步时分多路复用和异步时分多路复用

时分多路复用按照同步方式的不同又可分为同步时分多路复用(Synchronous Time Division Multiplexing,STDM)和异步时分多路复用(Asynchronous Time Division Multiplexing,ATDM)。

1) 同步时分多路复用

同步时分多路复用是指时分方案中的时隙是预先分配好的,时隙与数据源一一对应,不管某一个数据源有无数据要发送,对应的时间片都是属于它的。在接收端,根据时隙的序号来分辨是哪一路数据,以确定各时隙上的数据应当送往哪一台主机。如图 2.17 所示,数据源 A、B、C、D 按时间先后顺序分别占用被时分复用的信道。

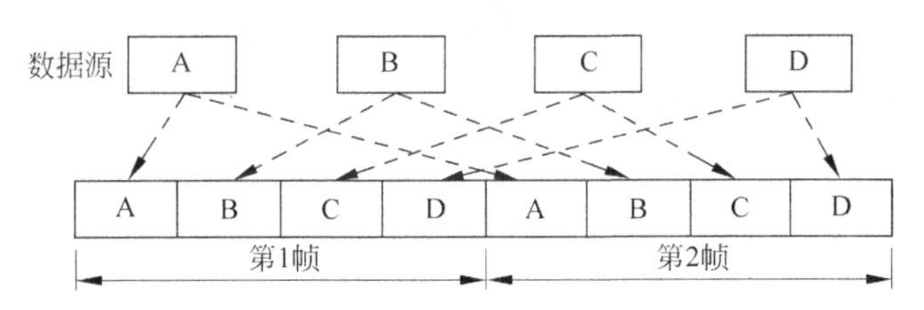

图 2.17 同步时分多路复用

由于在同步时分复用技术中,时隙预先分配且固定不变,无论时隙拥有者是否传输数据都占有一定时隙,因而形成了时隙浪费,其时隙的利用率较低,为了克服同步时分复用技术的缺点,人们引入了异步时分多路复用技术。

2) 异步时分多路复用

异步时分多路复用是指各时隙与数据源无对应关系,系统可以按照需要动态地为各路信号分配时隙,为使数据传输顺利进行,所传送的数据中需要携带供接收端辨认的地址信息,因此异步时分复用也称为标记时分复用技术。如图 2.18 所示,数据源 A、B、D 被分别标记了相应的地址信息。高速交换中的异步传输模式 ATM 就是采用这种技术来提高信道利用率的。

采用异步时分复用技术时,当某一路用户有数据要发送时才把时隙分配给它,当用户暂停发送数据时不给它分配时隙,这样空闲的时隙就可用于其他用户的数据传输,所以每个用户的传输速率可以高于平均速率,最高可达线路总的传输能力(即占有所有的时隙)。如线

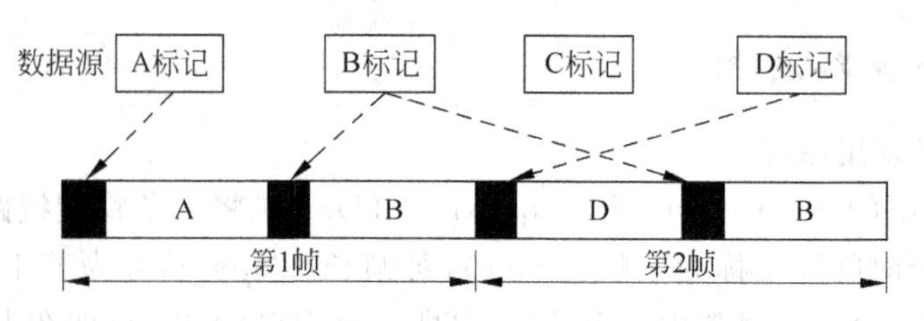

图 2.18　异步时分多路复用

路的传输速率为 28.8kbps，三个用户公用此线路，在同步时分复用方式中，每个用户的最高速率为 96 000bps，而在异步时分复用方式中，每个用户的最高速率可达 28.8kbps。

2.5.3　光波分多路复用

1. 基本原理

光波分多路复用（Wavelength Division Multiplexing，WDM）技术是在一根光纤（纤芯）中能同时传播多个光波信号的技术。其本质是在一条光纤上用不同波长的光波传输信号，而不同波长的光波彼此互不干扰。这样，一条光纤就变成了几条、几十条甚至上百条光纤的容量。光波分多路复用单纤传输原理如图 2.19 所示，在发送端将不同波长的光信号组合起来，复用到一根光纤上，在接收端又将组合的光信号分开（解复用），并送入不同的终端。

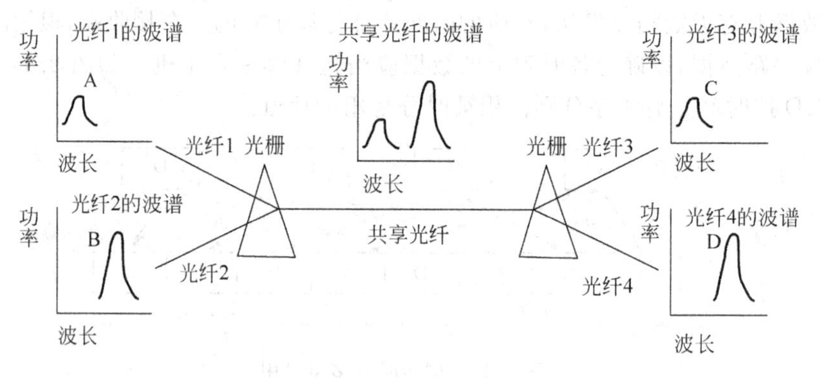

图 2.19　光波分多路复用单纤传输原理

按照波长之间间隔的不同，WDM 可以分为稀疏波分复用（Coarse WDM，CWDM）和密集波分复用（Dense WDM，DWDM）。CWDM 的信道间隔为 20nm，而 DWDM 的信道间隔从 0.2nm 到 1.2nm。CWDM 与 DWDM 的原理相同，但 DWDM 中波长间的间隔更小、更紧密，而且几乎所有 DWDM 系统都工作在最低耗的 1 550nm 窗口，其传输损耗更小，传输距离更长，可以在没有中继器的情况下传输 500km～600km。DWDM 系统一般用于传输距离远、波长数多的网络干线上，如陆地与海底干线、市内通信网，也可用于全光通信网。它是当前研制出的数据传输速率较高的传输网络，可以处理数据速率高达 80Gbps 的业务，并将传输速率提高到 800Gbps。

2. DWDM 系统的特点及应用

光纤的容量是极其巨大的，而传统的光纤通信系统都是在一根光纤中传输一路光信号，这实际上只使用了光纤丰富带宽的很少一部分。以 DWDM 技术为核心 DWDM 系统可以更充分地利用光纤的巨大带宽资源，增加光纤的传输容量。DWDM 系统具有如下特点。

(1) 超大容量。使用 DWDM 技术可以使一根光纤的传输容量比单波长传输容量增加几倍、几十倍甚至上百倍。

(2) 对数据率“透明”。由于 DWDM 系统按光波长的不同进行复用和解复用，而与信号的速率和电调制方式无关，即对数据是“透明”的。因此可以传输特性完全不同的信号，完成各种电信号的合成和分离，包括数字信号和模拟信号。

(3) 系统升级时能最大限度地保护已有投资。在网络扩充和发展中，无需对光缆线路进行改造，只需更换光发射机和光接收机即可实现，是理想的扩容手段，也是引入宽带业务(例如 CATV、HDTV 和 B-ISDN 等)的方便手段，而且利用增加一个附加波长即可引入任意新业务或新容量。

(4) 高度的组网灵活性、经济性和可靠性。利用 DWDM 技术构成的新型通信网络比用传统的时分复用技术组成的网络结构要大大简化，而且网络层次分明，各种业务的调度只需调整相应光信号的波长即可实现。由于网络结构简化、层次分明以及业务调度方便，由此而带来的网络的灵活性、经济性和可靠性是显而易见的。

(5) 可兼容全光交换。可以预见，在未来可望实现的全光网络中，各种电信业务的上/下、交叉连接等都是在光上通过对光信号波长的改变和调整来实现的。因此，DWDM 技术将是实现全光网的关键技术之一，而且 DWDM 系统能与未来的全光网兼容，将来可能会在已经建成的 DWDM 系统的基础上实现透明的、具有高度生存性的全光网络。

3. DWDM 系统结构

如前所述，光波分多路复用是将一条单纤转换为多条“虚纤”，每条虚纤工作在不同的波长上。DWDM 系统有两种基本结构：单纤双向 DWDM 系统和双纤单向 DWDM 系统。

1) 单纤双向 DWDM 系统

单纤双向 DWDM 系统结构如图 2.20 所示。在这种系统中，用一条光纤实现两个方向信号同时传输，因而也称为单纤全双工通信系统。实现这种系统的关键思想是两端都需要一组复用/解复用器 MD(Multiplexer/Demultiplexer)。图中 T(Transfer)为光发送器，R(Receptor)为光接收器。

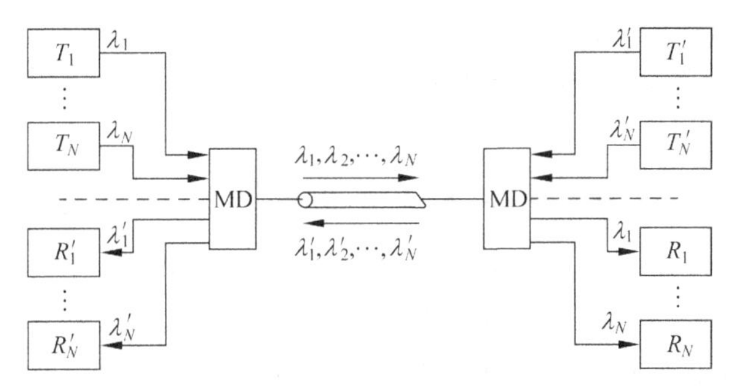

图 2.20　光波分多路复用单纤双向传输系统结构图

2) 双向单纤 DWDM 系统

双向单纤 DWDM 系统如图 2.21 所示，双向单纤传输就是一根光纤只传输一个方向光信号，相反方向的光信号的传输由另一根光纤完成。

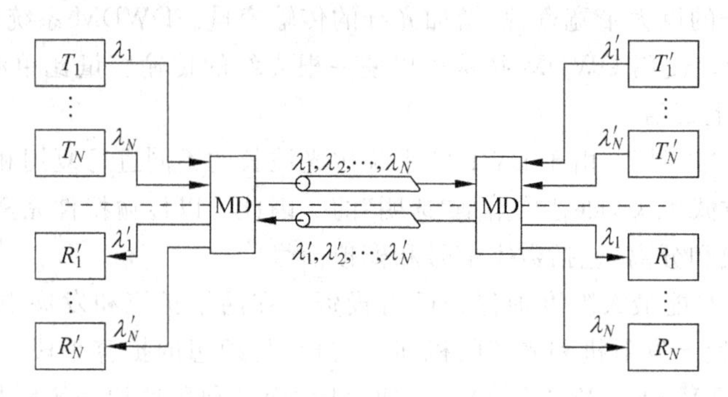

图 2.21　光波分多路复用双向单纤传输系统结构图

4. DWDM 系统的关键设备

在 DWDM 系统中使用的主要设备有 DWDM 激光器、光波分复用器、光接收器和光放大器等。

(1) 光发射器。DWDM 系统的无中继器传输距离从 50km～60km 增加到 500km～600km，在要求传输系统的波长受限、距离大大延长的同时，为了克服光纤非线性效应，要求光发射器使用技术更先进、性能更优良的激光器，而不再是简单的发光二极管。

(2) 光波分复用器与解复用器。光波分复用器与解复用器是 DWDM 系统中最关键的设备。光波分复用器一般用于传输系统发送端，将多个输入端的不同波长的光信号合成到一个输出端输出；光波分解复用器一般用于传输系统接收端，正好与光波分复用器相反，它将一个输入端的多个不同波长的光信号分离到多个输出端输出。在双向传输系统中，两端都需要一组光波分复用器与解复用器。

光波分复用器的种类繁多，主要有棱镜型、光栅型、干涉膜滤光片型、熔融光纤型、平面光波导型等。

(3) 光放大器。光放大器用来提升光信号，补偿由于长距离传输而导致光信号的功耗和衰减。它不需要像中继器一样经过光/电/光的变换，而是直接对光信号进行放大。目前使用的光放大器主要分为光纤放大器(Optical Fiber Amplifier，OFA)和半导体光放大器(Semiconductor Optical Amplifier，SOA)两大类。

(4) 光接收器。光接收器负责检测进入的光波信号，并将它转换为一种适当的电信号，以便设备处理。

2.5.4　频分多路复用、时分多路复用和光波分多路复用的比较

多路复用的实质是将一个区域的多个用户信息通过多路复用器进行汇集，然后将汇集后的信息群通过一条物理线路传送到接收设备。接收设备通过多路复用器将信息分离成各个独立的信息，再分配到多个用户。而它的三种实现方式的主要区别在于分割的方式不同。

(1) 频分多路复用。按频率分割，在同一时刻能同时存在并传输多路信号，每路信号的频带不同。

(2) 时分多路复用。按时间分割，每一时隙内只有一路信号存在，多路信号分时轮换地在信道内传输。

(3) 光波分多路复。按波长分割，在同一时刻能同时存在并传输多路信号，每路信号的

波长不同，其实质也是频分多路复用。

2.6 数据通信媒体

数据通信媒体或介质(media)是通信中实际传输信息的载体，也称物理信道。按传输介质的类型可分为有线与无线两大类。双绞线、同轴电缆、光纤是常用的三种有线传输媒体。而微波、红外线、激光都是无线传输媒体，它们可将数据、声音、图像等变成电磁波在自由空间传播。

2.6.1 双绞线

把两根互相绝缘的铜导线用规则的方法扭绞起来就构成了双绞线，如图2.22所示。互绞可以使线间及周围的电磁干扰最小。电话系统中使用双绞线较多，差不多所有的电话都用双绞线连接到电话交换机。通常将一对或多对双绞线捆成电缆，在其外面包上硬的护套。

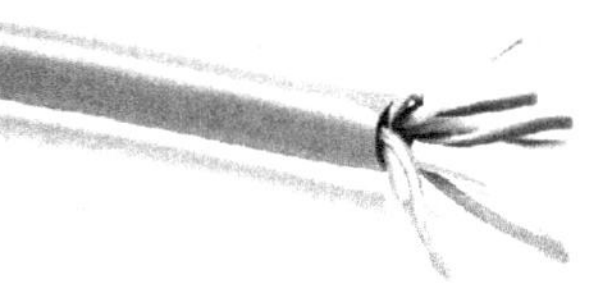

图2.22 双绞线

双绞线用于模拟传输或数字传输，其通信距离一般为数千米到十几千米。对于模拟传输，当传输距离太长时要加放大器，以将衰减了的信号放大到合适的数值。对于数字传输则要加中继器，以将失真了的数字信号进行整形及放大。导线越粗，其通信距离就越远，但造价也越高。

双绞线主要用于点对点的连接，如星状拓扑结构的局域网中，计算机与交换机或集线器之间常用双绞线来连接，但其长度不超过100m。双绞线也可用于多点连接。作为一种多点传输介质，它比同轴电缆的价格低，但性能要差一些。

双绞线按其是否有屏蔽，可分为屏蔽双绞线和无屏蔽双绞线。屏蔽双绞线是在一对双绞线外面有金属箔缠绕，有的还在几对双绞线的外层用铜编织网包上，均用作屏蔽，最外层再包上一层具有保护性的聚乙烯塑料。与无屏蔽双绞线相比，其误码率明显下降，约为10^{-6}～10^{-8}，价格较贵。无屏蔽双绞线除少了屏蔽层外，其余均与屏蔽双绞线相同，抗干扰能力较差，误码率高达10^{-5}～10^{-6}，但因其价格便宜而且安装方便，故广泛用于电话系统和局域网中。

双绞线还可以按其电气特性进行分级或分类。电气工业协会/电信工业协会(EIA/TIA)将其定义为七种型号。局域网中常用第五类和第六类双绞线，它们都为无屏蔽双绞线，均由四对双绞线构成一条电缆。第五类双绞线传输速率可达100Mbps，常用于局域网100Base-T的数据传输或用做话音传输等。第六类双绞线比第五类双绞线有更好的传输特性，传输速率可达1 000Mbps，可用于100Base-T和1 000Base-T等局域网中。第七类双绞线也可用于1 000Base-T、千兆以太网中。无屏蔽双绞线目前较便宜，如第六类双绞线一箱(305m)市价人民币大约600元～1 000元。

2.6.2 同轴电缆

同轴电缆由内导体铜质芯线、绝缘层、网状编织的外导体屏蔽层以及保护塑料外层所组成，如图2.23所示。这种结构中的金属屏蔽网可防止中心导体向外辐射电磁场，也可用来防止外界电磁场干扰中心导体的信号,因而具有很好的抗干扰特性,被广泛用于较高速率的数据传输。通常按特性阻抗数值的不同,将其分为基带同轴电缆(50Ω 同轴电缆)和宽带同轴电缆(75Ω 同轴电缆)。

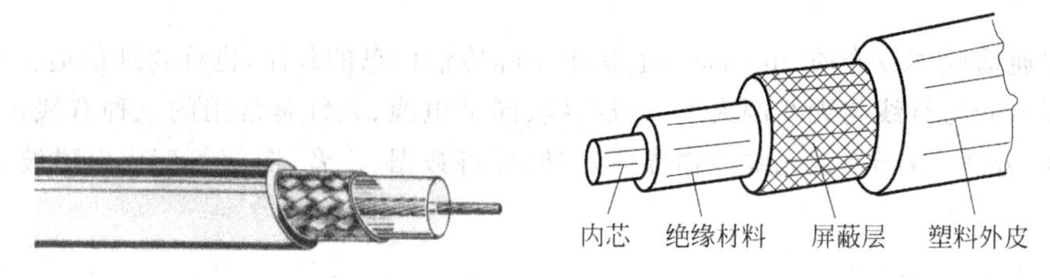

图 2.23　同轴电缆

基带同轴电缆的特性阻抗为 50Ω,仅用于传输数字信号,并使用曼彻斯特编码和基带传输方式,即直接把数字信号送到传输介质上,无需经过调制,故把这种电缆称为基带同轴电缆。基带系统的优点是安装简单而且价格便宜,但基带数字方波信号在传输过程中容易发生畸变和衰减,所以传输距离不能很长,一般在 1km 以内,典型的数据速率可达 10Mbps。基带同轴电缆又有粗缆和细缆之分。粗缆抗干扰性能好,传输距离较远。细缆便宜,传输距离较近。在局域网中,一般选用 RG-8 和 RG-11 型号的粗缆或 RG-58 型号的细缆。

宽带同轴电缆的特性阻抗为 75Ω,带宽可达 300MHz～500MHz,用于传输模拟信号。它是公用天线电视系统 CATV 中的标准传输电缆,目前在有线电视中广为采用。在这种电缆上传输的信号采用了频分多路复用的宽带信号,故 75Ω 同轴电缆又称为宽带同轴电缆。所谓宽带,在电话行业中是指带宽比一个标准话路,即 4kHz 更宽的频带,而在计算机通信中,泛指采用了频分多路复用和模拟传输技术的同轴电缆网络。

宽带同轴电缆传输模拟信号时,其频率高达 300MHz～500MHz,传输距离达 100km。但在传输数字信号时,必须将其通过调制而转换为模拟信号,在接收端则将收到的模拟信号通过解调再转换为数字信号。通常,每秒传送 1b 需要 1Hz～4Hz 的带宽。一条带宽为 300MHz 的电缆可以支持 150Mbps 的数据速率。

宽带同轴电缆由于其频带较宽,故常划分为若干个子频带,分别对应于若干个独立的信道。2.5 节曾指出,如每 6MHz 的带宽可传输一路模拟彩色电视信号,则一条 500MHz 带宽的同轴电缆可同时传输 80 路彩色电视信号。当利用一个电视信道来传输音频信号时,可采用频分多路复用技术在一条宽带同轴电缆上传输多路音频信号。利用宽带同轴电缆构成宽带局域网,并采用频分多路复用技术,则可以实现数字信号、语音信号、视频图像等综合信息的同时传输,其地理覆盖距离可达几十千米。

宽带系统与基带系统的主要不同点是模拟信号经过放大器后只能单向传输。因此,在宽带电缆的双工传输中,一定要有数据发送和数据接收两条分开的数据通路。采用单电缆系统和双电缆系统均可实现。单电缆系统是把一条电缆的频带分为高低两个频段,分别在两个方向上传输信号。双电缆系统是干脆用两根电缆,分别供计算机发送和接收信号。虽然两根电缆比单根电缆价格要贵一些(大约贵 15%),但信道容量却提高了一倍。单电缆或双电缆系统都要使用一个叫端头(headend)的设备,它安装在网络的一端,从一个频率(或电缆)接收所有站发出的信号,然后用另一个频率(或电缆)发送出去。

宽带同轴电缆常选用 RG-59,用来实现电视信号传输,也可用于宽带数据网络。

2.6.3 光缆

光导纤维电缆，简称光缆，是网络传输介质中性能最好、应用最广泛的一种。以金属导体为核心的传输介质，其所能传输的数字信号或模拟信号，都是电信号。而光纤则只能用光脉冲形成的数字信号进行通信。有光脉冲相当于 1，没有光脉冲相当于 0。由于可见光的频率极高，因此光纤通信系统的传输带宽远大于目前其他各种传输媒体的带宽。

光纤通常由极透明的石英玻璃拉成细丝作为纤芯，外面分别有外包层、吸收外壳和防护层等构成，图 2.24 是光纤结构示意图(只画了一根纤芯)。纤芯较外包层有较高的折射率。当光线从高折射率的媒体射向低折射率的媒体时，其折射角将大于入射角，如图 2.25(a)所示。因此，如果入射角足够大，就会出现全反射，即光线碰到外包层时就会折射回纤芯。这个过程不断重复，光也就沿着光纤向前传输。图 2.25(b)画出了光波在纤芯中传输的示意图。该图中只画了一条光线。实际上，只要射到光纤表面光线的入射角大于某一临界角度，就可以产生全反射。所以，可以存在许多条不同角度入射的光线在一条光纤中传输。这种光纤称多膜光纤。然而，若光纤的直径减小到只有一个光的波长时，则光纤就像一根波导那样，它可使光线一直向前传播，而不会像图 2.25(b)画的那样多次反射。这种光纤称单膜光纤。单膜光纤的光源要使用半导体激光器，而不能使用较便宜的发光二极管。它的衰耗较小，在 2.5Gbps 的高速率下可传输数十千米而不必加装光放大器。

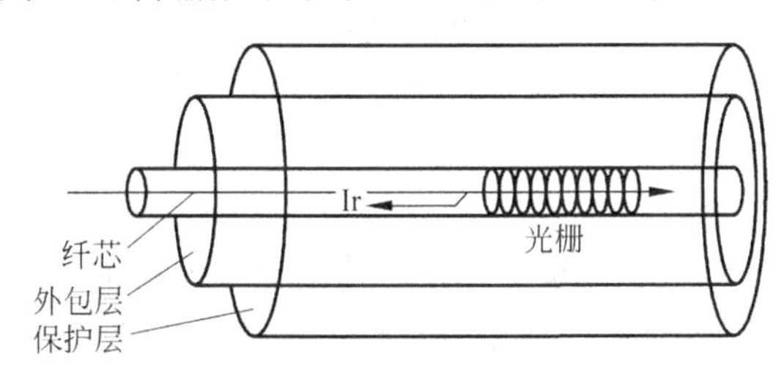

图 2.24　光纤结构示意图

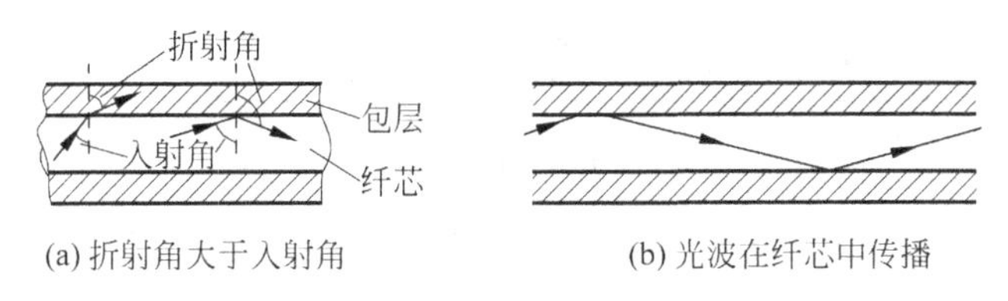

(a) 折射角大于入射角　　(b) 光波在纤芯中传播

图 2.25　光线射入到光纤和外包层界面时的情况

由于光纤非常细，连外包层一起，其直径也不到 0.2mm。故常将一至数百根纤芯，再加上加强芯和填充物等构成一条光缆，就可大大提高其机械强度。必要时还可放入远供电源线。最后加上包带层和外护套，即可满足工程施工的强度要求。

典型的光纤传输系统结构如图 2.26 所示。光纤发送端采用发光二极管(Light Emitting Diode，LED)或注入型激光二极管(Injection Laser Diode，ILD)两种光源。在接收端将光信号转换成电信号时使用光电二极管 PIN 检波器或 APD 检波器，这样即构成了一个单向传输系统。光载波调制方法采用振幅键控 ASK 调制方法，即亮度调制(intensity modulation)。光纤传输速率可达几千兆比特。目前投入使用的光纤在几千米范围内速率可达 1 000Mbps

或更高，大功率的激光器可以驱动 100km 长的光纤而不带光放大器。

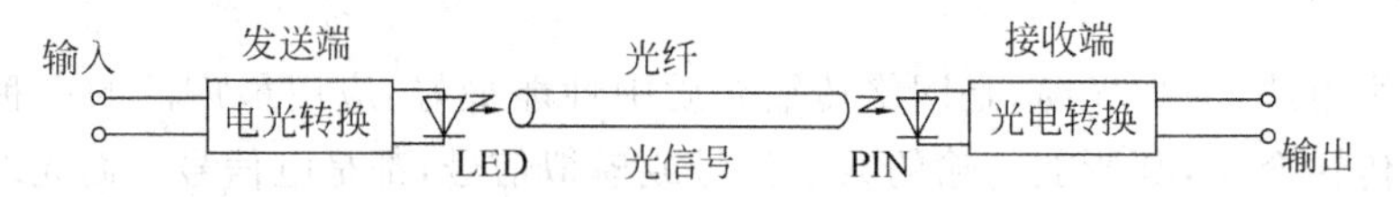

图 2.26　典型的光纤传输系统结构示意图

光纤最普遍的连接方法是点对点方式，在某些实验系统中也采用多点连接方式。

光纤有许多优点：由于光纤的直径可小到 10μm～100μm，故体积小，重量轻，1km 长的一根光纤(纤芯)也只有几克；光纤的传输频带非常宽，在 1km 内的频带可达 1GHz 以上，在 30km 内的频带仍大于 25MHz，故通信容量大；光纤传输损耗小，通常在 6km～8km 的距离内不使用光放大器而可实现高速率数据传输，基本上没有什么衰耗，这一点也正是光纤通信得到飞速发展的关键原因；不受雷电和电磁干扰，这在有大电流脉冲干扰的环境下尤为重要；无串音干扰，保密性好，也不容易被窃听或截取数据；误码率很低，可低于 10^{-10}。而无屏蔽双绞线的误码率为 10^{-5}～10^{-6}，基带同轴电缆的为 10^{-7}，宽带同轴电缆的为 10^{-9}。

由于光纤具有一系列优点，因此是一种最有前途的传输介质，已被广泛用于电信系统中铺设主干线，在局域网中的应用也越来越普遍。

光纤的主要缺点是将两根光纤精确地连接起来比较困难，分接及安装都不太容易。光纤过去较贵，现在价格不断下降，如 4 芯单膜光纤目前市价约 3 元/m～20 元/m，6 芯的约 6 元/m～35 元/m，12 芯的约 15 元/m～60 元/m，多膜光纤则更便宜。

2.6.4　自由空间

无线传输介质指利用大气和外层空间作为传播电磁波的通路，但由于信号频谱和传输介质技术的不同，因而其主要包括无线电、微波、卫星微波、红外线等。各种通信介质对应的电磁波谱范围如图 2.27 所示。

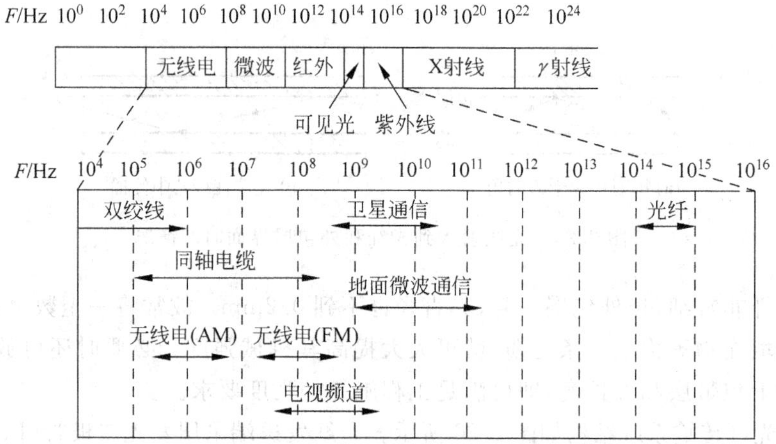

图 2.27　各种通信介质对应的电磁波谱范围

电磁波的传播有两种方式：一种是在自由空间中传播，即通过无线方式传播；另一种是在有限制的空间区域内传播，即通过有线方式传播。有线传播方式在 2.6.1 节至 2.6.3

节中进行了详细的介绍，这里仅对无线传播方式进行简要介绍，由于无线电通信的频谱早已被广播和电视用尽，在计算机网络中所使用的无线介质主要是微波通信、卫星通信和红外线通信等。

1. 微波信道和卫星信道

1）微波信道

这是计算机网络中最早使用的无线信道，Internet 的前身 ARPANET 中用于连接美国本土和夏威夷的信道即是微波信道，这也是目前应用最多的无线信道。所用微波的频率范围为 1GHz～20GHz，既可传输模拟信号又可传输经数/模转换后的数字信号。最初的微波通信系统都是用于传输模拟信号，20 世纪 70 年代起研制了中小容量的数字微波通信系统，用于传输数字基带信号；20 世纪 80 年代后期，随着同步数字系列（Synchronous Digital Hierarchy，SDH）在传输系统中的推广应用，出现了 $N\times155$Mbps 的 SDH 大容量数字微波通信系统。数字微波通信具有数字通信和微波通信两种技术体制的特点。但在实际的微波通信系统中，由于传输信号是以空间辐射的方式传输的，因此必须考虑发送/接收传输信号的天线的接收能力。根据天线理论可知，只有当辐射天线的尺寸大于信号波长的 1/10 时，信号才能有效地辐射。这就是说，假设用 1m 的天线，辐射频率至少需要 30MHz。如果要传输的模拟信号或数字信号的频率很低，这势必需要很长的天线，因此传输信号在以模拟通信或数字通信方式进行传输前，必须先经过调制，将其频谱搬移到合适的频谱范围内，再以微波的形式辐射出去。

由于微波的频率很高，故可同时传输大量信息。又由于微波能穿透电离层而不反射到地面，故只能使微波沿地球表面由源向目标直接发射。微波在空间是直线传播，而地球表面是个曲面，因此其传播距离受到限制，一般只有 50km 左右。但若采用 100m 高的天线塔，则距离可增大到 100km。此外，因微波被地表吸收而使其传输损耗很大。因此为实现远距离传输，则每隔数十千米便需要建立中继站。中继站把前一站送来的信号经过放大后再发送到下一站，故称为微波接力通信。大多数长途电话业务使用 4GHz～6GHz 的频率范围。目前各国使用的微波设备信道容量多为 960 路、1 200 路、1 800 路和 2 700 路。中国多为 960 路。1 路的带宽通常为 4kHz。

数字微波通信可传输电话、电报、图像、数据等信息。其主要特点是：微波波段频率很高，其频段范围也很宽，因此其通信信道的容量很大；微波传输质量较高，可靠性也较高；数字信号抗干扰性强，方便加密，保密性好；微波接力通信与相同容量和长度的电缆载波通信相比，建设投资少，见效快。微波接力通信也存在如下缺点：占用信道频带宽；相邻站之间必须直视，不能有障碍物。有时一个天线发射出的信号也会分成几条略有差别的路径到达接收天线，因而造成失真；微波的传播也会受到恶劣气候的影响；对大量中继站的使用和维护要耗费一定的人力和物力。

2）卫星信道

为了增加微波的传输距离，应提高微波收发器或中继站的高度。当将微波中继站放在人造卫星上时，便形成了卫星通信系统，也即利用位于 36 000km 高的人造同步地球卫星作为中继器的一种微波通信。通信卫星则是在太空的无人值守的微波通信的中继站。卫星上的中继站接收从地面发来的信号后，加以放大整形再发回地面。位于 36 000km 高一个同步卫星可以覆盖地球 1/3 以上的地表。这样利用三个相距 120°的同步卫星便可覆盖全球的全部通信区域，通过卫星地面站可以实现地球上任意两点间的通信。卫星通信属于广播式通信，通信距离远，且通信费用与通信距离无关。这是卫星通信的最大特点。

和微波接力通信相似，卫星通信的频带很宽，通信容量很大，信号所受到的干扰也较小，通信比较稳定。目前常用的频段为6/4GHz，也就是上行(从地面站发往卫星)频率为5.925GHz～6.425GHz，而下行(从卫星转发到地面站)频率为3.7GHz～4.2GHz。频段的宽度都是500MHz。由于这个频段已经非常拥挤，因此现在也使用频率更高的14/12GHz的频段。现在一个典型的卫星通常有12个转发器，每个转发器的频带宽度为36MHz，可用来传输50Mbps速率的数据。每一路卫星通信的容量(即1个转发器所转发信息的最大能力)相当于10万条音频线路，当通信距离很远时，租用一条卫星音频信道远比租用一条地面音频信道便宜。

卫星通信的另一个特点是它具有较大的传播时延。由于各地面站的天线仰角并不相同，因此，不管两个地面站之间的地面距离是多少(相隔一条街或上万km)，若卫星离地面36 000km高时，则从一个地面站经卫星到另一个地面站的传播时延在250ms～300ms之间，一般取270ms。这一点和其他的通信有较大的差别。例如，地面微波接力通信链路，其传播时延约为3μs/km，电缆传播时延一般为6μs/km。故对于近距离的站点，要相差几个数量级。但要指出的是，卫星信道的传播时延较大，并不等于说，用卫星信道传送数据的时延较大。这是两个不同的概念。因为传送数据的总时延由传播时延、发送时延、重发时延三者组成。卫星信道的发送时延、重发时延均很小，故总的来说，利用卫星信道传送数据往往比利用其他信道的时延还要小些。

当然，通信卫星本身和发射卫星的火箭造价都较高。受电源和元器件寿命的限制，同步卫星的寿命一般只有7～8年。卫星地面站的技术复杂，价格也较贵，这些是选择传输媒体时应全面考虑的。

2. 红外线信道和激光信道

1) 红外线信道

红外线信道利用红外线来传输信号，常见于电视机等家电中的红外线遥控器，在发送端和接收端分别安装红外线发送器和红外线接收器来实现遥控。当进行其他的红外线通信时，发送器和接收器可任意安装在室内或室外，但需使它们处于视线范围之内，即两者彼此都可看到对方，中间不允许有障碍物。红外线通信设备相对便宜，有一定的带宽。当光束传输速率为100kbps时，通信距离可大于16km；1.5Mbps的传输速率使通信距离降为1.6km。红外线通信只能传输数字信号。此外，红外线具有很强的方向性，故对于这类系统很难窃听、插入数据和进行干扰，但雨、雾和障碍物等环境干扰却会妨碍红外线的传播。

2) 激光信道

在空间传播的激光束可以调制成光脉冲以传输数据，和地面微波或红外线一样，可以在视野范围内安装两个彼此相对的激光发射器和接收器进行通信，如图2.28所示。激光通信与红外线通信一样是全数字的，不能传输模拟信号；激光也具有高度的方向性，从而难于窃听、插入数据及进行干扰；激光同样受环

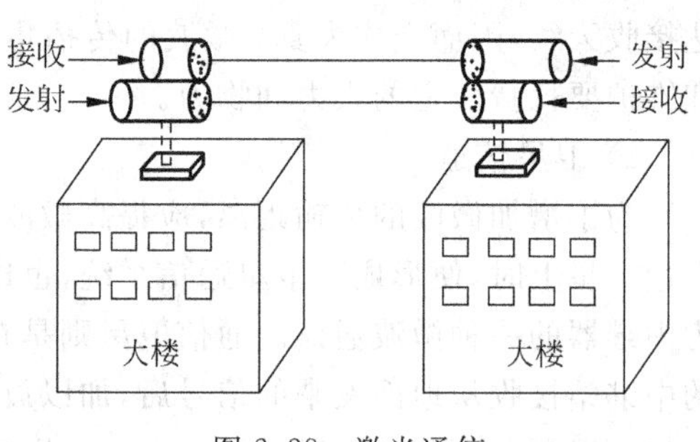

图2.28 激光通信

境的影响，特别当空气污染、下雨下雾和能见度很差时，可能使通信中断。通常激光束的传播距离不很远，故只在短距离通信中使用。它与红外线通信的不同之处在于，激光硬件会因发出少量射线而污染环境，故只有经过特许后方可安装，而红外线系统的安装则不必经过特许。

2.7 数据交换方式

1.2 节已指出，计算机网络由用户资源子网和通信子网构成。用户资源子网进行信息处理，向网络提供可用的资源。通信子网由若干网络结点和链路按某种拓扑结构互连而成，用于完成网中的信息传递。图 2.29 是交换通信子网的示意图。该图中的结点 A～F 以及连接这些结点的链路 AB、AC 等组成了通信子网。H1～H5 是一些独立的并可进行通信的计算机，属于用户资源子网。现在习惯上将通信子网以外的计算机 H1～H5 称为主机(host)，而将通信子网结点上的计算机称为结点交换机。

通信子网又可分为广播通信网和交换通信网。在广播通信网中，通信是广播式的，无中间结点进行数据交换，所有网络结点共享传输媒体，如总线网、卫星通信网。图 2.29 所示的通信子网即为交换通信网，其由若干网络结点按任意拓扑结构互连而成，以交换和传输数据为目的。通常将一个进网的数据流到达的第一个结点称源结点，离开子网前到达的最后一个结点称宿结点。在图 2.29 中，若 H1 与 H5 通信，则 A 与 E 分别称源结点与宿结点。通信子网必须能为所有进网的数据流提供从源结点到宿结点的通路，而实现这种数据通路的技术就称为数据交换技术，或数据交换方式。

对于交换网，数据交换方式按照网络结点对途经的数据流所转接的方法不同来分类。目前广泛采用的交换方式有两大类。

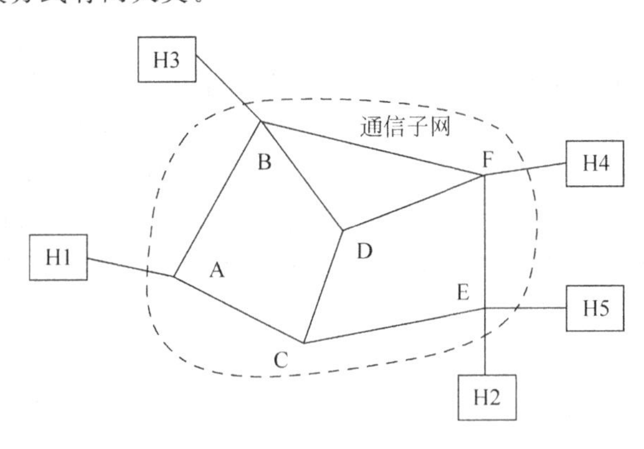

图 2.29　交换通信子网

1）线路交换(circuit switching)

网络结点内部完成对通信线路源宿两端之间所有结点在空间上或时间上的连通，为数据流提供专用的传输通路。线路交换也称电路交换。

2）存储转发交换(store-and-forward exchanging)

网络结点通过程序先将途经的数据流按传输单元接收并存储下来，然后选择一条合适的链路将它转发出去，在逻辑上为数据流提供了传输通路。

根据转发的数据单元不同，存储转发交换又分为报文交换(message switching)和分组交换或包交换(packet switching)。报文交换的数据单元是报文(message),报文的长度是随机的,可达数千或数万比特,甚至更长。分组交换的数据单元是分组(packet),一个分组的最大长度可限制在2 000b以内,典型长度为128B。

除了上述两类传统的交换方式外,近年来出现了不少高速交换技术,如帧中继(frame relay)和异步传输模式(Asynchronous Transfer Mode,ATM)。特别是ATM,它建立在大容量光纤传输介质的基础上,比帧中继具有更高的传输速率,短距离传输时高达2.2Gbps,中、长距离也可达几十兆比特至几百兆比特。以下对几种交换方式分别进行介绍。

2.7.1 线路交换

线路交换是将发送方和接收方之间的一系列链路直接连通,电话交换系统就是采用这种交换方式。当交换机收到一个呼叫后,就在网络中寻找一条临时通路供两端的用户通话,这条临时通路可能要经过若干个交换局的转接,并且一旦建立就成为这一对用户之间的临时专用通路,别的用户不能打断,直到电话结束才拆除连接。可见,经由线路交换而实现的通信包括以下三个阶段。

(1) 线路建立阶段。通过呼叫完成逐个结点的接通,建立起一条端到端的直通线路。

(2) 数据传输阶段。在端到端的直通线路上建立数据链路连接并传输数据。

(3) 线路拆除阶段。数据传输完成后,拆除线路连接,释放结点和信道资源。

线路交换最重要的特点是在一对用户之间建立起一条专用的数据通路。为此,在数据传输之前需要花费一段时间来建立这条通路,称这段时间为呼叫建立时间。在传统的公用电话网中,它约几秒至几十秒,而现在的计算机程控交换网中,它可减少到几十毫秒量级。

可以利用图2.29来说明线路交换方式下通信三阶段的工作过程。假设用户H1要求连接到H5进行一次数据通信。为此,H1向结点A发出一个"连接请求"信令,要求连到H5。通常从H1到交换网结点的进网线路是专用的,不存在入网连接过程。结点A基于路由信息和线路可用性及费用等的衡量,选择出一条可通往结点E的空闲链路,如选择了连接到结点C的一条链路。结点C也根据同样的原则作出连到结点E的链路选择。结点E也有专线连到H5,由结点E向H5发送"连接请求"信令。若H5已准备好,即通过这条通路向H1回送一个"连接确认"信令,H1据此确认H1到H5之间的数据通路已经建立,即H1-A-C-E-H5的专用物理通路。

于是,H1与H5随即在此数据通路上进行数据传输。在传输期间,交换网的各有关结点始终保持连接,不对数据流的速率和形式作任何解释、变换和存储等处理,完全是直通的透明传输。

数据传输完后,由任一用户向交换网发出"拆除请求"信令。该信令沿通路各结点传送,指示这些结点拆除各段链路,以释放信道资源。

线路交换本来是为电话网而设计的。一百多年来,电话交换机经过多次更新换代,从人工接续、步进制、纵横制直到现代的程控交换机,其本质始终未变,都是采用线路交换。但近年来各个远程计算机或局域网间的通信也有采用公用电话交换网来实现的。计算机在实现数据通信时,发送端的计算机需经modem把二进制数字信号序列调制为适合电话线上传输的模拟信号,接收端modem再把模拟信号还原为数字信号后而传入计算机。其线路的连接、数据传输和线路的拆除完全与普通电话的三阶段类似。打电话时发话方人工拨通电话,对方拿起听筒后交换线路即告连接成功。计算机通信则由计算机把存储的电话号码经 modem 自动拨号，双方的 modem 进行呼叫应答后建立线路连接。电话交换是双方对话，而计算机通信是在线路上传输被调制后的数据信息，一方挂断，线路整个即被拆除。

应指出的是，用线路交换进行计算机通信，线路利用率是很低的。电话通信中，一般为双工通信，由于双方总是一个在讲，另一个在听，故线路利用率约为 50%。如考虑讲话时的停顿，则利用率会更低。计算机通信中，由于人-机交互，如键盘输入、阅读屏幕显示的时间较长，而数据只是突发性地和间歇性地出现在传输线路上，故线路上真正用来传输数据的时间往往不到 10%甚至 1%。在绝大部分时间里，通信线路实际上是空闲的。但对电信局来说，通信线路已被用户占用而要收费，故既增加了通信成本，又白白浪费了宝贵的线路资源。

线路交换的优点是：通信实时性强；通路一旦建立，便不会发生冲突，数据传送可靠、迅速，且保持传输的顺序；线路传输时延小，唯一的时延是电磁信号的传播时间。其主要缺点是：线路利用率低；通路建立之前有一段较长的呼叫建立时延；系统无数据存储及差错控制能力，不能平滑通信量。因此，线路交换适于连接时间长和批量大的实时数据传输，如数字话音、传真等业务。对于需要经常性长期连接的用户之间，可以使用永久型连接线路或租用线路，进行固定连接，即不存在呼叫建立和拆除线路这两个阶段，避免了相应的时延。

2.7.2 报文交换

报文交换属存储转发交换方式，不要求交换网为通信双方预先建立一条专用数据通路，也就不存在建立线路和拆除线路的过程。在这种交换网中，通信用的主机把需要传输的数据组成一定大小的报文，并附有目的地址，以报文为单位经过公共交换网传送。交换网中的结点计算机接收和存储各个结点发来的报文，待该报文的目的地址线路有空闲时，再将报文转发出去。一个报文可能要通过多个中间结点存储转发后才能达到目的站。交换网络有路径选择功能。现仍用图 2.29 来说明。如 H1 欲发一份报文给 H5，即在报文上附上 H5 的地址，发给交换网的结点 A，结点 A 将报文完整地接收并存储下来，然后选择合适的链路转发到下一个结点，例如结点 C。每个结点都对报文进行类似的存储转发，最后到达目的站 H5。可见，报文在交换网中完全是按接力方式传输的。通信双方事先并不确知报文所要经过的传输通路，但每个报文确实经过了一条逻辑上存在的通路。如上述 H1 的一份报文经过了 H1-C-E-H5 的一条通路。

在线路交换中，每个结点交换机是一个电子交换装置或是机电接点装置，数据的比特流在交换装置中不作任何处理地通过去。而报文交换网的结点交换机通常是计算机，能将报文存储下来，然后分析报头信息，决定处理的方法和转发的方向。若一时不能提供空闲链路，报文就排队等待发送。因此，一个结点对于一份报文所造成的时延应包括存储处理时间、排队时间和转发报文时间。

在报文传输上，任何时刻一份报文只在一条结点到相邻结点间的点对点链路上传输，每一条链路的传输过程都对报文的可靠性负责。这样比起线路交换来有许多优点：不必要求每条链路上的数据速率相同，因而也就不必要求收、发两端工作于相同的速率；传输中的差错控制可在多条链路上进行，不必由收、发两端介入，简化了端设备；由于接力式工作，任何时刻一份报文只占用一条链路的资源，不必占有通路上的所有链路资源，而且许多报文可以分时共享一条链路，这就提高了网络资源的共享性及线路的利用率；一个报文可以同时向多个目的站发送，而线路交换网络难于做到；在线路交换网络上，当通信量变得很大时，就不能接受某些呼叫，而在报文交换网中仍可以接收报文，但是传送延迟会增加。

报文交换的主要缺点是：每一个结点对报文数据的存储转发时间较长，传输一份报文的总时间并不比采用线路交换方式短，或许会更长。因此，报文交换不适于传输实时的或交互式业务，如话音、传真、终端与主机之间的会话业务等。事实上，报文交换仅用于非计算机数据业务（如民用电报业务）的通信网中，以及公共数据网发展的初期。只有到出现了分组交换方式之后，公共数据网才真正进入到成熟阶段。

2.7.3 分组交换

存储转发的概念最初是在1964年8月由巴兰（Baran）在美国兰德（Rand）公司《论分布式通信》的研究报告中提出的。1962—1965年，美国国防部远景规划局DARPA（Defence Advanced Research Project Agency）和英国国家物理实验室NPL都在对新型的计算机通信网进行研究。1966年6月，NPL的戴维斯（Davies）首次提出"分组（packet）"这一名词。从1969年开始组建并于1971年投入运行的美国ARPANET第一次采用了分组交换技术。从此，计算机网络的发展就进入了一个崭新的纪元。可以说，ARPANET为公共数据网的建设树立了一个样板。继之，1973年开始运行的加拿大公共数据网DATAPAC也采用了分组交换技术。从1975年开始，这种交换技术就越来越普遍的应用于一些国家邮电部门的公共数据网，如英国的PSS、法国的TRANPAC、美国的TELENET、日本的D-50、中国的CHINAPAC等。公共数据网进入了蓬勃发展的成熟阶段。前已指出，分组交换与报文交换同属于存储转发式交换，依据完全相同的机理。它们之间的外表差别仅在于参与交换的数据单元的长度不同。表面看来，分组交换比起报文交换并没有优越之处。但是，通过仔细分析后会看到，将交换的数据单元限制为一个相当短的长度（如2 000b以内）这一简单措施，对于系统的性能，特别是时延性能具有显著的影响。仍以图2.29为例，当主机H1要向主机H5发送数据时，首先要将数据划分为一个个等长的分组，如每个分组1 000b长，每个分组都附上地址及其他信息，然后就将这些分组按顺序一个接一个地发往交换网的结点A。此时，除链路H1-A外，网内其他通信链路并不被目前通信的双方所占用。即使是链路H1-A，也只是当分组正在此链路上传送时才被占用。在各分组传输之间的空闲时间，链路H1-A仍可以为其他主机发送的分组使用。在结点A，交换网可以采用两种不同的传输方式来处理这些进网分组数据的传输与交换，这即数据报传输分组交换和虚线路传输分组交换。

1. 数据报传输分组交换

假定在图2.29中，H1站将报文划分为三个分组（P1、P2、P3），每个分组都附上地址及其他信息，按序连串地发送给结点A。结点A每接收到一个分组都先存储下来，由于每一个分组都含有完整的目的站的地址信息，因而每一个分组都可以独立地选择路由。分别对它们进行单独的路径选择和其他处理过程。例如，它可能将P1送往结点C，将P2、P3送往结点B。这种选择主要取决于结点A在处理那一个分组时刻的各链路负荷情况，以及路径选择的原则和策略。这样可使各个结点处于并行操作状态，可大大缩短报文的传输时间。由于每个分组都带有终点地址，所以它们不一定经过同一路径，但最终都能到达同一个目的结点E。这些分组到达目的结点的顺序也可能被打乱，这就要求目的结点E负责分组排序和重装成报文，也可由目的地H5站来完成这种排序和重装工作。由上可知，交换网把对进网的任一个分组都当作单独的“小报文”来处理，而不管它是属于哪个报文的分组，就像在报文交换方式中把一份报文进行单独处理一样。这种单独处理和传输单元的“小报文”或“分组”，即称为数据报(datagram)。这种分组交换方式称为数据报传输分组交换方式，或简称数据报交换。

2. 虚线路传输分组交换

类似前述的线路交换方式，报文的源发站在发送报文之前，通过类似于呼叫的过程使交换网建立一条通往目的站的逻辑通路。然后，一个报文的所有分组都沿着这条通路进行存储转发，不允许结点对任一个分组做单独的处理和另选路径。在图 2.30 中，假设 H1 站有三个分组(P1、P2、P3)要送往 H5 站去。H1 站首先发一个“呼叫请求”，即发送一个特定格式的分组给结点 A，要求连到 H5 站进行通信，同时也寻找一条合适的路径。结点 A 根据路径选择原则将呼叫请求分组转发到结点 B，结点 B 又将该分组转发到结点 C，C 结点再将该分组转发到结点 E，最后结点 E 通知 H5 站，这样就初步建立起一条 H1-A-B-C-E-H5 的逻辑通路。若 H5 站准备好接收报文，可发一个“呼叫接收”分组给结点 E，沿着同一条通路传送到 H1 站，从而 H1 站确认这条通路已经建立，并分配一个“逻辑通道”标识号，记为 VC1。此后 P1、P2、P3 各分组都附上这一标识号，交换网的结点都将它们转发到同一条通路的各链路上传输，这就保证了这些分组一定能沿着同一条通路传输到目的地 H5 站。全部分组到达 H5 站并经装配确认无误后，任一站都可以采取主动发送一个“消除请求”分组来终止这条逻辑通路，具体过程由交换网内部完成。

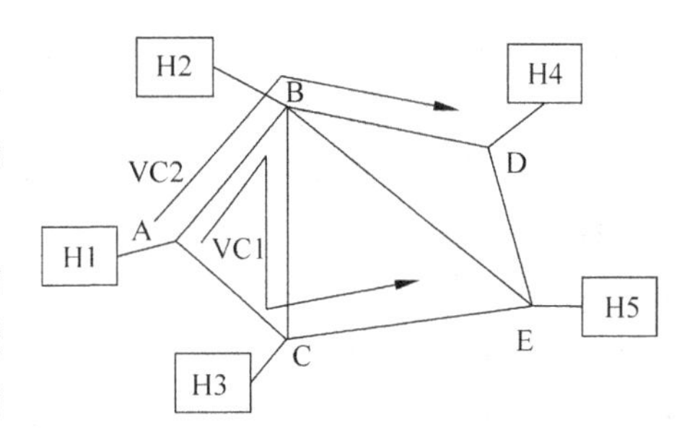

图 2.30　虚线路传输分组交换

上述这种分组交换方式称为虚线路传输分组交换方式，简称虚线路交换。为建立虚线路的呼叫过程称为虚呼叫(virtual calling)，通过虚呼叫建立起来的逻辑通路称为虚拟线路(virtual circuit)，简称虚线路或虚通路。

要注意的是，虚线路与存储转发这一概念有关。当人们在线路交换的电话网上打电话时，在通话期间的确是自始至终地占用一条端到端的物理信道。当人们占用一条虚线路进行计算机通信时，由于采用的是存储转发的分组交换，所以只是断续地占用一段又一段的链路，分组在每个结点仍然需要存储，并在线路上进行输出排队，但不需要为每个分组作路径判定。虽然人们感觉好像(而并没有真正地)占用了一条端到端的物理线路，但这与线路交换有本质的区别。虚线路的标识号只是对逻辑信道的一种编号，并不指某一条物理线路本身。一条物理线路可能被标识为许多逻辑信道编号，这点正体现了信道资源的共享性。假定主机 H1 还有另一个进程在运行，此进程还想和主机 H4 通信。这时，H1 可再进行一次虚呼叫，并建立一个虚线路，在图 2.30 中标记为 VC2，它经过 A-B-D 三个结点。由该图可知，链路 A-B 既是 VC1 的链路，也是 VC2 的链路。数据报方式和虚线路方式的主要区别如表 2-3 所示。需要指出的是，数据报方式没有呼叫建立过程，每个分组(或称数据报)均带有完整的目的站的地址信息，独立地选择传输路径，到达目的站的顺序与发送时的顺序可能不一致。而虚线路方式必须通过虚呼叫建立一条虚线路，每个分组不需要携带完整的地址信息，只需带上虚线路的号码标志，不需要选择路径，均沿虚线路传送，这些分组到达目的站的顺序与发送时的顺序完全一致。

表 2-3　数据报方式与虚线路方式的主要区别

	数　据　报	虚　线　路
端到端的连接	不要	必须有
目的站地址	每个分组均有目的站的全地址	仅在连接建立阶段使用
分组的顺序	到达目的站时可能不按发送顺序	总是按发送顺序到达目的站
端到端的差错控制	由用户端主机负责	由通信子网负责
端到端的流量控制	由用户端主机负责	由通信子网负责

数据报方式和虚线路方式各有优缺点。据统计，在计算机网络上传送的报文长度通常很短。若采用 128B 为分组长度，往往一次只传送一个分组就够了。这时，用数据报既快又经济，特别适用于网络互连。若用虚线路，为了传送一个分组而要建立虚线路和释放虚线路就显得太浪费了。

在使用数据报时，每个分组必须携带完整的地址信息。而使用虚线路时仅需虚线路号码标志。这样可使分组控制信息的比特数减少，从而减少了额外开销。此外，使用数据报时，用户端的主机要求承担端到端的差错控制以及流量控制；使用虚线路时，网络有端到端的流量控制及差错控制功能，即网络应保证分组按顺序交付，而且不丢失、不重复。

数据报方式由于每个分组可独立选择路由，当某个结点发生故障时，后续结点就可另选路由，因而提高了可靠性，对军事通信有其特殊意义。而使用虚线路时，如一个结点失效，则通过该结点的所有虚线路均丢失了，可靠性降低。不管是数据报方式还是虚线路方式，分组交换除了提高网络信道资源的共享性之外，在网络性能方面莫过于分组传输时延性能的改善上。这种实质上的改善，得益于将一份较长的报文划分为一个个较短的分组作为传输单元这一简单措施。

根据上述分析，可以将线路交换、报文交换、分组交换三种方式的主要特点总结如下。

(1) 线路交换。在数据传输开始之前必须先建立一条专用的通路，在线路释放以前，该通路将由一对用户完全占用。通信实时性强，适于电话、传真等业务。线路利用率低，特别对于突发性的计算机通信效率更低。

(2) 报文交换。不需要通信双方预先建立一条数据通路，靠交换网络结点计算机存储转发，接力式地传送报文。在传送报文时，任一时刻一份报文只占用一条链路。在交换结点中需要缓冲存储，报文需要排队。因此，它不能满足实时通信的要求，主要应用于非计算机数据业务，如民用电报的通信网中。总的来说，现在报文交换应用较少。

(3) 分组交换。该交换与报文交换方式类似，同属于存储转发，但报文被分成较小的分组传送，并规定了最大的分组长度。分组交换又分为数据报与虚线路交换。在数据报方式中，每一分组带有完整的地址信息，均可独立地选择路径，目的地需要重新组装报文。在虚线路方式中，要先建立虚线路，各分组不需要自己选路径，目的地无需重新组装报文。分组交换相对于报文交换而言，传输时延可大大减少，它是当今数据网络中最广泛使用的一种交换技术。目前普遍采用的 X.25 协议就是 CCITT 制定的分组交换协议。

局域网也都采用分组交换。但在局域网中，从源点到目的地只有一条单一的通路，故不需要像公用数据网中那样具有路由选择和交换功能。局域网也采用线路交换，如计算机交换机(Computer Branch Exchange,CBX)就是使用线路交换技术的局域网。由于报文交换不能满足实时通信要求，故局域网中不采用报文交换技术。总之，目前通信网中广泛使用的交换方式主要是线路交换和分组交换，线路交换用于电话业务，分组交换用于数据业务。

2.7.4 高速交换

前述三类交换技术，已远不能满足像信息高速公路那样建立先进通信网络的需要，例如，音频、视频、数字、图像等多种媒体同时传输要求的高速宽带通信网。近年来，有多种高速网络技术在同时发展，如帧中继、异步传输模式(ATM)以及综合业务数字网络(ISDN)等。相应的高速交换方式有帧中继和 ATM 等。

1. 帧中继交换

长期以来，一般都认为 X.25 分组交换网是实现数据通信的最好方式，因为它具有比电话系统高得多的数据速率，而且有一套完整的差错控制机制。但到 20 世纪 80 年代后期，随着网络上信息流量和局域网通过分组交换网互连的急剧增加，使 X.25 原有的数据速率已远远不能满足要求。特别是 20 世纪 80 年代后期以来，通信用的主干线已逐步采用光缆，不仅大幅度提高了数据速率，而且使传输误码率降低了几个数量级。此外，网络中所有通信设备的可靠性也显著提高，这些都使信息在传输过程中发生差错的几率减小。因此，既没有必要再像 X.25 交换网那样每经过一个交换机都对帧进行一次差错检测，也无须在每个交换机中设置功能较强的流量控制和路由选择机制。正是在这种背景下产生了帧中继交换。可以说，帧中继(frame relay)是在 X.25 基础上，简化了差错控制(包括检测、重发和确认)、流量控制和路由选择功能，而形成的一种新型的交换技术。由于 X.25 分组网和帧中继很相似，因而很容易从 X.25 升迁到帧中继。1992 年—1993 年是帧中继技术从试用转向普及的关键性一年，其标志是 AT&T 公司的 Intespan 帧中继业务投入使用，中国也于 1994 年开通了帧中继业务。

帧中继是一种减少结点处理时间的技术。帧中继是以帧为单位进行的交换，一般认为帧的传送基本上不会出错，因此只要一读出帧的目的地址就立即开始转发该帧。一结点在收到一帧时，大约只需执行 6 个检错步骤，一个帧的处理时间可以减少一个数量级，因此帧中继网络的吞吐量比 X.25 网络要提高一个数量级以上。当还在接收一个帧时就转发此帧，通常称其为快速分组交换。分布队列双总线(DQDB)、交换多兆位数据服务(SMDS)，以及 ATM、B-ISDN 等均属快速分组交换。

可以将帧中继与 X.25 分组交换网进行比较，如表 2-4 所示。

表 2-4 X.25 分组交换与帧中继交换的比较

比较项目	X.25 分组交换	帧中继交换
通信子网形式	分组交换网为物理层、数据链路层、网络层三层	通信子网只有物理层和数据链路层
传输速率	64kbps	2.048Mbps
差错控制	在通信子网的源端和目标端以及途经的相邻结点间均进行	只在通信子网的源和目标两端进行
流量控制	在数据链路层和网络层都设置了显示的流量控制机制	无显示的流量控制机制
路由选择	在网络层中实现	在数据链路层实现
多路复用和转换	在网络层中实现	在数据链路层实现
虚电路	支持永久虚电路和呼叫虚电路	只支持永久虚电路

由于帧中继具有较高的传输速率，因而容易以中、低速率投入ATM骨干网。事实上，现已有不少厂家推出了连接帧中继接入网络与ATM骨干网的ATM路由器，所以帧中继网也已成为国内外广域网的形式之一。

2. 异步传输模式

大家知道，20世纪80年代初，实现了将话音与低速数据综合在一起的所谓窄带综合业务数字网(N-ISDN)，但未能达到预期的效益。其原因主要是N-ISDN只是业务综合而非技术综合，话音与数据业务分别在电路交换网与分组交换网上交换，给使用和建设带来不便；综合业务少，未能综合包括影视图像在内的宽带业务。于是人们开始探索将话音、数据、图形与影视诸多业务只在一个网中传输与交换，这就是所谓宽带综合业务数字网(B-ISDN)。在众多计算机与通信专家的参与下，一种具有综合电路交换与分组交换优势的新的信息传递方式——异步传输模式(ATM)应运而生。

CCITT(国际电话电报咨询委员会)在I.113建议中给ATM下了这样的定义：ATM是一种转换模式(即传输模式)，在这一模式中信息被组织成信元(cell)，包含一段信息的信元并不需要周期性地出现在信道上。从这个定义中可以清楚地看出，异步传输模式ATM是以信元为基本传输单位，采用异步传输模式，即主要采用了信元交换和异步时分多路复用技术。

ATM技术可兼顾各种数据类型，将数据分成一个个的数据分组，每个分组称为一个信元。每个信元固定长53B，其中5B为信头，48B为净荷(payload)，净荷即有用信息。5B的信头中包含了流量控制信息、虚通道标识符、虚信道标识符和信元丢失的优先级，以及信头的误码控制等有用信息。这种将包的大小进一步减小到53B的方式，就能进一步减小时延，有利于提高通信效率。

这种短小且固定的信元传输灵活机动，不仅可以携带任何类型的信息(数字、语音、图像、视频)，支持多媒体通信，还能进一步降低传输时延，按业务需要动态分配网络带宽，既可像电路交换那样传输话音业务，也可以像分组交换那样传输数字业务。同时，这种短小且固定长度的信元，使得交换可以由硬件进行处理，提高了处理速度，加大了传输容量。

ATM采用的第二个主要技术是异步时分多路复用技术，这已在2.5节中详细讨论过，这里仅回顾一下它的传输过程。首先看一下同步传输过程。如图2.31所示，在输入端第三个时隙的信息到来时，将其存入缓冲器中，输出时，它占用第五个时隙，以后每帧信息进来，第三个时隙的信息经过交换后都送到第五个时隙输出。在这种通信方式下，若某个时隙没有数据传输，但依然会占用这个时隙，这就会带来很大的浪费，而异步时分多路复用技术可以克服这个缺点。

异步时分多路复用技术，不固定时隙传输，每个时隙的信息中都带有地址信息，将数据分成定长53B的信元，一个信源占用一个时隙，时隙分配不固定。如图2.32所示，该图中表示某用户占用每帧中的两个时隙，时隙位置亦不固定，在它的数据准备好后，即可占用空闲时隙。当输入信元进入缓存器中等待后，一旦输出端有空闲时隙，缓冲器中的信元就可以占用。由于ATM可以动态地分配带宽，因此非常适合于输出突发性数据。

ATM克服了传统传输方式的缺点，能够适应任何类型的业务，不论其速度高低、有无突发性，以及实时性要求和质量要求如何，都能提供满意的服务。ATM支持的ISDN，不仅是业务上的综合，而且也是技术上的综合。关于ATM在局域网中的应用将在3.5节中详细讨论。

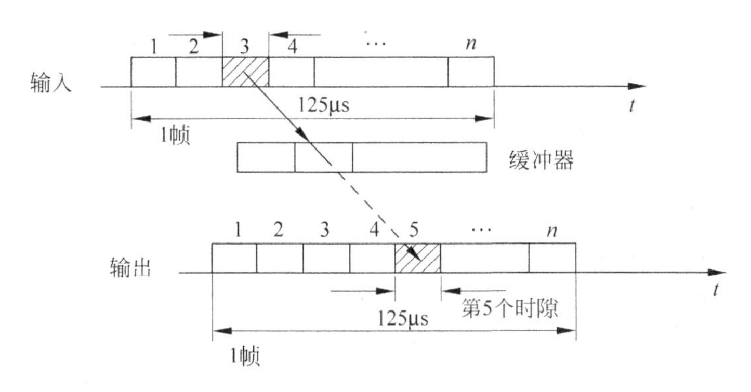

图 2.31　固定时隙交换

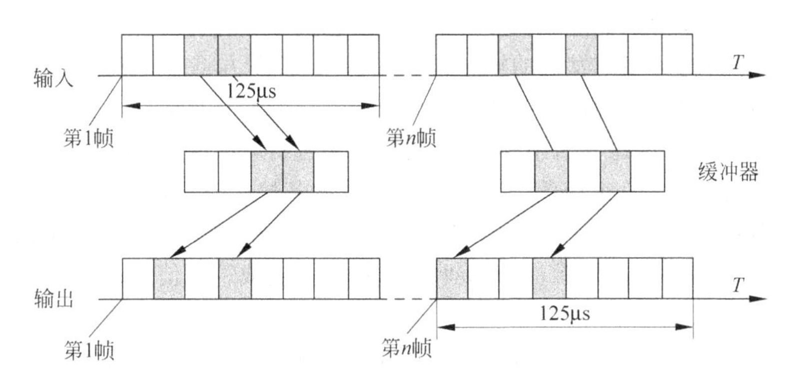

图 2.32　ATM 的传输与交换

2.8　流量控制

2.8.1　流量控制概述

在公路上，当车流量超过一定限度，所有车的速度就不得不减慢；若车流量再增加，就会出现谁也走不动的现象。信息网络也是如此，无论是计算机装置还是通信装置，对数据的处理能力总是有限的。当网上传输的数据量增加到一定程度时，网络的吞吐量下降，这种现象称为“拥塞”或“拥挤”(congestion)。当传输的数据量急剧增加，则丢弃的数据帧随之不断增加，从而引发更多的重发；而重发数据所占用的缓冲区得不到释放，又引起更多的数据帧丢失；这种连锁反应将很快波及全网，使通信无法进行，网络处于“死锁”(deadlock)状态，并陷于瘫痪。为此，必须对网络流量认真进行控制。

1. 流量控制的含义

所谓流量控制就是调整发送信息的速率，使接收结点能够及时处理它们。

2. 流量控制的目的

(1) 流量控制是为了防止网络出现拥挤以及死锁而采取的一种措施。当发至某一接收结点的信息速率超出该结点的处理或转换报文的能力时，就会出现拥挤现象。因此，防止拥挤的问题就简化成为各结点提供一种能控制来自其他结点信息传输速率的方法问题。

(2) 流量控制的另一目的是使业务量均匀地分配给各个网络结点。因此，即使在网络正常工作情况下，流量控制也能减少信息的传递时延，并能防止网络的任何部分(相对于其余部分来说)处于过负荷状态。

2.8.2 流量控制技术

这里仅讨论流量控制的两种主要方法，即停止-等待控制方法和滑动窗口流量控制方法。

1. 停止-等待控制方法

停止-等待控制方法是最简单的一种流量控制技术，它采用单工或半双工通信方式。当发送方发送完一数据帧后，便等待接收方发回的反馈信号。若收到的是肯定 ACK 信息，则接着发送下一帧；若收到的是否定 NAK 信息或超时而没有收到反馈信号，则重发刚刚发过的数据帧。

下面以图 2.33 为例，讨论停止-等待控制方法的传输过程。

(1) 初始时，发送方当前发送的帧序号 $N(S)=1$，接受方将要接收的帧序号 $N(R)=1$。

(2) 当发送方开始发送时，首先从缓冲区取出 0 号帧发送出去。

(3) 当接收方收到发送方送来的 0 号帧时，首先进行帧校验，如果校验正确且帧序号一致，则向发送方返回一个肯定应答信号 ACK，然后准备接受下一帧；如果帧校验有误或帧序号不一致，则向发送方返回一个否定应答信号 NAK，要求发送方重新发送该数据帧。

(4) 发送方收到应答信号后，根据接收方返回的肯定或否定信号，确定是发送下一数据帧还是重发原数据帧。

(5) 超时重发是指原数据帧在发送后的一段时间内，若没有收到应答信号，则要重新发送该数据帧。因此超时时间的设置要适当，避免造成不必要的浪费。

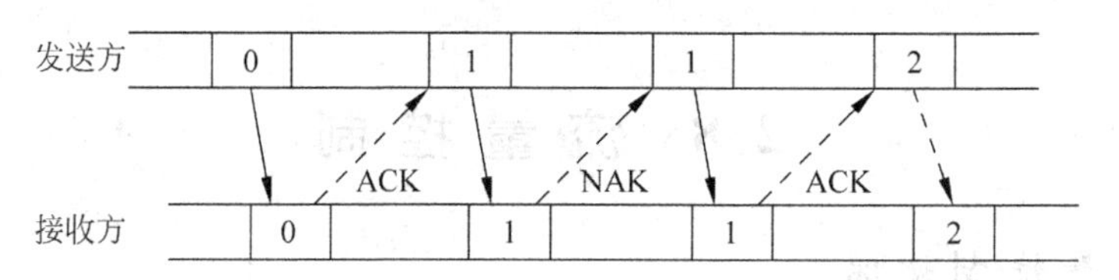

图 2.33 停止-等待控制方法

停止-等待流量控制方法的优点是控制简单，但也造成传输过程中吞吐量的降低，从而使得传输线路的使用率不高。

2. 滑动窗口流量控制

为了提高传输效率，使用滑动窗口流量控制方法是一种更为有效的策略。它采用全双工通信方式，发送方在窗口尺寸允许的情况下，可连续不断的发送数据帧，这样就大大提高了信道使用率。

(1) 发送窗口和接收窗口。

① 发送窗口。发送窗口是指发送方允许连续发送帧的序列表。发送窗口的大小(宽度)规定了发送方在未得到应答的情况下，允许发送的数据单元数。也就是说，窗口中能容纳的逻辑数据单元数，就是该窗口的大小。

② 接收窗口。接收窗口是指接收方允许接收帧的序列表。凡是到达接收窗口内的帧，才能被接收方所接收，在窗口外的其他帧将被丢弃。

③ 窗口滑动。发送方每发送一帧，窗口便向前滑动一个格，直到发送帧数等于最大窗

口数目时便停止发送。

(2) 窗口的滑动过程。滑动窗口流量控制是从发送和接收两方面来限制用户资源需求,并通过接收方来控制发送方的数量。其基本思想是,某一时刻,发送方只能发送编号在规定范围内,即落在发送窗口的几个数据单元,接收方也只能接收编号在规定范围内,即落在接收窗口内的几个数据单元。

图 2.34 说明了发送窗口的工作原理,其窗口大小为 5。

(a) 已确认数据单元:0;已发送单元:1,2;未发送单元:3,4,5

(b) 确认数据单元:1,窗口移动1格;已发送单元:2,3;主机传来单元(未发送):4,5,6

(c) 确认数据单元:3,因数据单元2未确认,窗口不移动

(d) 确认数据单元:2,因数据单元3已确认,窗口移动2格;主机传来单元(未发送):7,0

(e) 发送数据单元:4,5,6;数据单元6被先确认

(f) 数据单元4超时,4,5,6重发

图 2.34 发送窗口的工作原理

图 2.35 说明了接收窗口的工作原理,其窗口大小为 4。

(a) 经校验向主机传送单元:0;已接收单元:1,2;还可以接收单元:3,4

(b) 经校验向主机传送单元:1(窗口移动1格);接收新单元:3;还可以接收单元:4,5

图 2.35 接收窗口的工作原理

前面介绍了滑动窗口进行流量控制的基本原理,具体实现时,还有一些问题要处理,如:

① 窗口宽度的控制是预先固定化还是可适当调整。

② 窗口位置的移动控制是整体移动还是顺次移动。

③ 接收方的窗口宽度与发送方相同还是不同。

其实，网络中进行数据通信量控制的技术还有拥挤控制和防止死锁技术，这里就不再讨论，有兴趣的读者可以参阅数据通信的相关书籍。

2.9 差错控制

2.9.1 差错产生的原因与差错类型

传输差错是指通过通信信道后接收数据与发送数据不一致的现象。当数据从信源出发，由于信道总存在一定的噪声，因此到达信宿时，应是信号与噪声的叠加。在接收端，接收电路在取样时刻判断信号电平，如果噪声对信号叠加的结果在最后电平判决时出现错误，就会引起传输数据的错误。

信道噪声分为热噪声与冲击噪声两类。热噪声由传输介质导体的电子热运动产生。热噪声的特点是：时刻存在，幅度较小，强度与频率无关，但频谱很宽，是一类随机噪声。冲击噪声则由外界电磁干扰引起，与热噪声相比，冲击噪声幅度较大，是引起传输差错的主要原因。冲击噪声持续时间与数据传输中每比特的发送时间相比，可能较长，因而冲击噪声引起相邻的多个数据位出错，所引起的传输差错为突发错。通信过程中产生的传输差错由随机错与突发错共同构成。

2.9.2 差错检验与校正

因为字符代码在传输和接收过程中难免发生错误，所以如何及时自动检测差错并进一步自动校正，正是数字通信系统研究的重要课题。一般来说，差错检验与校正可以采用抗干扰编码或纠错编码，如奇偶校验码、方块校验码、循环冗余校验码等。

1. 奇偶校验

奇偶校验也称为垂直冗余校验(Vertical Redundancy Check，VRC)，它是以字符为单位的校验方法。一个字符由8位组成，低7位是信息字符的ASCII码，最高位为奇偶校验位。该位中放“1”或放“0”是按照这样的原则：使整个编码中“1”的个数成为奇数或偶数，如果整个编码中，“1”的个数为奇数则称为“奇校验”；“1”的个数为偶数则称为“偶校验”。

校验的原理是：如果采用奇校验，发送端发送一个字符编码(含校验位共8位)，其中“1”的个数一定为奇数，在接收端对8个二进位数中的“1”的个数进行统计，若统计“1”的个数为偶数，则意味着传输过程中有1位(或奇数位)发生差错。事实上，在传输中偶然1位出错的机会最多，故奇偶校验法经常采用，但这种方法只能检查出错误而不能纠正错误，而且只能查出1位的差错，对两位或多位出错无效。

2. 方块校验

方块校验又称水平垂直冗余校验(Longitudinal Redundancy Check，LRC)。这种方法是在VRC校验的基础上，在一批字符传送之后，另外增加一个称为“方块校验字符”的检验字符，方块校验字符的编码方式是使所传输字符代码的每一纵向位代码中的“1”的个数成为奇数(或偶数)。例如，欲传送6个字符代码及其奇偶校验位和方块校验字符如下，其中均采用奇校验。

		奇偶校验位
字符 1	1001100	0
字符 2	1000010	1
字符 3	1010010	0
字符 4	1001000	1
字符 5	1010000	1
字符 6	1000001	1
方块校验字符(LRC)	1111010	0

采用这种校验方法,如果传输出错,不仅从一行中的 VRC 校验中可以反映出来,同时也在纵列 LRC 校验中得到反映,因而有较强的检错能力。不但能发现所有 1 位、2 位或 3 位的错误,而且可以自动纠正差错,使误码率降低 2～4 个数量级,故广泛用于通信和某些计算机外部设备中。

3. 循环冗余校验

循环冗余校验(Cycle Redundancy Check,CRC)是一种较为复杂的校验方法,它不产生奇偶校验码,而是将整个数据块当成一个连续的二进制数据。从代数的角度可看成是一个报文码多项式。在发送时将报文码多项式用另一个多项式来除,这后一个多项式叫做生成多项式,国际电报电话咨询委员会推荐的生成多项式(CRC-CCITT)为 $G(X)=X^{16}+X^{12}+X^{5}+1$。在报文发送时,将相除结果的余数作为校验码附在报文之后发送出去(校验位有 16 位)。接收时先对传送过来的码字用同一个生成多项式去除,若能除尽即余数为 0,说明传输正确;若除不尽说明传输有差错,可要求发送方重新发送一次。采用 CRC 校验,不但可以查出所有的单位错和双位错,以及所有具有奇数位的差错和所有长度小于 16 位的突发错误,还能查出 99%以上 17 位、18 位或更长位的突发性错误。其误码率比方块码还可降低 1～3 个数量级,故得到了广泛采用。

2.10 无线通信

自 1897 年马克尼(Marconi)第一次在英格兰海峡展示了通过使用无线电而使行使船只保持连续不断的通信能力以来,移动通信能力已经得到举世瞩目的发展。特别是近年来,无线移动通信在数字和射频电路制造技术方面的进步,以及在新的大规模集成电路技术的推动下有了巨大的发展。本节介绍无线通信最常见的两种形式:蜂窝无线通信和卫星通信技术。

2.10.1 蜂窝无线通信概述

1. 无线寻呼和无绳电话

1) 无线寻呼

当要呼叫一个有寻呼机的人时,可以打电话给寻呼服务公司并输入一个安全码、寻呼机号以及要回的电话号码(或一条短消息)。计算机收到请求后,通过地面线路将其传到高架天线广播出去。当寻呼机在接收到的无线电波中,检测到其唯一寻呼机号码时,就鸣响并显示呼叫方的电话号码。图 2.36 是一个寻呼系统的示意图,寻呼者通过公用电话交换网(Public Switched Telephone Network,PSTN)与寻呼控制中心联系,寻呼控制中心再将要寻呼的信息通过寻呼终端向被寻呼者发送出去。大多数寻呼系统是单向系统,不会出现多个竞争用户间争抢少量有限信道的情况。

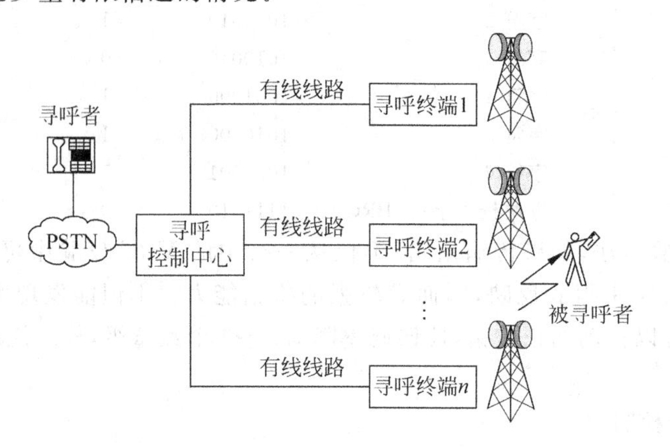

图 2.36 寻呼系统示意图

2) 无绳电话

无绳电话由两部分组成:基站和电话,它们通常是一起卖的。基站的后面有一个标准的电话插座,可以通过电话线连接到电话系统上。电话和基站通过低功率无线电波通信,范围一般为 100m~300m。图 2.37 是一个无绳电话系统的示意图,无绳手机通过无线链路和基站相连,基站再通过电话线连接到公用电话交换网上。

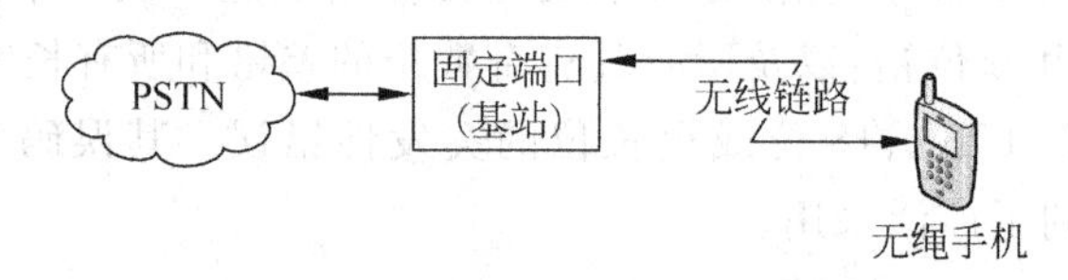

图 2.37 无绳电话系统示意图

早期的无绳电话仅用于和基站通信,因此不必对其进行标准化。一些便宜的产品使用固定的频率,由工厂选定。如果某人的无绳电话无意间和邻居的无绳电话有相同的频率,则相互可以听到对方的通话。为此,各国纷纷制定了一些标准,如 1992 年欧洲电信标准协会推出了新的数字无绳电话系统标准——欧洲数字无绳电话系统(Digital European Cordless Telephone,DECT)。1994 年美国联邦通信委员会的联合技术委员会通过了个人接入通信系统(Personal Access Communication System,PACS),日本也推出了个人便携电话系统(Personal Handyphone System,PHS),在中国称为小灵通。这些数字无绳电话系统具有容量大、覆盖面宽,能完成双向呼叫,微蜂窝越区切换和漫游,以及应用灵活等优点,并成为今后无绳电话发展的趋势。

2. 蜂窝移动通信

1) 第一代模拟蜂窝移动通信系统

20 世纪 80 年代发展起来的模拟蜂窝移动电话系统被称为第一代移动通信系统。这是一种以微型计算机和移动通信相结合,以频率复用、多信道公用技术和全自动接入公用电话网的大容量蜂窝式移动通信系统。

第一代模拟蜂窝移动通信系统中使用最普及的技术是先进移动电话系统(Advanced

Mobile Phone System，AMPS），该系统由贝尔实验室（Bell Labs）发明，1982 年首次在美国安装。

在 AMPS 中，地理上的区域被分成单元（cell），一般为 10km～20km 的范围，每个单元使用一套频率。由于基站发射机的功率较小，一定距离之外的单元收到的干扰足够小，因此两个相距一定距离的单元相互在对方的同频率干扰范围之外，所以这两个单元可以使用同一套频率，因而提高了频率的利用率，这就是使 AMPS 容量增大的关键思想，也是目前移动通信中广泛使用的技术。

频率重用的思想如图 2.38 所示，其单元一般都近似于圆形，但是用六边形更容易表示。这些众多的六边形在空间上构成了通信系统蜂窝，关于蜂窝的概念将在 2.10.2 节中详细介绍。在图 2.38 中，单元的大小都一样，它们被分成 7 个组，其上的每个字母代表一组频率。应注意对于每个频率集都有一个大约 2 单元宽的缓冲区，缓冲区处于同频率干扰范围之内，这里的频率不被重用，以获得较好的分割效果和较小的串扰。

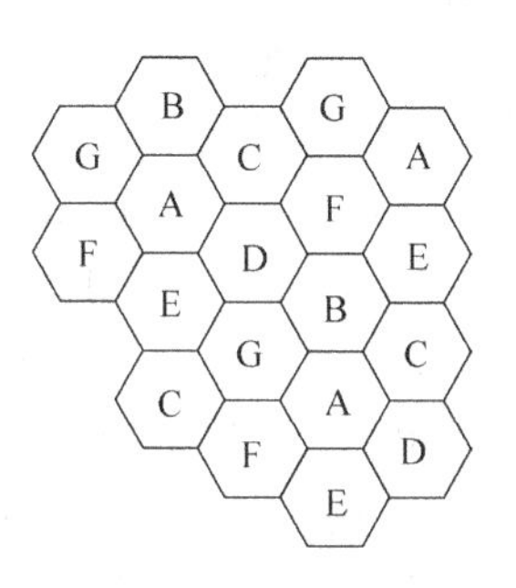

图 2.38　蜂窝结构示意图

模拟系统的主要缺点是：频谱利用率低、容量有限、系统扩容困难；不利于用户实现国际漫游、限制了用户覆盖面；提供的业务种类受限制，不能传输数据信息；保密性差，以及移动终端要进一步实现小型化、低功耗、低价格的难度较大。

2）第二代数字蜂窝移动通信系统

为了克服第一代模拟蜂窝移动通信系统的局限性，20 世纪 80 年代中期起，北美、欧洲和日本相继开发了第二代数字蜂窝移动通信系统（2G），它是在 AMPS 基础上发展起来的。数字蜂窝无线电系统信道分配方案有三种：移动通信全球系统、蜂窝数字分组数据和码分多址。

（1）移动通信全球系统。移动通信全球系统（Global Systems for Mobile communications，GSM）采用频分多址和时分多址混合技术，主要用于话音通信，但若用带有特殊调制解调器的便携机，亦可进行数据通信。与模拟系统相比，数字移动通信系统的频率使用效率得到提高，系统容量增大，且易于实现数字保密，标准化程度也大大提高。但同时也存在缺点：一是基站之间的接管相当频繁，每次接管会导致 300ms 数据的丢失，所以传输效率较低；二是 GSM 的错误率较高；三是由于按接通的时间计费而不是按传送的字节收费，所以花费很大。解决的方法之一是采用蜂窝数字分组数据。

（2）蜂窝数字分组数据。蜂窝数字分组数据（Cellular Digital Packet Data，CDPD）实际上是蜂窝状数字式分组数据交换网络，它是以数字分组技术为基础，以蜂窝移动通信为组网方式的移动无线数据通信技术。蜂窝移动系统起源于美国的贝尔系统，蜂窝系统的构造是以 AMPS 为基础并与 AMPS 兼容，即利用划分小区和频率复用技术。

（3）码分多址。码分多址（Code Division Multiple Access，CDMA）的工作原理将在 2.10.2 节中介绍。CDMA 有很多优点，如容量是目前流行的 GSM 的 3～4 倍；通话质量大幅度提高，接近有线电话的通话质量；由于所有小区均使用相同的频率，故大大简化小区频率规划；保密性能更高；手机功耗更小；增强了小区的覆盖能力，减少了基站数目；不会与现在的模拟和数字系统产生干扰；提供可靠的移动数据通信；可靠的软切换方式大大降低了切换的失败几率。

为了解决GSM系统在数字通信时传输速率低的问题，GSM系统在原来系统的基础上增加了通用分组无线业务(General Packet Radio Service，GPRS)，使GPRS传输数据的最高速率达到了115kbps。GPRS系统是GSM系统向3G系统的过渡，也就是通常所说的2.5G。

3) 第三代数字蜂窝移动通信系统

第二代数字蜂窝移动通信系统只能提供语音和低速数据(≤9.6kbps)业务的服务。但在信息时代，图像、语音和数据相结合的多媒体业务和高速率数据业务的业务量将会大大增加。为了满足更多更高速率的业务以及更高频谱效率的要求，同时减少目前存在的各大网络之间的不兼容性，一个世界性的标准——未来公用陆地移动电话系统(Future Public Land Mobile Telephone System，FPLMTS)应运而生。1995年，又更名为国际移动通信2000(International Mobile Telecommunications-2000，IMT-2000)。IMT-2000支持的网络被称为第三代移动通信系统，简称3G。第三代移动通信系统IMT-2000为多功能、多业务和多用途的数字移动通信系统，是在全球范围内覆盖和使用的。

3G的目标有三：一是终端设备及其移动用户个人的任意移动性；二是移动终端业务的多样性；三是移动网的宽带化和全球化。目前3G的主要标准有WCDMA、CDMA2000、TD-SCDMA三种。

(1) 宽带码分多址。宽带码分多址(Wideband CDMA，WCDMA)第三代移动通信系统，是从第2代GSM移动通信系统经过2.5代GPRS移动通信系统平滑过渡而来。从GSM过渡到GPRS，主要是在GSM系统中增加了通用分组无线业务GPRS部分。从GPRS系统发展到WCDMA是改造了基站子系统而来，GPRS系统采用的是频分/时分多址方式，WCDMA采用的是码分多址技术，因而必须投入大量资金对基站部分全面更新。目前GSM系统在世界上占有相当大的比重，这对WCDMA移动通信系统的应用是极大的支持，因此可以推测，WCDMA系统将在第三代移动通信系统的三种标准中占有一定优势。

(2) CDMA 2000。CDMA 2000第三代移动通信系统是在窄带CDMA移动通信系统的基础上发展起来的。CDMA 2000系统又可分成两类：一类是CDMA 2001X，它属于2.5代移动通信系统，与GPRS移动通信系统属于同一级；另一类是CDMA 2003X，是第三代移动通信系统。从GPRS系统升级到WCDMA，其基站BTS(Base Transceiver Station)要全部更新，而从CDMA 2001X升级到CDMA 2003X，原有的设备基本上都可以使用。CDMA 2001X是用1个载波构成一个物理信道，CDMA 2003X是用3个载波构成一个物理信道，基带信号处理中将需要发送的信息平均分配给3个独立的载波中分别发射，以提高系统的传输速率。

(3) 时分同步码分多址技术。时分同步码分多址技术(Time Division-Synchronous Code Division Multiple Access，TD-SCDMA)是中国提出的经国际电联(ITU)批准的第三代移动通信中的三种技术之一，虽然起步较晚，但目前已得到国内主要移动设备生产商和移动网络运营商的支持，国际上也获得了不少著名厂商的支持。

TD-SCDMA的特点主要有：一是TD-SCDMA技术采用时分双工(Time Division Duplexing，TDD)模式，能在不同的时隙中发送上行业务或下行业务，可根据上下行业务量的多少分配不同数量的时隙。这样TD-SCDMA在上下行不对称业务时实现最佳的频谱利用率；二是TD-SCDMA同时采用了FDMA、TDMA、CDMA三种技术；三是可以从

GSM/GPRS系统平滑过渡到TD-SCDMA系统,并保持与GSM/GPRS系统网络的兼容性。

4) 第四代数字蜂窝移动通信系统

第四代数字蜂窝移动通信是3G系统演化的结果,移动通信经过多年的发展,3G系统已经进入实质性开发和商用阶段。与此同时,4G,亦称为后三代(beyond 3G)移动通信的研究也进入了新阶段,其标准的讨论也拉开了帷幕。2002年1月在日本举行的无线世界研究论坛会议中,专家讨论并公开了4G内容。对于4G,达成以下共识:将移动通信系统与其他系统(如无线局域网WLAN)结合起来,产生4G技术;2010年之前使数据传输速度达到100Mbps,以提供更有效的多种业务。4G将适合所有的移动用户,最终实现无线网络、无线局域网、蓝牙、广播电视卫星通信的无缝衔接并相互兼容。4G与3G相比,在网络结构、空中接口、传输体制、编码与调制、检测与评估等方面都具有全新面貌。

2.10.2 数字蜂窝移动通信系统及主要通信技术

1. 数字蜂窝移动通信系统

1) 数字蜂窝移动通信系统的组成

数字蜂窝移动通信系统是在模拟蜂窝移动通信的基础上发展起来的,在网络组成、设备配置、网络功能和工作方式上,二者都有相同之处。但在实现技术和管理控制等方面,数字蜂窝技术更先进、功能更完备且通信更可靠,并能实现与其他发展中的数字通信网(如综合业务数字网ISDN、公用数据网PDN)的互联。数字蜂窝通信系统主要由移动台(Mobile Station,MS)、无线基站子系统(Base Station System,BSS)和交换网络子系统(Network Switching System,NSS)三大部分组成,如图2.39所示。

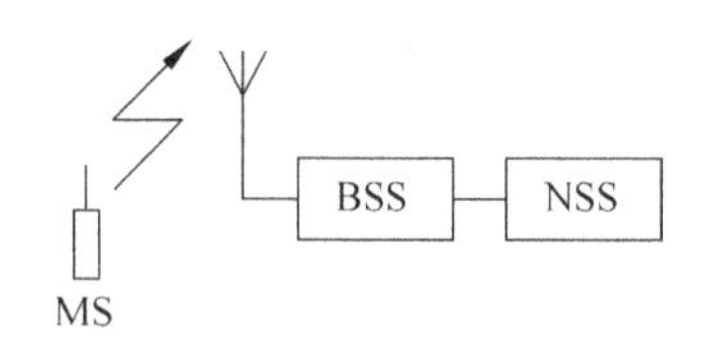

图2.39 蜂窝移动通信系统的组成

(1) 移动台。移动台就是移动客户设备部分,它由两部分组成,移动终端(Mobile Terminal,MT)和客户识别卡(Subscriber Identity Module,SIM)。移动终端可实现话音编码、信道编码、信息加密、信息的调制和解调、信息发射和接收功能。SIM卡就是“身份卡”,它类似于现在所用的IC卡,因此也称做智能卡,存有认证客户身份所需的所有信息,并能执行一些与安全保密有关的重要信息,以防止非法客户进入网络。

(2) 无线基站子系统。无线基站子系统是在一定的无线覆盖区中由移动交换中心控制,与MS进行通信的系统设备,它主要负责完成无线发送接收和无线资源管理等功能。功能实体可分为基站控制器(Base Station Controller,BSC)和基站收发信台(BTS)。

(3) 交换网络子系统。交换网络子系统主要实现交换功能和客户数据与移动性管理、安全性管理所需的数据库功能,由移动交换中心、操作维护中心(Operation and Maintenance Centre,OMC)等组成。

2) 数字蜂窝移动通信系统的工作原理

数字蜂窝移动通信系统为在无线覆盖范围内的任何站点的用户提供公用电话交换网或综合业务数字网的无线接入功能。蜂窝移动电话系统能在有限的频带范围内以及在很大地理范围内容纳大量用户,它提供了和有线电话系统相当的高通话质量。高容量的获得主要是因为将每一基站发射站的覆盖范围限制到称为小区的小块地理区域,这样相同的无线信道可以在相距不远的另一个基站内使用。

不管在什么位置，每个移动用户逻辑上都处在一个特定单元里，并且在该单元的基站控制下。当某移动用户离开一个单元时，它的基站注意到移动台传过来的信号逐渐减弱，就会询问所有邻近的基站收到该用户的信号的强弱。该基站随后将控制权转交给最强信号的单元，即该用户当前所处单元。该用户随即被告知它有新的管理者，并且如果正在进行通话，它会被要求切换到新的信道(因为它原来使用的信道在新的单元里不能被使用)。此过程被称为越区切换(handoff)，大约需时300ms，信道分配由MSC完成，确保了当用户从一个小区移动到另一个小区时通话不中断。漫游的原理与切换类似，它是指移动台在某地登记后，可在异地进行通信。这里的异地不再仅仅是另一个蜂窝，可能是不同地区、不同省甚至不同国家，即在任何地方都能通过漫游进行通信。

图2.40说明了包括移动站、基站和移动交换中心(MSC)的基本蜂窝通信原理。移动交换中心负责在蜂窝系统中将所有的移动用户连接到公用电话交换网上，有时被称作移动电话交换局(Mobile Telecommunications Switching Office，MTSO)。每一移动用户通过无线电和某一个基站通信，在通信过程中，可能被切换到其他任一个基站去。移动站包括发送器、天线和控制电路，可以安装在机动车辆上或作为携带手机使用。基站包括有几个同时处理全双工通信的发送器、接收器和支撑几个发送和接收天线的塔。基站担当桥一样的功能，将小区中所有用户的通信通过电话线或微波线路连到MSC。MSC协调所有基站的操作，并将整个蜂窝系统连到PSTN或ISDN上去。典型的MSC可容纳10万个用户，并能同时处理5 000个通信，同时还提供计费和系统维护功能。

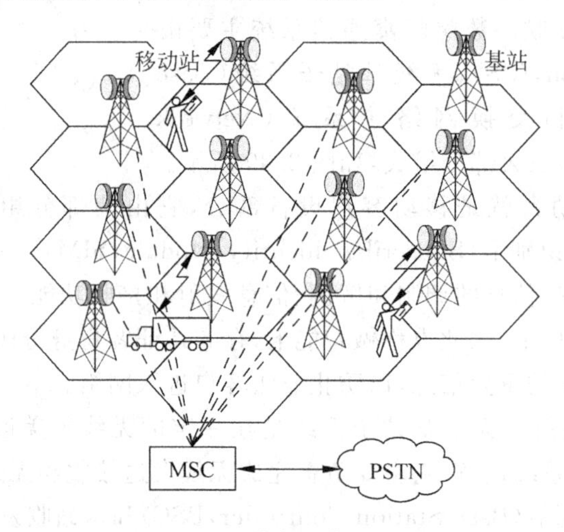

图2.40　蜂窝通信原理图

基站和移动用户之间的通信接口被定义为标准公共空中接口，它指定了四个不同的通道。用来从基站向用户传送信息的称为前向语音信道(Forward Voice Channel，FVC)，用来从用户向基站传送语音的称为反向语音通道(Reverse Voice Channel，RVC)。两个负责发起移动呼叫的信道称为前向控制信道(Forward Control Channel，FCC)和反向控制信道(Reverse Control Channel，RCC)。控制信道通常称为建立信道，因为它们只在建立呼叫和呼叫转移到没被占用的信道里去时使用。控制信道发送和接收进行呼叫和请求服务的数据信息，并由未进行通信的移动台监听。前向控制信道还作为信道标志，用来建立系统中的用户广播通信请求。

2. 数字蜂窝移动通信系统主要通信技术

1）无线通信多址接入技术

传输技术的一个关键就是要解决传输的有效问题，即信道的充分利用问题，进一步说就是要利用一个信道同时传输多路信号。在两点之间同时互不干扰地传送多个信号是信道的多路复用；在多点之间实现互不干扰的通信称为多址访问或多点接入，即指用一个公共信道将多个用户连接起来，实现他们之间的互不干扰通信，其技术核心是如何识别自己的信号。为此，要赋予不同的用户信号以不同的信号特征，这些信号特征能区分不同的用户，就像不同的地址区分不同的用户一样。因此，这种技术称为多址技术。

（1）频分多址（Frequency Division Multiple Access，FDMA）。频分多址是使用较早也是使用较多的一种多址接入方式，被广泛应用于卫星通信、移动通信、一点多址微波通信系统中。FDMA 的技术核心是把传输频带划分为较窄的且互不重叠的多个子频带，每个用户都被分配到一个独立的子频带中；各用户采用滤波器，分别按分配的子频带从信道上提取信号，实现多址通信。

（2）时分多址（Time Division Multiple Access，TDMA）。时分多址是在给定频带的最高数据速率的条件下，把传递时间划分为若干间隙，各用户按照分配的时隙，以突发脉冲序列方式接收和发送信号。

（3）码分多址 CDMA。码分多址也称扩频多址（Spread Spectrum Multiple Access，SSMA）。它是将原信号的频带拓宽，再经调制发送出去；接收端接收到经扩频的宽带信号后，作相关处理，再将其解扩为原始数据信号。

CDMA 的原理是，任何一个发送方都要把自己发送的 01 代码串中的每一位，分成 m 个更短的时隙或称芯片（chip），这种方式称为直接序列扩频。通常 m 取 64 片或 128 片，也就是将原先要发送的信号速率或带宽提高了 64 倍或 128 倍。为了简便，现假定芯片序列为 8 位，又假定用芯片序列 00011011 表示 1，当发送 0 时则用其反码 11100100。但这种芯片序列是双极型表示的，即 0 用 -1 表示，1 用 $+1$ 表示。

如图 2.41 所示，其中图 2.41(a)是 $ABCD$ 4 个站点上的二进制芯片序列，图 2.41(b)是双极型芯片序列，每个站点都有自己唯一的芯片序列。用符号 S 来表示站点 S 的 m 维芯片序列，$\bar{S}$ 为 S 的取反。而且所有的芯片序列都是两两正交的。设 S 和 T 是两个不同的芯片序列，其标量积（表示为 $S \cdot T$）均为 0。标量积就是对双极型芯片序列中的 m 位相乘之和，再除以 m 的结果，可用下式表示：

$$S \cdot T = \frac{1}{m}\sum_{i=1}^{m} S_i \cdot T_i = 0$$

其正交特性是极其关键的。只要 $S \cdot T=0$，那么 $S \cdot \bar{T}=0$。任何芯片序列与自己的标量积均为 1，即：

$$S \cdot S = \frac{1}{m}\sum_{i=1}^{m} S_i \cdot S_i = \frac{1}{m}\sum_{i=1}^{m} S_i^2 = \frac{1}{m}\sum_{i=1}^{m} (\pm 1)^2 = 1$$

上式成立是因为内标积中的每个 m 项为 1，因此和为 m。另外还要注意 $S \cdot \bar{S}=-1$。在每个比特时间内，站点可以发送其芯片序列表示发送 1，可以发送其序列的反码表示发送 0，也可以保持沉默什么都不干。这里假定所有的站点在时间上都是同步的，因此所有芯片序列都是在同一时刻开始。

(a) 4个站点的二进制芯片序列	(b) 双极型芯片序列
A：00011011	A：(−1−1−1+1+1−1+1+1)
B：00101110	B：(−1−1+1−1+1+1+1−1)
C：01011100	C：(−1+1−1+1+1+1−1−1)
D：01000010	D：(−1+1−1−1−1−1+1−1)

		(c) 站点同时发送的6个例子	(d) 站点 C 的信号复原的六个例子
-- 1-	C	S_1=(−1 +1 −1 +1 +1 +1 −1 −1)	$S_1 \cdot C$=(1+1+1 +1 +1 +1+1+1)/8=1
- 1 1-	$B+C$	S_2=(−2 0 0 0 +2 +2 0 −2)	$S_2 \cdot C$=(2+0+0+0+2+2+0+2)/8=1
1 0 --	$A+\bar{B}$	S_3=(0 0 −2 +2 0 −2 0 +2)	$S_3 \cdot C$=(0+0+2+2+0−2+0−2)/8=0
1 0 1 -	$A+\bar{B}+C$	S_4=(−1 +1 −3 +3 −1 −1 −1 +1)	$S_4 \cdot C$=(1+1+3+3+1−1+1−1)/8=1
1 1 1 1	$A+B+C+D$	S_5=(−4 0 −2 0 +2 0 +2 −2)	$S_5 \cdot C$=(4+0+2+0+2+0−2+2)/8=1
1 1 0 1	$A+B+\bar{C}+D$	S_6=(−2 −2 0 −2 0 −2 +4 0)	$S_6 \cdot C$=(2−2+0−2+0−2−4+0)/8=−1

(a) 4个站点的二进制芯片序列　(b) 双极型芯片序列　(c) 站点同时发送的6个例子　(d) 站点 C 的信号复原的六个例子

图 2.41　CDMA 实例

若两个或两个以上的站点同时开始传输，则它们的双极型信号就线性相加。比如，在某一芯片内，3个站点输出+1，一个站点输出−1，那么结果就为+2。可把它想象为电压相加：3个站点输出+1V，另一个站点输出为−1V，最终输出电压就为+2V。

图2.41(c)中，给出了站点同时发送的6个例子。第1个例子中，只有C发送了1位，所以结果只有C的芯片序列。第2个例子中，B和C均发送1，因此结果为它们序列之和，即(−1−1+1−1+1+1+1−1)+(−1+1−1+1+1+1−1−1)=(−2 000+2+20−2)。

第3个例子中，站点A发送1，站点B发送0，其余保持沉默。第4个例子中，站点A，站点C发送1，站点B发送0。第5个例子中，4个站点均发送1。最后一个例子中，站点A、站点B和站点D发送1，站点C发送0。应该注意的是，图2.41(c)中给出的从序列 S_1 到序列 S_6 任一序列仅占用一个比特时间。

要从信号中还原出单个站点的比特流，接收方必须事先知道站点的芯片序列。通过计算收到的芯片序列(所有站点发送的线性和)和欲还原站点的芯片序列的内标积，就可以还原出原比特流。假设收到的芯片序列为 S，接收方想收听的站点芯片序列为 C，只需计算它们的内标积 $S \cdot C$，就可得出原比特流。

下面解释上述方法的原理。假设站点 A、站点 C 均发送1，站点 B 发送0。接收方收到的总和为 $S=A+\bar{B}+C$，计算：

$$S \cdot C = (A + \bar{B} + C) \cdot C = A \cdot C + \bar{B} \cdot C + C \cdot C = 0 + 0 + 1 = 1$$

公式中的前两项消失，因为所有的芯片序列都经过仔细的挑选，确保它们两两正交，就像式 $S \cdot T = \frac{1}{m}\sum_{i=1}^{m} S_i \cdot T_i = 0$ 所表示的那样。这里也说明了为什么要给芯片序列上强加上这个条件。

为了使解码过程更具体一些，可参见图2.41(d)所示的6个例子。假设接收方想从 $S_1 \sim S_6$ 的6个序列中还原出站点C发送的信号。它分别计算接收到的 $\boldsymbol{S}$ 与 $\boldsymbol{C}$ 向量两两相乘的积，再取结果的1/8，即为站点C所发出的比特值。

(4) FDMA、TDMA 和 CDMA 对比。CDMA 与 TDMA 和 FDMA 的区别，就好像一个国际会议上，TDMA 是任何时间只有一个人讲话，其他人轮流发言；FDMA 则是把与会的人员分成几个小组，分别进行讨论；而 CDMA 就像大家在一起，每个人使用自己国家的语言进行讨论。

2) 蜂窝移动通信系统中的蜂窝

2.10.1 节已指出,频率重用是蜂窝移动通信容量增大的关键思想,同时它也是建立在将地理区域划分为"蜂窝"的基础之上的。因此,蜂窝是移动通信系统的关键技术之一。

传统的蜂窝式网络由宏蜂窝小区(macrocell)构成,每小区的覆盖半径大多为 1km～25km。图 2.42 是由宏蜂窝组成的移动通信系统示意图。如图 2.42 所示,每个小区分别设有一个基站(BTS),它与处于其服务区内的移动台(MS)建立无线通信链路。若干个小区组成一个区群(蜂窝),区群内各个小区的基站可通过电缆、光缆或微波链路与移动交换中心(MSC)相连,实现移动用户之间或移动用户与固定网络用户之间的通信连接。移动交换中心通过 PCM 电路与市话交换局相连接。随着用户数的不断增加,宏蜂窝小区还可以划分为微蜂窝小区(microcell)和微微蜂窝小区,以不断适应用户数增长的需要,消除宏蜂窝中的"盲点"。微蜂窝小区的覆盖半径大约为 30m～300m;发射功率较小,一般在 1W 以上;基站天线置于相对低的地方,如屋顶下方,高于地面 5m～10m,传播主要沿着街道的视线进行,信号在楼顶的泄露少。微微蜂窝实质就是微蜂窝的一种,只是它的覆盖半径更小,一般只有 10m～30m;基站发射功率更小,大约在几十毫瓦左右;其天线一般装于建筑物内业务集中地点。微蜂窝和微微蜂窝作为宏蜂窝的补充,一般用于宏蜂窝覆盖不到且话务量较大的地点,如地下会议室、地铁、地下室等。在目前的蜂窝式移动通信系统中,主要通过在宏蜂窝下引入微蜂窝和微微蜂窝以提供更多的"内含"蜂窝,形成分级蜂窝结构,从而解决网络内的"盲点"和"热点",提高网络容量。因此,一个多层次网络,往往是由一个上层宏蜂窝网络和数个下层微蜂窝网络组成的多元蜂窝系统。图 2.43 为一个三层分级蜂窝结构示意图,它包括宏蜂窝、微蜂窝和微微蜂窝。

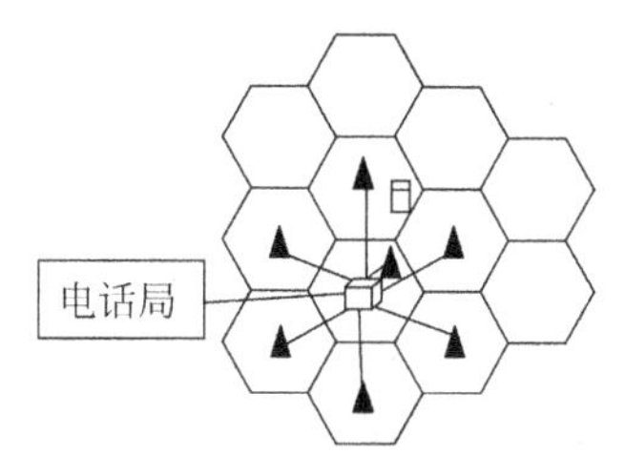

图 2.42　由宏蜂窝组成的移动通信系统示意图

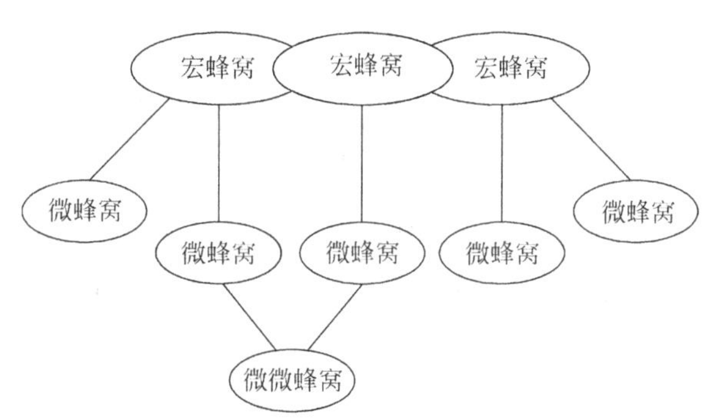

图 2.43　三层分级蜂窝结构示意图

随着移动通信的不断发展,近年来又出现了一种新型的蜂窝形式——智能蜂窝。所谓智能蜂窝,它是相对于智能天线而言的,是指基站采用具有高分辨阵列信号处理能力的自适应天线系统,智能地监测移动台所处的位置,并以一定的方式将确定的信号功率传递给移动台的蜂窝小区,它能充分利用移动用户信号并删除或抑制干扰信号,极大地改善系统性能。智能蜂窝既可以是宏蜂窝,也可以是微蜂窝和微微蜂窝。目前,这项技术正在研制过程中。

2.10.3 卫星通信技术

1945年,英国人阿塞·C·克拉克提出了利用卫星进行通信的设想。1957年前苏联发射了第一颗人造地球卫星 Sputnik,使人们看到了实现卫星通信的希望。1962年美国成功发射了第一颗通信卫星 Telsat,实现了横跨大西洋的电话和电视传输。由于卫星通信具有通信距离远、费用与通信距离无关、覆盖面积大、不受地理条件的限制、通信信道带宽较宽的优点,因此最近30多年它获得了快速发展,并成为现代主要通信手段之一。

1. 卫星通信系统原理及其组成

通信传输方式有点对点传播和广播型传播两种方式,卫星通信同样有点对点的通信方式和广播型通信方式。如图2.44所示,图2.44(a)是通过卫星微波形成的点对点通信信道,它是由两个地球站(发送站、接收站)与一颗通信卫星组成的。卫星上可以有多个转发器,它的作用是接收、放大与发送信息。目前,一颗卫星一般有12个转发器,不同的转发器使用不同的频率。地面发送站使用上行链路(uplink)向通信卫星发射微波信号。卫星起到一个中继器的作用,它接收通过上行链路发送来的微波信号,经过放大后再使用下行链路(downlink)发送回地面接收站。由于上行链路与下行链路使用不同的频率,因此可以将发送信号与接收信号区分出来。图2.44(b)是通过卫星微波形成的广播通信信道。

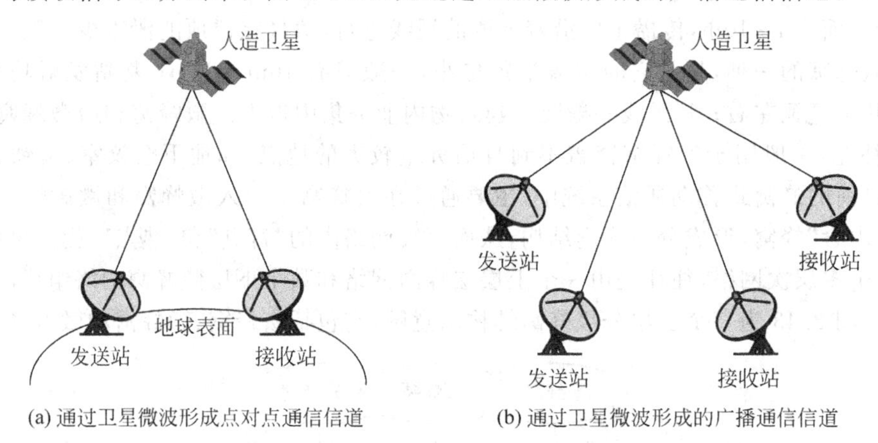

图2.44 卫星通信原理示意图

为了完成上述通信功能,卫星通信系统的基本构成应包括通信和保障通信的全部设备,主要有跟踪遥测指令分系统、监控管理分系统、空间分系统及通信地球站四部分组成,如图2.45所示。其各部分的主要功能如下。

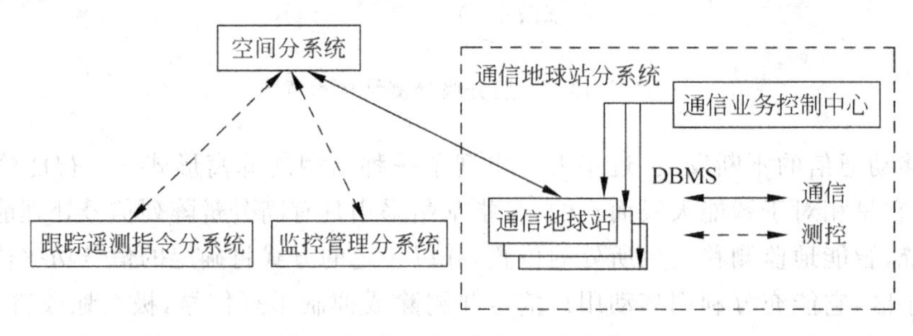

图2.45 卫星通信系统的基本组成

1）跟踪遥测指令分系统

跟踪遥测指令分系统对卫星进行跟踪测量，控制其准确进入预定轨道并到达指定位置，待卫星正常运行后，定期对卫星进行轨道修正和位置保持，必要时，控制通信卫星返回地面。

2）监控管理分系统

监控管理分系统对轨道定点上的卫星进行业务开通前、后的监测和控制，如卫星转发器功率、卫星天线的增益以及各通信地球站发射的功率、射频和宽带等基本的通信参数，以保证网络的正常通信。

3）空间分系统

空间分系统是由主体部分的通信系统和保障部分的遥测指令系统和控制系统以及电源系统（包括太阳能电池和蓄电池）等组成，如图2.46所示。通信卫星主要起无线电中继站的作用，其主要靠卫星上通信系统的转发器（微波收、发信机）和天线共同完成。一个卫星的通信系统可以转发一个或多个地球站信号。显然，当每个转发器所能提供的功率和带宽一定时，转发器越多，卫星通信系统的容量就越大。

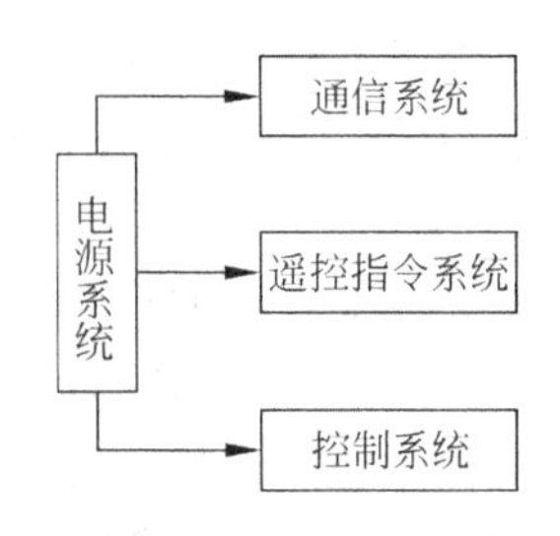

图2.46　空间分系统的组成

4）通信地球站

通信地球站是微波无线电收、发信电台，用户通过它接入卫星通信网络进行通信。

2. 卫星通信的多址接入方式

在卫星通信系统中，处于同一颗通信卫星覆盖下的各地球站和卫星移动终端均向通信卫星发射信号，并要求卫星能够接收这些信号，并及时地完成如放大、变频等处理任务和不同波束之间的交换任务，以便随后向地球的某个地区或某些地区转发。这里的关键是以何种信号方式才能便于卫星识别和区分各地球站的信号，同时，各地球站又能从卫星转发的信号中识别出应接收的信号，不至于出现信号冲突或混淆的现象。解决这一问题所需的技术就是多址技术。多个地面站通过共同的通信卫星，实现覆盖区域内的相互连接，同时建立各自的信道，而无需中间转接的通信方式称为多址连接方式。

1）频分多址（FDMA）方式

FDMA是卫星通信多址技术中比较简单的一种多址访问方式。这种方式是以频率来进行分割的，不同的信道占用不同的频段，互不重叠。频分多址方式是国际卫星通信和一些国家的国内卫星通信较多采用的一种多址方式，这主要是因为频分多址方式可以直接利用地面微波中继通信的成熟技术和设备，也便于与地面微波系统接口直接连接。

2）时分多址（TDMA）方式

在TDMA中，分配给各地面站的已不再是一个特定的载波频率，而是一个特定的时隙，通过卫星转发器的信号在时间上分成“帧”来进行多址划分，在一帧内划分成若干个时隙；将这些时隙分配给地面站，只允许各地面站在所规定的时隙内发射信号。

3）空分多址（SDMA）方式

空分多址（Space Division Multiple Access，SDMA）方式是指在卫星上安装多个天线，这些天线的波束分别指向地球表面上的不同区域，因而不同的信道占据不同的空间。不同区域的地面站所发射的电波在空间不会相互重叠，几十个在同一时间，不同区域的地面站使用相同的频率来工作，它们之间也不会形成干扰。

4) 码分多址(CDMA)方式

以上三种多址方式是目前在国际卫星通信中广泛采用或准备采用的主要方式,这三种方式的特点是适合在大中容量的通信系统中应用。但在某些特定场合,如在高度机动灵活的军事应用中,仍然采用上述方式就会显得线路分配不灵活,往返呼叫时间太长,而 CDMA 就能适应这些特殊的要求。

在 CDMA 中,各地面站所发射的信号往往占用转发器的全部频带,而发射时间是任意的,即各站发射的频率和时间可以相互重叠,这时信号的区分是依据各站的码型不同来实现的。某一地面站发送的信号,只能用与它匹配的接收机才能检测出来。

CDMA 方式区分不同地址信号的方法是:利用自相关性非常强而互相关性比较低的周期性码序列作为地址信息(称地址码),对被用户信息调制过的已调波进行再次调制,使其频谱扩宽(称为扩频调制);经卫星信道传输后,在接收端以本地产生的已知的地址码为参考,根据相关性的差异对收到的所有信号进行鉴定,从中将地址码与本地码完全一致的带宽信号还原为窄带而选出,其他与本地地址码无关的信号则仍保持或扩展为宽带信号而滤去(称为相关检测或扩频解调)。

3. 卫星通信技术特性

(1) 范围广。卫星通信服务区内的信息可以送至每一个角落用户。

(2) 系统开发推广迅速,而且全球无缝隙的连接都能实现,每一个终端用户的进入皆能在短短几分钟内迅速完成,且不需要长期规划建设。

(3) 通信费用不受地面通信距离的影响。

(4) 较不易受自然灾害的影响,如地震、台风等。即使因事故中断也能很快恢复通信。

(5) 高通信容量。目前美国国家航空航天局(National Aeronautic Space Administration, NASA)的 ACTS(Advanced Communication Technology Satellite,先进通信技术卫星)卫星的通信容量已达到 1Gbps。

(6) 多点通信。由于目前地面通信系统的数据流向多为单点对单点通信,而通过卫星可以很轻易地做到多点通信。

(7) 终端用户预安装费用不高,且不需因增加用户数而再架设新的线路。

基于以上特性,使得卫星通信日益广泛,如电视广播或多岛间的通信,其次在大范围移动通信安(改)装时间等方面,卫星通信比有线通信系统更为便利。此外,对于地形复杂或偏远地区,以及用户少而通信量大的地区,使用卫星通信系统具有更高的经济效益。

4. 甚小孔径终端技术

甚小孔径地球站(Very Small Aperture Terminal, VSAT)通常指卫星天线孔径小于 3m(1.2m～2.8m)和具有高度软件控制功能的地球站。它是 1984 年—1985 年开发的一种卫星通信设备,近年来得到了非常迅速的发展。VSAT 已广泛应用于新闻、气象、民航、人防、银行、石油、地震和军事等部门以及边远地区通信。

VSAT 系统的操作方式主要是:在卫星通信中,只要地面发送方或接收方中任一方有大的天线和大功率的放大器,另一方可用只有一米天线的微型终端即可,即 VSAT。在该系统中,通常两个 VSAT 终端之间无法通过卫星直接通信,还必须经过一个带有大天线和大功率放大器的中心站来转接,如图 2.47 所示。图中 VSAT-A 发送的信号要经过四步才能到达 VSAT-B。这种系统中,端到端的传播延迟时间不再是 270ms,而成为 540ms。所以，实质上是使用较长的延迟时间来换取较便宜的终端用户站。

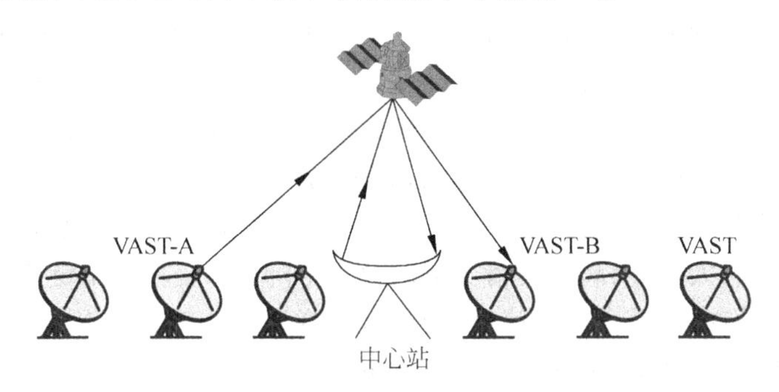

图 2.47 使用中心站的 VAST

VSAT 是目前卫星通信使用的一种重要技术，有以下两个主要特点。

(1) 地球站通信设备结构紧凑牢固、全固态化、尺寸小、功耗低、安装方便。VSAT 通常只有户外单元和户内单元两个机箱，占地面积小，对安装环境要求低，可以直接安装在用户处(如安装在楼顶，甚至居家阳台上)。由于设备轻巧、机动性好，故便于移动卫星通信。按照国际惯例，卫星通信系统分为空间段(无线电波传输通信及通信卫星)和地面段两部分。地面段包括地面收发系统及地面延伸电路。由于 VSAT 能够安装在用户终端处，不必汇接中转，可直接与通信终端相连，并由用户自行控制，不再需要地面延伸电路。因而大大方便了用户，并且价格便宜，具有较好的应用价值。

(2) 组网方式灵活、多样。在 VSAT 系统中，网络结构形式通常分为星状网、网状网和混合网三类。

VSAT 系统综合了诸如分组信息传输与交换、多址协议和频谱扩展等多种先进技术，可以进行数据、语音、视频图像和图文传真等多种信息的传输。通常情况下，星状网以数据通信为主、兼容话音业务，网状网和混合网以话音通信为主、兼容数据传输业务。与一般卫星通信一样，VSAT 的一个优点是可利用共同的卫星实现多个地球站之间的同时通信，这称做“多址连接”。实现多址连接的关键，是各地球站所发信号经过卫星转发器混合与转发后，能为相应的对方所识别，同时各站信号之间的干扰要尽量小。实现多址连接的技术基础是信号分割。只要各信号之间在某一参量上有差别，如信号频率不同、信号出现的时间不同、或所处的空间不同等，就可以将它们分割开来。为达到此目的，需要采用一定的多址连接方式。

5. 宽带卫星通信技术

将卫星通信与因特网结合正成为通信业的一个热点。自 1994 年以来，陆续出现了很多空中因特网方案。宽带卫星通信是指利用通信卫星作为中继站进行语音、数据、图像和视频等多媒体的处理和传输。宽带卫星通信系统主要用于多信道广播、Internet 和 intranet 的远程传送以及作为地面多媒体通信系统的接入手段，已成为实现全球无缝个人通信、Internet 空中高速通道必不可少的手段。现代宽带卫星通信技术与已经出现的第三代地面通信系统(3G)相同，都是利用 IP 和 IP/ATM 技术提供高速、直接的因特网接入和各种多媒体信息服务。

宽带卫星通信系统的主要技术有：

(1) 卫星 ATM 技术。采用基于 ATM 的具有复杂的星上处理技术，可以将信息从一条上行链路点直接路由到下行链路点，与传统的转发中继器卫星系统结构相比，可以将传送时间减少一半。此外，卫星还需要完成信号的解调、译码和一定的信令处理等功能。

(2) 卫星 IP 技术。由于卫星信道具有较大的并且可能是可变的分组往返时延、前/反向信道不对称、较高的信道误码率及信号衰落等。把为地面网络设计的 TCP/IP 直接应用于卫星通信会导致其工作效率低下，需加以解决才能顺利工作。解决方法有：一是在协议上改进，克服长时延、大窗口、高误码情况下的效率下降；二是在卫星链路起始端设置网关，将 TCP/IP 协议转换成较适合卫星信道的算法，这样可在卫星段采用与卫星链路特性匹配的传输协议，而通过 TCP/IP 协议网关与 Internet 和用户终端连接。

(3) 波束成形技术。传统上，卫星采用焦点反馈式抛物面天线实现波束成形。这种天线在增益要求高时特别有用。但是抛物面反射器缺少灵活性，而且频率越高，抛物面加工精度的要求也越高。近来，使用简单发射单元的平面阵列实现波束成形技术受到人们的关注。该方法的主要优点是波束成形是全数字的，并采用自适应处理技术，增大了设计的自由度。同时平面天线的制造成本相对抛物面天线低，重量也轻。

宽带卫星通信系统已成为当前通信发展的热点之一，具有光明的应用前景。在不同的地区接入 ATM 网络用户时，卫星可以方便地提供多变的网络构成(指网间接口标准，协议层次等)和进行灵活的容量分配。网络扩展容易，可以按照用户的要求，方便地安装 ATM 卫星站，为新用户在需要的时候在任何地点接入网络。卫星可以作为地面光 ATM 网的安全备份，在地面网出现故障或阻塞时，确保路由畅通。

此外，20 世纪 90 年代初，随着小卫星技术的发展，出现了中、低轨道卫星移动通信的新方法。这种通信系统的主要优点是：卫星轨道高度低，使传输延迟缩短，多个卫星组成的卫星系统可以真正覆盖全球。目前，全球已经出台的多个利用小卫星组成中、低轨道卫星移动通信系统的方案，比如美国、俄罗斯、欧盟和中国分别建立的全球定位系统(Global Positioning System，GPS)，中国还将在“十一五”期间建立由 60 颗～70 颗卫星组成的空间信息系统。该系统将包括通信广播卫星、地球资源卫星、气象卫星、导航卫星和科学试验卫星等，以服务于国民经济建设和社会发展。这些将是实现 21 世纪个人通信与信息高速公路最有前途的通信手段之一，它也将对计算机网络技术的发展产生重要的影响。

本章小结

计算机网络是计算机技术与通信技术相互渗透和密切结合而形成的一门交叉学科，一方面，计算机网络技术建立在通信技术之上，没有通信技术的支持就没有计算机网络；另一方面，计算机网络技术的发展又对通信技术提出了更高的要求。本章先后介绍了数据通信的基本概念，数字信号的频谱与数字信道的特性，模拟传输与数字传输系统，常用的数据通信媒体，数据通信的多路复用技术、数据交换技术、流量控制技术和差错控制技术，最后介绍了目前广泛使用的无线通信技术。

习 题 2

2.1 什么是数据、信息和信号？试举例说明。

2.2 图 2.2 所示的通信系统模型表示信息从左向右传递，若两个方向均可通信，应如何表示？

2.3 什么是模拟通信？什么是数字通信？

2.4 模拟传输和数字传输各有何优、缺点？为什么数字化是今后通信的发展方向？

2.5 什么是单工、半双工、全双工通信？它们分别在哪些场合下使用？现代电话采用全双工通信，是否要 4 根导线？

2.6 什么是异步传输？什么是同步传输？它们的主要差别是什么？

2.7 什么是信号带宽与信道带宽，两者有何关系？

2.8 什么是波特率、数据速率与信道容量？

2.9 什么是误码率？如何减小误码率？

2.10 什么是调制解调器？它可分为哪几类？

2.11 什么是调制？解释常用的三种调制方式。

2.12 什么是奈氏定理？什么是奈氏采样定理？

2.13 什么是脉码调制 PCM？可分为几步？

2.14 简要说明为什么 T1 的速率为 1.544Mbps，E1 的速率为 2.048Mbps。

2.15 什么是数字数据信号编码？简述常用的三种编码，并比较它们各有何特点。

2.16 为什么通信中采用多路复用技术？

2.17 概述频分复用、时分复用和波分复用的原理。

2.18 试比较双绞线、同轴电缆、光缆三种传输介质的特性。

2.19 简要说明光缆传输信号的基本原理。

2.20 微波通信有何优缺点？

2.21 红外线信道和激光信道是模拟信道还是数字信道？

2.22 什么是数据交换方式？传统的数据交换方式有哪几类？

2.23 报文交换与分组交换的主要差别是什么？

2.24 数据报分组交换与虚线路分组交换有什么差别？

2.25 什么是帧中继交换？试将它与 X.25 进行比较。

2.26 试比较 STDM 与 ATDM 的差别，为什么 ATDM 能实现非常高的数据速率？

2.27 什么是流量控制？流量控制的目的是什么？

2.28 流量控制的主要技术有哪些？其主要原理是什么？

2.29 什么是奇偶校验？它能解决什么问题？

2.30 什么是蜂窝通信？简述其发展过程。

2.31 简述蜂窝移动电话系统的工作原理。

2.32 什么是卫星通信？其主要特点是什么？

2.33 什么是 VAST 技术？简述其主要特点。

第3章　局　域　网

局域网是国家机关、学校和企事业单位信息化建设的基础。近年来，在传统以太网和快速以太网的基础上，发展出吉位以太网、万兆位以太网。另外还有FDDI、ATM等高速局域网。目前大多数局域网均采用交换机作为核心设备，组成交换局域网以提高数据速率。而在交换技术基础上组成的虚拟局域网也具有极大的优势。无线局域网作为传统局域网的补充，已成为当前局域网应用的一个热点。

通过本章的学习，可以了解(或掌握)：

- 局域网的基本概念和基本原理；
- 共享介质局域网和交换局域网的工作原理、特点和区别；
- 域网的几种典型组网方式；
- 虚拟局域网；
- 无线局域网。

3.1　局域网的基本概念

局域网(LAN)是自20世纪70年代中期以来出现的一种使用范围较小，属于一个部门或单位组建的计算机网络，它随着微型计算机的大量推广应用而逐步发展起来，是应用最为广泛的计算机网络。

3.1.1　局域网的特点

局域网的主要特性是数据速率高、距离短和误码率低。一般来说，它有如下主要特点。

(1) 覆盖的地理范围较小。如一幢大楼、一个工厂、一所学校或一个大到几千米的区域，其范围一般不超过10km。

(2) 以微机为主要联网对象。局域网连接的设备可以是各类计算机、终端和各种外围设备等，但微机是其主要的联网对象。

(3) 通常属于某个单位或部门。局域网是由一个单位或部门负责建立、管理和使用的，并且完全受该单位或部门的控制。这是局域网与广域网的重要区别之一。广域网可能分布在一个国家的不同地区，甚至不同的国家之间。

(4) 数据速率高。局域网通信线路短，数据传输快，主干数据速率目前可达10Gbps，因此局域网是计算机之间高速通信的有效工具。

(5) 管理方便。由于局域网范围较小，且为单位或部门所有，因而网络的建立、维护、管理、扩充和更新都十分方便。

(6) 价格低廉。由于局域网范围小、通信线路短，且以价格低廉的微机为联网对象，因而局域网的性能价格比较高。

(7) 实用性强、使用广泛。局域网中既可采用双绞线、光纤、同缆电缆等有线介质，也可采用无线电波、微波等无线介质。此外，也可采用宽带局域网，实现对数据、语音和图像的综合传输。在基带上，采用一定的技术，也可实现语音和图像的综合传输。这使得局域网有较强的适应性和综合处理能力。

3.1.2 局域网的分类

前面1.3节已介绍过计算机网络的分类，由于局域网是一类覆盖范围较小的计算机网络，其分类除具有一般计算机网络的共性外，还具有自己的特点，常用的分类方式如下。

1. 按拓扑结构分类

依拓扑结构的不同，局域网可分为总线状网、环状网、星状网和树状网。在实际应用中，以树状网居多。由于局域网传输距离短，故基本上不采用网状网。

2. 按传输的信号分类

按传输介质上所传输信号方式的不同，局域网可分为基带网和宽带网。基带网传送数字信号，信号占用整个信道，但传输范围较小。宽带网传输模拟信号，同一信道上可传输多路信号，它的传输范围较大。目前局域网中绝大多数采用基带传输方式。

3. 按网络使用的传输介质分类

局域网使用的传输介质有双绞线、光纤、同轴电缆、无线电波、微波等。因此对应的局域网有双绞线网、光纤网、同轴电缆网、无线局域网、微波网等。目前小型局域网大都是双绞线网，而较大型局域网则采用光纤和双绞线传输介质的混合型网络。近年来，无线网络技术发展迅速，它将成为未来局域网的一个重要发展方向。

4. 按介质访问控制方式分类

从局域网介质访问控制方式的角度可以把局域网分为共享介质局域网和交换局域网。目前在实际应用中大都采用交换局域网。

3.1.3 局域网的组成

局域网由网络硬件和网络软件两部分组成。网络硬件用于实现局域网的物理连接，为连接在局域网上的计算机之间的通信提供一条物理信道和实现局域网内的资源共享。网络软件则主要用于控制并具体实现信息传送和网络资源的分配与共享。这两部分互相依赖、共同完成局域网的通信功能。

局域网硬件应包括网络服务器、网络工作站、网卡、网络设备、传输介质及介质连接部件以及各种适配器。其中网络设备是指计算机接入网络和网络与网络之间互联时所必需的设备，如集线器(hub)、中继器、交换机等。

根据网络软件的功能与作用，网络软件可大致分为网络系统软件和网络应用软件。网络系统软件是控制和管理网络运行、提供网络通信和网络资源分配与共享功能的软件，为用户提供访问网络和操作网络的友好界面。网络系统软件主要包括网络操作系统、网络协议和网络通信软件等。著名的网络操作系统 Windows NT、Windows 2000 Server 和广泛应用的协议软件 TCP/IP 协议包，以及各种类型的网卡驱动程序都是重要的网络系统软件。网络应用软件是为某一应用目的而开发的网络软件，它为用户提供实际的应用。网络应用软件既可用于管理和维护网络本身，也可用于某一个业务领域，如网络管理监控程序、网络安全、分布式数据库、管理信息系统、数字图书馆、Internet 信息服务、远程教学、远程医疗和视频点播等。

3.1.4 局域网传输介质类型与特点

局域网常用的传输介质有同轴电缆、双绞线、光纤与无线通信信道。早期应用最多的是同轴电缆。随着技术的发展，目前主要采用双绞线与光纤。尤其是双绞线，目前已能用于数据速率为 100Mbps、1Gbps 的高速局域网中。通常在小于 100m 的近距离传输时，一般采用双绞线；在远距离传输中使用光纤；在有移动结点的局域网中则采用无线通信。

局域网产品中使用的双绞线可以分为两类：屏蔽双绞线(Shielded Twisted Pair，STP)与非屏蔽双绞线(Unshielded Twisted Pair，UTP)。常用的非屏蔽双绞线根据其通信质量一般分为七类。在局域网中一般使用第 5 类和第 6 类非屏蔽双绞线，常简称为 5 类线和 6 类线。其中，5 类线带宽为 100MHz，适用于语音及 100Mbps 的高速数据传输，甚至可以支持 155Mbps 的异步传输模式的数据传输。6 类线适用于 1 000Mbps 的数据传输，通常用于 1 000Base-T 以太网。

3.2 局域网介质访问控制方式

局域网介质访问控制方式主要解决介质使用权问题，从而实现对网络传输信道的合理分配。局域网介质访问控制是局域网的一项基本任务，对局域网体系结构、工作过程和网络性能会产生决定性的影响。

局域网介质访问控制包括确定网络结点能够将数据发送到介质上去的特定时刻、解决如何对公用传输介质访问和利用并加以控制。传统的局域网采用的是“共享介质”的工作方式，其介质访问控制方法是最先实现标准化的。交换局域网出现后，IEEE 802 委员会对其标准做了增强和改进。局域网中常用的 IEEE 802 介质访问控制方式有以下三种。

(1) 带有冲突碰撞检测的载波监听多路访问(Carrier Sense Multiple Access with Collision Detection，CSMA/CD)技术——IEEE 802.3 标准。

(2) 令牌环(token-ring)访问控制技术——IEEE 802.5 标准。

(3) 令牌总线(token-bus)访问控制技术——IEEE 802.4 标准。

3.2.1 载波监听多路访问/冲突检测

CSMA/CD 是一种适用于总线结构的分布式介质访问控制方法，是 IEEE 802.3 的核心协议，是一种典型的随机访问的争用型技术。它的工作过程分为两部分。

1. 载波监听总线，即先听后发

使用 CSMA/CD 方式时，总线上各结点都在监听总线，即检测总线上是否有别的结点发送数据。如果发现总线是空闲的，即没有检测到有数据正在传送，则可立即发送数据。如果监听到总线忙，即检测到总线上有数据正在传送，这时结点要持续等待直到监听到总线空闲时才能将数据发送出去，或等待一个随机时间，再重新监听总线，一直到总线空闲再发送数据。这也称作先听后发(Listen Before Talk，LBT)。

2. 总线冲突检测，即边发边听

当两个或两个以上结点同时监听到总线空闲，开始发送数据，就会发生碰撞，产生冲突。另外，传输延迟可能会使第一个结点发送的数据未到达目的结点时，另一个要发送数据的结点早已监听到总线空闲，并开始发送数据，这也会导致冲突的产生。发生冲突时，两个传输的数据都会被破坏，产生碎片，使数据无法到达正确的目的结点。为确保数据的正确传输，每一结点在发送数据时都要边发送边检测冲突，这也称做边发边听(Listen While Talk，LWT)。当检测到总线上发生冲突时，就立即取消传输数据，随后发送一个短的阻塞信号(Jamming，JAM)，以加强冲突信号，保证网络上所有结点都知道总线上已经发生了冲突。在阻塞信号发送后，等待一个随机时间，然后再将要发送的数据发送一次。如果还有冲突发生，则重复监听、等待和重传操作。图 3.1 显示了采用 CSMA/CD 方法的流程图。

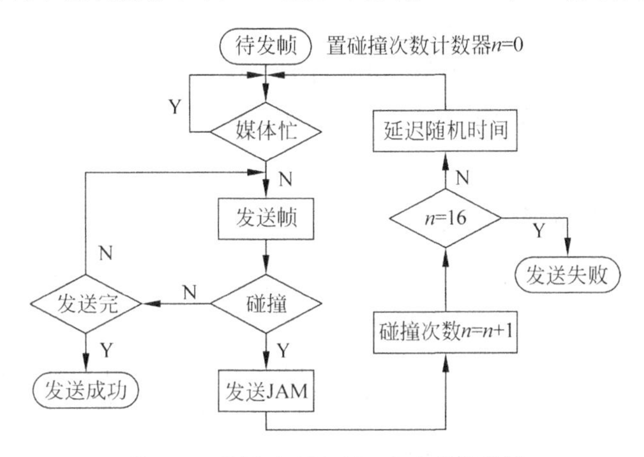

图 3.1　采用 CSMA/CD 方法的流程图

CSMA/CD 是一种争用协议，每一结点处于平等地位去竞争传输介质，算法较简单，技术上易实现。但它不能提供优先级控制，即不能提供急需数据的优先处理能力。此外，不确定的等待时间和延迟难以满足远程控制所需要的确定延时和绝对可靠性的要求。为克服 CSMA/CD 的不足，产生了许多 CSMA/CD 的改进方式，如带优先权的 CSMA/CD。

由于 CSMA/CD 是一种用户访问总线时间不确定的随机竞争总线的方法，不能完全解决冲突，所以它适用于办公自动化等对数据传输实时性要求不严格和通信负荷较轻的应用环境，当通信负荷加重时，冲突随之加剧。

3.2.2　令牌环访问控制

令牌环技术是 1969 年由 IBM 提出来的。它适用于环状网络，并已成为流行的环访问技术。这种介质访问技术的基础是令牌。令牌是一种特殊的帧，用于控制网络结点的发送权，只有持有令牌的结点才能发送数据。由于发送结点在获得发送权后就将令牌置“忙”，在环路上不会再有令牌出现，其他结点也不可能再得到令牌，从而保证了环路上某一时刻只有一个结点发送数据，因此令牌环技术不存在争用现象，它是一种典型的无争用型介质访问控制方式，不可能发生冲突。

令牌有“忙”和“闲”两种状态。当环正常工作时，令牌总是沿着物理环路单向逐个结点传送，传送顺序与结点在环路中的排列顺序相同。当某一个结点要发送数据时，它须等待空闲令牌的到来。它获得空令牌后，将令牌置“忙”状态，并以帧为单位发送数据。如果下一结点是目的结点，则将帧复制到接收缓冲区，并在帧中标志出帧已被正确接收和复制，同时将帧送回环上，否则只是不加处理地将帧送回环上。帧绕行一周后到达源结点后，源结点回收已发送的帧，并将令牌置“闲”状态，再将令牌向下一个结点传送。图 3.2 给出了令牌环的基本工作过程。

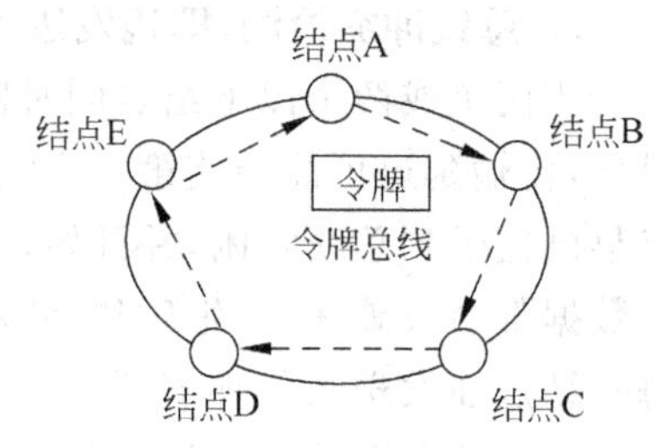

图 3.2 令牌环的基本工作过程

当令牌在环路上绕行时，可能会使令牌丢失，此时，应在环路中插入一个空令牌。令牌的丢失将降低环路的利用率，而令牌的重复也会破坏网络的正常运行，因此必须设置一个监控结点，以保证环路中只有一个令牌绕行。当令牌丢失时，则插入一个空闲令牌。当令牌重复时，则删除多余的令牌。

令牌环的主要优点在于其访问方式具有可调整性和确定性，且每个结点具有同等的介质访问权。同时，它还提供优先权服务，具有很强的适用性。它的主要缺点是环维护复杂，实现起来较困难。

3.2.3 令牌总线访问控制

CSMA/CD 采用用户访问总线时间不确定的随机竞争方式，有结构简单、轻负载时延时短等特点，但当网络通信负荷增大时，由于冲突增多，网络吞吐率下降、传输延时增加，性能明显下降。令牌环在重负荷下利用率高，网络性能对传输距离不敏感。但令牌环网控制复杂，并存在可靠性保证等问题。令牌总线是在综合 CSMA/CD 与令牌环两种介质访问方式优点的基础上而形成的一种介质访问控制方式。

令牌总线主要适用于总线状或树状网络。采用此种方式时，各结点共享的传输介质是总线，每一结点都有一个本站地址，并知道上一个结点地址和下一个结点地址，令牌传递时规定由高地址向低地址，最后由最低地址向最高地址依次循环传递，从而在一个物理总线上形成一个逻辑环。环中令牌传递顺序与结点在总线上的物理位置无关。图 3.3 给出了正常的稳态操作时令牌总线的工作过程。

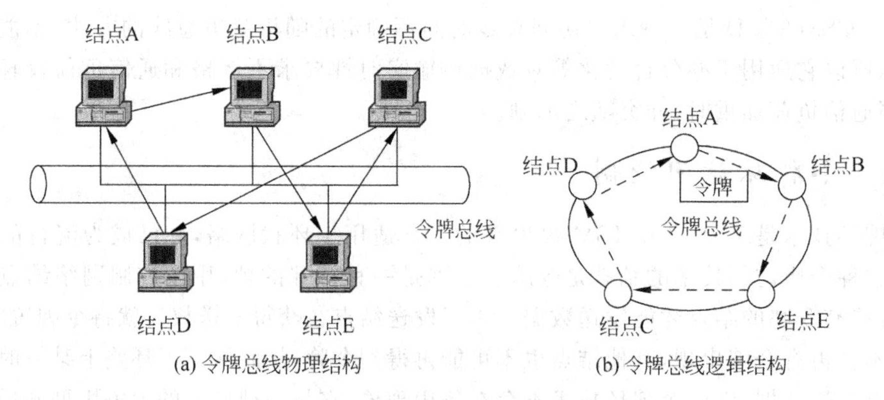

(a) 令牌总线物理结构　　(b) 令牌总线逻辑结构

图 3.3 正常的稳态操作时令牌总线的工作过程

所谓正常的稳态操作，是指在网络已完成初始化之后，各结点进入正常传递令牌与数据，并且没有结点要加入或撤出，没有发生令牌丢失或网络故障的工作状态。

与令牌环一样，只有获得令牌的结点才能发送数据。在正常工作时，只有当结点完成数据帧的发送时，才将令牌传送给下一个结点。从逻辑上看，令牌是按地址的递减顺序将数据帧从一个结点传给下一个结点。而从物理上看，带有地址字段的令牌帧广播到总线上的所有结点，只有结点地址和令牌帧的目的地址相符的结点才有权获得令牌。

获得令牌的结点，如果有数据要发送，则可立即传送数据帧，完成发送后再将令牌传送给下一个结点；如果没有数据要发送，则应立即将令牌传送给下一个结点。由于总线上每一结点接收令牌的过程是按顺序依次进行的，因此所有结点都有访问权。为了使结点等待令牌的时间是确定的，需要限制每一结点发送数据帧的最大长度。如果所有结点都有数据要发送，则在最坏的情况下，等待获得令牌的时间和发送数据的时间应该等于全部令牌传送时间和数据发送时间的总和。另一方面，如果只有一个结点有数据要发送，则在最坏的情况下，等待时间只是令牌传送时间的总和，而平均等待时间是它的一半，实际等待时间则在这一区间范围内。

令牌总线还提供了不同的优先级机制。优先级机制的功能是将待发送的帧分成不同的访问类别，赋予不同的优先级，并把网络带宽分配给优先级较高的帧，而当有足够的带宽时，才发送优先级较低的帧。

令牌总线的特点在于它的确定性、可调整性及较好的吞吐能力，适用于对数据传输实时性要求较高或通信负荷较重的应用环境中，如生产过程控制领域。它的缺点在于它的复杂性和时间开销较大，结点可能要等待多次无效的令牌传送后才能获得令牌。

3.2.4 CSMA/CD 与 token bus、token ring 的比较

在共享介质访问控制方法中，CSMA/CD 与 token bus、token ring 应用广泛。从网络拓扑结构看，CSMA/CD 与 token bus 都是针对总线拓扑的局域网设计的，而 token ring 是针对环状拓扑的局域网设计的。如果从介质访问控制方法性质的角度看，CSMA/CD 属于随机介质访问控制方法，而 token bus、token ring 则属于确定型介质访问控制方法。

与确定型介质访问控制方法比较，CSMA/CD 方法有以下三个特点。

(1) CSMA/CD 介质访问控制方法算法简单，易于实现。目前有多种大规模集成电路(Very Large Scale Integration，VLSI)可以实现 CSMA/CD 方法，这对降低以太网成本、扩大应用范围是非常有利的。

(2) CSMA/CD 是一种用户访问总线时间不确定的随机竞争总线的方法，适用于办公自动化等对数据传输实时性要求不严格的应用环境。

(3) CSMA/CD 在网络通信负荷较低时表现出较好的吞吐率与延迟特性。但是，当网络通信负荷增大时，由于冲突增多，网络吞吐率下降、传输延迟增加，因此 CSMA/CD 方法一般用于通信负荷较轻的应用环境中。

与随机型介质访问控制方法相比较，确定型介质访问控制方法 token bus、token ring 有以下三个特点。

(1) token bus、token ring 网中结点两次获得令牌之间的最大时间间隔是确定的，因而适用于对数据传输实时性要求较高的环境，如生产过程控制领域。

(2) token bus、token ring 在网络通信负荷较重时表现出很好的吞吐率与较低的传输延迟,因而适用于通信负荷较重的环境。

(3) token bus、token ring 的不足之处在于它们需要复杂的环维护功能,并且实现较困难。

3.3 局域网体系结构

20 世纪 70 年代后期,局域网迅速发展,显示出巨大的商业利益,许多计算机公司相继开发出以本公司为主要依托的网络体系结构,从而推动了网络体系结构的进一步发展,同时也带来了计算机网络如何兼容和互联的问题。为了使不同的网络系统能相互交换数据,必须制定一套共同遵守的标准。

ISO/OSI/RM 是具有一般性的网络模型结构,作为一种标准框架为构建网络提供了一个参照系。但局域网作为一种特殊的网络,有它自身的技术特点。另外由于局域网实现方法的多样性,所以它并不完全套用 OSI 体系结构。国际上通用的局域网标准由 IEEE 802 委员会制定。IEEE 802 委员会根据局域网适用的传输媒体、网络拓扑结构、性能及实现难易等因素,为 LAN 制定了一系列标准,称为 IEEE 802 标准,已被 ISO 采纳为国际标准,称为 ISO 标准。

3.3.1 局域网参考模型

由于局域网大多采用共享信道,当通信局限于一个局域网内部时,任意两个结点之间都有唯一的链路,即网络层的功能可由链路层来完成,所以局域网中不单独设立网络层。IEEE 802 提出的局域网参考模型(LAN/RM)如图 3.4 所示。

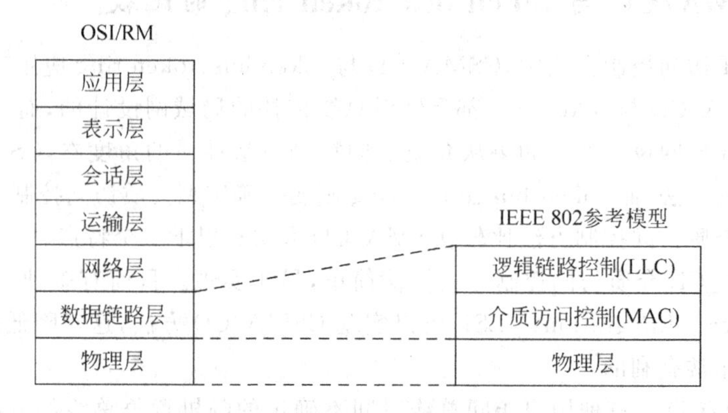

图 3.4 IEEE 802 参考模型与 OSI 参考模型的对应关系

和 ISO/OSI/RM 相比,LAN/RM 只相当于 OSI 的最低两层。物理层用来建立物理连接是必需的。数据链路层把数据转换成帧来传输,并实现帧的顺序控制、差错控制及流量控制等功能,使不可靠的链路变成可靠的链路,也是必要的。

由于在 IEEE 802 成立之前,采用了不同的传输介质和拓扑结构的局域网的存在,这些局域网采用不同的介质访问控制方式,各有特点和适用场合。IEEE 802 无法用统一的方法取代它们,只能允许其存在。因而为每种介质访问方式制定一个标准,因此形成了多种介质访问控制(Media Access Control,MAC)协议。为使各种介质访问控制方式能与上层接口并保证传输可靠，所以在其上又制定了一个单独的逻辑链路控制（Logical Link Control，LLC）子层。这样，仅 MAC 子层依赖于具体的物理介质和介质访问控制方法，而 LLC 子层与媒体无关，对上屏蔽了下层的具体实现细节，使数据帧的传输独立于所采用的物理介质和介质访问方式。同时它允许继续完善和补充新的介质访问控制方式，适应已有的和未来发展的各种物理网络，具有可扩充性。

LAN/RM 中各层功能如下。

1. 物理层

物理层提供在物理实体间发送和接收比特的能力，一对物理实体能确认出两个介质访问控制（MAC）子层实体间同等层比特单元的交换。物理层也要实现电气、机械、功能和规程四大特性的匹配。物理层提供发送和接收信号的能力，包括对宽带的频带分配和对基带的信号调制。

2. 数据链路层

数据链路层分为 MAC 子层和 LLC 子层。

LLC 子层向高层提供一个或多个逻辑接口（具有帧发和帧收功能）。发送时把要发送的数据加上地址和 CRC 检验字段构成帧，介质访问控制时把帧拆开，执行地址识别和 CRC 校验功能，并具有帧顺序控制和流量控制等功能。LLC 子层还包括某些网络层功能，如数据报、虚拟控制和多路复用等。

MAC 子层支持数据链路功能，并为 LLC 子层提供服务。支持 CSMA/CD、token ring、token bus 等介质访问控制方式。具体功能包括：它将上层交下来的数据封装成帧进行发送（接收时进行相反过程，将帧拆卸）、实现和维护 MAC 协议、比特差错检验和寻址等。

3.3.2 IEEE 802 标准

IEEE 802 委员会为局域网制定了一系列标准，它们统称为 IEEE 802 标准。IEEE 802 各标准之间的关系如图 3.5 所示。

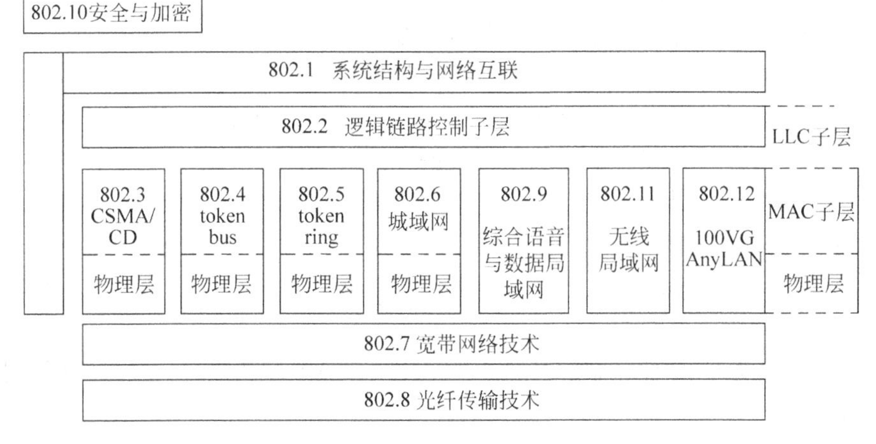

图 3.5 IEEE 802 各标准之间的关系

IEEE 802 标准包括：

(1) IEEE 802.1 标准。它定义了局域网体系结构、网络互连以及网络管理和性能测试，是关于LAN/MAN(城域网)桥接、LAN体系结构、LAN管理和位于MAC以及LLC层之上的协议层的基本标准。现在，这些标准大多与交换机技术有关，包括：802.1q(VLAN标准)、802.3ac(带有动态GVRP标记的VLAN标准)、802.1v(VLAN分类)、802.1d(生成树协议)、802.1s(多生成树协议)、802.3ad(端口干路)和802.1p(流量优先权控制)。

(2) IEEE 802.2标准。它定义了逻辑链路控制LLC子层功能与服务。该协议对逻辑链路控制(LLC)，高层协议以及MAC子层的接口进行了良好的规范，从而保证了网络信息传递的准确和高效性。由于现在逻辑理论控制已经成为整个802标准的一部分，因此这个工作组目前处于休眠状态，没有正在进行的项目。

(3) IEEE 802.3标准。它定义了10Mbps、100Mbps、1Gbps甚至10Gbps的以太网雏形，同时还定义了第五类屏蔽双绞线和光缆是有效的缆线类型。该工作组确定了众多的厂商的设备互操作方式，而不管它们各自的速率和缆线类型。而且这种方法定义了CSMA/CD(带冲突检测的载波侦听多路访问)这种访问技术规范。IEEE 802.3产生了许多扩展标准，如快速以太网的IEEE 802.3u，千兆以太网的IEEE 802.3z和IEEE 802.3ab，10G以太网的IEEE 802.3ae。目前，局域网络中应用最多的就是基于IEEE 802.3标准的各类以太网。

(4) IEEE 802.4标准。它定义了令牌总线(token bus)介质访问控制子层与物理层规范。该工作组近期处于休眠状态，并没有正在进行的项目。

(5) IEEE 802.5标准。它定义了令牌环(token ring)介质访问控制子层与物理层规范。标准的令牌环以4Mbps或者16Mbps的速率运行。由于该速率肯定不能满足日益增长的数据传输量的要求，所以，目前该工作组正在计划100Mbps的令牌环(802.5t)和千兆位令牌环(802.5v)。其他802.5规范的例子是802.5c(双环包装)和802.5j(光纤站附件)。令牌环在我国极少被应用。

(6) IEEE 802.6标准。它定义了城域网介质访问控制子层与物理层规范。目前，由于城域网使用Internet的工作标准进行创建和管理，所以802.6工作组目前也处于休眠状态，并没有进行任何的研发工作。

(7) IEEE 802.7标准。它定义了宽带网络技术。

(8) IEEE 802.8标准。它定义了光纤传输技术。

(9) IEEE 802.9标准。它定义了综合语音与数据局域网(IVD LAN)技术。

(10) IEEE 802.10标准。它定义了可互操作的局域网安全性规范(SILS)。

(11) IEEE 802.11标准。它定义了无线局域网介质访问控制子层与物理层规范(Wireless LAN)。该工作组正在开发以2.4GHz和5.1GHz无线频谱进行数据传输的无线标准。IEEE 802.11标准主要包括三个标准，即IEEE 802.11a、IEEE 802.11b和IEEE 802.11g。

(12) IEEE 802.12标准。它定义了100VG-AnyLAN的按需优先介质访问控制方法和物理层规范。

(13) IEEE 802.13标准。未使用。

(14) IEEE 802.14标准。它定义了交互式电视网。

(15) IEEE 802.15标准。它定义了无线个人局域网(WPAN)的MAC子层和物理层规范，包括蓝牙技术的所有技术参数。802.15x系列标准将以蓝牙速率为基础，向低速率、高速率、更高速率全面迈进。

(16) IEEE 802.16 标准。它定义了宽带无线访问网络。

3.4 共享介质局域网和交换局域网

局域网从介质访问控制方式的角度可以分为共享介质局域网(Shared LAN)与交换局域网(Switched LAN)。共享介质局域网又可以分为 Ethernet、token bus、token ring 与 FDDI,以及在此基础上发展起来的 Fast Ethernet、FDDI Ⅱ 等。交换局域网可以分为 Switched Ethernet 与 ATM LAN,以及在此基础上发展起来的虚拟局域网,其中交换以太网应用最为广泛。交换局域网已经成为当前局域网技术的主流。局域网产品类型与相互之间的关系如图 3.6 所示。

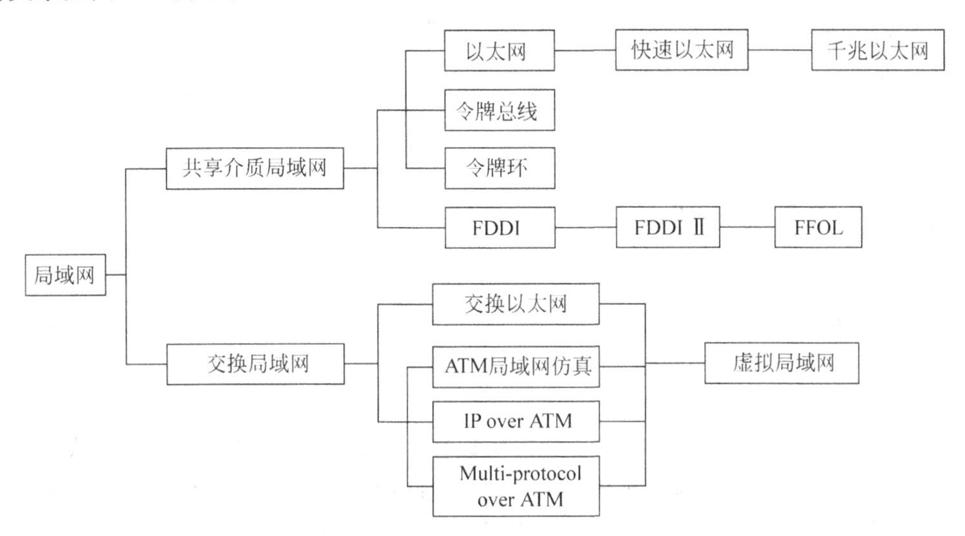

图 3.6 局域网产品类型与其相互之间的关系

3.4.1 共享介质局域网的工作原理及存在的问题

传统的局域网技术是建立在"共享介质"的基础上,网中所有结点共享一条公共通信传输介质,典型的介质访问控制方式是 CSMA/CD、token ring、token bus。介质访问控制方式用来保证每个结点都能够"公平"地使用公共传输介质。IEEE 802.2 标准定义的共享介质局域网有以下三种。

(1) 采用 CSMA/CD 介质访问控制方式的总线状局域网。

(2) 采用 token bus 介质访问控制方式的总线状局域网。

(3) 采用 token ring 介质访问控制方式的环状局域网。

目前应用最广泛的一类局域网是第一种,即以太网(Ethernet)。10Base-T 以太网的中心连接设备是集线器(hub),它是对"共享介质" 总线状局域网结构的一种改进。用集线器作为以太网的中心连接设备时,所有结点通过非屏蔽双绞线与集线器连接。这样的以太网在物理结构上是星状结构,但它在逻辑上仍然是总线状结构,并且在 MAC 层仍然采用 CSMA/CD 介质访问控制方式。当集线器接收到某个结点发送的帧时,它立即将数据帧通过广播方式转发到其他端口。

在 10Base-T 的以太网中，如果网中有 N 个结点，那么每个结点平均能分到的带宽为 10Mbps/N。显然，当局域网的规模不断扩大，结点数 N 不断增加时，每个结点平均能分到的带宽将越来越少。因为 Ethernet 的 N 个结点共享一条 10Mbps 的公共通信信道，所以当网络结点数 N 增大、网络通信负荷加重时，冲突和重发现象将大量发生，网络效率急剧下降，网络传输延迟增长，网络服务质量下降。为了克服网络规模和网络性能之间的矛盾，人们提出了将"共享介质方式"改为"交换方式"的方案，这就推动了"交换局域网"技术的发展。交换局域网的核心设备是局域网交换机，它可以在它的多个端口之间建立多个并发连接。图 3.7 简单说明了交换局域网的工作原理，图中交换机为站点 A 和站点 E，站点 B 和 F，站点 C 和站点 D 分别建立了并行、独立的三条链路，使之能同时实现 A 和 E、B 和 F、C 和 D 之间的通信。

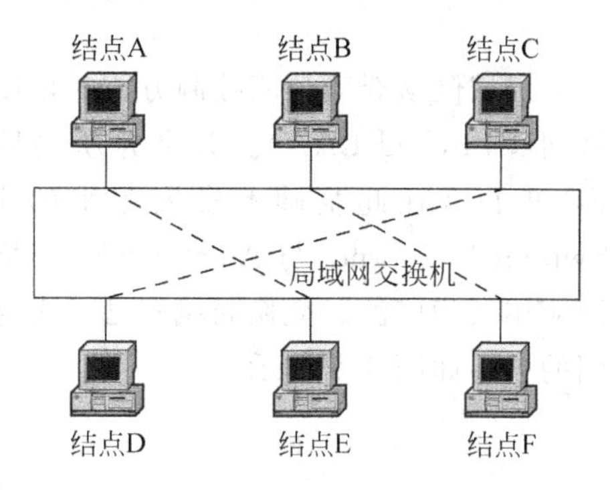

图 3.7　交换局域网的工作原理

3.4.2　交换局域网的特点

现以交换以太网(Switched Ethernet)为例对交换局域网的特点进行说明。交换以太网是指以数据链路层的帧为数据交换单位，以以太网交换机为基础构成的网络。它从根本上解决了共享以太网所带来的问题。

交换局域网的特点如下。

(1) 允许多对站点同时通信，每个站点可以独占传输通道和带宽。交换以太网以交换机为核心设备连接站点或网段，在交换机各端口之间同时可以建立多条通信链路(虚连接)，允许多对站点同时通信，每对站点都可以独享一条数据通道进行数据帧的交换，如图 3.7 所示。因此在交换机各端口之间帧的转发已不再受 CSMA/CD 的约束。系统带宽是各个交换端口带宽之和。若每个端口为 10Mbps，则整个系统带宽可达 $10\times n$ Mbps，其中 n 为端口数。因此，在交换网络中，随着用户的增多，系统带宽会不断地拓宽，即使在网络负载很重的情况下，也不会导致网络性能的下降。交换技术从根本上解决了网络带宽的问题，它能够满足用户对带宽日益增长的需求。

(2) 灵活的接口速率。在共享网络中，不能在同一个局域网中连接不同速率的站点(如 10Base-5 仅能连接 10Mbps 的站点)。而在交换网络中，由于站点独享介质和带宽，用户可以按需配置端口速率。在一台交换机上可以配置 10Mbps、100Mbps、10Mbps/100Mbps 自适应，1Gbps 和 10Gbps 等不同速率的交换端口，用于连接不同速率的站点，接口速率的配置有很大的灵活性。

(3) 增强了网络可扩充性和延展性。大容量交换机有很高的网络扩展能力，而独享带宽的特性使扩展网络没有后顾之忧。因此交换网络可以构建一个大规模的网络，如大型企业网、校园网。

(4) 易于管理、便于调整网络负载的分布，有效地利用网络带宽。交换网可以构造"虚拟网络"，网管软件或其他设备管理软件可以按业务或其他规则把网络站点分为若干个逻辑工作组，每一个工作组就是一个虚拟网。虚拟网的构成与站点所在的物理位置无关。这样可以方便地调整网络负载的分布，提高带宽利用率和网络的可管理性及安全性。

(5) 交换以太网与以太网、快速以太网完全兼容，它们能够实现无缝连接。

(6) 可互联不同标准的局域网。局域网交换机具有自动转换帧格式的功能，因此它能够互联不同标准的局域网，如在一台交换机上能够集成以太网、FDDI 和 ATM。

3.4.3 交换局域网的工作原理

1. 交换局域网的基本结构

交换局域网的核心设备是局域网交换机，它可以在它的多个端口之间建立多个并发连接。为了保护用户已有的投资，局域网交换机一般是针对某类局域网(例如 802.3 标准的 Ethernet 或 802.5 标准的 token ring)设计的。

典型的交换局域网是交换以太网，它的核心部件是以太网交换机。以太网交换机可以有多个端口，每个端口可以单独与一个结点连接，也可以与一个共享介质式的以太网集线器(hub)连接。

如果一个端口只连接一个结点，那么这个结点就可以独占整个带宽，这类端口通常被称作"专用端口"；如果一个端口连接一个与端口带宽相同的以太网，那么这个端口将被以太网中的所有结点所共享，这类端口被称为"共享端口"。典型的交换以太网的结构如图 3.8 所示。

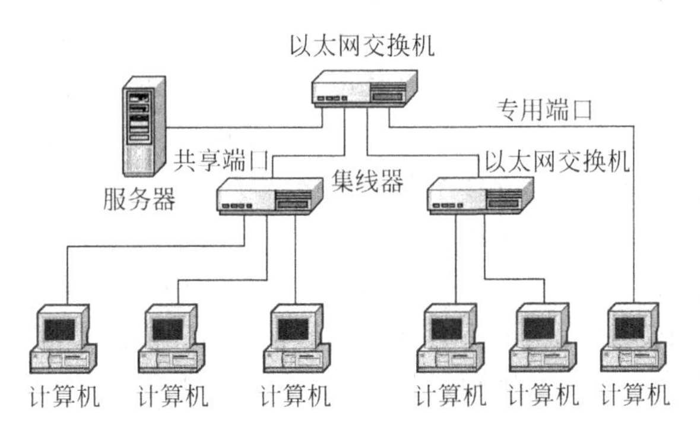

图 3.8 交换以太网的结构示意图

对于传统的共享介质以太网来说，当连接在 hub 中的一个结点发送数据时，它使用广播方式将数据传送到 hub 的每个端口。因此，共享介质以太网的每个时间片内只允许有一个结点占用公用通信信道。交换局域网从根本上改变了"共享介质"的工作方式，它可以通过以太网交换机支持交换机端口之间的多个并发连接，实现多结点之间数据的并发传输而非广播传输，因此，交换局域网可以增加网络带宽，改善局域网的性能与服务质量。

2. 局域网交换机的工作原理

局域网交换机的工作原理是，它检测从局域网端口传来的数据帧的源和目的地的 MAC 地址，然后与交换机内部的"端口号/MAC 地址映射表"进行比较，将帧转发到目的 MAC 地址对应的端口。

典型的局域网交换机结构与工作过程如图 3.9 所示。

图中的交换机有 6 个端口，其中端口 1、4、5、6 分别连接了结点 A、结点 B、结点 C 与结

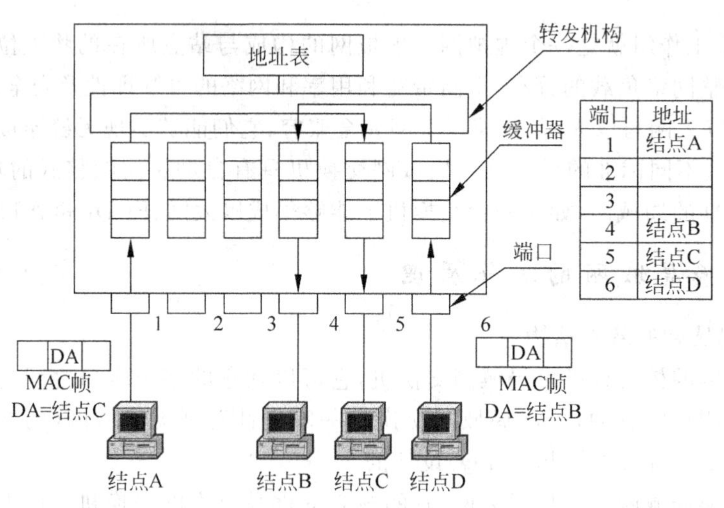

图 3.9 局域网交换机结构与工作过程

点 D。那么交换机的"端口号/MAC 地址映射表"就可以根据以上端口号与结点 MAC 地址的对应关系建立起来。如果结点 A 与结点 D 同时要发送数据，那么它们可以分别在 Ethernet 帧的目的地址字段(DA)中添上该帧的目的地址。

例如，结点 A 要向结点 C 发送帧，那么该帧的目的地址 DA＝结点 C；结点 D 要向结点 B 发送帧，那么该帧的目的地址 DA＝结点 B。当结点 A、结点 D 同时通过交换机传送帧时，交换机的交换控制中心根据"端口号/MAC 地址映射表"的对应关系找出帧的目的地址的输出端口号，那么它就可以为结点 A 到结点 C 建立端口 1 到端口 5 的连接，同时为结点 D 到结点 B 建立端口 6 到端口 4 的连接。这种端口之间的连接可以根据需要同时建立多条，也就是说可以在多个端口之间建立多个并发连接。

以太网交换机的帧转发方式可以分为以下三类。

(1) 直接交换方式。在直接交换(cut through)方式中，交换机只要接收并检测到目的地址字段，立即将该帧转发出去，而不管这一帧是否出错。帧出错检测任务由主机完成。这种交换方式的优点是交换延迟时间短，但它缺乏差错检测能力，不支持不同输入/输出速率的端口之间的帧转发。

(2) 存储转发方式。在存储转发(store and forward)方式中，交换机首先完整地接收发送帧，并先进行差错检测。如果接收帧是正确的，则根据帧目的地址确定输出端口号，然后再转发出去。这种交换方式的优点是具有帧差错检测能力，并能支持不同输入/输出速率的端口之间的帧转发；缺点是交换延迟时间将会增长。

(3) 改进的直接交换方式。改进的直接交换方式则将直接交换方式和存储转发方式结合起来，它在接收到帧的前 64 字节后，判断帧的帧头字段是否正确，如果正确则转发出去。这种方法对于短的帧来说，其交换延迟时间与直接交换方式比较接近；对于长的帧来说，由于它只对帧的地址字段与控制字段进行差错检测，因此延迟时间将会减少。

3.4.4 局域网交换机技术

1. 交换机与集线器的区别

交换机的作用是对封装的数据包进行转发，并减少冲突域，隔离广播风暴。从组网的形式看，交换机与集线器非常类似，但实际工作原理有很大的不同。

从 OSI 体系结构看，集线器工作在 OSI/RM 的第一层，是一种物理层的连接设备，因而它只对数据的传输进行同步、放大和整形处理，不能对数据传输的短帧、碎片等进行有效的处理，不进行差错处理，不能保证数据的完整性和正确性。传统交换机工作在 OSI 的第二层，属于数据链路层的连接设备，不但可以对数据的传输进行同步、放大和整形处理，还提供数据的完整性和正确性的保证。

从工作方式和带宽来看，集线器是一种广播模式，一个端口发送信息，所有的端口都可以接收到，因此容易发生广播风暴；同时集线器共享带宽，当两个端口间通信时，其他端口只能等待。交换机是一种交换方式，一个端口发送信息，只有目的端口可以接收到，从而能够有效地隔离冲突域，抑制广播风暴；同时每个端口都有自己的独立带宽，两个端口间的通信不影响其他端口间的通信。

2. 交换机的技术特点

目前，局域网交换机主要是针对以太网设计的。一般来说，局域网交换机主要有以下几个技术特点。

（1）低交换传输延迟。局域网交换机的主要特点是它的低交换传输延迟。从传输延迟时间来看，局域网交换机为几十微秒，网桥为几百微秒，路由器为几千微秒。

（2）高传输带宽。对于 10Mbps 的端口，半双工端口带宽为 10Mbps，而全双工带宽为 20Mbps。对于 100Mbps 的端口，半双工端口带宽为 100Mbps，而全双工带宽为 200Mbps。

（3）允许不同速率的端口共存。典型的局域网交换机允许一部分端口支持 10Base-T（速率为 10Mbps），另一部分端口支持 100Base-T（速率为 100Mbps），交换机可以完成不同端口速率之间的转换，使得 10Mbps 与 100Mbps 两种网卡共存。在采用了 10/100Mbps 自动侦测技术时，交换机的端口支持 10/100Mbps 两种速率，以及全双工/半双工两种工作方式。端口能自动测试出所连接的网卡的速率是 10Mbps 还是 100Mbps，是全双工还是半双工方式。端口能自动识别并做出相应的调整，从而减轻了网络管理的负担。

（4）支持虚拟局域网服务。交换局域网是虚拟局域网的基础，目前的以太网交换机都可以支持虚拟局域网服务。

3. 第三层交换技术

传统的局域网交换机是一种第二层网络连接设备，它在操作过程中不断收集信息去建立起它本身的一个 MAC 地址表。这个表相当简单，基本上说明了某个 MAC 地址是在哪个端口上被发现的。这样当交换机收到一个数据包时，它便会查看一下该数据包的目的 MAC 地址，核对一下自己的地址表以确认该从哪个端口把数据包发出去。但当交换机收到一个不认识的数据包时，也就是说如果目的 MAC 地址不在 MAC 地址表中，交换机便会把该数据包“扩散”出去，即从所有端口发出去，就如同交换机收到一个广播包一样，这就暴露出传统局域网交换机的弱点：不能有效地解决广播风暴和异种网络互联以及安全性控制等问题。

第三层交换也称为多层交换技术或 IP 交换技术，是相对于传统交换概念提出的。众所周知，传统的交换技术是在 OSI 网络标准模型中的第二层——数据链路层进行操作的，而第三层交换技术则在网络模型中的第三层实现了分组的高速转发。简言之，第三层交换技术就是“第二层交换技术＋第三层转发”。第三层交换技术的出现，解决了局域网中网段划分之后网段中的子网必须依赖路由器进行管理的局面，解决了传统路由器低速、复杂所造成的网络瓶颈问题。

一个具有第三层交换功能的设备，是一个带有第三层路由功能的第二层交换机，但它是两者的有机结合，而不是简单地把路由器设备的硬件及软件叠加在局域网交换机上。

其工作原理如下：假设两个使用IP协议的站点A、B通过第三层交换机进行通信，发送站点A在开始发送时，把自己的IP地址与B站的IP地址比较，判断B站是否与自己在同一子网内。若目的站B与发送站A在同一子网内，则进行第二层的转发。若两个站点不在同一子网内，如发送站A要与目的站B通信，发送站A要向“默认网关”发出ARP(地址解析)封包，而“默认网关”的IP地址其实是第三层交换机的第三层交换模块。当发送站A对“默认网关”的IP地址广播出一个ARP请求时，如果第三层交换模块在以前的通信过程中已经知道B站的MAC地址，则向发送站A回复B的MAC地址。否则第三层交换模块根据路由信息向B站广播一个ARP请求，B站得到此ARP请求后向第三层交换模块回复其MAC地址，第三层交换模块保存此地址并回复给发送站A，同时将B站的MAC地址发送到第二层交换引擎的MAC地址表中。从这以后，当A向B发送的数据包便全部交给第二层交换处理，信息得以高速交换。由于仅仅在路由过程中才需要第三层处理，绝大部分数据都通过第二层交换转发，因此第三层交换机的速度很快，接近第二层交换机的速度，同时比相同路由器的价格低很多。可以相信，随着网络技术的不断发展，第三层交换机有望在大规模网络中取代现有路由器的位置。

3.5 典型局域网的组网技术

自1985年出现10Mbps以太网以来，局域网技术得到了迅速发展。本节将介绍以太网、快速(100Mbps)以太网、吉位(1Gbps)以太网、万兆位(10Gbps)以太网和光纤分布式接口(FDDI)，以及异步传输模式(ATM)等几种典型局域网的组网技术。

3.5.1 10Mbps以太网

以太网是基于总线状的广播式网络，在已有的局域网标准中，它是最成功、应用最广的一种局域网技术。为了满足网络应用的需求，以太网技术在不断地飞速发展。在10Mbps的基础上开发了100Mbps快速以太网、1 000Mbps高速以太网，2002年又公布了10Gbps以太网标准并随后推出了相关的产品。

1. 10Mbps以太网体系结构

IEEE 802.3以太网体系结构包括MAC子层和物理层。物理层又分为物理信令(Physical Signaling，PLS)子层和物理媒体连接件(Physical Media Attachment，PMA)子层，并根据物理层的两个子层是否在同一个设备上实现，有两种IEEE 802.3体系结构，如图3.10所示。

PLS子层向MAC子层提供服务，它规定了MAC子层与物理层的界面，是与传输媒体无关的物理层规范。在发送比特流时，PLS子层负责对比特流进行曼彻斯特编码。在接收时，负责对比特流进行曼彻斯特解码。另外，PLS子层还负责完成载波监听功能。PMA子层向PLS子层提供服务，它负责向媒体发送比特信号和从媒体上接收比特信号，并完成冲突检测功能。IEEE 802.3标准规定，PLS子层和PMA子层可以在也可以不在同一个设备

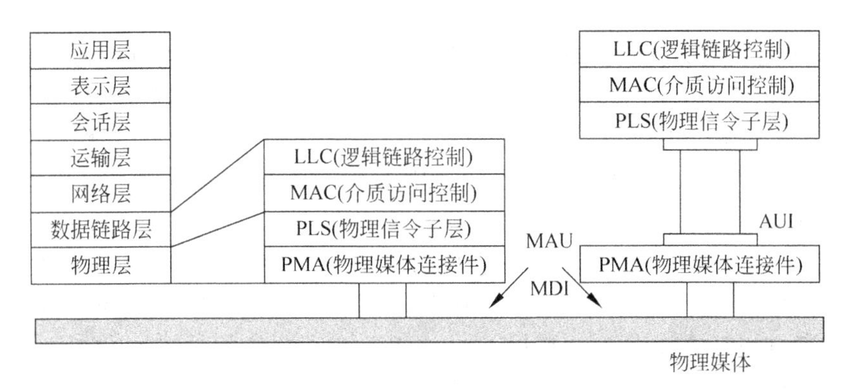

图 3.10　10Mbps 以太网体系结构

中实现。比如：标准以太网 10Base-5 是在网卡中实现 PLS 子层功能，在外部接收器中实现 PMA 子层功能。所以在 10Base-5 以太网中，需要使用收发器电缆将外部收发器和网络站点连接起来，于是出现了两种 IEEE 802.3 体系结构。

MAC 子层的核心协议是 CSMA/CD，IEEE 802.3 的帧结构如图 3.11 所示。

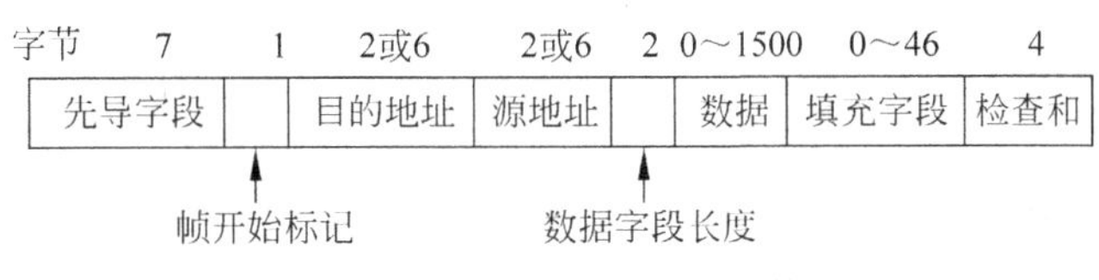

图 3.11　IEEE 802.3 帧结构

其中，7 个字节的先导字段是接收方与发送方时钟同步用的，它的每个字节的内容都是 10101010。一个字节的帧开始标志，表示一个帧的开始，内容为 10101011。随后是两个地址段：源地址和目的地址，目的地址可以是单个物理地址，也可以是一组地址（多点广播）。当地址的最高位为 0 时，表示普通地址；为 1 时，表示组地址。2 个字节的数据字段长度标志数据段中的字节数。数据字段就是 LLC 数据帧，如果帧的数据部分少于 46 字节，则用填充字段，使之达到要求的最短长度。

2. 10Mbps 以太网组网方式

IEEE 802.3 支持的物理层介质和配置方式有多种，它是由一组协议组成的。每一种实现方案都有一个名称代号，由数据速率（Mbps）、信号方式、最大网段长度（百米）或介质类型三部分组成，如 10Base-5、10Base-2、100Base-T 等。这里，最前面的数字指数据速率，如 10 为 10Mbps、100 为 100Mbps。中间的 Base 指基带传输。最后若是数字的话，表示最大传输距离，如 5 是指最大传输距离 500m、2 指最大传输距离 200m。若是字母则第一个字母表示介质类型，如 T 表示采用双绞线、F 表示采用光纤介质，第二个字母表示工作方式，如 X 表示全双工方式工作。

最常用的以太网有以下 4 种。

10Base-5 通常称为粗缆以太网。目前由于高速交换以太网技术的广泛应用，在新建的局域网中，10Base-5 很少被采用。

10Base-2 通常称为细缆以太网。10Base-2 使用 50Ω 细同轴电缆，它的建网费用比 10Base-5 低。目前 10Base-2 也已很少使用。

10Base-T 是使用无屏蔽双绞线来连接的以太网，使用 2 对 3 类以上无屏蔽双绞线，一对用于发送信号，另一对用于接收信号。为了改善信号的传输特性和信道的抗干扰能力，每一对线必须绞在一起。双绞线以太网系统具有技术简单、价格低廉、可靠性高、易实现综合布线和易于管理、维护、升级等优点。因此它比 10Base-5 和 10Base-2 技术有更大的优势，也是目前还在应用的 10Mbps 局域网技术。

10Base-F 是 10Mbps 光纤以太网，它使用多模光纤作为传输介质，在介质上传输的是光信号而不是电信号。因此 10Base-F 具有传输距离长、安全可靠、可避免雷击等优点。由于光纤介质适宜相距较远的站点，所以 10Base-F 常用于建筑物之间的连接，它能够构建园区主干网。目前 10Base-F 较少被采用，代替它的是更高速率的光纤以太网。

最常用的基带 802.3 局域网如表 3-1 所示。

表 3-1　最常用的基带 802.3 局域网

类型	线缆型	最大长度(米)	每段结点数(个)	优点
10Base-5	粗电缆	500	100	适用于主干网
10Base-2	细电缆	185	30	价格最便宜
10Base-T	双绞线	100	1 024	易于维护
10Base-F	光纤	2 000	1 024	适用于楼间联网

3.5.2　100Mbps 以太网

随着局域网应用的深入，用户对局域网带宽提出了更高的要求。有两种方法可供选择：一种是重新设计一种新的局域网体系结构与介质访问控制方法，取代传统的局域网技术；另一种是保持传统的局域网体系结构与介质访问控制方法不变，设法提高局域网的数据速率。对已大量存在的以太网来说，要保护用户已有的投资，同时又要增加网络的带宽，100Mbps 以太网，即快速以太网(Fast Ethernet)是符合后一种要求的一种高速局域网。

1. 快速以太网的体系结构

快速以太网的传输速率比普通以太网快 10 倍，数据速率达到了 100Mbps。快速以太网保留了传统以太网的所有特性，包括相同的数据帧格式、介质访问控制方式和组网方法，只是将每个比特的发送时间由 100ns 降低到 10ns。1995 年 9 月，IEEE 802 委员会正式批准了快速以太网标准 IEEE 802.3u。IEEE 802.3u 标准在 LLC 子层使用了 IEEE 802.2 标准，在 MAC 子层中使用 CSMA/CD 方法，只是在物理层作了一些必要的调整，定义了新的物理层标准(100Base-T)。100Base-T 标准定义了介质专用接口(Media Independent Interface，MII)，它将 MAC 子层和物理层分开，使得物理层在实现 100Mbps 速率时所使用的传输介质和信号编码方式的变化不会影响 MAC 子层。100Base-T 可以支持多种传输介质，目前制定了三种有关传输介质的标准：100Base-TX、100Base-T4、100Base-FX。100Mbps 以太网的协议结构如图 3.12 所示。

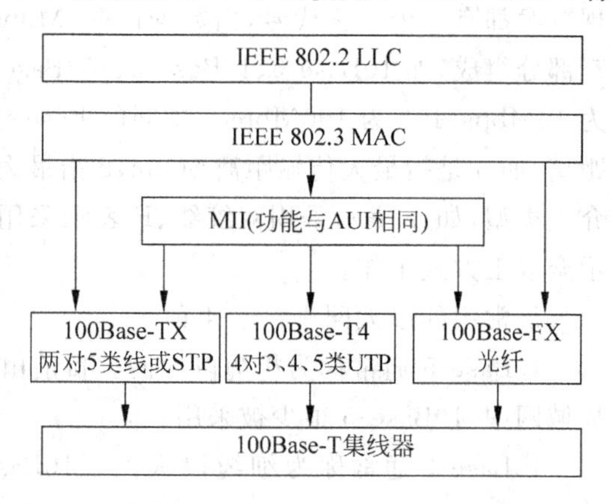

图 3.12　100Mbps 以太网的协议结构

2. 快速以太网的组网方式

1) 100Base-TX

100Base-TX 是 5 类无屏蔽双绞线方案，它是真正由 10Base-T 派生出来的。100Base-TX 类似于 10Base-T，但它使用的是两对无屏蔽双绞线(UTP)或 150Ω 屏蔽双绞线(STP)。100Base-TX 使用的 2 对双绞线中，一对用于发送数据，另一对用于接收数据。由于发送和接收都有独立的通道，所以 100Base-TX 支持全双工操作。

2) 100Base-FX

100Base-FX 是光纤介质快速以太网标准，它采用与 100Base-TX 相同的数据链路层和物理层标准协议。它支持全双工通信方式，数据速率可达 200Mbps。

100Base-FX 的硬件系统包括单模或多模光纤及其介质连接部件、集线器、网卡等部件。用多模光纤时，当站点与站点不经 hub 而直接连接，且工作在半双工方式时，两点之间的最大传输距离仅有 412m；当站点与 hub 连接，且工作在全双工方式时，站点与 hub 之间的最大传输距离为 2km。若使用单模光纤作为媒体，在全双工的情况下，最大传输距离可达 10km。

3) 100Base-T4

100Base-T4 是 3 类无屏蔽双绞线方案，该方案使用四对 3 类(或 4 类、5 类)无屏蔽双绞线介质。它能够在 3 类 UTP 线上提供 100Mbps 的数据速率。双绞线段的最大长度为 100m。目前这种技术没有得到广泛的应用。100Base-T4 的硬件系统与组网规则与 100Base-TX 相同。

3.5.3 1000Mbps 以太网

尽管快速以太网具有高可靠性、易扩展性、成本低等优点，并且成为高速局域网方案中的首选技术，但在数据仓库、桌面电视会议、三维图形与高清晰度图像这类应用中，人们不得不寻求拥有更高带宽的局域网。千兆位以太网(gigabit ethernet)就是在这种背景下产生的技术。

1. 千兆以太网的体系结构

1998 年 2 月，IEEE 802 委员会正式批准了千兆以太网标准 IEEE 802.3z。千兆位以太网的数据速率比快速以太网快 10 倍，数据速率达到 1000Mbps。千兆位以太网保留着传统的 10Mbps 数据速率以太网的所有特征(相同的数据帧格式、相同的介质访问控制方式、相同的组网方法)，只是将传统以太网每个比特的发送时间由 100ns 降低到 1ns。千兆位以太网的协议结构如图 3.13 所示。图中 8B/10B 编码是 mB/nB 编码方式的一个特例。所谓 mB/nB 编码即在发送端，将 m 比特的基带数据映射成 n 比特数据发送。对于 8B/10B 编码，即是将 8 比特的基带数据映射成 10 比特的数据进行发送，对于 64B/66B 编码，则是将 64 比特的基带数据映射成为 66 比特的数据进行发送。这种编码方法是为了保持在编码流中“0”和“1”比特位在数量上的平衡，从而支持比特流的持续传输，并可校验出单个比特的传输错误。

IEEE 802.3z 标准在 LLC 子层使用 IEEE 802.2 标准，在 MAC 子层使用 CSMA/CD 方法。只是在物理层做了一些必要的调整，它定义了新的物理层标准(1000Base-T)。1000Base-T 标准定义了千兆介质专用接口(Gigabit Media Independent Interface，GMII)，

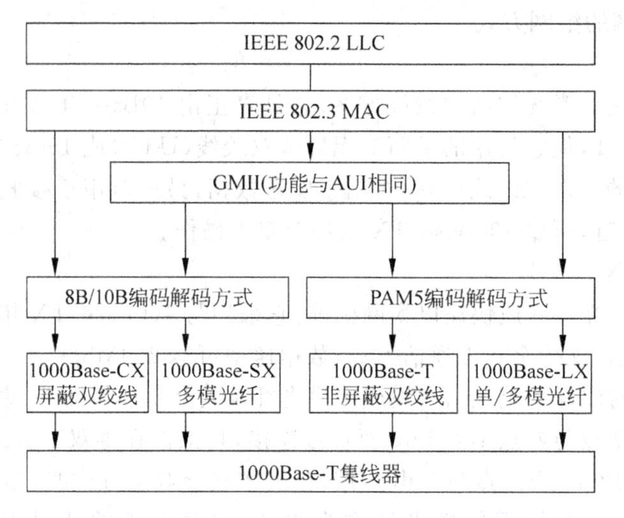

图 3.13 千兆位以太网的协议结构

它将 MAC 子层与物理层分开。这样，物理层在实现 1000Mbps 数据速率时所使用的传输介质和信号编码方式的变化不会影响 MAC 子层。

2. 千兆位以太网的组网方式

IEEE 802.3z 千兆位以太网标准定义了三种介质系统，其中两种是光纤介质标准，包括 1000Base-SX 和 1000Base-LX；另一种是铜线介质标准，称为 1000Base-CX。1000Base-X 是 1000Base-SX、1000Base-LX 和 1000Base-CX 的总称，都是千兆位以太网。

1000Base-SX 是一种在收发器上使用短波激光作为信号源的媒体技术。这种收发器上配置了激光波长为 770nm～860nm(一般为 800nm)的光纤激光传输器，不支持单模光纤，仅支持 62.5μm 和 50μm 两种多模光纤。对于 62.5μm 多模光纤，全双工模式下最大传输距离为 275m；对于 50μm 多模光纤，全双工模式下最大传输距离为 550m。1000Base-SX 标准规定连接光缆所使用的连接器是标准光纤连接器。

1000Base-LX 是一种在收发器上使用长波激光作为信号源的媒体技术。这种收发器上配置了激光波长为 1 270～1 355nm(一般为 1 300nm)的光纤激光传输器，它可以驱动多模光纤和单模光纤。使用的光纤规格为 62.5μm 和 50μm 的多模光纤、9μm 的单模光纤。对于多模光纤，在全双工模式下，最长的传输距离为 550m；对于单模光纤，在全双工模式下，最长的传输距离可达 5km。连接光缆所使用的是标准光纤连接器。

1000Base-CX 是使用铜缆的两种千兆位以太网技术之一。1000Base-CX 的媒体是一种短距离屏蔽铜缆，最长距离达 25m，这种屏蔽电缆是一种特殊规格高质量的 TW(Twin Wire)型带屏蔽的铜缆。连接这种电缆的端口上配置 9 针的 D 型连接器。1000Base-CX 的短距离铜缆适用于交换机间的短距离连接，特别适用于千兆位主干交换机与主服务器的短距离连接。

IEEE 802.3 委员会公布的第二个铜线标准 IEEE 802.3ab，即 1000Base-T 物理层标准。1000Base-T 是使用五类无屏蔽双绞线的千兆位以太网标准。1000Base-T 标准使用四对五类无屏蔽双绞线，其最长传输距离为 100m，网络直径可达 200m。因此，1000Base-T 能与 10Base-T、100Base-T 完全兼容，它们都使用五类 UTP 介质，从中心设备到站点的最大距离都是 100m，这使得千兆位以太网应用于桌面系统成为现实。

3.5.4 万兆位以太网

万兆位以太网是一种数据速率高达 10Gbps、通信距离可延伸 40km 的以太网。它是在以太网的基础上发展起来的，因此，万兆位以太网和千兆位以太网一样，在本质上仍是以太网，只是在速度和距离方面有了显著的提高。万兆以太网继续使用 IEEE 802.3 以太网协议，以及 IEEE 802.3 的帧格式和帧大小。但由于万兆位以太网是一种只适用于全双工通信方式，并且只能使用光纤介质的技术，所以它不需使用带冲突检测的载波监听多路访问协议 CSMA/CD。这就意味着万兆位以太网不再使用 CSMA/CD。除此之外，万兆位以太网和以太网之间的不同之处还在于万兆位以太网标准中包括了广域网的物理层协议，所以万兆位以太网技术不仅可以应用于局域网，也能很好地应用于城域网和广域网，它能使局域网与城域网和广域网实现无缝连接，其应用范围更加广泛。因而可以采用统一的网络技术构建高性能的局域网、城域网和广域网。目前万兆位以太网已有相当广泛的应用。

1. 万兆位以太网体系结构

10Gbps 以太网的 OSI 和 IEEE 802 层次结构仍与传统以太网相同，即 OSI 层次结构包括了数据链路层的一部分和物理层的全部，IEEE 802 层次结构包括 MAC 子层和物理层，但各层所具有的功能与传统以太网相比差别较大，特别是物理层具有更明显的特点。10Gbps 以太网体系结构如图 3.14 所示。

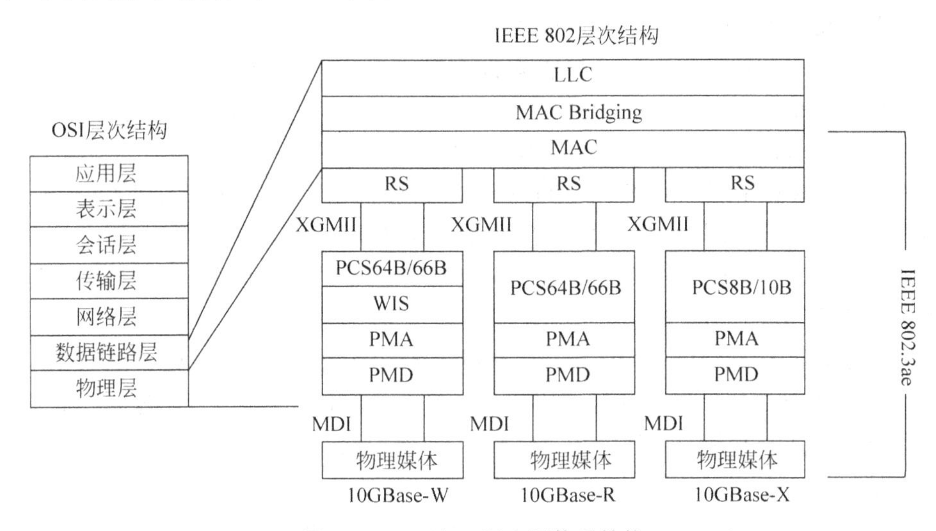

图 3.14 10Gbps 以太网体系结构

1）三类物理层结构

在体系结构中定义了 10GBase-X、10GBase-R 和 10GBase-W 三种类型的物理层结构。

（1）10Gbase-X 是一种与使用光缆的 1000Base-X 相对应的物理层结构，在 PCS 子层中使用 8B/10B 编码，为了保证获得 10Gbps 数据传输率，利用稀疏波分复用技术在 1 300nm 波长附近每隔约 25nm 间隔配置四个激光发送器，形成四个发送器/接收器对。为了保证每个发送器/接收器对的数据速率为 2.5Gbps，每个发送器/接收器对必须在 3.125Gbps 下工作。

(2) 10GBase-R 是在 PCS 子层中使用 64B/66B 编码的物理层结构，为了获得 10Gbps 数据传输率，其时钟速率必须配置在 10.3Gbps。

(3) 10GBase-W 是一种工作在广域网方式下的物理层结构，在 PCS 子层中采用了 64B/66B 编码，定义的广域网方式为 SONET OC-192，因此其数据流的数据速率必须与 OC-192 兼容，即为 9.686Gbps，则其时钟速率为 9.953Gbps。SONET(Synchronous Optical Networking，同步光网络)是使用光纤进行数字化信息通信的一个标准，SONET 通过把光纤传输通道分割成多个逻辑通道(亦即分支)，分支的基本传输单元是 STS-1(第 1 层同步传输信号)或 OC-1(第 1 层光承载)信号。OC 是当传输信号转换成光信号后描述同样的传输信号。OC-1 工作在 51.84Mbps，OC-192 是其 192 倍。

2) 物理层各个子层的功能

物理层各个子层及功能如下所述。

(1) 物理媒体。10Gbps 以太网的物理媒体包括多模光纤(Multiple Mode Fiber，MMF)和单模光纤(Simple Mode Fiber，SMF)两类，MMF 又分 50μm 和 62.5μm 两种。由 PMD 子层通过媒体相关接口(Media Dependent Interface，MDI)连接光纤。

(2) 物理媒体相关(Physical Media Dependent，PMD)子层。其主要的功能一方面是向(从)物理媒体上发送(接收)信号。在 PMD 子层中包括了多种激光波长的 PMD 发送源设备。PMD 子层另一个主要功能是把上层 PMA(物理媒体访问)所提供的代码位符号转换成适合光纤媒体上传输的信号或反之。

(3) 物理媒体访问(Physical Media Access，PMA)子层。PMA 子层的主要功能是提供与上层之间的串行化服务接口以及接收来自下层 PMD 的代码位信号，并从代码位信号中分离出时钟同步信号；在发送时，PMA 把上层形成的相应的编码与同步时钟信号融合后，形成媒体上所传输的代码位符号送至下层 PMD。

(4) 广域网接口子层(WAN Interface Sublayer，WIS)。WIS 子层是处在 PCS 和 PMA 之间的可选子层，它可以把以太网数据流适配 ANSI 所定义的 SONET STS-192c 或 ITU 所定义的 SDH VC-4-64c 传输格式的以太网数据流。该数据流所反映的广域网数据可以直接映射到传输层。

(5) 物理编码子层(Physical Coding Sublayer，PCS)。PCS 子层处在上层 RS 和下层 PMA 之间，PCS 和上层的接口通过 10Gbps 媒体无关接口连接，与下层连接通过 PMA 服务接口。PCS 的主要功能是把正常定义的以太网 MAC 代码信号转换成相应的编码和物理层的代码信号。

(6) 协调子层(Reconciliation Sublayer，RS)和 10Gbps 媒体无关接口(10G Media Independent Interface，XGMII)。RS 和 XGMII 实现了 MAC 子层与 PHY 层之间的逻辑连接，即 MAC 子层可以连接到不同类型的 PHY 层(10GBase-X、10GBase-R 和 10GBase-W)上。显然，对于 10GBase-W 类型来说，RS 功能要求是最复杂的。

2. 万兆位以太网的技术特点

万兆位以太网与传统的以太网相比较具有以下六方面的特点。

(1) MAC 子层和物理层实现 10Gbps 数据速率。

(2) MAC 子层的帧格式不变，并保留 IEEE 802.3 标准最小和最大帧长度。

(3) 不支持共享型，只支持全双工，即只可能实现全双工交换型 10Gbps 以太网，因此

10Gbps 以太网媒体的传输距离不会受到传统以太网 CSMA/CD 机理制约，而仅仅取决于媒体上信号传输的有效性。

(4) 支持星状局域网拓扑结构，采用点对点连接和结构化布线技术。

(5) 在物理层上分别定义了局域网和广域网两种系列，并定义了适应局域网和广域网的数据传输机制。

(6) 不能使用双绞线，只支持多模和单模光纤，并提供连接距离的物理层技术规范。

3. 万兆位以太网在局域网中的应用

10Gbps 以太网用做局域网，通常是组成主干网。例如，利用 10Gbps 以太网实现交换机到交换机、交换机到服务器以及城域网和广域网的连接。

10Gbps 以太网在局域网中的应用如图 3.15 所示。该图中主干线路使用 10Gbps 以太网，校园 A、校园 B、数据中心和服务器群之间用 10Gbps 以太网交换机连接。

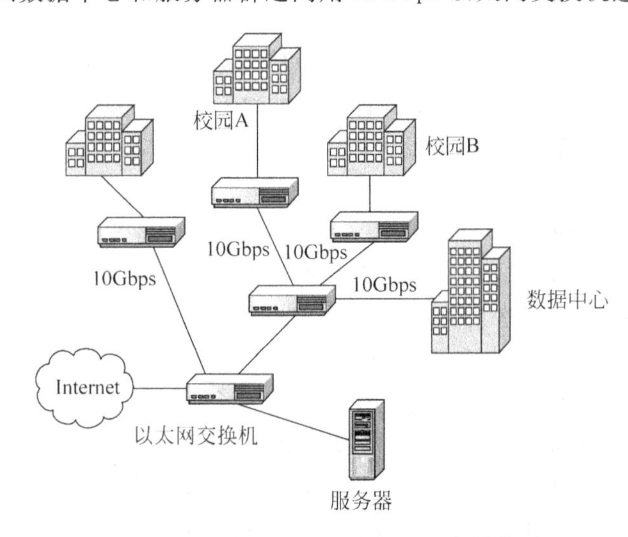

图 3.15 10Gbps 以太网在局域网中的应用

3.5.5 光纤分布式数据接口

光纤分布式数据接口(Fiber Distributed Data Interface，FDDI)是在令牌环网的基础上发展起来的，它是一个技术规范，描述了一个以光纤为介质的高速(100Mbps)令牌环网。FDDI 为各种网络提供高速连接。

FDDIⅡ是 FDDI 的改进型，除处理普通数据外，还能处理视频数据或同步电路交换的 PCM 声音数据。目前，正在研究的下一代 FDDI 标准称为 FFOL(FDDI follow-on LAN)。

1. FDDI 的拓扑结构

FDDI 是使用双环结构的令牌传递系统。FDDI 网络的网络信息流由类似的两条流组成，两条流以相反的方向绕着两个互逆环流动。其中一个环称做主环(Primary Ring)，逆时钟传送数据，另一个环称做从环(Secondary Ring)，顺时针传送数据，如图 3.16 所示。

通常情况下，网络数据信息只在主环上流动，如果主环发生故障，FDDI 自动重新配置网络，信息可以沿反方向流到从环上去。

双环拓扑结构的优点之一是冗余，一个环用于信息传送，另一环用于备份。如果出现问题,其中主环断路,从环替代。若两者同时在一点断路,例如起火或电缆管道故障,两个环可连成单一的环,如图 3.17 所示,长度为原来的两倍。

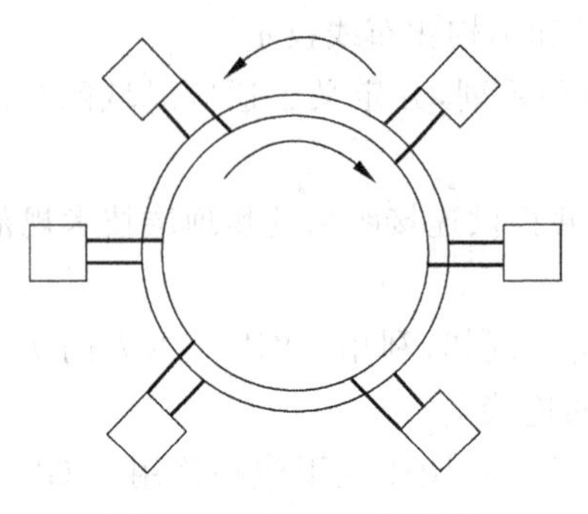

图 3.16 FDDI 双环结构

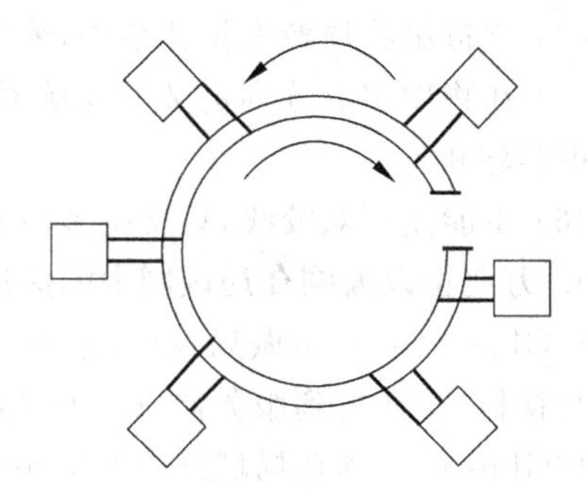

图 3.17 故障时双环连成单环

计算机连接到 FDDI 网络时,可以连在一个环或两个环的电缆上,连在两条电缆上的计算机被称为 A 类站点。连在一条环上的计算机被称为 B 类站点。如果一个网络失效(如某个站点故障),A 类站点能帮助重新设置网络成为一个单环网络,B 类站点则无法做到这一点。

2. FDDI 的工作原理

FDDI 采用令牌传递的方法,实现对介质的访问控制。这一点与令牌环类似。不同的是,在令牌环中,数据帧在环路上绕行一周回到发送站点后,发送站点才释放令牌。在此期间,环路上的其他站点无法获得令牌,不能发送数据。所以,在令牌环网中,环路上只有一个数据帧在流动。在 FDDI 中,发送数据的站点在截获令牌后,可以发送一个或多个数据帧,当数据发送完毕,或规定时间用完,则立即释放令牌,而不管发出的数据帧是否绕行一周回到发送站点。这样,在数据帧还没有回到发送它的站点且被清除之前,其他站点有可能截获令牌,并且发送数据帧。所以,在 FDDI 的环路中可能同时有多个站点发出的数据帧在流动。这样提高了信道的利用率,增加了网络系统的吞吐量。

在正常情况下 FDDI 中主要存在以下一些操作。

(1) 传递令牌。在没有数据传送时,令牌一直在环路中绕行。某个站点没有数据要发送,则转发令牌。

(2) 发送数据。如果某个站点需要发送数据,当令牌传到该站点时,则不转发令牌,而是发送数据。它可以一次发送多个数据帧。当数据发送完毕或规定时间已到,则停止发送,并立即释放令牌。

(3) 转发数据帧。每个站点监听经过的数据帧,如果不属于自己,则转发出去。

(4) 接收数据帧。当站点发现经过的数据帧是发送给自己的,就复制下来,然后转发出去。

(5) 清除数据帧。发送站点与其他站点一样,随时监听经过的帧,发现是自己发出的帧就停止转发。

3. FDDI 的特点

FDDI 作为高速局域网介质访问控制标准,与 IEEE 802.5 标准相似,有如下特点。

(1) 使用基于 IEEE 802.5 的单令牌的环状网介质访问控制 MAC 协议。

(2) 使用 IEEE 802.2 LLC 协议，与符合 IEEE 802 标准的局域网兼容。

(3) 数据速率为 100Mbps，联网结点数不多于 1 000，环路长度为 200km。

(4) 可以使用双环结构，具有容错能力。

(5) 可以使用多模或单模光纤。

(6) 具有动态分配带宽的能力，能支持同步和异步数据传输。

4. FDDI 的应用环境

(1) 计算机机房网（后端网络），用于计算机机房中大型计算机与高速外设之间的连接，以及对可靠性、数据速率与系统容错要求较高的环境。

(2) 办公室或建筑物群的主干网（前端网络），用于连接大量的小型机、工作站、个人计算机与各种外设。

(3) 校园网的主干网，用于连接分布在校园中各个建筑物中的小型机、服务器、工作站和个人计算机，以及多个局域网。

(4) 多校园的主干网，用于连接地理位置相距几千米的多个校园网、企业网，成为一个区域性的互联多个校园网、企业网的主干网。

5. FDDI 系列

FDDI 系列包括光纤分布式数据接口 FDDI、铜线分布式数据接口 CDDI（Copper Distributed Data Interface）、二型光纤分布式数据接口 FDDI Ⅱ、增强 LAN 的 FDDI（FFOL）四类。

它们的共同点如下。

(1) 基于共享介质的原理。

(2) 采用了扩展的 token ring 体系结构。

(3) 数据速率为 100Mbps，但 FFOL 具有更高的数据速率。

(4) FDDI、FDDI Ⅱ、FFOL 采用光缆介质，而 CDDI 采用 5 类 UTP。

(5) FDDI 是一个成熟技术，已有 100 多家厂商提供 FDDI 产品。

(6) 采用双环拓扑结构，可增加冗余度，提高可靠性。

(7) 适用于主干网，大概占 FDDI 应用的 70%～80%。

(8) FDDI 和 CDDI 支持异步数据传输服务，而 FDDI Ⅱ 支持等时服务，可用于图像和声音的传输。

(9) 最新的 CD（Compact Disc）激光技术（750/850mm）的发展使 FDDI 器件的价格大大降低。

(10) 介质访问控制层协议和令牌环介质访问控制协议类似。

(11) 采用两个循环计数的自恢复的光纤环。

(12) FDDI 和 FDDI Ⅱ 可支持 1 000 个物理连接。

(13) 物理最大距离为：200km（FDDI，FDDI Ⅱ）、100m（CDDI-STP，5 类 UTP）、50m（CDDI-3 类 UTP）。

FFOL 的主要特性：是新一代的 FDDI，提供连接多个 FDDI 网络的主干网，支持 FDDI 和 FDDI Ⅱ 的数据服务，提供有效的和广域网的连接，支持多媒体服务，数据速率从 600Mbps～1Gbps。

3.5.6 异步传输模式

第2章已对ATM进行了初步介绍，这里再对ATM局域网等内容进行进一步的讨论。ATM是为高速数据传输和通过公共网或专用网传输多种业务数据而设计的。它是一种以小的、固定长的包(Cell—信元)为传输单位，面向连接的分组交换技术。目前，该技术主要用于广域网中。

1. ATM的工作原理

物理链路(physical link)是连接ATM交换机—ATM交换机、ATM交换机—ATM主机的物理线路。每条物理链路可以包括一条或多条虚通路(Virtual Path,VP)，每条虚通路VP又可以包括一条或多条虚通道(Virtual Channel,VC)。这里，物理链路好比是连接两个城市之间的高速公路，虚通路好比是高速公路上的两个方向的道路，而虚通道好比是每条道路上的一条条的车道，那么信元就好比是高速公路上行驶的车辆。其关系如图3.18所示。

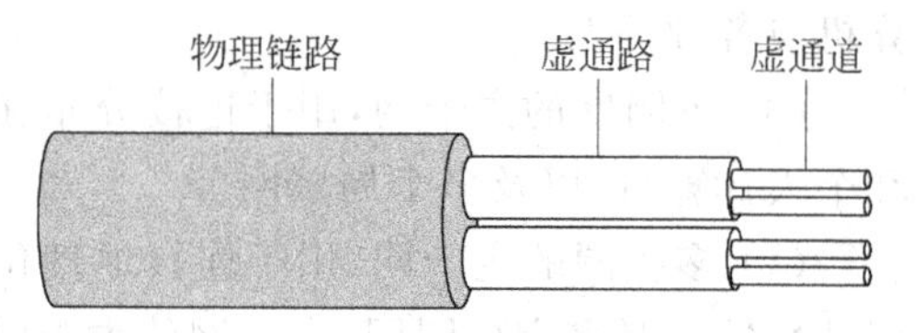

图3.18 物理链路、虚通路与虚通道的关系

ATM网的虚连接可以分为两级：虚通路连接(Virtual Path Connection,VPC)与虚通道连接(Virtual Channel Connection,VCC)。

在虚通路一级，两个ATM端用户间建立的连接被称为虚通路连接，而两个ATM设备间的链路被称为虚通路链路(Virtual Path Link,VPL)。那么，一条虚通路连接是由多段虚通路链路组成的。虚通路连接与虚通道连接如图3.19所示。

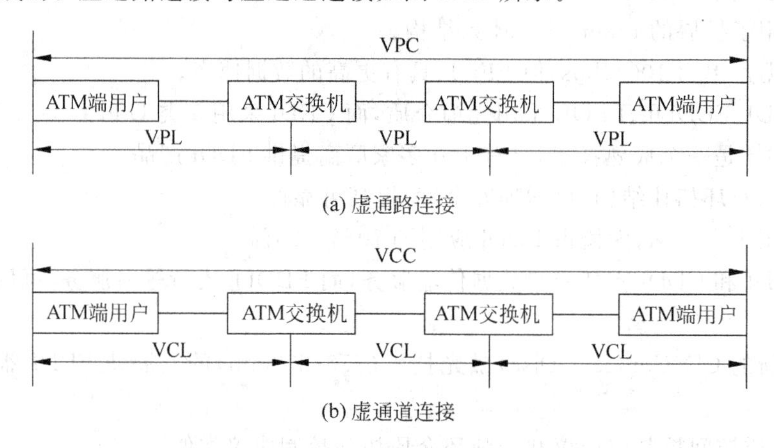

图3.19 虚通路连接与虚通道连接

图3.19(a)给出了虚通路连接的工作原理。每一段虚通路链路(VPL)都是由虚通路标识符(Virtual Path Identifier,VPI)标识的。每条物理链路中的VPI值是唯一的。虚通路可以是永久的，也可以是交换式的。每条虚通路中可以有单向或双向的数据流。ATM支持不对称的数据速率，即允许两个方向的数据速率可以是不同的。

在虚通道一级，两个ATM端用户间建立的连接被称为虚通道连接，而两个ATM设备间的链路被称为虚通道链路(Virtual Channel Link,VCL)。虚通道连接(VCC)是由多条虚通道链路(VCL)组成的。每一条虚通道链路(VCL)都是由虚通道标识符(Virtual Channel

Identifier,VCI)标识的。图 3.19(b)给出了虚通道连接的工作原理。

根据虚通道建立方式的不同,虚通道又可以分为以下两类:永久虚通道(Permanent Virtual Channel,PVC)、交换虚通道(Switched Virtual Channel,SVC)。虚通道中的数据流可以是单向的,也可以是多向的。当虚通道双向传输信元时,两个方向的通信参数可以是不同的。

虚通路链路和虚通道链路都是用来描述 ATM 信元传输路由的。每个虚通路链路可以复用多达 65 535 条虚通道链路。属于同一虚通道链路的信元,具有相同的虚通道标识符 VPI/VCI 值,它是信元头的一部分。当源 ATM 端主机要和目的 ATM 端主机通信时,源 ATM 端主机发出连接建立请求。目的 ATM 端主机接收到连接建立请求,并同意建立连接时,一条通过 ATM 网的虚拟连接就可以建立起来了。这条虚拟连接可以用虚通路标识(VPI)与虚通道标识(VCI)表示出来。

图 3.20 给出了一个基于 ATM 网络的远程教学系统的例子。这个例子描述的是一位教师与学生通过 ATM 网络授课的过程。在教师一端的工作站装有 ATM 接口卡、声卡、摄像机,并连接到本地的 ATM 交换机,成为一台能产生多媒体信息的 ATM 端主机。学生的计算机也连接到 ATM 网络中,于是形成一种基于 ATM 网络的远程教学系统。在教学过程中,教师与学生之间要传送文本、语音、视频信息等多媒体信息。学生对文本信息传输的实时性要求较低,而对语音、视频信息的实时性传输要求比较高。如果语音与视频信息不能同时传送时,教师讲课过程中的语音与视频将不协调,这将严重影响教学效果。同时,文本、语音与视频信息的信息量相差很大,而人们对语音与视频信息传输的实时性要求也不一样。对于这种应用要求,传统的数据通信网是无法满足的。但是,可以通过 ATM 网络为教师与学生的 ATM 端主机之间建立一条虚通路(VPI=1)。在 VPI=1 的虚通路上,可以分别为文本、语音与视频数据的传输定义三条虚通道 VC。

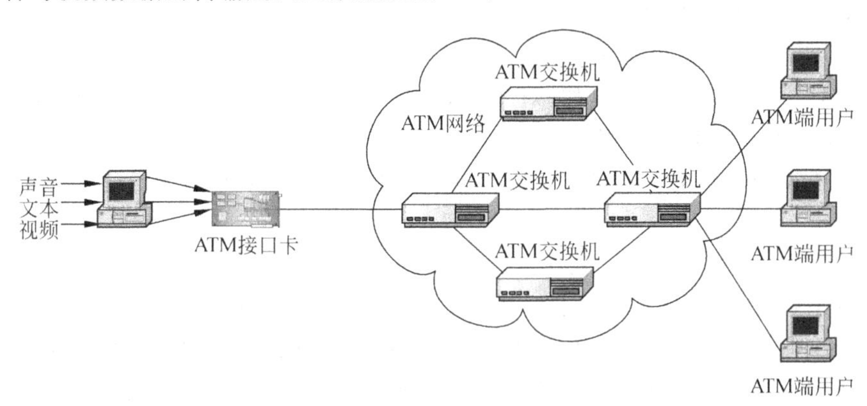

图 3.20　基于 ATM 网络的远程教学系统

图 3.21 表示了 ATM 网络中用于多媒体传输的虚通道。在虚通路(VPI=1)上,定义虚通道 1(VCI=1)用于传输文本信息,虚通道 2(VCI=2)用于传输语音信息,虚通道 3(VCI=3)用于传输视频信息。通过虚通道 VCI=1 传输的文本数据的信元头带有虚连接标识(VPI=1,VCI=1),通过虚通道 VCI=2 传输的语音数据的信元头带有虚连接标识(VPI=1,VCI=2),通过虚通道 VCI=3 传输的视频数据的信元头带有虚连接标识(VPI=1,

VCI＝3)。ATM交换机将根据虚连接标识和路由表分别完成三路数据传输。由于ATM往往允许为不同的应用分配不同的带宽,因此可以根据要求,为不同的虚通道VC分配不同的数据速率。例如,视频数据的传输需要最高的数据速率,分配虚通道3(VCI＝3)的数据速率为24Mbps,分配给用于语音传输的虚通道2(VCI＝2)的数据速率为9Mbps;分配给用于文本传输的虚通路1(VPI＝1)的数据速率为4Mbps。这样通过为不同的应用分配不同的带宽,可以满足多媒体信息传输的要求。

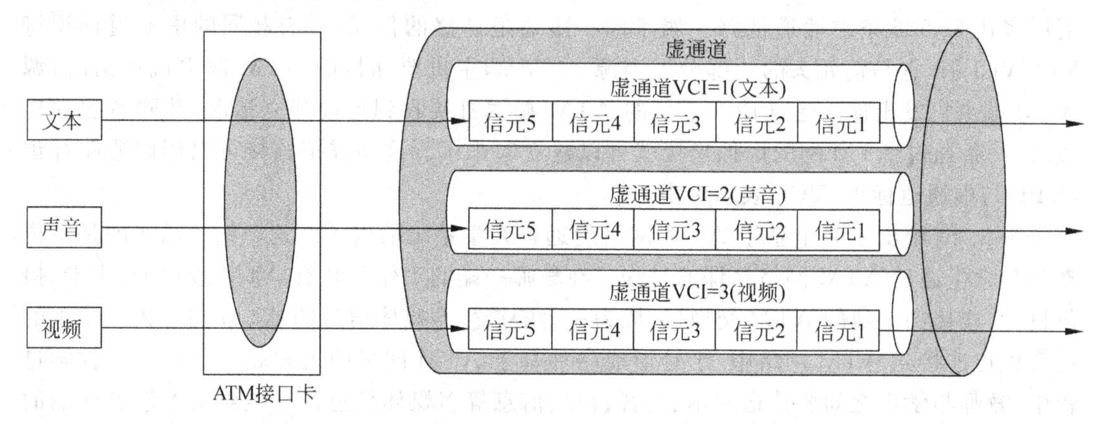

图3.21　ATM网络中用于多媒体传输的虚通道

2. ATM局域网

局域网发展已经经历了三代。第一代以CSMA/CD和令牌环为代表,提供终端到主机的连接,支持客户-服务器结构。第二代以FDDI为代表,满足对局域网主干网的要求,支持高性能工作站。第三代以千兆位以太网与ATM局域网为代表,提供多媒体应用所需的吞吐量和实时传输的质量保证。

对于第三代局域网,有如下要求。

(1) 支持多种服务级别。例如,对于视频应用,为了确保性能,需要2Mbps连接,而对于文件传输,则可以使用后台服务器。

(2) 提供不断增长的吞吐量。这包括每个主机容量的增长以及高性能主机数量的不断增长。

(3) 能实现LAN与WAN互连。

事实上,ATM可满足上述要求。利用虚通路和虚通道,通过永久连接或交换连接,很容易提供多种服务级别。ATM也容易实现吞吐量的不断提升,例如,增加ATM交换机结点的数量和使用更高的数据速率与连接的设备通信。最后,随着在广域网上基于信元的传输方式的发展,利用ATM可以把LAN与WAN很好地集成起来。

3.6 虚拟局域网

近年来,随着交换局域网技术的飞速发展,交换局域网结构逐渐取代了传统的共享介质局域网。交换技术的发展为虚拟局域网的实现提供了技术基础。

3.6.1 虚拟网络的基本概念

虚拟网络(virtual network)是建立在交换技术基础上的。将网络上的结点按工作性质与需要划分成若干个“逻辑工作组”,一个逻辑工作组就是一个虚拟网络。

在传统的局域网中,通常一个工作组是在同一个网段上,每个网段可以是一个逻辑工作组或子网。多个逻辑工作组之间通过互联不同网段的网桥或路由器来交换数据。如果一个逻辑工作组的结点要转移到另一个逻辑工作组时,就需要将结点计算机从一个网段撤出,连接到另一个网段,甚至需要重新布线,因此逻辑工作组的组成要受到结点所在网段物理位置的限制。

虚拟网络是建立在局域网交换机或 ATM 交换机之上的,它以软件方式来实现逻辑工作组的划分和管理,逻辑工作组的结点组成不受物理位置的限制。同一逻辑工作组的成员不一定要连接在同一个物理网段上,它们可以连接在同一个局域网交换机上,也可以连接在不同的局域网交换机上,只要这些交换机是互联的。当一个结点从一个逻辑工作组转移到另一个逻辑工作组时,只要通过软件设定,而不需要改变它在网络中的物理位置。同一个逻辑工作组的结点可以分布在不同的物理网段上,但它们之间的通信就像在同一个物理网段上一样。

3.6.2 虚拟局域网的实现技术

虚拟局域网在功能和操作上与传统局域网基本相同,它与传统局域网的主要区别在于“虚拟”二字上。即虚拟局域网的组网方法和传统局域网不同。虚拟局域网的一组结点可以位于不同的物理网段上,但是并不受物理位置的束缚,相互间的通信就好像它们在同一个局域网中一样。虚拟局域网可以跟踪结点位置的变化,当结点的物理位置改变时,无须人工重新配置。因此,虚拟局域网的组网方法十分灵活。

图 3.22 给出了典型的虚拟局域网的物理结构和逻辑结构。其中,图 3.22(a)中的由相互交叉的箭头构成的模块表示交换机。

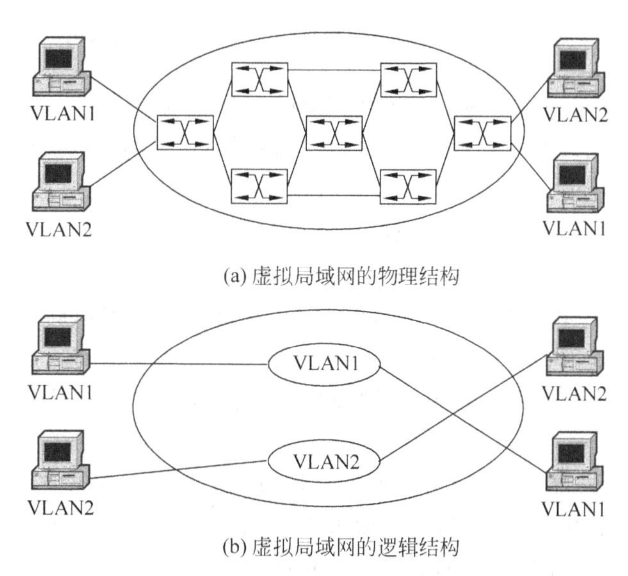

图 3.22 虚拟局域网的物理结构和逻辑结构

交换技术本身就涉及网络的多个层次,因此虚拟网络也可以在网络的不同层次上实现。不同虚拟局域网组网方法的区别,主要表现在对虚拟局域网成员的定义方法上,通常有以下4种。

(1) 用交换机端口号定义虚拟局域网。许多早期的虚拟局域网都是根据局域网交换机的端口来定义虚拟局域网成员的。虚拟局域网从逻辑上把局域网交换机的端口划分为不同的虚拟子网,各虚拟子网相对独立,其结构如图 3.23(a)所示。图中局域网交换机端口 1、2、3、7 和 8 组成 VLAN1,端口 4、5、6 组成了 VLAN2。虚拟局域网也可以跨越多个交换机,如图 3.23(b)所示。局域网交换机 1 的 1、2 端口和局域网交换机 2 的 4、5、6、7 端口组成 VLAN1,局域网交换机 1 的 4、5、6、7 和 8 端口和局域网交换机 2 的 1、2、3 和 8 端口组成 VLAN2。

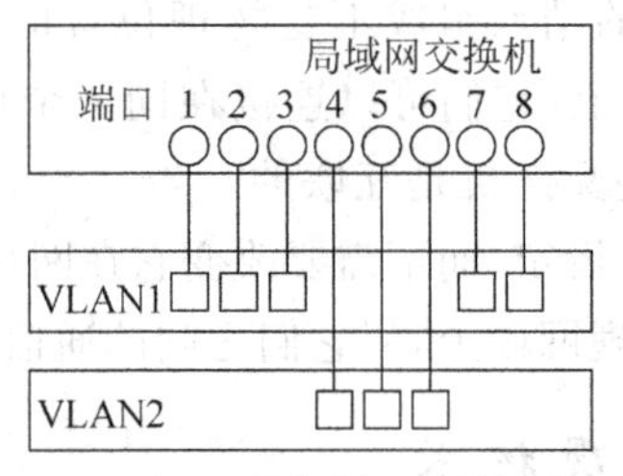

(a) 单个交换机划分虚拟子网

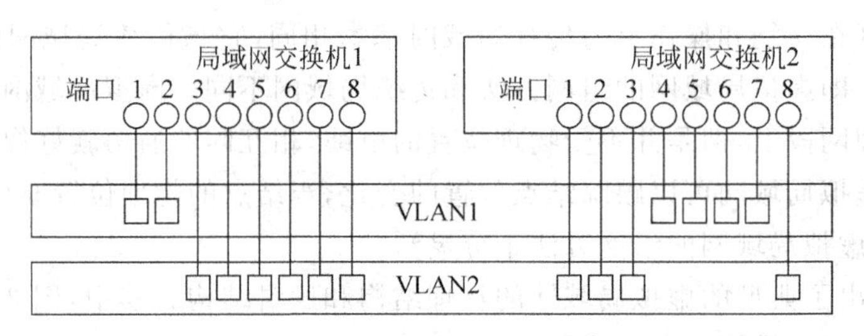

(b) 两个交换机划分虚拟子网

图 3.23 用局域网交换机端口号定义虚拟局域网

用局域网交换机端口划分虚拟局域网成员的方法是最常用的方法。但是纯粹用端口定义虚拟局域网时,不允许不同的虚拟局域网包含相同的物理网段或交换端口。例如,交换机 1 的 1 端口属于 VLAN1 后,就不能再属于 VLAN2。同时,当用户从一个端口移动到另一个端口时,网络管理员必须对虚拟局域网成员进行重新配置。

(2) 用 MAC 地址定义虚拟局域网。用结点的 MAC 地址也可以定义虚拟局域网。由于 MAC 地址是与硬件相关的地址,所以用 MAC 地址定义的虚拟局域网,允许结点移动到网络的其他物理网段。由于它的 MAC 地址不变,所以该结点将自动保持原来的虚拟局域网成员的地位。从这个角度来说,基于 MAC 地址定义的虚拟局域网可以看作是基于用户的虚拟局域网。

用 MAC 地址定义虚拟局域网时,要求所有的用户在初始阶段必须配置到至少一个虚拟局域网中,初始配置由人工完成,随后就可以自动跟踪用户。但在大规模网络中,初始化时把上千个用户配置到虚拟局域网显然是很麻烦的。

(3) 用网络层地址定义虚拟局域网。可使用结点的网络层地址定义虚拟局域网,例如用IP地址定义虚拟局域网。这种方法允许按照协议类型来组成虚拟局域网，有利于组成基于服务或应用的虚拟局域网。同时，用户可以随意移动工作站而无须重新配置网络地址，这对于TCP/IP协议的用户是特别有利的。

与用MAC地址定义虚拟局域网或用端口地址定义虚拟局域网的方法相比，用网络层地址定义虚拟局域网方法的缺点是性能较差。检查网络层地址比检查MAC地址要花费更多的时间，因此用网络层地址定义虚拟局域网的速度比较慢。

(4) 用IP广播组定义虚拟局域网。这种虚拟局域网的建立是动态的，它代表一组IP地址。虚拟局域网中由叫做代理的设备对虚拟局域网中的成员进行管理。当IP广播包要送达多个目的地址时，就动态建立虚拟局域网代理，这个代理和多个IP结点组成IP广播组虚拟局域网。网络用广播信息通知各IP站，表明网络中存在IP广播组，结点如果响应信息，就可以加入IP广播组，成为虚拟局域网中的一员，与虚拟局域网中的其他成员通信。IP广播组中的所有结点属于同一个虚拟局域网，但它们只是特定时间段内特定IP广播组的成员。IP广播组虚拟局域网的动态特性提供了很高的灵活性，可以根据服务灵活的组建，而且它可以跨越路由器形成与广域网的互联。

3.6.3 虚拟网络的优点

(1) 广播控制。交换机可以隔离碰撞，把连接到交换机上的主机的流量转发到对应的端口，VLAN进一步提供在不同的VLAN间完全隔离，广播和多址流量只能在VLAN内部传递。

(2) 安全性。VLAN提供的安全性包括：对于保密要求高的用户，可以分在一个VLAN中，尽管其他用户在同一个物理网段内，也不能透过虚拟局域网的保护访问保密信息。因为VLAN是一个逻辑分组，与物理位置无关，所以VLAN间的通信需要经过路由器或网桥，当经过路由器通信时，可以利用传统路由器提供的保密、过滤等OSI三层的功能对通信进行控制管理。当经过网桥通信时，利用传统网桥提供的OSI二层过滤功能进行包过滤。

(3) 性能。VLAN可以提高网络中各个逻辑组中用户的传输流量，比如在一个组中的用户使用流量很大的CAD/CAM工作站，或使用广播信息很大的应用软件，它只影响到本VLAN内的用户，对于其他逻辑工作组中的用户则不会受它的影响，仍然可以以很高的数据速率传输，所以提高了使用性能。

(4) 网络管理。因为VLAN是一个逻辑工作组，与地理位置无关，所以易于网络管理。如果一个用户移动到另一个新的地点，不必像以前重新布线，只要在网管计算机上操作时把它拖到另一个虚拟网络中即可。这样既节省了时间，又十分便于网络结构的修改与扩展，非常灵活。

3.7 无线局域网

随着信息技术的发展，人们对网络通信的需求不断提高，希望不论在何时、何地与何人都能够进行包括数据、语音、图像等任何内容的通信，并希望主机在网络环境中漫游和移动，无线局域网是实现移动网络的关键技术之一。本节首先介绍无线局域网的标准、无线局域网的分类以及无线网络接入设备和无线局域网的配置方式，然后介绍个人局域网的相关技术，最后论述无线局域网的应用和发展趋势。

3.7.1 无线局域网标准

1. IEEE 802.11 的基本结构模型

1987 年，IEEE 802.4 工作组开始在 IEEE 802 委员会中进行无线局域网的研究。他们最初的目标是希望开发一个基于工业、科学和医药（Industrial Scientific and Medicine，ISM）频带的无线网令牌总线 MAC 协议。在进行了一段时间的研究后，人们发现令牌总线不适合于无线电信道的控制。1990 年，IEEE 802 委员会决定成立一个新的 IEEE 802.11 工作组，专门从事无线局域网的研究，并开发一个介质访问控制 MAC 子层协议和物理介质标准。

图 3.24 给出了 IEEE 802.11 工作组开发的基本结构模型。无线局域网的最小构成模块是基本服务集（Basic Service Set，BSS），它包括使用相同 MAC 协议的站点。一个 BSS 可以是独立的，也可以通过一个访问点连接到主干网上，访问点的功能就像一个网桥。MAC 协议可以是完全分布式的，或者由访问点来控制。BSS 一般对应于一个单元。

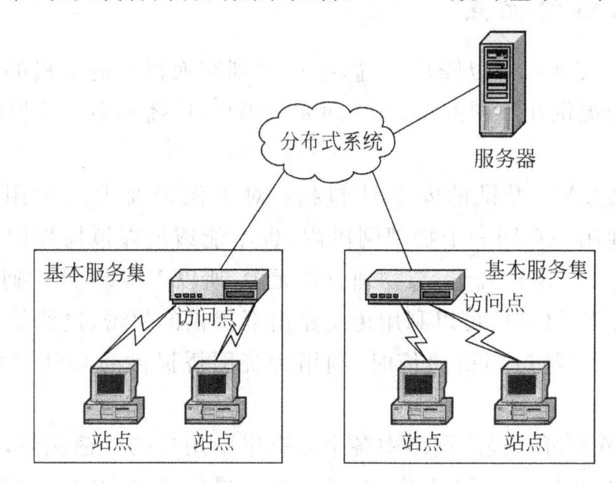

图 3.24　IEEE 802.11 工作组开发的基本结构模型

扩展访问集（Extended Service Set，ESS）包括由一个分布式系统连接的多个 BSS 单元。典型的分布式系统是一个有线的主干局域网。ESS 对于逻辑链路控制 LLC 子层来说是一个单独的逻辑网络。

IEEE 802.11 标准定义了三种移动结点。

(1) 无跳变结点。无跳变结点或者是固定的或者只在一个基本服务集的直接通信范围内移动。

(2) 基本服务集跳变结点。基本服务集跳变结点在同一个扩展访问集中的不同基本服务集之间移动。在这种情况下，结点之间传输数据就需要通过寻址来辨认结点的新位置。

(3) 扩展访问集跳变结点。扩展访问集跳变结点从一个扩展访问集的基本服务集移动到另一个扩展访问集的基本服务集。只有在结点可以进行扩展访问集跳变移动的情况下，才能进行跨扩展访问集的移动。

2. IEEE 802.11 服务

IEEE 802.11 定义了无线局域网必须提供的服务，这些服务主要有五种。

(1) 联系(association)。在一个结点和一个访问点之间建立一个初始的联系。结点在无线局域网上传输或者接收帧之前，必须知道它的身份和地址。为了做到这点，结点必须与一个基本服务集的访问点建立联系。该访问点可以将这一信息传输给扩展访问集中的其他访问点，以便进行路由选择和传输带有结点地址的帧。

(2) 重联系(reassociation)。把一个已经建立联系的结点从一个访问点转移到另一个访问点，从而使结点能够从一个基本服务集转移到另一个基本服务集。

(3) 终止联系(disassociation)。结点离开一个扩展访问集或关机前需要通知访问点联系终止。

(4) 认证(authentication)。在无线局域网中，结点之间互相连接是由连接天线来建立的。认证服务用于在互相需要通信的结点之间建立起彼此识别身份的标志。标准并不指定任何方案，认证方案可以是不太安全的简单握手或公开密钥方案。

(5) 隐私权(privacy)。标准提供的加密选项用于防止信息被窃听者收到，以保护隐私权。

3. 物理介质规范

IEEE 802.11 定义了三种物理介质。

(1) 数据速率为 1Mbps 和 2Mbps，波长为 850nm～950nm 之间的红外线。

(2) 运行在 2.4GHz ISM 频带上的直接序列扩展频谱。它能够使用 7 条信道，每条信道的数据速率为 1Mbps 或 2Mbps。

(3) 运行在 2.4GHz ISM 频带上的跳频的扩频通信，数据速率为 1Mbps 或 2Mbps。

4. 介质访问控制规范

IEEE 802.11 工作组考虑了两种介质访问控制 MAC 算法。一种是分布式的访问控制，它和以太网类似，通过载波监听方法来控制每个访问结点；另一种算法是集中式访问控制，它是由一个中心结点来协调多结点的访问控制。分布式访问控制协议适用于特殊网络，而集中式控制适用于几个互联的无线结点和一个与有线主干网连接的基站。

如图 3.25 所示，IEEE 802.11 标准设计了独特的 MAC 层，它通过协调功能(Coordination Function)来确定在基本服务集 BSS 中移动站在什么时间能发送或接收数据。IEEE 802.11 协议的介质访问控制 MAC 层分为 2 个子层：分布式协调功能(Distributed Coordination Function，DCF)子层与点协调功能(Point Coordination Function，PCF)子层。

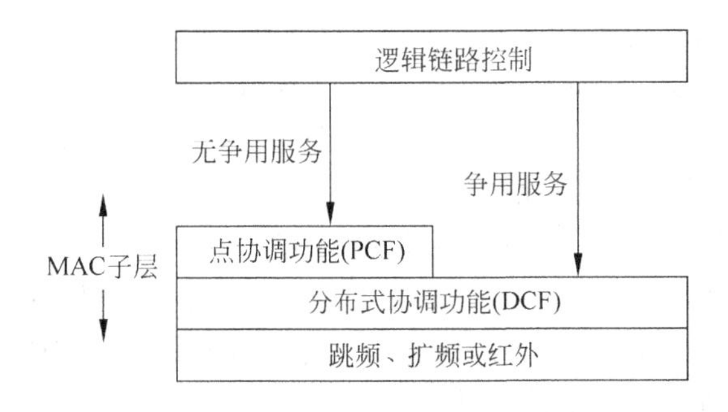

图 3.25　IEEE 802.11 标准的 MAC 子层

分布式协调功能子层使用了分布式媒体访问控制算法，让各个站点通过争用信道来获取发送权。因此DCF向上提供争用服务。在实现分布式协调功能时，由于无线信道的一些特殊条件，很难使用冲突检测的方法来确定是否发生了碰撞，因此分布式协调功能子层使用了一种称为载波监听多路访问/冲突避免(CSMA/CA)的协议，该协议是在CSMA的基础上增加了冲突避免的功能。按照简单的CSMA的介质访问规则进行如下两项工作。

(1) 如果一个结点要发送帧，它需要先监听介质。如果介质空闲，结点可以发送帧；如果介质忙，结点就要推迟发送，继续监听，直到介质空闲。

(2) 结点延迟一个空隙时间，再次监听介质。如果发现介质忙，则结点按照二进制指数退避算法延时，并继续监听介质。如果介质空闲，结点就可以传输。

二进制指数退避算法提供了一种处理重负载的方法。但是，多次发送失败，将会导致越来越长的退避时间。

在分布式访问控制子层之上有一个集中式控制选项，点协调功能是一种集中式MAC算法(一般是在接入点实现集中控制)，它提供与争用无关的服务，并使用类似于轮询的方法将数据发送权轮流交给各个站点，从而避免了冲突的产生。高优先级的通信量或者具有严格时间要求的通信量(如分组话音)可以使用PCF。

3.7.2 无线局域网的主要类型

无线局域网使用的是无线传输介质，按照所采用的技术可以分为三类：红外线局域网、扩频局域网和窄带微波无线局域网。

1. 红外线局域网

红外线是按视距方式传播的，也就是说发送点可以直接看到接收点，中间没有阻挡。红外线相对于微波传输方案来说有一些明显的优点。首先，红外线频谱是非常宽的，所以就有可能提供极高的数据速率。由于红外线与可见光有一部分特性是一致的，所以它可以被浅色物体漫反射，这样就可以用天花板反射来覆盖整个房间。红外线不会穿过墙壁或其他的不透明的物体，因此红外线无线局域网具有以下三个优点。

(1) 红外线通信比起微波通信不易被入侵，由此提高了安全性。

(2) 安装在大楼中每个房间里的红外线网络可以互不干扰，因此建立一个大的红外线网络是可行的。

(3) 红外线局域网设备相对便宜又简单。红外线数据基本上是用强度调制，所以红外线接收器只要测量光信号的强度，而大多数的微波接收器则是要测量信号的频谱或相位。

红外线局域网的数据传输有以下三种基本技术。

(1) 定向光束红外线。定向光束红外线可以被用于点—点链路。在这种方式中，传输的范围取决于发射的强度与接收装置的性能。红外线连接可以被用于连接几座大楼的网络，但是每幢大楼的路由器或网桥都必须在视线范围内。

(2) 全方位红外传输技术。一个全方位(Omini Direction)配置要有一个基站。基站能看到红外线无线局域网中的所有结点。典型的全方位配置结构是将基站安装在天花板上。基站的发射器向所有的方向发送信号，所有的红外线收发器都能接收到信号，所有结点的收发器都用定位光束瞄准天花板上的基站。

(3) 漫反射红外传输技术。全方位配置需要在天花板上安装一个基站，而漫反射配置则不需要在天花板上安装一个基站。在漫反射红外线配置中，所有结点的发射器都瞄准天花板上的漫反射区。红外线射到天花板上，被漫反射到房间内的所有接收器上。

红外线局域网也存在一些缺点。例如，室内环境中的阳光或室内照明的强光线，都会成为红外线接收器的噪声部分，因此限制了红外线局域网的应用范围。

2. 扩频无线局域网

扩展频谱（简称扩频）技术的主要想法是将信号散布到更宽的带宽上，以使发生拥塞和干扰的概率减小。它是一种信息传输方式，其信号所占有的频带宽度远大于所传信息必需的最小带宽。扩频技术的原理如图 3.26 所示，输入数据信号进入一个通道编码器（Channel Encoded）并产生一个接近某中央频谱的较窄带宽的模拟信号。这个信号将用一系列看似随机的数字（伪随机序列）来进行调制，调制的结果大大地拓宽了要传输信号的带宽，因此称为扩频通信。在接收端，使用同样的数字序列来恢复原信号，信号再进入通道解码器来还原传送的数据。

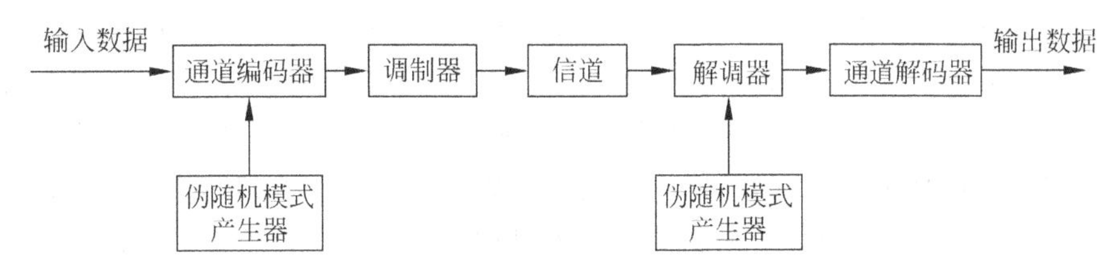

图 3.26　扩展频谱技术原理示意图

早在 50 年前，扩展频谱技术第一次被军方公开介绍，用来进行保密传输。一开始它就被设计成抗噪音、抗干扰、抗阻塞和抗未授权检测。在这种技术中，信号可以跨越很宽的频段，数据基带信号的频谱被扩展至几倍至几十倍，然后才搬移至射频发射出去。这一做法虽然牺牲了频带带宽，但由于其功率密度随频谱扩宽而降低，甚至可以将通信信号淹没在自然背景噪声中。因此，其保密性很强，要截获或窃听、侦察信号非常困难，除非采用与发送端相同的扩频码与之同步后再进行相关的检测，否则对扩频信号无能为力。目前，扩频技术是最普遍的无线局域网技术。扩频的第一种方法是跳频（Frequency Hopping），第二种方法是直接序列（Direct Sequence）扩频。

（1）跳频通信。在跳频方案中，发送信号频率按固定的间隔从一个频谱跳到另一个频谱。接收器与发送器同步跳动，从而正确地接收信息。而那些可能的入侵者只能得到一些无法理解的标记。发送器以固定的间隔一次变换一个发送频率。IEEE 802.11 标准规定每 300ms 的间隔变换一次发送频率。发送频率变换的顺序由一个伪随机码决定，发送器和接收器使用相同变换的顺序序列。由于信号频率在不停地跳变，在每个频率点上停留的时间仅为毫秒或微秒级，因此在一个相对的时间段内，就可以看作在一个宽的频段内分布了信号，也就是宽带传输。数据传输可以选用频移键控（FSK）或二进制相位键控（PSK）方法。

（2）直接序列扩频。直接序列扩频曾在 2.10 节提到，即将原始数据“1”或“0”用多个（通常 10 个以上）芯片（chip）来代表，使得原来较高功率、较窄频的信号变成具有较宽频的低功率信号。每个信息位使用芯片的多少称做扩展配给数（spreading ration），高配给数可以增加抗噪声干扰能力，低配给数则可以增加用户的使用人数。通常，直接序列扩频的扩展配给数较少，例如在几乎所有 2.4GHz 的无线局域网络产品所使用的扩展配给数皆少于

20，但 IEEE 802.11 的标准规定该值约为 100。

3. 窄带微波无线局域网

窄带微波(Narrowband Microwave)是指使用微波无线电频带来进行数据传输，其带宽刚好能容纳信号。以前所有的窄带微波无线网产品都使用申请执照的微波频带，直到最近至少有一个制造商提供了在工业、科学和医药 ISM 频带内的窄带微波无线网产品。

(1) 申请执照的窄带 RF(Radio Frequency)。用于声音、数据和视频传输的微波无线电频率需要申请执照和进行协调，以确保在一个地理环境中的各个系统之间不会相互干扰。在美国，由联邦通信委员会(FCC)控制执照。每个地理区域的半径为 28km，并可以容纳五个执照，每个执照覆盖两个频率。在整个频带中，每个相邻的单元都避免使用互相重叠的频率。为了提供传输的安全性，所有的传输都经过加密。申请执照的窄带无线网的一个优点是，它保证了无干扰通信。与免申请执照的 ISM 频带相比，申请执照的频带执照拥有者，其无干扰数据通信的权利在法律上受到保护。

(2) 免申请执照的窄带 RF。1995 年，Radio LAN 成为第一个使用免申请执照 ISM 的窄带无线局域网产品。Radio LAN 的数据速率为 10Mbps，使用 5.8GHz 的频率，在半开放的办公室有效范围是 50m，在开放的办公室是 100m。Radio LAN 采用了对等网络的结构方法。传统局域网(例如以太网)组网一般需要有集线器，而 Radio LAN 组网不需要有集线器，它可以根据位置、干扰和信号强度等参数来自动地选择一个结点作为动态主管。当联网的结点位置发生变化时，动态主管也会自动变化。这个网络还包括动态中继功能，它允许每个站点像转发器一样工作，以使不在传输范围内的站点之间也能进行数据传输。

3.7.3 无线网络接入设备

1. 无线网卡

提供与有线网卡一样丰富的系统接口，包括 PCMCIA(Personal Computer Memory Card International Association)、PCI(Peripheral Component Interconnect)、USB(Universal Serial Bus)和 Cardbus 等。在有线局域网中，网卡是网络操作系统与网线之间的接口。在无线局域网中，它们是操作系统与天线之间的接口，用来创建透明的网络连接。

2. 接入点

接入点(Access Point，AP)的作用相当于局域网集线器。它在无线局域网和有线网络之间接收、缓冲存储和传输数据，以支持一组无线用户设备。接入点通常是通过标准以太网线连接到有线网络上，并通过天线与无线设备进行通信。在有多个接入点时，用户可以在接入点之间漫游切换。接入点的有效范围是 20～500m。根据技术、配置和使用情况，一个接入点可以支持 15～250 个用户，通过添加更多的接入点，可以比较轻松地扩充无线局域网，从而减少网络拥塞并扩大网络的覆盖范围。

3.7.4 无线局域网的配置方式

1. 对等模式

这种应用包含多个无线终端和一个服务器，均配有无线网卡，但不连接到接入点和有线网络，而是通过无线网卡进行相互通信。它主要用来在没有基础设施的地方快速而轻松地建无线局域网。

2. 基础结构模式

该模式是目前最常见的一种架构，这种架构包含一个接入点和多个无线终端，接入点通过电缆连线与有线网络连接，通过无线电波与无线终端连接，可以实现无线终端之间的通信，以及无线终端与有线网络之间的通信。通过对这种模式进行复制，可以实现多个接入点相互连接的更大的无线网络。

3.7.5 个人局域网

个人局域网(Personal Area Network，PAN)是近年来随着各种短距离无线电技术的发展而提出的一个新概念。PAN 的基本思想是，用无线电或红外线代替传统的有线电缆，实现个人信息终端的智能化互联，组建个人化的信息网络。PAN 定位在家庭与小型办公室的应用场合，其主要应用范围包括话音通信网关、数据通信网关、信息电器互联与信息自动交换等。从信息网络的角度看，PAN 是一个极小的局域网；从电信网的角度看，PAN 是一个接入网，有人将 PAN 称为电信网的“最后 50m”解决方案。目前，PAN 的主要实现技术有四种：蓝牙(Bluetooth)、红外(IrDA)、Home RF 和 UWB。其中，蓝牙技术是一种支持点对点、点到多点的话音、数据业务的短距离无线通信技术，蓝牙技术的发展极大地推动了 PAN 技术的发展。

1. 蓝牙技术

蓝牙是一个开放性的、短距离无线通信技术标准，它可以用于在较小的范围内通过无线连接的方式实现固定设备以及移动设备之间的网络互联，可以在各种数字设备之间实现灵活、安全、低成本、小功耗的话音和数据通信。因为蓝牙技术可以方便地嵌入到单一的互补型金属氧化物半导体(Complementary Metal-Oxide-Semiconductor，CMOS)芯片中，因此它特别适用于小型的移动通信设备。蓝牙使用 2.4GHz 频段，采用跳频扩频技术，跳频是蓝牙使用的关键技术。由于使用比较高的跳频速率，使蓝牙系统具有较高的抗干扰能力。在发射带宽为 1MHz 时，其有效数据速率为 721kbps。

1）体系结构

蓝牙的通信协议也采用分层结构。层次结构使其设备具有最大可能的通用性和灵活性。根据通信协议，各种蓝牙设备无论在何地，都可以通过人工或自动查询来发现其他蓝牙设备，从而构成微微网或扩大网，实现系统提供的各种功能，使用起来十分方便。

蓝牙技术体系结构中的协议可以分为三部分：底层协议、中间协议和选用协议。

(1) 底层协议包括基带协议和链路管理协议(Link Manager Protocol，LMP)，这些协议主要由蓝牙模块实现。基带协议与链路控制层确保微微网内各蓝牙设备单元之间由射频构成的物理层连接。LMP 负责各蓝牙设备间连接的建立。

(2) 中间协议建立在主机控制接口(Host Controller Interface，HCI)之上，它们的功能通过协议软件在蓝牙主机上运行来实现。中间协议包括逻辑链路控制和适应协议(Logical Link Control and Adaptation Protocol，L2CAP)，它是基带的上层协议。当业务数据不经过 LMP 时，L2CAP 为上层提供服务，完成数据的装拆、服务质量和协议复用等功能，是上层协议实现的基础；服务发现协议(Service Discovery Protocol，SDP)是所有用户模式的基础，它能使应用软件找到可用的服务及其特性，以便在蓝牙设备之间建立相应的连接；电话控制协议(Telephone Control Protocol，TCS)提供蓝牙设备间语音和数据的呼叫控制命令。

(3) 选用协议包括点对点协议 PPP、TCP/UDP/IP、对象交换(Object Exchange, OBEX)协议、电子名片交换格式(vCard)、电子日历及日程交换格式(vCal)、无线应用协议(Wireless Application Protocol, WAP)和无线应用环境(Wireless Application Environment, WAE)。

2) 蓝牙技术与 PAN

蓝牙系统和 PAN 的概念相辅相成,事实上,蓝牙系统已经是 PAN 的一个雏形。在1999年12月发布的蓝牙1.0版的标准中,定义了包括使用 WAP 协议连接互联网的多种应用软件。它能够使蜂窝电话系统、无绳通信系统、无线局域网和互联网等现有网络增添新功能,使各类计算机、传真机、打印机设备增添无线传输和组网功能,在家庭和办公自动化、家庭娱乐、电子商务、无线公文包应用、各类数字电子设备、工业控制和智能化建筑等场合开辟了广阔的应用。

蓝牙技术与无线局域网 WLAN、无线城域网 WMAN、无线广域网 WWAN 一道,以蓝牙规范1.1版为基础已纳入 IEEE 802.X.Y 系列中,成为 WPAN 系列标准 IEEE 802.15x 之一,即802.15.1标准。PAN 和蓝牙必然会趋于融合。在蓝牙系统真正广泛地投入到商业应用之前,还有许多问题需要解决,例如:尽管蓝牙技术是一种可以随身携带的无线通信连接技术,但是它不支持漫游功能。它可以在微网络或扩大网之间切换,但是每次切换都必须断开与当前 PAN 的连接。这对于某些应用是可以忍受的,然而对于手提通话、数据同步传输和信息提取等要求自始至终保持稳定的数据连接的应用来说,这样的切换将使传输中断,是不能允许的。要解决这一问题的方法是将移动 IP 技术与蓝牙技术有效地结合在一起。除此之外,蓝牙的移动性和开放性使得安全问题备受关注。虽然蓝牙系统采用的跳频技术已提供了一定的安全保障,但蓝牙系统仍需要链路层和应用层进行安全管理。在链路层中,蓝牙系统提供了认证、加密和密钥管理等功能,每个用户都有一个个人标识码(pin),它会被译成128比特的链路密钥(link key)来进行单双向认证。链路层安全机制提供了大量的认证方案和一个灵活的加密方案。

2. IrDA

IrDA(Infrared Data Association)是一种利用红外线进行点对点通信的技术,其相应的软件和硬件技术都已比较成熟。它的主要优点是无需专门申请特定频率的使用执照,体积小、功率低、适合设备移动的需要,数据速率高,可达16Mbps,成本低、应用普遍。目前有95%的笔记本电脑上安装了 IrDA 接口,最近市场上还推出了可以通过 USB 接口与 PC 相连接的 USB-IrDA 设备。但是,IrDA 也有不尽如人意的地方。首先,IrDA 是一种视距传输技术,也就是说两个具有 IrDA 端口的设备之间传输数据,中间就不能有阻挡物。这在两个设备之间是容易实现的,但在多个设备间就必须彼此调整位置和角度等。其次,IrDA 设备中的核心部件——红外线发光二极管(LED)不是一种十分耐用的器件,对于不经常使用的扫描仪和数码相机等设备还可以,但如果经常用装配 IrDA 端口的手机上网,可能使用寿命不高。

3. HomeRF

HomeRF(Home Radio Frequency)主要是为家庭网络设计,是 IEEE 802.11 与数字无绳电话标准的结合,旨在降低语音数据成本。HomeRF 利用跳频扩频方式,既可以通过时分复用支持语音通信,又能通过载波监听多路访问/碰撞回避(CSMA/CA)协议提供数据通信服务。同时，HomeRF提供了与TCP/IP良好的集成，支持广播、多点传送和48位IP地址。目前，HomeRF标准工作在2.4GHz的频段上，跳频带宽为1MHz，最大数据速率为2Mbps，传输范围超过100m。

在新的HomeRF 2.x标准中，采用了宽带调频(wide band frequency hopping，WBFH)技术来增加跳频带宽，由原来的1MHz跳频带宽增加到3MHz、5MHz，最大传输速率达到10Mbps，这使HomeRF的带宽与IEEE 802.11b标准所能达到的11Mbps的带宽相差无几，并且使HomeRF更加适合在无线网络上传输音乐和视频信息。

另外，美国联邦通信委员会(FCC)还接受了HomeRF工作组的要求，将HomeRF/SWAP(Shared Wireless Access Protocol，共享无线访问协议)使用的2.4GHz频段中的跳频带宽增加到5MHz。

4. UWB

超宽带(Ultra-wideband，UWB)技术以前主要作为军事技术在雷达等通信设备中使用。随着无线通信的飞速发展，人们对高速无线通信提出了更高的要求，超宽带技术又被重新提出，并备受关注。与常见的通信方式使用连续的载波不同，UWB采用极短的脉冲信号来传送信息，通常每个脉冲持续的时间只有几十皮秒到几纳秒的时间。这些脉冲所占用的带宽甚至高达数吉赫兹，因此最大数据速率每秒可以达到数百兆位。UWB产品不再需要复杂的射频转换电路和调制电路，它只需要一种数字方式来产生脉冲，并对脉冲进行数字调制，而这些电路都可以被集成到一个芯片上，因此其收发电路的成本很低。在高速通信的同时，UWB设备的发射功率却很小，仅仅是现有设备的几百分之一，对于普通的非UWB接收机来说近似于噪声，因此从理论上讲，UWB可以与现有无线电设备共享带宽。而且UWB对多路径干扰具有固有的抑制能力，因此特别适合用于室内。所以，UWB是一种高速、低成本、低功耗和抗干扰的数据通信方式，它有望在无线通信领域得到广泛应用。目前，UWB标准主要有2个，一个是以Intel公司为首的多带正交频分复用联盟(MBOA)提交的多带正交频分复用(MB-OFDM)方案，另一个是以Freescale公司(前摩托罗拉半导体部门)为首的UWB论坛提交的直扩码分多址(DS-CDMA)方案。

3.7.6 无线局域网的应用

随着无线局域网技术的发展，人们越来越深刻地认识到，无线局域网不仅能够满足移动和特殊应用领域网络的要求，还能覆盖有线网络难以涉及的范围。无线局域网作为传统局域网的补充，目前已成为局域网应用的一个热点。

无线局域网的应用领域主要有以下四个方面。

1. 作为传统局域网的扩充

传统的局域网用非屏蔽双绞线实现了10Mbps的数据速率，甚至更高数据速率的传输，使得结构化布线技术得到广泛的应用。很多建筑物在建设过程中已经预先布好了双绞线。但是在某些特殊环境中，无线局域网却能发挥传统局域网起不了的作用。这一类环境主要是建筑物群之间、工厂建筑物之间的连接、股票交易场所的活动结点，以及不能布线的历史古建筑物、临时性小型办公室、大型展览会等。在上述情况中，无线局域网提供了一种更有效的联网方式。在大多数情况下，传统局域网用来连接服务器和一些固定的工作站，而移动和不易于布线的结点可以通过无线局域网接入。图3.27给出了典型的无线局域网结构示意图。

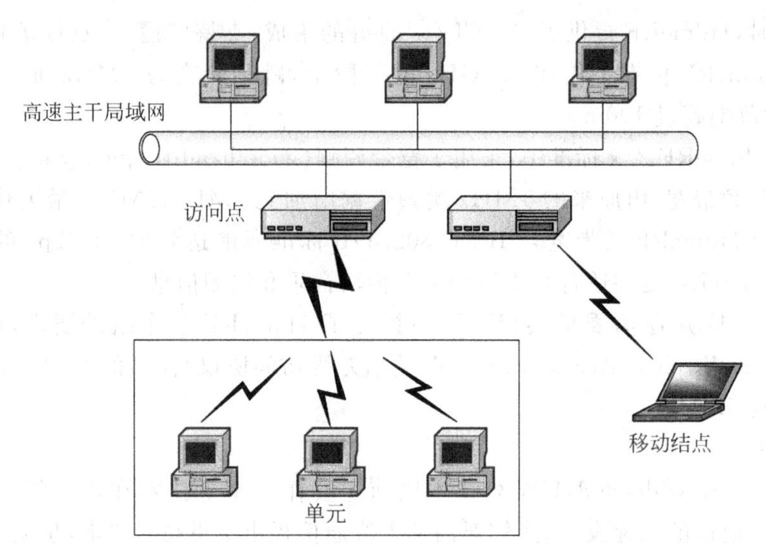

图 3.27 典型的无线局域网结构示意图

2. 建筑物之间的互连

无线局域网的另一个用途是连接临近建筑物中的局域网。在这种情况下,两座建筑物使用一条点对点无线链路,连接的典型设备是网桥或路由器。

3. 漫游访问

带有天线的移动数据设备(例如笔记本电脑)与无线局域网集线器之间可以实现漫游访问。如在展览会会场的工作人员,在向听众做报告时,通过他的笔记本电脑访问办公室的服务器文件。漫游访问在大学校园或是业务分布于几栋建筑物的环境中也是很有用的。人们可以带着他们的笔记本电脑随意走动,可以从任何地点连接到无线局域网集线器上。

4. 特殊网络

特殊网络(例如 Ad hoc Network)是一个临时需要的对等网络(无集中的服务器)。例如,一群工作人员每人都有一个带天线的笔记本电脑,他们被召集到一间房里参加业务会议或讨论会,他们的计算机可以连到一个临时网络上,会议结束后网络将不再存在。这种情况在军事应用中也是很常见的。

3.7.7 无线局域网的发展趋势

无线局域网的发展方向有两个:一个是 HiperLAN(High Performance Radio LAN),另一个是无线 ATM。HiperLAN 已在欧洲发展起来,它是一种适合于各种不同用户的一系列无线局域网标准,由欧洲电信标准化协会(ETSI)的宽带无线电接入网络(BRAN)小组着手制定,制定的标准分为 1~4 型:HiperLAN1、HiperLAN2、HiperLink 和 HiperAcess。其中 HiperLink 用于室内无线主干系统;HiperAccess 用于室外对有线通信设施提供固定接入;HiperLAN1 和 HiperLAN2 则用于无线局域网接入。HiperLAN1 在协议方面支持 IEEE 802.11,对应于 IEEE 802.11b,工作频率为无线电频谱的 5GHz,速率最高可达 23.5Mbps,能在当今技术的基础上大幅度提高,可与 100Mbps 有线以太网媲美。HiperLAN2 是为集团消费者、公共和家庭环境提供无线接入到因特网和未来的多媒体,即实时视频服务。HiperLAN2 与 IEEE 802.11a 具有相同的物理层，其工作频谱为 5GHz，采用正交频分复用调制技术，速率可达 54Mbps。HiperLAN2 还具备其他方面的一些优点。在 HiperLAN2 中，数据通过移动终端和接入点之间事先建立的信令链接来进行传输，面向链接的特点使得 HiperLAN2 可以很容易地实现 QoS 支持；HiperLAN2 自动进行频率分配，接入点监听周围的 HiperLAN2 无线信道并自动选择空闲信道，消除了对频率规划的需求，使系统部署变得相对简便；HiperLAN2 网络支持鉴权和加密，只允许合法用户接入，加强了无线接入的安全性；HiperLAN2 的协议栈具有很大的灵活性，可以适应多种固定网络类型——它既可以作为交换式以太网的无线接入子网，也可以作为第三代蜂窝网络的接入网，当前在固定网络上的任何应用都可以在 HiperLAN2 网上运行。相比之下，IEEE 802.11 的一系列协议都只能由以太网作为支撑，不如 HiperLAN2 灵活。HiperLAN2 代表目前发展阶段最先进的无线局域网技术，有可能是下一代高速无线局域网技术的标准。

无线 ATM 是 ATM 技术扩展到无线本地接入和无线宽带服务的一个标准。目前 ATM 论坛的无线 ATM 工作组和 ETSI 的宽带无线接入网络组正在进行相关标准化工作。

另外在标准方面，IEEE 802.11b 是当前普及最广和应用最多的无线局域网标准，然而随着网络应用中视频、语音等关键数据传输需求越来越多，速率问题将会成为 IEEE 802.11b 进一步发展的主要障碍。HomeRF 在传送声音以及影像数据方面占有优势，但由于其技术标准没有公开，并且在抗干扰能力等方面与其他技术标准相比也存在不少缺陷，这决定了 HomeRF 标准应用和发展前景有限。IEEE 802.11g 则越来越引起业界的关注，它在容量和兼容性上都优于 802.11b 和 802.11a，并在现有的 802.11b 及 802.11a 的 MAC 层追加了 QoS 功能及安全功能的标准，有可能是下一代无线局域网标准。另外，IEEE 已经成立 802.11n 工作小组，以制定一项新的高速无线局域网标准 802.11n。计划将 WLAN 的传输速率从 802.11a 和 802.11g 的 54Mbps 增加至 108Mbps 以上，最高速率可达 320Mbps，成为 802.11b、802.11a、802.11g 之后的另一场重头戏。

总之，各种无线技术将相互竞争，取长补短，最终走向融合。无线局域网将朝着数据速率更高、功能更强、应用更加安全可靠和价格更加低廉的方向发展。

3.8 局域网应用实例

本节将给出两个局域网的组网实例，根据本章所述分别说明有线网和无线网的组网方式。在第 11 章中将会从需求分析、设计等方面详细说明网络设计过程。

3.8.1 某省劳动和社会保障网络中心组网实例

某省为了加快劳动和社会保障信息化建设，决定用 1 000Mbps 交换以太网来构建省级的网络中心。其网络中心配置如图 3.28 所示。显然，图中防火墙以上部分为一局域网，而通过防火墙和路由器连接 Internet、劳动保障部信息中心以及地市信息中心等，构成了一个广域网。其中主数据库服务器和从数据库服务器连在中心交换机上，主、从数据库服务器使用公共的磁盘阵列。使用双交换机和双防火墙以提高整个系统的安全性和可靠性。所有的应用服务器连在中心交换机上。中心交换机通过防火墙与路由器相连。市级劳动和社会保障网络中心以及移动用户通过 DDN 专线、帧中继、X.25 以及 PSTN 来访问省级劳动和社会保障网络中心。省级劳动和社会保障网络中心通过相同的方式访问 Internet 和劳动保障部信息中心。

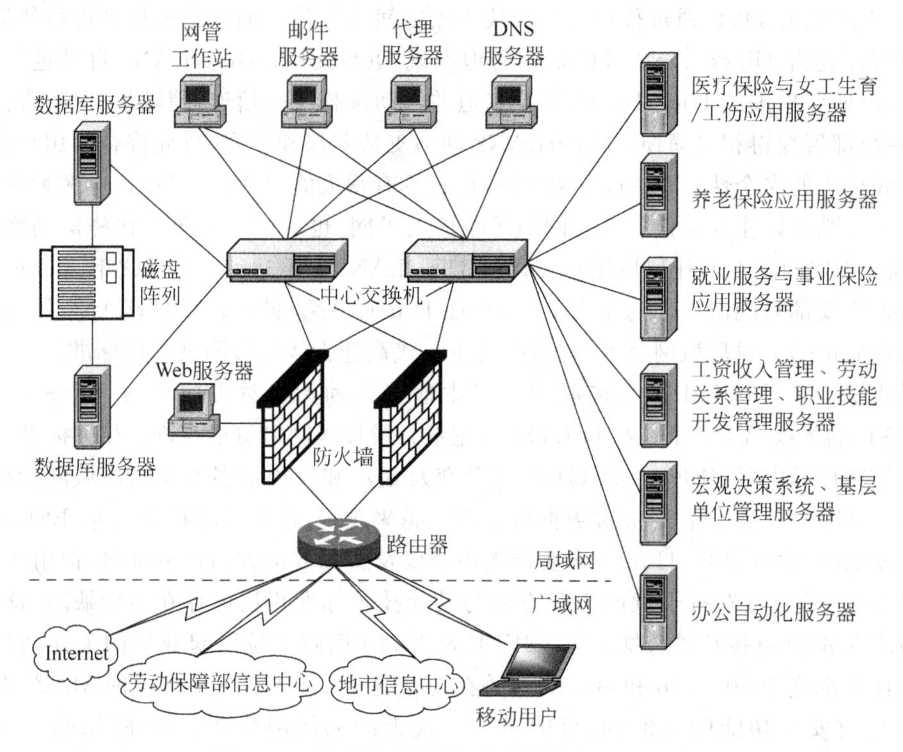

图 3.28　某省劳动和社会保障网络中心配置图

3.8.2　无线局域网组网实例

无线局域网组网主要用于企业级通信系统，典型的应用场合包括商业公司大楼、会展中心、医院、机场、校园等这类相对集中的服务区域。其拓扑结构如图 3.29 所示。一个无线接入点最佳接入用户数量大约是 30 个，因此在实际应用中应根据用户数确定接入点个数。各无线用户通过无线接入点(AP)构成小型无线局域网。接入点与交换机连接，通过交换机与有线局域网相连。各个小型无线局域网通过中心交换机组成标准型无线局域网，并可通过 DDN 专线访问 Internet。在标准型无线局域网中，通常将 IEEE 802.1x 安全认证服务部署在物理分立的服务设备上，空间覆盖范围同时扩展到较大的区域。图中的 RADIUS (Remote Authentication Dial In User Service)服务器作为认证服务器提供接入认证服务。

本章小结

局域网技术是当前计算机网络研究与应用的热点之一。本章前 3 节讲述了局域网的基本概念和基本原理，主要包括局域网的基本概念、局域网介质访问控制方式和体系结构，是本章的基础。3.4 节按介质访问控制方式对局域网分类，介绍了共享介质局域网和交换局域网。3.5 节、3.6 节和 3.7 节分别从应用的角度阐述了典型局域网的组网技术、虚拟局域

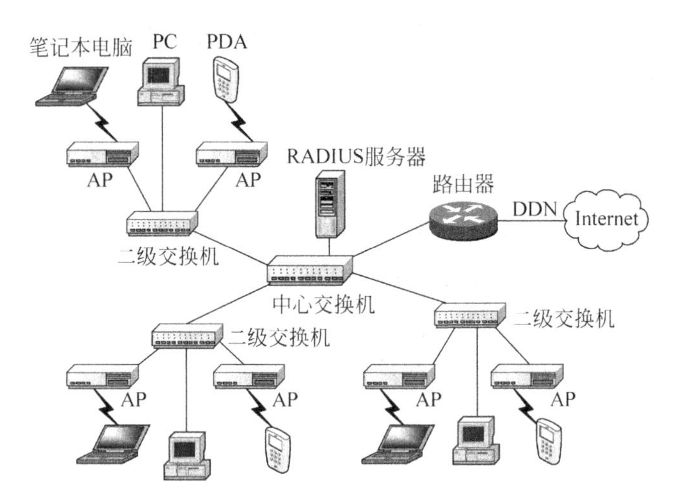

图 3.29　无线局域网组网拓扑结构

网和无线局域网。3.8 节在运用前几节知识的基础上，通过一个有线网和一个无线网的组网实例介绍了局域网的实际应用。

习　题　3

3.1　什么是局域网？局域网有哪些特点？

3.2　局域网有哪些分类？

3.3　画出常见的局域网的拓扑结构。

3.4　局域网由哪些设备组成？

3.5　在局域网中使用哪些传输介质？为什么？

3.6　简述载波监听多路访问/冲突检测法(CSMA/CD)的工作原理。

3.7　简述令牌环访问控制(token ring)的工作原理。

3.8　简述令牌总线访问控制(token bus)的工作原理。

3.9　比较 CSMA/CD、token ring 及 token bus 三种介质访问控制的特点。

3.10　试说明 IEEE 802 参考模型与 OSI 参考模型的对应关系。

3.11　局域网参考模型的数据链路层分为哪几层？各层的功能是什么？

3.12　试说明 IEEE 802.2 标准与 802.3、802.4 和 802.5 标准之间的关系。

3.13　试说明共享介质局域网存在的问题？

3.14　交换局域网有哪些特点？

3.15　试说明局域网交换机的工作原理。

3.16　什么是第三层交换技术？

3.17　快速以太网有哪几种组网方式？各有什么特点？

3.18　试说明 FDDI 的工作原理。

3.19　什么是物理链路、虚通路、虚通道、虚通路连接与虚通道连接？

3.20　ATM LAN 仿真的目的是什么？

3.21　为什么需要虚拟局域网？其工作原理是什么？

3.22 虚拟局域网的实现有哪几种方式？各种方式的工作原理是什么？

3.23 虚拟局域网主要有哪些优点？

3.24 无线局域网主要有哪些应用？

3.25 无线局域网主要有哪些类型？

3.26 IEEE 802.11 标准可以提供什么服务？

3.27 说一说常用的无线接入设备。

3.28 谈一谈你对个人局域网的理解。

3.29 试为你所在的宿舍楼接入校园网而设计一个局域网，要求画出网络拓扑结构，列出要选用的设备以及采用的具体组网方案。

第4章 网络互联与广域网

局域网技术的迅速发展，使得越来越多的计算机进入了网络环境。前一章已介绍了局域网的相关技术，本章讨论如何将局域网以及其他网络互联起来。网络互联旨在将几个物理上独立的网络连接成一个逻辑网络，使这个逻辑网络的行为看起来和一个单独的物理网络一样。为此，本章将着重探讨网络互联的原理、互联方式和互联设备。

此外，本章还将介绍广域网。广域网一方面可以看成网络互联的产物（如 Internet），另一方面它与局域网一样，都是网络互联的重要组成构件。典型的广域网包括公用电话交换网（PSTN）、公用分组交换网（X.25）、综合业务数字网（ISDN）、数字数据网（DDN）和移动电信网等。最后将具体介绍一个广域网实例——中国教育和科研计算机网（CERNET）。

通过本章学习，可以了解（或掌握）：

- 网络互联概述；
- 网络互联设备；
- 广域网；
- ISDN；
- DDN；
- CERNET。

4.1 网络互联概述

网络互联是指将不同的网络连接起来，以构成更大规模的网络系统，实现网络间的数据通信和资源共享。

4.1.1 网络互联的基本原理

1. 网络互联的要求

由于不同的网络间可能存在各种差异，因此对网络互联有如下要求。

(1) 在网络之间提供一条链路。

(2) 提供不同网络间的路由选择和数据传输。

(3) 提供各用户使用网络的记录和保持状态信息。

(4) 在网络互联时，应尽量避免由于互联而降低网络的通信性能。

(5) 不修改互联在一起的各网络原有的结构和协议。这就要求网络互联设备应能进行协议转换，协调各个网络的不同性能，这些性能包括：

① 不同的寻址方式。互联的网络可能使用不同的命名、地址及目录维护机制。可能需要提供全网寻址和目录服务。

② 不同的最大分组长度。在互联的网络中，由于不同网络使用的最大分组长度不同，分组从一个网络传送到另一个网络时，往往要分成几部分，称为分段。

③ 不同的数据速率。各个标准规定了不同数据速率的范围，即便在同一类型的局域网中也可能采用不同的数据速率。

④ 不同的时限。一个面向连接的传输服务将等待一个确认，直到超过时限，这时它重传数据块。一般而言，跨越多个网络需要更多的时间。互联网络的定时机制必须允许成功的传输，避免不必要的重传。

⑤ 不同的网络访问机制。对不同网络上的多个结点之间、结点和网络之间的访问机制可能是不同的。

⑥ 差错恢复。各个网络有不同的差错恢复功能。互联网络的服务既不要依赖也不要影响各个网络原有的差错恢复能力。

⑦ 状态报告。不同的网络有不同的状态报告，对互联网络还应该提供网络互联的活动信息。

⑧ 路由选择技术。网内的路由选择一般依靠各个网络特有的故障监测和拥挤控制技术，互联网络应提供不同网上结点之间的路径。

⑨ 用户访问控制。不同的网络由不同的用户访问控制技术提供用户对网络的访问权。互联网络也需要由不同的用户访问控制技术提供用户对不同网络的访问权。

⑩ 连接和无连接。各个网络可能提供面向连接的虚电路服务，也可能提供无连接的数据报服务。

当源网络发送分组到目的网络要跨越一个或多个外部网络时，这些性能差异会使得数据包在穿过不同网络时产生很多问题。例如，当一个面向连接的网络发送的分组跨越一个无连接的网络时，需要对分组进行重新排序。因此，网络互联的目的就在于提供不依赖于原来各个网络特性的互联网络服务。

2. 基本原理

ISO/OSI 七层参考模型的确定，为网络互联提供了明确的指导。网络的分层使得网络互联变得简洁规范。不同目的的网络互联可以在不同的网络层次中实现。由于网络间存在差异，也就需要用不同的网络互联设备将各个网络连接起来。根据网络互联设备工作的层次及其所支持的协议，可以将网间设备分为中继器、网桥、路由器和网关，如图 4.1 所示。

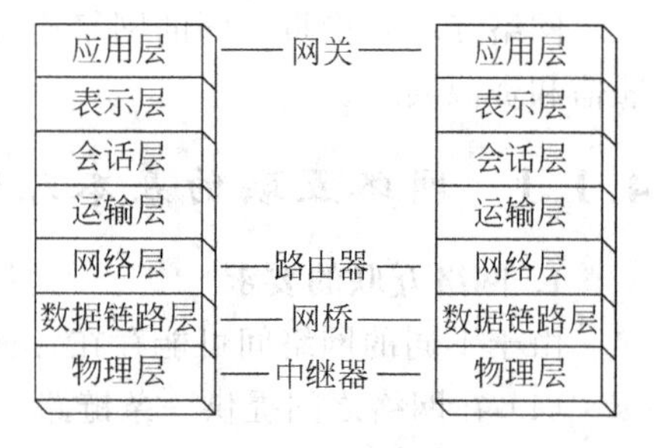

图 4.1 网络互联设备所处的层次

ISO/OSI 模型中第一层，即物理层的互联，用于实现多个网段的连接。这种互联要求连接的各网络的数据速率和链路协议必须相同。通过互联，可以在不同的通信媒体中透明地传送比特流。工作在这一层的网间设备主要是中继器。中继器用于扩展网络传输的长度，实现两个相同的局域网段间的电气连接。物理层的互联协议最为简单，互联标准主要由 EIA、ITU-T、IEEE 等机构制定。

ISO/OSI 模型的第二层，即数据链路层的互联，通常用于互联多个网段或几个同一类型的局域网。工作在第二层的设备主要是网桥(简称桥)。网桥有过滤帧的作用，如果信息不是发向网桥所连接的网段，则网桥可以将它过滤掉，从而避免了网络的瓶颈。局域网的连接实际上是 MAC 子层的互联，MAC 桥的标准由 IEEE 802 的各个分委员会开发。

ISO/OSI 参考模型的第三层，即网络层的互联，主要是广域网的互联。网络层互联需要解决路由选择、阻塞控制、差错处理、分段等问题。工作在这一层的互联设备主要是路由器。路由器提供了各种网络间的网络层接口。它是主动的、智能的网络结点，参与网络管理，提供网间数据的路由选择，并对网络的资源进行动态控制等。路由器是依赖于协议的，它必须对某一种协议提供支持，如 IP、IPX 等。

第三层以上的互联统称为高层互联，它是在高层之间进行不同协议的转换，相比之下它也最复杂。在高层互联中所用到的网间互联设备称为网关。网关的作用是连接两个或多个不同体系结构的网络，使之能相互通信。这种"不同"常常是物理网络和高层协议都不一样，网关必须提供不同网络间协议的相互转换。它允许使用不兼容的协议，如 IBM SNA、SPX/IPX 和 TCP/IP 的网络互联。一般来说，网关都是通过在计算机上运行相关软件来实现协议的转换。

4.1.2 网络互联的类型

按照互联的对象不同，网络互联可分为 LAN-LAN、LAN-WAN、LAN-WAN-LAN 和 WAN-WAN 四种类型。

(1) LAN-LAN。这是一种十分常见的互联类型。在一个组织内，可能一个部门就有一个局域网，为了实现整个组织内的管理要求和资源共享，需要把各个部门的局域网连接起来，形成整个组织范围内的计算机网络。例如一个企业的内部网 intranet、一个学校的校园网等。LAN-LAN 互联又分为同种 LAN 互联和异种 LAN 互联两类。同种 LAN 互联是指具有相同协议的局域网互联，异种 LAN 互联是指具有不同协议的局域网互联。常用的互联设备有中继器、集线器、网桥和交换机。

(2) LAN-WAN。这种互联方式是指将局域网通过网间设备连到广域网上，其目的是向外部用户提供局域网资源，或使局域网用户方便地从广域网上获得资源。比如，校园网与中国教育与科研网(China Education and Research Network，CERNET)相连就属这种类型。常用的互联设备有路由器和网关。

(3) LAN-WAN-LAN。这种互联方式是将两个分布在不同地理位置的局域网通过广域网来实现互联，常用的互联设备主要是路由器和网关，具体如图 4.2 所示。这种互联方式一般通过路由器来实现。用户通常使用电话拨号、X.25、DDN 专线、帧中继和以太网接入等通信手段来实现远程数据通信。例如，许多高校的校园网都通过 CERNET 相连来实现高校之间的资源共享。

(4) WAN-WAN。世界各地分布着众多的广域网。WAN-WAN 互联就是通过路由器或网关将这些广域网连接起来，使分别接入各个广域网的主机资源能够实现通信和共享资源，如图 4.3 所示。如中国联通公用互联网与中国教育科研网相连就属广域网互联。

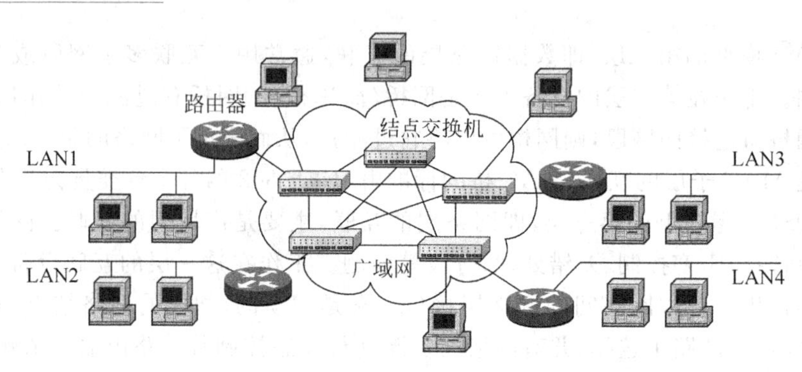

图 4.2 LAN-WAN-LAN 组成的互联网络

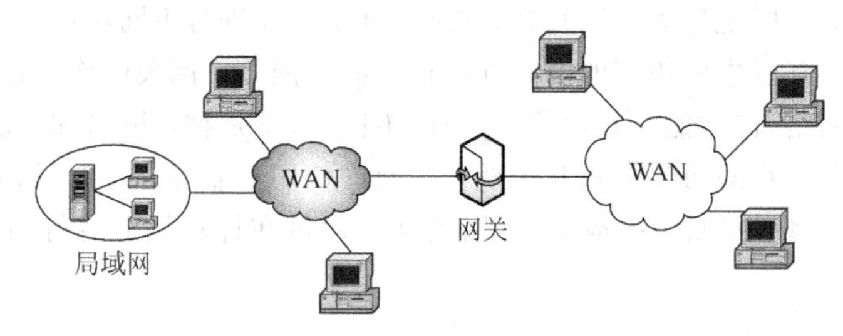

图 4.3 WAN-WAN 互联网络

4.1.3 网络互联的方式

为将各类网络互联为一个网络，需要利用网间连接器或通过互联网络实现互联。

1. 利用网间连接器实现网络互联

这种互联方式主要利用各种复杂程度不同的网间互联设备，将各种网络互联在一起。常用的设备包括网卡、中继器、网桥、路由器、交换机和网关等。网卡、中继器、网桥和路由器多用于具有相同交换方式的网络互联中，比如在 X.25 公用数据交换网之间，或是 LAN 之间，相当于在网络层或数据链路层实现互联。网关则相当于在运输层或运输层以上的层次上进行互联，主要适用于不同类型的网络间的互联，比如 X.25 公用数据交换网与 Internet 互联。

2. 通过互联网进行网络互联

在两个计算机网络中，为了连接各种类型的主机，需要利用多个通信处理机来构成一个通信子网，然后将主机连接到子网的通信设备上。图 4.2 中通过广域网连接的局域网就可看成此种方式的互联。此外，也可先用多个网关构成一个互联网络，并为互联网络制定一个标准的分组格式，然后将各网络连接到网关上。当两个网络间进行通信时，源网络可将分组发送到互联网络上，再由互联网络把分组传送给目标网络。分组在这个过程中需要经过两次协议转换，一次是把源网络协议转换到互联网络协议；另一次是当分组到达目标网络后，再把互联网络协议转换为目标协议。

3. 两种转换方式的比较

当利用网关把 A 和 B 两个网络进行互联时，需要两个协议转换程序，其中之一用于 A 网协议转换为 B 网协议；另一程序则进行相反的协议转换。用这种方法来实现互联时，所需协议转换程序的数目与网络数目 n 的平方成比例，即程序数为 $n(n-1)$，但利用互联网络来实现网络互联时，所需的协议转换程序数目与网络数目成比例，即程序数为 $2n$。当所需互联的网络数目较多时，后一种方式可明显减少协议转换程序的数目。

4.2 网络互联设备

网络的物理连接是通过网络互联设备和传输线路实现的。网络互联设备极为重要，它直接影响互联网的性能。在上一节提到，互联设备主要指工作在物理层的中继器(repeater)、工作在数据链路层的网桥(bridge)、工作在网络层的路由器(router)和工作在网络层以上的网关(gateway)。现在常用的还有第二层、第三层交换机。

4.2.1 中继器

承载信息的数字信号或模拟信号只能传输有限的距离。例如，在用同轴电缆组建总线局域网时，虽然MAC协议允许粗缆长达2.5km，但由于传输线路噪声的影响，而且收发器提供的驱动能力有限，单段电缆的最大长度受到限制。单段粗缆的最大长度为500m，细缆为185m。这样，在粗缆中每隔500m的网段之间就要利用中继器来连接。如果在线路中间简单地插入放大器，伴随着信号的噪声也同时被放大了，所以这种方法不可取。而用中继器连接两个网段则可在延长传输距离的同时避免噪声的影响。中继器实物如图4.4所示。

图4.4 中继器

中继器工作于网络的物理层，互联两个相同类型的网段，例如两个以太网段。它接收从一个网段传来的所有信号，进行放大整形后发送到下一个网段。

要强调的是，中继器对信号的处理只是一种简单的物理再生与放大。它从接收信号中分离出数字数据存储起来，然后重新构造它并转发出去。它既不解释也不改变信息，因此不具备查错和纠错的功能。错误的数据经中继器后仍被复制到另一网段。

在使用中继器时应注意两点：一是不能形成环路；二是考虑到网络的传输延迟和负载情况，不能无限制地使用中继器。例如，在10Base-5中最多使用四个中继器，即最多由五个网络段组成。

中继器只能起到扩展传输距离的作用，对高层协议是透明的。实际上，通过中继器连接起来的网络相当于同一条电缆组成的更大网络。此外，中继器也能用于不同传输介质的网络之间的互联。这种设备安装简单、使用方便，并能保持原来的数据速率。常见的共享式hub实际上就是一种多端口的中继器。

4.2.2 网桥

网桥是用于连接两个或两个以上具有相同通信协议、传输介质及寻址结构的局域网的互联设备。它能实现网段间或局域网与局域网之间的互联，互联后成为一个逻辑网络。它也支持局域网与广域网之间的互联。网桥实物如图4.5所示。

图4.5 网桥

1. 网桥的工作原理

图 4.6 说明了网桥的工作过程。如果 LAN2 中地址为 201 的计算机与同一局域网的 202 计算机通信,网桥接收到发送帧,在检查帧的源地址和目标地址后,就不转发帧并将它丢弃;如果要与不同局域网的计算机,例如同 LAN1 中的 105 通信,网桥在进行帧过滤时,发现目的地址和源地址不在同一个网段上,就把帧转发到另一个网段上,这样计算机 105 就能接收到信息。网桥对数据帧的转发或过滤是根据其内部的一个转发表(过滤数据库)来实现的。当结点通过网桥传输数据帧时,网桥就会分析其 MAC 地址,并和它们所接的网桥端口号建立映射关系,即转发地址表。网桥的帧过滤特性十分有用,当一个网络由于负载很重而性能下降的时候,网桥可以最大限度地缓解网络通信繁忙的程度,提高通信效率。同时由于网桥的隔离作用,一个网段上的故障不会影响到另一个网段,从而提高了网络的可靠性。

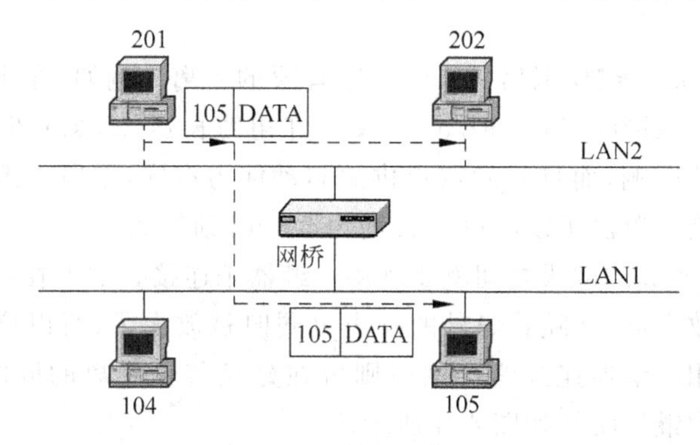

图 4.6 网桥的工作原理

2. 网桥的功能

上面介绍了网桥的帧转发和过滤功能。除此之外,网桥的功能还包括:

(1) 源地址跟踪。网桥收到一个帧以后,将帧中的源地址记录到它的转发地址表中。转发地址表包括了网桥所能见到的所有连接站点的地址,它指出了被接收帧的方向。有些厂商提供的网桥允许用户编辑转发地址表,这样有助于网络的管理。

(2) 生成树的演绎。局域网的逻辑拓扑结构必须是无回路的,所有连接站点之间都只能有一条唯一的通路,因为回路会使网络发生故障。网桥可使用生成树(Spanning Tree)算法屏蔽掉网络中的回路。

(3) 透明性。网桥工作于 MAC 子层,对于它以上的协议都是透明的。换言之,只要两个网络 MAC 子层以上的协议相同,都可以用网桥互联。因此,网桥所连接的网络可以具有不同类型的网卡、介质和拓扑结构。例如可实现同轴电缆以太网与双绞线以太网,或是以太网与令牌网之间的互联。

(4) 存储转发功能。网桥的存储转发功能用来解决穿越网桥的信息量临时超载的问题,即网桥可以解决数据传输不匹配的子网之间的互联问题。

由于网桥是个存储转发设备,使用它一方面可以扩充网络的带宽,另一方面可以扩大网络的地理覆盖范围。

对传输介质而言,传统的局域网都是共享型的网络,在任何时刻介质上只允许一个数据包传递,例如在 10Base-T 中,网络带宽总容量为 10Mbps,网络上众多工作站由于共享介质的限制,以及受碰撞而带来的损失,每个用户工作站真正能享有的带宽是很少的。如果利用一个网桥连接两个以太网段,把各工作站均匀合理地分布在两个网段上,其网络总带宽得到近乎两倍的扩展。把网桥连接多个网段而提升带宽的方法通常称之为“微化网段”。微化网段是一种早期提升网络带宽的方法,但仍有相当程度的局限性。交换局域网技术正是针对这种局限性而提出的一种新的提升局域网带宽的方法。

另一方面,由于网桥能存储 MAC 帧,所以不再受以太网冲突监测机制或定时的限制,可以在更大的地理范围内实现多个网段的互联。如果采用光纤网桥,可以经过光纤把更远距离的两个局域网互联起来。网桥还可以通过公共广域网把两个远程局域网连接起来。

(5) 管理监控功能。网桥可对扩展网络的状态进行监控,其目的在于更好地调整逻辑结构。有些网桥还可对转发和丢失的帧进行统计,以便进行系统维护。同时,它还可以间接地监视和修改转发地址表,允许网络管理模块确定网络用户站点的位置,以此来管理更大规模的网络。

3. 网桥带来的问题

根据网桥的工作原理,网桥最主要的功能是决定一个数据帧是否转发,从哪个端口转发。网桥要实现这一功能,必须要保存一张“端口-结点地址表”。在实际应用中,随着网络规模的扩大和用户结点数的增加,实际“端口-结点地址表”的存储能力有限,会不断出现“端口-结点地址表”中没有的结点地址信息。当带有这一类目的地址的数据帧出现时,网桥就按扩散法转发,即将该数据帧从其他所有端口广播出去。这种盲目发送数据帧的做法,造成网络中重复、无目的的数据帧传输数量急剧增加,从而给网络带来很大的通信负荷,也就造成了“广播风暴”。严重的“广播风暴”将导致整个网络瘫痪。当两个局域网通过网桥互联到一起时,任意一个局域网中的“广播风暴”都会使得两个局域网同时瘫痪。

除了“广播风暴”以外,使用网桥还会增加网络时延。网桥对接收的帧要先存储和查找转发地址表,然后才转发,而且不同的局域网有不同的帧格式。因此,网桥在互联不同的局域网时,需要对接收到的帧进行重新格式化,还要重新对新的帧进行差错校验计算,这都会增加时延。另外,当网络上的负荷很重时,网桥还会因为缓存的存储空间不够而发生溢出,产生帧丢失的现象。

4.2.3 路由器

路由器工作在网络层,用于互联多个逻辑上分开的网络。它的实物如图 4.7 所示。

图 4.7 路由器

1. 工作原理

通常把网络层地址信息叫做网络逻辑地址,把数据链路层地址信息叫做网络物理地址。物理地址通常是由硬件制造商规定的,例如每块以太网卡都有一个 48 位的站地址,这种地址由 IEEE 管理(给每个网卡制造商指定唯一的前三个字节值),任意两个网卡不会有相同的地址。逻辑地址是由网络管理员在组网设置时指定的,这种地址可以按照网络的组织结构以及每个工作站的用途灵活设置,而且可以根据需要变更。逻辑地址也称做软件地址,用于网络层寻址。如图 4.8 所示,以太网 C 中硬件地址为 105 的站的软件地址为 C·05,这种用“·”记号表示地址的方法既标识了工作站所在的网络段,也标识了网络中唯一的工作站。

路由器根据网络逻辑地址在互联的子网之间传递分组。一个子网可能对应于一个物理网段，也可能对应于几个物理网段。因此，逻辑地址实际上是由子网标识和工作站硬件地址两部分组成的。

图 4.8 说明了路由器的工作过程。LAN A 中的源结点 101 生成了多个分组，这些分组带有源地址与目的地址。如果 LAN A 中的 101 结点要向 LAN C 中的目的结点 105 发送数据，那么它只按正常工作方式将带有源地址与目的地址的分组装配成帧发送出去。连接在 LAN A 的路由器接收到来自源结点 101 的帧后，由路由器的网络层检查分组头，根据分组的目的地址查询路由表，确定该分组的输出路径。如图中路由器确定该分组的目的结点在 LAN C，它就将该分组发送到目的结点所在的局域网中。若目的地址不在路由表中，路由器则认为这是个"错误分组"，将它丢弃，不再转发。

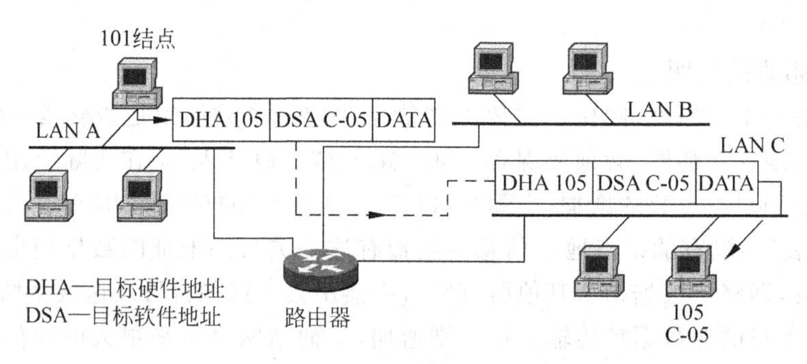

图 4.8 路由器的工作过程

2. 路由器的功能

(1) 路由选择。路由器可以为不同网络之间的用户提供最佳的通信路径。路由器中配有一个路由表，路由表中列出了整个互联网络中包含的各个结点，以及结点间的路径情况和与它们相关的传输开销。当连接的一个网络上的数据分组到达路由器后，路由器根据数据分组中的目的地址，使用最小时间算法或最优路径算法进行信息传输路径的调节，从最佳路径把分组转发出去。如果某一网络路径发生了故障或阻塞，路由器可以为其选择另一条冗余路径，以保证网络的畅通。路由器还有路由表维护能力，可根据网络拓扑结构的变化，自动调节路由表。

(2) 协议转换。路由器可对网络层和以下各层进行协议转换。

(3) 实现网络层的一些功能。路由器可以进行数据包格式的转换，实现不同协议、不同系统结构网络的互联。因为不同网络的分组大小可能不同，所以路由器要对数据包进行分段、组装，重新调整分组大小，使之适合于下一个网络的要求。例如，路由器可以用 TCP/IP 协议把以太网连接到 X.25 分组交换网上。

(4) 网络管理与安全。路由器是多个网络的交汇点，网间的信息流都要经过路由器，在路由器上可以进行信息流的监控和管理。它还可以进行地址过滤，阻止错误的数据进入，起到"防火墙"的作用。路由器还能有效抑制"广播风暴"，起到安全壁垒的作用。如果局域网间是用路由器互联的，"广播风暴"将限制在发生的那个局域网中，不会扩散。

(5) 多协议路由选择。路由器是与协议有关的设备，不同的路由器支持不同的网络层协议。多协议路由器支持多种协议，能为不同类型的协议建立和维护不同的路由表，可连接运作不同协议的网络。

不过，路由器的配置和管理技术相对复杂，成本较高，而且它的接入增加了数据传输的时延，在一定程度上降低了网络的性能。

3. 路由器与第三层交换机的比较

第三层交换机是将局域网交换机的设计思想应用于路由器的设计中而产生。随着因特网的广泛应用，第三层交换技术已成为一项重要技术。第三层交换机又称为路由交换机、交换式路由器，虽然这些名称不同，但它们所表达的内容基本上相同。

传统的路由器通过软件来实现路由选择功能，而第三层交换的路由器是通过专用集成电路(ASIC)芯片来实现路由选择功能。第三层交换设备的数据包处理时间将由传统路由器的数千微秒量级减少到数十微秒量级，甚至可以更短，因此大大缩短了数据包在交换设备中的传输延迟时间。

路由器通过软件来实现路由选择功能，因此它对不同的网络层协议类型的限制比较少。通过硬件来实现第三层交换的路由器，在网络层协议类型上受到一定的限制。目前，第三层交换主要是提供 IP 协议与 IPX 协议的路由选择服务。

第三层交换是基于硬件的路由选择。数据包的转发是由专业化硬件来处理的。第三层交换机对数据包的处理程序与路由器相同，可实现如下功能。

(1) 根据第三层信息决定转发路径。

(2) 通过校验和验证第三层包头的完整性。

(3) 验证数据包的有效期并进行相应的更新。

(4) 处理并响应任何选项信息。

(5) 在管理信息库中更新转发统计数据。

(6) 必要的话，实施安全控制。

由此可见，随着计算机网络的发展，特别是多层交换技术的出现，现在的交换机已经具备了路由器的功能。

4.2.4 网关

1. 网关的工作原理

网关又称协议转换器，工作在 ISO 七层协议的传输层或更高层。它的作用是使处于通信网络上、采用高层协议的主机相互合作，完成各种分布式应用。网关提供从运输层到应用层的全方位的转换服务，实现起来非常复杂，因此一般的网关只能提供一对一或少数几种特定应用协议的转换。

图 4.9 说明了网关的工作原理。如果一个 NetWare 结点要与另一局域网中的一台 TCP/IP 主机通信，由于两者的高层网络协议是不同的，所以局域网中的 NetWare 结点不能直接访问 TCP/IP 的主机，它们之间的通信必须由网关来完成。网关的作用是为 NetWare 产生的报文加上必要的控制信息，将它转换成 TCP/IP 主机支持的报文格式。当需要反方向通信时，网关同样要完成 TCP/IP 报文格式到 NetWare 报文格式的转换。

网关的主要转换项目包括信息格式变换、地址变换、协议变换等。格式变换是将信息的最大长度、文字代码、数据的表现形式等变换成适用于对方网络的格式。地址变换是由于每个网络地址构造不同，因而在跨网络传输时，需要变换成对方网络所需要的地址格式。协议

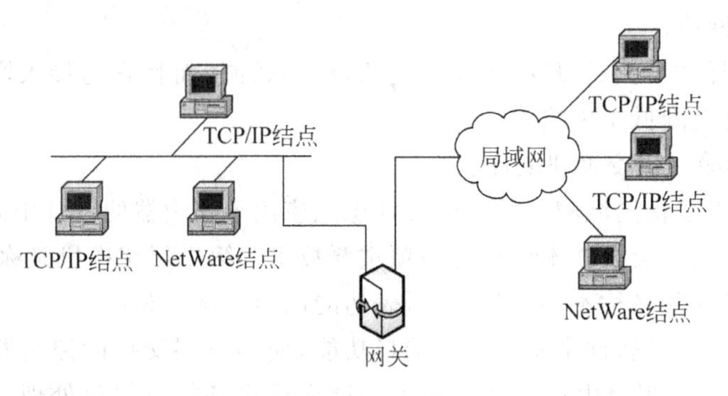

图 4.9 网关的工作原理

变换则是把各层使用的控制信息变换成对方网络所需的控制信息，因此要进行信息的分割/组合、数据流量控制、错误检测等。

2. 网关的分类

网关按其功能可以分为协议网关、应用网关和安全网关三种类型。

(1) 协议网关。协议网关通常在使用不同协议的网络之间进行协议转换。这一转换过程可以发生在 OSI 参考模型的第二层、第三层或二、三层之间。协议网关是网关中最常见的一种。协议转换必须考虑两个协议之间特定的相似性和差异性，所以它的功能十分复杂。

(2) 应用网关。应用网关是在应用层连接两部分应用程序的网关，是在不同数据格式间翻译数据的系统。它接收一种格式的分组，将之翻译，然后以新的格式发送出去。这类网关一般只适合于某种特定的应用系统的协议转换。

(3) 安全网关。安全网关就是防火墙，将在 8.4 节中做详细介绍。

与网桥一样，网关可以是本地的，也可以是远程的。另外，一个网关还可以由两个半网关构成。在实际应用中，把一个网关分成两个半网关，将给使用和管理带来很大的方便。选择两种不同的半网关组合，可以灵活地互联两种不同的网络。由于半网关可分别属于各网络所有，可以分别进行维护与管理，因此避免了一个网关由两个单位共有而带来的非技术性的麻烦。目前，网关已成为网络上每个用户都能访问大型主机的通用工具。

4.2.5 网络互联设备的比较

综上所述，中继器、网桥、路由器和网关四种网间设备的主要特点可总结如下。

(1) 中继器。仅作用于物理层，对物理层以上各层协议完全透明；只具有简单的整形放大、再生物理信号的功能；用于多个同类网段的互联。

(2) 网桥。可以进行帧的变换，实现不同类型的局域网互联；具有过滤功能，可以隔离错误分组，提高网络性能；可增加网络有效带宽，提高网络的安全性。主要问题是使用后会增加网络延时，存在帧丢失的现象；只适合于用户数不太多(不超过数百个)和通信量不太大的局域网，否则可能会因传播过多的广播信息而产生“广播风暴”。

(3) 路由器。适用于规模较大、拓扑结构复杂的网络；可以实现负载共享和最优路径选择；能更好地处理多媒体信息；安全性高；还可以隔离不需要的通信量；但它不支持非路由协议；安装较复杂，价格高。

(4) 网关。用于实现不同网络体系结构之间的互联，安全性较高，但是因为它的实现较复杂，只能进行一对一少数几种特定应用协议之间的转换，通用性差。

它们的详细比较如表 4-1 所示。

表 4-1　中继器、网桥、路由器和网关的比较

设备	互联层次	适用场合	功能	优点	缺点
中继器	物理层	互联相同 LAN 的多个网段	信号放大 延长信号传输距离	互联简单 费用低 基本无延迟	互联规模有限 不能隔离不必要的流量 无法控制信息的传输
网桥	数据链路层	各种 LAN 互联	连接 LAN 改善 LAN 性能	互联简单 协议透明 隔离不必要的信号 交换效率高	可能产生“广播风暴” 不能完全隔离不必要的流量 管理控制能力有限 有延迟
路由器	网络层	LAN 与 LAN 互联 LAN 与 WAN 互联 WAN 与 WAN 互联	路由选择 过滤信息 网络管理	适用于大规模复杂网络互联 管理控制能力强 充分隔离不必要的流量 安全性好	网络设置复杂 费用较高 延迟大
网关	传输层 应用层	互联高层协议不同的网络	高层转换协议	互联差异很大的网络 安全性好	通用性差 不易实现

除上述的网间连接设备之外，比较常见的设备还包括集线器、第二层和第三层交换机等，前面 3.4 节已介绍，这里不再赘述。

4.3　广　域　网

网络按照覆盖范围有局域网、城域网和广域网之分。广域网(WAN)是一种覆盖地域较广的网络，它通过若干个结点交换机和连接这些结点的物理链路，将分布在异地的多个局域网或主机连接起来，形成一个范围较大的远程网络。它通常覆盖一个国家甚至全球，可以使人们最大范围地传输信息和共享资源。

4.3.1　广域网的结构与特点

1. 广域网的结构

广域网的结构示意图如图 4.10 所示。

广域网分为通信子网与资源子网两部分，通信子网主要是由一些结点交换机和连接这些交换机的链路组成。结点交换机对分组执行存储转发的功能。结点之间都是点对点连接，但为了提高网络的可靠性，通常将一个结点交换机与多个结点交换机相连。广域网的线路一般分为传输主干线路和末端用户线路，根据末端用户线路和广域网类型的不同，有多种接入广域网的技术，并提供各种接口标准。拥有主机资源的用户如果需要入网，只要遵循子网所要求的接口标准，提出申请并付一定的费用，都可接入该通信子网，利用其提供的服务来实现特定资源子网的通信任务。

2. 广域网的特点

从层次上考虑，广域网和局域网的区别很大，因为局域网使用的协议主要在数据链路

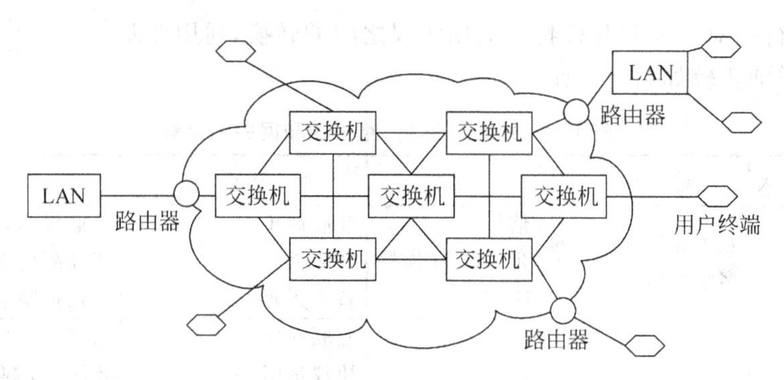

图 4.10　广域网的结构示意图

层,而广域网使用的协议在网络层。广域网的特点具体概括如下。

(1) 覆盖范围广,可达数千千米甚至全球。

(2) 广域网没有固定的拓扑结构,但通信子网多为网状拓扑结构。

(3) 广域网通常使用高速光纤作为传输介质。

(4) 局域网可以作为广域网的终端用户与广域网连接。

(5) 广域网主干带宽大,但提供给单个终端用户的带宽小。

(6) 数据传输距离远,往往要经过多个广域网设备转发,延时较长。

(7) 广域网管理、维护困难。

4.3.2　广域网参考模型

对照 OSI 参考模型,广域网的公用通信网主要工作在物理层、数据链路层和网络层。广域网技术规范与 OSI 参考模型的对应关系如表 4-2 所示。

表 4-2　广域网技术规范与 OSI 参考模型的关系

<table>
<tr><th colspan="3">OSI 层</th><th>WAN 技术规范</th></tr>
<tr><td colspan="2">Network Layer(网络层)</td><td rowspan="4"></td><td>X. 25 PLP</td></tr>
<tr><td rowspan="5">DataLink Layer
(数据链路层)</td><td rowspan="3">LLC</td><td>LAPB</td></tr>
<tr><td>Frame Relay</td></tr>
<tr><td>HDLC</td></tr>
<tr><td rowspan="2">MAC</td><td rowspan="3">SMDS</td><td>PPP、SLIP</td></tr>
<tr><td>SDLD</td></tr>
<tr><td colspan="2">Physical Layer
(物理层)</td><td>X. 21Bis
EIA/TIA-232
EIA/TIA-449
V. 24 V. 35
HSSI G. 73
EIA-530</td></tr>
</table>

从表 4-2 中可以看出,广域网技术规范包括物理层协议、数据链路层协议和 X. 25 的网络层协议。其中,X. 21Bis 是分组交换数据网(X. 25)的物理层协议,V. 24、V. 35、EIA/TIA-232 等是同步或异步接口的广域网物理层标准协议。

广域网的数据链路层协议用于封装用户载荷，以便在媒体上传输。它分为面向字节和面向位两种类型。早期的数据链路层协议多为面向字节型。这类协议的主要特点是利用已定义好的一组控制字符完成数据链路控制的功能。它存在许多不足，比如，通信线路利用率低、数据传输不透明、系统通信效率低等，因此，目前广域网中常用的 SDLC(Synchronous Data Link Control)、HDLC(High-Level Data Link Control)、LAP(Link Access Procedure)和 LAPB(Link Access Procedure Balanced)等协议都是面向位的协议，它们具有相同的帧格式。SDLC、HDLC、LAP 和 LAPB 是同步串行传输的数据链路层标准，SLIP(Serial Line Internet Protocol)和 PPP(Point-to-Point Protocol)是异步串行传输的数据链路层协议，常用于拨号连接。PPP 协议同时也支持同步串行传输。

4.3.3 广域网提供的服务

广域网常用于互联相距很远的局域网，所以在许多广域网中，公用网络系统一般用来充当通信子网。广域网的最高层是网络层，网络层提供的服务可以划分如下。

1. 按传输方式分

广域网为上层提供的服务按传输方式分为两种，即无连接的网络服务和面向连接的网络服务。

1) 无连接的网络服务

无连接的网络服务的具体实现即是数据报服务，曾在 2.7.3 节中介绍过。交换多兆位数据服务(Switched Multimegabit Data Services，SMDS)和数字数据网(Digital Data Network，DDN)采用的就是这种服务方式。无连接服务的特点如下。

(1) 在数据发送前通信双方不建立连接。

(2) 每个分组独立进行路由选择，因此具有高度的灵活性，各分组都要携带地址信息。

(3) 网络无法保证数据不丢失，用户自己负责差错处理和流量控制。

(4) 网络资源的利用率较高。

(5) 转发过程和端系统的处理开销相对较大，因此总体的处理效率低于面向连接的方式。

2) 面向连接的网络服务

面向连接的网络服务的具体实现即是虚电路服务，亦曾在 2.7.3 节中介绍过。分组交换数据网(X.25)、帧中继和综合业务数据网(Integrated Services Digital Network，ISDN)等都属此类。面向连接服务的特点如下。

(1) 在数据发送前要建立虚拟连接，每个虚拟连接对应一个虚拟连接标识，网络中的结点交换机根据这个标识决定将分组转发到哪个端口。

(2) 虚电路服务可以保证按发送的顺序收到分组，有服务质量保证。差错处理和流量控制可以选择由用户负责或由网络负责。

(3) 路由固定，数据转发开销小；服务质量比较稳定，适用于一次性大批量数据传输。

(4) 稳定性差，某个中继系统故障会导致整个系统连接的失败。

3) 两种服务方式的比较

以上说明了二者的差异。一般来说，这两种服务适用于不同的通信场合。当一次性传输的分组数量很少时，使用数据报方式既迅速又经济。但如果需要传送的分组数量较多，若使用数据报方式，每个分组必须携带完整的地址信息，增加了系统开销。若使用虚电路，每个分组只需要携带虚电路的标志，分组的控制信息部分所占的比率很小，从而减少了额外开销。

这两种服务采取的差错控制方式也不同。在数据链路层虽然使用了链路差错处理方法，但由一段段可靠的链路组成的一条端到端的网络通路时，还有可能出现差错，这样的差错主要发生在某个结点的处理机上。由其特点可看出，数据报服务是一种不可靠服务，既不能保证按序交付，也不能保证出现丢失和重复。所以在使用它时，主机要承担端到端的差错控制。虚电路服务则是一种可靠服务，当采用这种服务方式时，端到端的差错控制由网络负责，只要每条虚电路事先保留足够的缓冲区，差错控制就比较容易处理。

另外，由于数据报服务的每个分组可独立地选择路由，当某个结点发生故障时，后续的分组就可另选路由，网络可靠性较高。而在虚电路中，结点发生故障就必须重新建立一条虚电路。从这个方面来讲，数据报方式要比虚电路方式更健壮。两者的详细比较可参见2.7节。

2. 按数据速率分

按照数据速率，可将广域网提供的业务分为两类，即固定速率业务和可变速率业务。

(1) 固定速率业务。固定速率业务即在提供服务的过程中其数据速率固定，常见业务为64kbps话音业务，固定码率非压缩的视频通信及专用数据网的租用电路等。

(2) 可变速率业务。可变速率业务即在提供服务的过程中其数据速率是可变的。常见业务包括压缩的分组语音通信和压缩的视频传输等。此类服务具有传递延迟，其原因在于接收器需要重新组装原来的非压缩语音和视频信息。

4.3.4 广域网的种类

广域网可以分为公用传输网络、专用传输网络和无线传输网络。

前面1.3节曾提到，公用传输网络一般是由政府或电信部门组建、管理和控制，网络内的传输和交换装置可以提供(或租用)给任何部门和单位使用。它的优势在于投资小、配置简单、使用灵活、网络技术成熟、一般不需要用户维护。缺点主要是速度相对较慢，易受干扰。

公用传输网络大体可以分为以下两类。

(1) 电路交换网络。主要有公用交换电话网(PSTN)和综合业务数字网(ISDN)。

(2) 分组交换网络。主要有X.25分组交换网、帧中继和交换式多兆位数据服务(SMDS)。

专用传输网络是由一个组织或团体自己建立、使用、控制和维护的私有通信网络。一个专用网络需要拥有自己的通信和交换设备，它可以建立自己的线路服务，也可以向公用网络或其他专用网络提供服务。它的优点是所有者拥有完全的支配权，可以确保网络内的计算机完全不受外界干扰，从而提高了网络的安全性。缺点主要是安装和维护花费较大，对技术的要求也较高。

专用传输网络主要是数字数据网(DDN)。DDN可以在两个端点之间建立一条永久的、专用的数字通道。它的特点是在租用该专用线路期间，用户独占该线路的带宽。

无线传输网络主要是移动无线网，典型的有GSM和GPRS等。

帧中继技术已在2.7节做了说明，这里不再赘述。综合业务数字网(ISDN)和数字数据网(DDN)将在后面作详细介绍，以下简要介绍其他几种广域网。

1. 公用电话交换网

在电话发明后不久，公用电话交换网(PSTN)就产生了。在早期的PSTN中，语音是通过模拟信号传送的，传输质量较差。到20世纪70年代，数字传输的电话系统开始出现。到目前为止，电话系统经历了人工交换、机电式自动交换系统和数字程控系统三个阶段。目前中国采用的电话网是数字传输、程控交换的数字化PSTN网络，但用户环回路大部分还是模拟传输。

PSTN采用电路交换方式，传输语音信号，用户环大多是双绞线入户，理论上可向用户提供64kbps的音频通道。在PSTN传输语音时，语音信号要经过电话转换为电信号，经过PSTN的传输，与本地交换局相连。通信双方一旦接通，便独占一条信道。由于PSTN的本地回路是模拟的，因此当两台计算机想通过PSTN传输数据时，必须由Modem实现数字信号与模拟信号的相互转换。

使用PSTN实现计算机之间的数据通信是最廉价的。然而，由于PSTN的电路交换只是物理层的一个延伸，在PSTN内部没有上层协议进行差错控制，因此线路的传输质量较差，而且带宽有限。同时PSTN交换机没有存储功能，因此PSTN只能用于对通信质量要求不高的场合。目前通过PSTN进行数据通信的最高速率不超过56kbps。

2. X.25分组交换网

X.25分组交换网是基于X.25标准建立的网。X.25分组交换网的标准是较早的分组交换标准，规定了3层协议(OSI的1～3层)，可以提供无差错的服务。X.25分组交换网的传输借用了模拟电话线路，网络通信成本低，通信可靠性和灵活性方面也有很好的优势。X.25分组交换网的特点如下。

(1) 可接入不同类型的用户设备。由于X.25分组交换网内各结点具有存储转发能力，并向用户设备提供了统一的接口，从而使不同速率和传输控制规程的用户设备都能接入X.25分组交换网，并能相互通信。

(2) 可靠性较高。X.25分组交换网具有动态路由功能和复杂完备的误码纠错功能，在网络层为用户提供了可靠的面向连接的虚电路服务，在链路层上也提供流量控制和差错控制机制。在X.25分组交换网内部，每个结点交换机至少与另外两个交换机相连，当一个中间交换机出现故障时，能重新寻找路径进行传输。

(3) 多路复用。当用户设备以点对点方式接入X.25分组交换网时，在单一物理链路上可以同时复用多条逻辑信道(即虚电路)，使每个用户设备能同时与多个用户设备进行通信。

(4) 流量控制和拥塞控制。当某结点的输入信息量过大，甚至超过其承受能力时，就会产生分组丢失，丢失的分组需要重传，这就加重了网络负担，最终导致网络性能下降。X.25分组交换网采用滑动窗口技术来实现流量控制，并使用拥塞控制机制防止拥塞，从而可保证网络的性能。

(5) 点对点协议。X.25协议是点对点协议，不支持广播型网络。然而，由于X.25网络层协议要求分组无差错的传送，所以虚电路中的每个结点必须对接收到的每一个分组产生一个确认分组。同时，接收结点的传输层进程也要对接收到的每一个分组产生一个确认分组。这样逐层保证可靠性，使得协议复杂，增加了传输开销，降低了数据速率。所以X.25分组交换网络只是一种中低速数据网络，只能提供64kbps的传输速率。

3. 交换式多兆位数据服务

交换式多兆位数据服务(SMDS)的设计初衷是用于连接多个局域网。与租用长距离高速专线的方式相比,以SMDS网络为主干网并租用短距离传输线路连接局域网的方式更为简单经济,易扩充,如图4.11所示。

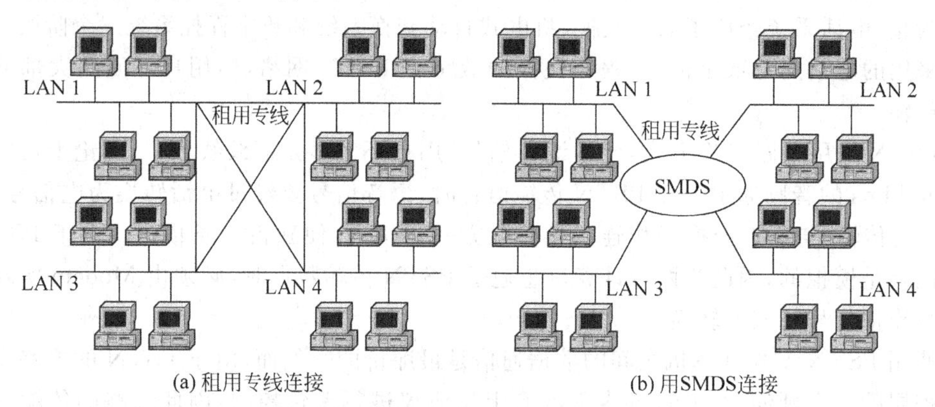

图4.11 连接四个LAN的两种不同方案

SMDS网络用于局域网之间的通信,提供无连接的报文传输服务,其标准数据速率为45Mbps,高于X.25分组交换网和帧中继。它在内部协议中采用了异步传输模式,提供高吞吐量和低时延的综合数据服务。

SMDS网络为终端用户提供了很多功能,包括地址证实、组寻址、地址屏蔽、接入分类和拥塞控制等。

(1) 地址证实。网络使用地址证实功能是为了确保源地址的有效性。当报文到达SMDS网络时,SMDS网络的第一个路由器负责检查报文的源地址是否对应于入境线路。如果地址正确,则将它发送到目的结点。否则,将报文丢弃。

(2) 组寻址。组寻址是指用户可以定义一组SMDS网络的号码,用做目的地址,允许对组内所有成员进行广播。任何发送到该号码的报文都将被发送给组内所有成员。

(3) 地址屏蔽。SMDS网络可以对入境和出境的报文进行地址屏蔽。用户可以指定专门的一组电话号码,限制用户只能向指定的地址(电话号码)输出报文,或是限制外面的用户呼入。地址屏蔽是SMDS网络十分重要的一项功能,通过它可以在公共网络上建立逻辑专用网络。

(4) 接入分类。接入分类功能为用户提供基于业务要求或特性的多种接入类型。它提供了五种不同数据速率的接口,使网络操作者能按不同的带宽或吞吐量来使用网络。接入分类功能也用于完成拥塞控制,不同的接入类型对应于不同的业务数据速率和突发通信。

SMDS是针对突发数据通信设计的,对于各种数据发送时间都非常小,因此它可以对用户操作提供很高的响应速度。

4. GSM和GPRS

1) GSM

GSM是数字蜂窝系统,在前面2.10节有过简要介绍。它和CDMA都是20世纪90年代后期发展起来的第二代移动电话技术,其目的是建立一个全球的移动综合业务数字网,提供与固定电信网业务兼容、质量相当的多种语音和非语音业务。在过去的几年里,它已成为最成功的商用移动通信系统。

GSM 系统由交换系统、基站系统及终端系统(移动台)组成。交换系统负责移动业务的交换,基站系统承载着移动台和移动交换中心的联系。移动台则是无线入网的用户终端,最广泛采用 GSM 系统的是移动电话。GSM 采用频分多址和时分多址相结合的多址方式,每一小区根据移动台的数量配置若干个载频,每个载频按时间分割成 8 个时隙,每个频率的每个时隙就是一条多址信道。

2) GPRS

GPRS(General Packet Radio Service,通用分组无线业务)是一种新的分组数据承载业务。它是在 GSM 基础上发展起来的一种分组交换的数据承载和传输方式。GPRS 本身不是一种业务,而是一种更好的网络承载方式。它与现有的 GSM 系统最根本的区别在于,GSM 是一种电路交换系统,而 GPRS 是一种分组交换系统。因此,GPRS 系统特别适用于间断的、突发性的或频繁的、少量的数据传输,也适用于偶尔的大数据量传输。这一特点正适合大多数移动互联的应用。

GPRS 系统在第二代无线通信系统 GSM 基础上,将 GSM 网络为数据流的传输增加了支持分组交换的网络系统设备。第三代无线通信系统将会在 GPRS 系统的基础上做进一步的技术开发,以全面支持高速、宽带的多媒体数据传输。因此,GPRS 是介于第二代和第三代之间的一种网络技术,即常说的 2.5 代。

与原有的 GSM 系统相比,GPRS 系统在数据业务的承载和支持上的优势在于:

(1) 永远在线。只要激活 GPRS 系统的应用后,将永远保持在线,不存在掉线问题。

(2) 快速登录。全新的分组服务,无需长时间拨号建立连接过程,从而能更有效地利用无线网络信道资源,特别适合突发性、频繁的小流量数据传输。

(3) 高速传输。GPRS 系统支持的数据速率更高,最高传输速度为 171.2kbps,目前使用可以支持 40kbps 左右的数据速率。

(4) 按量计费。计费方式更加灵活,可以支持按数据流量来进行计费。

(5) 自动切换。GPRS 系统还能支持在进行数据传输的同时进行语音通话,话音和数据业务可以切换使用。

GPRS 移动数据业务能够为用户提供丰富的应用服务,如:

(1) Internet 接入。通过 GPRS 系统接入 Internet,可以发挥其移动性能好、永远在线、按量计费等优势,适用于需要经常进行移动办公的用户。

(2) 企业移动办公。利用 GPRS 系统可以随时访问企业内部资源。

(3) 专业应用。GPRS 系统适应于大量移动条件下的专业应用,如移动检索、移动电子商务及专业游戏网站接入等。

(4) 监控类服务。GPRS 系统永远在线、按量计费的特性适合于监控类业务,如计量数据的定期采集和监控信息的处理等。

4.4 ISDN

ISDN(综合业务数字网)是对传统 PSTN 的改进。传统的电话系统采用的是模拟传输,对数据传输、视频传输等现代通信不能提供合适的服务。ISDN 的主要目标是提供适合于语音和非语音的综合通信系统来代替模拟电话系统。在ISDN标准还没有制定完成时，又提出了一种新型的宽带综合业务数据网B-ISDN(Broadband-ISDN)。相对于B-ISDN，传统的ISDN又被称作窄带综合业务数据网N-ISDN(Narrowband-ISDN)。

4.4.1 传统ISDN

1984年10月国际电信联盟(CCITT)推荐的CCITT ISDN标准中给出了ISDN的定义是："ISDN是由综合业务数据电话网发展起来的一个网络，它提供端到端的数据连接以支持广泛的服务，包括语音的和非语音的。用户的访问是通过少量、多用途的网络标准实现的。"

简言之，ISDN是对模拟音频电话系统(PSTN)的再设计，可实现用户设备同全局网络的连接，能方便地用数字的形式来处理声音、传真、影像和图像通信。

1. ISDN用户-网络接口

ISDN与电话网的最大区别在于它为用户提供端到端的数字连接，即从一个用户终端到另一个用户终端之间，包括用户环部分，全部实现数字化，从而改变了传统电信网用户环内模拟传输的状态。ISDN广泛支持各类业务，可以提供各种语音和非语音业务，还能提供专线连接。ISDN的关键技术在于它能够提供标准的用户-网络接口，将各类不同的用户终端纳入到ISDN网络中。

1) ISDN接口标准

CCITT(ITU)为ISDN接口标准定义了B、D、H三种通道。B通道速率64kbps，可提供电路交换、分组交换和半固定线路，用于电话交换业务、X.25交换业务和租用线路。D通道速率为16kbps或64kbps，主要用于传送信道信令，也可用于传送分组数据或低速数据。中国的ISDN的D通道只支持信令传送。H通道用于支持高速数据业务，可提供三种速率，标准H为384kbps、H11为1 536kbps、H12为1 920kbps。

在实际应用中，B通道是数据承载信道，可单独使用，每个B信道均以64kbps的数据速率传送数据，也可将多个B信道捆绑在一起以$N\times64$kbps的数据速率使用。例如，对于基本速率接口(Basic Rate Interface，BRI)，可用第一个B信道浏览网络，同时用第二个B信道入网。D信道是控制信道，采用分组交换技术发送B信道使用的控制信号(即信令)，用于建立和终止B通道的连接。D通道也可以用于低速的分组数据传输。

2) N-ISDN的两类接口

ISDN终端设备通过标准的用户-网络接口接入ISDN网络。N-ISDN提供如下两种不同数据速率的标准接口。

一种是基本速率接口(BRI)。基本速率接口包括两个独立工作的B信道(64kbps)和一个D信道(16kbps)，即2B+D，总速率为144kbps。两个B通道用于传输用户数据，一般用来传输语音、数据和图像；D信道用来传输信令或分组信息。BRI主要用于小容量系统，如家庭和办公室入网。

另一种是基群速率接口，也称主速率接口(Primary Rate Interface，PRI)，其D通道速率为64kbps。PRI按国家或地区的不同分为两类(与PCM一次群速率相同)，在北美和日本的PRI有23个B通道和一个D通道，即23B+D，总速率为1.544Mbps；在欧洲、澳大利亚和其他国家或地区的PRI有30个B通道和一个D通道，即30B+D，总速率为2.048Mbps。

中国的 ISDN 基群速率接口采用 30B+D。PRI 主要用于大容量系统，如大型企事业单位或政府机构入网。

2. ISDN 业务

ISDN 业务可以分为基本传输功能的承载业务和包含终端功能的用户终端业务，以及变更或补充基本业务的补充业务三类。

1）基本传输功能的承载业务

承载业务是 ISDN 网络提供的信息传输业务。它是在 ISDN 用户-网络接口处提供用户之间的信息传输而不更改信息的内容。承载业务分为以下三类。

（1）电路交换方式的承载业务。常用的电话交换方式的承载业务有语音业务、3.1kHz 音频业务和不受限的 64kbps 数字业务等。

（2）分组交换方式的承载业务。它可以提供虚拟呼叫和永久性虚电路，即以分组方式提供用户信息的透明传送，用户通过 ISDN 以点对点的方式按照 X.25 协议进行通信。

（3）帧方式的承载业务。帧方式的承载业务分为帧中继和帧交换两种业务，帧中继业务可以减少网路中间结点的系统存储和处理过程，简化协议的处理，以减少延时。帧交换业务的基本特征和帧中继业务相同，但它还具有差错恢复的能力。

2）包含终端功能的用户终端业务

用户终端业务是指所有面向用户的应用业务，它包括网络提供的通信能力和终端本身所具有的通信能力。用户终端业务主要包括四类。

（1）数字电话。这种电话的特点是传输质量和通话清晰度比较好，其传输距离不受限制。

（2）智能用户电报。通过 ISDN，在自动存储的基础上，使用户采用编码信息的智能用户电报文件格式，进行办公室自动化通信。

（3）多媒体通信业务。利用多媒体通信终端实现图像、数据、文本等多媒体信息的交互通信。

（4）远程控制。包括报警系统、远程监测、遥控及遥测等。

3）变更或补充基本业务的补充业务

补充业务是 ISDN 网络在承载业务和用户终端业务的基础上提供的其他附加业务。补充业务不能单独向用户提供，它必须随基本业务一起提供。补充业务共有 16 类，包括主叫号码限制、主叫线号码限制、子地址、多用户号码、直接拨入、遇忙转移、无应答转移、无条件转移等。

3. ISDN 的网络功能

ISDN 具有多种功能，包括电路交换、分组交换、无交换连接和公共信道信令功能等。

1）电路交换功能

电路交换功能是指终端间进行通信时，由主叫终端发出呼叫信息（包括被叫用户地址、业务类型等），ISDN 网内交换机在收发终端之间建立信息通道，直至双方通信结束。ISDN 提供 64kbps 或大于 64kbps 的电路交换连接。用户信息传输在 B 信道上进行，并被网络中的电路交换实体以同样的速率进行交换，和电路交换相关的控制信令则由本地连接功能处理。

2）分组交换功能

分组交换功能可由 ISDN 自身提供，也可由 ISDN 和专门的分组交换公用数据网互联后由后者提供。它适用于在呼叫建立时间内传输信息量较少的情况，并且费用与传输的信息量成比例。

3）无交换连接功能

无交换连接是指不利用网络内的交换功能，而在终端间建立固定或半固定的通信线路的功能。ISDN 中 64kbps 的无交换功能是通过提供 64kbps 电路的半固定连接来实现的，而大于 64kbps 的无交换功能则由提供多个 64kbps 电路的半固定连接来实现。

4）公用信道信令功能

信令(Signaling)是指为建立信息通路而在线路交换机之间传送的控制信息，它包括受信终端地址、通信的建立、释放呼叫及业务内容等。利用单独通道传送信令的功能即为公用通道信令技术(信令分离技术或称带外信令技术)。使用公用通道信令技术是 ISDN 的一个重要特征，它的公用通道信令在 D 通道上传输。

4.4.2 B-ISDN

随着数据通信业务向着多样化、高速化、综合化的方向发展，用户对数据、图像和传真等业务的要求也越来越高。N-ISDN 受其设计限制，已经越来越不适应发展的需求，具体表现在下述三个方面。

(1) 带宽窄。N-ISDN 最初被设计的时候只提供 64kbps～1.544Mbps 的数据速率，最高也只能提供 2Mbps 的基群速率，很难利用它提供高质量的宽带数据通信和多媒体业务。

(2) 业务综合能力有限。N-ISDN 通过适配器在用户网络接口实现业务综合，而在网络内部仍是电路交换和分组交换并存。

(3) 网络资源利用率不高。N-ISDN 一般只能提供 64kbps 的数字交换速率，但实际上语音业务的速率一般达不到 64kbps，如果不采用其他的措施，网络资源会因为低速率的业务而被浪费。

正是因为 N-ISDN 的这些缺点，早在 1985 年 1 月 CCITT 第 18 研究组就成立了专门小组着手研究 B-ISDN，并提出了关于 B-ISDN 的建设性框架。到 1989 年，由于解决了 ATM 存在的许多问题，一致同意采用 ATM 模式，并由 CCITT 迅速制定了 ATM 标准，从而促进了 B-ISDN 的发展。在 1990 年 11 月召开的第 18 研究组全体会议上，通过了关于 B-ISDN 的建议草案。

B-ISDN 是一个高速、异步、时分和复用的综合业务数字网。它以异步传输模式 ATM 为核心，采用光纤介质。它可以提供各种实时高带宽业务。支持电视网、DDN 网和 N-ISDN，还能方便有效地提供各种不同数据速率的业务，提供数据、语音和视频的综合服务。B-ISDN 的设计目标是灵活地支持现有的和将来可能出现的各种业务，并达到较高的网络资源利用率。

1. N-ISDN 与 B-ISDN 的比较

N-ISDN 与 B-ISDN 的比较如表 4-3 所示。

表 4-3 N-ISDN 与 B-ISDN 的比较

	N-ISDN	B-ISDN
从交换方式看	使用电路交换,采用同步传输模式	使用快速分组交换,采用异步传输模式
从基础设施看	使用电话网作为传输媒体,用户环大多使用双绞线	从用户环到干线主要使用光纤
从带宽看	只能提供 2Mbps 以下的业务	可提供 130Mbps,甚至是 600Mbps 以上的业务
从服务项目看	语音传送为主,无法传送高速图像	传送数字业务为主,可以应用于各种交互视像业务
从速率分配看	各通路的速率是事先设定好的	各通路的数据速率只受用户到网络接口的物理速率限制

根据 CCITT 的设计规划,由 N-ISDN 向 B-ISDN 过渡可分为三个阶段。

第一阶段的任务是进一步实现语音、数据和图像等业务的综合。由 ATM 构成的宽带交换网实现语音、高速数据和活动图像的综合传输。

第二阶段的任务是实现 B-ISDN 和用户网络接口的标准化,光纤进入家庭,光交换技术广泛应用。因此它能提供包括具有多频道的高清晰度电视 HDTV(High Definition Television)在内的宽带业务。

第三阶段的任务是在 B-ISDN 中引入智能管理网,智能管理网也可称作智能 B-ISDN,其中可能引入智能电话、智能交换机及用于工程设计或故障检测与诊断的各种智能专家系统。

2. B-ISDN 的主要业务

根据未来宽带通信的不同形式和应用,国际电信联盟 ITU-T 将 B-ISDN 业务分为两大类。

1) 交互式业务

交互式服务是在用户间或用户与服务提供者之间提供双向信息交换的服务。它包括以下三种类型。

(1) 会话性业务。会话性业务是指支持实时交换的服务。它包括各种语音电话、视频电话、视频会议和实时数据业务。这些业务的特点是实时性强、传输延时短。

(2) 消息性业务。消息性业务是存储转发服务。它包括语音、文字和图像的电子邮件业务(点对点或点到多点)。这类业务也是双向的,但不要求实时。

(3) 检索性业务。检索性业务是用户从信息库中检索公用信息的业务,如文件、资料、广告的查询、影视图像的点播、远程教育与培训、电视购物等。这些服务都允许用户访问,并允许用户在需要的时候获取信息,因此它是双向的。

2) 分布式业务

分布式业务是单向的信息交换服务,用户不需要在每次得到服务后都发回一个反馈信息。它包括两种类型:

(1) 无用户控制业务。这种分布式业务是广播给用户的,信息内容和时间由提供者单独决定,用户只能接收信息,不能对分发信息的起止时间和次序进行控制,典型的如商用电视。

(2) 有用户控制业务。这种分布式业务是循环式广播给用户的。在这类业务中,信息以周期性重复的序列实体形式提供给用户，用户可以选择接受单个信息实体的时间。但是服务的内容和接收时间仍然是提供者单独决定的。典型的如教育性广播、远程广告等。

虽然在B-ISDN中采用统一的传输和交换技术，至少能提供135Mbps以上的接口速率，并能实现语音、数据和视频图像的高速传输，但是由于它的技术复杂且投资巨大，而且由于非对称数字用户线ADSL的异军突起，使B-ISDN错过了发展的黄金时期，所以，目前仍未体现出它的实用价值。

4.5 DDN

20世纪70年代后期，以X.25技术为核心的分组交换技术迅速实用化，实现了建立数据通信链路由固定永久连接向交换式任意连接的转变。于是，建立了许多国家范围的数据通信分组交换网，并互联成世界规模的数据通信分组交换网，为用户提供交换虚电路和永久虚电路数据业务。但是由于分组交换技术自身的限制，相对于许多需要高速、实时数据通信的用户，分组交换网的处理速率低、延时长等问题十分明显。在这种背景下，介于固定连接和交换式连接的数据通信应用技术逐渐发展起来，即产生了DDN。

DDN的全名是数字数据网，它是利用数字信道提供永久或半永久性连接，传输数字信号的数字传输网络。它采用的传输介质有光纤、数字微波、卫星信道以及用户端可用的普通电缆和双绞线。它包含了数据通信、数字通信、数字传输、数字交叉连接、计算机带宽管理等技术，可根据用户的需要，在短时间内接通所需的带宽线路，为客户建立自己的专业数据网提供条件。

4.5.1 DDN的特点

DDN的特点如下。

(1) DDN专线是实现了端到端的数字连接的同步数字传输信道，其传输质量直接取决于光纤传输系统，误码率为10^{-11}，同时数字专线电路便于复用和加密，传输距离远，质量高。

(2) DDN是一种全透明的数据传输网，支持各种协议和规程，不具备交换功能，可用于传输数据、图像、语音等多种业务。

(3) 与固定物理连接的电话专线相比，DDN专线是临时的半固定连接网络，用户所需的数据速率和信道带宽可根据需要灵活设置。

(4) DDN将检错纠错等功能放到智能化程度较高的终端完成，简化了网络运行管理和控制的内容；同时DDN结点之间的中继和电路都有备份，当电路发生故障时可自动迂回，以保障网络正常工作。

(5) DDN设置了网络管理中心，可随时监控网络运行状态，及时发现故障，并采取相应的措施，保障网络的正常运行；同时还能方便地建立用户之间所需要的专线电路，以提供灵活的用户连接。

(6) 与X.25分组交换网相比，两者都能向用户提供高质量的数字数据传输信道。X.25分组交换网提供的是具有交换功能的传输信道，只要是分组交换网上的用户，相互之间在需要时就能进行通信。而DDN向用户提供的是点对点的专用的、固定的数字数据信道，该信道只提供给两个用户之间的通信应用。因此，对于通信业务量不是太多，且通信对象又分散在多个地点的用户，宜采用分组交换网，而对于通信业务比较繁忙、传输质量要求较高，且通信对象相对集中的用户来讲，则宜采用 DDN。

4.5.2 中国公用数字数据网

中国公用数字数据网(CHINADDN)是中国电信部门为国内用户提供多种不同数据速率(64kbps～2Mbps)的数字专线租用服务而建立的公共网络系统。CHINADDN 始建于 20 世纪 90 年代初，由电信部门经营管理，目前在中国的数据速率可达 2Mbps，已覆盖全国的大部分地区。

1. CHINADDN 的结点类型

在“中国 DDN 技术体制”中将 DDN 结点分为 2M 结点、接入结点和用户结点三种类型。

1) 2M 结点

2M 结点是 CHINADDN 网络的骨干结点，执行网络业务的转换功能。主要提供 2Mbps(E1 速率)数字通道的接口和交叉连接、对 $N\times64$kbps 电路进行复用和交叉连接以及帧中继业务的转接功能。

2) 接入结点

接入结点主要为 CHINADDN 各类业务提供接入功能，包括：

(1) $N\times64$kbps、2.048Mbps 数字通道的接口。

(2) $N\times64$kbps($N=1\sim31$)的复用。

(3) 小于 64kbps 子速率电路的复用和交叉连接。

(4) 帧中继业务用户接入和本地帧中继功能。

(5) 压缩语音/G3 传真用户入网。G3 传真格式是由 CCITT 规定的。传真的一类机、二类机、三类机依次被定为 G1、G2、G3。传送 16 开纸每页时间 G1 为 6 分钟、G2 为 3 分钟、G3 为 1 分钟。

3) 用户结点

用户结点主要为 DDN 用户入网提供接口，并进行必要的协议转换。它包括小容量时分复用设备，例如局域网通过帧中继互联的网桥、路由器等。

2. CHINADDN 的网络结构

CHINADDN 采用一级干线网(即省间干线网)、二级干线网(即省内网)，以及本地网三级网络结构。各级网络根据其网络规模、网络和业务组织的需要，选用适当类型的结点，组建多功能层次的网络。一般由 2M 结点组成核心层，主要完成转接功能；由接入结点组成接入层，主要完成各类业务接入；由用户结点组成用户层，完成用户入网接口。

CHINADDN 的层次结构如图 4.12 所示。

(1) 一级干线网。一级干线网由设置在各省、自治区和直辖市的结点组成，它提供省间的长途 DDN 业务。一级干线结点设置在省会城市，根据网络组织和业务量的要求，一级干线网结点可与省内多个城市和地区的结点互联，还设有与其他国家的网络互联接口。在一级干线网上还设有枢纽结点。枢纽结点的数量和设置地点由电信主管部门根据电路组织、网络规模、安全和业务等因素确定。

(2) 二级干线网。二级干线网由设置在省内的结点组成，它提供本省内长途和出入省

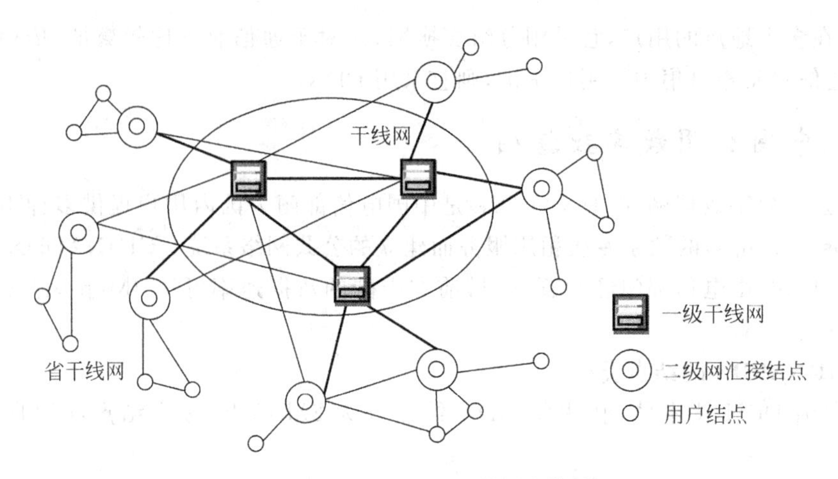

图 4.12 CHINADDN 的层次结构

的 DDN 业务。根据数字通路、DDN 网络规模和业务需要，二级干线网也可设置枢纽结点。当二级干线网在设置核心层网络时，应设置枢纽结点。

(3) 本地网。本地网是指城市范围内的网络，在省内发达城市可以组建本地网。本地网为用户提供本地和长途 DDN 业务。本地网可以由多层次的网络组成。本地网中的小容量结点可以直接设置在用户的室内。

由于 DDN 网可以实现实时性较强的数据交换，除了满足用户的入网要求，在气象、公安、铁路、医院，以及证券、银行等许多领域都有较大的应用潜力。

4.6 CERNET

虽然中国广域网比局域网起步晚，但经过二十多年的发展与积累，现已在全国范围内建立了较为完善的广域网体系。这里仅介绍其中的一个实例，即中国教育和科研计算机网(CERNET)。

20 世纪 80 年代以来，几乎所有发达国家相继建成了国家级的教育科研计算机网络，并互联成覆盖全球的 Internet。为了推进中国教育科研事业的发展，促进中国信息高速公路的建设，中国政府于 1994 年投资建成了中国教育和科研计算机网络。从此，全国大部分高等院校的师生、科研人员均可以在这种网络环境下进行学习和科研，极大地提高了教学质量和研究水平。CERNET 已成为中国高等院校进入世界科学技术领域的入口和科学研究的重要基础设施。

1. CERNET 的拓扑结构和主要服务项目

目前，CERNET 由教育部负责管理，由清华大学等高校承担建设和运行工作。它是全国最大的公益性计算机互联网络，也是全国第一个 IPv4(IPv4 和 IPv6 的内容详见 5.3 节)主干网。截至 2005 年 6 月，CERNET 主干网传输速率达到 2.5～10Gbps，地区网传输速率达到 155Mbps～2.5Gbps，自有光纤 30 000 多千米，独立的国际出口带宽超过 3Gbps。

CERNET 的拓扑结构如前面 1.3 节图 1.13 所示。它拥有北京、上海、广州、沈阳、武汉、西安、南京、成都等 10 个地区中心，下设 38 个省结点，覆盖全国 31 个省市近 200 多座城市，全国中心设在清华大学。目前联网的大学、教育机构和科研单位超过1 600个，用户超过2 000万人，是中国教育信息化的基础平台。

CERNET设有国家级和地方级的网络信息中心，其中中国教育和科研计算机网网络信息中心(China Education and Research Network Information Center，CERNIC)是一个全国范围的Internet资源注册管理部门，负责全网的IP地址分配、域名注册和网络资源注册，并为全网用户提供网络资源信息服务和网络技术支持，定期发布CERNET的最新进展情况。

CERNET发展的指导思想是加强管理，提高服务质量，全面支持、参与教育信息化。它的主要任务包括网上高考招生远程录取、远程教育与数字资源支持、教育科研网格，以及语音、视频支持教育政务信息化。

(1) 网上高考招生远程录取。从2001年开始，CERNET开始支持网上高考招生录取的试点工作。2002年起，网上高考招生录取工作依托CERNET在全国全面实施，全国1 500多所高校均依托CERNET来完成网上录取工作。2006年，全国共有2 000多所大学通过网络进行招生，有952万高考考生及其家长和教师得到了CERNET最快捷、安全的网络服务，500万考生喜圆大学梦。

(2) 远程教育与数字资源。现代远程教育是CERNET支持的重点。除支持教育部批准的67所网络教育学院外，CERNET还组织建成了系统容量为150万页的中英文全文检索系统和涵盖100万个文件的文件检索系统。配合211工程，CERNET支持了全国152所重点高校图书馆参与的高等教育文献保障系统。2003年，CERNET与美国最大的远程教育平台公司BB公司合作建设了CERNET网上学习中心。

(3) 教育科研网格ChinaGrid。依托CERNET，教育部于2002年底启动了旨在覆盖211建设的100所高校的教育科研网格计划ChinaGrid，目标是建成世界上最大的网格系统，其结点分布在清华大学、北京大学、上海交通大学、国防科技大学、中山大学等高等院校，充分利用CERNET和高校的大量计算资源和信息资源，开发相应的网格软件，配合网络计算机的使用，提供高性能低成本的计算平台与信息服务平台。它将建设一些支持科学研究与信息服务的专业网格，为教育科研网用户的科学研究提供强大的工具，同时加强网格计算学科建设，为高等院校培养一批高素质的网格研究及应用人才。

(4) 语音、视频支持教育政务信息化。CERNET已经初步建成了一个基于下一代互联网技术的IP电话网和组播技术的视频会议系统，并在教育部、各部属高等学校、各省(自治区、直辖市)教育行政机关得到广泛应用。利用CERNET的IP电话网，可以实现各教育行政机关之间、教育行政机关和学校之间的顺畅沟通。由于该网独立于公用电话网，所以只要是CERNET的接入用户，可以不限时地使用电话联系工作，费用固定，方便快捷。

此外，为了提高服务质量，CERNET建立了7×24小时客户服务呼叫中心，研发了客户自服务系统、网络管理平台等多种服务工具。迄今为止，除提供全面的互联网服务以外，CERNET还参与并支持了国家教育信息化领域的许多重要工程和项目。

2. CERNET2

为了及时跟上下一代互联网的发展步伐，1998年，CERNET的专家开始了中国下一代互联网的研究与建设。2000年，中国第一个下一代互联网交换中心建成，代表中国参加国际下一代互联网组织，实现了与国际下一代互联网的互联。在清华大学、中国科学院计算机信息中心、北京大学、北京航空航天大学和北京邮电大学联合建成中国第一个下一代互联网研究试验网的基础上，2001年，CERNET提出建设全国性下一代互联网CERNET2计划。2003年8月，CERNET2计划被纳入由国家发改委、信息产业部、教育部等8部委联合领导的中国下一代互联网示范工程(China Next Generation Internet，CNGI)。

2004年3月19日，CERNET2试验网作为中国第一个下一代互联网主干网正式开通并提供服务。

CERNET2是中国下一代互联网示范工程最大的核心网和唯一的全国性学术网，是目前所知世界上规模最大的采用纯IPv6技术的下一代互联网主干网，其主干网将充分使用CERNET的全国高速传输网，以2.5Gbps～10Gbps传输速率连接全国20个主要城市的CERNET2核心结点，实现全国200余所高校下一代互联网IPv6的高速接入，同时为全国其他科研院所和研发机构提供下一代互联网IPv6高速接入服务，并通过中国下一代互联网交换中心CNGI-6IX，高速连接国外下一代互联网。

与CERNET相比，CERNET2的突出特点是更安全、高速、快捷、更大。更大是指拥有更大的IP地址分配空间，不会出现如今IP地址枯竭的现象；更快是指传输速度及传输方式均有明显改变，一是速度更快，下一代互联网将比现在的网络传输速度提高1 000倍以上，二是都是端到端的传输，传输效率更高；更安全，更可管理则是指将会有更严格的管理规范，在确保网络畅通的同时，保证网络安全，有效防止黑客和病毒攻击。

CERNET2的建设分为三个部分，包括CERNET2主干网和用户网、CERNET2核心结点，以及国内/国际交换中心CNGI-IX的建设。

(1) CERNET2主干网和用户网。CERNET2采用主干网和用户网二级结构，其主干网基于CERNET高速传输网，用2.5Gbps～10Gbps的传输速率，连接分布在北京、上海、广州等20个城市的CERNET2核心结点，北京、武汉、南京、上海、西安、成都、广州、沈阳、天津、济南、郑州、长沙、合肥、重庆、厦门、福州、杭州、大连、长春、哈尔滨等重点高校集中城市的CERNET2主干网速率全部达到或超过2.5Gbps，其中北京、上海、武汉、广州和南京的主干带宽达到10Gbps。用户网主要是指全国高校或科研单位的研究试验网，用户网通过IPv6协议，采用高速城域网、直连光纤或高速长途线路等多种方式接入CERNET2核心结点。

(2) CERNET2核心结点。北京、上海、广州等20个城市分别建立了CERNET2的25个核心结点。其中北京建成核心结点4个、上海建成核心结点3个，25个核心结点相互联接成CERNET2主干网。在25个结点中，北京、上海、广州、武汉、南京为一级结点，其余20个结点为普通结点。每个核心结点为10个以上用户网提供1Gbps～10Gbps的IPv6高速接入服务，北京核心结点为30个以上用户网提供1Gbps～10Gbps的IPv6高速接入服务。

(3) 国内/国际交换中心CNGI-IX。在北京清华大学建成中国下一代互联网国内/国际交换中心CNGI-IX，为国内其他下一代互联网提供1Gbps～10Gbps的互联；与北美、欧洲、亚太等国际下一代互联网实现45Mbps～155Mbps的互联。

在清华大学举行的“中国下一代互联网示范工程CNGI示范网络核心网CNGI—CERNET2/6IX”项目、我国自主研发的下一代互联网主干网核心技术已经正式通过了国家验收，这一成果确立了我国在世界下一代互联网中的地位。

CERNET2的成功，不仅确立了中国在NGI领域的地位，更重要的是，彻底摆脱了对国外互联网关键技术及产品的依赖，有利于中国网络产品研发及市场环境的发展。

本章小结

本章介绍了网络互联的必要性、原理、类型和方式等基本知识，重点探讨了互联设备的工作原理、特点和分类。此外，还讨论了广域网的结构特点、参考模型、提供服务以及分类，介绍了几种典型的广域网的原理和特点。

为了能在更大范围内实现相互通信和资源共享，人们提出了网络互联的要求。网络互联可以在四个层次上进行，因而有四类不同的互联设备，用于解决各层的连接问题。常见设备是指中继器、网桥、路由器和网关，每类设备各有其特点和不足。

广域网指覆盖范围较大的网络，它对应于ISO参考模型的第1至第3层，提供面向连接和无连接的服务。广域网可以分为多种类型。常见的广域网包括PSTN、X.25、SMDS、ISDN、DDN、GSM和GPRS。

ISDN为用户提供综合数字业务。它提供了BRI和PRI两类用户接口。B-ISDN使用光纤介质，以ATM技术为核心，满足比N-ISDN更高数据速率用户的需要。

DDN是高质量、全数字化的专线网络，不具备交换功能。中国数字数据网CHINADDN是中国电信部门建立的提供数字专线租用服务的公共网络系统，其主干网按地域划分为三级结构。

经过二十多年的发展，中国已建立起了比较完善的广域网体系。本章介绍其中的一个实例——CERNET。CERNET是中国教育部直属的全国最大的公益性互联网络，它的第二代CERNET2试验网于2004年开通。

习　题　4

4.1　网络互联有哪几种形式？

4.2　网络互联的基本原理是什么？

4.3　常用的网络设备有哪些？它们分别工作在OSI参考模型的哪一层？

4.4　叙述网桥的工作原理。

4.5　网桥有哪几类？

4.6　叙述路由器的工作原理。

4.7　路由器有哪些主要功能？

4.8　叙述网关的工作原理。

4.9　中继器、网桥、路由、网关有哪些差异？

4.10　简述广域网的结构和特点。

4.11　简述广域网相对于局域网的优势。

4.12　传统网络与现代网络的主要区别是什么？

4.13　试比较数据报和虚电路这两种服务的优缺点。

4.14　广域网有哪几种类型？简述它们的特点。

4.15　简述GPRS技术的原理。它能为人们提供哪些服务？

4.16　ISDN给用户提供了哪几种业务？

4.17　简述窄带 ISDN 和宽带 ISDN 的区别。

4.18　简述 DDN 的系统结构。

4.19　DDN 的用户接入方式有哪些？

4.20　简述中国公用数字数据网的层次结构，查询其他国家的公用数字数据网的情况，比较它们的异同。

4.21　简述 CERNET 与 CERNET2 的特点和区别。

第5章 Internet

Internet是人类历史发展中的一个伟大里程碑，是全球信息高速公路的基础和入口点，它为人类缩短了时空距离，减少了相互之间交流的障碍。Internet的出现使信息获取和传播方式发生了根本性的变化，标志着以网络为中心的计算机时代已经到来。据统计，中国网民平均每周上网12.3小时，人们对Internet的使用广度、信用度和依赖度都在显著提高，Internet这个规模空前的互联网络，正潜移默化地改变着人们的生活方式和传统观念。

有人将Internet的特征和未来发展方向用"三三五五八"来概括，第一个"三"就是WWW；第二个"三"就是Internet的应用，包括三个方面，即广播多媒体、通信业务和出版媒体；第一个"五"就是有五大特征，即技术多样性、业务综合性、行业融合性、市场竞争性、用户选择性；第二个"五"就是有五大方向，即多媒体化、普及化、多样化、全球化、个性化；"八"就是八个用A开头的英文字，即Any-body(任何人)在Any-where(任何地方)、Any-time(任何时间)以Any-feeling(任何感觉)和Any-Affordable(任何可承受的价格)，按Any-connection(任何接入方式)查询Any-information(任何信息)，来完成Any-service(任何业务)。

本章将详细讨论Internet的概念、工作原理和接入技术以及提供的服务与应用。

通过本章学习，可以了解(或掌握)：

- Internet的基本概念和发展历程；
- Internet的工作原理；
- IP地址和域名；
- Internet接入技术；
- Internet服务和应用。

5.1 Internet概述

目前Internet以其使用广泛、操作便捷而成为互联网络的代名词，并已渗透到人们的生产、生活、工作、学习的各个角落。熟练掌握和运用Internet直接关系到人们能否胜任新的工作和适应日新月异的新生活。本节是了解和掌握Internet的基础，可从总体上对Internet进行宏观把握，主要包括Internet的基本概念、Internet的形成和发展、Internet的管理组织以及Internet的组成与功能四个方面的内容。

5.1.1 Internet 的基本概念

Internet 是一个庞大的计算机互联系统，Internet 就是将分散在世界各地的各种各样的计算机相互联接起来，使之成为一个统一的、全球性的网络。

1. Internet 的定义

对于 Internet，1995 年美国联邦网络理事会给出如下定义。

(1) Internet 是一个全球性的信息系统。

(2) Internet 是基于 Internet 协议及其补充部分的全球唯一一个由地址空间逻辑连接而成的系统。

(3) Internet 通过使用 TCP/IP 协议组及其补充部分或其他 IP 兼容协议支持通信。

(4) Internet 公开或非公开地提供使用或访问存在于通信和相关基础结构的高级别服务。

简言之，Internet 是指通过 TCP/IP 协议将世界各地的网络连接起来，实现资源共享、提供各种应用服务的全球性计算机网络，国内一般称做因特网或国际互联网。

在逻辑上，Internet 使用路由器和交换机将分布在世界各地数以千计的规模不一的计算机网络互连起来，成为一个超大型国际网。它屏蔽了物理网络连接的细节，使用户感觉使用的是一个单一网络，可以没有区别地访问 Internet 上的任何主机。Internet 的逻辑结构如图 5.1 所示。

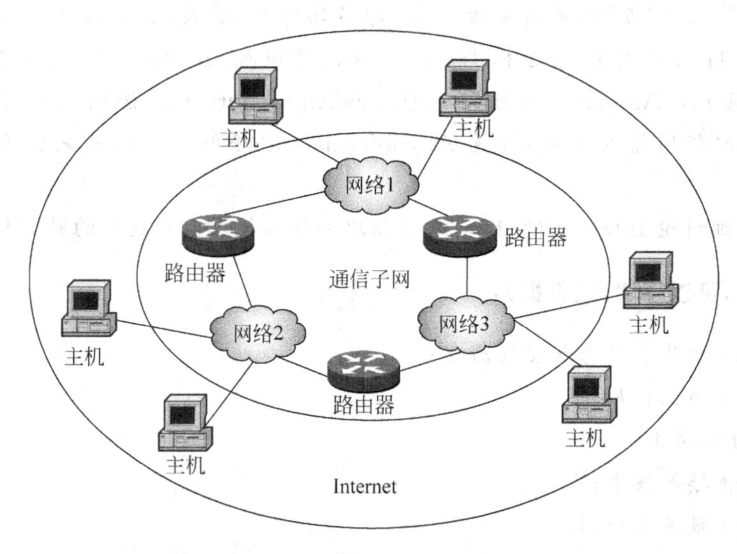

图 5.1 Internet 的逻辑结构

2. Internet 的特点

1) 灵活多样的入网方式

任何计算机，只要采用 TCP/IP 协议，与 Internet 中的任何一台主机通信，就可以成为 Internet 的一部分。TCP/IP 协议族成功地解决了不同硬件平台、不同网络产品和不同操作系统之间的兼容性问题。此外采用电话拨号、专线、有线电视网、无线接入等方式都可接入 Internet。

2）三大技术融为一体

Internet融合了网络技术、多媒体技术和超文本技术，提供了极为丰富的信息资源和友好的操作界面。

3）采用C/S(客户机-服务器)结构

Internet的各种应用服务，如E-mail、WWW、FTP等，都采用C/S系统结构。这种方式大大减少了网络数据传输量，具有较高的效率，并能减少局域网上的信息阻塞。

4）信息覆盖面广、容量大、时效长

Internet已与全球190多个国家和地区数以亿计的用户连通，一旦加入Internet，即可与世界各地的人们交流信息，实现全球通信。而信息一旦进入发布平台，即可长期存储、长期有效。

5）收费低廉

Internet的发展获益于政府对信息网络的大力支持，在美国Internet的收费标准完全能被普通用户接受，中国Internet的收费标准也在不断降低。

6）具有公平性

接入Internet的大小网络都具有平等的地位，没有一个主控Internet的机构；所有接入的网络本着自愿的原则，由自身拥有者管理，采用“自治”的模式。

尽管如此，人们也应该看到Internet的另一面：资源的分散化管理为Internet上的信息查找带来较大困难，而且Internet目前仍存在安全性问题，这不仅是技术性问题，也是一个社会问题和法律问题。因为它是一个“没有法律、没有警察、没有国界和没有总统的全球性网络”。正是Internet的这种开放性、自治性使它在安全方面先天不足，尚待改进。另外，计算机病毒也是困扰Internet发展的重要因素之一。

5.1.2 Internet的发展历程

1. Internet的发展阶段

Internet的发展经历了研究实验、实用发展和商业化三个阶段。

1）1968年—1983年为研究实验阶段

Internet起源于1969年建成的ARPANET，并在此阶段以它为主干网。到1983年，ARPANET分成两部分，公众用ARPANET和军用MilNET。

ARPANET最初采用“主机”协议，后改用“网络控制协议”。直到1983年，ARPANET上的协议才完全过渡到TCP/IP。美国加利福尼亚伯克利分校把该协议作为其BSD UNIX (Berkeley Software Distribution UNIX)的一部分，使得该协议流行起来，从而诞生了真正的Internet。

ARPANET的分散结构、低崩溃、高生存性使其从单纯用于军事通信目的的实验网络，发展成为世界范围的计算机通信网。

2）1984年—1991年为实用发展阶段

此阶段的Internet以美国国家科学基金网(NSFNET)为主干网。1986年，美国国家科学基金会(National Science Foundation，NSF)利用TCP/IP协议，在5个科研教育服务超级计算机中心的基础上建立了NSFNET广域网。其目的是共享它拥有的超级计算机，推动科学研究发展。从1986年到1991年，连入NSFNET的计算机网络从100多个发展到3 000

多个，极大地推动了 Internet 的发展。与此同时，ARPANET 逐步被 NSFNET 替代。到 1990 年，ARPANET 退出了历史舞台，NSFNET 成为 Internet 的骨干网，作为 Internet 远程通信的提供者而发挥着巨大作用。

到了 20 世纪 90 年代初期，Internet 事实上已成为一个“网中网”。各个子网分别负责自己的建设和运行费用，而这些子网又通过 NSFNET 互联起来。这个阶段 Internet 主要由政府出资、维护与运营，大量子网连入 Internet 提供非商业化服务。

3) 自 1991 年起为商业化阶段

在 20 世纪 90 年代以前，Internet 的使用一直仅限于研究与学术领域，随着 Internet 规模的迅速扩大，Internet 中蕴藏的巨大商机逐渐显现出来。

1991 年，美国的三家公司 General Atomics、Performance Systems International、UUnet Technologies 开始分别经营自己的 CERFNET、PSINET 及 AlterNET 网络，可以在一定程度上向客户提供 Internet 联网服务和通信服务。他们组成了“商用 Internet 协会”(Commercial Internet Exchange Association，CIEA)，该协会宣布用户可以把它们的 Internet 子网用于任何的商业用途。由此，商业活动大面积展开。

1995 年 4 月 30 日，NSFnet 正式宣布停止运作，转为研究网络，代替它维护和运营 Internet 骨干网的是经美国政府指定的三家私营企业 Pacific Bell、Ameritech Advanced Data services and Bellcore 以及 Sprint。至此，Internet 骨干网的商业化彻底完成。

到 2007 年 3 月，Internet 已经联系着全球不同国家和地区的数以万计的子网，全球总网民数量为 1 114 274 426，网民平均普及率为 16.9%。全球各顶级域名下注册的域名总数在 2006 年年底达到 1.2 亿。2007 年 3 月，网站数量突破 1.1 亿。Internet 已成为世界上信息资源最丰富的计算机公共网络，是全球信息高速公路的基础。

2. 中国 Internet 的发展

Internet 引入中国的时间不长，但发展很快，总体分为四个阶段。

1) 1986 年—1993 年，研究试验阶段

这一阶段实际上只是为少数高等院校、研究机构提供了 Internet 的电子邮件服务。1986 年，北京市计算机应用技术研究所实施的国际联网项目——中国学术网(Chinese Academic Network，CANET)启动。1987 年 9 月，CANET 在北京计算机应用技术研究所内正式建成中国第一个国际互联网电子邮件结点，并于 9 月 14 日钱天白教授发出了中国第一封电子邮件：“Across the Great Wall，we can reach every corner in the world.(越过长城，走向世界)”，揭开了中国人使用 Internet 的序幕。1989 年到 1993 年期间，建成了中关村地区教育与科研示范网络(National Computing and Networking Facility of China，NCFC)工程。1990 年 11 月 28 日，中国正式在 SRI-NIC(Stanford Research Institute's Network Information Center，斯坦福研究所网络信息中心)注册登记了中国的顶级域名 CN，并开通了使用中国顶级域名 CN 的国际电子邮件服务，从此中国的网络有了自己的身份标识。

2) 1994 年—1996 年，起步阶段

这一阶段主要为教育科研应用。1994 年 1 月，美国国家科学基金会同意了 NCFC 正式接入 Internet 的要求。同年 4 月 20 日，NCFC 工程通过美国 Sprint 公司连入 Internet 的 64kbps 国际专线开通，实现了与 Internet 的全功能连接，从此中国正式成为有 Internet 的

国家。1994 年 5 月,开始在国内建立和运行中国的域名体系。同年 5 月 15 日,中科院高能物理研究所设立了国内第一个 Web 服务器,推出第一套网页。

随后几大公用数据通信网——中国公用分组交换数据通信网(ChinaPAC)、中国公用数字数据网(ChinaDDN)、中国公用帧中继网(ChinaFRN)建成,为中国 Internet 的发展创造了条件。同一时期,中国相继建成四大互联网——中国科学技术网(CSTNET)、中国教育和科研网(CERNET)、中国公用计算机网(CHINANET)、中国金桥信息网(CHINAGBN)。

3) 1997 年—2003 年,快速增长阶段

1997 年 6 月 3 日,中国科学院在中科院网络信息中心组建了中国互联网络信息中心(CNNIC),同时成立中国互联网络信息中心工作委员会。在这一阶段中国的 Internet 沿着两个方向迅速发展,一是商业网络迅速发展,二是政府上网工程开始启动。

商业网络方面,中国接入互联网络的计算机从 1998 年的 64 万台直升到 2003 年底的 3 089 万台,Internet 用户从 1998 年的 80 万急速增长到 2003 年底的 7 950 万。此外,到 2003 年 CN 下注册的域名数、网站数分别达到 34 万和 59. 6 万,IP 地址数也增长到 59 571 712 个,即 2A+394B+766C,网络国际出口带宽总量达到 27 216M,连接到美国、加拿大、澳大利亚、英国、德国、法国、日本、韩国等 10 多个国家和地区。

政府上网工程方面,1999 年 1 月 22 日"政府上网年"的第一幕正式拉开,由原国家经贸委信息中心和中国电信共同主办,联合 48 个部委和国务院直属机构共同发起的"政府上网工程"正式启动。2000 年,80%以上的各级政府及各个部门在网上建有正式站点,并提供信息共享和便民应用项目。到今日,政府上网已达到一定广度和深度,电子政务已大部分立项并展开建设。

4) 从 2004 年开始,步入多元化实用阶段

从中国接入国际互联网发展至今,中国互联网发展日新月异,取得了丰硕成果,并在普及应用方面进入了崭新的多元化应用阶段。主要体现在以下四个方面:

(1) 上网方式更加多元化。接入 Internet 的方式从过去的拨号、专线方式扩展到宽带 xDSL 接入、混合光纤同轴电缆接入、光纤接入,从有线扩展到无线,以及电力线接入。这种随时随地互连互通的实现和网络接入方式的多样性,为多元化应用提供了物质保证。

(2) 上网途径多元化。除了传统的在单位和家中上网外,在学校、网吧、图书馆、咖啡厅上网的比例不断提高,无线上网、移动上网的比例增加。随着上网环境和上网条件的改善,人们将在多种场所,利用多种设备,通过多种方式,更方便地使用 Internet。

(3) 实际应用更加多元化。用户上网的用途更多更广,不再集中于单一活动和功能,对相关各项功能和服务的满意度提高,搜索引擎、网络教育、网络新闻、网上招聘、网络广告、收费邮件服务、网络资讯服务和博客等业务快速发展,网上购物交易的商品内容呈多样化。聊天、网络游戏、网上视频服务和短信服务等娱乐项目的需求和应用大幅增加。此外,金融、保险服务、票务服务和旅店预订服务也占据着一席之地。随着网络提供的功能和服务的进一步完善,网络应用化、生活化服务将进一步成熟。

(4) 上网用户所属行业进一步多元化。越来越多的企业已经搭乘和正在搭乘网络快车。

总体来看,从 1994 年正式接入 Internet 到现在,中国互联网络在上网计算机数、上网用户人数、CN 下注册的域名数、WWW 站点数、网络国际出口带宽、IP 地址数等方面皆有不

同程度的变化，呈现出快速增长态势。

据中国互联网络信息中心公布的第二十次中国互联网络发展状况统计报告显示，截止到2007年6月，中国网民总数为1.62亿，比2006年同期相比，一年内增加了3900万人，增长率为31.7%，中国互联网的普及率已经达到12.3%。2002年至2007年中国上网用户数增长趋势如图5.2所示。和2006年12月末相比，宽带（含专线）网民数量明显上升，半年增加了1800万人。其中专线网民平稳发展，半年内略微增长170万，达到2880万网民；拨号网民继续下降，但仍有超过3160万网民在使用拨号上网；使用无线接入的网民已达到5564万，其中以手机为终端的无线接入规模已经达到4430万人。宽带上网成为网民最主要的上网方式。图5.3显示了2000年至2006年中国不同方式上网用户数的总体趋势，使用专线及拨号上网网民数量呈现持续下降趋势，而宽带网民数依旧保持高速增长。

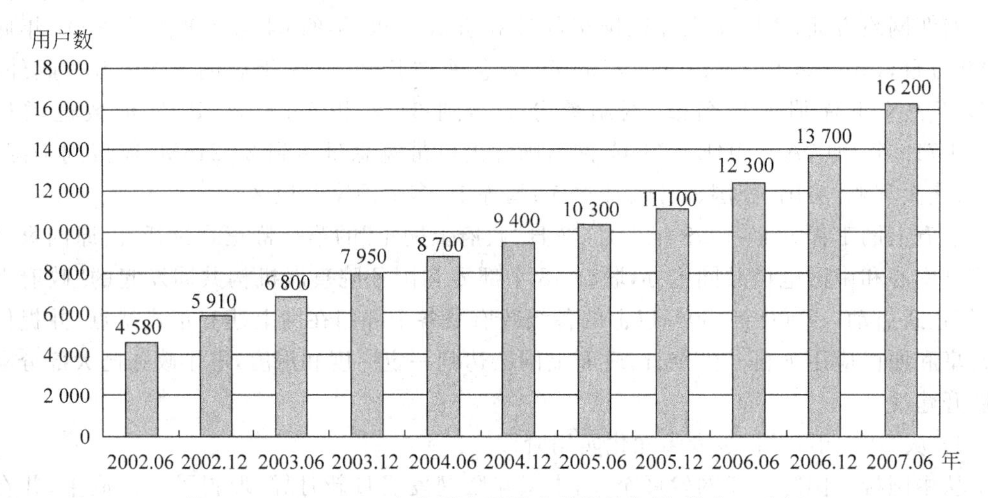

图5.2　2002—2007年全国上网用户总数趋势图(单位：万人)

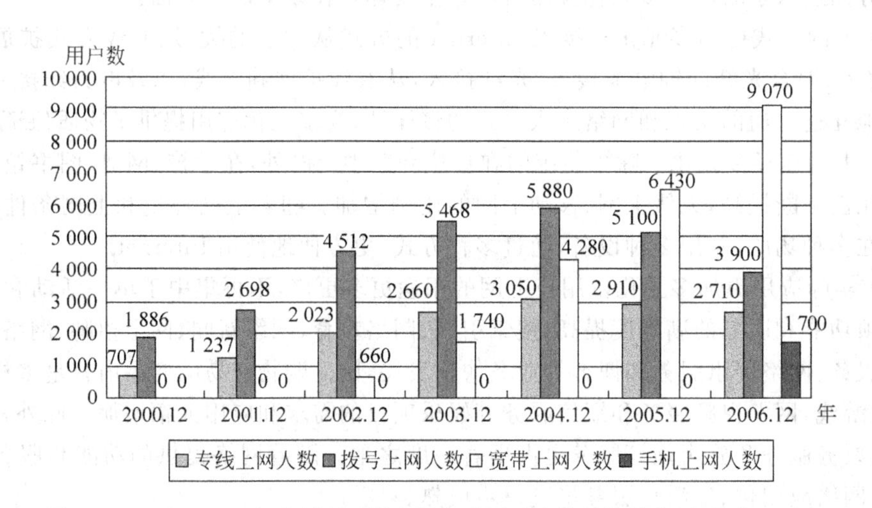

图5.3　2000—2006年全国以不同上网方式网民人数总体趋势图(单位：万人)

截止到2007年6月，中国上网的计算机达到6710万台，比2006年末增长了770万台，比2006年同期增加了1260万台，年增长率23.1%。到2006年12月31日，拨号上网计算机数为1820万台，与2005年同期相比减少了240万台，同比下降11.7%；宽带上网计算机数为 3 530 万台，与 2005 年同期相比增加了 1 290 万台，同比增长 57.6%。到 2007 年 6 月，中国国际出口带宽的总容量为 312 346Mbps，年增长率达到 45.8%，连接的国家有美国、俄罗斯、法国、英国、德国、日本、韩国和新加坡等。在 IP 地址方面，中国大陆 IPv4 地址数已达 1.18 亿个，与 2006 年同期相比年增长了 39.5%，可见，中国的 IP 地址资源近几年增长较快，在数量上达到了一定的规模，但是这些 IP 地址资源目前仍不能完全满足中国互联网络运营单位发展的需要。随着 IPv6 的应用，中国大陆 IPv6 地址总数为 27 块/32。

此外，中国 CN 下注册的域名数为 615 万个，占据中国域名总数的近 6 成，与 2006 年同期增长了 416.5%。从 CN 下注册域名的地域分布可以看出，CN 下注册域名主要集中在华北、华东、华南，东北、西南、西北的 CN 下注册域名所占比例仍非常小。截至 2007 年 6 月，中国网站数量为 131 万个，半年内增加了 47 万个，比 2006 年同期增加了 52 万个，年增长率达到 66.4%。其中增长最快的是 CN 域名下的网站，CN 下网站数已达 81 万，年增长率达到 137.5%。站点地区分布上主要集中在华北、华东、华南。由域名和站点分布可见中国地区之间 Internet 的发展水平、普及水平存在很大差距，呈现东快、西慢，城市快、乡村慢的特点，与各地区的经济发达程度一致。这主要是因为绝大多数农村人口尤其是中西部地区，在信息化浪潮中被边缘化，形成了新世纪新型的知识贫困和信息贫困人群。

3. 下一代 Internet

美国总统克林顿在 1994 年宣布正式实施国家信息基础设施（NII）计划，即“信息高速公路”，其目标是建成高速广域网，传输速率达到“Gbps”数量级，在未来达到“Tbps（1 000Gbps）”数量级。该项计划不仅推动了 Internet 本身的发展，也促进了对下一代 Internet 的研究。

1996 年 10 月，美国政府发起下一代 Internet（Next Generation Internet，NGI）计划，其主要研究工作涉及协议、开发、部署高端试验网以及应用演示，并建立了 NGI 主干网 vBNS（Very High Bandwidth Network Service）。1998 年，美国下一代 Internet 研究的大学联盟 UCAID（University Corporation for Advanced Internet Development）成立，启动 Internet 2 计划，并于 1999 年底建成传输速率 2.5Gbps 的 Internet 2 骨干网 Abilene，至 2004 年 2 月已升级到 10Gbps。2006 年 6 月，Internet 2 联盟首次提出了 100Gbps 带宽的 Internet 2 网络规划。到 2007 年秋天，Internet 2 联盟将向 800Gbps 的超高速度发起冲击。由于政府的高度重视和大力支持，目前以美加为主的北美地区代表了全球下一代 Internet 的最高水平。

亚太地区于 1998 年发起建立了“亚太地区先进网络 APAN（Asia-Pacific Area Network）”，加入下一代 Internet 的国际性研究。日本目前在国际 IPv6 的科学研究乃至产业化方面占据国际领先地位。在欧洲，2001 年欧盟启动下一代 Internet 研究计划，建立了连接三十多个国家学术网的主干网 GEANT（Gigabit European Academic Network）。2002 年，美国 Internet 2 联合欧洲、亚洲各国发起“全球高速互联网 GTRN（Global Terabit Research Network）”计划，积极推动全球化的下一代 Internet 研究和建设。2004 年 1 月 15 日，包括美国 Internet 2、欧盟 GEANT 和中国 CERNET 在内的全球最大学术网络，在比利时首都布鲁塞尔欧盟总部向全世界宣布，同时开通全球 IPv6 下一代 Internet 服务。

目前，Internet 2 还不会对公众开放，而是只限于学术界。

近年来，中国已经启动了一系列与下一代 Internet 研究相关的计划。这些计划已经取得部分成果，如国家发展与改革委员会的“下一代互联网中日 IPv6 合作项目”于 2006 年 5

月 27 日顺利通过专家验收，中日 IPv6 试验网已经建成并投入运行。特别是在下一代互联网络试验网及其应用方面，2000 年在北京地区已建成中国第一个下一代互联网 NSFCNET 和中国第一个下一代互联网络交换中心“Dragon TAP”，实现了与国际下一代 Internet 2 的连接。

此外，2004 年 3 月 19 日，中国第一个下一代 Internet 主干网——CERNET 2 试验网正式宣布开通并提供服务。CERNET 2 是中国下一代互联网示范工程 CNGI(China Next Generation Internet)最大的核心网和唯一的全国性学术网，是目前全球规模最大的纯 IPv6 技术的下一代互联网主干网。

2003 年，由中国国家八部委联合发起的“中国下一代互联网示范项目”CNGI 正式启动。在 CNGI 工程项目中，由中国教育科研网、中国电信、中国联通、中国网通与中国科学院计算机网络信息中心、中国移动、中国铁通分别建设了 6 个网，构成了 6 个全国性的 IPv6 骨干网络。经过三年多的建设，由国内五大运营商和学术科研网共同承担的 CNGI 项目取得了阶段性成果：2006 年 9 月 23 日，清华大学“CNGI-CERNET2/6IX”项目通过验收；2007 年 2 月 4 日，中国网通与中国科学院 CNGI 核心网项目通过验收；2007 年 2 月 5 日，中国电信 CNGI 示范工程核心网和上海互联交换中心项目通过验收。此外，中国移动、中国联通承建的 CNGI 项目也都通过了验收。

CNGI 示范网络的建设成功，其意义是多方面的，不仅开辟了 IPv6 网络大规模商业应用的先河，而且极大地促进了中国下一代互联网络产业的发展。

5.1.3 Internet 的管理组织

Internet 的最大特点是管理上的开放性。在 Internet 中没有一个有绝对权威的管理机构，任何接入者都是自愿的。Internet 是一个互相协作、共同遵守一种通信协议的集合体。

1. Internet 的管理者

在 Internet 中，最权威的管理机构是 Internet 协会(Internet Society—ISOC)。它是一个完全由志愿者组成的指导国际互联网络政策制定的非营利、非政府性组织，目的是推动 Internet 技术的发展与促进全球化的信息交流。它兼顾各个行业的不同兴趣和要求，注重国际互联网络上出现的新功能与新问题，其主要任务是发展国际互联网络的技术架构。

在 Internet 理事会下设有 3 个最重要的机构，分别为因特网体系结构研究会(Internet Architecture Board，IAB)、因特网编号管理局(Internet Assigned Numbers Authority，IANA)和因特网工程部(Internet Engineering Task Force，IETF)。此外，还有一个与 IETF 密切相关的机构，因特网研究部(Internet Research Task Force，IRTF)。Internet 协会的组织机构如图 5.4 所示。

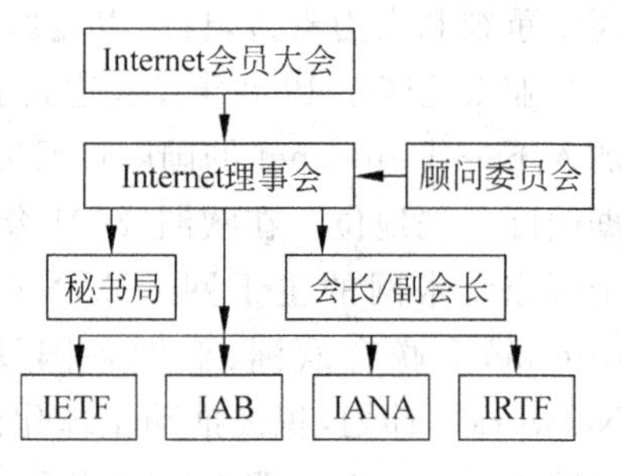

图 5.4　ISOC 的组织结构

IAB 专门负责协调 Internet 技术管理与技术发展。其主要职责是：根据 Internet 的发展需要制定 Internet 技术标准，制定与发布 Internet 工作文件，进行 Internet 技术方面的国际协调与规划 Internet 发展战略；IANA 是管理 IP 地址、分配 Internet RFC(request for comments)序号以及决定与 Internet 运行和服务有关的序号与定义的机构；IETF负责技术管理方面的具体工作，包括Internet中、短期技术标准和协议制定以及Internet体系结构的确定等；IRTF负责技术发展方面的具体工作。

Internet的日常管理工作由网络运行中心(Network Operation Center,NOC)与网络信息中心(Network Information Center,NIC)承担。其中，NOC负责保证Internet的正常运行与监督Internet的活动；而网络信息中心负责为ISP与广大用户提供信息方面的支持，包括地址分配、域名注册和管理等。

2. 中国Internet的管理者

中国的Internet由中国互联网信息中心(China Internet Network Information Center,CNNIC)进行管理，其主要职责如下。

(1) 为中国的互联网用户提供域名注册、IP地址分配等注册服务。

(2) 提供网络技术资料、政策与法规、入网方法、用户培训资料等信息服务。

(3) 提供网络通信目录、主页目录与各种信息库等目录服务。

中国互联网信息中心工作委员会由国内著名专家与五大主干网的代表组成，它们的具体任务是协助制订网络发展的方针与政策，协调中国的信息化建设工作。

5.1.4 Internet的组成与功能

1. Internet的组成部分

Internet由硬件和软件两大部分组成，硬件主要包括通信线路、交换设备和主机，软件部分主要是指信息资源。

1) 通信线路

通信线路是Internet的基础设施，各种各样的通信线路将网络中的路由器、计算机等连接起来，可以说没有通信线路就没有Internet。通信线路归纳起来主要有两类：有线通信线路(如光缆、铜缆等)和无线通信线路(如卫星、无线电等)。

2) 交换设备

交换设备包括路由器和交换机。路由器是Internet中极为重要的设备，它是网络与网络之间连接的桥梁，负责将数据由一个网络送到另一个网络，它根据数据所要到达的目的地，通过路径选择算法为数据选择一条最佳的输出路径。由于交换机功能越来越多，有的交换机已经拥有路由的功能，因此交换机在Internet中的应用也越来越多。

3) 主机

计算机是Internet不可或缺的成员，它是信息资源和服务的载体。接入Internet的计算机既可以是巨型机，也可以是一台普通的PC或笔记本，所有连接在Internet上的计算机统称为主机。

主机按其在Internet中扮演的角色不同，可分为两类，即服务器(server)和客户机(client)。服务器就是Internet服务和信息资源的提供者，而客户机则是这些服务和信息资源的使用者。服务器借助于服务器软件向用户提供服务和管理信息资源，用户通过客户机中装载的访问软件访问Internet上的服务和资源。

4) 信息资源

Internet中存在多种类型的资源，例如文本、图像、声音、视频等。可以说，没有信息资源，Internet就失去了它的吸引力，正是丰富的资源共享才使得Internet蓬勃发展。

2. Internet 的主要功能

Internet 自其产生、发展以来,随着技术的逐步更新、人们需求的变化和社会变革,它的功能和应用也在不断扩展,目前其主要功能有如下八个方面。

1) 共享全球信息资源宝库

Internet 中的信息资源可谓是应有尽有,涉及诸多方面,而且跨越国界、全球共享,用户足不出户亦可知晓天下事。同时,Internet 的信息服务功能也为人们提供了一个让外界了解自己的窗口。在这个信息发布海洋中,众多大学、科研机构、政府部门、企事业单位、团体个人都设立了图文并茂、内容独特、不断更新的 Web 站点,进行全方位展示和对外宣传。总之,Internet 缩短了时空距离,大大加快了信息的传递,使得社会的各种资源得以共享。

2) 便利的通信服务

Internet 提供了诸如 E-mail、聊天室、网络寻呼(QQ)等一系列方便、快捷和便宜的通信服务,显示出其强大的魅力。因此 Internet 是一个交流的平台,特别是多媒体技术的应用,如实时文字交谈,网络 IP 电话,网上桌面会议,在线视听等更让它成为人们生活中不可缺少的有力工具。

3) 快捷的电子商务

Internet 连通了产品开发商、制造商、经销商和消费者,使他们之间的信息传输不但迅速高效,而且为企业提供了巨大的市场潜力和商业机遇。在这个经济飞速发展的社会,Internet 为企业创造了竞争力,为个人提供了极大便利。电子商务使人们可以通过网络购物、支付手机话费、进行证券交易、了解股市行情等。

4) 便利的自我展示平台

博客和播客的出现,使网民能够在网络上很快地构造自己的网站,发表自己的言论,为网民们展示自我,并与别人进行交流,提供了一个很好的平台。

5) 丰富的远程教育

Internet 远程教育实现了教育资源的共享,扩大了高水平教育的覆盖面,增加了学习机会。学生可以通过计算机接入到 Internet 上的教学站点,自主学习有关专业课程,并参加联网考试来完成学业。这种网上教学不受时间、地点以及面对面统一教学模式的限制,学生可自行安排学习内容、学习进度等,由被动学习变为主动学习,还可通过网络巩固、更新和提高自己,是一种个性化的教学模式,较好地实现了继续教育和终身教育。

6) 即时的医疗服务

在医疗方面 Internet 也起着不可忽视的作用。患者可以利用 Internet 求医、挂号、预约门诊、预定病房、在线诊断,也可以进行医疗咨询,获得专家答疑;通过 Internet,医生可以迅速获得患者的病史资料,普通医院也可得到专家帮助,还可实现不同地点的多位专家网上会诊。

7) 公开的政府工作

政府在 Internet 上公布政府部门的职能、机构组成、工作程序,为公众与政府之间办理事务提供方便。各级政府之间通过 Internet 可相互联系、传递公文、协调工作,从而提高工作效率。政府在网上发布各种文件、资料、档案、通告、政策,供公众查询。这不仅方便了群众,提高了各种资料的利用率,而且也提高了政府政策的透明度。Internet 为政务公开提供了一个平台,为公众提供了一个反映意愿、与政府对话的渠道。

8）动感的娱乐项目

Internet 向人们提供了丰富多彩的娱乐形式和内容，包括最新影视动态、在线电影、电视、广播、下载各种音像制品等。此外，大量的网络游戏以其多人参与、互相协作和场景逼真而成为更具刺激更具吸引力的娱乐项目。

5.2　Internet 工作原理

从本质上讲，Internet 是网络的网络，它的工作原理与局域网基本相同。只是由于规模不同，从而产生了从量变到质变的飞跃。具体地说，Internet 工作原理主要包括分组交换原理、TCP/IP 协议和 Internet 工作模式，下面分别介绍。

5.2.1　分组交换原理

1. 共享线路与延迟

在计算机网络中，系统中的计算机往往是通过共享的方式来共同使用底层的硬件设备，比如说通信线路等。这种方式可以只用少量的线路和交换设备，共享传输线路，从而降低成本。然而共享也带来弊端，当一台计算机长时间占用共享设备时，就会产生延迟。正如堵车一样，很多车辆挤在同一路口，只能允许几辆车先通过，而别的车必须排队等候。当网络流量较大时，排在前面的可以享用设备，而其他的只能等待。解决的方法是将信息分解成数据包（分组），每台机器每次只能传送一定数量的数据包，这称为轮流共享。

2. 分组交换

将数据总量分割，轮流服务的方法称为分组交换，而计算机网络中用这种方式来共享网络资源的技术就称为分组交换技术。Internet 上所有的数据都以分组的形式传送。

分组交换有效地避开了延迟。当某台计算机发送较长信息时，可以分为若干个分组；另一台计算机发送较短信息，可以不分组或少分组。长信息发送一个分组后，短信息有机会发送自己的分组，而无需等待长信息发送完毕，从而避开了延迟。在分组交换网络中，传输速度很快，常常达到每秒传输 1 000 个以上的分组。当几个人同时将信息发送到一个共享网络时，千分之几秒的时间几乎感觉不到，所以可认为延迟不存在。

分组交换允许任何一台计算机在任何时候都能发送数据。当只有一台计算机需要使用网络时，那么它就可以连续发送分组。一旦另一台计算机准备发送数据时，共享开始了，两台计算机轮流发送，公平地分享资源。依次类推，N 台计算机都是按照轮流共享的原则，公平地使用网络。当网上有计算机准备发送数据或有计算机停止发送时，分组交换技术能够立即进行自动调整，重新分配网络资源，使每台计算机在任何时候都能公平地分享网络资源。这种网络共享的自动调整全部由网络的接口硬件完成所有细节。

Internet 使用分组交换技术，有效地保证了公平地共享网络资源。实际上，Internet 上的信息传递，就是同一时刻来自各个方向的多台计算机的分组信息的流动过程。

5.2.2　TCP/IP 协议

1. TCP/IP 协议简介

第 1 章已对 TCP/IP 协议进行了简要介绍，这里再进一步展开分析。大家知道，

TCP/IP 协议最早由斯坦福大学两名研究人员于 1973 年提出。随后从 1977 年到 1979 年间推出 TCP/IP 体系结构和协议规范。它的跨平台性使其逐步成为 Internet 的标准协议。通过 TCP/IP 协议,不同操作系统、不同结构的多种物理网络之间均可以进行通信。

TCP/IP 协议套件实际上是一个协议族,包括 TCP 协议、IP 协议以及其他一些协议。每种协议采用不同的格式和方式传输数据,它们都是 Internet 的基础。一个协议套件是相互补充、相互配合的多个协议的集合。其中 TCP 协议用于在程序间传输数据,IP 协议则用于在主机之间传输数据。表 5-1 简单说明了 TCP/IP 协议套件中的成员。

表 5-1　TCP/IP 协议套件

所在层次	协议名称	英文全名	中文名称	作用
应用层	SMTP	Simple Mail Transfer Protocol	简单邮件传输协议	主要用于传输电子邮件
	DNS	Domain Name Service	域名服务	用于域名服务,提供了从名字到 IP 地址的转换
	NSP	Name Service Protocol	名字服务协议	负责管理域名系统
	FTP	File Transfer Protocol	文件传输协议	用于控制两个主机之间文件的交换、远程文件传输
	TELNET	Telecommunication Network	远程通信网络	远程登录协议
	WWW	World Wide Web	万维网协议	既是通信协议,又是实现协议的软件
	HTTP	HyperText Transfer Protocol	超文本传输协议	既是通信协议,又是实现协议的软件
传输层	TCP	Transport Control Protocol	传输控制协议	负责应用程序之间数据传输,是可靠的面向连接的
	UDP	User Datagram Protocol	用户数据报协议	负责应用程序之间的数据传输,但比 TCP 简单,是不可靠的无连接的
	NVP	Network Voice Protocol	网络语音协议	用于传输数字化语音
互联层	IP	Internet Protocol	Internet 协议	计算机之间的数据传输
	ICMP	Internet Control Message Protocol	Internet 控制报文协议	用于传输差错及控制报文
	IGMP	Internet Gateway Message Protocol	Internet 网关报文协议	网络连接内外部网关的协议
网络接口层	ARP	Address Resolution Protocol	地址解析协议	网络地址转换,即 IP 地址到物理地址的映射
	RARP	Reverse ARP	反向地址解析协议	反向网络地址转换,即物理地址到 IP 地址的映射

2. TCP/IP 互联网概念结构

Internet 软件围绕着三个层次的概念化网络服务而设计,如图 5.5 所示。底层的服务被定义为不可靠的、尽最大努力传送的、无连接的分组传送系统,这种机制称为 Internet 协议,即 IP 协议,它为其他层的服务提供了基础。中间层是一个可靠的传送服务,对应 TCP 协议,Internet

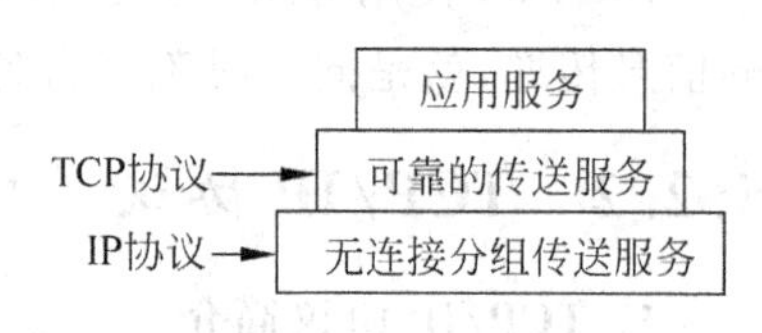

图 5.5　Internet 服务的三个概念层

数据传输的可靠性就由该层来保证，同时它为应用层提供了一个有效平台。最高层是应用服务层。

对于IP协议，所谓不可靠，指的是不能保证正确传送，分组可能丢失、重复、延迟或不按序传送，而且服务不检测这些情况，也不通知发送方和接收方。所谓无连接，指的是每个分组都是独立处理的，可能经过不同的路径，有的可能丢失，有的可能到达。所谓尽最大努力传输，指的是Internet软件尽最大努力来传送每个分组，直到资源用尽或底层网络出现故障时。而在中间这一层TCP协议给出了一种可靠的面向连接的传送机制。

3. IP工作原理

IP协议详细规定了计算机在通信时应遵循的规则，它是最基本的软件，每台准备通信的计算机都必须有IP软件驻留在其内存中。计算机在通信时产生的分组（数据包）都使用IP定义的格式，这些分组中除信息外，还有源地址和目的地址。当发送方将准备好的分组发送到Internet上后，就可以处理其他事务，由IP软件来将数据发送给其他计算机。

1）IP的三个重要作用

（1）IP规定了Internet上数据传输的基本单元，以及Internet上传输的数据格式。这种向上层（TCP层）提供的统一IP报文是实现异构网互联最关键的一步。

（2）IP软件完成路由选择功能，选择数据传输的路径。

（3）IP包含了一组分组传输的规则，指明了分组处理、差错信息发送以及分组丢弃等规则。由于采用无连接的点对点传输机制，IP协议不能保证报文传递的可靠性。

2）IP数据报

IP协议对传输的数据进行了分组处理，Internet上遵守IP规范的分组称为IP数据报，它使得各种帧或报文格式的差异性对高层协议不复存在。理论上，每个数据报可以长达64KB，但实际上它们往往只有1 500B左右。每个数据报经Internet传输，其间有可能被分段为更小的单元。IP数据报由报头（header）和数据两部分内容组成，其格式如图5.6所示。

0 4 8 16 18 24 31

<table>
<tr><td>版本号(4位)</td><td>IP头长度(4位)</td><td>服务类型(8位)</td><td colspan="2">数据报总长度(16位)</td></tr>
<tr><td colspan="3">标识(16位)</td><td>标志(3位)</td><td>片偏移(13位)</td></tr>
<tr><td colspan="2">生存时间(8位)</td><td>传输协议(8位)</td><td colspan="2">报头检验和(16位)</td></tr>
<tr><td colspan="5">源地址(64位)</td></tr>
<tr><td colspan="5">目的地址(64位)</td></tr>
<tr><td colspan="4">任选项(长度不定)</td><td>填充</td></tr>
<tr><td colspan="5">数据</td></tr>
</table>

图5.6 IP协议数据报格式

报头包含一些必要的控制信息，用于在传输途中控制IP数据报的寻径、转发和处理，它由20B的固定部分和变长的可选项部分构成。对于IP数据报格式的说明如表5-2所示。

表 5-2　IP 数据报格式的说明

名　　称	功　　能
版本(Version)	IP 协议的版本,现用的为 IPv4,下一个版本为 IPv6
IP 头长度(IP Head Length,IHL)	以 32 位字为单位给出数据报报头长度,通常为 5 字长(20 字节),最大值为 15 字长
服务级别(Type of Service,TOS)	规定优先级,时延、吞吐量、可靠性等
数据报总长度(Total Length)	以字节(B)表示整个数据报的长度(报头和报文),其上限为 65 535B
标识(identification)	用于控制分片重组,标识分组属于哪个数据报,目标主机根据标识号和源地址进行重组
标志(flag)	DF 为 1,表示数据报不分片;MF 为 1,表示还有属于同一数据报的数据报片
片偏移(fragment offset)	共 13 位,表示本报片在原始数据报的数据区中的位置,片偏移的取值为 0～8 192,仅最后一个片没有偏移值。目标主机按标识和偏移值重组数据报
生存时间(time to live)	用于确定数据报在网中传输最多可用多少秒,其作用是避免因特网中出现环路而无限延迟,其取值最大为 255 秒
传输协议字段(protocol field)	给出传输层所用的协议,例如 TCP、UDP,保证一致性
报头检验和(header checksum)	用来验证报头,以保证报头的完整性
源地址和目的地址	给出发送端和接收端的网络地址和主机地址,即 IP 地址
任选项(option)	主要用于网络控制测试或调试,长度可变。最后为填充位,使全长成为 4B 的倍数
数据	用于封装 IP 用户数据

4. TCP 工作原理

IP 协议只管将数据包传送到目的主机,无论传输正确与否,不做验证,不发确认,也不保证数据包的顺序,而这一问题就由传输层 TCP 协议来解决。TCP 协议为 Internet 提供了可靠的无差错的通信服务。当数据包到达目的地后,TCP 检查数据在传输中是否有损失,如果接收方发现有损坏的数据包,就要求发送端重新发送被损坏的数据包,确认无误后再将各个数据包重新组合成原文件。

1) TCP 的三个重要作用

(1) TCP 提供了计算机程序间的连接。从概念上说,TCP 就像人通过电话交谈一样提供计算机程序之间的连接,是一种端到端的服务。一台计算机上的程序选定一个远程计算机并向它发出呼叫,请求和它连接,被呼叫的远程计算机上的通信程序必须接受呼叫,一旦连接建立,两个程序就能够相互发送数据。最后,当程序结束运行时,双方终止会话。由于计算机比人的速度快得多,因而,两个程序能在千分之几秒内建立连接,交换少量数据,然后终止连接。

(2) TCP 解决了分组交换系统中的三个问题。首先,TCP 解决了如何处理数据报丢失的问题,实现了自动重传以恢复丢失的分组;其次,TCP 自动检测分组到来的顺序,并调整重排为原来的顺序;最后,TCP 自动检测是否有重复的分组,并进行相应处理。

检测和丢弃重复的分组相对来说比较容易。因为每一个分组中都有一个数据标识,接收方可以将已收到的数据标识与到来的数据报的标识进行比较,若重复,接收方不予理睬。

而恢复丢失的数据报比较困难,TCP 采用时钟和确认机制来解决这一问题。

无论何时,当数据报到达最终目的地时,接收端的 TCP 软件向源计算机回送一个确认信号,通知发送方哪些数据已经达到,从而保证所有数据都能安全可靠地到达目的地。而当发送方准备发送数据报时,发送方计算机上的 TCP 软件启动计算机内部的一个计时器计时。若数据在指定的时间内没有到达,也即发送方没有收到接收方在收到某个数据时返回的确认信号,计时器则认为这个数据报可能已丢失,于是发出一个信息通知 TCP,要求重发这个数据报。如果数据报在指定的时间内到达目的地,即发送方在指定时间内收到接收方所返回的确认信号,TCP 即刻取消这一计时器。

(3) TCP 时钟具有自动调整机制。TCP 可以自动根据目标计算机离源计算机的远近、网络传输的繁忙情况来自动调整时钟和确认机制中的重传超时值。例如,一个数据报从远方传来花 5 秒钟到达,可能是正常的;而从附近计算机传来花 1 秒钟,可能已经是不正常的,而是超时了。

如果网上同时有许多计算机开始发送数据报,而导致 Internet 的数据速度下降,TCP 则增加在重传之前的等待时间;如果网上传输量减少,线路较空,网速加快,TCP 将自动减少超时值。这样,在庞大的 Internet 中,TCP 协议能够自动修正超时值,从而使网上数据传输的效率更高。

2) TCP 数据报

Internet 中发送方和接收方的 TCP 软件都是以数据段(segment)形式来交换数据的。TCP 软件根据 IP 协议的载荷能力和物理网络最大传输单元(Maximum Transfer Unit,MTU)来决定数据段大小,这些数据段称为 TCP 数据报报文。它由数据报头和数据两部分组成,数据报头携带了该数据报所需的标识及控制信息,包括 20 个字节的固定部分和一个不固定长度的可选项部分,其格式如图 5.7 所示。

<table>
<tr><td>0</td><td>4</td><td>10</td><td>16</td><td>24</td><td>31</td></tr>
<tr><td colspan="3">源端口(16位)</td><td colspan="3">目的端口(16位)</td></tr>
<tr><td colspan="6">序列号(32位)</td></tr>
<tr><td colspan="6">确认号(32位)</td></tr>
<tr><td>报头长度
(4位)</td><td>保留
(6位)</td><td>码位
(6位)</td><td colspan="3">窗口大小(16位)</td></tr>
<tr><td colspan="3">检验和(16位)</td><td colspan="3">紧急指针(16位)</td></tr>
<tr><td colspan="5">任选项(长度不定)</td><td>填充</td></tr>
<tr><td colspan="6">数据</td></tr>
</table>

图 5.7　TCP 报文格式

对于 TCP 数据报格式的说明如表 5-3 所示。

3) TCP 连接

TCP 协议是面向连接的协议,连接的建立和释放是每一次通信必不可少的过程。TCP 协议采用“三次握手”方法建立连接。TCP 的每个连接都有一个发送序号和接收序号,建立连接的每一方都发送自己的初始序列号,并且把收到对方的初始序列号作为相应的确认序列号,向对方发送确认,这就是 TCP 协议的“三次握手”。实际上,TCP 协议建立连接的过程就是一个通信双方序号同步的过程。

表 5-3 TCP 数据报格式的说明

名　称	功　能
源端口/目的端口(source port/destination port)	各包含一个 TCP 端口编号,分别标识连接两端的两个应用程序。本地的端口编号与 IP 主机的 IP 地址形成一个唯一的套接字。双方的套接字唯一定义了一次连接
序列号(sequence number)	用于标识 TCP 段数据区的开始位置
确认号(acknowledgement number)	用于标识接收方希望下一次接收的字节序号
TCP 报头长度(header length)	说明 TCP 头部长度,该字段指出用户数据的开始位置
标志位(code)	分为六个标志:紧急标志位 URG、确认标志位 ACK、急迫标志位 PSH、复位标志位 RST、同步标志位 SYN、终止标志位 FIN
窗口尺寸(window size)	在窗口中指明缓存器大小,用于流量控制和拥塞控制
校验和(checksum)	用于检验头部、数据和伪头部
紧急数据指针(urgent pointer)	表示从当前顺序号到紧急数据位置的偏移量。它与紧急标志位 URG 配合使用
任选项(options)	提供常规头部不包含的额外特性。如所允许的最大数据段长度,默认为 536 字节。其他还有选择重发等选项
数据	用于封装上层数据

假如主机 A 的客户进程要与主机 B 建立一个 TCP 连接,该连接"三次握手"过程如图 5.8 所示。

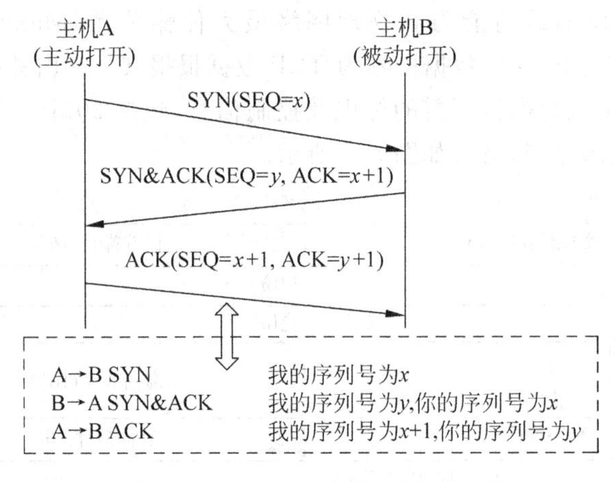

图 5.8 "三次握手"建立 TCP 连接

首先,主机 A 向 B 发送一个 SYN=1 的 TCP 连接请求数据报,同时为该数据报生成一个序号 SEQ(Sequence Number)=x,放在数据报头中一起发送出去。

接下来,主机 B 若接受本次连接请求,则返回一个确认加同步的数据报(SYN=1 且 ACK=1),这就是"第二次握手"。其中,同步的序号由主机 B 生成,如 SEQ=y,与 x 无关。同时用第一个数据报的序号值 x 加 1 作为对它的确认。

最后,主机 A 再向 B 发送第二个数据报(SEQ=$x+1$),同时对从主机 B 发来的数据报进行确认,序号为 $y+1$。

在数据传输结束后,TCP 需释放连接。在 TCP 协议中规定,通信双方都可以主动发出释放连接的请求。TCP 协议用 FIN 数据报(数据报头中的 FIN 标志位置 1)来请求关闭一个连接。对方在收到一个带有 FIN 标志位的数据报后，则马上回应确认数据报(ACK=1)，同时执行 CLOSE 操作关闭该方向上的连接，如图 5.9 所示。由于 TCP 连接是全双工的，通信双方可以依次地先后关闭一个单向连接，也可以同时提出关闭连接的请求，这两种情况处理都是一样的。最后，当连接在两个方向上都关闭以后，TCP 协议软件便将该连接的所有记录删除。

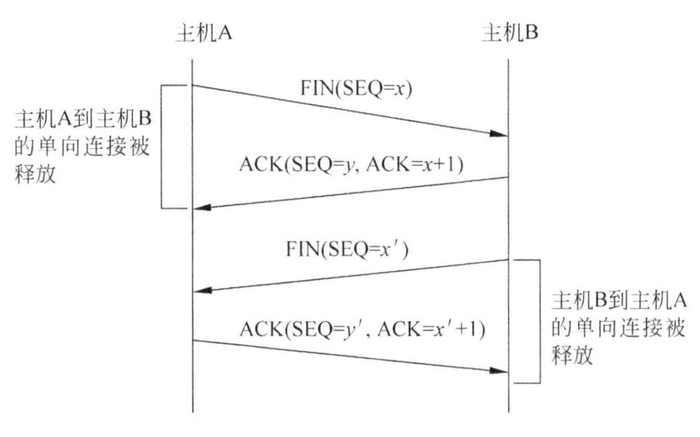

图 5.9　TCP 连接的释放过程

5.2.3 Internet 的工作模式

Internet 采用客户机-服务器的工作模式(简称 C/S 模式)。随着需求的增长和技术的发展，产生了一种新的工作模式，即浏览器与服务器模式(简称 B/S 模式)。其中，C/S 是美国 Borland 公司最早研发的，B/S 是美国微软公司研发的。

1. C/S 模式

目前，Internet 的许多应用服务，如 E-mail、WWW、FTP 等都是采用 C/S 工作模式，这种方式大大减少了网络数据传输量，具有较高的效率，并能减少局域网上的信息阻塞，能够充分实现网络资源共享。理解这一模式以及客户、服务器和它们之间的关系对掌握 Internet 的工作原理至关重要。

1) C/S 基本概念

客户机-服务器(Client/Server，C/S)模式是由客户机、服务器构成的一种网络计算环境，它把应用程序分成两部分，一部分运行在客户机上，另一部分运行在服务器上。主动启动通信的应用程序称为客户，而被动等待通信的应用程序称为服务器。通过 C/S 可以充分利用两端硬件环境的优势，将任务合理分配到 Client 端和 Server 端来实现，降低了系统的通信开销。

2) C/S 运作过程

工作过程通常为：客户机向服务器发出请求后，就只需集中处理自己的任务，如字处理、数据显示等；服务器则集中处理若干局域网用户共享的服务，并进行相应的处理，再将结果返回给客户程序，如管理公共数据、处理复杂计算等。

C/S 的典型运作过程包括以下五个主要步骤。

(1) 服务器监听相应窗口的输入。

(2) 客户机发出请求。

(3) 服务器接收到此请求。

(4) 服务器处理此请求,并将结果返回给客户机。

(5) 重复上述过程,直至完成一次会话过程。

C/S 的典型运作过程如图 5.10 所示。

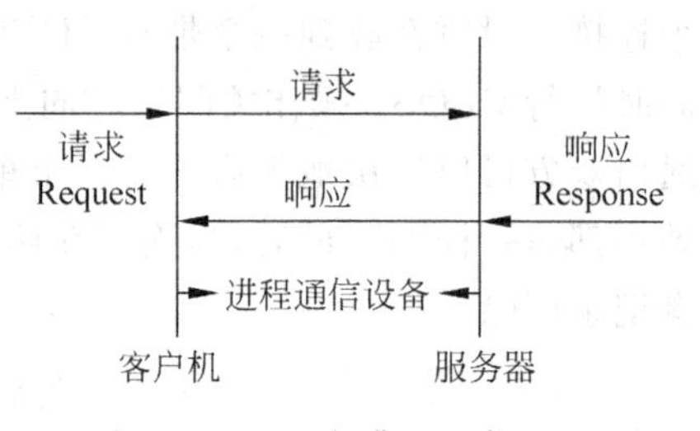

图 5.10 C/S 的典型运作过程

3) C/S 的特点

C/S 工作模式大大提高了网络运行效率,主要表现在:

(1) 减少了客户机与服务器之间的数据传输量,并使客户程序与服务程序之间的通信过程标准化。

(2) 将客户程序与服务程序分配在不同主机上运行,实现了数据的分散化存储和集中使用。

(3) 一个客户程序可与多个服务程序链接,用户能够根据需要访问多台主机。

2. B/S 模式

近年来,Internet 网络中又出现了一种新的模式,即 Browser/Server(B/S)结构。

1) B/S 基本概念

Browser/Server(B/S)结构是一种分布式的 C/S 结构,把传统 C/S 模式中的服务器部分分解为一个数据库服务器与一个或多个应用服务器(Web 服务器),呈三层的客户服务器体系结构。

第一层客户机是用户与整个系统的接口。客户的应用程序精简到一个通用的浏览器软件,如 Netscape Navigator、IE 等。浏览器将 HTML 代码转化成图文并茂的网页。网页还具备一定的交互功能,允许用户在网页提供的申请表上输入信息提交给后台,并提出处理请求。这个后台就是第二层的 Web 服务器。

第二层 Web 服务器将启动相应的进程来响应这一请求,并动态生成一串 HTML 代码,其中嵌入处理的结果,返回给客户机的浏览器。如果客户机提交的请求包括数据的存取,Web 服务器还需与数据库服务器协同完成这一处理工作。

第三层数据库服务器的任务类似于 C/S 模式,负责协调不同的 Web 服务器发出的请求,管理数据库。

2) B/S 的组成

B/S 结构的组成包括硬件和软件两部分。

硬件主要为一台或多台服务器、微机或终端、集线器、交换机、网卡和网线等。

软件主要有:

(1) 浏览器。属于客户端软件,负责在网络中向用户提供用户界面管理。通过它,用户可以使用 URL 资源的服务器地址,从而查询所需信息。

(2) 服务器端软件。包括数据库服务器软件和 Web 服务器软件。Web 服务器使用超文本标记语言 HTML(HyperText Markup Language)来描述网络上的资源,并以 HTML 数据文件的形式存在服务器中。数据库服务器主要是由 DBMS 完成对企事业单位内部信息资源的维护和管理。

(3) 网络操作系统。网络操作系统为所有运行在企事业单位内部网上的应用程序提供网络通信服务,即实现网络协议。

(4) 应用软件。

3) B/S 运作过程

B/S 的运作过程如图 5.11 所示。

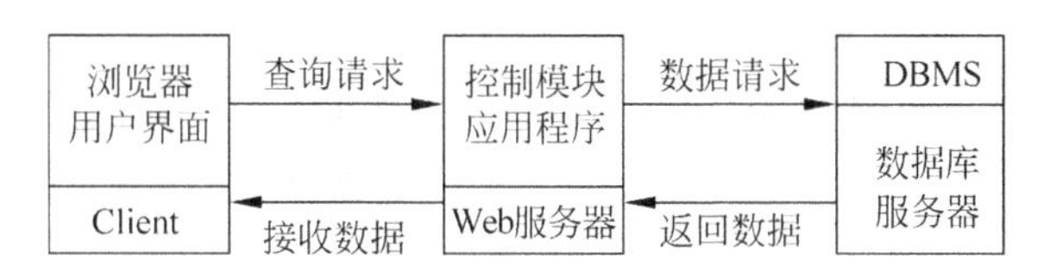

图 5.11 B/S 的运作过程

从图 5.11 中可看出，B/S 的处理流程是：在客户端，用户通过浏览器向 Web 服务器中的控制模块和应用程序输入查询要求，Web 服务器将用户的数据请求提交给数据库服务器中的数据库管理系统 DBMS；在服务器端，数据库服务器将查询的结果返回给 Web 服务器，再以网页的形式发回给客户端。在此过程中，对数据库的访问要通过 Web 服务器来执行。用户端以浏览器作为用户界面，使用简单、操作方便。

4) B/S 的特点

B/S 具有 C/S 所不及的很多特点：更加开放、与软硬件平台无关、应用开发速度快、生命周期长、应用扩充和系统维护升级方便等。B/S 结构简化了客户机的管理工作，客户机上只需安装、配置少量的客户端软件，而服务器将承担更多工作，对数据库的访问和应用系统的执行将在服务器上完成。

3. C/S 模式和 B/S 模式的比较

C/S 与 B/S 模式是两种不同的工作模式，但它们存在着共同点，也存在着差异，有各自的优劣，适用于不同的情况。两者的对比如表 5-4 所示。

表 5-4 C/S 模式与 B/S 模式的比较

项目	C/S 模式	B/S 模式
结构	分散、多层次结构	分布、网状结构
用户访问	客户端采用事件驱动方式一对多地访问服务器上资源	客户端采用网络用户界面(Network User Interface，NUI)多对多地访问服务器上资源，是动态交互、合作式的
主流语言	第四代语言(4GL)，专用工具	Java、HTML 类
成熟期	20 世纪 90 年代中	20 世纪 90 年代末
优点	① 客户端使用图形用户接口(Graphic User Interface，GUI)，易开发复杂程序 ② 一般面向相对固定的用户群，对信息安全的控制能力很强 ③ 客户端有一套完整的应用程序，在出错提示、在线帮助等方面都有强大的功能，并且可以在子程序间自由切换	① 分散应用与集中管理：任何经授权且具有标准浏览器的客户均可访问网上资源，获得网上的服务 ② 跨平台兼容性：浏览器 Web Server、HTTP、Java 以及 HTML 等网上使用的软件、语言和应用开发接口均与硬件和操作系统无关 ③ 系统易维护易操作："瘦"客户端维护工作大大降低，灵活性提高。此外系统软件版本的升级再配置工作量也大幅度下降 ④ 同一客户机可连接任意服务器 ⑤ 易开发，能够相对较好的重用

续表

项目	C/S 模式	B/S 模式
问题	① 客户端必须安装相应软件才可获得服务 ② 与应用平台相关,跨平台性差 ③ 客户端负担较重,服务器应用需客户端程序 ④ 只能与指定服务器相连 ⑤ C/S 程序可以更加注重流程,可以对权限多层次校验,对系统运行速度可以较少考虑	① Web 服务器应用环境弱、不能构造复杂应用程序 ② B/S 建立在广域网之上,对安全的控制能力相对弱,面向是不可知的用户群 ③ 对安全以及访问速度的多重的考虑,建立在需要更加优化的基础之上

5.3 IP 地址与域名

5.3.1 IP 地址

IP 地址是按照 IP 协议规定的格式,为每一个正式接入 Internet 的主机所分配的、供全世界标识的唯一通信地址。目前全球广泛应用的 IP 协议是 4.0 版本,记为 IPv4,因而 IP 地址又称为 IPv4 地址,本节所讲 IP 地址除特殊说明外均指 IPv4 地址。

1. IP 地址结构和编址方案

IP 地址用 32 位二进制编址,分为四个 8 位组,由网络号 Netid 和主机号 Hostid 两部分构成。网络号确定了该台主机所在的物理网络,它的分配必须全球统一;主机号确定了在某一物理网络上的一台主机,它可由本地分配,不需全球一致。需要注意的是,作为路由器的主机,具有多个相应的 IP 地址,可同时连接到多个网络上,是一种多地址主机。

根据网络规模,IP 地址分为 A 到 E 五类,其中 A、B、C 类称为基本类,用于主机地址,D 类用于组播,E 类保留不用,如图 5.12 所示。

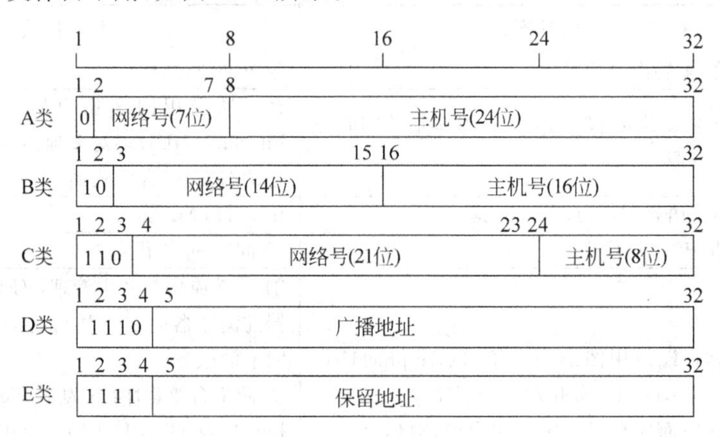

图 5.12　IP 地址编址方案

1) A 类地址

在 IP 地址的四段号码中,第一段号码为网络号码,剩下的三段号码为本地计算机的号码。如果用二进制表示 IP 地址的话,A 类 IP 地址就由 1 字节的网络地址和 3 字节主机地址组成,网络地址的最高位必须是“0”。A 类 IP 地址中网络标识长度为 7 位,主机标识长度为 24 位，A 类网络地址数量较少，一般分配给少数规模达 1 700 万台主机的大型网络。

2）B 类地址

在 IP 地址的四段号码中，前两段号码为网络号码，B 类 IP 地址就由 2 字节的网络地址和 2 字节主机地址组成，网络地址的最高位必须是“10”。B 类 IP 地址中网络标识长度为 14 位，主机标识长度为 16 位，B 类网络地址适用于中等规模的网络，每个网络所能容纳的计算机数为 6 万多台。

3）C 类地址

在 IP 地址的四段号码中，前三段号码为网络号码，剩下的一段号码为本地计算机的号码。如果用二进制表示 IP 地址的话，C 类 IP 地址就由 3 字节的网络地址和 1 字节主机地址组成，网络地址的最高位必须是“110”。C 类 IP 地址中网络的标识长度为 21 位，主机标识的长度为 8 位，C 类网络地址数量较多，适用于小规模的局域网络，每个网络能够有效使用的最多计算机数只有 254 台。例如某大学现有 64 个 C 类地址，则可包含有效使用的计算机总数为 254×64＝16 256 台。

三类 IP 地址空间分布为：A 类网络共有 126 个，B 类网络共有 16 000 个，C 类网络共有 200 万个。每类中所包含的最大网络数目和最大主机数目(包括特殊 IP 在内)总结如表 5-5 所示。

表 5-5　三种主要 IP 地址所包含的最大网络数和最大主机数

地址类	前缀二进制位数	后缀二进制位数	网络最大数	网络中最大主机数
A	7	24	128	16 777 216
B	14	16	16 384	65 536
C	21	8	2 097 152	256

2. IP 地址表示方式

IP 地址是 32 位二进制数，不便于用户输入、读/写和记忆，为此用一种点分十进制数来表示，其中每 8 位一组用十进制表示，并利用点号分割各部分，每组值的范围为 0 到 255，因此 IP 地址用此种方法表示的范围为 0.0.0.0 到 255.255.255.255。根据上述规则，IP 地址范围及说明如表 5-6 所示。

表 5-6　IP 地址范围及说明

地址类	网络标识范围	特殊 IP 说明
A	0～127	0.0.0.0 保留，作为本机 0.x.x.x 保留，指定本网中的某个主机 10.x.x.x，供私人使用的保留地址 127.x.x.x 保留用于回送，在本地机器上进行测试和实现进程间通信。发送到 127 的分组永远不会出现在任何网络上
B	128～191	172.16.x.x～172.31.x.x，供私人使用的保留地址
C	192～223	192.168.0.x～192.168.255.x，供私人使用的保留地址，常用于局域网中
D	224～239	用于广播传送至多个目的地址用
E	240～255	保留地址 255.255.255.255 用于对本地网上的所有主机进行广播，地址类型为有限广播

注：① 主机号全为 0 用于标识一个网络的地址，如 106.0.0.0 指明网络号为 106 的一个 A 类网络
② 主机号全为 1 用于在特定网上广播，地址类型为直接广播，如 106.1.1.1 用于在 106 段的网络上向所有主机广播

5.3.2 子网划分

对于一些小规模的网络和企业、机构内部网络即使使用一个C类网络号仍然是一种浪费，因而在实际应用中，需要对IP地址中的主机号部分进行再次划分，将其划分成子网号和主机号两部分，从而把一个包含大量主机的网络划分成许多小的网络，每个小网络就是一个子网。每个子网都是一个独立的逻辑网络，单独寻址和管理，而对外部它们组成一个单一网络，共享某一IP地址，屏蔽内部子网的划分细节。

1. 子网和主机

如图5.13所示显示了一个B类地址的子网地址表示方法。此例中，B类地址的主机地址共16位，取主机地址的高7位作子网地址，低9位做每个子网的主机号。

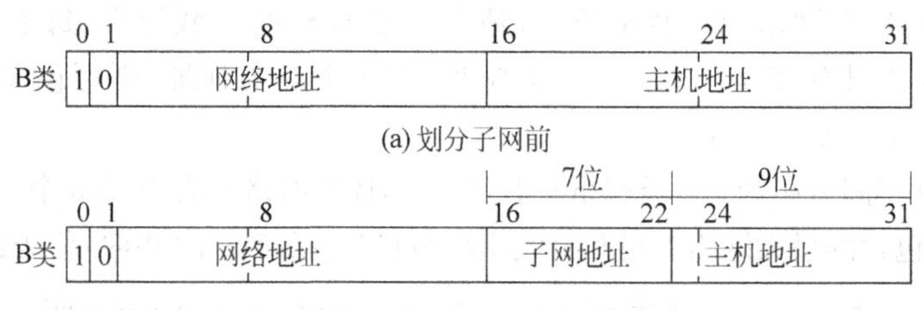

图5.13 B类地址子网划分

假定原来的网络地址为128.10.0.0，划分子网后，128.10.2.0表示第1个子网；128.10.4.0表示第2个子网；128.10.6.0表示第3个子网……

在这个方案中，实际最多可以有$2^7-2=126$个子网(不含全0和全1的子网，因为路由协议不支持全0或全1的子网掩码，全0和全1的网段都不能使用)。每个子网最多可以有$2^9-2=510$台主机(不含全0和全1的主机)。

子网地址的位数没有限制(但显然不能是1位，其实1位的子网地址相当于并未划分子网，主机地址也不能只保留1位)，可由网络管理人员根据所需子网个数和子网中主机数目确定。

2. 网络掩码

在数据的传输过程中，路由器必须从IP数据报的目的IP地址中分离出网络地址，才能知道下一站的位置。为了分离网络地址，就要使用网络掩码。

网络掩码为32位二进制数字，分别对应IP地址的32位二进制数字。对于IP地址中的网络号部分在网络掩码中用“1”表示，对于IP地址中的主机号部分在网络掩码中用“0”表示。由此，A、B、C三类地址对应的网络掩码如下。

A类地址的网络掩码为255.0.0.0

B类地址的网络掩码为255.255.0.0

C类地址的网络掩码为255.255.255.0

划分子网后，将IP地址的网络掩码中相对于子网地址的位设置为1，就形成了子网掩码，又称子网屏蔽码，它可从IP地址中分离出子网地址，供路由器选择路由。换句话说，子网掩码用来确定如何划分子网。如前面图5.12所示的例子，B类IP地址中主机地址的高7位设为子网地址，则其子网掩码为255.255.254.0。

在选择路由时，用网络掩码与目的 IP 地址按二进制位做“与”运算，就可保留 IP 地址中的网络地址部分，而屏蔽主机地址部分。同理，将掩码的反码与 IP 地址作逻辑“与”操作，可得到其主机地址。例如获取网络地址：

	10000000 00010101 00000011 00001100	(IP 地址 128.21.3.12)
“与”运算	11111111 11111111 00000000 00000000	(网络掩码 255.255.0.0)
结果	10000000 00010101 00000000 00000000	(网络地址 128.21.0.0)

例如，一个 C 类网络地址 192.168.23.0，利用掩码 255.255.255.192 可将该网络划分为 4 个子网：192.168.23.0、192.168.23.64、192.168.23.128、192.168.23.192，其中有效使用的为 2 个子网 192.168.23.64 和 192.168.23.128。如果网内一个 IP 地址是 192.168.23.186，通过子网的掩码可知，它的子网地址为 192.168.23.128，主机地址为 0.0.0.58。

由此可见，网络掩码不仅可以将一个网段划分为多个子网段，便于网络管理，还有利于网络设备尽快地区分本网段地址和非本网段的地址。下面用一个例子说明网络掩码的这一作用和其应用过程。如图 5.14 所示，主机 A 与主机 B 交互信息。在 IP 协议中，主机或路由器的每个网络接口都分配有 IP 地址和对应的掩码。

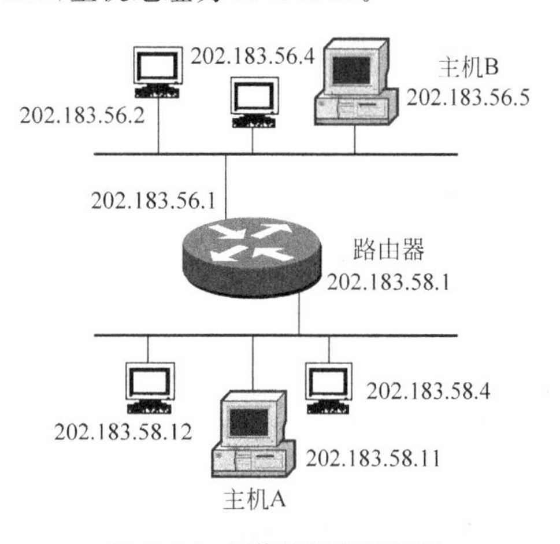

图 5.14 网络掩码应用实例

主机 A 的 IP 地址：202.183.58.11

网络掩码：255.255.255.0

路由地址：202.183.58.1

主机 B 的 IP 地址：202.183.56.5

网络掩码：255.255.255.0

路由地址：202.183.56.1

路由器从端口 202.183.58.1 接收到主机 A 发往主机 B 的 IP 数据报文后：

(1) 首先用端口地址 202.183.58.1 与子网掩码地址 255.255.255.0 进行逻辑“与”运算，得到端口网段地址：202.183.58.0。

(2) 然后将目的地址 202.183.56.5 与子网掩码地址 255.255.255.0 进行逻辑“与”运算，得目的网段地址 202.183.56.0。

(3) 将结果 202.183.56.0 与端口网段地址 202.183.58.0 比较，如果相同，则认为是本网段的，不予转发。如果不相同，则将该 IP 报文转发到端口 202.183.56.1 所对应的网段。

3. 可变长度子网掩码

上面的子网划分规则称为固定长度子网掩码(Fix Length Subnet Masking，FLSM)。当使用 FLSM，用户选择了一个子网掩码后，就不能支持不同大小的子网了。这就意味着网络大小的改变后，整个网络的子网掩码也要改变。

针对这样的问题，1987 年提出了一种解决方案，即可变长度子网掩码(Variable Length Subnet Masking，VLSM)。该技术规范了如何使用多个子网掩码来划分子网。利用该技术，网络管理员能够按子网的特殊需要定制子网掩码，来减少 IP 地址的浪费并减少路由表的大小，能够更灵活、有效地使用 IP 地址。

下面用一个实例来说明 VLSM 技术的使用。

假设某组织申请到一块C类网络地址218.196.85.0,其网络拓扑结构如图5.15所示。该网络所包含这样几个子网:一个有60台主机的子网;一个有20台主机的子网;一个有10台主机的子网;两个点对点串行线路(相当于有2台主机的子网)。

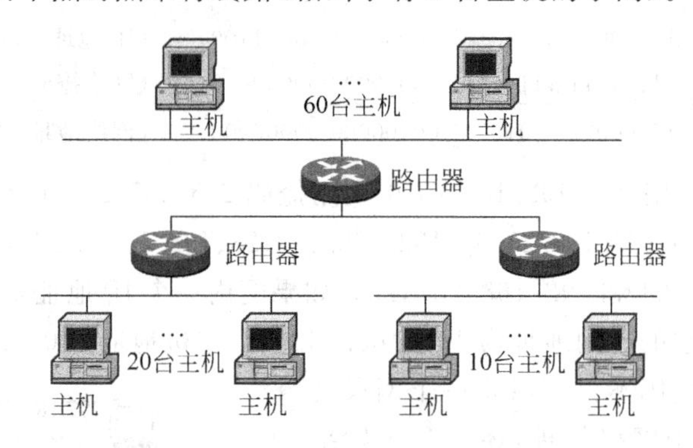

图5.15 某组织的网络拓扑结构

现在要为各个子网划分IP地址空间。

若用FLSM方法划分,由于该组织单个子网的最大主机个数为60,因此子网号的位数至多为2位,即能够划分的网络个数为2。而实际有5个子网。因此,只可以采用VLSM方法进行子网划分。

第一步从主机数目最多的子网开始,该子网有60台主机,主机号位数需要6位,子网号只能为2位。因此子网掩码为255.255.255.192,得到两个子网,每个子网可以容纳的最大主机数目为62。可从这两个子网中任意选择一个用于主机数目为60的网络,满足了第一个要求。

第二步考虑主机数目为20的子网,这个子网的主机号位数需要5位,子网号位数可以为3位,因此可以对上一步中未被分配的那个子网进行细分。子网掩码为255.255.255.224,上一步中未被分配的子网被细分为2个子网,每个子网可以容纳的最大主机数目为30。从这两个子网中任意选择一个用于主机数目为20的网络。

第三步考虑主机数目为10的子网,这个子网的主机号位数需要4位,子网号位数可以为4位,可对上一步中未被分配的那个子网进行细分。子网掩码为255.255.255.240,上一步中未被分配的子网被细分为4个子网,每个子网可以容纳的最大主机数目为14。从这两个子网中任意选择一个用于主机数目为10的网络。

最后考虑剩下的两个点对点串行线路,这两个子网的主机号位数给2位,子网号位数可以为6位,第三步中未被分配的那个子网进行进一步细分为4个子网,每个子网可以容纳的最大主机数目为2。可从这个4个子网中任意选择两个分别用于两条点对点串行线路,满足最后的要求。其划分结果如表5-7所示。

表5-7 子网划分结果

子网编号	主机数目	子网掩码	子网地址	最大主机数目
子网1	60	255.255.255.192	218.196.85.64	62
子网2	20	255.255.255.224	218.196.85.128	30
子网3	10	255.255.255.240	218.196.85.160	14
子网4	2	255.255.255.252	218.196.85.176	2
子网5	2	255.255.255.252	218.196.85.180	2

5.3.3 IPv6

IPv4 地址总量约为 43 亿个，随着网络的迅猛发展，全球数字化和信息化步伐的加快，目前 70%的地址资源已经被使用，然而 IP 地址的需求仍在增长，越来越多的设备、电器、各种机构、个人等加入到争夺地址的行列中，由此 IPv6 的出现解决了现有 IPv4 地址资源匮乏的问题。

IPv6 是 IPv4 的替代品，是 IP 协议的 6.0 版本，也是下一代网络的核心协议，它在未来网络的演进中，将对基础设施、设备服务、媒体应用、电子商务等诸多方面产生巨大的产业推动力。IPv6 对中国也具有非常重要的意义，是中国实现跨越式发展的战略机遇，将对中国经济增长带来直接贡献。中国进入 IPv6 的预定时期在 2005 年，预计中国将在 2010 年成为世界上最大的 IPv6 网络的国家之一。

1. IPv6 的特点

IPv6 由 Internet 工程任务组 IETF 的 IPng 工作组于 1994 年 9 月首次提出，于 1995 年正式公布，研究修订后于 1999 年确定开始部署。IPv6 主要有以下六个方面的特点。

(1) 地址长度(address size)。IPv6 地址为 128 位，代替了 IPv4 的 32 位，地址空间大于 3.4×10^{38}。如果整个地球表面(包括陆地和水面)都覆盖着计算机，那么 IPv6 允许每平方米拥有 7×10^{23} 个 IP 地址。可见，IPv6 地址空间是巨大的。

(2) 自动配置(automatic configure)。IPv6 区别于 IPv4 的一个重要特性就是它支持无状态和有状态两种地址自动配置的方式。这种自动配置是对动态主机配置协议(Dynamic Host Configuration Protocol，DHCP)的改进和扩展，使得网络(尤其是局域网)的管理更加方便和快捷，并为用户带来极大方便。无状态地址自动配置方式是获得地址的关键。在这种方式下，需要配置地址的结点使用一种邻居发现机制获得一个局部连接地址。一旦得到这个地址之后，它使用另一种即插即用的机制，在没有任何人工干预的情况下，获得一个全球唯一的路由地址。而有状态配置机制，如 DHCP，需要一个额外的服务器，因此也需要很多额外的操作和维护。

(3) 头部格式(header format)。IPv6 简化了报头，减少了路由表长度，同时减少了路由器处理报头的时间，降低了报文通过 Internet 的延迟。

(4) 可扩展的协议(extensible protocol)。IPv6 并不像 IPv4 那样规定了所有可能的协议特征，而是增强了选项和扩展功能，使其具有更高的灵活性和更强的功能。

(5) 服务质量(QoS)。对服务质量做了定义，IPv6 报文可以标记数据所属的流类型，以便路由器或交换机进行相应的处理。

(6) 内置的安全特性(inner security)。IPv6 提供了比 IPv4 更好的安全性保证。IPv6 协议内置标准化安全机制，支持对企业网的无缝远程访问，例如公司虚拟专用网络的连接。即使终端用户使用"时时在线"接入企业网，这种安全机制也可行，但在 IPv4 技术中却无法实现。对于从事移动性工作的人员来说，IPv6 是 IP 级企业网存在的保证。

2. IPv6 地址类型

在 IPv6 中，地址是赋给结点上的具体接口。根据接口和传送方式的不同，IPv6 地址有 3 种类型：单播地址、任意播地址和组播地址。广播地址已不再有效，其功能由组播地址所取代。

1）单播地址

一个单接口的标识符，数据报将被传送至该地址标识的接口上。对于有多个接口的结点，它的任何一个单播地址都可以用做该结点的标识符。单播地址有多种形式，包括可聚集全球单播地址、NSAP（network service access point）地址、IPX（internetwork packet exchange）分级地址、链路本地地址、站点本地地址以及嵌入IPv4地址的IPv6地址。

可聚集全球单播地址（aggregatable global unicast address）是IPv6为点对点通信设计的一种具有分级结构的地址。它有三个层次的分级结构：公用拓扑、站点拓扑和接口标识符。

可聚集全球单播地址的具体分级结构划分如图5.16所示。

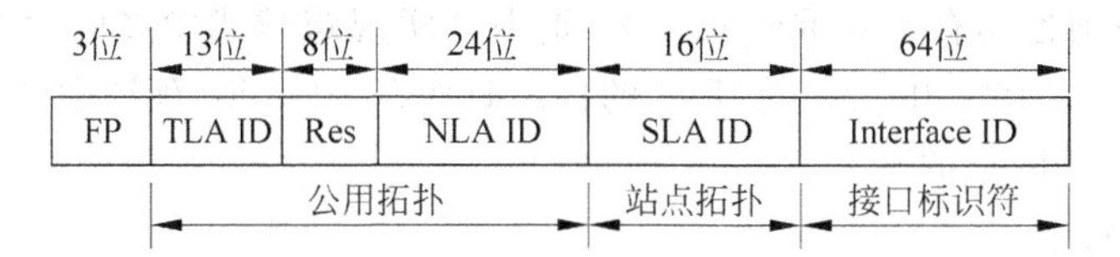

图5.16　IPv6可聚集全球单播地址的具体分级结构划分

图5.17中字段含义如下。

(1) FP。格式前缀，3位长，目前该字段为“001”，标识其为可聚集全球单播地址。

(2) TLA ID（top-level aggregation identifier）。顶级聚集标识符，13位长，用于标识分级结构中的顶级聚集体，可得到最大8 192个不同的顶级路由。

(3) Res（reserved for future use）。保留字段，8位长，以备将来TLA或NLA扩充用。

(4) NLA ID（next-level aggregation identifier）。下级聚集标识符，24位长。用于标识分级结构中的下级聚集体。

(5) SLA ID（site-level aggregation identifier）。站点级聚集标识符，用于标识分级结构中的站点级聚集体。

(6) Interface ID（interface identifier）。接口标识符，64位长，用于标识主机接口。

这样的地址格式既支持基于当前供应商的聚集，又支持被称为交换局的新聚集类型。站点可以选择连接到两种类型中的任何一种聚集点。

2）任意播地址

一组接口（一般属于不同结点）的标识符，数据报将被传输至该地址标识的接口之一（根据路由协议度量距离选择“最近”的一个）。它存在两点限制：一是任意播地址不能用作源地址，而只能作为目的地址；二是任意播地址不能指定给IPv6主机，只能指定给IPv6路由器。其格式如图5.17所示，其中前n位为子网前缀（Subnet Prefix），标识网络地址，后$128-n$位为零，说明标识的是一组接口。

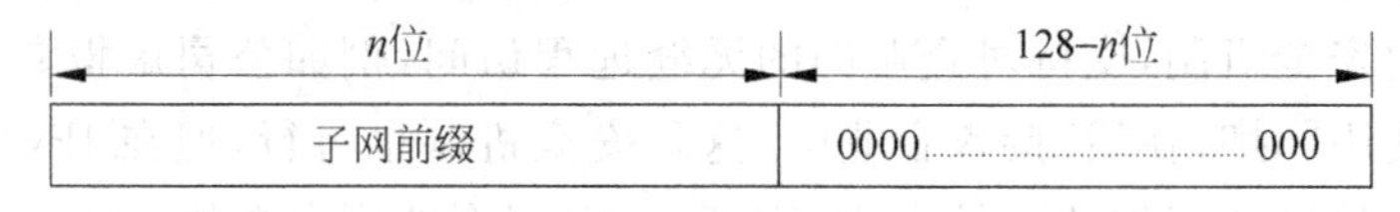

图5.17　IPv6任意播地址格式

3）组播地址

一组接口（一般属于不同结点）的标识符，数据报将被传输至有该地址标识的所有接口上。地址以11111111开始的地址即标识为组播地址。其格式如图5.18所示。

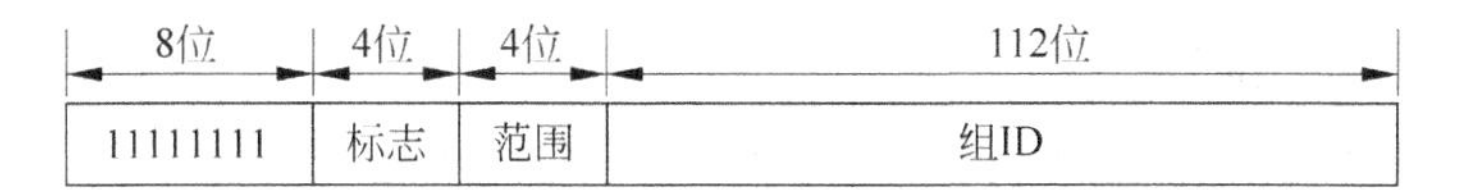

图 5.18 IPv6 组播地址格式

“标志”(flags)由三个零加一个 T 位组成。T=0 时表示一个永久分配地址；T=1 时表示一个非永久地址。“范围”(scope)用于限制组播中组的范围，4 位表示出的十六进制数为 1 时表示结点本地，2 表示链路本地，5 表示站点本地，8 表示组织本地，E 表示全球范围，0 和 F 为保留，其余则未定义。“组 ID”(group ID)用于标识给定组播范围内的一个组，可以是永久的，也可以是暂时的。

此外，在 IPv6 中，除非特别规定，任何全“0”和全“1”的字段都是合法值，特别是前缀可以包含“0”值字段或以“0”为终结。一个单接口可以指定任何类型的多个 IPv6 地址(单播、任意播、组播)或范围。

3. IPv6 地址表示法

128 位的 IPv6 地址，如果延用 IPv4 的点分十进制法则要用 16 个十进制数才能表示出来，读写起来非常麻烦，因而 IPv6 采用了一种新的方式——冒分十六进制表示法。将地址中每 16 位为一组，写成四位的十六进制数，两组间用冒号分隔。

例如：

105.220.136.100.255.255.255.255.0.0.18.128.140.10.255.255(点分十进制)

可转为：

69DC:8864:FFFF:FFFF:0000:1280:8C0A:FFFF(冒分十进制表示)

IPv6 的地址表示有以下三种特殊情形。

(1) IPv6 地址中每个 16 位分组中的前导零位可以去掉，但每个分组必须至少保留一位数字。例如，21DA:00D3:0000:2F3B:02AA:00FF:FE28:9C5A 去除前导零位后可写成：21DA:D3:0:2F3B:2AA:FF:FE28:9C5A。

(2) 某些地址中可能包含很长的零序列，可以用一种简化的表示方法——零压缩(zero compression)进行表示，即将冒号十六进制格式中相邻的连续零位合并，用双冒号“::”表示。“::”符号在一个地址中只能出现一次，该符号也能用来压缩地址中前部和尾部的相邻连续零位。例如地址 FF0C:0:0:0:0:0:0:B1、0:0:0:0:0:0:0:1、0:0:0:0:0:0:0:0 分别可表示为压缩格式 FF0C::B1、::1、::。

(3) 在 IPv4 和 IPv6 混合环境中，有时更适合于采用另一种表示形式：x:x:x:x:x:x:d.d.d.d，其中 x 是地址中 6 个高阶 16 位分组的十六进制值，d 是地址中 4 个低阶 8 位分组的十进制值(标准 IPv4 表示)。例如地址 0:0:0:0:0:0:13.1.68.3、0:0:0:0:0:FFFF:129.144.52.38 写成压缩形式为::13.1.68.3、::FFFF:129.144.52.38。

4. 从 IPv4 到 IPv6 的演进

从 IPv4 到 IPv6 是一个逐渐演进的过程，而不是彻底改变的过程。一旦引入 IPv6 技术，要实现全球 IPv6 互联，仍需要一段时间使所有服务都实现全球 IPv6 互联。在第一个演进阶段，只要将小规模的 IPv6 网络接入 IPv4 互联网，就可以通过现有网络访问 IPv6 服务。但是基于 IPv4 的服务已经很成熟，它们不会立即消失。重要的是一方面要继续维护这些服务，同时还要支持 IPv4 和 IPv6 之间的互通性。演进阶段，IPv4 与 IPv6 将共存并平滑过渡。

5. IPv6现有实验网络

IPv6标准颁布之后，从1998年开始，面向实用的全球性IPv6研究启动，全球有了实验床，一些大的电信公司也有了半商用网和商用网。实验(示范)网络发展的总趋势是提供以国家乃至洲际为单位的纯IPv6连接。当前比较有名的IPv6实验网有以下四个。

1) 6Bone

6Bone于1996年1月由IETF下的几个需要测试其原型系统之间互操作性的IPv6实施小组建成，是世界上成立最早，也是迄今规模最大的全球范围的IPv6示范网，用来测试IPv6实现的互相连接性，检测IPv6在实际环境中的工作情况等。到2002年，6Bone的规模已经扩展到包括中国在内的57个国家和地区，连接了近千个结点，成为IPv6研究者、开发者和实践者的主要平台。6Bone并不是一个独立于Internet的物理网络，而是利用隧道(tunnel)技术将各个国家和地区组织维护的IPv6网络通过运行在IPv4上的Internet连接在一起。IPv6实验网络6Bone，于2006年6月6日完成了阶段性的淘汰工作，所有的3FFE::地址将交还给IANA并且不再使用。

2) 6REN

1998年12月，IETF的Ipng和Ngtrans工作组提出建立全球性的IPv6研究与教育网(IPv6 Research and Education Network Initiative，6REN)。6REN是一个非官方协调的研究与教育网，提供产品级的IPv6连接，并作为一个IPv6工具、应用和程序开发的平台。该平台可以免费参与并对所有提供IPv6业务的研究与教育网开放，也鼓励其他营利性和非营利性IPv6网络加入。

3) 中国CERNET IPv6试验床

CERNET国家网络中心于1998年6月加入6Bone，同年11月成为其骨干网成员。1999年，CERNET在国内教育网范围内组建了IPv6试验床，八大地区网络中心全部加入，展开有关IPv6各种特性的研究与开发。试验床直接通达美国、英国和德国的IPv6网络，间接与几乎所有现有的6Bone成员互联。2004年3月，CERNET2试验网正式开通并提供服务。

4) 中国6TNet

2002年3月，信息产业部电信研究院传输所与天地互联信息技术有限公司(Beijing Internet Institute，BII)联合发起成立了“下一代IP电信实验网”(IPv6 Telecom Trial Network，6TNet)。其目的在于利用IPv6以及最先进的网络设备，建设下一代IP电信演示网络。6TNet是中国目前规模最大的面向商用的IPv6实验网络平台，旨在研究和测试IPv6商业服务所需的各项功能，研究和开发集语音、数据、视频于一体的多种业务应用，并探讨其可行的业务模式，为IPv6在中国的商业化运作积累经验。

5.3.4 域名机制

网络上主机通信必须指定双方机器的IP地址。IP地址虽然能够唯一地标识网络上的计算机，但它是数字型的，对使用网络的人来说有不便记忆的缺点，因而提出了字符型的名字标识，将二进制的IP地址转换成字符型地址，即域名地址，简称域名(domain name)。

网络中命名资源(如客户机、服务器、路由器等)的管理集合即构成域(domain)。从逻辑上，所有域自上而下形成一个森林状结构，每个域都可包含多个主机和多个子域，树叶域通常对应于一台主机。每个域或子域都有其固有的域名。Internet 所采用的这种基于域的层次结构名字管理机制叫做域名系统(Domain Name System,DNS)。它一方面规定了域名语法以及域名管理特权的分派规则;另一方面,描述了关于域名—地址映射的具体实现。

1. 域名规则

域名系统将整个 Internet 视为一个由不同层次的域组成的集合体,即域名空间,并设定域名采用层次型命名法,从左到右,从小范围到大范围,表示主机所属的层次关系。不过,域名反映出的这种逻辑结构与其物理结构没有任何关系,也就是说,一台主机的完整域名和物理位置并没有直接的联系。

域名由字母、数字和连字符组成,开头和结尾必须是字母或数字,最长不超过 63 个字符,而且不区分大小写。完整的域名总长度不超过 255 个字符。在实际使用中,每个域名的长度一般小于 8 个字符。通常其格式如下。

主机名.机构名.网络名.顶层域名

例如:yjscxy.csu.edu.cn 就是中南大学一台计算机的域名地址。

顶层域名又称最高域名,分为两类:一类通常由三个字母构成,一般为机构名,是国际顶级域名;另一类由两个字母组成,一般为国家或地区的地理名称。

(1) 机构名称。如 com 为商业机构、edu 为教育机构等,如表 5-8 所示。

(2) 地理名称。如 cn 代表中国、us 代表美国、ru 代表俄罗斯等。

表 5-8 国际顶级域名——机构名称

域名	含义	域名	含义
com	商业机构	net	网络组织
edu	教育机构	int	国际机构(主要指北约)
gov	政府部门	org	其他非盈利组织
mil	军事机构		

随着 Internet 用户的激增,域名资源十分紧张,为了缓解这种状况,加强域名管理,Internet 国际特别委员会在原来基础上增加了以下国际通用顶级域名。

.firm 公司、企业
.store 商店、销售公司和企业
.web 突出 WWW 活动的单位
.art 突出文化、娱乐活动的单位
.rec 突出消遣、娱乐活动的单位
.info 提供信息服务的单位
.nom 个人
.aero 用于航天工业
.coop 用于企业组织
.museum 用于博物馆
.biz 用于企业
.name 用于个人
.pro 用于专业人士

2. 中国的域名结构

中国的最高域名为 cn。二级域名分为类型域名和行政区域名两类。

(1) 类型域名。此类域名共设有 6 个,分别为 ac.cn 适用科研机构、com.cn 适用于工商金融等企业、edu.cn 适用于中国的教育机构、gov.cn 适用于中国的政府机构、net.cn 适用于提供互联网络服务的机构、org.cn 适用于非营利性的组织。

(2) 行政区域名。这类域名共 34 个,适用于中国各省、自治区、直辖市,如 bj.cn 代表北京市、sh.cn代表上海市、hn.cn代表湖南省等。

3. IP地址与域名

IP地址和域名相对应，域名是IP地址的字符表示，它与IP地址等效。当用户使用IP地址时，负责管理的计算机可直接与对应的主机联系，而使用域名时，则先将域名送往域名服务器，通过服务器上的域名和IP地址对照表翻译成相应的IP地址，传回负责管理的计算机后，再通过该IP地址与主机联系。Internet中一台计算机可以有多个用于不同目的的域名，但只能有一个IP地址(不含内网IP地址)。一台主机从一个地方移到另一个地方，当它属于不同的网络时，其IP地址必须更换，但是可以保留原来的域名。

5.3.5 域名解析

将域名翻译为相应IP地址的过程称为域名解析(name resolution)。请求域名解析服务的软件称为域名解析器(name resolver)，它运行在客户端，通常嵌套于其他应用程序之内，负责查询域名服务器，解释域名服务器的应答，并将查询到的有关信息返回给请求程序。

1. 域名服务器

运行域名和IP地址转换服务软件的计算机称做域名服务器(DNS)，它负责管理、存放当前域的主机名和IP地址的数据库文件，以及下级子域的域名服务器信息。所有域名服务器数据库文件中的主机和IP地址集合组成一个有效的、可靠的、分布式域名—地址映射系统。同域结构对应，域名服务器从逻辑上也成树状分布，每个域都有自己的域名服务器，最高层为根域名服务器，它通常包含了顶级域名服务器的信息。

2. 域名解析方式和解析过程

域名解析方式有两种。一种是递归解析(recursive resolution)，要求域名服务器系统一次性完成全部域名-地址变换，即递归地一个服务器请求下一个服务器，直到最后找到相匹配的地址，是目前较为常用的一种解析方式。另一种是迭代解析(iterative resolution)，每次请求一个服务器，当本地域名服务器不能获得查询答案时，就返回下一个域名服务器的名字给客户端，利用客户端上的软件实现下一个服务器的查找，依此类推，直至找到具有接收者域名的服务器。二者的区别在于前者将复杂性和负担交给服务器软件，适用于域名请求不多的情况。后者将复杂性和负担交给解析器软件，适用于域名请求较多的环境。

总体来说，每当一个用户应用程序需要转换对方的域名为IP地址时，它就成为域名系统的一个客户。客户首先向本地域名服务器发送请求，本地域名服务器如果找到相应的地址，就发送一个应答信息，并将IP地址交给客户，应用程序便可以开始正式的通信过程。如果本地域名服务器不能回答这个请求，就采取递归或迭代方式找到并解析出该地址。

例如，当主机bs.csu.edu.cn的应用程序请求和主机mail.cnnic.net.cn通信时，图5.19和图5.20分别显示了两种方式的解析过程。

1) 递归域名解析过程

(1) 用户bs.csu.edu.cn程序向本地域名服务器发送解析mail.cnnic.net.cn的请求。

(2) 本地域名服务器.csu.edu.cn未找到mail.cnnic.net.cn对应地址，向其上一级域名服务器.edu.cn发送请求。

(3) .edu.cn域名服务器也未找到mail.cnnic.net.cn对应地址，继续向上一级域名服务器.cn(即根域名服务器)发送请求。

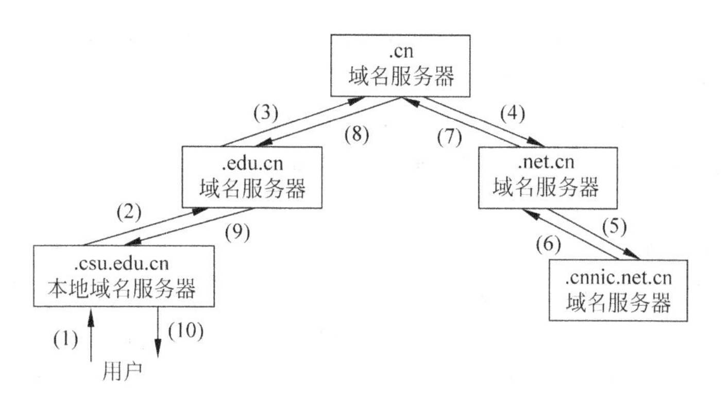

图 5.19　递归域名解析过程

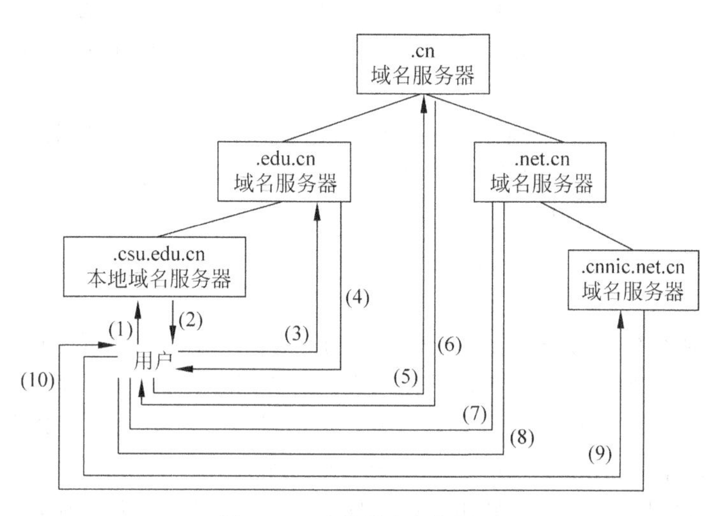

图 5.20　迭代域名解析过程

(4) . cn 域名服务器找到. net. cn 域名服务器并将请求发送其上。

(5) . net. cn 域名服务器找到. cnni. edu. cn 域名服务器并将请求发送其上。

(6) . cnni. edu. cn 域名服务器找到 mail. cnnic. net. cn 对应地址，并返回上一级。

(7)～(9) 按层次结构将结果一级级返回到本地域名服务器. csu. edu. cn。

(10) 本地域名服务器. csu. edu. cn 将最终域名解析结果返回给用户应用程序。

2) 迭代域名解析过程

(1) 用户 bs. csu. edu. cn 程序向本地域名服务器发送解析 mail. cnnic. net. cn 的请求。

(2) 本地域名服务器. csu. edu. cn 未找到 mail. cnnic. net. cn 对应地址，向客户返回其上一级域名服务器. edu. cn 地址。

(3) 用户程序再向. edu. cn 域名服务器发送解析 mail. cnnic. net. cn 的请求。

(4) . edu. cn 域名服务器也未找到 mail. cnnic. net. cn 对应地址，向客户返回其上一级域名服务器. cn(即根域名服务器)地址。

(5) 用户程序再向. cn 域名服务器发送解析 mail. cnnic. net. cn 的请求。

(6) . cn 域名服务器找到. net. cn 域名服务器相应地址，并返回给客户。

(7) 用户程序继续向. net. cn 域名服务器发送解析 mail. cnnic. net. cn 的请求。

(8) .net.cn 域名服务器依然未找到 mail.cnnic.net.cn 对应地址，向客户返回其下一级域名服务器.cnnic.net.cn 地址。

(9) 用户程序最后向.cnnic.net.cn 域名服务器发送解析 mail.cnnic.net.cn 的请求。

(10) .cnnic.net.cn 域名服务器找到相应地址，并将最终域名解析结果返回用户应用程序。

3. 域名解析的效率

为了提高解析速度，域名解析服务提供了两方面的优化：复制和高速缓存。

复制是指在每个主机上保留一个本地域名服务器数据库的副本。由于不需要任何网络交互就能进行转换，复制使得本地主机上的域名转换非常快。同时，它也减轻了域名服务器的计算机负担，使服务器能为更多的计算机提供域名服务。

高速缓存是比复制更重要的优化技术，它可使非本地域名解析的开销大大降低。网络中每个域名服务器都维护一个高速缓存器，由高速缓存器来存放用过的域名和从何处获得域名映射信息的记录。当客户机请求服务器转换一个域名时，服务器首先查找本地域名与IP 地址映射数据库。若无匹配地址，则检查高速缓存中是否有该域名最近被解析过的记录。如果有就返回给客户机；如果没有则应用某种解析方式解析该域名。为保证解析的有效性和正确性，高速缓存中保存的域名信息记录设置有生存时间，这个时间由响应域名询问的服务器给出，超时的记录就将从缓存区中删除。

4. 域名、IP 地址以及物理网络

域名、IP 地址和物理网络地址是主机标识符的三个不同层次，每一层标识符到另一层标识符的映射发生在网络体系结构的不同点上。首先，当用户与应用程序交互时给出域名。第二，应用程序使用 DNS 将这个名字翻译为一个 IP 地址，放在数据报中的是 IP 地址而不是域名。第三，IP 在每个路由器上转发，常常意味着将一个 IP 地址映射为另一个 IP 地址；即将最终的目标地址映射为下一路由器的地址。最后，IP 使用 ARP 协议将路由器的 IP 地址翻译成机器的物理地址，在物理层发送的帧头部中有这些物理地址。

5.4 Internet 接入技术

用户计算机和用户网络接入 Internet 所采用的技术和接入方式的结构，统称为 Internet 接入技术，其发生在连接网络与用户的最后一段路程，是网络中技术最复杂、实施最困难、影响面最广的一部分。它涉及 Internet 骨干网和接入网。在了解这两个部分之后，本节将一一介绍主要的 Internet 接入技术。

5.4.1 Internet 骨干网

对中国 Internet 骨干网以及 ISP(Internet Service Provider，Internet 服务提供商)的了解有助于理解后面将讲到的各种接入方式。这部分是 Internet 接入的准备知识。

1. ISP

ISP 是指为用户提供 Internet 接入和 Internet 信息服务的公司和机构，是进入 Internet 世界的驿站。依服务的侧重点不同，ISP 可分为两种：IAP(Internet Access Provider，Internet 接入提供商)和 ICP(Internet Content Provider，Internet 内容提供商)。其中，IAP

以接入服务为主,ICP 提供信息服务。用户的计算机(或计算机网络)通过某种通信线路连接到 ISP,借助于与国家骨干网相连的 ISP 接入 Internet。因而从某种意义上讲,ISP 是全世界数以亿计的用户通往 Internet 的必经之路。目前,中国主要 Internet 骨干网运营机构在全国的大中型城市都设立了 ISP,此外在全国还遍布着由骨干网延伸出来的大大小小 ISP。

2. 中国 Internet 骨干网

骨干网是国家批准的可以直接和国外连接的城市级高速互联网,它由所有用户共享,负责传输大范围(在城市之间和国家之间)的骨干数据流。骨干网基于光纤,通常采用高速传输网络传输数据和高速包交换设备提供网络路由。建设、维护和运营骨干网的公司或单位就被称为 Internet 运营机构(也称为 Internet 供应商)。不同的 Internet 运营机构拥有各自的骨干网,以独立于其他供应商。国内各种用户想连到国外都得通过这些骨干网。中国现有 Internet 骨干网互联及国际出口带宽情况如图 5.21 所示。

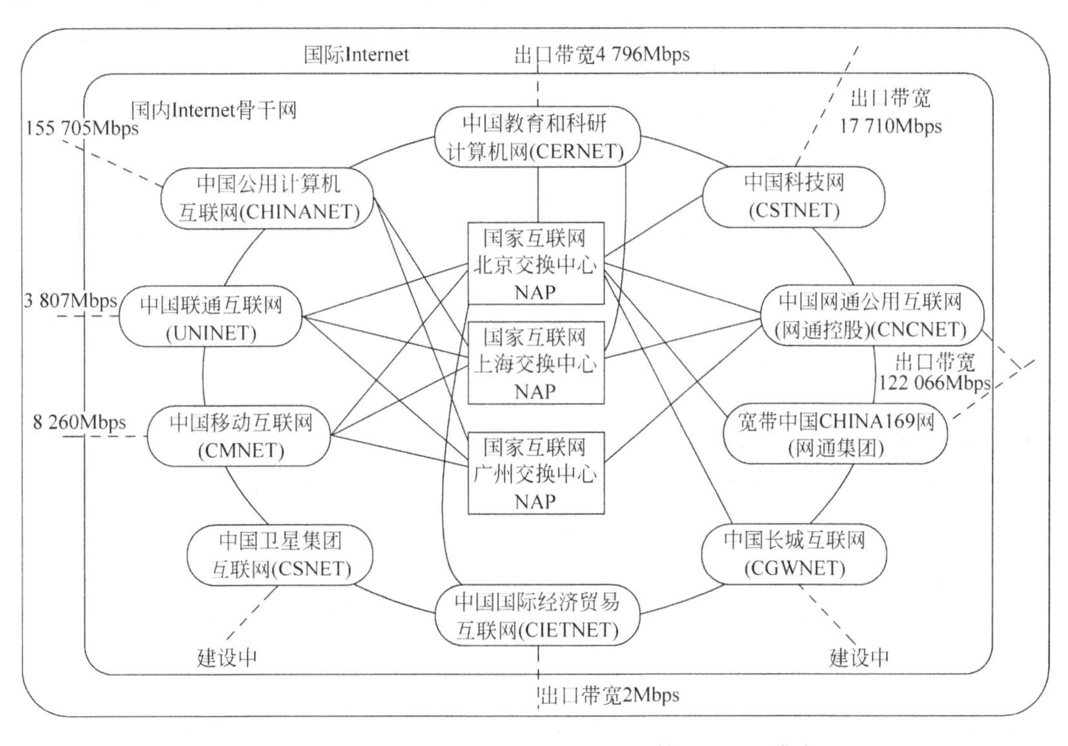

图 5.21　中国现有 Internet 骨干网互联情况及出口带宽

(1) 中国科技网(CSTNET)。它由中国科学院计算机网络信息中心运行和管理,始建于 1989 年,于 1994 年 4 月首次实现了中国与国际互联网络的直接连接,为非营利、公益性的国家级网络,也是国家知识创新工程的基础设施。主要为科技界、科技管理部门、政府部门和高新技术企业服务。

(2) 中国公用计算机互联网(CHINANET)。它是原中国电信部门经营管理的中国公用计算机互联网的骨干网。作为中国最大的 Internet 接入单位,为中国用户提供 Internet 接入服务。

(3) 中国教育和科研计算机网(CERNET)。它由国家投资建设,教育部负责管理,清华大学等高等学校承担建设和运行的全国性学术计算机互联网络，主要面向教育和科研单位，是全国最大的公益性互联网络。CERNET始建于1994年，是全国第一个IPv4主干网。目前CERNET有10个地区中心，38个省结点，全国中心设在清华大学。

(4) 中国联通计算机互联网(UNINET)。由中国联通经营管理，是经国务院批准，直接进行国际联网的经营性网络，其拨号接入号码为"165"，面向全国公众提供互联网络服务。UNINET是架构在联通宽带ATM骨干网基础上的IP承载网络，具有先进性、综合性、统一性、安全性及全国漫游的特点。

(5) 中国网通公用互联网(CNCNET)。它由中国网络通信有限公司从1999年8月开始建设和运营，是在中国率先采用IP/DWDM(Dense Wavelength Division Multiplexing)优化光通信技术建设的全国性高速宽带IP骨干网络，承载包括语音、数据、视频等在内的综合业务及增值服务，并实现各种业务网络的无缝连接。CNCNET首期工程于2000年10月开通，已覆盖中国东南部17个城市。2002年5月16日，中国网络通信有限公司以及原中国电信集团公司及其所属北方10省(区、市)电信公司和吉通通信有限责任公司组建成立了中国网络通信集团公司，简称"中国网通"。

(6) 中国国际经济贸易互联网(CIETNET)。它由1996年成立的中国国际电子商务中心(China International Electronic Commerce Center，CIECC)组建运营，是中国唯一的面向全国经贸系统企、事业单位的专用互联网。CIECC是国家级全程电子商务服务机构，是国际电子商务开发与应用的先行者。它还建设运营国家"金关工程"骨干网——中国国际电子商务网。

(7) 中国长城网(CGWNET)。它是军队专用网，属公益性互联网络。

(8) 中国移动互联网(CMNET)。它由中国移动通信集团公司自2000年1月开始组建，是全国性的、以宽带IP技术为核心的，可同时提供语音、图像、数据、多媒体等高品质信息服务的开放型电信网络，属经营性互联网络。

(9) 中国卫星集团互联网(CSNET)。它由中国卫星通信集团建设，主要提供基于卫星通信技术的多媒体通信系统、宽带高速数据传输系统以及卫星农村电话系统的服务，并为跨国用户提供国际专线业务服务等。目前尚在建设中。

(10) 中国铁通互联网(CRNET)。2004年1月20日，铁道通信信息有限责任公司由原铁道部移交国务院国有资产监督管理委员会管理，并改为现名。

图5.21中虚线表示通过国际专线和国外Internet骨干网相连，虚线旁标示了相应的国际出口带宽数。数据来自CNNIC的第19次中国互联网络发展状况统计报告。图中一个较大的椭圆将所有骨干网串接在一起，表示骨干网两两之间互联互通。由于拆分后的中国网通带宽资源还没有完全整合，因而图中中国网通分为宽带中国China169网和中国网通互联网两部分来表示。

由于中国Internet运营机构的独立经营，使得国内互联网之间没有互联互通，有时需要到国外兜一大圈，造成访问速度很慢的情况。同时Internet的飞速发展使得各互联网络之间的访问数据量剧增，国际出口带宽资源被大量占用，网络运行效率大大降低，网络间互联互通问题日显突出。国家互联网交换中心(Network Access Point，NAP)的建立，为解决这一问题提供了契机。自2000年3月30日北京中国互联网交换中心开通后，相继建成上海和广州中国互联网交换中心。这三大全国范围的交换中心共同承担着国内大型互联网络的互联任务，使中国主要互联网间互联带宽由原来不到10Mbps大幅度提高到1 000Mbps以上。NAP优化了各互联网络的性能，实现了信息国内互访，节省了出口带宽，并且保证了中国Internet健康、安全地运行。

5.4.2 Internet接入网

论及Internet接入技术，除了需要了解骨干网之外，更重要的是掌握接入网。接入网负责将用户的局域网或计算机连接到骨干网。它是用户与Internet连接的最后一步，因此又称为最后一千米技术。

1. 接入网概念和结构

接入网(Access Network，AN)也称为用户环路，是指交换局到用户终端之间的所有机线设备，主要用来完成用户接入核心网(骨干网)的任务。国际电联电信标准化部门(ITU-T)G.902标准中定义接入网是由业务结点接口(Service Node Interface，SNI)和用户网络接口(User to Network Interface，UNI)之间一系列传送实体(诸如线路设备和传输)构成的，具有传输、复用、交叉连接等功能，可以被看做与业务和应用无关的传送网。它的范围和结构如图5.22所示。

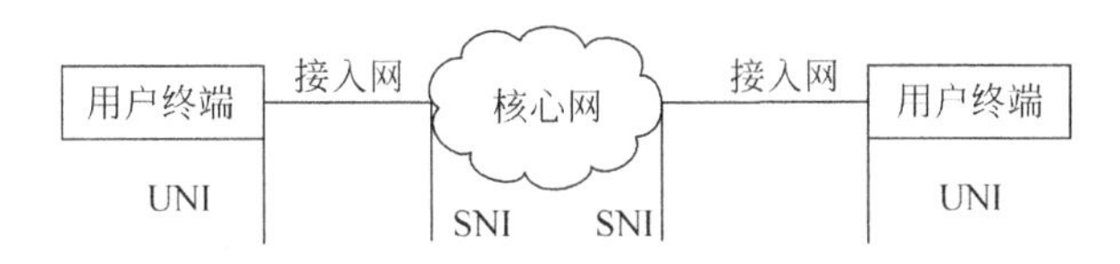

图5.22 核心网与用户接入网示意图

2. 接入网分类

接入网根据使用的通信媒质可以分为有线接入网和无线接入网两大类，其中有线接入网又可分为铜线接入网、光纤接入网和光纤同轴电缆混合接入网等，无线接入网又可分为固定接入网和移动接入网。

3. 主要接入技术

Internet接入技术很多，除了最常见的拨号接入外，目前正在广泛兴起的宽带接入相对于传统的窄带接入而言，显示了其不可比拟的优势和强劲的生命力。宽带是一个相对于窄带而言的电信术语，为动态指标，用于度量用户享用的业务带宽，目前国际上还没有统一的定义。一般而论，宽带是指用户接入数据速率达到2Mbps及以上、可以提供24小时在线的网络基础设备和服务。

宽带接入技术主要包括以现有电话网为基础的数字用户线路(Digital Subscriber Line，DSL)接入技术，以电缆电视为基础的混合光纤同轴电缆HFC接入技术、以太网接入技术、光纤接入技术等多种有线接入技术以及无线接入技术。表5-9表示了Internet主要接入技术的部分典型特征。

总之，各种各样的接入方式都有其自身的优劣，不同需要的用户应该根据自己的实际情况做出合理选择，目前还出现了两种或多种方式综合接入的趋势，如FTTx+ADSL、FTTx+HFC、ADSL+WLAN(无线局域网)、FTTx+LAN等。

表 5-9　Internet 主要接入技术的部分典型特征

Internet 接入技术	客户端所需主要设备	接入网主要传输媒介	传输速率(bps)	窄带/宽带	有线/无线	特点
电话拨号接入	普通 Modem	电话线(PSTN)	33.6k～56k	窄带	有线	简单,方便,但速度慢,应用单一 上网时不能打电话,只能接一个终端 可能出现线路繁忙、中途断线等
专线接入(DDN、帧中继、数字电路等)	不同专线方式设备有所不同	电信专用线路	依线路而定	兼有	有线	专用线路独享,速度快,稳定可靠 但费用相对较高
ISDN 接入	NT1、NT2,ISDN 适配器等	电话线(ISDN 数字线路)	128k	窄带	有线	按需拨号,可以边上网边打电话 数字信号传输质量好,线路可靠性高 可同时使用多个终端,但应用有限
ADSL(xDSL)	ADSL Modem ADSL 路由器 网卡,Hub	电话线	上行 1.5M 下行 14.9M	宽带	有线	安装方便,操作简单,无须拨号 利用现有电话线路,上网打电话两不误 提供各种宽带服务,费用适中,速度快 但受距离影响(3～5km) 对线路质量要求高,抵抗天气能力差
以太网接入及高速以太网接入	以太网接口卡、交换机	五类双绞线	10M、100M、1G、10G	宽带	有线	成本适当,速度快,技术成熟 结构简单,稳定性高,可扩充性好 但不能利用现有电信线路 要重新铺设线缆
HFC 接入	Cable Modem 机顶盒	光纤 + 同轴电缆	上行 10M 左右 下行 10M～40M	宽带	有线	利用现有有线电视网 速度快,是相对比较经济的方式 但信道带宽由整个社区用户共享,用户数增多,带宽就会急剧下降 安全上有缺陷,易被窃听 适用于用户密集型小区
光纤 FTTx 接入	光分配单元 ODU 交换机,网卡	光纤 铜线(引入线)	10M、100M、1G	宽带	有线	带宽大,速度快,通信质量高 网络可升级性能好,用户接入简单 提供双向实时业务的优势明显 但投资成本较高,无源光结点损耗大

续表

<table>
<tr><th colspan="2">Internet 接入技术</th><th>客户端所需主要设备</th><th>接入网主要传输媒介</th><th>传输速率(bps)</th><th>窄带/宽带</th><th>有线/无线</th><th>特点</th></tr>
<tr><td colspan="2">电力线接入</td><td>局端，电力调制解调器和电源插头</td><td>电力线</td><td>4.5M～45M</td><td>宽带</td><td>有线</td><td>电力网覆盖面广
目前技术尚不成熟，仍处于研发中</td></tr>
<tr><td rowspan="3">无线接入</td><td>卫星通信</td><td>卫星天线和卫星接收 Modem</td><td>卫星链路</td><td>依频段、卫星、技术而变</td><td>兼有</td><td rowspan="3">无线</td><td rowspan="3">方便，灵活
具有一定程度的终端移动性
投资少，建网周期短，提供业务快
可以提供多种多媒体宽带服务
但占用无线频谱，易受干扰和气候影响
传输质量不如光缆等有线方式
移动宽带业务接入技术尚不成熟</td></tr>
<tr><td>LMDS</td><td>基站设备 BSE，室外单元、室内单元，无线网卡</td><td>高频微波</td><td>上行 1.544M
下行 51.84M～155.52M</td><td>宽带</td></tr>
<tr><td>移动无线接入</td><td>移动终端</td><td>无线介质</td><td>19.2k，144k，384k，2M</td><td>窄带</td></tr>
</table>

5.4.3 电话拨号接入

电话拨号接入是个人用户接入 Internet 最早使用的方式之一，也是目前为止中国个人用户接入 Internet 使用最广泛的方式之一，它将用户计算机通过电话网接入 Internet。

据《第十九次中国互联网发展统计》调查结果显示，截至 2006 年 12 月 31 日，中国 13 700 万上网用户中，使用拨号和上网的用户数为 3 900 万人，与 2005 年同期相比减少 1 200 万人，同比下降 23.5%，其余为使用专线、宽带上网、手机等。在中国 5 940 万台上网计算机中，通过拨号方式接入 Internet 的计算机有 1 820 万台，与 2005 年同期相比减少了 240 万台，同比下降 11.7%。由此可见，中国上网方式中拨号接入呈下降趋势，而相对的宽带上网呈上升趋势。

电话拨号接入非常简单，只需一个调制解调器(modem)、一根电话线即可，但速度很慢，理论上只能提供 33.6kbps 的上行速率和 56kbps 的下行速率，主要用于个人用户。

5.4.4 专线接入

对于上网计算机较多、业务量大的企业用户，可以采用租用电信专线的方式接入 Internet。中国现有的几大基础数据通信网络——中国公用数字数据网(CHINADDN)、中国公用分组交换数据网(CHINAPAC)、中国公用帧中继宽带业务网(CHINAFRN)、无线数据通信网(CHINAWDN)均可提供线路租用业务。因而广义上专线接入就是指通过 DDN、帧中继、X.25、数字专用线路、卫星专线等数据通信线路与 ISP 相连，借助 ISP 与 Internet 骨干网的连接通路访问 Internet 的接入方式。

其中，DDN 专线接入最为常见，应用较广。它利用光纤、数字微波、卫星等数字信道和数字交叉复用结点，传输数据信号，可实现 2Mbps 以内的全透明数字传输以及高达

155Mbps速率的语音、视频等多种业务。DDN专线接入时，对于单用户通过市话模拟专线接入的，可采用调制解调器、数据终端单元设备和用户集中设备就近连接到电信部门提供的数字交叉连接复用设备处；对于用户网络接入就采用路由器、交换机等。DDN专线接入特别适用于金融、证券、保险业、外资及合资企业、交通运输行业、政府机关等。

5.4.5 ISDN接入

ISDN综合业务数字网接入，俗称"一线通"，是普通电话(模拟modem)拨号接入和宽带接入之间的过渡方式。目前在中国只提供N-ISDN(窄带综合业务数字网)接入业务，而基于ATM技术的B-ISDN(宽带综合业务数字网)尚未开通。

ISDN接入Internet与使用modem普通电话拨号方式类似，也有一个拨号的过程。不过不同的是，它不用modem而是用另一设备ISDN适配器来拨号，另外普通电话拨号在线路上传输模拟信号，有一个modem"调制"和"解调"的过程，而ISDN的传输是纯数字过程，通信质量较高，其数据传输的误码率比传统电话线路至少改善10倍，此外它的连接速度快，一般只需几秒钟即可拨通。使用ISDN最高数据速率可达128kbps。

5.4.6 xDSL接入

1. xDSL技术简介

电话拨号接入方式的最高数据速率为56kbps，远远不能满足用户对宽带业务的需求。xDSL是一种较好的利用非常普及的电话网来满足用户宽带上网要求的解决方案。

xDSL是DSL(Digital Subscriber Line，数字用户线路)的统称，是以电话铜线(普通电话线)为传输介质，点对点传输的宽带接入技术。它可以在一根铜线上分别传送数据和语音信号，其中数据信号并不通过电话交换设备，并且不需要拨号，不影响通话。其最大的优势在于利用现有的电话网络架构，不需要对现有接入系统进行改造，就可方便地开通宽带业务，被认为是解决"最后一千米"问题的最佳选择之一。

xDSL同样是调制解调技术家族的成员，只是采用了不同于普通modem的标准，运用先进的调制解调技术，使得通信数据速率大幅度提高，最高能够提供比普通modem快300倍的兆级数据速率。此外，它与电话拨号方式不同的是，xDSL只利用电话网的用户环路，并非整个网络，采用xDSL技术调制的数字信号实际上是在原有语音线路上叠加传输，在电信局和用户端分别进行合成和分解，为此，需要配置相应的局端设备，而普通modem的应用则几乎与电信网络无关。

按数据传输的上、下行数据速率的相同和不同，xDSL技术可分为对称和非对称技术两种模式。

对称(symmetrical)DSL技术中上、下行双向传输速率相同，方式有HDSL、SDSL、IDSL等，主要用于替代传统的T1/E1(1.544Mbps/2.048Mbps)接入技术。这种技术具有对线路质量要求低，安装调试简单的特点。

非对称(asymmetrical)DSL技术的上行速率较低，下行速率较高，主要有ADSL、VDSL、RADSL等，适用于对双向带宽要求不一样的应用，如Web浏览、多媒体点播、信息发布、视频点播VOD等，因此成为Internet接入的重要方式之一。常用的xDSL技术如表5-10所示。目前市面上主要流行的是ADSL和VDSL。其中，最常用的是ADSL技术，下面将对其进行详细介绍。

表 5-10 常用的 xDSL 技术列表

xDSL	名称	下行速率(bps)	上行速率(bps)	双绞铜线对数
HDSL(High speed DSL)	高速率数字用户线	1.544M～2M	1.544M～2M	2 或 3
SDSL(Single Line DSL)	单线路数字用户线	1M	1M	1
IDSL(ISDN DSL)	基于 ISDN 数字用户线	128k	128k	1
ADSL(Asymmetric DSL)	非对称数字用户线	14.9M	1.5M	1
VDSL(Very high speed DSL)	甚高速数字用户线	13M～52M	1.5M～2.3M	2
RADSL(Rate Adaptive DSL)	速率自适应数字用户线	640k～12M	1.5M	1
S-HDSL(Single-pair High speed DSL)	单线路高速数字用户线	768k	768k	1

2. ADSL 技术

ADSL(Asymmetrical Digital Subscriber Line,非对称数字用户线路)是在无中继的用户环路上,使用由负载电话线提供高速数字接入的传输技术,是非对称 DSL 技术的一种,可在现有电话线上传输数据,误码率低。ADSL 技术为家庭和小型业务提供了宽带、高速接入 Internet 的方式。

在普通电话双绞线上,ADSL 典型的上行数据速率为 512kbps～1Mbps,下行数据速率为 1.544Mbps～8.192Mbps,传输距离为 3km～5km。有关 ADSL 的标准,现在比较成熟的有 G.DMT 和 G.Lite。G.DMT 是全速率的 ADSL 标准,支持 8Mbps 及 1.5Mbps 的高速下行和上行数据速率,但它要求用户端安装分离器,比较复杂且价格昂贵;G.Lite 标准速率较低,下行数据速率为 1.5Mbps,上行数据速率为 512kbps,但省去了分离器,成本较低且便于安装。G.DMT 较适合于小型办公室,而 G.Lite 则更适合于普通家庭。

一个基本的 ADSL 系统由局端收发机和用户端收发机两部分组成,收发机实际上是一种高速调制解调器(ADSL modem),由其产生上下行的不同数据速率。

ADSL 的接入模型主要由中央交换局端模块和远端用户模块组成,如图 5.23 所示。

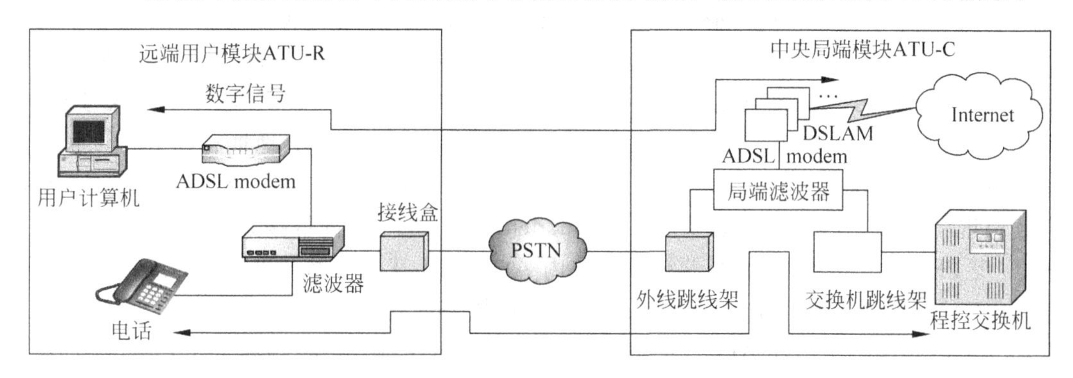

图 5.23 ADSL 的接入模型

中央交换局端模块包括在中心位置的 ADSL modem、局端滤波器和 ADSL 接入多路复用系统 DSLAM,其中处于中心位置的 ADSL modem 被称为 ADSL 中心传送单元(ADSL Transmission Unit-Central Office End,ATU-C),而接入多路复用系统中心的 modem 通常被组合成一个接入结点,也被称为 ADSL 接入复用器(Digital Subscriber Line Access

Multiplexer,DSLAM),它为接入用户提供网络接入接口,把用户端 ADSL 传来的数据进行集中、分解,并提供网络服务供应商访问的接口,实现与 Internet 或其他网络的连接。

远端模块由用户 ADSL modem 和滤波器组成。其中用户端 ADSL modem 通常被叫做 ADSL 远端传送单元(ADSL Transmission Unit-Remote terminal End,ATU-R),用户计算机、电话等通过它们接入公用交换电话网 PSTN。两个模块中的滤波器用于分离承载音频信号的 4kHz 以下低频带和调制用的高频带。这样 ADSL 可以同时提供电话和高速数据传输的服务,两者互不干涉。

从客户端设备和用户数量来看,可以分为以下四种接入情况。

(1) 单用户 ADSL modem 直接连接。此方式多为家庭用户使用,连接时用电话线将滤波器一端接于电话机上,一端接于 ADSL modem,再用交叉网线将 ADSL modem 和计算机网卡连接即可(如果使用 USB 接口的 ADSL modem,则不必用网线)。

(2) 多用户 ADSL modem 连接。若有多台计算机,就先用集线器组成局域网,设其中一台计算机为服务器,并配以两块网卡,一块接 ADSL modem,一块接集线器的 uplink 口(用直通网线)或 1 口(用交叉网线),滤波器的连接与(1)中相同。其他计算机即可通过此服务器接入 Internet。

(3) 小型网络用户 ADSL 路由器直接连接计算机。客户端除使用 ADSL modem 外还可使用 ADSL 路由器,它兼具路由功能和 modem 功能,可与计算机直接相连,不过由于它提供的以太端口数量有限,因而只适合于用户数量不多的小型网络。

(4) 大量用户 ADSL 路由器连接集线器。当网络用户数量较大时,可以先将所有计算机组成局域网,再将 ADSL 路由器与集线器或交换机相连,其中接集线器 uplink 口用直通网线,接集线器 1 口或交换机用交叉网线。

在用户端除安装好硬件外,用户还需为 ADSL modem 或 ADSL 路由器选择一种通信连接方式。目前主要有静态 IP、PPPOA(Point to Point Protocol over ATM)、PPPOE(Point to Point Protocol over Ethernet)三种。一般普通用户多数选择 PPPOA 或 PPPOE 方式,对于企业用户更多选择静态 IP 地址(由电信部门分配)的专线方式。

PPPOE 是以太网点对点协议,采用一种虚拟拨号方式,即通过用户名和密码接入 Internet。这种方式类似于电话拨号和 ISDN,不过 ADSL 连接的并不是具体接入号码(如 16300、169 等),而是 ADSL 接入地址,以此完成授权、认证、分配 IP 地址和计费的一系列点对点协议接入过程。在 ADSL modem 中采用 RFC1483 桥接封装方式对终端发出的点对点数据包进行 LLC/SNAP 封装,在 ADSL modem 与网络内的宽带接入服务器之间建立连接,实现 PPP 的动态接入,如某些校园宿舍内 ADSL201 宽带上网即采用此方式。

PPPOA 是 ATM 点对点协议,它不同于虚拟拨号方式,而采用一种类似于专线的接入方式。用户连接和配置好 ADSL modem、本机 TCP/IP 协议,并将端局事先分配给的 IP 地址、网关等设置好之后重启计算机,用户端和局端就会自动建立起一条链接。

ADSL 用途十分广泛,对于商业用户来说,可组建局域网共享 ADSL 上网,还可以实现远程办公、家庭办公等高速数据应用,获取高速低价的极高性价比。对于公益事业来说,ADSL 可以实现高速远程医疗、教学和视频会议的即时传送,达到以前所不能及的效果。

5.4.7 HFC 接入

为了解决终端用户接入 Internet 速率较低的问题，人们一方面通过 xDSL 技术充分提高电话线路的数据速率，另一方面尝试利用目前覆盖范围广、最具潜力、带宽大的有线电视网(CATV)，它是由广电部门规划设计的用来传输电视信号的网络。从用户数量看，中国已拥有世界上最大的有线电视网，其覆盖率高于电话网。充分利用这一资源，改造原有线路，变单向信道为双向信道，以实现高速接入 Internet 的设想，推动了 HFC 的出现和发展。

1. HFC 概念

光纤同轴电缆混合网(HFC)是一种新型的宽带网络，也可以说是有线电视网的延伸。它采用光纤从交换局到服务区，而在进入用户的"最后 1 千米"采用有线电视网同轴电缆。它可以提供电视广播(模拟及数字电视)、影视点播、数据通信、电信服务(电话、传真等)、电子商贸、远程教学与医疗以及增值服务(电子邮件、电子图书馆)等极为丰富的服务内容。

HFC 接入技术是以有线电视网为基础，采用模拟频分复用技术，综合应用模拟和数字传输技术、射频技术和计算机技术所产生的一种宽带接入网技术。以这种方式接入 Internet 可以实现 10Mbps～40Mbps 的带宽，用户可享受的平均数据速率是 200kbps～500kbps，最快可达 1 500kbps，用它可以非常惬意地享受宽带多媒体业务，并且可以绑定独立 IP。

2. HFC 频谱

HFC 支持双向信息的传输，因而其可用频带划分为上行频带和下行频带。所谓上行频带是指信息由用户终端传输到局端设备所需占用的频带；下行频带是指信息由局端设备传输到用户端设备所需占用的频带。各国目前对 HFC 频谱配置还未取得完全的统一。频率上限北美和欧洲均为 860MHz，而中国为 750MHz；上行频段的上限美国为 42MHz，欧洲为 65MHz，而中国为 50MHz。具体分段频率如表 5-11 所示。

表 5-11 中国 HFC 频谱配置表

频段	数据传输速率	用途
5～50MHz	320kbps～5Mbps 或 640kbps～10Mbps	上行非广播数据通信业务
50～550MHz		普通广播电视业务
550～750MHz	30.342Mbps 或 42.884Mbps	下行数据通信业务，如数字电视和 VOD 等
750MHz 以上	暂时保留以后使用	

3. HFC 接入系统

HFC 网络中传输的信号是射频信号(Radio Frequency，FR)，即一种高频交流变化电磁波信号，类似于电视信号，在有线电视网上传送。整个 HFC 接入系统由三部分组成：前端系统，HFC 接入网和用户终端系统。如图 5.24 所示。

1) 前端系统

有线电视有一个重要的组成部分——前端，如常见的有线电视基站，它用于接收、处理和控制信号，包括模拟信号和数字信号，完成信号调制与混合，并将混合信号传输到光纤。其中处理数字信号的主要设备之一就是电缆调制解调器端接系统(Cable Modem Termination System，CMTS)，它包括分复接与接口转换、调制器和解调器。CMTS 的网络

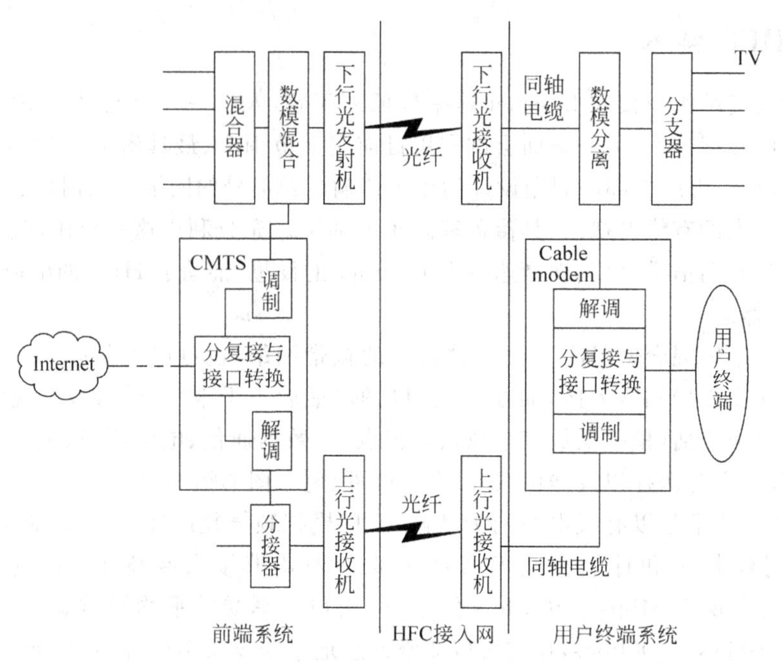

图 5.24　HFC 接入系统

侧为一些与网络连接有关的设备，如远端服务器、骨干网适配器、本地服务器等。CMTS 的射频侧为数/模混合器、分接器、下行光发射机和上行光接收机等设备。

2）HFC 接入网

HFC 接入网是前端系统和用户终端系统之间的连接部分，包括馈线网、配线和引入线三部分内容。如图 5.25 所示。其中馈线网(即干线)是前端到服务区光纤结点之间的部分，为星状拓扑结构。它与有线电视网不同的是采用一根单模光纤代替了传统的干线电缆和有源干线放大器，传输上下行信号更快、质量更高、带宽更宽。配线是服务区光纤结点到分支点之间的部分，采用同轴电缆，并配以干线/桥接放大器连接线路，为树状结构，覆盖范围可达 5km～10km，这一部分非常重要，其好坏往往决定了整个 HFC 网的业务量和业务类型。最后一段为引入线，是分支点到用户之间的部分，其中一个重要的元器件为分支器，它作为配线网和引入线的分界点，是信号分路器和方向耦合器结合的无源器件，用于将配线的信号分配给每一个用户，一般每隔 40m～50m 就有一个分支器。引入线负责将分支器的信号引入到用户，它使用复合双绞线的连体电缆(软电缆)作为物理媒介，与配线网的同轴电缆不同。

3）用户终端系统

用户终端系统指以电缆调制解调器(Cable Modem，CM)为代表的用户室内终端设备连接系统。Cable Modem 是一种将数据终端设备连接到 HFC 网，以使用户能和 CMTS 进行数据通信，访问 Internet 等信息资源的连接设备。它主要用于有线电视网进行数据传输，数据速率高，彻底解决了由于声音图像的传输而引起的阻塞。

Cable Modem 工作在物理层和数据链路层，其主要功能是将数字信号调制到模拟射频信号以及将模拟射频信号中的数字信息解调出来供计算机处理。除此之外，Cable Modem

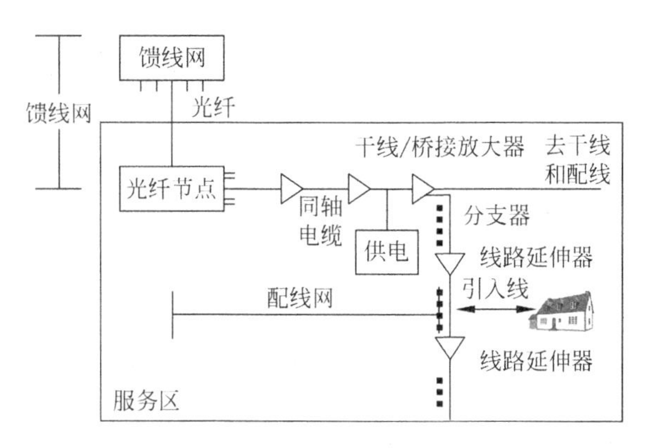

图 5.25　HFC 接入网结构

还提供标准的以太网接口，部分地完成网桥、路由器、网卡和集线器的功能。CMTS 与 Cable Modem 之间的通信是点对多点、全双工的，这与普通 Modem 的点对点通信和以太网的共享总线通信方式不同。

依据图 5.24 分别从上行和下行两条线路来看 HFC 系统中信号传送过程。

(1) 下行方向。在前端系统，所有服务或信息经由相应调制转换成模拟射频信号，这些模拟射频信号和其他模拟音频、视频信号经数/模混合器由频分复用方式合成一个宽带射频信号，加到前端的下行光发射机上，并调制成光信号用光纤传输到光纤结点并经同轴电缆网络、数/模分离器和 Cable Modem 将信号分离解调并传输到用户。

(2) 上行方向。用户的上行信号采用多址技术(如 TDMA、FDMA、CDMA 或它们的组合)，通过 Cable Modem 复用到上行信道，由同轴电缆传送到光纤结点进行电光转换，然后经光纤传至前端系统，上行光接收机再将信号经分接器分离、CMTS 解调后传送到相应接收端。

4. 机顶盒

机顶盒(Set Top Box，STB)是一种扩展电视机功能的新型家用电器，由于常放于电视机顶上，所以称为机顶盒。目前的机顶盒多为网络机顶盒，其内部包含操作系统和 Internet 浏览软件，通过电话网或有线电视网接入 Internet，使用电视机作为显示器，从而实现没有计算机的上网。

5.4.8　光纤接入

光纤由于无限带宽、远距离传输能力强、保密性好、抗干扰能力强等诸多优点，正在得到迅速发展和应用。近年来光纤在接入网中的广泛应用也呈现出一种必然趋势。

光纤接入技术实际就是在接入网中全部或部分采用光纤传输介质，构成光纤用户环路(Fiber In The Loop，FITL)，实现用户高性能宽带接入的一种方案。

光纤接入网(Optical Access Network，OAN)是指在接入网中用光纤作为主要传输媒介来实现信息传输的网络形式，它不是传统意义上的光纤传输系统，而是针对接入网环境所专门设计的光纤传输网络。

1. 光纤接入网的结构

光纤接入网的基本结构包括用户、交换局、光纤、电/光交换模块(Electrical/Optical,

E/O)和光/电交换模块(Optical/Electrical,O/E),如图 5.26 所示。由于交换局交换的和用户接收的均为电信号,而在主要传输介质光纤中传输的是光信号,因此两端必须进行电/光和光/电转换。

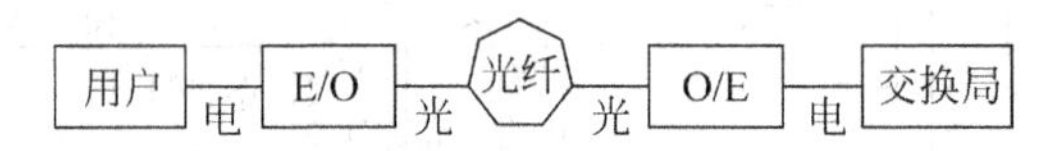

图 5.26 光纤接入网基本结构示意图

光纤接入网的拓扑结构有总线状、环状、星状和树状结构。

1) 总线状

以光纤作为公共总线,各用户终端通过耦合器与总线直接连接构成总线状网络拓扑结构。其特点是,光纤与电子器件成本投资低、增删结构容易、彼此干扰小,安全性能高。但它对用户接收机的动态范围要求高,对主干依赖性强,维护和运行测试难。适用于中等规模的用户群。

2) 环状

所有结点共用一条光纤线路,首尾相连成封闭回路构成环型网络拓扑结构。其突出优点是可实现自愈,即无需外界干预,网络可在较短时间内自动从失败故障中恢复业务。不过它的投资成本很高,并且单环所挂用户数量有限,多环互通又比较复杂。适用于大规模的用户群。

3) 星状

由光纤线路和端局内结点上的星状耦合器构成星状的结构称为星状网络拓扑结构。其中星状耦合器具有控制和交换功能,各用户终端通过星状耦合器进行信息交换。这种结构属于并联型结构,不存在损耗累积的问题,易于升级和扩容,投资成本低,安全性能高,并且各用户之间相对独立,保密性好,业务适应性强。然而它的组网灵活性差,对中央结点的可靠性要求极高。适用于有选择性的用户。

4) 树状

由光纤线路和结点构成的树状分级结构称为树状网络拓扑结构,是光纤接入网中使用最多的一种结构。在交接箱和分线盒处采用多个光分路器,将信号逐级往下分配,最高级的端局具有很强的控制和协调能力。此外,其投资成本较低,安全性能很高,但缺点是维护与运行测试困难,向每个用户提供新业务的能力较差。适用于大规模的用户群。

2. 光纤接入网的分类

从光纤接入网的网络结构看,按接入网室外传输设施中是否含有源设备,OAN 可以划分为有源光网络 AON 和无源光网络 PON,前者采用电复用器分路,后者采用光分路器分路,两者均在发展。

AON 指从局端设备到用户分配单元之间均采用有源光纤传输设备,如光电转换设备、有源光电器件、光纤等连接成的光网络。采用有源光结点可降低对光器件的要求,可应用性能低、价格便宜的光器件,但是初期投资较大,作为有源设备存在电磁信号干扰、雷击以及有源设备固有的维护问题,因而有源光纤接入网不是接入网长远的发展方向。

PON 指从局端设备到用户分配单元之间不含有任何电子器件及电子电源,全部由光分路器等无源器件连接而成的光网络。由于它初期投资少、维护简单,易于扩展,结构灵活,大量的费用将在宽带业务开展后支出，因而目前光纤接入网几乎都采用此结构，它也是光纤接入网的长远解决方案。

3. 光纤接入方式

根据光网络单元（Optical Network Unit，ONU）所在位置，光纤接入网的接入方式分为光纤到路边（Fiber To The Curb，FTTC）、光纤到大楼（Fiber To The Building，FTTB）、光纤到办公室（Fiber To The Office，FTTO）、光纤到楼层（Fiber To The Floor，FTTF）、光纤到小区（Fiber To The Zone，FTTZ）、光纤到户（Fiber To The Home，FTTH）等几种类型，如图 5.27 所示。其中 FTTH 将是未来宽带接入网发展的最终形式。

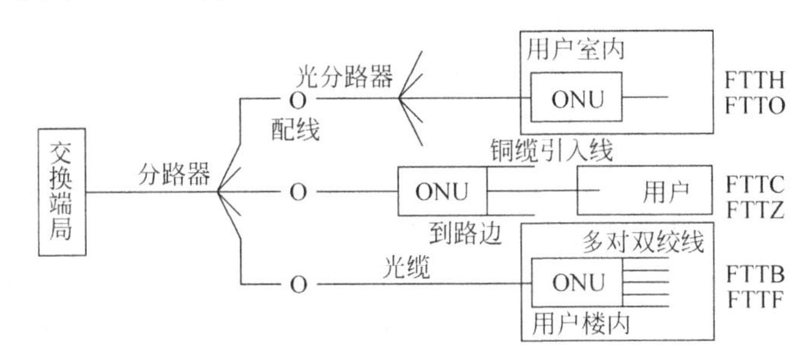

图 5.27　光纤接入方式

1）光纤到路边（FTTC）

FTTC 结构主要适用于点对点或点对多点的树状分支拓扑，多为居民住宅用户和小型企、事业用户使用，典型用户数在 128 个以下，经济用户数正逐渐降低至 8～32 个乃至 4 个左右。FTTC 结构是一种光缆/铜缆混合系统，其主要特点是易于维护、传输距离长、带宽大，初始投资和年维护运行费用低，并且可以在将来扩展成光纤到户，但铜缆和室外有源设备需要维护，增加了工作量。

2）光纤到楼（FTTB）

FTTB 可以看作是 FTTC 的一种变型，最后一段接到用户终端的部分要用多对双绞线。FTTB 是一种点对多点结构，通常不用于点对点结构。FTTB 的光纤化程度比 FTTC 更进一步，光纤已敷设到楼，因而更适于高密度用户区，也更接近于长远发展目标，预计会获得越来越广泛的应用，特别是那些新建工业区或居民楼以及与宽带传输系统共处一地的场合。光纤到楼层（FTTF）与它类似。

3）光纤到家（FTTH）和光纤到办公室（FTTO）

在 FTTB 的基础上 ONU 进一步向用户端延伸，进入到用户家即为 FTTH 结构。如果 ONU 放在大企、事业单位用户（公司、大学、研究所、政府机关等）终端设备处并能提供一定范围的灵活业务，则构成光纤到办公室（FTTO）结构。FTTH 和 FTTO 都是一种全光纤连接网络，即从本地交换机一直到用户全部为光连接，中间没有任何铜缆，也没有有源电子设备，是真正全透明的网络，因而归于一类。FTTO 适于点对点或环状结构，而 FTTH 的经济结构是点对多点方式。FTTH 的主要特点是，可以采用低成本元器件，ONU 可由本地供电，因而故障率大大减少，维护安装测试工作也得以简化。此外由于它是全透明光网络，对传输制式、带宽、波长和传输技术没有任何限制，适于引入新业务，是一种最理想的业务透明网络，也是用户接入网发展的长远目标。

4. FTTx+LAN 接入

近年发展起来的建立在五类双绞线基础上的以太网技术，已成为目前使用最为广泛的局域网（LAN）技术，其最大特点是扩展性强、投资成本低，入户带宽可达10Mbps～100Mbps，入户成本相对较低，具有强大的性能价格比优势。另一方面，干线采用光纤已逐渐成为一种趋势，因而将光纤接入结合以太网技术可以构成高速以太网接入，即FTTx+LAN，通过这种方式可实现“千兆到大楼，百兆到层面，十兆到桌面”，为实现最终光纤到户提供了一种过渡。

FTTx+LAN接入比较简单，在用户端通过一般的网络设备，如交换机、集线器等将同一幢楼内的用户连成一个局域网，用户室内只需添加以太网RJ45信息插座和配置以太网接口卡（即网卡），在另一端通过交换机与外界光纤干线相连即可。

虽然以太网无法借用现成的有线电视网和电话网，必须单独铺设线路，安装设备，然而它比ADSL和cable modem更具广泛性和通用性，而且它的网络设备和用户端设备都比ADSL、HFC的设备便宜很多。此外，它给用户提供标准的以太网接口，能够兼容所有带标准以太网接口的终端，除了网卡，用户不需要另配任何新的接口卡或协议软件，因而总体来看FTTx+LAN是一种比较廉价、高速、简便的数字宽带接入技术，特别适用于中国这种人口居住密集型的国家。

5.4.9 无线接入

据统计，到2006年9月份，全球移动通信用户数已突破26亿，2006年底，全球移动通信服务普及率达到41%，2007年底将升至47%。大量移动设备接入Internet。无线接入在众多的新兴接入技术中备受瞩目。

无线接入技术是指从业务结点到用户终端之间的全部或部分传输设施采用无线手段，向用户提供固定和移动接入服务的技术。采用无线通信技术将各用户终端接入到核心网的系统，或者是在市话端局或远端交换模块以下的用户网络部分采用无线通信技术的系统都统称为无线接入系统。由无线接入系统所构成的用户接入网称为无线接入网。

1. 无线接入的分类

无线接入按接入方式和终端特征通常分为固定无线接入和移动无线接入两大类。

(1) 固定无线接入。指从业务结点到固定用户终端采用无线技术的接入方式，用户终端不含或仅含有限的移动性。此方式是用户上网浏览及传输大量数据时的必然选择，主要包括卫星、微波、扩频微波、无线光传输和特高频。

(2) 移动无线接入。指用户终端移动时的接入，包括移动蜂窝通信网（GSM、CDMA、TDMA、CDPD）、无线寻呼网、无绳电话网、集群电话网、卫星全球移动通信网以及个人通信网等，是当前接入研究和应用中很活跃的一个领域。

无线接入是本地有线接入的延伸、补充或临时应急方式。由于篇幅有限，此部分仅重点介绍固定无线接入中的卫星通信接入技术和LMDS接入技术，以及移动无线接入中的WAP技术、移动蜂窝接入、Wi-Fi和WiMAX。

2. 卫星通信接入

卫星通信作为一种重要的通信方式，在数字技术的带动下得到了迅速发展。利用卫星的宽带IP多媒体广播可解决Internet带宽的瓶颈问题，由于卫星广播具有覆盖面大，传输距离远，不受地理条件限制等优点，利用卫星通信作为宽带接入网技术，在中国复杂的地理条件下，是一种有效方案并且有很大的发展前景。目前，应用卫星通信接入 Internet 主要有两种方案，全球宽带卫星通信系统和数字直播卫星接入技术。

全球宽带卫星通信系统，将静止轨道卫星（Geosynchronous Earth Orbit，GEO）系统的多点广播功能和低轨道卫星（Low Earth Orbit，LEO）系统的灵活性和实时性结合起来，可为固定用户提供 Internet 高速接入、会议电视、可视电话、远程应用等多种高速的交互式业务。也就是说，利用全球宽带卫星系统可建设宽带的“空中 Internet”。在没有宽带地面基础设施，或者是地面基础设施很不发达的地区，均可采用这种宽带无线接入方式。这种卫星通信接入网基于 ATM，采用非对称链路，到用户的最大数据速率达 2Mbps，通过关口站返回链路的最大数据速率也可达 2Mbps。

数字直播卫星接入（Direct Broadcasting Satellite，DBS）技术，它利用位于地球同步轨道的通信卫星将高速广播数据送到用户的接收天线，所以一般也称为高轨卫星通信。其特点是通信距离远，费用与距离无关，覆盖面积大且不受地理条件限制，频带宽、容量大，适用于多业务传输，可为全球用户提供大跨度、大范围、远距离的漫游和机动灵活的移动通信服务等。DBS 主要应用于广播系统，Internet 信息提供商将网上的信息与非网上的信息按照特定组织结构进行分类，根据统计的结果将共享性高的信息送至广播信道，由用户在用户端以订阅的方式接收，以充分满足用户的共享需求。用户通过卫星天线和卫星接收 modem 来接收数据，回传数据则要通过电话 modem 送到主站的服务器。DBS 广播数据速率最高可达 12Mbps，通常下行数据速率为 400kbps，上行数据速率为 33.6kbps，比传统 modem 高出 8 倍，为用户节省 60%以上的上网时间，还可以享受视频、音频多点传送、点播服务。不过这一数据速率与 xDSL 及 cable modem 技术仍无法相比。

卫星通信接入技术不仅用于接入网，更重要的是还应用于国际、国内 Internet 骨干网的接入。中国在 1998 年底首次采用非对称技术，开通了第一条发/收分别为 8Mbps 和 45Mbps 的 Internet 国际卫星链路，此后 ChinaNet 有了数十条国际卫星链路。目前中国 Internet 骨干网接入即采用卫星和光缆相结合的方式。

3. LMDS 接入技术

本地多点分配业务（Local Multipoint Distribution Service，LMDS），其传输容量可与光纤比拟，同时又兼有无线通信经济和易于实施等优点。作为一种新兴的宽带无线接入技术，LMDS 为交互式多媒体应用以及大量电信服务提供经济和简便的解决方案，并且可以提供高速 Internet 接入、远程教育、远程计算、远程医疗和用于局域网互联等。

LMDS 工作于毫米波段，以高频（20GHz～43GHz）微波为传输介质，以点对多点的固定无线通信方式，提供宽带双向语音、数据及视频等多媒体传输，其可用频带至少 1GHz，上行数据速率为 1.544Mbps～2Mbps，下行数据速率可达 51.84Mbps～155.52Mbps。LMDS 实现了无线“光纤”到楼，是“最后一千米”光纤的灵活替代技术。

典型的 LMDS 由类似蜂窝配置的多个枢纽发送机组成，每个发送机经点对多点无线链路与服务区的固定用户通信。单个蜂窝的覆盖区为 2km～5km。覆盖区相互重叠，每一蜂窝的覆盖区又可划分为多个扇区，可根据用户需要在该扇区提供特定业务。LMDS 的这种模块结构使网络扩容灵活方便，不必增加基站射频设备，可快速增加用户，大大缩短建设周期。不过它的缺点是信号易受干扰，覆盖范围有限，并且受气候影响大，抗雨衰性能差。

一个完整的LMDS系统由四部分组成，分别是本地光纤骨干网、网络运营中心、基站系统(Base Station Equipment，BSE)、用户端设备(Customer Premise Equipment，CPE)。其中基站系统负责进行用户端的覆盖，完成信号在骨干网与无线传输间的转换。基站设备包括与骨干网相连的接口模块、调制与解调模块及通常置于楼顶或塔顶的微波收发模块。用户端通过网络界面单元完成调制解调功能，支持各式应用或服务。设备主要有室外单元(outdoor units)和室内单元(indoor units)。室外单元包括指向性天线、微波收发设备；室内单元包括调制解调模块和网络接口模块。

4. WAP技术

无线应用协议(Wireless Application Protocol，WAP)是由WAP论坛制定的一套全球化无线应用协议标准。它基于已有的Internet标准，如IP、HTTP、URL等，并针对无线网络的特点进行了优化，使得Internet的内容和各种增值服务适用于手机用户和各种无线设备用户。WAP独立于底层的承载网络，可以运行于多种不同的无线网络之上，如移动通信网(移动蜂窝通信网)、无绳电话网、寻呼网、集群网、移动数据网等。WAP标准和终端设备也相对独立，适用于各种型号的手机、寻呼机和个人数字助手(PDA)等。

WAP网络架构由三部分组成，即WAP网关、WAP手机和WAP内容服务器。移动终端向WAP内容服务器发出URL地址请求，用户信号经过无线网络，通过WAP协议到达WAP网关，经过网关"翻译"，再以HTTP协议方式与WAP内容服务器交互，最后WAP网关将返回的Internet丰富信息内容压缩、处理成二进制码流返回到用户尺寸有限的WAP手机的屏幕上。

5. 移动蜂窝接入

移动蜂窝接入技术主要包括基于第一代模拟蜂窝系统的CDPD技术、基于第二代数字蜂窝系统的GSM和GPRS、以及在此基础上改进的数据速率GSM服务(Enhanced Datarate for GSM Evolution，EDGE)技术，目前正向第三代蜂窝系统(the third Generation，3G)发展。GSM在中国已得到了广泛应用，GPRS可提供115.2kbps，甚至230.4kbps的数据速率，称为2.5代，而EDGE则被称为2.75代，因为它的数据速率已达第三代移动蜂窝通信下限384kbps，并可提供大约2Mbps的局域数据通信服务，为平滑过渡到第三代打下了良好基础。

目前，3G正在发展中。3G是面向高速数据和多媒体应用，其终端使用时，在室内可达2Mbps，步行时速率为384kbps，高速车辆行走时为144kbps。第2章已指出，国际电信联盟(ITU)确定的3G标准主要有三个：欧洲和日本提出的WCDMA(宽带码分多址)、美国提出的CDMA 2000(码分多址)标准和中国大唐集团提出的TD-SCDMA(时分同步码分多址接入)标准。其中，TD-SCDMA是由中国第一次提出并在此无线传输技术(RTT)的基础上与国际合作，该标准成为全球3G标准之一，标志着中国在移动通信领域已经进入世界领先之列。

在发展3G的同时，全球已开始研究开发第四代移动通信(the forth Generation，4G)和第五代移动通信(the fifth Generation，5G)。4G的传输速率可达10Mbps，4G将可以把蓝牙无线局域网和3G技术等结合在一起组成无缝的通信解决方案及相应的产品。5G的手机除了通话，接收丰富的多媒体信息外，还可以演示三维立体游戏，参与三维立体电视会议。表5-12中比较了各代之间典型的不同。

表 5-12　各代典型接入方式的差异

	典型	技　　术	特　　性
第一代	AMPS	小区制蜂窝系统	模拟话音
第二代	GSM	数字蜂窝(时分复址)	数字话音数据速率 9.6kbps,(HSCSD:6 时隙合并为 57kbps)
第二代半	GPRS	通用分组数字蜂窝	数据速率:115kbps,数据在线连接(EDGE 为 384kbps)
第三代	W-CDMA	宽带码分多址,实现宽带多媒体业务	数据速率最高达 2Mbps 数据在线连接宽带数据业务
第四	(EM-BS)	宽带多媒体综合业务 ATM 而无核心网	无线接入点:60GHz,155Mbps
第五代…	还在研究		

6. Wi-Fi

Wi-Fi 全称 Wireless Fidelity(无线保真),是指符合 802.11、802.11a、802.11b 和 802.11g 等几个通信标准制造出来的通信设备。它们都属于 IEEE 定义的一个无线网络通信的工业标准(IEEE 802.11),是办公室和家庭中使用的短距离无线技术。

1997 年发表了 Wi-Fi 第一个版本,定义了介质访问接入控制层(MAC 层)和物理层。物理层定义了工作在 2.4GHz 的 ISM 频段上的两种无线调频方式和一种红外传输的方式,总数据传输速率设计为 2Mbps。两个设备之间的通信可以自由直接(ad hoc)的方式进行,也可以在基站(Base Station,BS)或者接入点 AP 的协调下进行。

1999 年加上了两个补充版本:802.11a 定义了一个在 5GHz ISM 频段上的数据传输速率可达 54Mbps 的物理层;802.11b 定义了一个在 2.4GHz 的 ISM 频段上但数据传输速率高达 11Mbps 的物理层,在信号较弱或有干扰的情况下,带宽可调整为 5.5Mbps、2Mbps 和 1Mbps,带宽的自动调整,有效地保障了网络的稳定性和可靠性。2.4GHz 的 ISM 频段在世界上绝大多数国家通用,因此 802.11b 得到了最为广泛的应用,也是当前应用最为广泛的 WLAN(无线局域网)标准。其主要特性为:速度快,可靠性高,在开放性区域通信距离可达 305m,在封闭性区域通信距离为 76m～122m,方便与现有的有线以太网络整合,组网的成本更低。

根据无线网卡使用的标准不同,Wi-Fi 的速度也有所不同。其中 IEEE 802.11b 最高为 11Mbps(部分厂商在设备配套的情况下可以达到 22Mbps),IEEE 802.11a 为 54Mbps, IEEE 802.11g 也为 54Mbps。

1999 年工业界成立了非营利性组织 Wi-Fi 联盟,致力于解决符合 802.11 标准的产品的生产和设备兼容性问题,负责测试 IEEE 802.11b 无线产品的兼容性。

Wi-Fi 技术突出的优势在于:

(1) 无线电波的覆盖范围广,基于蓝牙技术的电波覆盖范围非常小,半径大约只有 15 米左右,而 Wi-Fi 的半径则可达 100 米左右。

(2) 虽然由 Wi-Fi 技术传输的无线通信质量不是很好,数据安全性能比蓝牙差一些,传输质量也有待改进,但传输速度非常快,可以达到 11Mbps,符合个人和社会信息化的需求。

(3) 厂商进入该领域的门槛比较低。厂商只要在机场、车站、咖啡店、图书馆等人员较密集的地方设置"热点",通过高速线路接入因特网,"热点"所发射出的电波就可以达到距接入点半径数 10m～100m 的地方，用户只要将支持无线 LAN 的笔记本计算机、PDA、手机或者其他电子设备拿到该区域内，即可高速接入因特网。

总而言之，家庭和小型办公网络用户对移动连接的需求是无线局域网市场增长的动力。到目前为止，美国、日本等发达国家是目前 Wi-Fi 用户最多的地区。在中国 Wi-Fi 已经普遍应用于酒店、园区、校园。

7. WiMAX 技术

WiMAX(Worldwide interoperability for Microwave Access，微波存取全球互通)泛指符合 IEEE 802.16 通信标准制造出的 WMAN(无线城域网)通信器材。WiMAX 技术是基于 IEEE 802.16 和 ETSI HiperMan 标准体系的宽带无线接入技术，它是由 WiMAX Forum 提出的，其最大贡献是引入了对非视距和移动性的支持、提供更高的频谱利用率及作为线缆和 DSL 的无线扩展技术，从而解决宽带“最后一千米”问题并用于移动宽带数据服务。表 5-13 列出了 WiMAX 主要技术特征。

表 5-13 WiMAX 主要技术特征

	802.16	802.16a	802.16d	802.16e
标准发布情况	2001 年 12 月	2003 年 1 月	2004 年 7 月	2005 年
使用频段	10～66GHz	<11GHz	10～66GHz 和<11GHz	6GHz
视距条件	视距	视距＋非视距	视距＋非视距	非视距
固定/移动性	固定	固定	固定(固定、游牧、便携)	移动＋漫游
调制方式	QPSK、16QAM 和 64QAM	256OFDM(BPSK/QPSK/16QAM/64QAM)	256OFDM(BPSK/QPSK/16QAM/64QAM)2048 OFDMA	128/512/1024 OFDMA256OFDM (BPSK/QPSK/16QAM/64QAM)
信道带宽	25/28MHz	1.25～20MHz	1.25～20MHz	1.25～20MHz
数据传输速率	32～134MHz (以 28MHz 为载波带宽)	在 20MHz 信道上提供约 75Mbps 的速率	在 20MHz 信道上提供约 75Mbps 的速率	在 5MHz 信道上提供约 15Mbps 的速率
覆盖范围	<5km	5～10km	5～15km	几 km

WiMAX 能够支持 30km 范围内 70Mbps 的传输速度，被看作是一个具有广泛用途的技术，包括用于解决宽带“最后一千米”问题和移动宽带数据服务。同时，WiMAX 还具备了有效降低网络运营成本、突出的应用与业务、先进的技术性能、移动宽带化、频谱利用率高、实现与下一代网络无缝融合、业务接入能力强和升级维护方便八个方面的优势。该技术的具体应用有交互游戏、VOIP(IP 语音通信)和视频电话、流媒体、实时消息和网页浏览、下载等。

通过对 WiMAX 技术特点的分析，可以看到 WiMAX 的应用场景非常的广泛。概括来说，WiMAX 技术的主要应用是基于 IP 数据的综合业务宽带无线接入，具体工作模式有点对多点宽带无线接入、点对点宽带无线接入、蜂窝状组网方式等，对于不同的应用场合，能够灵活、快速地进行部署。

WiMAX Forum 近年来陆续成立了认证工作组(CWG)、技术工作组(TWG)、频谱工作组(RWG)、市场工作组(MWG)、需求工作组(SPWG)、网络工作组(NWG)和应用工作组

(AWG)。WiMAX 的认证标准由技术工作组制定,而认证工作组具体操作认证测试的管理工作。目前,针对 IEEE 802.16-2004 的 Wave1 以及 Wave2 认证测试的联合文档均已被批准发布,Wave3 测试标准制定工作于 2006 年 10 月完成。Wave1 认证测试在 2005 年 12 月开始,并已经完成,目前正在进行 Wave2 认证测试。针对 IEEE 802.16e-2005 的 Wave1 认证测试的 systemprofile 于 2005 年底确定,2006 年 3 月确定了 PICS(Protocol Implementation Conformance Specification,协议实现一致性说明),2006 年 6 月确定其 RCT(radio conformance test specification,射频一致性测试规范),并于 2006 年 6 月进行了第一次 IEEE 802.16e 的 Plugfest 试验。

到 2006 年,WiMAX 在欧洲、拉美、亚太和非洲已有 50 个试验项目,在西班牙、法国、新西兰、阿根廷、瑞典已进入商用阶段。有关咨询机构的研究报告显示,到 2009 年全球将有 850 万用户采用基于 WiMAX 技术的宽带无线接入服务。

5.4.10 电力线接入

目前,一种新的宽带上网技术——电力线通信开始应用于高速数据接入和室内组网。电力线通信又称宽带电力线,或电力线宽带。它通过电力线载波方式传输数字化数据、语音和图像等多媒体业务信号,是对原有电力线技术的发展。相对于电力线,电话线、有线电视网覆盖范围要小得多。在国内,除了特别偏僻的山区外,电力线几乎无所不在,在每个家庭的每个房间,至少都有一个以上的电源插座,这对开展接入业务而言非常方便。因此,电力线通信是接入网的一种有效的替代方案,并且可以大大节省通信网络的建设成本。同时,电力网作为宽带接入媒介,除了可以提供互联网接入的新选择,解决“最后一千米”问题,还能够实现数据、语音、视频和电力的“四网合一”。

在室内组网方面,计算机、打印机、电话和各种智能控制设备都可通过普通电源插座,由电力线连接起来,组成局域网。现有的各种网络应用:如语音、电视、多媒体业务、远程教育等,都可通过电力线向用户提供,以实现接入和室内组网的多网合一。

电力线接入是把户外通信设备插入到变压器用户侧的输出电力线上,该通信设备可以通过光纤与主干网相连,向用户提供数据、语音和多媒体等业务。户外设备与各用户端设备之间的所有连接都可看成是具有不同特性和通信质量的信道,如果通信系统支持室内组网,则室内任两个电源插座间的连接都是一个通信信道。

为了确保电力线上网技术在标准上的一致性,目前,国际上相关组织正在推进国际标准的制定。2004 年 7 月美国电气电子工程师学会(IEEE)开始制定电力线宽带(Broadband over Power Line,BPL)的硬件规格 IEEE P1675。此规格旨在对地上及地下使用的 BPL 基础设施硬件制定一揽子标准,另外还提供对 BPL 设备进行安全设置的指南。IEEE 于 2005 年 7 月成立了面向 BPL 标准的 P1901 工作组。

目前 PLC(Programmable Logic Controller,可编程逻辑控制器)技术领先全球的有两大阵营:一个是 HomePlug(家庭插电)电力线联盟(powerline alliance),另一个是环球电力线协会(Universal Powerline Association,UPA)。此外,还有 IEEE-P1901 标准,上述两个阵营都加入了 IEEE-P1901 小组。

2001 年,第一个 HomePlug 标准 HomePlug1.0 得到批准,理论数据率最高达 14Mbps。2004 年推出了 HomePlug1.0Turbo 版,最大理论数据率提高到 85Mbps。2005 年 8 月,论

坛董事会通过了新一代技术 HomePlugAV 标准，理论数据率提高到 200Mbps(实际可以稳定在 100Mbps)。HomePlugBPL 标准于 2007 年第一季度发布，2007 年底已有商用产品投入市场。

2007 年 3 月，由 BPL 价值链上各方公司组成的标准工作组为基线 BPL 标准制定了 400 多项要求，并为满足这些要求的系统获得技术解决方案发布了征集建议通知。

目前，许多发达国家的 PLC 技术已经进入实用化阶段。其中，美国联邦通信委员会(FCC)于 2004 年下半年投票修订其规则，打开了通过电力线接入普及宽带的大门。日本于 2004 年 8 月底，共获准在 14 家服务商的 28 种设备中进行了实验，根据试验数据确定电力线通信的实用化。2006 年 10 月 4 日，日本总务省解除了对高速电力线通信的禁令。目前，欧洲已有 20 多家电力公司在欧洲和全球各地进行 100 项 PLC 服务的测试。

中国 PLC 也得到了长足的发展。中国电力科学研究院自 1999 年开始从事高速 PLC 的研究工作，2001 年 8 月在沈阳建立了国内第一个高速 PLC 实验网络。2004 年，PLC 在北京、山东、福建、广东和武汉等地就已经悄然崛起。北京地区到 2004 年 8 月，已有 297 个住宅小区，约 16 万个家庭通过电力线上网。在上海也已经有试用网了。不过，由于中国的电压不够稳定，在技术方面及相关问题有待于进一步解决。相信在不久的将来，电力线通信、接入技术会有突破性发展。

5.4.11 网络连接测试

网络连接需要对系统进行配置和测试。ipconfig 和 ping 命令是 Windows 系统上 TCP/IP 配置和测试的工具。一般用 ping 网络命令进行连接测试，以确定是否配置和连接正常。ipconfig 命令一般是用于查询主机的 IP 地址及相关 TCP/IP 协议的信息，尤其是当前用户机器设置的是动态 IP 地址配置协议 DHCP(Dynamic Host Configuration Protocol)时。

1. ping 命令

使用 ping 向目标主机名或 IP 地址发送 ICMP(Internet Control Message Protocol)回应请求，来验证主机能否连接到 TCP/IP 网络和网络资源。

命令格式如下：

```
ping IP_address
```

通常先用 ping 命令验证本地计算机和网络主机之间的路由是否存在，然后再验证本地机和远程网络主机是否连通。一般连接测试执行以下步骤：

(1) ping 回送地址，验证是否在本地计算机上安装 TCP/IP 以及配置是否正确。

```
ping 127.0.0.1
```

(2) ping 本地计算机的 IP 地址，验证是否正确地添加到网络。

```
ping IP_address_of_local_host
```

(3) ping 默认网关的 IP 地址，验证默认网关是否运行以及能否与本地网络上的本地主机通信。

```
ping IP_address_of_default_gateway
```

(4) ping 远程主机的 IP 地址，验证能否通过路由器通讯。

```
ping IP_address_of_remote_host
```

例如，在局域网中测试网络连接。服务器 IP 设为 192.168.0.1，则输入：

```
C:\>ping 192.168.0.1
```

如果屏幕上出现 Reply from 192.168.0.1: bytes=32 time=1ms TTL=255 的提示，说明客户机与局域网服务器连接正常。若出现 Request time out(请求返回超时)或 Bad IP Address(错误的 IP 地址)等信息提示，说明网络连接或设置有问题，须检查设置。

2. ipconfig 命令

ipconfig 用来显示主机内 IP 协议执行信息，包括两条信息：IP 配置信息和 IP 配置参数。命令格式如下：

```
ipconfig[/参数]
```

常用的是 ipconfig/all，它能显示所有网络适配器的完整配置信息。在命令提示符下输入：

```
ipconfig/all
```

例如：

```
C:\>ipconfig/all
```

屏幕上就会出现该计算机的 IP 配置信息，包括网卡地址、IP 地址、网关、掩码等。

若配置不正确有以下两种情况。

(1) 网号部分不正确。此时执行每一条 ipconfig 命令都会显示 no answer。修改错误的 IP 地址就可以了。

(2) 主机部分不正确。如，与另一主机配置的地址相同而引起冲突。

5.5 Internet 服务和应用

Internet 提供了多种服务和应用，按信息资源的不同可分为两类，面向文本的服务和面向多媒体的服务与应用。前者主要有传统五大基本服务 WWW、E-mail、FTP 等，后者主要是基于流媒体技术的网络服务，用以满足人们对多媒体的需求。

5.5.1 WWW 服务

WWW(World Wide Web)译为"万维网"，简称 Web 或 3W，是由欧洲粒子物理研究中心(the European Laboratory for Particle Physics，CERN)于 1989 年提出并研制的基于超文本方式的大规模、分布式信息获取和查询系统，是 Internet 的应用和子集。

WWW 提供了一种简单、统一的方法来获取网络上丰富多彩的信息，它屏蔽了网络内部的复杂性，可以说 WWW 技术为 Internet 的全球普及扫除了技术障碍，促进了网络飞速发展，并已成为 Internet 最有价值的服务。

1. 超文本和超文本标记语言

WWW 中使用了一种重要信息处理技术——超文本(hyperTtext)。它是文本与检索项共存的一种文件表示和信息描述方法。其中检索项就是指针，每一个指针可以指向任何形式的、计算机可以处理的其他信息源。这种指针设定相关信息链接的方式就称为超链接(hyperlink)，如果一个多媒体文档中含有这种超链接的指针，就称为超媒体(hypermedia)，它是超文本的一种扩充，不仅包含文本信息，还包含诸如图形、声音、动画、视频等多种信息。由超链接相互关联起来的，分布在不同地域、不同计算机上的超文本和超媒体文档就构成了全球的信息网络，成为人类共享的信息资源宝库。

超文本标记语言(HyperText Mark Language，HTML)由 HTML 标记和用来表示信息的文本组成。它描述网络资源，是一种专门用于 WWW 的编程语言。HTML 具有统一的格式和功能定义，生成的文档以.htm、.html 等为文件扩展名，主要包含文头(head)和文体(body)两部分。文头用来说明文档的总体信息，文体是文档的详细内容，为主体部分，含有超链接。

2. WWW 工作原理

WWW 采用浏览器-服务器(B/S)模式。客户端软件通常称为 WWW 浏览器(browser)，简称浏览器。浏览器软件种类繁多，目前常见的有 IE(Internet explorer)、Netscape Navigator 等，其中 IE 是全球使用最广泛的一种浏览器。而运行 Web 服务器(Web server)软件，并且有超文本和超媒体驻留其上的计算机就称为 WWW 服务器或 Web 服务器，它是 WWW 的核心部件。

浏览器和服务器之间通过超文本传输协议(HyperText Transfer Protocol，HTTP)进行通信和对话，该协议建立在 TCP 连接之上，默认端口为 80。用户通过浏览器建立与 WWW 服务器的连接，交互地浏览和查询信息，其请求-响应模式如图 5.28 所示。浏览器首先向 WWW 服务器发出 HTTP 请求，WWW 服务器作出 HTTP 应答并返回给浏览器，然后浏览器装载超文本页面，并解释 HTML，以显示给用户。

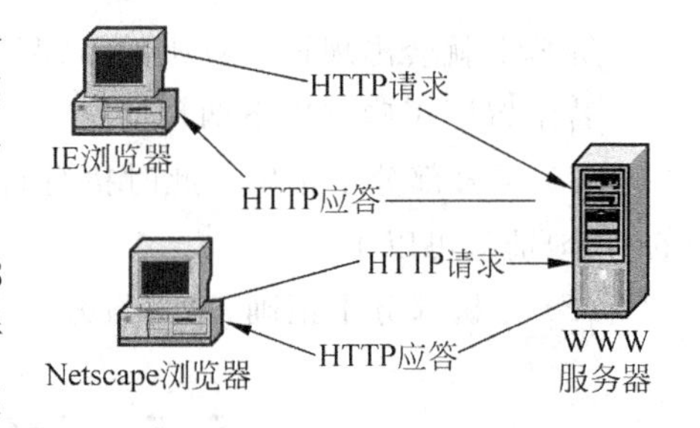

图 5.28 WWW/HTTP 请求-响应模式

3. 统一资源定位器

WWW 的一个重要特点是采用了统一资源定位地址(Uniform Resource Locator，URL)。URL 是一种用来唯一标识网络信息资源的位置和存取方式的机制，通过这种定位就可以对资源进行存取、更新、替换和查找等各种操作，并可在浏览器上实现 WWW、E-mail、FTP、新闻组等多种服务。

URL 由两部分组成：<连接模式(sckeme)>：<路径(path)>。连接模式是资源或协议的类型，目前支持的有：http、ftp、news、mailto、telnet 等。路径一般包含主机全名、端口号、类型和文件名、目录号等，其中主机全名为资源所在的服务器名或 IP 地址，并以双斜杠"//"打头。具体格式如下。

(1) HTTP URL 格式如下：

```
http://主机全名[:端口号]/文件路径和文件名
```

如：

http://csu.edu.cn/

(2) FTP URL 格式如下：

ftp://[用户名[:口令]@]主机全名/路径/文件名

如：

ftp://csu_user@ftp.csu.edu.cn/software/　默认用户名为 anonymous

(3) News URL 格式如下：

news:新闻组名

如：

news:comp.infosystems.www.providers
news:bwh.2.00100809c@access.digex.net

(4) Gopher URL 格式如下：

gopher://主机全名[:端口号]/[类型[项目]]

其中类型为 0 表示文本文件，为 1 时表示菜单。

如：

gopher://gopher.micro.umn.edu/11/

5.5.2 文件传输 FTP 服务

1. FTP 简介

FTP(File Transfer Protocol，文件传输协议)是将文件从一台主机传输到另一台主机的应用协议。FTP 服务就是建立在此协议上的两台计算机间进行文件传输的过程。FTP 服务由 TCP/IP 协议支持，因而任何两台 Internet 中的计算机，无论地理位置如何，只要都装有 FTP 协议，就能在它们之间进行文件传输。FTP 提供交互式的访问，允许用户指明文件类型和格式并具有存取权限，它屏蔽了各计算机系统的细节，因而成为计算机传输数字化业务信息的最快途径。

2. FTP 的工作原理

FTP 采用 C/S 工作模式，不过与一般 C/S 不同的是，FTP 客户端与服务器之间要建立双重连接，即控制连接和数据连接。控制连接用于传输主机间的控制信息，如用户标识、用户口令、改变远程目录和 put、get 文件等命令，而数据连接则用来传输文件数据。

FTP 是一个交互式会话系统，客户进程每次调用 FTP 就与服务器建立一个会话，会话以控制连接来维持，直至退出 FTP。当客户进程提出一个请求，服务器就与 FTP 客户进程建立一个数据连接，进行实际的数据传输，直至数据传输结束，数据连接被撤销。FTP 服务器采用并发方式，一个 FTP 服务器进程可同时为多个客户进程提供服务。它由两大部分组成：一个主进程，负责接受新的客户请求，另外有若干个从属进程，负责处理单个请求。

FTP 工作原理如图 5.29 所示。用户调用 FTP 命令后，客户端首先建立一个客户控制进程，该进程向主服务器发出 TCP 连接建立请求，主服务器接收请求后，派生(fork)一个子进程(服务器控制进程),该子进程进行与客户控制进程建立控制连接,双方进入会话状态。在控制连接上,客户控制进程向服务器发出数据、文件传输命令,服务器控制进程接收到命令后派生一个新的进程,即服务器数据传输进程,该进程再向客户控制进程发出 TCP 连接建立请求。客户控制进程收到该请求后,派生一个客户数据传输进程,并与服务器数据传输进程建立数据连接,然后双方即可开始进行文件传输。

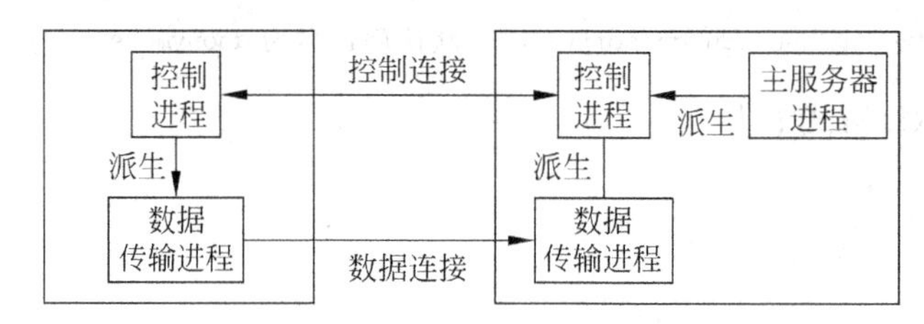

图 5.29　FTP 工作原理

FTP 可以实现上传和下载两种文件传输方式,而且可以传输几乎所有类型的文件。Internet 上有成千上万个提供匿名文件传输服务的 FTP 服务器。登录方式很简单,只需在浏览器地址栏内输入 ftp://<ftp 地址>,便可进入该 FTP 服务器。FTP 地址形式类似于 WWW 网址,如 ftp.csu.edu.cn 是中南大学 FTP 服务器地址。如果是非匿名的,则输入 ftp://<用户名>@<ftp 地址>命令,并在弹出的对话框中键入用户密码即可。

5.5.3　电子邮件 E-mail 服务

电子邮件(E-mail)已成为 Internet 上使用最多和最受用户欢迎的信息服务之一,它是一种通过计算机网络与其他用户进行快速、简便、高效、价廉的现代通信手段。只要接入了 Internet 的计算机都能传送和接收邮件。目前,电子邮件系统越来越完善,功能也越来越强,并提供了多种复杂通信和交互式的服务。

1. E-mail 地址

要发 E-mail 和普通邮件一样,首先需要知道对方的 E-mail 地址。E-mail 地址的一般格式如下:

```
username@hostname.domainname
```

其中 username 指用户在申请时所得到的账户名;@即 at,意为“在”;hostname 指账户所在的主机,有时可省略;domainname 是指主机的 Internet 域名。例如:bs@csu.edu.cn 是中南大学商学院的 E-mail 地址。其中 bs 是商学院的账户名,这一账户在域名为 csu.edu.cn 的主机上。

2. E-mail 协议

Internet 上的电子邮件系统需要遵循统一的协议和标准,才能在整个 Internet 上实现电子邮件传输。

目前常用的邮件相关协议有如下两类。

1) 传输方式的协议

(1) SMTP(Simple Mail Transfer Protocol,简单邮件传输协议)。主要用于主机与主机之间的电子邮件传输,包括用户计算机到邮件服务器,以及邮件服务器到邮件服务器之间的邮件传输。SMTP 功能比较简单，只定义了电子邮件如何通过 TCP 连接进行传输，而不规定用户界面、邮件存储、邮件的接收等方面的标准。SMTP 以文本形式传送电子邮件，有一定的缺陷。

(2) MIME(Multipurpose Internet Mail Extensions，多用途 Internet 邮件扩展)协议。它是一种编码标准，突破了 SMTP 只能传送文本的限制，增强了 SMTP 功能。MIME 定义了各种类型数据，如图像、音频、视频等多媒体数据的编码格式，使多媒体可作为附件传送。

2) 邮件存储访问方法的协议

(1) POP3(Post Office Protocol version 3，邮政协议第 3 版)。它用于电子邮箱的管理，用户通过该协议访问服务器上的电子邮箱。POP3 允许用户在不同地点访问服务器上的邮件。用户阅读邮件或从邮箱中下载邮件(POP3 只允许一次下载全部邮件)时都要用到 POP3。

(2) IMAP4(Internet Message Access Protocol version 4，Internet 邮件访问协议第 4 版发)。它主要用于实现远程动态访问存储在邮件服务器中的邮件，并且扩展了 POP3，不仅可以进行简单读取，还可以进行更复杂的操作。不过，目前 POP3 的使用比 IMAP4 要广泛得多。

由上述协议的用途可见，主机上的邮件软件要同时使用两种协议，在发送邮件时，和 SMTP 服务器建立一个 SMTP 连接进行邮件发送；在接收邮件时，和 POP3 或 IMAP4 服务器建立 POP(或 IMAP)连接进行邮件读取。

3. E-mail 工作原理

电子邮件系统是一种典型的 C/S 模式的系统，它由 3 个部分组成：用户代理(user agent)、邮件服务器(mail server)和简单邮件传输协议(SMTP)。用户代理又称为邮件阅读器，是一个应用软件，可以让用户阅读、回复、转发、保存和创建邮件，还可从邮件服务器的信箱中获得邮件。邮件服务器起邮局的作用，保存了用户的邮箱地址，主要负责接收用户邮件，并根据邮件地址进行传输。

电子邮件服务器的工作过程如下。

(1) 要发送电子邮件，通常由发送者的用户代理通过 SMTP 协议发往目的地的邮件服务器。

(2) 通过 SMTP 协议接收发给邮件服务器用户的邮件，并保存在用户的邮箱里。

(3) 通过 POP3 协议将用户邮箱的内容传至用户个人电脑中，这就是用户收取电子邮件。

4. E-mail 的使用方式

E-mail 的使用方式主要有两种。一种是客户端软件方式，即在本地机上安装支持电子邮件基本协议的软件，例如 Outlook Express、FoxMail 等，由于用户不能时刻开机，所以接收邮件不方便；另一种是网页方式，即在 ISP 的网页上申请免费邮箱，但功能会差一点，例如，雅虎、网易、搜狐、新浪、Gmail 等。

5.5.4 搜索引擎

随着网络的迅速发展，Internet 上的各种信息呈指数级膨胀。如何从 Internet 的海量信息中获取对自己有用的信息，为解决这个问题，信息检索系统应运而生。其核心思想是用一种简单的方法，按照一定策略，在 Internet 中搜集、发现信息，并对信息进行理解、提取、组织和处理，帮助人们快速寻找到想要的内容，摒弃无用信息。这种为用户提供检索服务，起到信息导航作用的系统就称为搜索引擎。

1. 搜索引擎的形成和发展

搜索引擎起源于 1990 年由蒙特利尔大学(Montreal McGill University)的学生 Alan Emtage、Peter Deutsch、Bill Wheelan 发明的 Archie。Archie 是第一个自动索引 Internet 上匿名 FTP 网站文件的系统。

1991 年美国明尼苏达大学创建了 Gopher。Gopher 是一种综合的网上文件查询系统，也是一种基于菜单的检索工具。用户只要在构成树状结构的多层菜单中选择特定的项目，即可找到所需信息。它的客户端界面友好，功能较强，成为当时 Internet 的主要信息传播工具。

1993 年美国内华达(Nevada System Computing Services)大学开发出一个类似 Archie 的 Gopher 搜索工具 Veronica，用以提供 Gopher 的结点地址。此时的搜索工具已能检索网页。同年 10 月 Martin Koster 创建了 ALIWEB，它是 Archie 的 HTTP 版本。ALIWEB 靠网站主动提交信息来建立自己的链接索引，类似于现在人们熟知的 Yahoo。不过随着网络技术的迅猛发展，Archie、Gopher、Veronica 已成为历史。

到 1993 年底，一些基于跟踪链接搜索原理和超链接分析技术的搜索引擎开始纷纷涌现，其中以 JumpStation、The World Wide Web Worm(Goto 的前身，也就是今天的 Overture)和 Repository-Based Software Engineering(RBSE) spider 最负盛名。这三个引擎之中 RBSE 是第一个在搜索结果排列中引入关键字串匹配程度概念的引擎。

1994 年 4 月，斯坦福(Stanford)大学的两名博士生，David Filo 和美籍华人杨致远(Gerry Yang)共同创办了 Yahoo，并成功地使搜索引擎的概念深入人心。最早具有现代意义的搜索引擎是同年 7 月由 Michael Mauldin 创建的 Lycos。从此搜索引擎进入了高速发展时期。

1995 年，一种新的搜索引擎——元搜索引擎出现了。

1998 年 9 月，Google 公司成立。Google 集成了搜索、多语言支持、用户界面等功能上的革新，再一次永远改变了搜索引擎的定义。

2. 搜索引擎的分类

根据搜索引擎所基于的技术原理，可以把它们分为三大类。

1) 全文搜索引擎(full text search engine)

全文搜索引擎是名副其实的搜索引擎，国外具代表性的有 Google、Fast/AllTheWeb、AltaVista、Inktomi、Teoma、WiseNut 等，国内著名的有百度(baidu)。它们都是通过从 Internet 上提取各个网站信息(以网页文字为主)并存放于数据库中，检索与用户查询条件匹配的相关记录，然后按一定的排列顺序将结果返回给用户，因此它们是真正的搜索引擎。

从搜索结果来源的角度，全文搜索引擎又可细分为两种，一种是拥有自己的检索程序，并自建网页数据库，搜索结果直接从自身的数据库中调用，如上面提到的 7 家引擎；另一种则是租用其他引擎的数据库，并按自定的格式排列搜索结果，如 Lycos 引擎。

2) 目录索引(search index/directory)

目录索引虽然有搜索功能，但在严格意义上算不上是真正的搜索引擎，仅仅是按目录分类的网站链接列表而已。用户完全可以不用进行关键词(keywords)查询,仅靠分类目录也可找到需要的信息。目录索引中最具代表性的莫过于大名鼎鼎的 Yahoo(雅虎)。其他著名的还有 Open Directory Project、LookSmart、About 等。国内的搜狐、新浪、网易搜索也都属于这一类。

3) 元搜索引擎(META search engine)

元搜索引擎在接受用户查询请求时,同时在其他多个引擎上进行搜索,并将结果返回给用户。著名的元搜索引擎有 InfoSpace、Dogpile、Vivisimo 等(元搜索引擎列表),中文元搜索引擎中具代表性的有搜星搜索引擎。在搜索结果排列方面,有的直接按来源引擎排列搜索结果,如 Dogpile,有的则按自定的规则将结果重新排列组合,如 Vivisimo。

除上述三大类引擎外,还有以下三种非主流形式。

(1) 集合式搜索引擎。如 HotBot 在 2002 年底推出的引擎。该引擎类似 META 搜索引擎,但区别在于不是同时调用多个引擎进行搜索,而是由用户从提供的四个引擎当中选择,因此称它为"集合式"搜索引擎更确切些。

(2) 门户搜索引擎。如 AOL Search、MSN Search 等虽然提供搜索服务,但自身既没有分类目录也没有网页数据库,其搜索结果完全来自其他引擎。

(3) 免费链接列表(Free For All Links,FFA)。这类网站一般只简单地滚动排列链接条目,少部分有简单的分类目录,不过规模比起 Yahoo 等目录索引来要小得多。

按用户搜索方法来分类,可分为目录搜索引擎、关键词搜索引擎和混合搜索引擎。

按搜索结果的类型来分类,可分为综合型搜索引擎、专业型搜索引擎和特殊型搜索引擎。

3. 搜索引擎的原理

搜索引擎的工作原理可以概括为"蜘蛛"系统+全文检索系统+页面生成系统+用户接口。

(1) "蜘蛛"(spider)系统。即能够从 Internet 上自动搜集网页的数据搜集系统,也称之为"机器人(robot)"或搜索器。它能够将搜集所得的网页内容交给索引和检索系统处理。因为有点像蜘蛛在网上爬一般,所以命名为 spider 系统。世界上第一个用于监测 Internet 发展规模的"机器人"程序是 Matthew Gray 开发的 World wide Web Wanderer。刚开始它只用来统计 Internet 上的服务器数量,后来则发展为能够检索网站域名、网页内容的搜索系统。

(2) 信息全文检索系统。也称为索引器,即计算机程序通过扫描每一篇文章中的每一个词,根据其出现的频率,抽取出索引项,建立以词为单位的排序文件(索引表)。一个搜索引擎的有效性在很大程度上取决于索引的质量。

(3) 页面生成系统。即根据用户的查询在索引库中快速检出文档,进行文档与查询的相关度评价,并将检索出的结果进行排序,高效地组装成 Web 页面以返回给用户的系统。

(4) 用户接口。即输入用户查询、显示查询结果、提供用户相关性反馈机制的界面及接口。其目的主要是方便用户使用搜索引擎,高效率、多方式地从搜索引擎中得到有效、及时的信息。

目前搜索引擎领域的商业开发非常活跃,各界对此的研究、开发十分关注。现在搜索引擎变得十分注意提高信息查询结果的精度、有效性;采用基于智能代理的信息过滤和个性化服务及分布式体系结构提高系统规模和性能；并重视交叉语言检索的研究和开发。

4. 常见的搜索引擎

目前存在数量众多的搜索引擎，下面介绍四种常见的。

1）Google

Google在比较专业的查询领域中是使用率最高的搜索引擎。它是基于Robot的搜索引擎。Google由两个斯坦福大学博士生Larry Page和Sergey Brin设计，于1998年9月发布测试版，一年后正式开始商业运营。Google采用了一系列革命性的新技术，其最大特点是易用性和高相关性。凭借其优越的性能，Google已成为最流行的搜索引擎。

2）Yahoo

Yahoo属于分类搜索引擎，通过雅虎中国网站的强大搜索功能，用户可以轻松搜索到政治、经济、文化、科技、教育、艺术、娱乐等各方面的信息。与其他大部分搜索引擎不同的是，Yahoo并不是单纯提供所有网站网页的全文检索服务，而是将其搜索到的网站及网页分门别类地做出索引和文摘，以一个分层的线性目录来为用户提供按图索引式的服务。Yahoo分类数据库的数据具有质量较高，冗余信息较少的优点。它比较适合于一般的查询。

3）百度

“众里寻她千百度”，“百度”二字源自辛弃疾的《青玉案》。1999年底，李彦宏先生及徐勇先生于美国硅谷创建百度。2000年，百度落户中国，从此掀开了中文搜索引擎的新篇章。目前它已成为全球最大的中文搜索引擎，具有全球独有的“超链分析”专利技术。

4）天网

天网搜索引擎是由北京大学计算机科学技术系计算机网络和分布式系统研究室研制开发的，是国家“九五”科技攻关重点项目“中文编码和分布式中英文信息发现”的研究成果。特别是它的FTP检索为用户提供了丰富的FTP信息资源。天网的WWW查询支持三种逻辑操作：“&”（交的关系），“－”（差的关系，A－B即包含A而不包含B），“|”（并的关系）。

5. 使用技巧

1）中文搜索技巧

- 空格　在关键词之间加空格，其作用等同于and。
- 逗号　寻找至少包含一个指定关键词的信息，其作用类似于or。
- <in>title　查询网页标签（title）中含有关键词的页面。
- 通配符　通配符代表任意字符，使用它可以获得某个范围的信息查询。
- 双引号　用双引号括起来的词表示要精确匹配，不包括演变形式。

2）西文搜索技巧

- <near>　寻找在一定区域范围内同时出现的检索单词文档。单词间隔越小的排列位置越靠前。间隔最大不超过1 000个单词。例如，science<near/10>news表示查找science和news间隔不大于10个单词的文档。
- <phrase>　寻找在一个短语内同时出现检索单词的文档。例如，science<phrase>news表示查找在一个短语中同时出现science和news的文档。
- 单引号　用单引号括起来的单词表示其变化形式也作为匹配单词。例如，'compute'表示查找包含compute的所有单词（compute、computer、computerize）的文档。
- 双引号　用双引号括起来的单词表示要精确匹配单词本身，不包括其变化形式。

- and、or、not　在默认情况下作操作符使用，表示“与”、“或”、“非”，不需要括起来，若作为关键词文字本身要用双引号。

5.5.5 多媒体网络应用

前述应用是以文本为主的 Internet 应用，但随着网络的发展、人们需求的增长，以声音和电视图像为主的多媒体网络应用也受到人们越来越多的关注。

1. 多媒体网络应用分类

按照用户使用时的交互频繁程度，可以将多媒体网络应用划分为三类。

(1) 现场交互应用(live interactive applications)。Internet 电话、实时电视会议为这一类的实例。要求时延在 150ms～400ms。

(2) 交互应用(interactive applications)。主要有声音点播、影视点播。这种应用场合下，用户仅要求服务器开始传输文件、暂停，从头播放或者跳转而已，时延要求在 1s～5s。

(3) 非实时交互应用(non-interactive applications)。现场视频直播、电视广播和预录制内容的广播是非实时交互应用的例子。在这些应用中，发送端连续发出声音和电视数据，而用户只是简单地调用播放器播放，如同普通的无线电广播或者电视广播。时延要求低，10s 以内都可以接受。

2. 主要的多媒体网络应用

在 Internet 上现已存在很重要的五种多媒体网络应用。

(1) 现场声音和电视广播或者预录制内容的广播。这种应用类似于普通的无线电广播和电视广播，不同的是在 Internet 上广播，用户可以接收世界上任何一个地方发出的声音和电视广播。这种广播可以使用单播传输，也可使用更有效的组播传输。

(2) 声音点播(Audio On Demand，AOD)。即在线收听，客户机请求服务器传送经过压缩并保存在声音点播服务器上的声音文件，这些文件可以包含任何类型的声音内容。

(3) 影视点播(Video On Demand，VOD)。也称为交互电视，这种应用与声音点播类似，也采用流式传输机制。只是存放在服务器上的是压缩的影视文件，要求很大的存储空间和传输带宽。

Internet 点播软件的运行是一边播放一边从服务器上接收文件的。这种边接收文件边播放的特性称做流式传输(streaming)。应用流式传输机制，在 Internet 上提供即时影像和声音的新一代多媒体技术就称为流媒体。VOD 和 AOD 正是流媒体的典型应用，它近乎实时的交互性和即时性，使其迅速成为一种崭新的传播渠道，目前应用很广泛。例如：中央电视台网上“多媒体频道”的“新闻联播”等直播与点播节目(http://www.cctv.com/)，“101 远程教育教学网”(http://www.qtd.com.cn/101/101.htm)。还有支持在线收看的软件，如 PPLive 和 PPStream 等。

(4) Internet 电话。这种应用是指人们在 Internet 上进行通话，就像人们在传统的线路交换电话网络上相互通信一样，可以近距离通信，也可以长途通信，而费用却非常低。

(5) 分组实时电视会议。多人在 Internet 上进行视频会议，通过摄像头将参会人的头像、实时场景显示于客户终端。参加人之间可以互相看到并发言，如同在办公室开会一般。

5.5.6 Internet 的其他服务

Internet 的服务多种多样，除上述介绍的以外，其他主要服务还有 Telnet、Usenet、BBS、QQ、MSN、BT、eMule、Blog 等。

1. 远程登录 Telnet

Telnet 是允许本地计算机与网络上另一远端计算机取得“联系”，并进行程序交互的远程终端协议。Telnet 服务是指在此协议的支持下，用户计算机通过 Internet 暂时成为远程计算机终端的过程。用户远程登录成功后，可随意使用服务器上对外开放的所有资源。

Telnet 采用 C/S 工作模式，客户机程序与服务器程序分别负责发出和应答登录请求，它们都遵循 Telnet 协议，网络在两者之间提供媒介，使用 TCP 或 UDP(User Datagram Protocol)服务。

可以用专门的 Telnet 客户软件来实现 Telnet。目前比较简单的方法是将自己的 WWW 浏览器软件作为 Telnet 客户机软件，输入 URL 地址，即可实现远程登录。如输入 telnet://ibm.com 后按 Enter 键，即可登录到 IBM 公司 Telnet 主机上。

2. 新闻组 Usenet

Usenet 是由遍布全世界的成千上万台计算机和 Usenet 服务器组成的网络系统，它根据管理员达成的协议，在这些计算机之间进行信息交换，在其上用户可以自由发表自己的意见和了解别人的意见。

Usenet 包括各种主题的论坛，每一个主题就是一个新闻组，这些新闻组覆盖了从科研、教育到新闻、体育、文化、宗教等方方面面，几乎包括人类关心的所有话题。新闻组的主题与其名称有一定的对应关系。Usenet 上最有价值的资源是各类 FAQ(Frequently Asked Questions，常见问题解答)，特别在学术方面，有一定参考作用。

3. 电子公告牌 BBS

BBS(Bulletin Board System，公告牌服务)是 Internet 上的一个资源信息服务系统，通过计算机远程访问把各类共享信息、资源以及联系提供给各类用户。BBS 提供的主要服务有：各种信息发布、分类讨论区、站内公告、线上聊天、消息传送、校园信息服务、科学技术知识服务、文学艺术、休闲服务、在线游戏、个人工具箱等以及其他信息服务系统的转接服务。

在中国许多大学都设有 BBS 站点，如清华大学的“水木清华”bbs.tsinghua.edu.cn；北京大学的“未名湖”bbs.pku.edu.cn，中南大学的“云麓园”bbs.csu.edu.cn。

BBS 的登录方式有 Telnet 方式和 Web 方式两种。过去主要采用 Telnet 直接登录到服务器上，现在脚本技术的突飞猛进使得采用 Web 浏览更加方便、快捷、丰富多彩。BBS 为广大网友提供了自由发表言论和互相交流的场所，已经成为 Internet 吸引新用户的主要热点之一。

4. 即时通信软件

Internet 上目前流行的实时通信软件主要有聊天室、IM(Instant messaging，即时通信)软件等。

1) 聊天室

聊天室是 Internet 提供的最主要的实时交流手段。用户可以根据自己的喜好选择不同主题的聊天室,与其他在线的用户聊天。

2) IM 软件

目前流行的即时通信软件主要有 QQ、MSN、网易 POPO、雅虎通、新浪 UC(朗玛 UC)等。它们有着共同点,也有着自己的特色。下面主要介绍 QQ 和 MSN。

网络寻呼机(QQ),原名为 OICQ(意为 Open ICQ),是腾讯公司开发的中国版 ICQ。ICQ 取自"I Seek You"的谐音,是一种基于 Internet 的全球即时联系的工具。用户可以通过 QQ 显示朋友是否在线,与在线朋友发消息、互传文件、语音和视频聊天、发短信、发送 QQ 炫、自定义自己的界面和字体等。随着 QQ 软件的发展,QQ 的功能也越来越多样化,界面也越来越漂亮。使用 QQ,用户要先下载和安装 QQ 软件,并申请一个 QQ 号,并凭此号码登录 QQ 服务器,即可与朋友联络了。

MSN Messenger 简称 MSN,是微软公司推出的在全球广泛使用的即时通信软件。MSN 界面简洁,和 QQ 有着许多相似的功能。另外 MSN 也有与 QQ 不一样的地方。MSN 可以以极低的费用拨打世界上几乎任何地方的电话;并且,发送文件非常方便,不会受到防火墙的限制,而 QQ 发送文件时往往要求双方用户在同一个防火墙内。使用 MSN,必须首先申请一个 hotmail 或 msn 邮箱,然后下载并安装 msn 软件,安装完成即可通过 hotmail 或 msn 邮箱登录进入和联系人交谈。

5. P2P 技术的下载软件

目前,网络上流行一类采用 P2P 技术的软件。P2P 的思想是,网络上的主机都是平等的,它们既是客户机又是服务器,互相共享资源。任何一台计算机上的资源都可以被共享。当一台计算机为其他计算机提供资源时,这台计算机就可以作为服务器;当这台计算机想要从别的计算机上获得资源时,它就成为了客户机。例如,一台计算机上有一首 MP3 格式的音乐文件,无论它是服务器还是客户机,其他计算机都可以从该计算机上下载,获得该 MP3 文件。同样可以共享其他类型的资源,如电影、音乐、小说、图片等。

常用的有 BT、eMule、变态驴等软件。

BT 俗称 BT 下载、变态下载,和 eMule、变态驴一样,是一种多点下载的源码公开的 P2P 下载工具。它们采用了多点对多点的原理,一般用于下载档案或软件,大都从 HTTP 站点或 FTP 站点下载,同时间下载的人数越多则下载的速度便越快。它们可以与全世界的网络用户共同分享资源,充分享受自由共享的乐趣。

6. Web 2.0

2003 年之后,出现了一个新概念——Web 2.0。它是以 Flickr、Craigslist、Linkedin、Tribes、Ryze、Friendster、Del. icio. us、43Things. com 2 等网站为代表,以 Blog、Tag、SNS、RSS、wiki 等社会性软件的应用为核心,依据六度分隔、XML、AJAX 等新理论和技术实现的互联网新一代模式。下面介绍几种主要的应用及理论技术。

1) 六度分隔

六度分隔理论(Six Degrees of Separation)是 20 世纪 60 年代由美国心理学家米格兰姆(Stanley Milgram)提出的,这个理论可以通俗地阐述为:"你和任何一个陌生人之间所间隔的人不会超过六个,也就是说,最多通过六个人你就能够认识任何一个陌生人。""六度分隔"说明了社会中普遍存在的"弱纽带",但是却发挥着非常强大的作用。

在现实生活中,"六度分隔"理论只能作为理论而存在,但互联网使六十亿人构成紧密的相互关联成为了现实。

六度分隔理论的发展，使得构建于信息技术与互联网络之上的应用软件越来越人性化、社会化。软件的社会化，即在功能上能够反映和促进真实的社会关系的发展和交往活动的形成，使得人的活动与软件的功能融为一体。社会性软件所构建的"弱链接"，正在人们的生活中扮演越来越重要的作用。

目前运用六度分隔的领域有直销网络、电子游戏社区、交友网站、SNS网站和BLOG网站。另外P2P软件的下载也利用了"六度分隔"，全世界的电脑连成了一个网络，网络上任意两台电脑，通过一个包含6台电脑的路径就可互相下载对方的资源了。

2）RSS

RSS是一种用于共享新闻和其他Web内容的数据交换规范，起源于网景通信公司(Netscape)的"推"技术，它将订户订阅的内容按照同意的通信协议格式传送给用户。RSS有以下三个解释：Really Simple Syndication(真正简单的整合)、RDF(Resource Description Framework)Site Summary、Rich Site Summary(丰富站点摘要)。其实，这三个解释都是指同一种Syndication的技术。

RSS是站点用来和其他站点之间共享内容的一种简易方式(也叫聚合内容)，通常被用于新闻和其他按顺序排列的网站，如Blog。网络用户可以在客户端借助于支持RSS的新闻聚合工具软件，在不打开网站内容页面的情况下阅读支持RSS输出的网站内容。

RSS可以订阅Blog和新闻，只要将需要的内容订阅在一个RSS阅读器中，这些内容即会自动出现在阅读器里，一旦有了更新，RSS阅读器就会通知。RSS目前广泛用于Blog、wiki和网上新闻频道，世界多数知名新闻社网站都提供RSS订阅支持。

使用RSS有两种方式：一种是注册使用专门的网站。例如：抓虾和GOOGLE READER；另一种是使用带有RSS聚合的浏览器，像mxie浏览器，可以很方便的定制信息。

RSS搭建了信息迅速传播的一个技术平台，使得每个人都成为潜在的信息提供者。目前RSS规范的主要版本有0.91、1.0和2.0。0.91版和1.0版完全不同，风格不同，制定标准的人也不同。0.91版和2.0版一脉相承。1.0版更靠近XML标准。RSS 0.9x/2.0和RSS 1.0是两个不同的阵营。相信不久会有大量基于RSS的专业门户、聚合站点和更精确的搜索引擎出现。

3）Blog

Blog一词源于Weblog，意思是网上日志，又称博客、网志，1997年由Jorn Barger所提出。Blog是个人或群体按时间顺序所做的一种记录，并且不断更新。Blog之间的交流主要是通过回溯引用(TrackBack)和回响/留言/评论(comment)的方式来进行。Blog主要采用RSS技术，所有的RSS文件都必须符合由W3C发布的XML1.0规范。读者可以通过RSS订阅Blog，及时了解该Blog最近的更新情况。对Blogger(Blog的作者)来说，RSS可以使自己发布的文章易于被计算机程序理解与摘要。

Blog这类形式，让用户不仅是网络的读者，而且成为了网络的作者。Blog可以根据不同的用途分为个人日记型Blog、技术型Blog和商业Blog。个人日记型的Blog是最早出现的也是目前最流行的Blog，每一个用户维护一个自己的空间，定期或不定期地对Blog进行更新，一般来说访问者可以对Blog内容进行评论；技术型Blog一般偏重于介绍某种或若干种特定的技术，研究该技术的动态；商业 Blog 可能更多侧重于商业信息的交互和商业信息的融合。

4）Tag

Tag，又叫标签，是一种新的组织和管理在线信息的方式。Tag 是一种更为灵活、有趣的日志分类方式，可以为每篇日志添加一个或多个 Tag，然后可以看到网站上所有使用了相同 Tag 的日志，使得日志之间的相关性和用户之间的交互性大大增强。比如，你在一篇日志上添加了"网络"和"计算机"两个标签，就可以看到其他使用了 Tag 为"网络"和"计算机"的其他日志。

Tag 为用户提供了较高的自由度，以便对信息的属性进行描述并应用于信息的传播过程中。这种自由度可以为信息的传播提供较高的针对性和推动作用，但是必须遵循一定的潜规则。

目前，各种各样的 Blog 泛滥，分类不清，Tag 为了解决 Blog 的分类而被人推崇备至。现在很多网站都使用了 Tag 模式，使用者可以随心所欲地给自己注释标签，为使用者提供前所未有的网络新体验。

5）SNS

SNS(Social Networking Service，社会化网络服务)是 Web 2.0 体系下的一个采用分布式技术(具体地说是采用 P2P 技术)构建的下一代基于个人的网络基础软件。按照六度分隔理论，每个个体的社交圈都不断放大，最后成为一个大型网络。因此，人们根据六度分隔理论，创立了面向社会性网络的互联网服务，通过"熟人的熟人"来进行网络社交拓展，比如 Friendster、Wallop 等。SNS 网站，就是依据六度理论建立的网站，帮助人们运营朋友圈的朋友。

国内的 SNS 网站有很多。从中可以看出 SNS 的一些不同类应用。如 www. douban. com、www. dianping. com；纯小圈子模式的 www. linkist. com 和 www. wealink. com；最近兴起的校园模式的 www. 5q. com、www. chinay. com。

6）wiki

wiki，源自夏威夷语的"wee kee wee kee"，本是"快点快点"之意。这里，wiki 指的是一种可在网络上开放多人协同创作的超文本系统，是一种多人协作的写作工具，是由"wiki 之父"沃德・坎宁安(Ward Cunningham)于 1995 年所创。

wiki 包含一套能简易创造、改变 HTML 网页的系统，再加上一套纪录以及编目所有改变的系统，以提供还原改变的功能。使用 wiki 系统的网站称为 wiki 网站。wiki 站点可以由多人维护，每个人都可以发表自己的意见，或者对共同的主题进行扩展或者探讨。它可以帮助用户自由地创建、创作和修改自己的作品，或者与其他伙伴共同创作。用 wiki 写作，没有复杂的操作障碍，适合于有大量的文字和链接的电子作品，因此特别适用于团队合作的写作方式。

wiki 系统属于一种人类知识的网络系统，与其他超文本系统相比，wiki 有使用简便且开放的特点，所以 wiki 系统可以帮助人们在一个社群内共享某个领域的知识。

传统的 wiki 系统中，一个页面有三种形式：适合使用者编辑的"源码"；一个定义所有页面的元素与布局的模板；某个特定页面被要求时服务器实时根据源码生产的 HTML 页面。

目前国内著名的维客(wiki)网站有：

IT Wiki http://wiki.ccw.com.cn/

维客网 http://www.wiki.cn/

维基百科 http://zh.wikipedia.org/

百度百科(http://baike.baidu.com)

维客中国 http://www.wikicn.com/http://www.wikicn.net/

7) AJAX

AJAX(Asynchronous JavaScript and XML,异步 JavaScript 和 XML)是一种创建交互式网页应用的网页开发技术。AJAX 并没有创造出某种具体的新技术,而是几种已经在各自领域已经存在的技术的有机结合。它包括,使用 XHTML+CSS 来表示信息;使用 JavaScript 操作 DOM(Document Object Model,文档对象模型)进行动态显示及交互;使用 XML 和 XSLT 进行数据交换及相关操作;使用 XMLHttpRequest 对象与 Web 服务器进行异步数据交换;使用 JavaScript 将所有的东西绑定在一起。通俗地说,AJAX 就是在不刷新整个页面的情况下,通过 js+xmlhttp 去服务器获取内容,然后在原页面上显示新数据,为用户提供更为自然的浏览体验。

AJAX 应用的运行平台是支持以上技术的 Web 浏览器。这些浏览器目前包括 Mozilla、Firefox、Internet Explorer、Opera、Konqueror 及 Mac OS 的 Safari。

目前,有很多不错的网站是用这项技术实现的,其中包括 orkut、Gmail、Google Group、Google Suggest、Google Maps、Flickr、A9.com 等。此外,国内新浪的 blog 也使用了一些 AJAX 的技术。

本章小结

本章首先从 Internet 的概念和发展历程入手,进而重点介绍 Internet 的工作原理、IP 地址和域名、Internet 接入以及它的服务和应用。从 Internet 结构角度看,它是一个使用路由器将分布在世界各地的、数以万计的计算机网络互联起来的国际网,它是全球的信息资源宝库,并提供 E-mail、FTP、WWW、搜索引擎、Telnet、QQ、Blog、多媒体语音与图像等多种功能强大、便捷的服务。Internet 之所以具有良好的跨平台性,是因为接入其中的所有计算机都必须遵循和采用 TCP/IP 通信协议,它保证了网上信息传输的顺畅。Internet 上众多的主机都拥有一个唯一的身份标识,即 IP 地址,为了便于记忆,人们也常用域名来表示。随着网络的飞速发展,IP 地址日显匮乏,由此新一代协议 IPv6 应运而生,地址由原来的 32 位扩展到 128 位,在未来一段时期中将是 IPv4 与 IPv6 共存并不断演进,相信在不久的将来基于 IPv6 的下一代互联网将会实现。

本章以较大篇幅介绍了多种典型的 Internet 接入技术——电话拨号、ISDN、专线、ADSL、HFC、光纤、无线、电力线接入等。该部分内容重在讲述各种技术的概念、接入方式、用户端设备的连接,实用性较强。其中以铜质电话线为传输介质的 ADSL 和以有线电视同轴电缆为传输介质的 HFC 接入是目前电信部门和广电部门分别推行的两种较为流行的宽带接入方式。而光纤到家(FTTH)是未来发展的目标,现在过渡阶段主要是光纤配以其他方式(如以太网、ADSL 等)构成 Internet 接入的综合方案。此外,无线接入以其方便、灵活和一定的移动性吸引了人们的广泛关注，近年发展迅速。

习　题　5

5.1　什么是 Internet？说明它的逻辑结构。

5.2　Internet 有哪些特点？

5.3　简述 Internet 的发展历程及发展趋势，试述你对 Internet 的认识和评价。

5.4　目前 Internet 主要的管理组织有哪些？中国 Internet 的管理机构是什么名称？

5.5　Internet 的功能体现在哪些方面？

5.6　简述 Internet 的工作原理。

5.7　TCP/IP 包括哪些协议？

5.8　TCP 和 IP 的工作原理各是什么？

5.9　详细说明 C/S 与 B/S 的区别。

5.10　IP 地址的编址方案是什么样的？目前 IPv4 地址面临的问题有哪些？如何解决？

5.11　扩展的 IPv6 有什么特点？说明它的格式。

5.12　根据本章有关内容，将某一个 C 类网络(203.66.77.×)划分出 4 个子网，每个子网至少可容纳 15 台主机。计算并给出子网掩码和各子网的 IP 地址范围。

5.13　名词解释：域名、域名解析、解析器。

5.14　设置域名的原因是什么？

5.15　国际顶级域名有哪些？分为几类？中国的域名体系结构是怎样的？

5.16　简述域名解析的过程。

5.17　什么是骨干网？什么是接入网？说明接入网的结构和作用。

5.18　Internet 接入方式有哪些？最常用的有哪几种？

5.19　Internet 接入技术有哪几种分类？如何划分？

5.20　简述 ADSL 的原理和特点。

5.21　请比较电话拨号接入、ISDN 接入以及 ADSL 接入有何异同？各自的优缺点有哪些？

5.22　简述 HFC 的原理和特点。

5.23　光纤接入有哪些方式？

5.24　无线接入有哪些方式？简述每种方式的特点。

5.25　如何进行网络连接测试？

5.26　Internet 的基本服务有哪些？

5.27　简述 WWW 服务的工作原理。

5.28　E-mail 和 FTP 是如何工作的？

5.29　简述搜索引擎的工作原理。目前主要的搜索引擎有哪些？

5.30　主要的多媒体网络应用有哪几种？

第6章 intranet 与 extranet

如果说 WWW 的诞生可以看做是 Internet 发展的第一次浪潮，那么，intranet 就应该是 Internet 发展的第二次浪潮，是企业计算机应用的里程碑。而企业外部网 extranet 则是为弥补 intranet 与外部企业通信的不足而产生的，旨在提供企业与企业之间相互沟通的网络。

通过本章学习，可以了解(或掌握)：

- intranet 的定义与特点；
- intranet 提供的功能与服务；
- intranet 的结构与组成；
- intranet 中基于 Web 的数据库应用；
- extranet 的定义与分类；
- 虚拟专用网技术。

6.1 intranet 概述

随着 Internet 的不断发展，一种称为 intranet 的网，即企业内部网，获得了飞速发展和广泛应用。intranet 的发展有其深刻的历史背景。一方面由于全球经济的发展，市场竞争激烈，企业，特别是一些大中型企业为了生存和发展，需要建立自己的内部网络。另一方面从技术角度来看，在 Internet 技术和信息服务发展的基础上，构造一个企业内部专用网已有成熟的技术。

6.1.1 intranet 的发展过程

1. intranet 的定义

所谓 intranet 是指采用 Internet 技术(软件、服务和工具)，以 TCP/IP 协议为基础，并以 Web 为核心应用，服务于企业内部事务，将其作业计算机化，从而实现企业内部资源共享的网络。简言之，intranet 是使用企业自有网络来传送信息的私有 Internet。

intranet 根据企业内部的需求应运而生，其规模和功能由企业的经营和发展需求而确定。由于使用和 Internet 相同的技术，它可以很方便地和外界连接，而不是信息孤岛。同时，根据企业的要求，它也采取了保护企业内部信息的手段，如设置相应的防火墙、安全代理等。它采用 TCP/IP 协议以及相应的技术和工具，是一个开放的系统。借助 WWW 工具，企业员工和用户能方便地浏览和利用企业内部的信息以及 Internet 的丰富信息资源。

2. intranet的发展过程

intranet是20世纪90年代,随着人们将Internet技术应用于企业内部管理而诞生的。intranet的发展可以分为四代。

(1) 第一代intranet。最早的intranet依赖于Internet而存在,还未成为一个独立的实体。第一代intranet的特征是Internet/intranet并存。intranet是建立在Internet之上的公司广域网。对于有许多分支机构的大企业来说,必须建立广域网。当这些分支机构分布在不同地区或不同国家时,建立专用的广域网就成为巨大的负担。为此,总部和所有分支机构都接入Internet,这样总部和分支机构、分支机构和分支机构相互之间就可以通过公共的Internet通信。

(2) 第二代intranet。与第一代intranet相比,第二代intranet实施的主体不再局限于大型企业,中小型企业已成为intranet实施的主要对象。而且intranet主要不是用来构建广域网,而是用来构建局域网,这时构筑intranet不一定先接入Internet。此时intranet便成为一个独立的概念。第二代intranet的特征是将Internet技术部署在企业内部,而其主要的应用是实现企业内部信息的发布。

(3) 第三代intranet。第三代intranet的主要特征是Web+DB(网络+数据库)。早期的信息发布主要是使用HTML语言编写静态的Web页面。随着应用的深入,用户有两方面的要求:

① 需要查询公司内部信息。

② 有许多信息需要动态发布。

如果采用传统的手工方法来更新,则存在效率低和一致性差的问题。因此,在浏览器一端提出了采用交互式Web页面,在服务器端出现了连接数据库服务器的要求。第三代intranet的特点是实现了交互式和动态的页面。

(4) 第四代intranet。所谓第四代intranet,实际上就是指当前和未来的intranet。由于有了第三代intranet的技术基础,人们把目光投向更为深远的应用领域。应用+信息是第四代intranet的特征,其代表是Java计算、"瘦"客户、网络计算(Network Computing,NC)和集成企业内部的关键任务。Java的出现,使得用户不仅可以从服务器端下载Web服务器上的内容,还可以下载服务器端的应用。有了这种机制,intranet的计算模式从传统的客户机-服务器的两层模型演变为intranet环境下的多层模型。

未来企业intranet应用的发展趋势是:从人与计算机打交道向人员之间的交流与合作发展,即在intranet中集成群件技术;从面向操作员的管理信息系统向面向技术、管理和决策人员的数据仓库系统发展,即在intranet中集成数据仓库技术和决策支持系统。

6.1.2 intranet的技术要点

Internet技术可以直接在intranet中使用,intranet的应用必须能在Internet开放标准的基础上很好地解决如下一些基本问题。

(1) 统一的用户端。用户从标准统一的用户端应该能访问intranet的所有资源,其应用应该与用户的网络环境、联网方式、地理位置无关。

(2) 非结构化信息的发布。各种多媒体信息,各种格式的文本信息均有方便、简单的发布方式和更新方式。对于大量文本信息的检索,最好能提供全文检索引擎。

(3) 动态数据库应用。必须提供高效的 Web 与数据库的连接方法,最好有可视化的开发工具。对于企业级的数据库应用,可以采用 API 方式与数据库连接,或者采用标准接口如 JDBC、ADO 等。

(4) 消息流机制。应该具备邮件路由和事件触发等工作流功能,使应用系统可以方便地采用基于 E-mail、Web 等开放标准来实现业务流程的网络化。

(5) 安全技术。intranet,特别是接入 Internet 的 intranet,应十分重视安全问题。为此,需要确定企业安全需求,并采取相应措施。常用的安全措施主要有设置防火墙、采用安全服务器代理以及加密技术等。此外,防病毒措施以及制定清晰的网络安全政策和网络用户使用准则,也是安全措施的一个重要内容。

6.1.3 intranet 的特点

intranet 是以 Internet 技术为基础的网络体系,是 Internet 技术在企业 LAN 或 WAN 上的应用。其基本思想是在内部网络中采用 TCP/IP 作为通信协议,利用 Internet 的 Web 模式作为标准平台,同时建立防火墙把内部网和 Internet 隔开。intranet 可以和 Internet 互联在一起,也可以自己成为一个独立的网络。它虽是一种专用网络,却是一个开放的系统。整体而言,intranet 具有以下基本特点。

(1) 信息资源共享。intranet 使公司内部员工得以随时随地共享信息资源。此外,电子化的多媒体文件节省了印刷及运送成本,并使文件的内容更新方便、快捷。

(2) 安全的网络环境。与 Internet 相比,intranet 提供较为安全的网络环境。因为 intranet 属于企业内部网络,只有企业内部的计算机才可存取企业的内部资源。intranet 对用户权限控制非常严格,如除公共信息外,其他信息只允许某个或某几个部门,有时甚至是某个或某几个人才有读写权限。

(3) 传输速度较快。intranet 一般具有较快的传输速度,可快速地传送文字、图片、声音、视频等。

(4) 采用 B/S 结构。由于 intranet 采用 B/S 结构,用户端使用标准的通用浏览器,所以不必开发专用的前端软件,从而降低了开发费用,节省了开发时间,同时也减少了系统出错的可能性。应用系统的全部软件和数据库集中在服务器端,因此维护和升级工作也相对容易一些。intranet 的创建可以基于企业内部原来的软件平台,逐渐过渡到完全的 B/S 计算模式。企业内部的 OA 和 MIS 应用主要是建立在 WWW 的核心服务之上。

(5) 静态与动态的页面操作。intranet 不再局限于静态的数据检索及传递,它更加注重动态页面。由于企业的大部分业务都与数据库有关,因此要求 intranet 能够实时反映数据库的内容。通过授权,用户除了查询数据库外,还可对数据库的内容进行增加、删除、修改等操作。

(6) 独立 IP 编址。intranet 的 IP 编址系统在企业内部中是独立的,不受 Internet 的限制和管辖,因此其 DNS 自成系统,各种信息服务对应的服务器也是企业内部专用的。

6.1.4 intranet 的功能与服务

1. intranet 的功能

intranet 已经成为连接企业内部并与外界交流信息的重要基础设施。它使企业信息管理进入了更高的阶段。在市场经济和信息社会中,企业要增强对市场变化的适应能力,提高管理效益，势必要将 intranet 技术引入企业管理之中。intranet 对企业综合竞争能力的提高有十分重要的作用。一般来说，intranet 具有以下功能。

（1）增进企业内部员工的沟通、合作及协商。企业内部可以通过 intranet 快速有效地交流信息，有利于提高部门之间的协作效率。intranet 还可以为不同地点的同一项目组的人员提供通信。这对于在不同地点设有分支机构的大型企业来说，显得尤为重要。

通过建立 intranet，可以大大提高企业的工作效率，创造良好的员工、部门、子公司之间的协同工作环境，使企业的相关工作能更为有序地开展，实现管理信息化。

（2）提高系统开发人员的生产力。intranet 产品供应商提供了各种基于开放标准的应用系统开发工具，可以缩短应用开发时间，提高系统开发人员的生产力。

（3）节省培训、软件购置、开发及维护成本。intranet 使用和 Internet 相同的技术，基本上不需要经过专业培训，企业员工就可以使用。同时由于 intranet 的标准性和开放性，其开发及维护成本也较低。

（4）节约办公费用，提高办公效率。intranet 可以实现无纸化办公，减少印刷费用。特别是企业内部可以通过信息发布、电子邮件等方式方便地传送信息，提高办事效率。有了 intranet，可以在任何时间任何地点获取所需的信息。

（5）为建立呼叫中心、客户关系管理等打下了基础。利用 Web 服务器，企业可以通过 intranet 向外部客户提供产品订单、产品知识、售后服务等信息，为客户关系管理打下基础。而且外部客户可以访问企业 Web 服务器，以便了解产品使用知识和一般维护、保养知识。

（6）业务流程重组。传统的企业流程一般都是线性的，如从市场促销、订单承接，到各部门相对独立的市场业务环节，直至产出，将产品销给客户如同一条“直线”。采用了 intranet 后，能使企业的内部信息共享模式发生根本改变，使企业各部门或生产实体之间、企业和客户、供应商，以至于有关合作者之间建立有机的联系，进行信息交流，突破时间、地点、角色的限制，体现了客户至上的原则。这样就缩短了业务流程，减少了企业各类人员信息交流的中间环节，并可使管理人员随时掌握诸如企业资金流转、业务变动、人事变动、产品结构调整、价格策略和销售计划等方面的最新信息，从而可提高企业决策的科学性，并使企业快速响应千变万化的市场，以赢得竞争。

2. intranet 提供的应用服务

intranet 主要提供以下应用服务。

（1）信息发布。现代企业规模不断扩大，企业员工可能分散于不同的地域。通过企业的 intranet，可进行各种级别的公文等信息的发布。这样不仅可以节省大量的文本印刷费用，而且还能节约宝贵的时间，使分布在各地的企业员工能全面了解相关信息，实现无纸化办公。

（2）管理和操作业务系统。在建立企业内部管理和业务数据库服务器后，企业员工使用浏览器通过 Web 服务器访问数据库，并进行有关业务操作，可实现传统管理系统的全部功能，包括办公自动化、人事管理、财务管理等。

（3）用户组和安全性管理。可以建立用户组，在每个用户组下再建立用户。对于某些需要控制访问权限的信息，可以对不同的用户组或用户设置不同的读、写权限，对于需要在传输中保密的信息，可以采用加密、解密技术。

（4）远程操作。企业分支机构通过专线或电话线路远程登录访问总部信息，同时，总部信息也可传送到远程用户工作站进行处理。

(5) 电子邮件。在企业 intranet 系统中设置邮件服务，为企业每个员工建一个账号，这样员工不仅可以相互通信，而且可以使用统一的 E-mail 账号对外收发 E-mail。

(6) 网上讨论组和视频会议。在企业 intranet 系统中设置新闻服务，可根据需要建立不同主题的讨论组。在讨论组中可以限制哪些人能够参加，哪些人不能参加，有相应权限的企业员工可以就某一事件进行深入讨论。另外，企业还可通过 intranet 召开视频会议。

6.2 intranet 体系结构与网络组成

6.2.1 intranet 体系结构

intranet 的体系结构如图 6.1 所示，包括网络平台、服务平台和应用系统三个层次，系统管理和系统安全涵盖了整个结构。各部分说明如下。

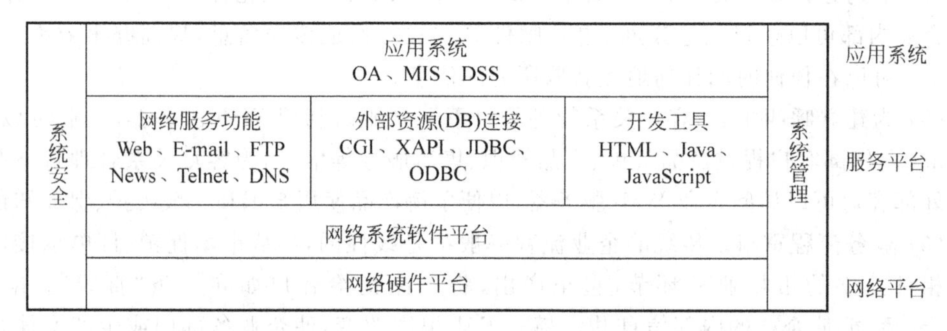

图 6.1 intranet 的体系结构

1. 网络平台

网络平台包括网络硬件平台和网络系统软件平台两个层次。网络硬件平台是整个 intranet 运行的硬件基础设施，包括布线系统与电缆工程、LAN 设备、WAN 设备、网间互联设备、防火墙设备、服务器和客户机等，形成了一个网络硬件环境。网络系统软件平台包括网络操作系统、客户机操作系统、TCP/IP 协议集以及防火墙软件等。它们屏蔽了网络硬件平台，并与网络硬件平台共同形成了 intranet 网络平台。

2. 服务平台

服务平台包括网络服务、外部资源连接与开发工具三部分。

(1) 网络服务功能。网络服务功能提供了 intranet 的各类服务。

(2) 外部资源连接。外部连接包括 CGI(Common Gateway Interface，公共网关接口)、JDBC/ODBC、专用服务器 API 等各种常用的 Web 数据库访问方法。

(3) 开发工具。开发工具是用来开发基于网络服务功能、外部资源连接及数据库的工具。其中包括：

① 网页制作工具。

② 数据库与 Web Server 连接工具。

③ 数据库开发工具。

④ 基于 HTML、Java、JavaScript、4GL 等编辑工具。

3. 应用系统

应用系统包括企业专用业务系统、企业管理信息系统、办公自动化系统、决策支持系统等。应用系统的开发是建立在服务平台的基础上进行的，它不同于传统的 C/S 计算模式，而是完全按 B/S 计算模式进行应用系统的开发。

4. 系统管理

系统管理对于大中型企业内部网来说应该具备全面的功能，不仅要对网络平台中各种设备（主要包括网络设备、网间互连设备和各种服务器等）进行静态和动态的运行管理，如果需要的话，还可以对桌面客户机、接入设备（包括网卡、modem）等进行管理，而后者往往占了整个系统设备的绝大部分，即所谓"管理到面"。

系统管理另一个重要的功能是对应用系统（包括网络服务功能）的管理。这给系统管理带来复杂的结构与昂贵的资金开销。因此对企业内部网中是否对应用系统进行管理应视需求而定。

5. 系统安全

系统安全功能涵盖了整个系统。加密、授权访问、认证和数字签名等保证了系统内部数据传输和访问的安全性。防火墙与入网认证等安全措施可以防止外部非法入侵者对系统数据的窃取和破坏。

6.2.2 intranet 网络组成

intranet 采用的协议是 TCP/IP，但是 TCP/IP 安全性较差。所以，intranet 必须采取一些措施来提高安全性，安全性在一定程度上影响了 intranet 的网络结构。通常，把 intranet 分成几个子网。不同子网扮演不同角色，实现不同的功能，子网之间用路由器或防火墙隔开。这样做，既有利于功能划分，也可以提高 intranet 的安全性。

子网的划分除了考虑安全因素之外，还应考虑用户数量、服务种类、工作负载等多种因素。一般来说，可把 intranet 划分为接入子网、服务子网和内部子网三个子网。图 6.2 为一个典型的 intranet 组成结构示意图。

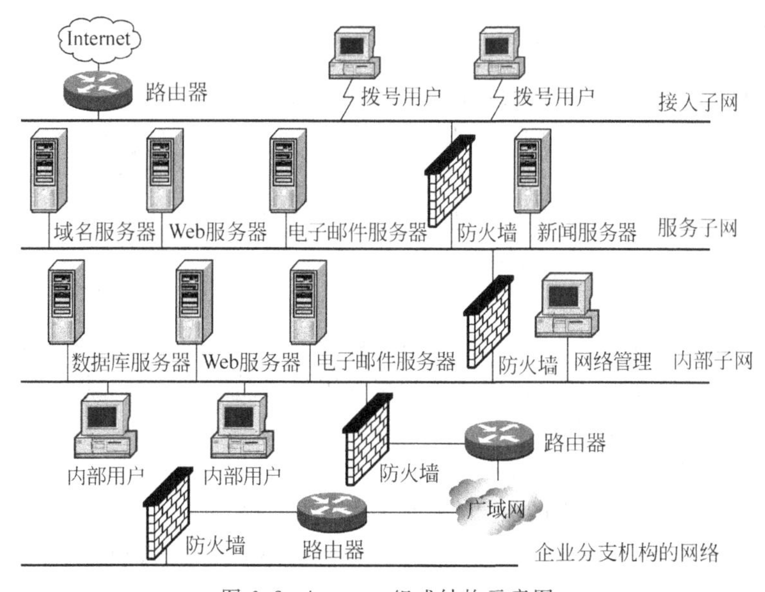

图 6.2 intranet 组成结构示意图

1. 接入子网

接入子网也叫访问子网。接入子网的作用是使拨号用户和intranet用户接入Internet。接入子网的核心是路由器，来往于Internet的信息都要经过路由器。

接入子网与服务子网之间用防火墙隔开，以保证所有进入intranet的信息都要通过防火墙过滤。

2. 服务子网

服务子网的作用是提供信息服务，主要用于企业向外部发布信息。在服务子网上有Web服务器、域名服务器、电子邮件服务器、新闻服务器等，服务子网通过防火墙与内部子网互联。外部用户可以访问服务子网以了解企业动态和产品信息。

3. 内部子网

内部子网是企业内部使用的网络，是intranet的核心。内部子网包含支持各种服务的企业数据，主要用于企业内部的信息发布与交流、企业内部的管理。内部子网上有企业的各种业务数据库，运行着各种应用程序，网络管理也在内部子网上，所以必须采取很强的安全措施。

在内部子网上，除数据库服务器外，还可以有用于内部信息发布和交流的电子邮件服务器、Web服务器等。

如果企业在其他地区有分支机构，则需要通过广域网互连，内部子网与广域网之间也要用防火墙隔离。

6.3 intranet中基于Web的数据库应用

与Internet相同，intranet的核心是Web(WWW)服务。intranet中基于Web的数据库应用系统，是将数据库和Web技术结合，通过浏览器访问数据库并可实现动态交互的Internet/intranet信息服务系统。

6.3.1 Web数据库应用的三层体系结构

intranet中利用Web三层结构可以比较圆满地解决基于C/S系统存在的问题。Web三层体系结构，即客户端浏览器/Web服务器/数据库服务器(Browser/Web Server/Database Server，B/W/D)结构，该体系结构就是所谓的B/S模式。B/W/D三层体系结构如图6.3所示。

图6.3 B/W/D三层体系结构

1) 客户端浏览

从Web的观点可看出，任何事物都是由文件和关联构成的。客户端浏览器是客户机程序进入Web的窗口，它的工作是读取文件和跟着用户选择的关联走。其任务是：

(1) 为用户定制一个请求。

(2) 将用户的请求发送给Web服务器。

(3) 接收Web服务器发出的信息，并将其呈现给用户。

目前浏览器主要有Netscape公司的Communicator、Microsoft公司的Internet Explorer、基于文本的Lynx、Opera等。

2）Web 服务器

Web 服务器提供 HTTP 服务，它接受客户的请求，并把静态和动态内容组装成 Web 页面，然后传递给客户。Web 服务器通常具有连接数据库服务器的功能，并能提供其他一些服务。

Web 服务器的任务是：

（1）接收用户的请求。

（2）检查用户请求的合法性。

（3）针对用户请求获取并处理数据，包括对数据进行前期处理和后期处理。

（4）把信息发送给提出请求的客户机。

在基于 Web 三层体系结构的 MIS 中，各用户端计算机上安装运行相同的浏览器软件，网络另一端的高性能计算机上安装运行 Web 服务器软件和数据库管理系统。用户根据浏览器端显示的 Web 页面信息，通过鼠标单击即可完成从浏览器端向服务器提交服务请求的动作，这些请求包括对数据库的查询、修改、插入和删除等。服务器端负责对请求进行处理，并将处理结果通过网络返回浏览器端。

Web 服务器与客户端浏览器之间的信息交互过程是这样的，浏览器将用户的输入（如 http://www.pku.edu.cn）进行分解，分为主机名和文件名两部分。如果客户没有提供文件名，则由主机（Web 服务器）提供默认文件（如 index.html）。Web 服务器与客户端连接后，检查客户端的请求，如果是一个文件，则将文件的内容传给客户端，由浏览器显示出来；如果客户端的请求是一个程序，则生成一个新的进程，提供相应的参数后运行这个程序，并将程序的输出结果传输给客户端，如同这个输出是一个已存在的文件。

6.3.2 数据库与 Web 的交互

管理信息系统的核心是对数据库中的数据进行加工、处理，从而获得有用的管理信息，而使 Web 与数据库之间实现动态、有效的信息交换是用 B/S 模式实现 MIS 的主要目的。无论在 B/S 系统中使用的是哪种数据库，无论采用何种方式输入查询和产生报表，数据库的访问均可大致分为两大过程。

（1）产生并提交用结构化查询语言 SQL 书写的查询或数据请求语句到数据库引擎中。

（2）执行查询并处理查询所得结果。

Web 访问数据库也涉及这两个过程，但其中有着重要的不同之处。

（1）用户按照浏览器上用 HTML 编写的表格输入查询和数据请求。在此，用户可通过下拉列表选择、单击按钮、直接填写等来输入查询关键字或新的输入数据。

（2）接口程序将输入到表格中的信息提取出来并组织成有效的 SQL 查询或处理语句，随后将其发送到数据库引擎中。

（3）接口程序在数据库引擎对数据进行处理之后接收结果，并以 HTML 格式将其传回到用户的浏览器上显示给用户阅读。

可见，Web 访问数据库必须利用接口程序，这是 Web 访问数据库的关键技术。传统 Web 数据库访问技术有 CGI、服务器 API、IDC、ADC 等多种，随着 Web 应用技术的发展，出现了多种 Web 数据库应用模式，如基于 Microsoft 平台的 ASP＋ADO 和 ASP.NET＋ADO.NET 模式，基于 Java 平台的 JSP＋JDBC 模式等。下面将简要介绍几种 Web 数据库访问技术。

1. ASP+ADO模式

1) ASP概述

ASP(Active Server Pages)是IIS(Internet信息服务系统)提供的一种动态网页技术,它能够将HTML文本、脚本命令及ActiveX组件混合在一起构成ASP页,实现对Web数据库的访问。当用户使用浏览器访问ASP网页时,Web服务器响应,调用ASP引擎来执行ASP文件,并解释其中的脚本语言,通过ODBC连接数据库,由数据库访问组件ADO(ActiveX Data Objects)完成数据库操作,最后ASP生成包含有数据库查询结果的HTML页面并返回用户端。

作为服务器端的ActiveX组件,ADO提供了方便地进行数据库访问的功能。利用ADO,可以对Oracle、SQL Server、Access等数据库中的数据进行读取和写入操作。ADO组件由七个对象和四个集合组成。其中,最重要的是Connection、Command和Recordset三个对象。Connection对象用于创建应用程序和数据库之间的连接,Command对象用于定义数据库的操作,而Recordset对象则包含了从数据库中查询到的结果集合。

2) ASP+ADO数据库访问步骤

在ASP中通过ADO访问数据库,一般要通过以下四个步骤。

(1) 创建一个到数据库的Connection。

(2) 查询一个数据集合,即执行SQL,产生一个Recordset。

(3) 对数据集合进行需要的操作。

(4) 关闭Connection。

在ASP页面中使用ADO组件访问数据库时,可以通过ODBC和OLE DB两种方式来访问。

ODBC和OLE DB都是Microsoft公司提供的访问数据库的编程接口。ODBC是数据库服务器的一个标准协议,为访问数据库的应用程序提供了一种通用接口。不过,ODBC主要是针对访问关系型数据库而设计的。而OLE DB允许访问更多的数据源,除了可以访问一般的关系型数据库之外,还可以访问非关系型数据库、电子表格、电子邮件系统、文本文件等数据源。OLE DB可以处理任何类型的数据,而不考虑数据的存储方法和格式。OLE DB基于通用数据访问的思想。通用数据访问将数据源看作对象,在访问的过程中,不需要知道这些对象是如何工作的,而只要通过接口与对象进行交互。由此看来,选择OLE DB更有利于多数据源信息的集成。

2. JSP+JDBC模式

1) J2EE

J2EE是由Sun公司领导和多家公司共同参与制定的一个企业应用程序开发标准。近年来,Java技术已经发展成为适用于多个领域需求的Java 2平台。目前,Java 2平台根据其应用领域的不同有三个版本。

(1) J2SE(Java 2 Platform Standard Edition)适用于桌面系统。

(2) J2ME(Java 2 Platform Micro Edition)适用于小型设备和智能卡系统。

(3) J2EE(Java 2 Platform Enterprise Edition)适用于建立服务器应用程序和服务。

J2EE拥有Java固有的跨平台特性,它具有以下优势:立足于企业信息系统的基础之上开发新的系统,可以充分利用用户原有的投资;允许企业开发人员把一些通用、烦琐的服务器端任务交给中间供应商完成,把自己的精力集中在商业逻辑上,可以大大提高开发效率；支持异构环境，用J2EE开发的应用程序能非常方便地部署在不同平台上，具备良好的可扩展性。

JSP是J2EE所包含的众多技术中的一种。

2) JSP

JSP(Java Server Pages)是由Sun Microsystems公司倡导，许多公司参与建立的一种开放的、可扩展的动态网页技术标准，目前有1.0和1.1两个版本。在HTML网页文件中加入Java程序片段(scriptlet)和JSP标记(tag)，就构成了JSP网页。作为Java平台的一部分，JSP拥有Java编程语言“一次编写，到处运行”的特点。具有Java技术的所有优点，包括“健壮”的存储管理和安全性。

3) JDBC

JDBC(Java Database Connectivity)是Java应用程序与数据库的通用接口(Java API)，它规定了Java如何与数据库进行交互作用。JDBC由一组用Java语言编写的类和接口组成。JDBC与Java结合，使用户容易对数据库进行操作。用Java和JDBC编写的数据库应用软件具有与平台无关的特性，可在各种数据库系统上运行。

JDBC访问数据库的过程是：首先将用户的浏览器连接到Web服务器上，下载含有Java小程序的HTML页，Java小程序在客户端运行并使用JDBC接口，直接与数据库服务器交互，并把查询结果的HTML页直接返回给浏览器。

4) JSP应用模型

JSP页面可以包含在多种不同的应用体系结构或模型中，下面介绍几种常用模型。

(1) 简单模型。在简单模型中，浏览器直接调用JSP页面，JSP页面自动生成被请求的内容。JSP页面可以调用JDBC等组件来生成结果，创建HTML，并将结果发送回浏览器。

(2) 使用Servlet。基于Web客户机直接对Servlet提出请求，由Servlet生成动态内容，再将结果捆绑到一个结果对象中。JSP页面从该对象中访问动态内容，并且将结果返回给浏览器。采用这种方式，可以在应用程序之间创建共享的、可重用的组件，并且作为更大应用的一部分来实现。

(3) 采用EJB(企业版的Java Bean)技术的可扩展处理。Java Bean是一种可重用的Java组件，它可以被Applet、Servlet、JSP等Java程序调用。JSP页面可以作为EJB体系结构中的一个中间层次，在这种情况下，JSP页面和后端数据源之间通过EJB组件进行交互。

3. ASP.NET+ADO.NET模式

1) .NET

Microsoft公司的.NET体系结构是Windows分布式网络应用程序体系结构的演进。Microsoft公司对.NET的描述是：“.NET是一个革命性的新平台，它建立在开放的Internet协议和标准之上，采用许多新的工具和服务用于计算和通信”。简单地说，.NET是一个开发和运行软件的新环境。.NET环境中突破性的改进在于：使用统一的Internet标准(如XML)将不同的系统对接；是Internet上首个大规模的高度分布式应用服务架构；使用了一个“联盟”的管理程序，这个程序能全面管理平台中运行的服务程序，并且为它们提供强大的安全保护平台。

.NET框架(framework)是.NET平台最重要的部分，亦即以前所谓的NGWS(next generation Windows services)，它的目标是成为新一代基于Internet的分布式应用开发平台。

.NET框架的基本模块包括以下几个部分：Web服务(Web services)、通用语言运行时环境(common language runtime)、服务框架类库(class library)、数据访问服务ADO.NET、表单应用模板和Web应用程序模板ASP.NET。

2) ASP.NET

ASP.NET并不是ASP的升级版本，而是Microsoft推出的用于Web开发的全新框架，是.NET框架的重要组成部分。ASP.NET是一种建立在通用语言上的程序架构，包含了许多新的特性。ASP.NET允许使用面向对象的VB.NET、C#、C++、Jscript等语言进行组件和应用程序的开发，而且这些代码很容易重用和共享。ASP.NET使用编译后的语言，并使用Web表单，使开发更直观，同时它完全支持面向对象技术，从而有利于组件的重用。ASP.NET还改进了配置、伸缩性、安全性和可靠性，它对各种不同的浏览器提供了更好的支持。另外，ASP.NET中还包括有页面事件、Web控件、缓冲技术，以及服务器控件和对数据捆绑的改进。ASP.NET向后兼容ASP，运行在.NET平台上，以前的ASP脚本几乎不经修改就可在.NET平台上运行，从而保护了企业原有的相关投资。

3) ADO.NET

ASP.NET中的ADO.NET和ASP中的ADO相对应，它是ADO的改进版本。在ASP.NET中通过Managed Provider所提供的应用程序编程接口(API)，可以轻松地访问各种数据源的数据，包括OLE DB所支持的数据库和ODBC支持的数据库。ADO.NET中许多对象都是从ADO技术中进化而来的，例如Connection和Command等，也有许多对象是全新的，例如DataReader、DataSet、DataView、DataAdapter等。为了将数据访问和数据操纵分离，ADO.NET使用了两种组件：DataSet对象和.NET Data Provider。DataSet对象是一个存在于内存中的数据库，在ADO.NET中处于核心地位，它提供了一种与数据库来源无关的数据表示方式，可以表示、存储和管理来自远程或本地的数据库、XML文件或数据流甚至应用程序的局部数据。.NET Data Provider是ADO.NET的另一个核心元素，它包含了Connection、Command、DataReader、DataAdapter对象，.NET程序员使用这些元素来实现对实际数据的操纵。

由于有了DataSet，所以ADO.NET访问数据库的步骤变为：

(1) 创建一个数据库连接。

(2) 请求一个记录集合。

(3) 把记录集合暂存到DataSet。

(4) 如果需要，返回第(2)步，DataSet可以容纳多个数据集合。

(5) 关闭数据库连接。

(6) 在DataSet上做所需要的操作。

6.4 extranet

6.4.1 extranet简介

企业与企业或者企业与其伙伴之间都希望能够像Internet那样进行通信和访问各种信息资源，于是与企业业务有关的intranet通过互联而形成一种称为extranet(外联网)的网络系统。

1. extranet的概念

目前，对extranet还没有一个严格的定义，但大多数人都能接受的定义为：extranet是一个运用Internet/intranet技术使企业与其客户、其他企业相连来完成其共同目标的合作网络。它通过存取权限的控制，允许合法使用者存取远程企业的内部网络资源，达到企业与企业间资源共享的目的。

extranet将利用WWW技术构建信息系统的应用范围扩大到特定的外部企业。企业通过向一些主要贸易伙伴添加外部链接来扩充intranet，从而形成外联网。这些贸易伙伴包括用户、销售商、合作伙伴或相关企业，甚至政府管理部门。extranet可以作为公用的Internet和专用的intranet之间的桥梁，也可以被看作是一个能被企业成员访问或与其他企业合作的内联网intranet的一部分。extranet不像Internet为大众提供公共的通信服务，也不像intranet只为企业内部服务，extranet可有选择地对一些合作者开放或向公众提供有选择的服务。extranet非常适合于具有时效性的信息共享和企业间完成共同利益目的的活动。

2. extranet的作用

总的来说，基于以下因素，企业纷纷致力于extranet的规划及建设。

(1) 使用现有的技术投资，降低建设成本。

(2) 创造上、中、下游公司信息资源共享的虚拟企业，缩短前置时间，提供更良好的上下游关系。

(3) 改进核心营运，快速回应消费者的需求，提升消费者的满意度。

(4) 提高沟通效率，节省时间成本。

(5) 资源重新整合与分配，降低成本。

(6) 改善工作流程，降低操作成本，提高生产力与产品质量。

3. extranet的分类

1) 按网络类型分类

按照网络类型，extranet可分为公用网络、专用网络和虚拟专用网络(Virtual Private Network，VPN)三类。

(1) 公用网络。公用网络外部网是指一个组织允许公众通过任何公用网络(如Internet)访问该组织的intranet，或两个以至更多的企业同意用公用网络把它们的intranet互联在一起。

在这种结构中，安全性是大问题，因为公用网络不提供任何安全保护措施。为了保证合作企业之间交易的安全，每个企业在将它的信息传送到公用网络之前，必须对这些信息提供安全保护，如防火墙等，但防火墙也不是百分之百的安全。因此公用网络外部网风险太大，所以很少被采用。

(2) 专用网络。专用网络是两个企业间的专线连接，这种连接是两个企业的intranet之间的物理连接。专线是两点之间永久的专用电话线连接。与一般的拨号连接不同，专线是一直连通的。这种连接最大的优点是安全。除了两个或几个合法连入专用网络的企业，其他任何人和企业都不能进入该网络。所以，专用网络保证了信息流的安全性和完整性。

专用网络的最大缺陷是成本太高。因为专线非常昂贵，每两个想建立专用网络的企业都需要一条独立的专线将它们连到一起。

(3) 虚拟专用网络。虚拟专用网络外部网是一种特殊的网络,它采用一种称做"通道"或"数据封装"的系统,用公共网络及其协议向贸易伙伴、顾客、供应商和雇员发送敏感的数据。这种通道是Internet上的一种专用通路,可保证数据在企业之间extranet上的安全传输。由于最敏感的数据处于最严格的控制之下,VPN也就提供了安全的保护。利用建立在Internet上的VPN专用通道,处于异地的企业员工可以向企业的计算机发送敏感信息。

人们常常把extranet与VPN混为一谈。虽然VPN是一种外部网,但并不是每个extranet都是VPN。同使用专线的专用网络不一样,VPN适时地建立了一种临时的逻辑连接,一旦通信会话结束,这种连接就断开了。VPN中"虚拟"一词是指:这种连接看上去像是永久的内部网络连接,但实际上是临时的。有关VPN的技术将在下一小节中阐述。

2) 按应用模式分类

另外,根据不同的实体结构,extranet可分为三种应用模式:

(1) 安全的intranet模式。安全的intranet模式见图6.4。这种方式允许厂商、顾客等企业战略合作伙伴经由Internet或拨号方式进入公司的内部网络,存取公司内部网络资源,实现企业对企业或企业对顾客间的资源共享。如企业联盟厂商可通过该企业的intranet,使用该企业所提供的群组软件等。

由于此类extranet应用模式允许外部企业存取公司内部网络资源,因此,所需的安全级别较高,且必须对企业伙伴有高度的信赖感,以维护公司内部网的安全。

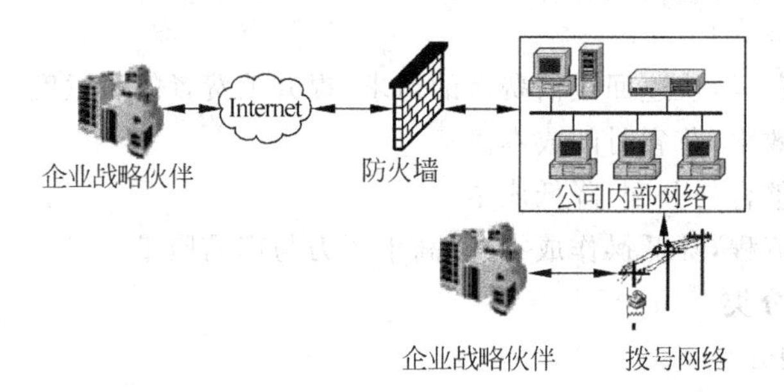

图6.4 安全的intranet模式

(2) 特定extranet应用模式。特定extranet应用模式如图6.5所示。顾名思义,它是专门针对某特定厂商或顾客所设计的extranet应用模式。在此模式下,企业内部员工可通过intranet存取网络资源,而企业伙伴或客户则可通过extranet有限度地存取网络资源。如供应商可通过extranet在线使用厂商的报价系统,提供原料等的报价。

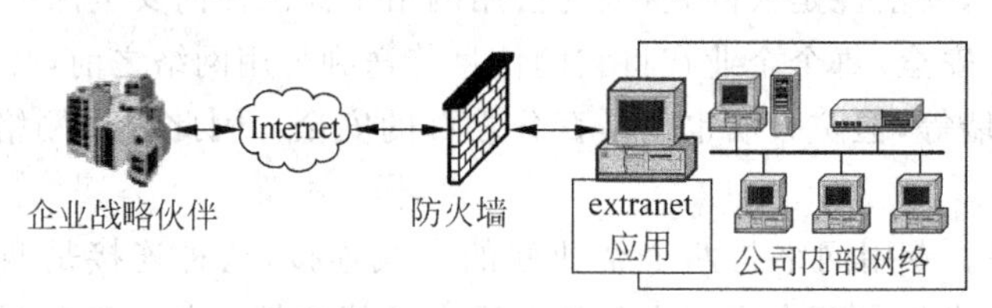

图6.5 特定extranet应用模式

此类extranet应用模式所需网络安全级别较前一种低,且对业务伙伴只需要有中等信赖程度即可。

(3) 电子商务模式。图6.6表示电子商务的extranet应用模式。电子商务模式，主要是使用电子商务技术来提供各类企业战略伙伴网络服务。也就是说，企业的业务伙伴可通过网络连线，取得企业所提供的网络服务，包含企业内部数据库查询等。此类extranet应用模式一般适用于处理交易式的作业程序。

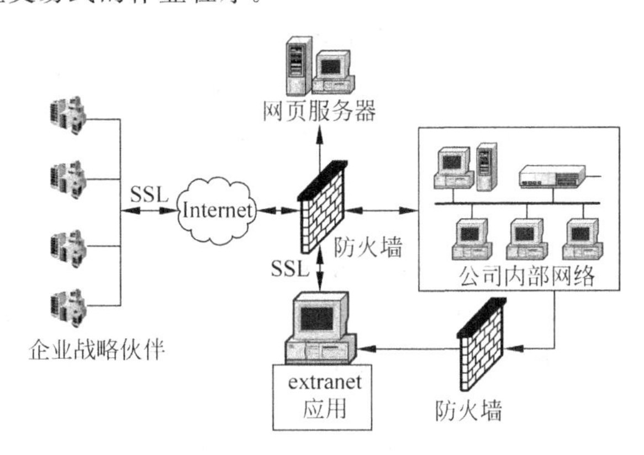

图6.6 电子商务的extranet应用模式

总之，不论哪种extranet应用模式，都牵涉到企业与企业间的资源存取，且extranet是通过Internet将两个企业互联起来，因此对使用者的个人身份鉴别都非常重要。只是针对不同的应用模式，对网络环境的安全级别、使用者的信任程度的需求有所不同罢了。

4. extranet提供的应用服务

extranet在企业交流中主要有以下四方面的应用：

(1) 企业间发布和获取信息。extranet可定期将企业最新的信息，包括多媒体信息，以各种形式发布到世界各地，取代了原有的文本复制和昂贵的专递分发。任何授权的用户在世界各地都可以对extranet进行访问，同时还可更新信息，增加或修改变化的信息，更新客户文件等。例如，销售人员可以从世界各地了解最新的客户和市场信息，这些信息由企业更新维护。所有信息都可根据用户权限通过Web进行有限制的访问和下载。

(2) 企业间的交易和合作。extranet所提供的电子商务服务，实际上是建立了不同企业intranet中的管理信息系统的数据库之间的连接，简化了各项商业合作流程，如联机订货系统、库存查询系统，甚至发展到各项联机商业交易系统。

另外，通过extranet，企业之间可在网上建立虚拟的实验室进行跨地区的项目合作。管理人员能迅速地生成和发布最新的产品、项目与培训信息，不同地区的项目组成员可通过extranet进行通信，共享文档和实验结果。

(3) 企业间事务处理。利用目前较为成熟的网络通信技术和网络安全认证技术，如CA认证技术、数字签名技术等，企业可建立基于extranet的一系列事务处理系统，如合同管理系统、网上招标系统等，用以提高与其他公司相应商业事务的处理效率。

(4) 客户服务。使用extranet可以更加容易地通过访问Web站点、FTP、Telnet、E-mail、桌面帮助等方式，向客户提供方便快捷的服务。而且，extranet可通过Web安全有效地管理整个客户的运行过程，可为客户提供订购信息和货物的运输路径，也为客户提供解决基本问题的方案、软件版本的升级和软件的远程维护，以及专用技术发布。同时，能方便地获取客户的信息为将来的用户服务。例如，国际上几乎所有大的海运公司，尤其是轮船公司，像美国总统轮船公司(APL)、东方海外(DOCL)、马士基(MAERSK)、K-LINE 等，都向客户提供网上查询海运货物的运输进展状况的服务，并接受网上订舱业务。

6.4.2 虚拟专用网络技术

随着网络，尤其是网络经济的发展，企业规模日益扩大，客户分布日益广泛，合作伙伴日益增多，传统企业网基于固定地点的专线连接方式已难以适应现代企业的需求，因此企业在自身网络的灵活性、安全性、经济性和扩展性等方面提出了更高的要求。VPN 以其独特的优势，赢得了越来越多企业的青睐。

1. VPN 的定义

虚拟专用网络(Virtual Private Network，VPN)是一种在公共网络上运行的专用网络。它通过隧道(tunneling)技术，在 Internet 上为企业开通一条专用通道，以代替原来昂贵的专线租赁或帧中继方式，把其分布在世界各地的分支机构和合作伙伴连接起来，感觉就像在一个自己的专用网络中一样。

VPN 是在 Internet 上将局域网扩展到远程网络和远程用户计算机的一种成本效益极佳的办法。VPN 通过将局域网通信封装在一个 IP 包，使用 Internet 从一个专用网络路由到其他的网络。这个加密包对中介的 Internet 计算机来讲是不可读的，并且可以包含任何方式的局域网通信，包括文件和打印访问、局域网电子邮件/远程过程和客户-服务器数据库访问。

VPN 通过使用下面几个基本的安全功能部件解决了直接对 Internet 的访问问题。

(1) IP 封装。当一个 IP 包包含其他 IP 包时，它就被称为 IP 封装。使用 IP 封装可以使两个实际上分离的网络计算机看上去似乎只是由一个路由器分开的，而实际上它们是通过许多网络路由器和网关所分开，这些路由器和网关甚至没有使用同一个地址空间。

(2) 加密身份认证。密码身份认证(cryptographic authentication)用来安全有效地验证远程用户的身份，这样系统就可以判断适合这个用户的安全级别。VPN 使用密码身份认证来决定用户是否可以参与到加密通道中、是否可以使用身份认证来交换加密数据的密钥和公钥。常用的密码身份认证有私钥加密(private key encryption)，使用双方都知道的密钥进行加密；公钥加密(public key encryption)，依靠单向密钥的交换——这个密钥只用来加密数据。

(3) 数据有效负载加密。数据有效负载加密用来加密被封装的数据。通过加密被封装的 IP 包，可以保证专用网络数据和内部信息的安全。数据有效负载加密可以使用任何安全密码方法中的一种来完成，但要根据所选择的 VPN 解决方案而定。

2. VPN 的基本原理

VPN 的结构与基本原理示意图如图 6.7 所示。在这个图例中，有四个内部网，它们都位于一个 VPN 设备的后面，同时由路由器接入到公共网络。VPN 采用了加密、认证、存取控制、数据完整性等措施，相当于在各 VPN 设备间形成一些跨越 Internet 的虚拟通道——“隧道”，使得敏感信息只有预定的接收者才能读懂，实现信息安全传输，使信息不被泄露、篡改和复制。

1) VPN 的基本工作过程

VPN 的基本工作过程如下。

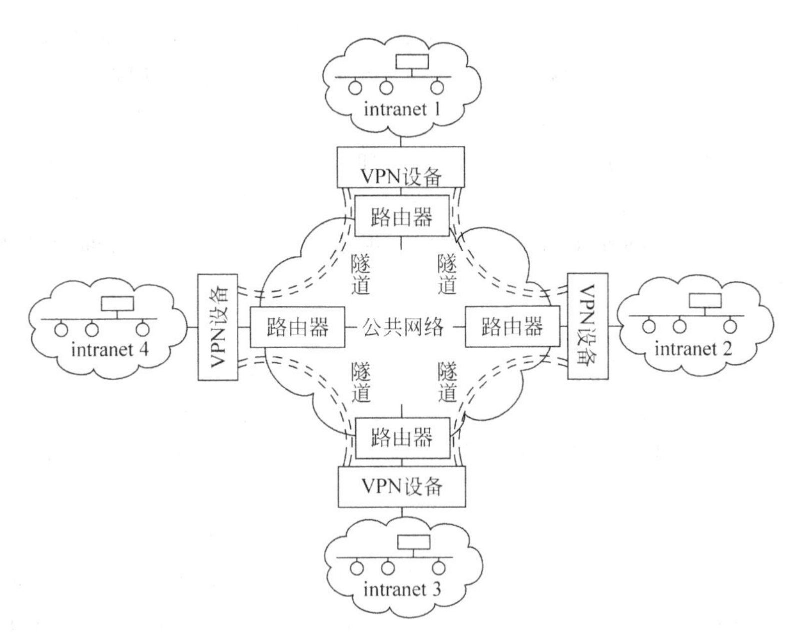

图 6.7　VPN 的结构与基本原理示意图

（1）要保护的主机发送明文信息到 VPN 设备。

（2）VPN 设备根据网络管理员设置的规则，确定是对数据进行加密还是直接传送。

（3）对需要加密的数据，VPN 设备将其整个数据包，包括要传送的数据、源 IP 地址和目标 IP 地址，进行加密并附上数字签名，加上新的数据包头，包括目的地 VPN 设备需要的安全信息和一些初始化参数，重新封装。

（4）将封装后的数据包通过隧道在公共网上传送。

（5）数据包到达目的 VPN 设备，将数据包解封，核对数字签名无误后，对数据包解密。

2）隧道技术

隧道技术是 VPN 技术的核心，它涉及数据的封装，可以利用 TCP/IP 协议作为主要传输协议并以一种安全的方式在公用网络上传输。隧道分为两种方式：强制型隧道和自愿型隧道。强制型隧道不需要用户在自己的计算机上安装特殊的软件，使用起来比较方便，主要供 ISP 将用户连接到 Internet 时使用。自愿型隧道则需要用户在自己的计算机中安装特殊的软件，以便在 Internet 中可以任意使用隧道技术，以控制自己数据的安全。

在 VPN 中，若双方的通信量很大，并很熟悉，则可使用复杂的专用加密和认证技术对通信双方的 VPN 进行加密和认证。为了实现这些功能，隧道被构造为一种三层结构。

（1）最底层是传输。传输协议用来传输上层的封装协议，IP、ATM、PVC（Permanent Virtual Circuit，永久虚电路）以及 SVC（Switched Virtual Circuit，交换虚电路）都是非常合适的传输技术。其中，IP 具有强大的路由选择能力，可以运行于不同的介质上，因而被广泛应用。

（2）第二层是封装。封装协议用来建立、保持和拆卸隧道，或者说是数据的封装、打包与拆包。

（3）第三层是认证。

一个 IP 隧道能够同时封装多个用户或多个不同形式的有效负载，并且在使用隧道技术访问网络时，内部网用户的网络地址不会在Internet上暴露，同时，隧道技术也允许接受者过滤或报告隧道的连接。隧道技术能够使来自许多源的网络流量从同一个基础设施中通过不同的隧道传输，它使用点对点通信协议来代替交换连接，并通过路由网络来连接数据地址，从而允许授权移动用户或已授权用户在任何时间任何地点访问企业网络。

通过隧道的建立，可实现以下功能：将数据流量强制传输到特定的目的地；隐藏私有网络地址；在IP网上传播非IP协议数据包；提供数据安全支持；协助完成用户认证、授权、计费等管理。

3）典型的隧道协议

虚拟专用网与一般网络互联的区别在于，它首先建立隧道，然后将数据包经过加密，按隧道协议进行封装和传输，以保证数据传输的安全性。在数据链路层实现数据封装的协议叫第二层隧道协议，如PPTP、L2TP和MPLS等；在网络层实现数据封装的协议叫第三层隧道协议，如IPSec等。

点对点隧道协议（Point-to-Point Tunneling Protocol，PPTP）是微软公司在点对点协议（Point-to-Point Protocol，PPP）的基础上开发的。PPP支持多种网络协议，可将IP、IPX等数据包封装在PPP包中，然后将整个报文封装在PPTP隧道协议包中，最后再嵌入IP报文或异步传输模式中进行传送。PPTP协议将控制包与数据包分开，控制包采用传输控制协议（TCP）控制，用于严格的状态查询以及信令信息；数据包部分先封装在PPP协议中，再封装到通用路由封装（GRE）V2协议中。PPTP协议能提供流量控制功能，从而减少数据拥塞的可能性，同时减少由包丢弃引发重传的包的数量。除了构建隧道外，PPTP没有定义加密机制，但它继承了PPP的认证和加密机制，可选用40位或128位密钥。

第二层隧道协议（Layer 2 Tunneling Protocol，L2TP）是Cisco与微软公司联合推出的，它继承了PPTP协议和第二层转发协议（L2F）的优点。L2TP将控制包和数据包结合在一起，并运行在用户数据报协议（UDP）上。UDP省略了TCP中的同步、检错、重传等机制，因此L2TP的传输速度很快。并且，L2TP支持多路隧道，允许用户同时访问Internet和企业网。L2TP隧道通常在两段VPN服务器之间采用口令握手协议（CHAP）来验证对方身份，但L2TP与PPTP一样，也不提供任何加密功能。

多协议标记交换（Multi Protocol Label Switching，MPLS）是一种工作在数据链路层的隧道技术，它为每个IP包加上一个固定长度的标签，并根据标签值转发数据包。MPLS是一种完备的网络技术，可以用它来建立VPN成员间简单而高效的VPN。MPLS适用于实现对服务质量、服务等级划分以及对网络资源的利用率、网络可靠性有较高要求的VPN业务。

IP安全协议（IPSecurity Protocol，IPSec）是由Internet工程任务组（IETF）正式定制的开放性IP安全标准，是VPN的基础。它把几种安全技术结合在一起，形成一个比较完整的体系，通过对数据加密、认证、完整性检查来保证传输的可靠性、私有性和保密性。IPSec是标准的第三层安全协议，用于保护IP数据包或上层数据，并且，由于它工作在网络层，因此可以用于主机之间、网络安全网关之间或主机与网关之间。IPSec规定了用于在两个IP工作站之间进行加密、数字签名等而使用的一系列IP级协议，并能够实现来自不同厂商的设备在进行隧道开通和终止时的互操作。另外，由于IPSec的安全性功能与密钥管理系统松散耦合，所以当密钥管理系统发生变化时，IPSec的安全机制不需要进行修改，从而为实现动态密钥交换技术打下基础。

3. VPN 的类型

VPN 的分类方式比较多,可根据接入方式、协议实现类型、服务类型等进行分类。根据服务类型,VPN 大致可分为以下三类。

(1) 远程接入 VPN(Access VPN)。利用公共网络的拨号以及接入网(如 PSTN 和 ISDN),实现虚拟专用网,为企业小分支机构、小型 ISP、移动办公人员提供接入服务。

(2) 内联网 VPN(intranet VPN)。企业总部网络与分支机构网络间通过公共网络构筑的虚拟专用网。

(3) 外联网 VPN(extranet VPN)。企业与外部供应商、客户及其他利益相关群体间通过公共网络构建的虚拟专用网。

通常把 Access VPN 称为拨号 VPN,即 VPDN(Visual Private Dial-Up Network),将 intranet VPN 和 extranet VPN 统称为专线 VPN。

4. VPN 加密机

目前越来越多的企业网络系统通过公用网络来组建广域网,企业总部和分支机构通过公用网来传输数据。这种通过公用网络(如 Internet)作为基本传输媒体的网络,存在着安全风险。主要风险如下。

(1) 在公用网络中数据被监听和窃取。

(2) 明文数据在到达目的地前,要经过多个路由器,数据很容易被查看和修改。

(3) 企业内部员工可以监听、篡改和重定向企业内部网络的数据包。

针对以上安全风险,必须配备 VPN 加密机对传输的数据进行加密。

VPN 加密机如图 6.8 所示,它是基于 VPN 技术而实现的一种网络安全设备。它利用 VPN 技术,以实现数据的加密和解密,保证数据在公用网上安全传输。

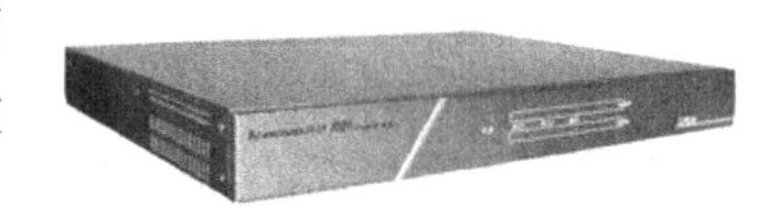

图 6.8　VPN 加密机实物图

1) VPN 加密机的特点

VPN 加密机具有以下特点。

(1) 采用国际标准安全协议。遵循 IPSec 安全协议,对用户数据提供加密、完整性验证以及身份认证功能,最大限度地对上层应用提供安全保护。遵循 ISAKMP(Internet Security Association and Key Management Protocol)/Oakley 密钥协商和管理协议,实现安全可靠的密钥分发与管理。VPN 加密机设备之间采用基于 X.509 标准的数字证书进行认证,并支持 CA(certificate authority)认证。

(2) 透明地支持各种应用服务。由于采用 IPSec 协议,而且在网络层对用户数据流进行安全处理,因此上层应用无须做任何修改即可实现安全保护。采用透明接入技术,用户网络环境无须任何变动即可实现对整个子网的安全保护。由于透明连接,VPN 加密机就不容易被检测及访问,能降低来自内部和外部的攻击。

(3) 加密强度高。采用通过国家鉴定的硬件加密卡所提供的 128 位对称加密算法和 128 位 hash 算法,身份认证采用 1024 位的非对称算法。

(4) 高扩展性。可根据用户需求,扩展接口数量,以发挥对多个子网的安全保护。

2) VPN 加密机的原理

为了实现数据身份验证、保证数据完整性,VPN 加密机采用了不同的加密技术。其实现原理如下。

(1) 数据源身份验证的实现原理。如图 6.9 所示，发送的数据经过 VPN 加密机，首先对原数据包进行 hash 运算得到摘要，然后生成一个私钥经加密后与摘要一起生成直接数字签名(Direct Digital Signature，DDS)，将原始数据包和 DDS 一起作为新的数据包发送；接收端 VPN 加密机收到数据后，分解数据包，得到原数据包和 DDS，首先对原始数据包进行 hash 运算得到摘要 1，同时对 DDS 解密得到摘要 2，将摘要 1 和摘要 2 比较，如果相等，就通过了身份验证，可以将原始数据包发送给目的主机。

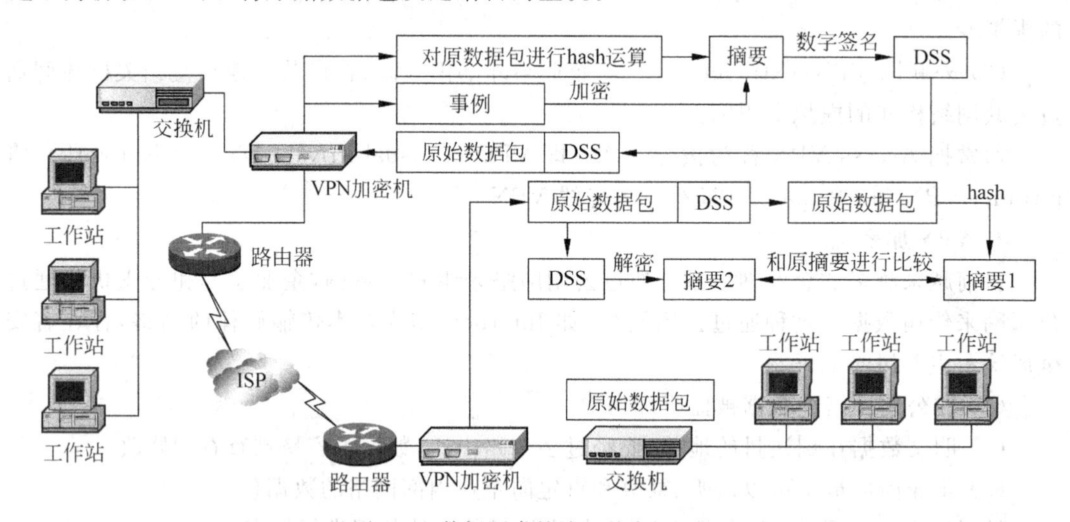

图 6.9 数据源身份验证的实现原理

所谓数据包摘要，它是一个唯一与一个数据包的值相对应，由单向 hash 加密算法对一个数据包作用而生成的，有固定的长度。所谓单向是指不能被解密。不同的数据包其摘要不同，相同的数据包其摘要相同，因此摘要成为数据包的“指纹”，以验证数据包是否是“真身”。

(2) 保护数据完整性的实现原理，如图 6.10 所示。发送的数据经过 VPN 加密机，首先对原数据包进行 hash 运算生成摘要，同时对原数据包进行加密生成加密后的数据包，将加密后的数据和摘要一起发送；接收端接收到密文数据后，首先将数据包和摘要分开，然后将加密的数据包解密得到原始数据包，再对原始数据包进行 hash 运算，得到新的摘要，将新的摘要同收到的摘要比较，如果一致，表示收到的数据是完整的。这样就可以将原始数据包发送给下属机构。

要指出的是，应仔细比较图 6.9 与图 6.10 的差别，图 6.9 中主要进行了数字签名，因此可以对数据源身份进行验证，即证实数据报文是所声称的发送者发送的。

3) VPN 加密系统解决方案

利用 VPN 技术实现数据的加密和解密，其加密方案的拓扑结构如图 6.11 所示。在总部和分支机构连接公用网的数据进出口处，分别配备一个 VPN 加密机，对所有通过公用网传输的数据进行加密，以实现数据保密的目的。

虽然数据是通过公用网传输的，但由于 VPN 加密机的作用，使总部和分支机构之间建立了一条私有隧道，组成了一个虚拟的私有网络，所有数据通过这个虚拟私有网络传输，保护数据不受外界的攻击。

采用 VPN 加密机，可以解决以下问题。

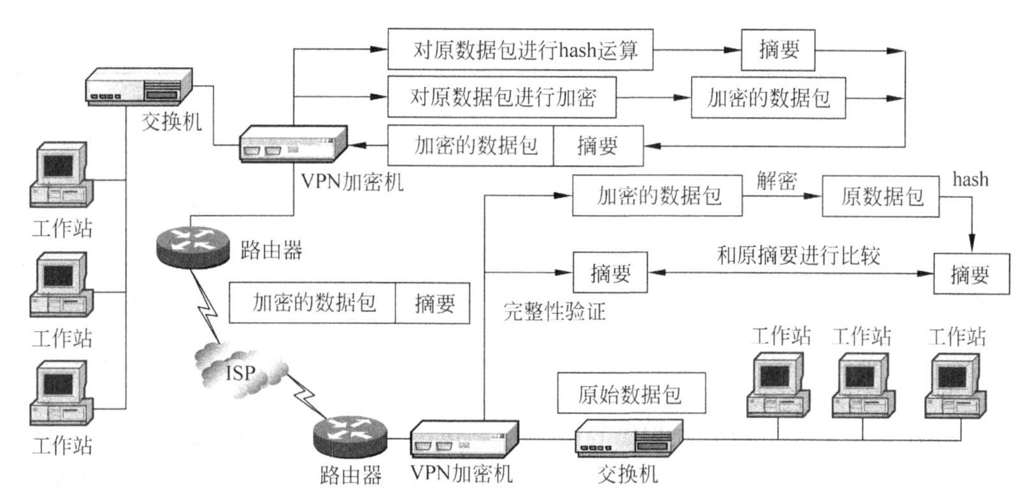

图 6.10　保护数据完整性实现原理

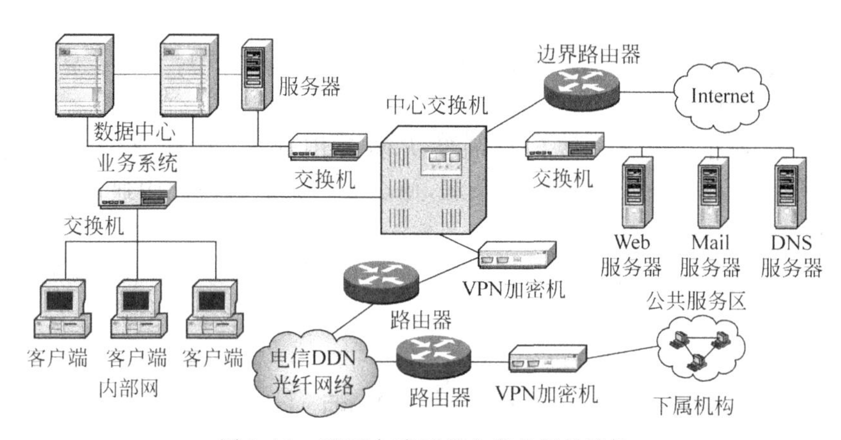

图 6.11　VPN 加密系统方案的拓扑结构

(1) 数据源身份认证。证实数据报文是所声称的发送者发出的。

(2) 保证数据完整性。证实数据报文的内容在传输过程中没有被修改过。

(3) 数据保密。隐藏明文的消息。

(4) 重放攻击保护。保证攻击者不能截取数据报文,且稍后某个时间再发送数据报文,不会被检测到。

VPN 加密机自动的密钥管理和安全关联管理,可保证通信双方只需少量或根本不需要手工配置,即可在扩展的网络上使用虚拟专用网。

6.4.3　Internet 与 intranet 及 extranet 的比较

intranet 是利用 Internet 各项技术建立起来的企业内部信息网络。与 Internet 相同,intranet 的核心是 Web 服务。extranet 是利用 Internet 将多个 intranet 连接起来。Internet 与 intranet 及 extranet 的关系如图 6.12 所示。

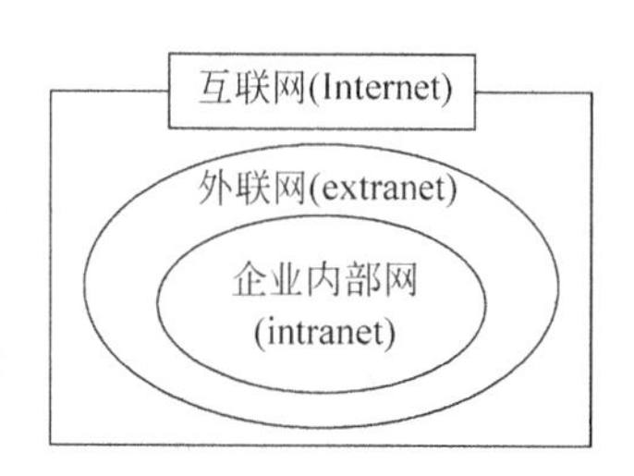

图 6.12　Internet 与 intranet 及 extranet 的关系

它们三者的区别如表 6-1 所示。具体地说,三者的区别与联系如下。

表 6-1　Internet 与 intranet 及 extranet 的比较

	Internet	intranet	extranet
参与人员	一般大众	公司内部员工	公司内部员工、顾客、战略联盟厂商
存取模式	自由	授权	授权
可用带宽	少	多	中等
隐私性	低	高	中等
安全性需求	较低	高	较高

(1) extranet 是在 Internet 和 intranet 基础设施上的逻辑覆盖。它主要通过访问控制和路由表逻辑连接两个或多个已经存在的 intranet，使它们之间可以安全通信。

(2) extranet 可以看做是利用 Internet 将多个 intranet 连接起来的一个大的网络系统。Internet 强调网络之间的互联，intranet 是企业内部之间的互联，而 extranet 则是把多个企业互联起来。若将 Internet 称为开放的网络，intranet 称为专用封闭的网络，那么，extranet 则是一种受控的外联网络。extranet 一方面通过 Internet 技术互联企业的供应商、合作伙伴和相关企业及客户，促进彼此之间的联系与交流；另一方面，又像 intranet 一样，位于防火墙之后，提供充分的访问控制，使得外部用户远离内部信息。形象地讲，各个企业的 intranet 被各自的防火墙包围起来，彼此之间是隔绝的，建立 extranet，就是在它们的防火墙上凿一个洞，使企业之间能够彼此沟通。当然，实际操作要复杂得多。

总之，三者既有区别又有联系，企业应该针对不同的网络，分别采取相应的开发、维护及安全策略。

本章小结

本章主要介绍了 intranet 的定义和特点，以及提供的功能和服务，它的优点和技术要点及其结构与组成，同时还介绍了 intranet 中基于 Web 的数据库应用技术。

extranet 是 intranet 和 Internet 基础上的逻辑覆盖，它为弥补 intranet 与外部企业通信的不足而产生，旨在提供企业与企业之间相互沟通的网络。在本章最后一节，介绍了 extranet 的定义、分类和提供的应用服务，以及虚拟专用网的原理和分类，同时还介绍了 VPN 加密机的特点和原理。

习　题　6

6.1　什么是 intranet？它有哪些特点？

6.2　intranet 有哪些基本功能？它主要提供哪些应用服务？

6.3　intranet 有哪些优点？有哪些关键技术要点？

6.4　简单叙述 intranet 的发展历程。

6.5　简述 intranet 的体系结构。

6.6　一个完整的 intranet 总体结构分成哪几部分？

6.7　简述 intranet 的网络组成。

6.8　基于 Web 的数据库访问技术有哪些？

6.9　什么是 extranet？按照不同的应用模式，extranet 可分为哪几类？

6.10　简述虚拟专用网技术工作原理。按服务类型，VPN 可分为哪几类？

6.11　VPN 加密机有哪些特点？简述其工作原理。

6.12　简述 Internet、intranet 和 extranet 三者之间的区别与联系。

第7章 网络安全

网络安全是通过各种安全技术，保护在公用通信网络中传输、交换和存储的信息的真实性、机密性和完整性，并对信息的传输及内容具有控制能力。安全问题是计算机网络正常运行所必须重点考虑的问题，是一个关系到国家安全、社会稳定、民族文化继承和发扬的重要问题。随着各种网络安全问题的产生，网络安全正越来越受到人们的重视。

通过本章的学习，可以了解(或掌握)：

- 网络安全的概念、对象、服务和特征；
- 网络安全的风险；
- 网络安全的安全策略；
- 常用的网络安全技术。

7.1 网络安全概述

计算机网络的安全问题很早就出现了，而且随着网络技术的发展和应用，网络安全问题表现得更加突出。据统计，全球约每20秒就发生一次计算机入侵事件，Internet上的网络防火墙约1/4被突破，约70%以上的网络主管人员报告因机密信息泄露而受到损失。这些问题突出表现为黑客攻击、木马盗窃、恶意代码的网上扩散等。

黑客对网络的攻击和破坏往往是恶意的。例如，1998年，黑客向五角大楼网站发动了有史以来规模最大、系统性最强的攻击行动，进入了许多政府非保密性的敏感电脑网络，查询并修改了工资报表和人员数据。2000年，在3天时间里，黑客使用了拒绝服务攻击手段，使得美国的雅虎、亚马逊和电子港湾等网站陷入瘫痪。同年，中国最大网站——新浪网招致黑客长达18小时的袭击，其电子邮箱完全陷入瘫痪。

黑客还可能利用系统漏洞渗透到国家和企业的要害部门，获取机密信息，谋取不法利益，严重危及国家安全和企业的生存和发展。例如，1995年，“世界头号电脑黑客”凯文·米特尼克入侵北美空中防务体系和美国国防部，偷窃了2万个信用号卡和复制软件。同年，俄罗斯黑客列文用笔记本电脑从纽约花旗银行将至少370万美元非法转移到世界各地由他和他的同党控制的账户。显然，随着电子商务的发展，大量机密的商业信息将在网络传播，如何保证信息的安全将面临严峻挑战。

虽然黑客所造成的损失大，破坏性强，但攻击的范围有限。相比之下，网络病毒的传播速度更快，影响范围更广。例如，1988年，美康奈尔大学研究生罗伯特和莫里斯向互联网上传一个蠕虫程序，感染了6 000多个系统——几乎占当时互联网的1/10。该程序占用了大量的系统资源，使网络陷入瘫痪。而2003年冲击波(Blaster)蠕虫病毒爆发以来，至少有800万台安装Windows系统的电脑受到影响。2006年11月在中国大陆流行的“尼姆达”病毒，也称熊猫烧香病毒，在一夜之间就感染了数百万台计算机，它在破坏计算机数据的同时，感染系统的.exe、.com、.pif、.src、.html、.asp等文件，使IE在浏览网页的同时会自动连接到指定的病毒网址下载病毒，生命力极为顽强。2007年1月，“尼姆达”病毒的攻击重点转向企业局域网和网站，使上千家企业蒙受了不同程度的经济损失。

由于计算机网络规模不断扩大和新的应用不断涌现，网络安全的潜在风险将进一步增加，使得网络安全问题变得更加复杂，对网络系统及其数据安全的挑战也随之增加。显然，网络在使通信和信息共享变得容易的同时，其自身也更多地暴露在危险中，网络安全问题的解决刻不容缓。

7.1.1 网络安全

网络安全是一个关系到国家安全、社会稳定、民族文化继承和发扬的重要问题。它正随着全球信息化步伐的加快而变得越来越重要。

网络安全本质上是网络信息的安全问题。从广义上讲，凡是涉及网络信息的保密性、完整性、可用性、真实性和可控性的相关技术和理论都是网络安全的研究领域，而且随各主体所处的角度不同，对网络安全就有不同的理解。对用户而言，他们希望涉及个人隐私或商业利益的信息在传输时得到机密性、完整性和真实性的保护，能够避免他人或对手利用窃听、冒充等手段对其利益和隐私进行侵犯；对网络运行和管理者而言，他们希望对本地网络信息的访问、读写等操作得到保护和控制；对安全保密部门而言，他们希望对非法的、有害的或涉及国家机密的信息进行过滤和防堵；对社会教育和意识形态而言，网上不健康的内容，会对社会稳定和人类的发展造成阻碍，必须对其进行控制。

因此，网络安全是保护网络系统的硬件、软件及其系统中的数据，避免因偶然的或者恶意的原因而遭到破坏、更改和泄露，从而保证系统能连续、可靠的运行和网络服务不中断。其特征是针对网络本身可能存在的安全问题，实施网络安全方案，以保证计算机网络自身的安全性为目标。

1. 网络安全问题

网络安全包括网络设备安全、网络系统安全和数据库安全等。相应地，安全问题也很多，主要表现在：

(1) 操作系统的安全问题。不论采用何种操作系统，在默认安装条件下都会存在一些安全问题，只有专门针对操作系统安全性进行严格的安全配置，才能达到一定的安全程度。

(2) CGI程序代码审计。如果是通用的CGI问题，防范起来还稍微容易一些，但是针对网站或软件供应商专门开发的一些CGI程序，很多存在严重的安全问题。例如电子商务站点，出现恶意攻击者冒用他人账号进行网上购物等现象。

(3) 拒绝服务攻击。随着电子商务的兴起，对网络实时性的要求越来越高，拒绝服务攻击(Denial of Service，DoS)或分布式拒绝服务攻击(Distributed Denial of Service，DDoS)对网络威胁也越来越大。以网络瘫痪为目标的袭击比任何传统的恐怖主义和战争方式都来得更强烈，破坏性更大，影响范围也更广，而袭击者本身的风险却非常小。

(4) 安全产品使用不当。尽管每个网络都配置了一些网络安全设备，但由于安全产品

本身的问题或使用问题，这些产品可能并没有起到应有的作用。

(5) 缺少严格的网络安全管理制度。网络安全最重要的是在思想上高度重视，网络内部的安全需要用完备的安全制度来保障。建立和实施严密的计算机网络安全制度与策略是实现网络安全的基础。

2. 网络安全目标

目标的合理设置对网络安全意义重大。过低，达不到保护目的；过高，要求的人力和物力多，可能导致资源浪费。通常，人们要求网络能保证其系统资源的完整性、准确性和有限的传播范围，并要求网络能向所有用户有选择地及时提供各种网络服务。因此，网络安全的目标主要表现在以下方面。

(1) 可靠性。可靠性是网络安全的基本要求之一。可靠性主要包括硬件可靠性、软件可靠性、人员可靠性、环境可靠性。硬件可靠性是指设备在规定的时间内正常运行的概率；软件可靠性是指在规定的时间内程序成功运行的概率；人员可靠性是指成功完成工作或任务的概率；环境可靠性是指在规定的环境里保证网络成功运行的概率。

(2) 可用性。可用性是网络系统面向用户的安全性能，要求网络信息可被授权实体访问并按要求使用，包括静态信息的可操作性和动态信息的可见性，并且当网络部分受损时还能为授权用户提供有效服务。

(3) 保密性。保密性建立在可靠性和可用性基础上，保证网络信息只能由授权的用户读取。

(4) 完整性。完整性要求网络信息未经授权不能进行修改，网络信息在存储或传输过程中要保持不被偶然或蓄意删除、修改和伪造等，从而防止网络信息被破坏或丢失。

3. 网络安全服务

为了保证网络或数据传输足够安全，一个安全的计算机网络应能够提供如下服务。

(1) 实体认证。这是防止主动攻击的重要防御措施，对保障开放系统环境中各种信息的安全意义重大。认证就是识别和证实。识别是辨别一个实体的身份；证实是证明实体身份的真实性。

(2) 访问控制。访问控制指控制与限定网络用户对主机、应用与网络服务的访问。这种服务不仅可以提供给单个用户，也可以提供给用户组中的所有用户。常用的访问控制服务是通过用户的身份确认与访问权限设置来确定用户身份的合法性，以及对主机、应用或服务访问的合法性。

(3) 数据保密性。其目的是保护网络中系统之间交换的数据，防止因数据被截获而造成的泄密。数据保密性分为信息保密、选择数据段保密和业务流保密等。

(4) 数据完整性。这是针对非法篡改信息、文件和业务流设置的防范措施，以保证资源可获得性。数据完整性分为连接完整性、无连接完整性、选择数据段有连接完整性和选择数据段无连接完整性。

(5) 防抵赖。这是针对对方进行抵赖的防范措施，可用来证实发生过的操作。防抵赖分为对发送防抵赖和对接收防抵赖。

(6) 审计与监控。这是提高安全性的重要手段。它不仅能够识别谁访问了系统，还能指出系统如何被访问。因此，除使用一般的网络管理软件和系统监控管理系统外，还应使用目前较为成熟的网络监控设备或实时入侵检测和漏洞扫描设备，对进出各级局域网的常见操作进行实时检查、监控、报警和阻断，从而防止针对网络的攻击与犯罪行为。

4. 网络安全特征

一个安全的计算机网络应当包含网络的物理安全、访问控制安全、系统安全、用户安全、信息加密、安全传输和管理安全等，应具有如下特征。

(1) 保密性。即信息不泄露给非授权用户、实体或过程。

(2) 完整性。即数据未授权不能进行改变，也即是信息在存储或传输过程中保持不被修改，不被破坏和丢失。

(3) 可用性。即可被授权实体访问并按需使用，需要时能存取所需的信息。

(4) 可控性。即对信息传播和内容具有控制能力。

5. 网络安全体系

网络安全体系是网络安全的抽象描述。在大规模的网络工程建设、管理及基于网络安全系统的设计与开发中，只有从全局的体系结构考虑安全问题，制订整体的解决方案，才能保证网络安全功能的完整性和一致性，从而降低安全代价和管理开销。因此，认识，理解并掌握一般网络安全体系对于网络安全解决方案的设计、实现与管理都有极为重要的意义。

在网络通信中，通信双方在网络上传递信息之前，必须先要在收发方之间建立一条逻辑通道，同时，为了安全地进行信息传输，需要对信息提供安全机制和安全服务，比如对发送信息进行安全转换或添加附加码认证等。一般情况下，信息安全传输还要求有一个可信任的第三方，其作用是负责向通信双方分发秘密信息，以便双方在发生争议时进行仲裁，防止抵赖等。所以，一般网络安全模型如图 7.1 所示。

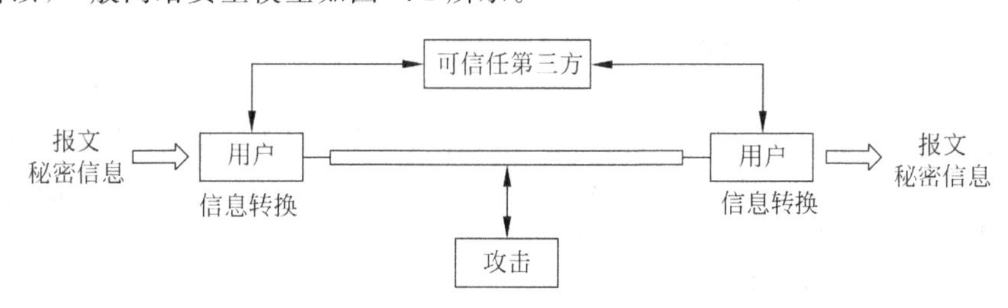

图 7.1　一般网络安全模型

现在常用的网络安全模型包括 OSI 网络安全模型、P2DR 网络安全模型等。其中，P2DR 模型是 TCSEC(Trusted Computer System Evaluation Criteria，可信计算机系统评估标准)的发展，它认为，与信息安全相关的所有活动，包括攻击行为、防护行为、检测行为和响应行为都需要消耗时间。因此，可以用时间来衡量一个体系的安全性和安全能力。

P2DR 模型包括四个主要部分：安全策略(policy)、防护(protection)、检测(detection)和响应(response)，如图 7.2 所示。防护、检测和响应组成了一个完整动态的安全循环，它要求在整体安全策略的控制和指导下，综合运用防护工具和检测工具来了解和评估系统的安全状态，并通过适当的反映将系统调整到"最安全"和"风险最低"的状态。

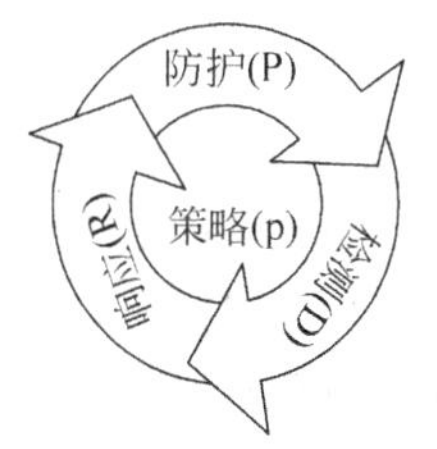

图 7.2　P2DR 安全模型

在 P2DR 模型中，安全策略是整个网络安全的依据和核心，所有防护、检测和响应都是根据安全策略来实施和进行的。网络安全策略一般包括两个部分：总体安全策略和具体安全规则。总体安全策略用于阐述本部门的网络安全的总体思想和指导方针，具体安全规则用于定义具体网络活动。

防护指根据系统可能出现的安全问题采取的预防措施，通常包括数据加密、身份验证、访问控制、安全扫描、入侵检测等技术。通过它可以预防大多数入侵事件，使系统保持在相对安全的环境下。防护可分为系统安全防护、网络安全防护和信息安全防护等。

如果攻击者穿过防护系统，检测系统将产生作用。通过系统检测，入侵者身份、攻击源、系统损失等将被检测出来，并作为系统动态响应的依据。

系统在检测出入侵后，P2DR 的响应系统将立刻开始工作，进行事件处理。响应工作可分为紧急响应和恢复处理。紧急响应指事件发生之后采取的相应对策，恢复处理指将系统恢复到原来的状态或比原来更为“安全”的状态。

虽然 P2DR 安全模型在指定网络系统安全行为准则，建立完整信息安全体系框架方面具有很大优势，但它也存在忽略内在变化因素等弱点。因此，在选择网络体系模型，构建健全网络体系时，必须要对网络安全风险进行全面的评估，并制订合理的安全策略，采取有效的安全措施，才能从根本上保证网络的安全。

7.1.2 网络安全风险

网络中存在各种各样的网络安全威胁。安全威胁是指人、事、物或概念对某一资源的机密性、完整性、可用性或合法使用所造成的危害。由于这些威胁的存在，进行网络安全评估对网络正常运行具有重要意义。这里用风险来衡量。风险是关于某个已知的、可能引发某种成功攻击的脆弱性的代价的测度。脆弱性是指在保护措施中和在缺少保护措施时系统所具有的弱点。风险与受保护的资源及脆弱性存在着密切的联系。通常情况下，当某个脆弱资源的价值越高，攻击成功的概率越高，则风险越高，安全性越低；反之，当某个脆弱资源的价值越低，攻击成功的概率越低，则风险越低，安全性越高。显然，对可能存在的安全威胁及系统缺陷进行分析，制定合理的防范措施，可降低和消除安全风险。

1. 影响网络安全的因素

影响网络安全的因素很多，主要有：

(1) 外部因素。外部因素是难以预料的，无法知道什么人和什么事会对网络的安全造成影响。如自然灾害、意外事故、病毒和黑客攻击以及信息在传输过程中被窃取等。

(2) 内部因素。有一定访问权限级别的用户，如果不对其进行认真监视和控制，就会成为主要威胁。如操作人员使用不当，安全意识差等。另外，软件故障和硬件故障也会对网络安全构成威胁。

2. 安全威胁分类

威胁计算机网络安全的因素一般可分为人为和非人为两类。人为因素主要有黑客入侵、病毒破坏、逻辑炸弹、电子欺诈等，而非人为因素主要包括各种自然环境对网络造成的威胁，如温度、雷击、静电、电磁、设备故障等。目前对网络信息产生威胁的因素主要有：

(1) 自身失误。网络管理员或网络用户对网络都拥有不同的管理和使用权限，利用这些权限可对网络造成不同程度的破坏，如管理员密码泄露、临时文件被盗等行为，都有可能使网络安全机制失效，从而使网络从内部被攻破。

(2) 恶意访问。指未经同意和授权使用网络或访问计算机资源的行为。如有意避开系统访问控制机制，对网络设备和资源进行非正常使用，或擅自扩大权限，越权访问信息等。

(3) 信息泄密。指重要信息在有意和无意中被泄露和丢失。如信息在传递、存储、使用过程中被窃取等。

(4) 服务干扰。指通过非法手段窃取信息的使用权，并对信息进行恶意添加、修改、插入、删除或重复无关的信息，不断对网络信息服务系统进行干扰，使系统响应减慢甚至瘫痪，严重影响用户的正常使用。

(5) 病毒传播。电脑病毒通过电子邮件、FTP、文件服务器、防火墙等部分侵入到网络内部，并对系统文件进行删除、修改、重写等操作，使程序运行错误、死机甚至对硬件造成损坏等。

(6) 固有缺陷。因特网或其他局域网因缺乏足够的总体安全策略构想而在组网阶段就遗留下来的安全隐患和固有安全检查缺陷等。

(7) 线路质量。传输信息的线路质量可能直接影响到联网的效果，从而难以保证信息的完整性，严重时甚至会导致网络完全中断。

7.1.3 网络安全策略

面对众多的安全威胁，为了提高网络的安全性，除了加强网络安全意识、做好故障恢复和数据备份外，还应制定合理有效的安全策略，以保证网络和数据的安全。安全策略是指在某个安全区域内，用于所有与安全活动相关的一套规则。这些规则由安全区域中所设立的安全权力机构建立，并由安全控制机构来描述、实施和实现。安全策略是一个文档，用来描述访问规则、决定策略如何执行、设计安全环境的体系结构。它又决定了数据访问、Web 访问习惯、口令使用或加密方式、E-mail 附件、Java 和 ActiveX 使用等方面的内容，详细说明了组织中每个人或组的使用规则。安全策略有 3 个不同的等级，即安全策略目标、机构安全策略和系统安全策略，它们分别从不同的层面对要保护的特定资源所要达到的目的、采用的操作方法和应用的信息技术进行定义。

由于安全威胁包括对网络中设备和信息的威胁，因此制定安全策略也应围绕这两方面进行，主要的安全策略如下。

1. 物理安全策略

计算机网络实体是网络系统的核心，它既是对数据进行加工处理的中心，也是信息传输控制的中心。它包括网络系统的硬件实体、软件实体和数据资源。因此，保护计算机网络实体的安全，就是保护网络的硬件和环境、存储介质、软件和数据安全。物理安全策略的目的是保护计算机网络实体免受破坏和攻击，验证用户的身份和使用权限，防止用户越权操作。其主要包括环境安全、灾害防护、静电和电磁防护、存储介质保护、软件和数据文件保护以及网络系统安全的日常管理等内容。

2. 信息加密策略

信息加密的目的是保护网内的数据、文件和控制信息，保护网上传输的数据。网络加密常用方法有链路加密、端点加密和节点加密三种。链路加密是保护网络节点之间的链路信息安全；端点加密是为源端用户到目的端用户的数据提供保护；节点加密是为源节点到目的节点之间的传输链路提供保护。多数情况下，信息加密是保证信息机密性的唯一方法。信息加密过程是由各种加密算法来具体实施。如果按照收发双方密钥是否相同来分类，加密算法分为私钥密码算法和公钥密码算法。

3. 访问控制策略

访问控制策略属于系统安全策略，它是在计算机系统和网络中自动地执行授权，其主要任务是保证网络资源不被非法使用和访问。从授权角度分析，访问控制策略主要有基于身份的策略、基于角色的策略和多等级策略。通常，访问控制策略实现的形式共包括七个大类：入网访问控制、网络的权限控制、目录级安全控制、属性安全控制、网络服务器安全控制、网络检测和锁定控制、网络端口和结点的安全控制。

4. 防火墙控制策略

防火墙是一种保护计算机网络安全的技术性措施，它是内部网与公共网之间的第一道屏障。防火墙是执行访问控制策略的系统，用来限制外部非法用户访问内部网络资源和内部非法向外部传递允许授权的数据信息。在网络边界上通过建立相应网络通信监控系统来隔离内部和外部网络，以阻挡外部网络的入侵，防止恶意攻击。

5. 反病毒策略

网络中的系统可能受多种病毒的威胁，为了免受病毒所造成的损失，可以将多种防病毒技术综合使用，建立多层次的病毒防护体系。同时，由于病毒在网络中存储、传播，感染的方式各异且途径多种多样，故在构建网络防病毒体系时，也要考虑全方位的使用企业防毒产品，实施层层设防、集中控制、以防为主、防杀结合的防病毒策略，使网络没有病毒入侵的缺口。防病毒策略主要包括病毒的预防、病毒的检测和病毒的清除三部分内容。

6. 入侵检测策略

入侵检测是近年来出现的新型网络安全技术措施，目的是提供实时的入侵检测及采取相应的防护手段，如记录证据用于跟踪和恢复、断开网络连接等。它能够对付来自内外网络的攻击，实时监视各种对主机的访问请求，并及时将信息反馈给控制台。一般网络入侵检测系统能够精确地判断入侵事件，并针对不同操作系统特点对入侵立即进行反应，在平时则对网络进行全方位的监控与保护。

7.1.4 网络安全措施

计算机网络最重要的是向用户提供信息服务及其拥有的信息资源。但为了有效地保护计算机网络的安全，需要相应的网络安全措施，实现以最小成本达到最大程度的安全保护。这里从安全层次、安全协议加以分析。

1. 安全层次

网络的体系结构是一种层次结构。从安全角度来看，各层都能提供一定的安全手段，且各层次的安全措施不同。图 7.3 表示 TCP/IP 协议映射到 ISO/OSI 体系结构时，安全机制的层次结构。

在物理层，通信线路上采用加密技术使窃听不可能实现或被检测出来。

在数据链路层，通过点对点链路加密来保障数据传输的安全性。不过在 Internet 上，信息的传递要经过多个路由器连接而成的通信信道，每个路由器都要进行加密和解密。但是这些路由器上可能有潜伏的安全隐患，所以仅靠这一点无法保证信息的安全传送。

在网络层，有 IP 路由选择安全机制和基于 IP 协议安全技术的控制机制。防火墙技术用来处理信息在内外边界网络的流动，并确定可以进行哪些访问。

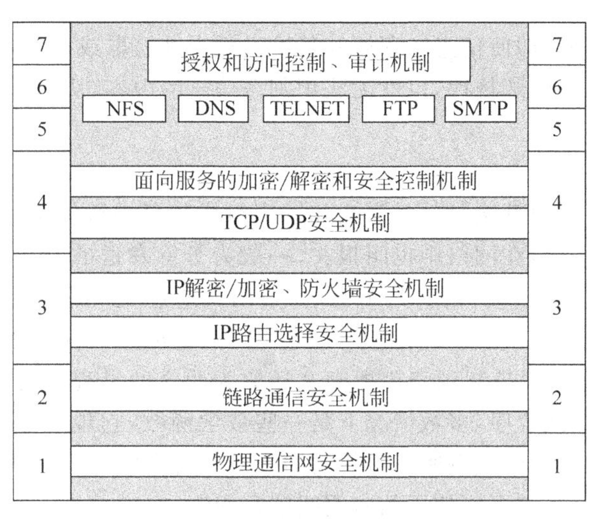

图 7.3　TCP/IP 安全机制的层次结构

在传输层，IPv6 提供了基于 TCP/UDP 的安全机制，实现了基于面向连接和无连接服务的加密、解密和安全控制机制，例如身份认证、访问控制等。

在传输层以上的各层，对 TCP/IP 协议而言，都属于应用层，可以采用更加复杂的安全手段，例如加密、用户级的身份认证、数字签名技术等。

2. 安全协议

安全协议的建立和完善是安全保密系统走上规范化、标准化道路的基本要素。一个较为完善的网络和安全保密系统，至少要实现加密机制、验证机制和保护机制。

对应于 OSI 的七层模型，Internet 协议组可分为应用层、传输层、网络层和接口层等四层，而考虑到安全性能，主要的安全协议集中在应用层、传输层和网络层。应用层上的安全协议主要用于解决 Telnet、E-mail 和 Web 的安全问题。该层有两个竞争的安全超文本传输协议(Secure Hyper Text Transport Protocol，SHTTP)：一个为 HTTPS，即在安全套接字层(Secure Socket Layer，SSL)中实现 HTTP；另一个为安全 HTTP，即 SHTTP。在传输层中，常用的安全协议主要包括安全外壳(Secure Shell，SSH)协议、SSL 协议和套接字安全(Socket Security，SOCKS)协议。而在网络层通过 IPSec 服务实现安全通信，其协议有 IPv4 和 IPv6。

7.2　密码技术

在网络安全技术方面，密码技术是一种很重要的技术。采用密码技术保护网络中存储和传输的数据，是一种非常实用、经济、有效的方法。对信息进行加密保护可以防止攻击者窃取网络机密信息，使系统信息不会被无关者识别，甚至还可以检测出非法用户对数据的插入、删除、修改及滥用有效数据等各种行为。

7.2.1　密码基础知识

密码技术是对存储或传输的信息采取秘密交换以防止第三者窃取信息的技术。在计算机网络系统中，出于信息保密的需要，可采用密码技术将信息隐蔽起来，再将隐蔽后的信息进行存储和传输。这样，即使信息在存储和传输过程中被窃取或截获，而那些非法获得信息者因不了解这些信息的隐蔽规律，也就无法识别该信息的内容，从而保证了计算机网络系统中信息的安全。

1. 基本定义

一般的密码系统是由算法、明文、密文和密钥组成的可进行加密和解密的系统。明文，也叫明码，是信息的原文，在网络中也叫报文，一般为等待发送的电文、编写的专用软件、源程序等，可用 P 或者 M 表示。密文又叫密码，是明文通过变换后的信息，一般是难以识别的，可用 C 表示。加密就是把需要加密的明文利用密钥按照某种算法进行变换，产生密码文件的过程；相反，解密则是利用密钥把密文还原为明文的过程。密码算法是加密和解密变换的一些公式、法则或程序，多数情况下是一些数学函数，它规定了明文和密文的变换规则。密钥则是进行数据加密或解密时所使用的一种专门信息工具，一般用 K 表示。加密时使用的密钥叫加密密钥，解密时使用的密钥叫解密密钥。

2. 技术分类

依据不同标准，可将密码划分为许多类型。

按应用技术或历史发展阶段划分，密码可分为手工密码、机械密码、电子机内乱密码和计算机密码等。其中手工密码指以手工完成的密码；机械密码采用机械密码机或电动密码机来完成加密或解密作业；电子机内乱密码主要通过电子电路，以严格的程序进行逻辑运算，并加入少量制乱元素而生成密码；计算机密码则是以计算机软件编程来进行运算加密。

按密码的密钥方式划分，密码分为对称式密码和非对称式密码。对称式密码的收发双方都使用相同或相近的密钥进行加密和解密，而非对称式密码的收发双方使用不同的密钥来加密和解密。

按密码转换操作的原理划分，密码分为替代密码和移位密码。替代密码也叫置换密码，在加密时将明文中的每个或每组字符由另外一个或一组字符所替换，并隐藏原字符，从而形成密文。移位密码也叫换位密码，在加密时只对明文字母重新排序，改变每个字母的位置但并不将其隐藏。

按明文加密的处理过程划分，密码可分为分组密码和流密码。分组密码在加密时首先将明文序列以固定长度进行分组，每组明文用相同的密钥和算法进行加密，从而得到密文。流密码在加密时先把报文、语音、图像等原始信息转换为明文数据序列，再将其与密钥序列进行"异或"运算，最后生成密文序列发送给接受者。接受者再用相同的密钥序列与密文序列进行逐位解密来恢复明文序列。

按保密的程度划分，密码可分为理论上保密的密码，实际上保密的密码和不保密的密码。理论上保密的密码指任何努力都不可能破译原信息；实际上保密的密码指理论上可破译，但在现有客观条件下将花费超过密文本身价值的代价才能破译的密码；不保密的密码指在获取一定数量的密文，使用一些技术之后即可得到原信息的密码。

3. 数据加密模型

从数学上看，密码的加密过程实际上是将数据按加密算法进行处理的过程。加密算法实际上是要完成函数 $C=f(P,K_e)$ 的运算。对于确定的加密密钥 K_e，加密过程可看作是只有一个自变量的函数，记作 E_k，称为加密变换。因此，加密过程也可记为 $C=E_K(P)$，即加密变换作用到明文 P 后得到密文 C。同样，解密算法也完成某种函数 $P=g(K_d,C)$ 的运算，对于一个确定的解密密钥 K_d 来说，解密过程同样可记为 $P=D_k(C)$，其中 D_k 叫做解密变换，D_k 作用于密文 C 后得到明文 P。

因此，密文 C 经解密后还原成原来的明文，必须有 $P=D_k(E_k(P))=D_k \cdot E_k(P)$。在这里，$D_k$ 与 E_k 是互逆变换。一般密码系统模型如图 7.4 所示。

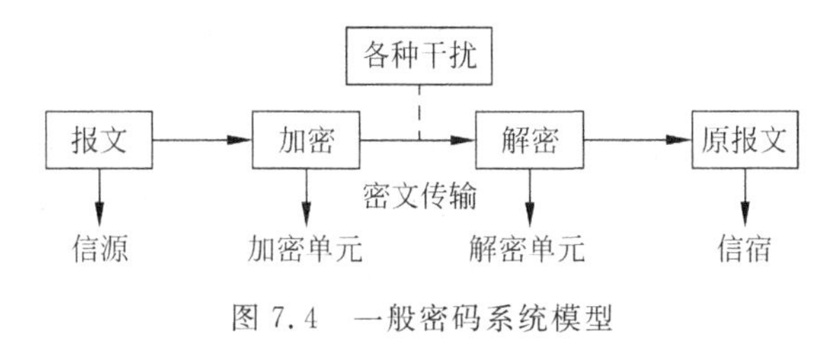

图 7.4　一般密码系统模型

7.2.2　传统密码技术

数据的表现方法有很多形式，如图像、声音、图形等，但最常使用的还是文字。传统加密技术加密的主要对象就是文字信息。文字由字母表中的字母组成，由于字母是按顺序排列的，因此可赋予它们相应的数学序号，使它们具有数学属性，从而便于对字母进行算术运算，利用数学方法来进行加密变换。

1. 替代密码

替代密码在加密时将一个字母或一组字母的明文用另外一个字母或一组字母替代，如 D 替代 A，O 替代 B 等，从而得到相应的密文；解密时，则依照字母代换表进行逆替代，从而得到明文。在传统密码学中，替代密码有简单替代、多名码替代、多字母替代和多表替代四种。

简单替代也叫单表替代，指将明文的一个字母用相应的一个密文字母进行代替，从而根据密钥形成一个新的字母表，与原明文字母表有一一映射关系。

多名码替代与简单替代密码的替代规则类似，但不同之处是单个明文字母可以映射多个密文字母。

多字母替代密码的加密和解密都是将字母以块为单位进行的，如 ABC 对应 ERT，ABD 对应 DTW 等。

多表替代密码是由多个简单替代密码构成，它拥有多个单字母密钥，每个密钥被用来加密一个明文字母。第一个密钥加密明文的第一个字母，第二个密钥加密第二个字母，以此类推，在所有密钥都被用完以后，密钥再次被循环使用。若有 100 个密钥，那么每隔 100 个字母的明文都被同一个密钥加密，100 就是密钥的周期，而周期越长的密码就越难以被破译。

2. 移位密码

移位密码在加密时，只对明文字母重新排序，令字母位置变化，但并不隐藏。所以，移位密码加密只是一种打乱原文顺序的替代法。比如，要对"密码技术是对存储或传输信息采取秘密交换以防止第三者窃取信息的技术"这个句子进行加密，可以先将其分为四行八列，如下所示。

密码技术是对存储
或传输信息采取秘
密交换以防止第三
者窃取信息的技术

读出时按列顺序从左到右进行，可得密文“密或密者码传交窃技输换取术信以信是息防息对采止的存取第技储秘三术”，此时，密钥为 12345678，即按列读出的顺序。密钥的数字序列代表明文字符在密文中的排列顺序，因此密钥为 32587146 时所得的密文又将与上不同，具体为“技输换取码传交窃是息防息储秘三术存取第技密或密者术信以信对采止的”。解密时，只需要按密钥 32587146 的数字从小到大将对应的密文字符排列，就可以得到明文。

3. 一次一密技术

从字面上理解，一次一密技术就是指每次加密都使用一个新的密钥进行，使用后该密钥将被丢弃，在下次需要进行新的加密时，再启用一个全新的密钥进行加密。一次一密技术是一种理想的加密方案，它采用一次一密密钥本，每一个密钥本就是一个包含了多个随机密钥的密钥字母表，其中每一页都记录了一条密钥。使用一次一密密钥本进行加密的过程非常类似于日历的使用过程，每使用一个密钥加密一条信息后，该密钥就作废，下次加密时再使用下一条密钥。而接受者也拥有一个同样的密钥本，依次使用密钥本上的每个密钥去解密密文的每一个字符串，同样，在解密完成之后，接受者也将销毁密钥本中使用过的密钥。

采用一次一密技术之后，如果破译者不能得到加密信息的密钥本，那么该方案就是完全保护的，也就是加密后得到的密文与明文位数相同。由于每个密钥序列都是等概率的，得到的明文也是等概率的，因此，绝大部分明文都是不可理解的，破译者没有任何信息对密文进行密码分析。

一次一密技术的密钥字母必须随机产生。对这种方案的攻击实际上是依赖于产生密钥序列的方法。只要不使用带非随机性的伪随机序列发生器产生密钥，而只采用真随机序列发生器产生密钥，那么这种方案就是相对安全的。

7.2.3 对称密钥密码技术

1. 流密码和分组密码

流密码的工作原理是通过有限状态机产生性能优良的伪随机序列，使用该序列加密信息流，逐比特加密得到密文序列。流密码对输入元素进行连续处理，同时产生连续单个输出元素。所以，流密码的安全强度完全取决于它所产生的伪随机序列的好坏。

流密码的优点是错误扩展小、速度快、同步容易和安全程度高。对流密码的攻击主要手段有代数方法和概率统计方法，两者的结合可以达到较好的效果。目前，要保证必要的安全性，要求寄存器的阶数至少大于 100。

分组密码的工作原理是将明文分成固定的块，用同一密钥算法对每一块加密，输出也是固定长度的密文，即每一个输入块生成一个输出块。分组密码(Block Cipher)是将明文消息编码表示后的数字序列 $x_1,x_2,\cdots,x_m$，划分成长为 m 的组 $\boldsymbol{x}=(x_0,x_1,\cdots,x_{m-1})$，各组分别在密钥 $k=(k_0,k_1,\cdots,k_{l-1})$控制下变换成等长的输出数字序列 $y=(y_0,y_1,\cdots,y_{n-1})$，其加密函数 E：$V_n \times K \to V_n$，$V_n$ 是 n 维矢量空间，K 为密钥空间。它与流密码不同之处在于输出的每一位数字不仅与相应时刻输入的明文数字有关，还与一组长为 m 的明文数字有关。这种密码实质上是字长为 m 的数字序列的代换密码，如图 7.5 所示。

通常取 $n=m$；若 $n>m$，则为有数据扩展的分组密码；若 $n<m$，则为有数据压缩的分组密码。

分组密码每次加密的明文数据量是固定的分组长度 n，而实际中待加密消息的数据量

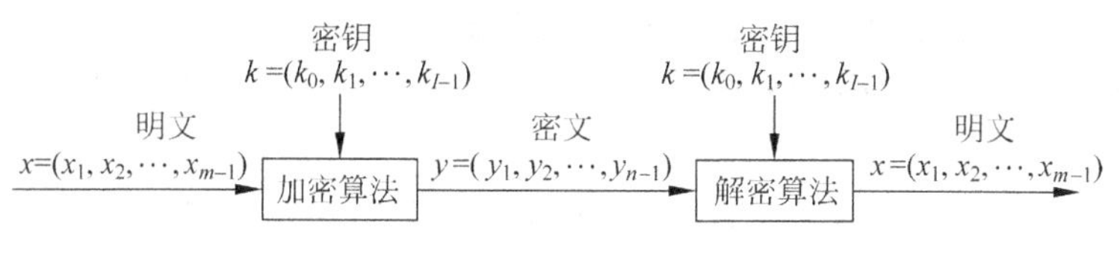

图 7.5　分组密码框图

是不定的，因此需要采用适当的工作模式来隐蔽明文中的统计特性、数据的格式等，以提高整体的安全性，降低删除、重放、插入和伪造成功的机会。美国国家标准局规定了四种基本的工作模式即电码本（Electronics Code Book，ECB）、密码反馈链接（Cipher Block Chaining，CBC）、密码反馈（Cipher FeedBack，CFB）和输出反馈（Output FeedBack，OFB）。

2. DES

DES（Data Encryption Standard，数据加密标准）的出现是密码史上的一个重要事件，它是密码技术史上第一个应用于商用数据保密的、公开的密码算法，开创了公开密码算法的先例。它最先由 IBM 公司研制，经过长时间论证和筛选，由美国国家标准局于 1977 年颁布。DES 主要用于民用敏感信息的加密，1981 年被国际标准化组织接受作为国际标准。DES 主要采用替换和移位的方法加密。它使用 56 位密钥对 64 位二进制数据块进行加密，每次加密可对 64 位的输入数据进行 16 轮编码，56 位密钥表示为 64 位数，每 8 个第 8 位都用于奇偶校验，在经过一系列替换和移位后，输入的 64 位原始数据就转换成完全不同的 64 位输出数据。DES 算法仅使用最大为 64 位的标准算法和逻辑运算，运算速度快，密钥产生容易，适合在当前大多数计算机上用软件方法实现，同时也适合在专用芯片上实现。

DES 算法是一种对称算法，加密和解密都使用同一算法，但加密和解密时使用的子密钥顺序有所不同。它的加密流程主要包括四个方面：子密钥生成、初始置换、乘积变换和逆初始变换，其简略流程如图 7.6 所示。

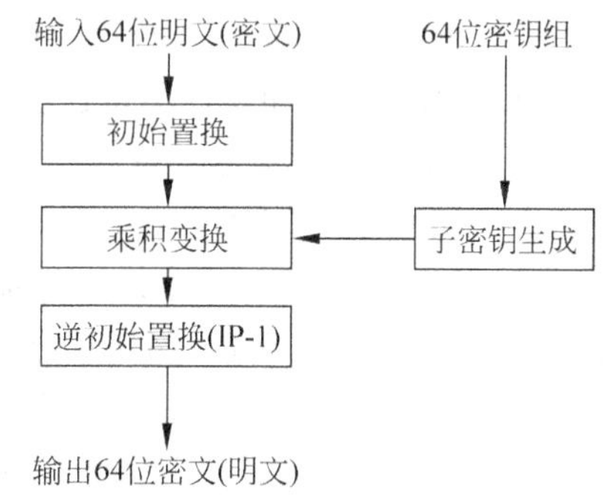

图 7.6　DES 算法流程图

（1）子密钥生成。由 64 位外部输入密钥通过置换选择和移位操作生成加密和解密所需的 16 组子密钥，每组 56 位。

（2）初始置换。用来对输入的 64 位数据组进行换位变换，即按照规定的矩阵改变数据位的排列顺序。此过程是对输入的 64 位数据组进行与密钥无关的数据处理。

（3）乘积变换。此过程与密钥有关，且非常复杂，是加密过程的关键。它采用的是分组密码，通过 16 次重复的替代、移位、异或和置换来打乱原输入数据组。在加密过程中，乘积变换多次使用替代法和置换法进行。

（4）逆初始置换。与初始置换处理过程相同，只是置换矩阵是初始置换的逆矩阵。

DES 的解密算法与加密算法相同，解密密钥也与加密密钥相同，只是在解密时按逆向顺序依次取用加密时使用的密钥进行解密。

DES 是迄今为止世界上使用最为广泛的一种分组密码算法，被公认为世界上第一个使用的密码标准算法。它具有算法容易实现、速度快、通用性强等优点。目前，DES 的主要应用范围有计算机网络通信、电子资金传送系统、保护用户文件和用户识别等。信用卡持卡人的PIN码加密传输、IC卡与POS间的双向认证、金融交易数据包的MAC校验等均可使用DES算法。

同时,DES也有包括密码位数少、保密强度较差和密钥管理复杂等缺点。它的密钥位数仅有56位,而且算法也是对称的,因而使密钥中存在一些弱密钥和半弱密钥,容易被穷举密钥法解密。此外,由于DES算法完全公开,其安全性完全依赖对密钥的保护,必须有可靠的信道来分发密钥,因此密钥管理过程非常复杂,不适合在网络环境下单独使用,但可以与非对称密钥算法混合使用。

3. TDEA、IDEA和AES

针对DES算法密钥短的问题,在DES的基础上提出了三重和双密钥加密方法,这就是所谓的三重DES算法(Triple Data Encryption Algorithm,TDEA)。它使用两个DES密钥K_1和K_2进行三次DES加密,效果相当于将密钥长度增加一倍。其运行步骤如下:发送方先使用密钥K_1进行第一次DES加密,再使用密钥K_2对上一结果进行DES解密,最后用密钥K_1对上一结果进行第二次DES加密;在接收方则相反,对应使用K_1解密,K_2加密,再使用K_1解密。

国际数据加密算法(International Data Encryption Algorithm,IDEA)是瑞士科学家率先提出,并在1990年正式公布后得到增强。它同样也针对DES算法存在密钥短、容易被攻破的特点进行了改良。IDEA也是一种分组密码算法,其分组长度为64位,但密钥长度为128位,并且算法依赖于三种不同的数学运算:XOR、16位整数二进制加法、16位整数二进制乘法。这些函数结合起来可产生复杂的转换,因而很难进行密码分析。IDEA算法设计了一系列加密轮次,每轮加密都使用从完整加密密钥中生成的一个子密钥。与DES不同的是,IDEA采用软件和硬件实现速度都一样迅速,并且它的密钥比DES多一倍,增加了破译难度,可在多年之后仍然有效。

高级加密标准(Advanced Encryption Standard,AES)是由美国国家标准技术研究所(NIST)于1997年发起征集的数据加密标准,目的是希望得到一个非保密、全球免费使用的分组加密算法,并成为替代DES的数据加密标准,它必须满足以下条件。

(1) 算法必须是对称密码或私有密码。

(2) 算法必须是类似DES的块密码,而不是流密码。

(3) 算法支持从128到256位的密钥长度范围,而且算法还应支持不同块数的数据。

(4) 算法应该用C或Java程序语言设计。

除上述需求外,AES算法还必须有高效率、公开、免专利权税等特点。

7.2.4 公开密钥密码技术

以公开密钥作为加密密钥,用户专用密钥作为解密密钥,可实现多个用户加密的消息只能由一个用户解读。以用户专用密钥作为加密密钥,公开密钥作为解密密钥,可实现由一个用户加密的消息由多个用户解读。前者用于保密通信,后者用于数字签名。这一体制是1976年由Diffie和Hellman以及Merkle分别提出的公开密钥密码(简称公钥密码)体制思想,它为解决计算机信息网中的安全问题提供了新的理论和技术基础。

现有大量的公钥密码算法,包括背包体制、RSA(根据其发明者命名,即R. Rivest,

A. Shamir 和 L. Adleman)算法、DSA(digital signature algorithm)算法、Diffie-Hellman 算法等。

1. 公开密钥密码概述

公开密钥密码体制不同于传统的对称密钥密码体制,它要求密钥成对出现,一个为加密密钥,另一个为解密密钥,且不能从其中一个推导出另一个。公钥密码算法也称非对称密钥算法,有两个密钥:一个公共密钥和一个专用密钥。公共密钥要发布出去,专用密钥要保证绝对安全。用公共密钥加密的信息只能用专用密钥解密,反之亦然。由于公钥算法不需要联机密钥服务器,密钥分配协议简单,所以极大地简化了密钥管理。除加密功能外,公钥系统还可以提供数字签名。

公钥密码体制的原理为:用户 A 和 B 各自拥有一对密钥(KA、KA^{-1})和(KB、KB^{-1})。私钥 KA^{-1}、KB^{-1}分别由 A、B 各自秘密保管,而公钥 KA、KB 则以证书的形式对外公布。当 A 要将明文消息 P 安全地发送给 B,则 A 用 B 的公钥 KB 加密 P 得到密文 $C=E_{KB}(P)$;而 B 收到密文 C 后,用私钥 KB^{-1}解密恢复明文 $P=D_{KB^{-1}}(C)=D_{KB^{-1}}(E_{KB}(P))$。

公钥加密算法中使用最广的是 RSA。RSA 使用的密钥长度从 40 到 2 048bit,加密时也把明文分成块,块的大小可变,但不能超过密钥的长度。RSA 算法把每一块明文转化为与密钥长度相同的密文块。密钥越长,加密效果越好,但加密、解密的开销也大,所以要在安全与性能之间折中考虑,一般 64 位是较合适的。RSA 的一个比较知名的应用是 SSL,在美国和加拿大 SSL 用 128 位 RSA 算法,由于出口限制,在其他地区包括中国通用的是 40 位版本。

公钥密码的优点在于,尽管通信双方不认识,但只要提供密钥的 CA 可靠,就可以进行安全通信,这正是 Web 商务所要求的。但公钥密码方案较私钥密码方案处理速度慢,因此,通常把公钥密码与私钥密码技术结合起来。即用公钥密码技术在通信双方之间传送私钥密码技术中的密钥,而用私钥密码技术来对实际传输的数据加密、解密。另外,公钥密码技术也用来对私有密钥进行加密。

2. RSA 密码系统

公开密钥加密的第一个算法是由 Ralph Merkle 和 Martin Hellman 开发的背包算法,它只能用于加密。后来,Adi Shamir 将其改进,使之能用于数字签名。背包算法的安全性不高,也不完善。随后不久出现了第一个较完善的公开密钥算法 RSA。RSA 密码系统的安全性基于大数分解的困难性。其理论基础是数论的欧拉定理,即寻求两个大素数容易,但将它们的乘积进行因式分解极其困难。

基于这一原理,用户可以秘密选择两个 100 位的十进制大素数 p、q,计算出它们的乘积 $N=pq$,并将 N 公开;再计算出 N 的欧拉函数 $\Phi(N)=(p-1)(q-1)$,定义 $\Phi(N)$为小于等于 N 且与 N 互为素数的个数;然后,用户从$[0,\Phi(N)-1]$中任选一个与其 $\Phi(N)$互为素数的数 e,同时由 $ed=1\mathrm{mod}\Phi(N)$,得到另一个数 d。

这样就产生一对密钥 $PK=(e,N)$和 $SK=(d,N)$。

若整数 X 为明文,Y 为密文,则有:

- 加密　$Y=X^e(\mathrm{mod}N)$;
- 解密　$X=Y^d(\mathrm{mod}N)$。

一般要求 p、q 为安全素数,N 的长度大于 512bit,这主要是因为 RSA 算法的安全性依赖于因子分解大数问题。

下面用一个简单的例子说明RSA算法的应用。

(1) 产生一对密钥

① 选择两个素数 $p=5,q=11$。

② 计算 $N=pq=55$。

③ 计算 N 的欧拉函数 $\Phi(N)=(p-1)(q-1)=4\times10=40$。

④ 从[0,39]间选一个与40互为素数的数,如 $e=3$,根据 $3d=1\bmod 40$,解得 $d=27$。因为 $ed=3\times27=81=2\times40+1=1\bmod 40$,于是得到公钥 $PK=(e,N)=(3,55)$,私钥 $SK=(d,N)=(27,55)$。

(2) 对密钥进行加密解密

① 将密文分组,使每组明文的二进制值不超过 N,即不超过55。现在设明文为"HI",设明文对应编码为A=01、B=02、…、Z=26,则明文转化成编码为"08 09"。

② 在加密传输时,采用公钥 $PK=(3,55)$ 对明文分部分依次加密。先计算第一部分 $X_1^e=8^3=512$;再除以55,余数为17,即第一部分密文编码为17;对第二部分经过同样处理可得密文编码为14。将两者合并则得到整个加密编码为"17 14",按明文对应编码形成密文"QN"。

③ 在接收解密时,采用私钥 $SK=(27,55)$ 对密文分部分依次解密。先计算第一部分 $Y_1^d=17^{27}=166\cdots$ 再除以55,得余数8,即第一部分明文编码为08;对第二部分经过同样处理可得明文编码为09。将两者合并则得到整个明文编码为"08 09",按明文对应编码形成明文"HI"。

目前无论是用软件还是用硬件实现RSA,其速度都无法同对称密钥密码算法相比。但是RSA体制的加密强度依赖于大数分解的困难程度。对于两个100位的十进制大素数,破译大约需要1000年。因此,RSA在计算理论上十分安全。

3. Diffie-Hellman 密钥交换

密钥交换是指通信双方交换会话密钥,以加密通信双方后续连接所传输的信息。每次逻辑连接使用一把新的会话密钥,用完就丢弃。Diffie-Hellman算法是第一个公开密钥算法,发明于1976年。Diffie-Hellman算法能够用于密钥分配,但不能用于加密或解密信息。

Diffie-Hellman算法的安全性在于有限域上计算离散对数非常困难。这里简单介绍一下离散对数的概念。定义素数 p 的本原根为一种能生成 $1\sim p-1$ 所有数的一个数,即如果 g 为 p 的本原根,则 $g\bmod p, g^2\bmod p,\cdots,g^{p-1}\bmod p$ 两两互不相同,构成 $1\sim p-1$ 的全体数的一个排列,例如 $p=11,a=2$。对任意数 b 及素数 p 的本原根 g,可以找到一个唯一的指数 i,满足:$b=g^i\bmod p, 0\leqslant i\leqslant p-1$,称指数 i 为以 g 为底模 p 的 b 的离散对数。以下是Diffie-Hellman密钥交换协议。

设 p 为512bit以上大素数,g 为 p 的本原根,$g<p$,p、g 公开,A 与 B 通过对称密钥密码体制进行保密通信,以下是 A、B 通过公开密钥算法协商通信密钥的协议。

(1) A 随机选择 $x<p$,发送 $X=g^x\bmod p$ 给 B。

(2) B 随机选择 $y<p$,发送 $Y=g^y\bmod p$ 给 A。

(3) A 通过自己的 x 秘密计算　$K=Y^x\bmod p=(g^y)^x\bmod p=g^{xy}\bmod p$。

(4) B 通过自己的 y 秘密计算　$K'=X^y\bmod p=(g^x)^y\bmod p=g^{xy}\bmod p$。

由(3)和(4)知 $K=K'$。线路上的搭线窃听者只能得到 g、p、X 和 Y 的值,除非能计算离散对数，恢复出 x 和 y，否则就无法得到 K，因此，K 为 A 和 B 独立计算的秘密密钥。

下面用一个例子来说明上述过程。A 和 B 需进行密钥交换。

(1) 二者协商后选择采用素数 $p=353$ 及其本原根 $g=3$。

(2) A 选择随机数 $x=97$，计算 $X=3^{97}\bmod 353=40$，并发送给 B。

(3) B 选择随机数 $y=233$，计算 $Y=3^{233}\bmod 353=248$，并发送给 A。

(4) A 计算 $K=248^{97}\bmod 353=160$。

(5) B 计算 $K'=40^{233}\bmod 353=160$。

即 K 和 K' 为秘密密钥。

7.2.5 混合加密方法

无论是以 DES 为代表的对称密钥密码技术，还是以 RSA 为代表的公开密钥密码技术，都存在着自己的优点和缺点，更因其各自的不足而制约着进一步的发展。

对称密钥密码技术的算法实现速度很快，算法不须保密，从而可低成本地应用于实际。但对称密钥密码技术的最大问题在于密钥的分发和管理非常复杂，代价昂贵，尤其是在大型网络中这些问题更为突出。在电子商务发达的今天，它在数字签名上的不便成为了其发展上的瓶颈。

公开密钥密码技术的优点是密钥管理方便，较适合用于数字签名，因此这种技术适用于电子商务等领域。但因为公开密钥密码技术基于高端数学难题，计算非常复杂，其加密和解密速度远远落后于对称密钥密码技术，因而这些缺陷制约了它的广泛应用。

实际生活中，为了取长补短，可将对称密钥密码技术和公开密钥密码技术联合使用，以如图 7.7 所示混合加密的方式解决这两种加密技术在运算速度和密钥分配管理方面的问题。其工作原理为：在发送端，首先使用 DES 或 IDEA 等对称密钥密码技术加密数据，然后使用公开密钥密码技术（如 RSA 等）加密前者的对称密钥；在接收端，则可按相反的顺序，先使用 RSA 算法解密出对称密钥，再用对称密钥解密被加密的数据。一般来说，需要加密的数据量很大，而对称密钥的数据量则相对较小，以混合加密方法可充分利用对称密钥密码技术运算速度快、成本低的优点和公开密钥密码技术反破译能力强、密钥分发方便的优点，二者各取其优，相互弥补。

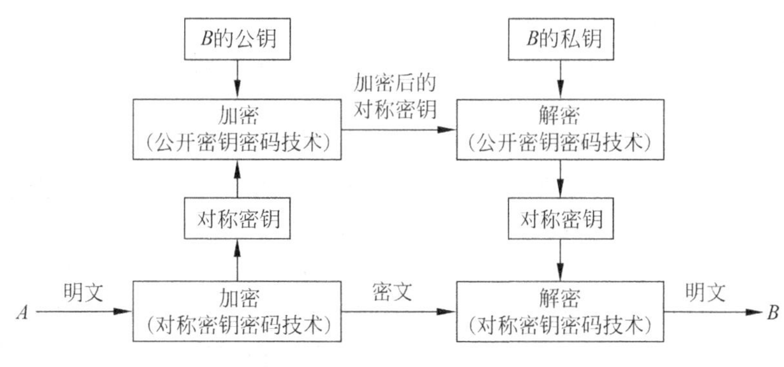

图 7.7　混合加密模型

7.3 网络鉴别与认证

网络安全系统的一个很重要方面就是防止非法用户对系统的主动攻击和非法访问，如伪造、篡改信息、私自访问加密信息等。这种安全要求对实际网络系统的应用是相当重要的。随着网络的进一步普及，网络鉴别与认证技术开始逐渐发展起来，并广泛应用于日常生活，采用鉴别与认证技术，不仅可对网络中的各种报文进行鉴别，更可以确定用户身份，以防止不必要的安全事故的发生。

7.3.1 鉴别概述

1. 鉴别的概念

鉴别是防止主动攻击的重要技术，目的是验证用户身份的合法性和用户间传输信息的完整性与真实性。它主要包括报文鉴别和身份验证两个方面。报文鉴别和身份验证可采用数据加密技术、数字签名技术及其他相关技术来实现。

报文鉴别是为了确保数据的完整性和真实性，对报文的来源、时间性和目的地进行验证，其过程通常涉及加密和密钥的交换。加密可使用对称密钥和非对称密钥两种加密方式进行混合加密。

身份验证就是验证申请进入网络者是否为合法用户，以防止非法用户访问系统。身份验证的方式一般有口令验证、摘要算法验证、基于 PKI 的验证等。验证、授权和访问控制都与网络实体安全有关。虽然用户身份只与验证有关，但很多情况下还需要考虑授权及访问控制等方面的问题。通常情况下，授权和访问控制都是在成功验证之后进行的。

2. 报文鉴别

报文鉴别是一个过程，它使得通信的接收方能够验证所收到的报文中包括发送者、报文内容、发送时间和发送序列等内容的真伪。报文鉴别又称为完整性校验，整个过程一般包括以下三个内容。

(1) 报文是由指定的发送方产生。

(2) 报文内容没有被修改过。

(3) 报文是按已经传送的相同顺序收到的。

所有这些需要确定的内容均可通过数字签名、信息摘要或散列函数来完成。

3. 身份验证

身份验证一般涉及两个过程：识别和验证。识别要求对网络中的每个合法用户都具有识别能力，保证识别的有效性以及代表用户身份识别符的唯一性。验证是指在访问者声明自己身份后，系统对其声明的身份进行验证，以防假冒。

识别信息一般是非秘密的，如用户信用卡卡号、用户名、身份证号码等；而验证信息一般是秘密的，如用户信用卡密码、登录密码等。身份验证的方法一般有口令验证、个人持证验证和个人特征验证等。其中口令验证最为简单，系统开销最小，但安全性也最差；持证为个人持有物，如钥匙、磁卡、智能卡等，相比口令验证安全性更好，但验证系统比较复杂；在多种验证技术作为支持的前提下，可采用个人特征验证，如指纹识别、声音识别、血型识别、虹膜识别等，其安全性较好，但验证系统也较为复杂。

7.3.2 数字签名

数字签名指信息发送者使用公开密钥密码技术产生别人无法伪造的一段数字串。发送者用自己的私有密钥加密数据传给接收者，接收者用发送者的公钥解开数据后，就可确定消息来自于谁，同时也是对发送者所发送信息真实性的一个验证。

1. 数字签名概述

数字签名是实现交易安全的核心技术之一，它的实现基础就是加密技术。数字签名必须保证以下几点：

(1) 接收者能够核实发送者对报文的签名。

(2) 发送者事后不能抵赖对报文的签名。

(3) 接收者不能伪造对报文的签名。

现有的多种数字签名方法中，绝大部分是建立在公开密钥密码技术之上，使用公开密钥密码技术实现数字签名的基本原理很简单，假设 A 要发送一个电子文件给 B，A 必须首先用其私钥加密文件，完成签名过程，然后 A 将加密文件发送给 B，B 用 A 的公钥解开 A 发送来的文件。在公开密钥密码技术上，这样的签名方法是可靠的，因为签名可以被确认，无法被伪造，无法重复使用。文件被签名之后无法被篡改，签名具有无可否认性。一个典型的由公开密钥密码技术实现的数字签名过程如图 7.8 所示。

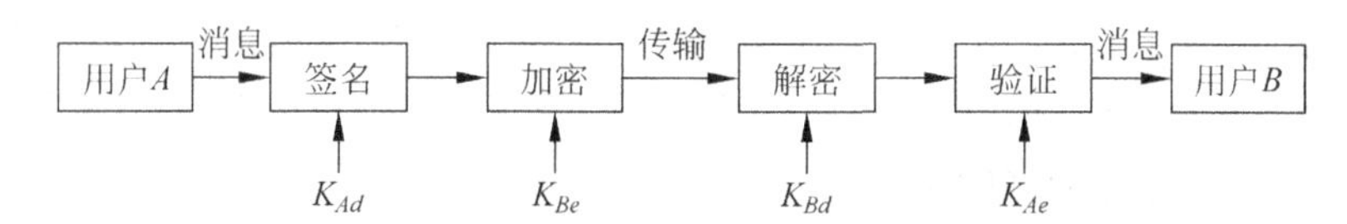

图 7.8 公开密钥密码技术实现的数字签名过程

数字签名有两种：一种是对整体消息的签名，即消息经过密码变换后被签名的消息整体；一种是对压缩消息的签名，即附加在被签名消息之后或某一特定位置上的一段签名图样。若按明文、密文的对应关系划分，每一种又分为两个子类别：一类是确定性数字签名，其明文与密文一一对应，它对一特定消息的签名不变化，如 RSA、Rabin 等签名；另一类是随机化的或概率式数字签名，它对同一消息的签名是随机变化的，取决于签名算法中的随机参数的取值。一个明文可能拥有多个合法的数字签名，如 ElGamal。

2. 数字签名技术

数字签名的算法很多，应用最为广泛的三种是 Hash 签名、DSS 签名和 RSA 签名。这三种算法既可以单独使用，也可综合在一起使用。数字签名是通过密码算法对数据进行加解密变换实现的，最常使用的 Hash 算法有 MD2(message-digest algorithm 2)、MD5(message-digest algorithm 5)、SHA-1(secure hash algorithm-1)。此外，利用 DES 算法、RSA 算法均可实现数字签名，但它们均存在缺陷，或暂时没有成熟标准可供参考。

Hash 签名是最主要的数字签名方法，也称为数字摘要法、数字指纹法。它与 RSA 数字签名不同，它是将数字签名与要发送的信息紧密联系在一起，特别适合于电子商务活动。Hash 签名的核心是单向 Hash 函数，它是在一个方向上工作的 Hash 函数，从预映射的值很容易计算出其 Hash 值，但要产生一个预映射的值使 Hash 值等于一个特殊值却很难。单向 Hash 函数的安全性重点体现在其单向性上，已知一个 Hash 值，要找到预映射的值，使它的

Hash 值等于已知的 Hash 值在计算上是不可能的。

单向 Hash 函数对于任意长度的信息，经过 Hash 函数完成运算之后，都能够压缩成为固定长度的一组 Hash 值。它除了快速、抗碰撞等特点之外，输入任意长度信息的每一比特都与输出 Hash 值有关，具有高度的敏感性，改变输入信息的任意一个比特，都将对输出 Hash 值产生非常明显的影响，从而体现了函数的雪崩性。在电子数字签名中，假如输入报文的关键值被人恶意修改，Hash 函数的这个特点可以使其很容易被发现。

Hash 签名不属于强计算密集型算法，因此在日常生活中应用非常广泛。但其主要局限是接收方必须持有用户密钥的副本以检验签名，因为双方都知道生成签名的密钥较容易被攻破，存在伪造签名的可能。假如中央或用户计算机中有一个被攻破，其安全性就受到了严重威胁。

DSA 是 Schnorr 和 ElGamal 签名算法的变种，被美国 NIST（国家标准化研究所）作为数字签名标准（DSS）。DSS 是由美国国家标准化研究所和国家安全局共同开发，由美国政府颁布实施的，并且，只是一个签名系统。由于美国政府不提倡使用任何削弱政府窃听能力的加密软件，故 DSA 主要用于与美国政府有商业往来的公司。

用 RSA 或其他公开密钥密码技术的最大方便是没有密钥分配问题，网络越复杂，网络用户越多，其优点越明显。因为公开密钥加密使用两个不同的密钥，其中有一个是公开的，另一个是保密的。公开密钥可以保存在系统目录内、未加密的电子邮件中、电话号码簿或公告牌里，网上任何用户都可获得公开密钥。而私有密钥是用户专用的，由用户本身持有，它可对公开密钥加密信息进行解密。RSA 算法中数字签名技术实际上是通过一个 Hash 函数来实现的。

3. 数字签名与信息加密的区别

数字签名的加解密过程和信息的加解密过程虽然都可以使用公开密钥算法，但实现的过程正好相反，使用的密钥对也不同。数字签名使用的是发送方密钥对，发送方用自己的私有密钥进行加密，接收方用发送方的公开密钥进行解密。整个过程是一对多的关系，任何拥有发送方公开密钥的人都可以验证数字签名的正确性。而信息的加解密过程则使用的是接收方的密钥对，这是多对一的关系，任何知道接收方公开密钥的人都可以向接收方发送加密信息，只有唯一拥有接收方私有密钥的人才能对信息解密。在使用过程中，通常一个用户拥有两个密钥对，一个密钥对用于对数字签名进行加解密，一个密钥对用来对信息进行加解密。这种方式将提供更高的安全性。

数字签名大多采用非对称密钥加密技术，它能保证发送信息的完整性、身份的真实性和不可否认性，而数字加密采用了对称密钥加密技术和非对称密钥加密技术相结合的方法，从而确保了发送信息的保密性。其具体区别如图 7.9 所示。

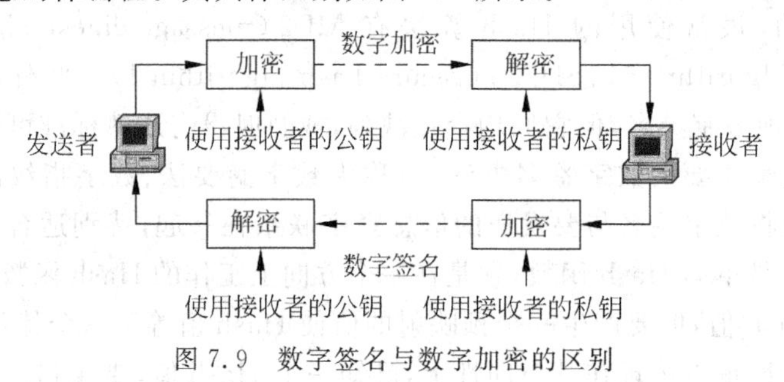

图 7.9　数字签名与数字加密的区别

7.3.3 数字证书

数字证书(digital certificate)是各类实体在网上进行信息交流及商务活动的身份证明，在电子交易的各个环节，交易各方都需验证对方证书的有效性，从而解决相互间的信任问题。它是一个数据结构，具有一种公共的格式，将某一成员的识别符和一个公钥值绑定在一起，并由某一认证机构的成员进行数字签名。一旦用户知道认证机构的真实公钥，就能检查证书签名的合法性。

1. 数字证书概述

数字证书是一个经过CA数字签名的、包含公开密钥拥有者信息以及公开密钥的文件。最简单的数字证书包含一个公开密钥、名称以及CA的数字签名。一般情况下，证书中还包括密钥的有效时间、证书授权中心名称和该证书的序列号等消息。

数字证书利用一对相互匹配的密钥进行加密和解密。每个用户自己设定一个特定的且仅为本人所知的私钥，并用它进行解密和签名；同时，用户需要设定一个公钥并由本人公开，为公众所共享，用于加密和签名。当发送保密文件时，发送方使用接收方的公钥对数据加密，而接收方则使用自己的私钥解密，这样信息就可以安全地传送到目的地。通过数字证书的手段可以保证加密过程是一个不可逆的过程，只有私有密钥才能对加密文件进行解密。

数字证书按拥有者分类，一般分为个人证书、企业证书、服务器证书和信用卡身份证书。它们又拥有各自不同的分类，如个人证书又分为个人安全电子邮件证书和个人身份证书；企业证书分为企业安全电子邮件证书和企业身份证书；服务器证书又分为Web服务器和服务器身份证书；信用卡身份证书包括消费者证书、商家证书和支付网关证书等。从数字证书的用途上看，数字证书又可分为签名证书和加密证书。签名证书主要用于对用户信息进行签名，以保证信息的不可否认性；加密证书主要用于对用户传送信息进行加密，以保护认证信息以及公开密钥的文件。

数字证书认证是基于国际公开密钥基础设施(Public Key Infrastructure,PKI)标准的网上身份认证系统进行的。数字证书以数字签名的方式通过第三方权威认证有效地进行网上身份认证，帮助网上各个交易实体识别对方身份和表明自己身份，具有真实性和防抵赖功能。与物理身份证不同的是，数字证书还具有安全、保密、防篡改的特性，可对企业网上传输的信息进行有效的保护和安全传输。

2. 数字证书的格式

数字证书的类型有很多种，主要包括X.509公钥证书、SPIK(simple public key infrastructure)证书、PGP(pretty good privacy)证书和属性(attribute)证书。但现在大多数证书都建立在ITU-T X.509标准基础之上。图7.10给出了X.509版本3的证书格式。

版本号	序列号	签名算法	颁发者	有效期	主体	主体公钥信息	颁发者唯一标识符	扩展	签名

图7.10 X.509版本3的证书格式

X.509是一种非常通用的证书格式，认证者总是CA或由CA指定的人。一份X.509证书是一些标准字段的集合，这些字段包含有关用户或设备及其相应公钥的信息。X.509证书包含以下数据。

(1) X.509 版本号。指出该证书使用了何种版本的 X.509 标准，版本号可能会影响证书中一些特定的信息。

(2) 证书序列号。由 CA 给每一个证书分配的唯一数字型编号。当证书被取消时，此序列号将放入由 CA 签发的证书作废表中。

(3) 签名算法标识符。用于指定 CA 签署证书时所使用的公开密钥算法或 Hash 算法等签名算法类型。

(4) 证书颁发者。一般为证书颁发机构的可识别名称。

(5) 证书有效期。标明了证书的起始日期和时间以及终止日期和时间，证书在这两个日期之间是有效的。

(6) 主体信息。证书持有人的唯一标识符，该信息在 Internet 上应该是唯一的。须指出该科目的通用名、组织单位、证书持有人的姓名、服务处所等信息。

(7) 证书持有人的公钥：包括证书持有人的公钥、算法标识符和其他相关的密钥参数。

(8) 认证机构。证书发布者的信息，是签发该证书的实体唯一 CA 的 X.509 名字，使用该证书意味着信任签发证书的实体。

(9) 扩展部分。特指专用的标准和专用功能的字段。

(10) 发布者数字签名。由发布者私钥生成的签名，以确保这个证书在发放之后没有被篡改过。

3. 认证机构系统

认证机构系统是电子商务体系的核心环节，是电子交易的基础。它通过自身的注册审核体系，检查核实进行证书申请的用户身份和各项相关信息，使网上交易的用户属性与真实性一致。它是权威的、可信赖的和公正的第三方机构，专门负责发放并管理所有参与网上交易的实体所需的数字证书。

CA 系统为实现其功能，主要由三部分组成。

(1) 认证机构。认证机构是一台 CA 服务器，是整个认证系统的核心，它保存根 CA 的私钥，其安全等级要求最高。CA 服务器具有产生证书、实现密钥备份等功能，这些功能应尽量独立实施。CA 服务器通过安全连接同 RA(Registration Authority，注册机构)和 LDAP(Lightweight Directory Access Protocal，简易目录访问协议)服务器实现安全通信。CA 服务器的主要功能包括 CA 初始化和 CA 管理、处理证书申请、证书管理和交叉认证。

(2) 注册机构。通常为了减轻 CA 服务器的处理负担，专门用一个单独的机构即注册机构(RA)来实现用户的注册、申请以及部分其他管理功能。RA 注册机构由 RA 服务器和 RA 操作员组成。RA 服务器由操作员管理，而且还配有 LDAP 服务器。客户只能访问 RA 操作员，不能直接和 RA 服务器通信，RA 操作员是因特网用户进入 CA 系统的访问点。用户通过 RA 操作员实现证书申请、撤销、查询等功能。RA 服务器和 RA 操作员之间的通信都通过安全 Web 会话实现。RA 操作员的数量没有限制。

(3) 证书目录服务器。由于认证机构颁发的证书只是捆绑了特定实体的身份和公钥，而没有提供如何找到该证书的方法，因此需建立目录服务器(directory service server)来提供稳定可靠的、规模可扩充的在线数据库系统来存放证书。目录服务器存放了认证机构所签发的所有证书，当终端用户需要确认证书信息时，通过 LDAP 协议下载证书或者吊销证书列表，或者通过在线证书状态协议(Online Certificate State Protocol，OCSP)向目录服务器查询证书的当前状况。

下面以 OpenCA 身份认证系统为例说明 CA 系统的工作流程。整个 CA 系统采用图 7.11 所示的体系结构模型。

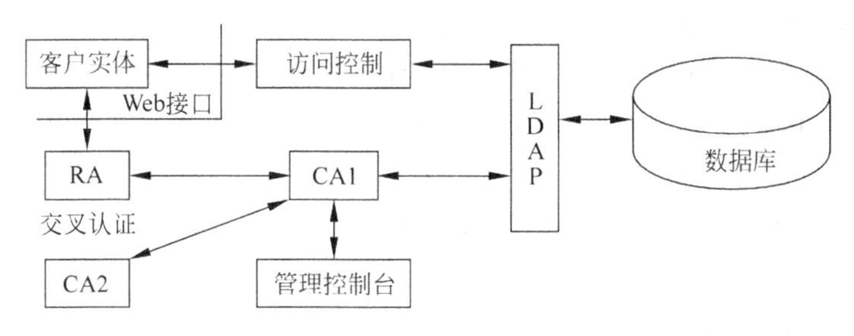

图 7.11 CA 系统的体系结构模型

在 OpenCA 认证系统当中，整个 CA 系统由注册机构 RA、认证机构 CA、CA 管理员平台、访问控制系统以及目录服务器组成。通常情况下，由用户利用浏览器连接到 RA 操作员，向其提出证书申请。RA 操作员通过安全连接把这个请求传递给 RA 服务器。随后 RA 服务器处理这个请求，并准备提交给 CA 进行签名。RA 服务器管理人员把证书申请文件通过安全渠道送给 CA，经 CA 审核，如果许可则对证书进行签名和制作。然后再把证书递交给 RA 服务器，并且把证书导入到 LDAP 服务器，可供查询，同时 CA1 与 CA2 之间可以实现交叉认证。

不同 CA 系统所形成的层次结构可映射为证书链，一条证书链是后续 CA 发行的证书序列。在证书链中每个证书的下一级证书是发行者的证书，每个证书包含证书发行者的可识别名(Distiguished Name，DN)，该名字与证书链中的下一级证书的主体名字相同，并用发行者的私钥进行签名，该签名可用发行者证书公钥进行验证。如图 7.12 表示了一条证书链：从最下面的待验证证书通过两级子 CA 到达根 CA。Research CA 证书包含了 CN CA 的 DN。CN CA 的 DN 也是由 Root CA 签发下一个证书的主体名字。CN CA 证书中的公钥用来验证 Research CA 证书上的数字签名。

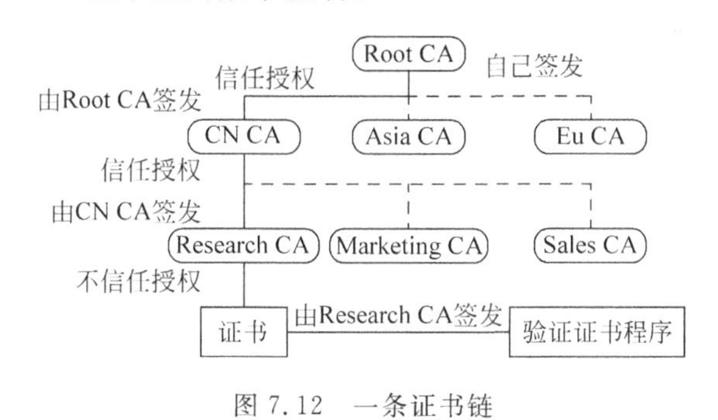

图 7.12 一条证书链

4. 数字认证

数字认证是检查一份给定的证书是否可用的过程，也称为证书验证。数字认证引入了一种机制来确保证书的完整性和证书颁发者的可信赖性。在考虑证书的有效性或可用性时，除了简单的完整性检查还需要其他的机制。

数字认证包括如下主要内容。

(1) 一个可信的CA已经在证书上签名,即CA的数字签名被验证是正确的。

(2) 证书有良好的完整性,即证书上的数字签名与签名者的公钥和单独计算出来的证书Hash值相一致。

(3) 证书处在有效期内、证书没有被撤销。

(4) 证书的使用方式与任何声明的策略或使用限制相一致。

在PKI框架中,认证是一种将实体及其属性和公钥绑定的一种手段。如前所述,这种绑定表现为一种签名的数据结构即公钥证书,这些证书上都有颁发CA的私钥签名。CA对它所颁发的证书进行数字签名,从完整性的角度来看,证书是受到了保护。如果它们不含有任何敏感信息,证书可以被自由随意地传播。

7.3.4 公钥基础设施

公钥基础设施(PKI)产生于20世纪80年代,它结合多种密码技术和手段,采用证书进行公钥管理,通过第三方的可信任机构CA把用户的公钥和用户的其他标识信息捆绑在一起,在Internet上验证用户的身份,为用户建立一个安全的网络运行环境,并可以在多种应用环境下方便地使用加密和数字签名技术来保证网上数据的机密性、完整性、有效性。PKI实际上是一套软硬件系统和安全策略的集合,它提供了一整套安全机制,使用户在不知道对方身份或分布地很广的情况下,以证书为基础,通过一系列的信任关系进行通信和交易。

1. PKI的组成

一个实用的PKI体系应该是安全的、易用的、灵活的和经济的,它必须充分考虑互操作性和可扩展性。从系统构建的角度,PKI由三个层次构成,如图7.13所示。

PKI系统的最底层位于操作系统之上,为密码技术、网络技术和通信技术等,包括各种硬件和软件。中间层为安全服务API和CA服务,以及证书、证书撤销列表(Certificate Reveocation List,CRL)和密钥管理服务。最高层为安全应用API,包括数字信封、基于证书的数字签名和身份认证等API,为上层的各种业务应用提供标准的接口。

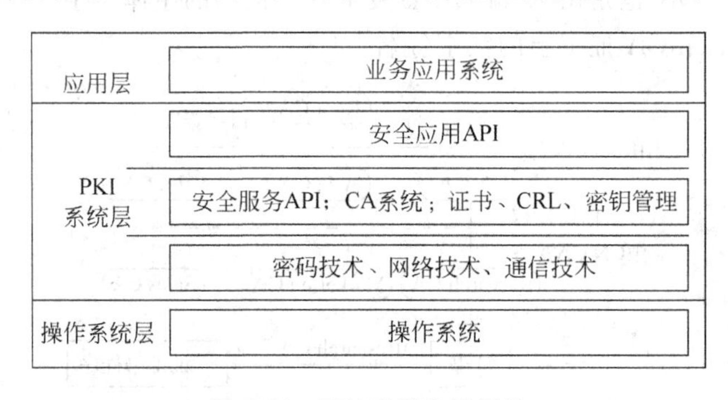

图7.13 PKI系统应用框架

一个完整的PKI系统具体包括认证机构CA、数字证书库、密钥备份及恢复系统、证书作废处理系统和客户端证书处理系统等部分。

(1) 认证机构。CA证书机制是目前被广泛采用的一种安全机制,使用证书机制的前提是建立CA以及配套的RA注册审批机构系统。

(2) 数据证书库。证书库是CA颁发证书和撤销证书的集中存放地,可供用户进行开放式查询,获得其他用户的证书和公钥。

(3) 密钥备份及恢复系统。PKI 提供的密钥备份和恢复解密密钥机制是为了解决用户由于某种原因丢失了密钥使得密文数据无法被解密的情况。

(4) 证书作废处理系统。证书作废处理系统是 PKI 的一个重要组件。证书的有效期是有限的,证书和密钥必须由 PKI 系统自动进行定期更换,超过有效期限就要被作废处理。

(5) 客户端证书处理系统。为了方便客户操作,在客户端装有软件,申请人通过浏览器申请、下载证书,并可以查询证书的各种信息,对特定的文档提供时间戳请求等。

2. PKI 的运行模型

为了更好了解 PKI 系统运行情况,需要进一步明确活动的主体是谁及其相关操作。在 PKI 的基本框架中,包括管理实体、端实体和证书库 3 类实体,其职能如下。

(1) 管理实体。它包括认证机构 CA 和注册机构 RA,是 PKI 的核心,是 PKI 服务的提供者。CA 和 RA 以证书方式向端实体提供公开密钥的分发服务。

(2) 端实体。它包括证书持有者和验证者,它们是 PKI 服务的使用者。

(3) 证书库。它是一个分布式数据库,用于证书及撤销证书列表存放和检索。

PKI 操作分为存取操作和管理操作两类。前者涉及管理实体或端实体与证书库之间的交互,操作目的是向证书库存放、读取证书和作废证书列表;后者涉及管理实体与端实体之间或管理实体内部的交互,操作目的是完成证书的各项管理任务和建立证书链。具体 PKI 系统的运作流程如图 7.14 所示。

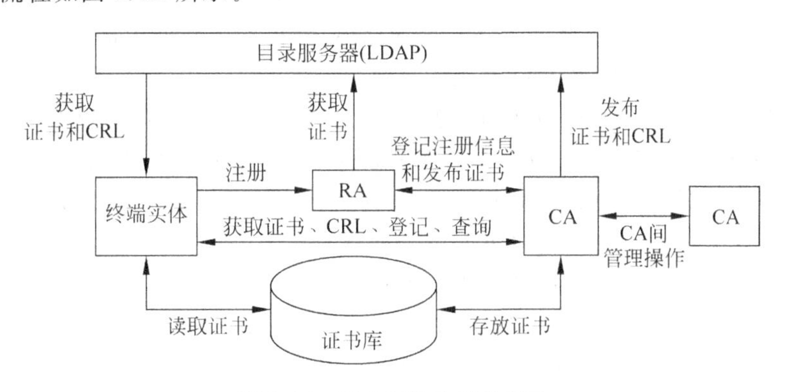

图 7.14 PKI 系统的运行流程

用户向 RA 提交证书申请或证书注销请求,由 RA 审核;RA 将审核后的用户证书申请或证书注销请求提交给 CA;CA 最终签署并颁发用户证书,并且登记在证书库中,同时定期更新证书撤销列表,供用户查询。从根 CA 到本地 CA 之间存在一条链,下一级 CA 由上一级 CA 授权。

3. PKI 提供的服务

PKI 主要提供以下服务。

(1) 认证。认证是确认实体自己所申明的主体。在应用程序中有实体鉴别和数据来源鉴别这两种情形。前者只简单认证实体本身的身份,后者鉴定某个指定的数据是否来源于某个特定的实体,确定被鉴别的实体与一些特定数据有着静态的不可分割的联系。

(2) 机密性。机密性是确保数据的秘密,除指定的实体外,无人能读出这些数据。它是用来保护主体的敏感数据在网络中传输和非授权泄露时，自己不会受到威胁。

(3) 完整性。数据完整性是确认数据没有被非法修改。无论是传输还是存储过程中的数据，都需要通过完整性检查。

(4) 不可否认。不可否认用于从技术上保证实体对它们行为的诚实，包括对数据来源的不可否认和接受后的不可否认。

(5) 安全时间戳。安全时间戳是一个可信的时间权威机构，用一段可认证的完整数据表示时间戳。最重要的不是时间本身的准确性，而是相关时间日期的安全，以证明两个事件发生的先后关系。在 PKI 中，它依赖于认证和完整性服务。

(6) 特权管理。特权管理包括身份鉴别、访问控制、权限管理、许可管理和能力管理等。在特定环境中，必须为单个实体、特定的实体组和指定的实体角色制定策略。这些策略规定实体、组和角色能做什么、不能做什么。其目的是在维持所希望的安全级别的基础上，进行每日的交易。

4. 国内外 PKI 建设现状

美国是最早提出 PKI 概念的国家，并于 1996 年成立了美国联邦 PKI 筹委会，制定了绝大部分与 PKI 相关的标准，其 PKI 技术在世界上处于领先地位。2000 年 6 月 30 日，美国总统克林顿正式签署美国《全球及全国商业电子签名法》，给予电子签名、数字证书以法律上的保护，这一决定使电子认证问题迅速成为各国政府关注的热点。加拿大在 1993 就已经开始了政府 PKI 体系的研究工作，2000 年已建成的政府 PKI 体系为联邦政府与公众机构、商业机构等进行电子数据交换时提供信息安全的保障，并推动了政府内部管理电子化的进程。加拿大与美国代表了发达国家 PKI 发展的主流。

欧洲在 PKI 基础建设方面也成绩显著，现已颁布了 93/1999EC 法规，强调技术中立、隐私权保护、国内与国外相互认证以及无歧视等原则。为了解决各国 PKI 之间的协同工作问题，它采取了一系列策略，如积极资助相关研究所、大学和企业研究 PKI 相关技术；资助 PKI 互操作性相关技术研究，建立 CA 网络及顶级 CA 等，并于 2000 年 10 月成立了欧洲桥 CA 指导委员会，于 2001 年 3 月 23 日成立了欧洲桥 CA。

在亚洲，韩国是最早开发 PKI 体系的国家。韩国的认证架构主要分三个等级：最上一层是信息通信部，中间是由信息通信部设立的国家 CA 中心，最下一级是由信息通信部指定的下级授权认证机构。日本的 PKI 应用体系按公众和私人划分为两大类领域，在公众领域的市场进一步细分为商业、政府以及公众管理内务、电信、邮政三大块。

我国的 PKI 技术从 1998 年开始起步，1998 年成立了国内第一家以实体形式运营的上海 CA 中心(Shanghai Electronic Certificate Authority，SHECA)。2001 年 PKI 技术被列为"十·五"863 计划信息安全主题重大项目，并于同年 10 月成立了国家 863 计划信息安全基础设施研究中心。目前国内的 CA 机构已有区域型、行业型、商业型和企业型四类，前三种 CA 机构已有 60 余家，58%的省市建立了区域 CA，部分部委建立了行业 CA。海南、上海和广东颁布了有关电子签名的法规，并将数字证书应用于电子政务、网络银行、网上证券、B2B 交易、网上税务申报、资金结算、财政预算、单位资金划拨、工商网上申报和网上年检等众多领域行业。北京、上海、天津、山西、福建、宁夏等地已经将 CA 证书应用到政府网上办公、企业网上纳税、股民网上炒股、个人安全电子邮件等多个方面，并取得了良好的社会效益和经济效益。目前，全国证书发放累计超过 150 万张。

7.3.5 数字水印

照片、绘画、语音、文本、视频等数字形式的产品在最近几年已经非常普遍。制造商、销售商和用户都发现利用数字设备制作、处理和存储数字多媒体产品相当方便。同时,数字网络通信正在飞速发展,在此环境下,数字产品很容易被复制、处理、传播和公开。盗版者正是利用数字产品的这些性能来破坏制造商和用户的合法权利,以侵害知识产权来获取个人的非法利益。数字水印正是一种针对这种现象产生的数字安全技术。

1. 数字水印概述

数字水印技术(digital water marking technology)是指用信号处理的方法在数字化的多媒体数据中嵌入隐蔽的标记,这种标记通常是不可见的,只有通过专用的检测器或阅读器才能提取。数字水印是信息隐藏技术的一个重要研究方向。

任何数字信息与模拟信息一样,都有固有的误差范围,即所谓噪声。数字水印的制作过程可以看作是将产权等信息作为附加的噪声融合在原数字产品中;每个数字水印系统至少包含两个组成部分:水印嵌入单元、水印检测与提取单元。数字水印系统包括水印的嵌入、恢复、检测、攻击技术以及数字水印的评估。图 7.15、图 7.16 和图 7.17 分别为数字水印嵌入、恢复和检测模型。水印嵌入模型的功能是将数字水印信息嵌入原始数据中;水印恢复模型用来提取出数字水印信息;水印检测模型用来判断某一数据中是否含有指定的水印信息。这三个模型分别使用了嵌入、提取和检测算法。

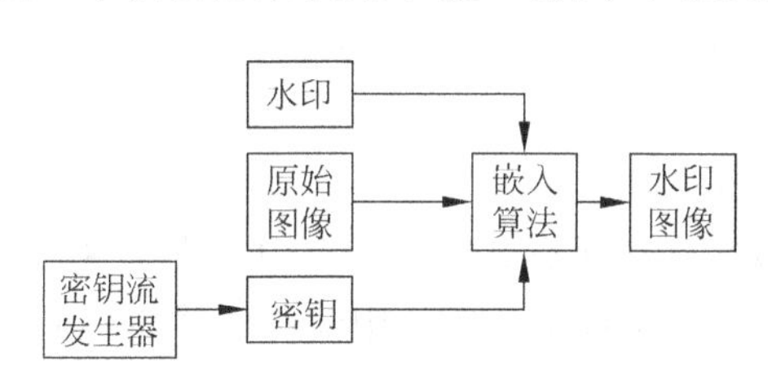

图 7.15 数字水印嵌入模型

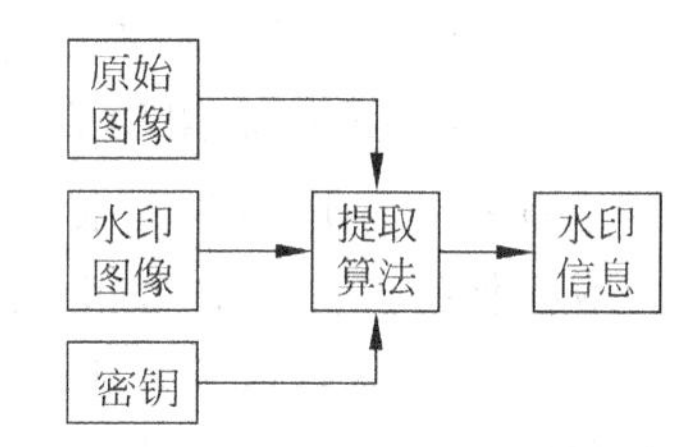

图 7.16 数字水印恢复模型

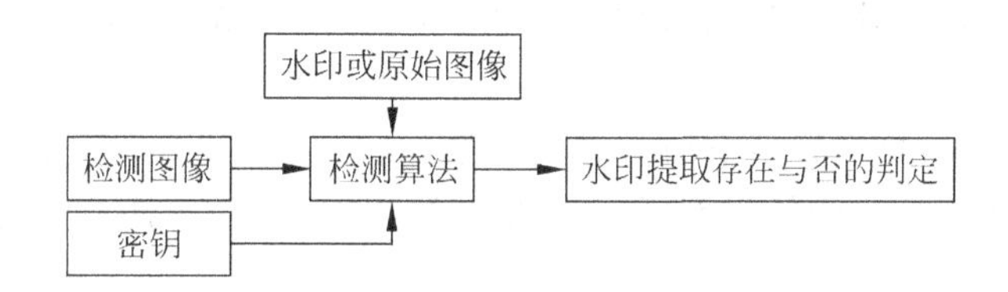

图 7.17 数字水印检测模型

数字水印技术的主要特点是不可知觉性、安全性和稳健性。不可知觉性指数字水印的嵌入不应引起数字作品的视听质量下降,即不向原始载体数据中引入任何可知觉的附加数据;安全性指水印的嵌入过程应该是秘密的,嵌入的水印在统计上是不可检测的;稳健性指水印信号在经历多种无意或有意的信息处理后,仍能保持完整性或仍能够被准确鉴别的特性。

尽管数字水印技术应用在防伪与版权保护方面具有防伪成本低、技术升级快、隐蔽性和稳健性强、技术兼容性好、分级分权管理和产品增值等特点,但目前数字水印技术也存在问题，主要表现在它难以抵抗多个用户之间的串谋攻击和媒体的几何攻击。串谋攻击指多个用户从各自的媒体中构造一个不含有任何水印，且保证感觉质量的媒体。几何攻击指对数字媒体进行诸如旋转、缩放、微小的几何变形等处理。

2. 数字水印技术的分类

按不同的角度，数字水印技术可以分为以下几种。

(1) 按水印的嵌入结果分为可见水印和不可见水印。可见水印是叠加于数字产品中、可被人感知的水印。不可见数字水印是深藏在数字产品中，不易被人感知的，只能用计算机来识别、读取的水印。

(2) 按水印所依附的媒体分为图像水印、视频水印、音频水印、文本水印和网格水印。

(3) 按水印的内容分为有意义水印和无意义水印。有意义水印是指水印本身也是某个图像，无意义水印则只对应于一个序列号。

(4) 按水印的隐藏位置分为时空城水印和变换域水印。前者是直接在信号空间上叠加水印信息。后者主要是通过变频的方式隐藏水印，这是目前研究最多的数字水印方法。

(5) 按水印用途分为票据防伪、版权保护、篡改提示和隐蔽标识水印。

(6) 按水印检测过程分为明水印和盲水印。明水印在检测过程中需要原始数据，而盲水印的检测只要密钥，不要原始数据，因而明文水印的韧性比较强。

(7) 按水印的特性可分为鲁棒数字水印和脆弱数字水印。鲁棒数字水印主要用于数字作品中标识著作权信息，要求嵌入水印能经受各种常用编辑处理；脆弱数字水印主要用于完整性保护，它对信号的改动很敏感，主要被用于判断数字作品是否被篡改。

3. 数字水印技术的应用与前景

数字水印技术应用的范围很广，主要表现如下。

(1) 版权保护。嵌入的水印信息可作为数字作品所有者的一个有力证据。这种应用要求水印技术对恶意的提取和攻击具有较高的韧性，即若要从作品中非法去除水印必将严重地损害作品的质量与商用价值，从而使攻击者得不偿失。

(2) 核证保护。这是水印信息对数字作品完整性的一种保护。为了能确定数字作品的内容是否被篡改、伪造或处理过，通常加入数字水印，但这种数字水印必须是脆弱的，对信号的改动很敏感。

(3) 使用控制。在数字产品中加入水印信息，在与之配套的硬件播放机中加入对水印的检测装置，播放机根据检测结果判断碟片的合法性并决定是否播放，以保护原拷贝制造者和发行者的利益。

(4) 发布标识。当数字作品的出品人将作品授权于不同的用户时，能对不同用户或序列号做不同的水印，嵌入发布作品中。

(5) 广播监听。如果在数字广播节目的内容中，嵌入标记广播电台的数字水印信息，通过监听设备的实时检测，判断节目内容的来源，便可有效地用于广播监听，防止广播电台之间的大规模的侵权行为。

(6) 媒体标记与信息隐藏。媒体标记和信息隐藏都是在媒体的内容中隐藏不可感知的某种信息，用以标记媒体或传递秘密信息。

由于多媒体技术的飞速发展和因特网的普及，政治、经济、军事和文化领域方面产生了许多新的研究热点，数字水印技术将继续在数字作品的知识产权保护、商务交易中的票据防伪、声像数据的隐藏表示和篡改提示以及隐蔽通信及其对抗等方面大有所为。

7.3.6 常用身份认证技术

身份认证技术是能够对信息收发双方进行真实身份鉴别的技术，是保护网络信息资源安全的首要部分，它的任务是识别、验证网络信息系统中用户身份的合法性和真实性，按不同授权访问系统各级资源、并禁止非法访问者进入系统接触资源。身份认证在网络安全中的地位相当重要，是最基本的安全服务。除了前面介绍的PKI/CA数字认证技术之外，身份认证技术还包括口令认证、智能卡/令牌认证、生物特征认证和组合认证。

1. 口令认证

口令认证是最简单、最易实现的认证技术，也是目前应用最为广泛的认证方法。它采用用户名与口令搭配的方式进行认证。口令通常是一串字符串，由用户自行选定并记忆，在认证时，用户通过提交对应用户名下的口令来获得合法用户的权限。口令认证的优势在于实现简单，无须任何附加设备，成本低，速度快，但其安全性较差。由于用户的记忆能力有限，设定口令一般倾向于简短，并与生日等规律数字相联系来方便记忆，从而使口令易于被穷举攻击和字典攻击。使用口令的另一个不安全因素来自于网络传输，许多口令是以明文的形式在网上传输的，窃听者通过分析截获的数据包，可以轻易取得用户的用户名和口令。

2. 智能卡/令牌认证

智能卡/令牌认证是指利用存储设备记忆一些用户信息特征来进行身份认证。智能卡是一个带有微处理器和存储器等微型集成电路芯片并具有标准规格的卡片或USB设备，它存储用户个性化的认证信息，同时在验证服务器中也存放对应的验证信息。在进行认证时，用户输入个人身份识别码(Personal Identification Number，PIN)，智能卡认证PIN成功后，即可读出智能卡中预先存储的认证信息，进而通过认证信息与主机取得联系，进行进一步的身份验证。

智能卡/令牌认证技术是一种双因素的认证技术，即使PIN或智能卡被窃取，用户依然不会被冒充。智能卡可提供硬件保护措施和加密算法，极大地加强了认证的安全性，但它也有自身的缺陷。智能卡会遗失或被盗用，用户必须随身携带，同时，令牌的分发和跟踪管理比较困难，其实施和管理的成本也远高于口令认证技术。

3. 生物特征认证

生物特征认证是指采用人类自身的生理和行为特征来验证用户身份的技术。人类自身的指纹、掌形、虹膜、视网膜、面容、语音、签名等具有先天性、唯一性、不变性等特点，利用生物特征来识别个人身份，用户使用时无须记忆，更难以借用、盗用和遗失。因此，生物特征认证更为安全、准确和便利。

但生物特征认证也可能发生拒认、误认和特征值不能录入等错误。拒认是指正当用户的认证被拒绝通过，导致需要多次认证才能验证通过。误认是指将非法用户误认为正当用户通过验证，导致致命错误。特征值不能录入指某些用户的生物特征值有可能因故不能被系统记录，从而导致用户不能使用系统，如上肢残缺者不能使用指纹或掌纹系统，口吃者不能使用语音识别系统等。由于以上三类错误，生物特征认证应用受到了一定的限制，并由于成本和技术成熟度等原因，还有待推广和普及。

4. 组合认证

由于以上各种技术在安全性、便利性、隐私保护、投资成本等方面的不同，可按照实际需要的安全程度，自由选择两种或两种以上的身份认证技术来综合使用，形成双因素或多因素认证，从而达到更好的认证效果。此外，在身份认证系统中，由于权限管理、便利性、投资预算、特殊使用者或特殊环境情况等因素的影响，组合认证可以向不同类型用户提供完善全面的认证模式，以满足用户认证选择的多样化要求。

7.4 防火墙技术

作为内部网与外部网之间的第一道屏障，防火墙是最先受到人们重视的网络安全产品之一。防火墙不仅具有数据包过滤、应用代理服务和状态检测等功能，还支持加密、VPN、强制访问控制和多种认证等功能。随着网络安全技术的整体发展和网络应用的不断变化，现代防火墙技术已经逐步走向网络层之外的其他安全层次。

7.4.1 防火墙概述

Internet 提供了发布信息和检索信息的场所，但是它也带来了信息污染和信息破坏的危险，人们为了保护其数据和资源的安全，开发了防火墙。防火墙从本质上说是一种保护装置，用于保护数据、资源和用户的安全。

1. 防火墙的概念

防火墙是一套独立的软硬件配置。它部署在因特网与内部网络之间，被用作两个网络之间的安全屏障，作为内部与外部沟通的桥梁，也是企业网络对外接触的第一道大门。在逻辑上，防火墙可能是一个分离器、限制器或分析器，能有效地监控内部网和 Internet 之间的任何活动，保证内部网络的安全。简单地说，防火墙就是位于两个信任程度不同的网络之间的软件或硬件组合，它对两个网络之间的通信进行控制，通过强制实施同意的安全策略，防止对重要信息资源的非法存取和访问，达到保护系统安全的目的。

2. 防火墙的原理

所有的 Internet 通信都是通过独立数据包的交换来完成的。每个数据包由源主机向目的主机传输。为了达到目的地，每个 Internet 数据包都必须包含一个目标地址和端口号以及源主机地址和端口号，以便接收者确认包的源地址。

防火墙的基本作用是对过往的数据包进行分析和确认，为符合要求和通过认证的数据包建立连接，而将可疑的数据包“过滤”掉，例如当前运行的 Web 服务器需要允许远程主机在 80 端口和本地主机相连接，处于内外网之间的防火墙将检测每一个通过的数据包，并只允许 80 端口开始的连接，而其他所有端口上的新连接将统一被防火墙禁止。

绝大部分防火墙都具有数据包过滤的功能，但它们不会尝试去理解它们所放行或拦截的包内的数据，而只将通行规则建立在源 IP 地址和目标 IP 地址上。现在，某些高性能的防火墙还具有“应用程序级”的过滤和反应功能，它们能进入到对话实际发生的地方，彻底了解数据包对应的应用程序是否被允许，并根据相应的应用程序规则来决定是否拦截它。因此，此类防火墙将比传统的包过滤防火墙拥有更高的安全性。

3. 防火墙的功能

一般地,防火墙可以防止来自外部网络通过非授权行为访问内部网,而其另外一个重要的特性就是,防火墙可以提供一个单独的"阻塞点",并支持在"阻塞点"上设置安全和审计检查。防火墙的日志记录和安全审计功能可以向网络安全管理员提供一些重要的信息,使管理员能够有针对的对当前的网络状况进行通行规则的设定。总的来说,防火墙具有以下几个功能。

(1) 防火墙为内部网络提供安全屏障。防火墙可检测所有经过数据的细节,并根据事先定义好的策略允许或禁止这些数据通过。它可以极大地提高内部网络的安全性,并通过过滤不安全的服务而降低风险。

(2) 防火墙可强化网络安全策略。通过以防火墙为中心的安全方案配置,能将所有的安全功能(如口令、加密、身份认证、审计等)配置在防火墙上。与将网络安全分散在各主机上相比,集中的防火墙安全管理将更为经济,更具可操作性。

(3) 防火墙能对网络存取和访问进行监控审计。防火墙能将所有通过自己的访问都进行记录,并同时提供网络使用情况的统计数据。当发生可疑情况时,防火墙能立刻进行报警,并提供网络检测和攻击的详细信息,方便网络安全管理员迅速地进行威胁分析,并进行实际排查。

(4) 防火墙能防止内部信息外泄。通过利用防火墙对内部网络进行划分,可实现对内部网络重点网段的隔离,从而限制局部重点或敏感网络安全问题对全局网络造成的影响。防火墙所提供的阻塞内部网络 DNS 信息的功能,也能有效的隐藏内部网络内机密的主机域名和 IP 地址。

(5) 防火墙能提供安全策略检查。所有进出网络的信息都必须通过防火墙,防火墙成为网络上的一个安全检查站,通过对外部网络进行检测和报警,可将检查出来的可疑访问一一拒绝和拦截。

(6) 防火墙是实施网络地址翻译技术(Network Address Translation,NAT)的理想场所。防火墙在内外网之间的特殊位置决定了它在 NAT 技术实施中的重要地位,在防火墙上实施 NAT 技术可将有限的 IP 地址动态或静态地与内部的 IP 地址对应起来,用来缓解地址空间短缺的问题。

4. 防火墙的分类

根据不同的划分标准,防火墙可以分为不同的类别。

从防火墙的软、硬件形式来划分,可以分为软件防火墙、硬件防火墙和芯片级防火墙。

从实现防火墙的技术划分,可以分为网络级防火墙、应用级网关、电路级网关和规则检查防火墙。

从防火墙结构上划分,可分为单一主机防火墙、路由器集成式防火墙和分布式防火墙。

从防火墙的应用部署位置划分,可分为边界防火墙、个人防火墙和混合防火墙。

从防火墙的性能划分,可分为百兆防火墙和千兆防火墙。

5. 防火墙的局限

防火墙可以使内部网络在很大程度上免受攻击,但还有很多威胁是防火墙所无能为力的,其中包括:

(1) 防火墙不能防范内部人员的攻击,它只能提供周边防护,并不能控制内部用户对内部网络滥用授权的访问。内部用户可窃取数据、破坏硬件和软件，并巧妙地修改程序而不接近防火墙。

(2) 防火墙不能防范绕过它的攻击，如果站点允许对防火墙后的内部系统进行拨号访问，那么防火墙将不能阻止进攻者进行的拨号进攻。

(3) 防火墙不能防御全部威胁。虽然好的防火墙设计方案能够在一定程度上防御新的威胁，但由于攻击技术不断革新，而防火墙技术一直以被动的方式进行相应革新，故防火墙不可能防御所有的威胁。

(4) 防火墙不能防御恶意程序和病毒。防火墙大多采用包过滤的工作原理，扫描内容针对源、目标地址和端口号，而不扫描数据的确切内容。即便是一些应用程序级的防火墙，在面对可使用各种手段隐藏在正常数据中的恶意程序和病毒，防火墙也显得无能为力。此外，防火墙只能防御从网络进入的恶意程序和病毒，而不能处理通过被感染系统进入网络并在内部网络内大肆传播的病毒和恶意程序。

7.4.2 防火墙主要技术

防火墙从开始出现到现在，已经经过了5次较大的技术革新。第一代防火墙采用了包过滤技术；1989年，贝尔实验室推出了第二代电路层防火墙，并提出了第三代应用层防火墙的初步结构；1992年USC信息科学院开发出了基于动态包过滤的第四代防火墙，后来演变为目前的状态监视技术；1998年，NAI公司推出的自适应代理技术使防火墙技术进入了全新的第五代。

1. 包过滤技术

包过滤技术(Packet Filtering)是在网络层依据系统的过滤规则，对数据包进行选择和过滤，这种规则又称为访问控制表(Access Control Lists，ACLs)。该技术通过检查数据流中的每个数据包的源地址、目标地址、源端口、目的端口及协议状态或它们的组合来确定是否允许该数据包通过。这种防火墙通常安装在路由器上，如图7.18所示。

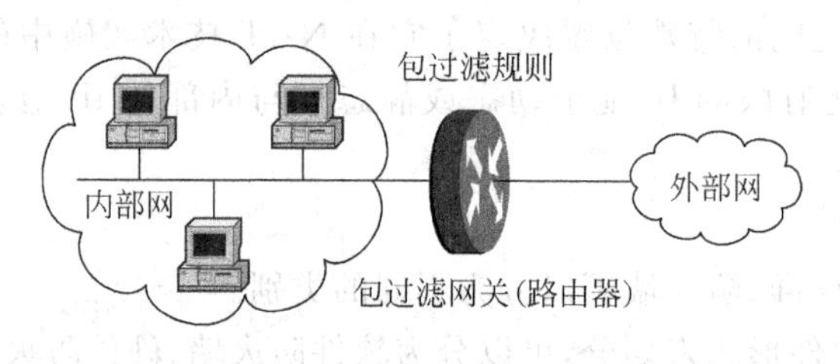

图7.18　包过滤技术

一般而言，包过滤技术包括两种基本类型：无状态检查的包过滤和有状态检查的包过滤，它们的区别在于后者通过记住防火墙的所有通信状态，并根据状态信息来过滤整个通信流，而不仅仅是包。另外，两者均被配置为只过滤最有用的数据域，即协议类型、IP地址、TCP/UDP端口、分段口和源路由信息。尽管包过滤器能对数据包进行选择和过滤，但还是有许多方法可绕过包过滤器进入Internet，这是因为TCP只能在第0个分段中被过滤，许多包过滤器允许1 024以上的端口通过，并且特洛伊木马可以使用NAT来使包过滤器失效。

因此，包过滤技术的优点首先在于一个过滤路由器能协助保护整个网络；其次，数据包过滤不需要用户进行任何特殊的训练可操作，对用户完全透明；再次，过滤路由器速度很快，效率较高，并且此技术通用、廉价、有效并易于安装、使用和维护，适合在很多不同情况的网络中采用。但包过滤技术安全性较差，不能彻底防止地址欺骗，无法执行某些安全策略。所以很少把静态包过滤技术当作单独的安全解决方案，而经常与其他防火墙技术组合使用。

2. 网络地址翻译

网络地址翻译(NAT)最初的设计目的是增加在专用网络中可使用的IP地址数，但现在则用于屏蔽内部主机。NAT通过将专用网络中的专用IP地址转换成在Internet上使用的全球唯一的公共IP地址，实现对黑客有效地隐藏所有TCP/IP级的有关内部主机信息，使外部主机无法探测到它们。

当包通过防火墙时，NAT通过转换所有内部主机地址为防火墙地址或防火墙响应到的一个地址的方法隐藏了内部网中所有IP地址，防火墙则使用一个翻译表跟踪Internet上哪个套接字与Internet的哪个套接字相等，然后使用自己的IP地址重传内部主机数据的有效部分。从Internet来看，通信就像来自一个非常忙碌的计算机一样。因此，NAT实质上是一个基本的代理，一个主机充当代理，代表内部所有主机发出请求，从而将内部主机的身份从公用网上隐藏起来了。

由于NAT只在包一级执行简单的替换，而不像应用程序代理那样需要对包中的数据进行复杂的分析，所以NAT所需要的处理器系统开销要比应用级代理的小得多。许多防火墙都支持不同类型的NAT。按普及程度和可用性顺序，NAT防火墙最基本的翻译模式如下。

(1) 静态翻译(static translation)，也称为端口转发(port forwarding)。在这种模式中，一个指定的内部网络源有一个从不改变的固定翻译表。为使内部主机建立与外部主机的连接需要使用静态NAT。

(2) 动态翻译(dynamic translation)，也称为自动模式、隐藏模式或IP伪装。在这种模式中，为了隐藏内部主机的身份或扩展内部网的地址空间，一个大的Internet客户群共享一个或一组小的Internet IP地址。

(3) 负载均衡翻译(load balancing translation)。在这种模式中，一个IP地址和端口被翻译为同等配置的多个服务器的地址，这样一个公共地址可以为许多服务器服务。

(4) 网络冗余翻译(network redundancy translation)。在这种模式中，多个Internet连接被附加在一个NAT防火墙上，防火墙根据负载和可用性对这些连接进行选择和使用。

由于NAT仅在传输层上实现，所以它隐藏在TCP/IP通信中有效的数据信息传输到高层，并且可用来寻找在高层通信中的缺点或者用来与特洛伊木马通信。

3. 应用级代理

开发代理的最初目的是对Web进行缓存，减少冗余访问，但现在主要用于防火墙。代理服务器通过侦听网络内部客户的服务请求，检查并验证其合法性。若合法，它将作为一台客户机一样向真正的服务器发出请求并取回所需信息，最后再转发给客户。对于内部客户而言，代理服务器好像原始的公共服务器；对于公共服务器而言，代理服务器好像原始的客户一样，亦即代理服务器充当了双重身份，并将内部系统与外界完全隔离开来，外面只能看到代理服务器，而看不到任何内部资源。代理的工作流程如图7.19所示。

应用级代理防火墙能够代替网络用户完成特定的TCP/IP功能，控制应用程序的访问。

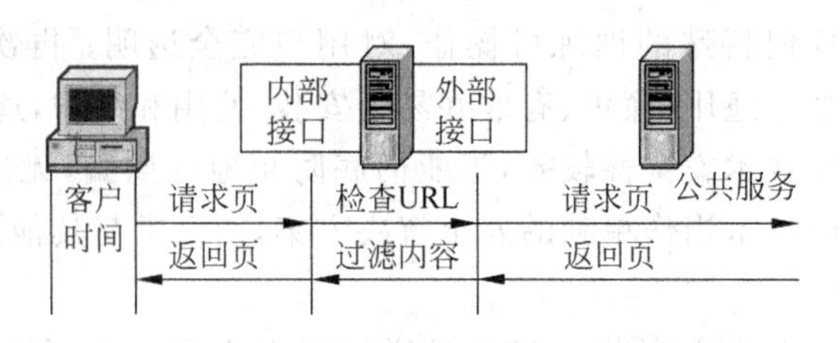

图 7.19 代理的工作流程

它是基于软件的；当某远程用户想和一个运行代理服务器的网络建立联系时，代理服务器会阻塞这个远程连接，然后对连接请求的各个域进行检查。如果此连接请求符合预定的规则，代理服务器就在远程主机和内部主机之间建立一个"桥"，自己充当转换器和解释器的角色。

应用级代理的优点是不进行 IP 的转发，可以在"桥"上设置更多的控制。同时它还提供非常成熟的日志功能。但是这些优点都是牺牲速度换取的，因为每次连接请求和所有内部网的报文在代理服务器上都要经过接收、分析、转换和转发等几个过程，完成这些过程所需的时间明显比以路由为基础的数据包过滤的时间长得多。

4. 状态检测技术

状态检测防火墙又称动态包过滤防火墙，它具有非常好的安全特性。状态检测防火墙使用了一个在网关上执行网络安全策略的软件模块，称为检测引擎。检测引擎在不影响网络正常运行的前提下，采用抽取相关数据的方法对网络通信的各层实施检测，并将抽取的状态信息动态地保存起来作为以后执行安全策略的参考。检测引擎维护一个动态的状态信息表并对后续的数据包进行检查，一旦发现任何连接的参数有意外的变化，它将自动终止该连接。

状态检测防火墙监视和跟踪每一个有效连接的状态，并根据这些信息决定网络数据包是否能通过防火墙。它在协议栈底层截取数据包，然后进行分析，并将当前数据包和状态信息与前一时刻的数据包和状态信息进行比较，从而得到该数据包的控制信息，来达到保护网络安全的目的。

状态检测防火墙结合了包过滤防火墙和代理服务器防火墙的特点。它不但能在 OSI 网络层上通过 IP 地址和端口号过滤进出的数据包，也能在 OSI 应用层上检查数据包内容，并查看这些内容是否符合公司网络的安全规则。它克服了传统防火墙的局限性，能够根据协议、端口及源地址、目的地址的具体情况决定数据包能否通过。对于每个安全策略允许的请求，状态检测防火墙启动相应程序，可以快速确认符合授权标准的数据包，从而使本身的运行速度得到很大提升。

5. 自适应代理技术

最新的自适应代理防火墙技术，本质上也属于代理服务技术，但它结合了动态包过滤技术，因此具有更强的检测功能。自适应代理技术的基本要素有两个：自适应代理服务器与动态包过滤器。它拥有代理服务防火墙的安全性和包过滤防火墙的高速度等优点，在保证安全性的基础上将代理服务器防火墙的性能提高 10 倍以上。

在对自适应代理防火墙进行配置时，用户仅仅将所需要的服务类型、安全级别等信息通过相应代理的管理界面进行设置，然后防火墙就可以根据用户的配置信息，决定是使用代理服务器从应用层代理请求，还是使用动态包过滤器从网络层转发包。如果是后者，它将动态地通知包过滤器增减过滤规则，从而满足用户对速度和安全性的双重要求。

7.4.3 防火墙的结构

构成防火墙的体系结构一般有五种：过滤路由器结构、双目主机结构、屏蔽主机结构、屏蔽子网结构和组合结构。

1) 过滤路由器结构

过滤路由器结构是最简单的防火墙结构，它由厂家专门生产的过滤路由器实现，也可以由安装了具有过滤功能软件的普通路由器实现，如图 7.20 所示。

过滤路由器防火墙作为内外连接的唯一通道，要求所有报文都必须在此通过检查。路由器上可安装基于 IP 层的报文过滤软件，实现报文过滤功能。许多路由器本身带有报文过滤配置选项，但一般比较简单。

2) 双目主机结构

双目主机结构防火墙系统主要由一台双目主机构成，具有两个网络接口，分别连接到内部网和外部网，充当转发器，如图 7.21 所示。这样，主机可以充当与这些接口相连的路由器，能够把 IP 数据包从一个网络接口转发到另一个网络接口。但是，双目主机防火墙结构关闭了主机操作系统的路由功能，即 IP 数据包不能从一个网络直接发送到其他网络。防火墙内部的系统能与双目主机通信，同时防火墙外部的系统如因特网也能与双目主机通信，但二者之间不能直接通信。

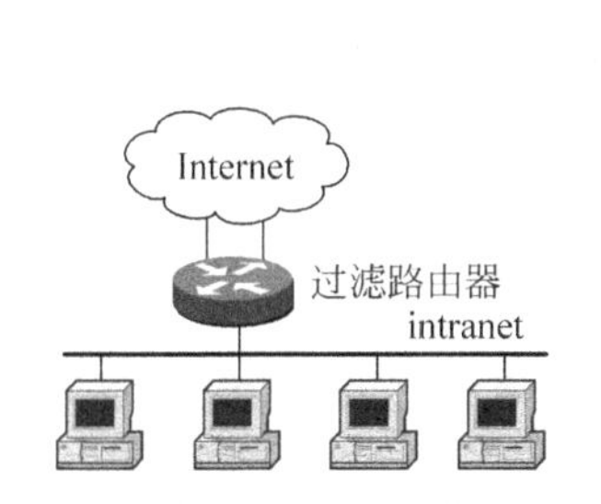

图 7.20 过滤路由器防火墙

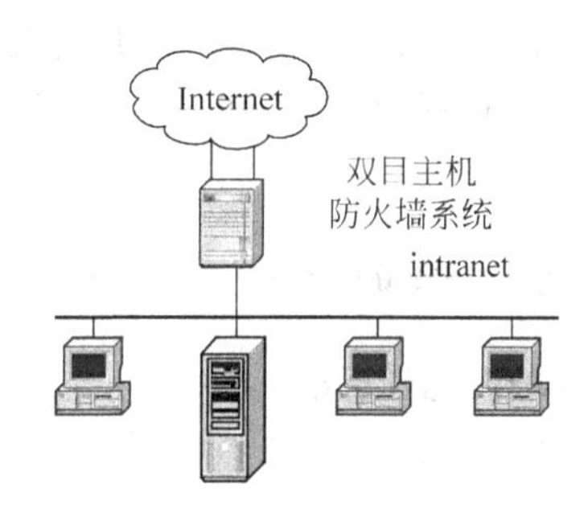

图 7.21 双目主机结构防火墙

3) 屏蔽主机结构

双目主机结构提供来自于多个网络相连的主机服务，但是路由要关闭，否则从一块网卡到另一块网卡的通信会绕过代理服务软件。而屏蔽主机结构使用一个单独的路由来提供与内部网相连主机即壁垒主机的服务。在这种安全体系结构中，主要的安全措施是数据包过滤，如图 7.22 所示。来自外部网络的数据包先经过屏蔽路由器过滤，不符合规则的数据被过滤掉，通过路由器的数据包被传送到壁垒主机，壁垒主机上的代理服务器软件将允许通过的信息传送到受保护的内部网络上。由于这种结构允许数据包通过因特网访问内部数据，因此，它的设计比双目主机结构风险高。

4) 屏蔽子网结构

屏蔽子网结构防火墙是通过添加隔离内外网的边界网络为屏蔽主机结构增添另一个安全层。这个边界网络有时候称为非军事区。壁垒主机是最脆弱的、最易受攻击的部位，通过隔离壁垒主机的边界网络，便可减轻壁垒主机被攻破所造成的后果。因为壁垒主机不再是整个网络的关键点，所以它们给入侵者提供一些访问，而不是全部。最简单的屏蔽子网有两个屏蔽路由器，一个接外部网与边界网络，另一个连接边界网络与内部网，如图 7.23 所示。这样为了侵入内部网，入侵者必须通过两个屏蔽路由器。屏蔽子网防火墙比屏蔽主机防火墙多了一个内部路由器，这又为内部网提供了一层防护。

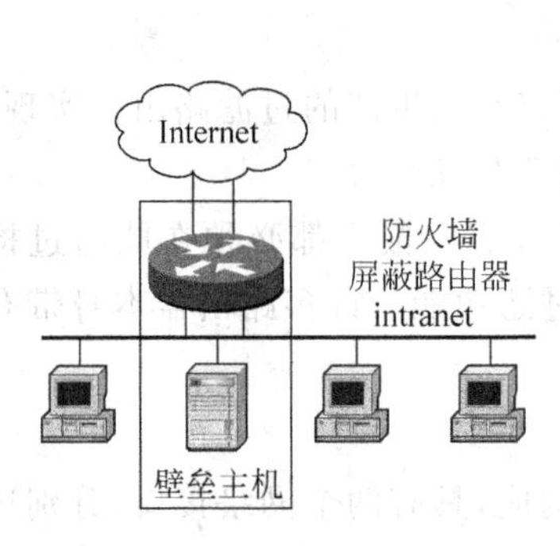

图 7.22　屏蔽主机结构防火墙

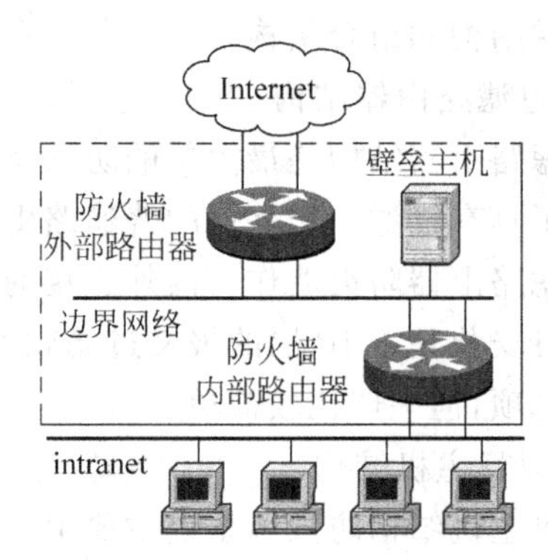

图 7.23　屏蔽子网防火墙

5）组合结构

一般在构造防火墙时，很少采用单一的体系结构，而经常采用以上 4 种基本结构相组合而成的多体系结构，如多堡垒主机结构、合并内外路由器结构、堡垒主机与内部路由器结构、堡垒主机与外部路由器结构、多个过滤路由器结构和双目主机与子网过滤结构等。具体选用何种组合，要根据网络中心向用户提供的服务、对网络安全等级的要求以及承担的风险等来确定。

7.4.4　防火墙的选择标准和发展方向

1. 防火墙的选择标准

选择防火墙的标准很多，但主要包括以下几方面。

(1) 总拥有成本。防火墙产品作为网络系统的安全屏障，其总拥有成本不应该超过受保护网络系统可能遭受最大损失的成本。

(2) 防火墙本身的安全。作为信息系统安全产品，防火墙本身应该是安全的，不给外部入侵者可乘之机。通常，防火墙的安全问题来自两方面：①防火墙本身的设计是否合理。对用户而言，应选择一个通过多家权威认证机构测试的产品。②使用不当。防火墙的许多配置需要系统管理员手工修改，如果系统管理员对防火墙不熟悉，就有可能在配置过程中遗留大量的安全漏洞。

(3) 管理与培训。管理和培训是评价一个防火墙好坏的重要方面。在计算防火墙的成本时，不能只简单地计算购置成本，还必须考虑总拥有成本。人员的培训和日常维护费用通常会在总拥有成本中占据较大的比例。

(4) 可扩充性。好产品应该留给用户足够的弹性空间，在安全水平要求不高的情况下，只选购基本系统，而随着要求的提高，用户仍然有进一步增加选择的余地，这样能够保护用户的投资。

(5) 防火墙的安全性能。防火墙产品最难评估的是防火墙的安全性能，即防火墙是否能够有效地阻挡外部入侵。因此，用户在选择防火墙产品时，应该尽量选择占市场份额较大同时又通过了权威认证机构认证测试的产品。

2. 防火墙的发展方向

防火墙表现出智能化、高速度、分布式、复合型和专业化等发展趋势。

（1）智能化的发展。防火墙将从目前的静态防御策略向具备人工智能的智能化方向发展。未来智能化的防火墙应能自动识别并防御各种黑客攻击手法及其相应变种攻击手法；能在网络出口发生异常时自动调整与外部网的连接端口；能根据信息流量自动分配、调整网络信息流量及协同多个物理设备工作；能自动检测防火墙本身的故障并能自动修复。智能化的防火墙还应具备自主学习并制定识别与防御方法的特点。

（2）速度的发展。随着网络速率的不断提高，防火墙必须提高运算速度以及包转发速度，否则它将成为网络的瓶颈。

（3）体系结构的发展。分布式并行处理的防火墙是防火墙的另一发展趋势。在这种概念下，将有多个物理防火墙协同工作，共同组成一个强大的、具备并行处理能力和负载均衡能力的逻辑防火墙。

（4）功能的发展。未来防火墙将在现有基础上继续完善其功能并不断增加新的功能。具体表现如下。

① 在保密性方面，将继续发展高保密性的安全协议，并用于建立虚拟专用网 VPN。基于防火墙的 VPN 在较长一段时间内将继续成为用户使用的主流。

② 在过滤方面，将从目前的地址、服务、URL（Uniform/Universal Resource Locator，统一资源定位符）、文本、关键字过滤发展到对 CGI、ActiveX、Java 等 Web 应用的过滤，并将逐渐具备病毒过滤的功能。

③ 在服务方面，将在目前的透明代理基础上完善其性能，并将具备针对大多数网络通信协议的代理服务功能。

④ 在管理方面，从子网和内部网的管理方式向基于专用通道和安全通道的远程集中管理方式发展；管理端口的安全性将是其重点考虑内容；用户费用统计、多种媒体的远程警报及友好的图形化管理界面将成为防火墙的基本功能模块。

⑤ 在安全方面，对攻击的检测、拦截及报警功能将继续是防火墙最主要的性能指标。

（5）专业化的发展。单向防火墙、电子邮件防火墙、FTP 防火墙等针对特定服务的专业化防火墙将作为一种产品门类出现。

总的来说，智能化、高速度、低成本、功能更加完善和管理更加人性化的防火墙将是未来网络安全产品的主力军。

7.5 反病毒技术

1983 年计算机病毒首次被确认时，它并没有引起人们的注意。直到 1987 年“星期五十三”（Friday 13th）病毒在世界范围内泛滥时，病毒才引起世人的高度重视。1989 年，我国首次发现计算机病毒。目前，全球已发现病毒 10 万余种，并且还在以每天 10 余种的速度增长。病毒种类繁多，且攻击模式变化多端，给社会造成巨大损失。2001 年 7 月，“红色代码”（codered）病毒开创了病毒、蠕虫和黑客“三管齐下”的攻击模式，使全球损失 26.2 亿美元。

由于计算机软件的脆弱性与互联网的开放性，新病毒不断衍生，攻击形态不断改变，一场病毒攻击与反病毒攻击的斗争将会愈演愈烈。因此，只有深谙病毒的攻击原理，建立起强大防病毒体系，开发出杀伤力极强的反病毒技术，才能保证网络安全，降低和消除病毒风险。

7.5.1 计算机病毒概述

1. 计算机病毒的定义

按《中华人民共和国计算机信息系统安全保护条例》中的规定，计算机病毒指编制或者在计算机程序中插入的破坏计算机功能或者毁坏数据，影响计算机使用，并能自我复制的一组计算机指令或者程序代码。

在 Internet 的发展和无线网络的出现之后，新病毒层出不穷，如各种网络病毒和手机病毒。大部分病毒都会发作。当病毒发作时，可能会破坏硬盘中的重要数据，甚至会重新格式化硬盘。即使病毒未发作，也带来不少麻烦。首先，病毒可能会占据一定的系统空间，并寻找机会自行繁殖复制，使得系统运行变慢。其次，由于 Internet 的出现，Java 和 ActiveX 的网页技术正被广泛地使用，出现了大批利用 Java 和 ActiveX 的特性编写的病毒，如 Java 病毒。虽然它不会破坏硬盘的数据，但当人们使用浏览器来浏览含有 Java 病毒的网页，Java 病毒强迫 Windows 不断开启新视窗，直到系统资源被用光为止。

随着时间的推移，计算机病毒的含义也在逐渐发生变化。从广义上说，凡能够引起计算机故障，破坏计算机数据的程序都可称为计算机病毒。所以，与计算机病毒特征和危害类似的特洛伊木马和网络蠕虫也可归为计算机病毒之列。特洛伊木马又称为黑客程序，其关键是采用隐藏机制执行非授权功能，从而窃取和破坏用户数据。网络蠕虫通过网络来扩散和传播特定的信息或错误，进而造成网络服务遭到拒绝，并出现死锁现象或使系统崩溃。

2. 计算机病毒的产生与传染

计算机病毒的产生是计算机技术和以计算机为核心的社会信息化进程发展到一定阶段的必然产物，它是计算机犯罪的一种新兴衍生形式，计算机软硬件产品的脆弱性是其产生的根本原因，而个人计算机和网络的普及应用则为计算机病毒的爆发提供了必要的环境。

进入 21 世纪的几年中，计算机病毒的发展非常迅速，病毒数量猛增，现已超过 10 万种。病毒的产生可能源于以下几种情况。

(1) 玩笑或恶作剧。

(2) 产生于个别人的报复心理。

(3) 用于版权保护。

(4) 用于经济、军事和政治目的。

病毒若想摧毁对方的计算机系统，必须获得计算机系统的控制权。病毒的传染途径有电磁波、有线电路、军用或民用设备和直接放毒等。其传播介质有计算机网络、软硬磁盘和光盘等。根据传输过程中病毒是否被激活，病毒传染分为静态传染和动态传染。

静态传染指用户使用了 Copy、DiskCopy 等拷贝命令或类似操作，一个病毒连同其载体文件一起从一处被复制到另一处。这时，病毒的载体程序不变，被复制后的病毒也不会引起其他文件感染。而动态传染指一个静态病毒被加载进入内存变为动态病毒后，当其传染模块被激活而发生的传染操作，这是一种主动传染方式。与动态传染相伴随的常常是病毒的发作，给用户制造麻烦的就是这种传染。

3. 计算机病毒的结构

事物自身的结构往往能够决定这一事物的特性,计算机病毒具有感染和破坏能力,这与病毒的结构有关。计算机病毒是一种特殊的程序,它寄生在正常的、合法的程序中,并以各种方式潜伏下来,伺机进行感染和破坏。在这种情况下,原先的那个正常的、合法的程序称为病毒的宿主或宿主程序。病毒程序一般由以下部分组成。

(1) 初始化部分。它指随着病毒宿主程序的执行而进入内存并使病毒相对独立于宿主程序的部分。在某些病毒中,尤其是传染引导区的计算机病毒,初始化部分还担负着将分别存储的病毒程序连接为一体的任务,如小球病毒等。

(2) 传染部分。它指能使病毒代码连接于宿主程序之上的部分,由传染的判断条件和完成病毒与宿主程序连接的病毒传染主体部分组成。一般而言,病毒是否传染给系统由传染的判断条件决定。在传染的判断条件中,判断病毒自身是否已经传染了被感染对象,一般是通过病毒标识来实现的。病毒标识是病毒自身判定条件的一种约定,它可以是病毒传染过程中写入宿主程序的标识,也可以是系统及程序本身固有的标识。

(3) 破坏部分或表现部分。主要指破坏被传染系统或者在被传染系统设备上表现的特定现象,如在系统显示器上显示特定的信息或画面、蜂鸣器发声等。病毒的破坏或表现部分是病毒程序的主体,它在一定程度上反映了病毒设计者的意图。

4. 计算机病毒的特征

任何计算机病毒都是人为制造的、具有一定破坏性的程序。概括起来,计算机病毒具有破坏性、传染性、隐蔽性、潜伏性、不可预见性、衍生性和针对性等特点。

(1) 破坏性指任何病毒只要侵入计算机系统,都会对系统及应用程序产生不同的影响。良性病毒可能只开一些小玩笑,而恶性病毒则具有明确的破坏目的,可对数据、操作、程序甚至硬件进行不可挽回的破坏。

(2) 传染性也叫自我复制或传播性,是计算机病毒的本质特征。在一定条件下,病毒可以通过某种渠道从一个文件或一台计算机上传染到另外没有被感染的文件或计算机上。

(3) 隐蔽性指计算机病毒一般是具有很高编程技巧、短小精悍的程序,通常依附在正常程序或磁盘代码中,非常难以与正常程序区分开,并能够在用户没有察觉的情况下扩散到众多计算机中。

(4) 潜伏性指大部分病毒在感染系统之后一般不会马上发作,而在较长一段时间内持续潜伏,只有在满足特定的条件时才会发作。

(5) 不可预见性指随着计算机病毒制作技术的不断提高,种类不断翻新,而防病毒技术明显落后于病毒制造技术。因此,对未来病毒的类型、特点及破坏性等很难预测。

(6) 衍生性指计算机病毒程序易被他人模仿和修改,从而产生原病毒的变种,衍生出多种"同根"的病毒。

(7) 针对性指计算机病毒并非在任何环境下都可起作用,其本身有一定的运行环境要求,只有在软硬件条件满足时才能发作。

7.5.2 网络病毒

Internet 的开放性成为计算机病毒广泛传播的有利途径,Interent 本身的安全漏洞也成为产生新的计算机病毒提供了良好的条件,加之一些新的网络编程软件(如 JavaScript、

ActiveX)为计算机病毒渗透到网络的各个角落提供了方便,因此,最近兴起了大肆破坏网络系统的"网络病毒"。

1. 网络病毒概述

网络病毒实际上是一个笼统的概念,可从两方面理解。一是网络病毒专门指在网络上传播、并对网络进行破坏的病毒;二是网络病毒是指与Internet有关的病毒,如HTML病毒、电子邮件病毒、Java病毒等。这里所讨论的网络病毒一般指后者。据权威报告分析显示,目前病毒的传播渠道主要是网络,比例已经高达97%。

网络病毒主要是利用软件或系统操作平台等安全漏洞,通过执行嵌入在网页HTML内的Java Applet小应用程序、JavaScript脚本语言程序及ActiveX软件部分网络交互技术支持的可自动执行的代码程序,强行修改用户操作系统的注册表设置及系统实用配置程序,或非法控制系统资源盗取用户文件,或恶意删除硬盘文件、格式化硬盘等。这些非法恶意程序的执行完全不受用户控制。用户一旦浏览含有该病毒的网页,即会在无法察觉的情况下感染网络病毒,并给自己的系统带来程度不同、危害不同的威胁。

网络病毒的种类大致可分为两类,一种是通过JavaScript、Java Applet或ActiveX编辑的脚本程序修改IE浏览器设置,其可能的后果有:默认主页被强行修改;主页设置被屏蔽和锁定且设置选项失效,禁止用户改回;IE标题栏被添加非法信息;IE收藏夹被强行添加非法网站的地址链接等。另一种是通过JavaScript、Java Applet或ActiveX编辑的脚本程序修改用户操作系统,使系统出现异常,其可能的后果有:开机出现对话框;系统正常启动后,IE被锁定网址自动调用打开;格式化硬盘;非法读取或盗窃用户密码或隐私文件;锁定禁用注册表;更改特定文件夹和文件的名称;私自打开端口与外界联络等。

2. 网络病毒的传播

Internet的飞速发展给防病毒工作带来了新的挑战。Internet上有众多的软件、工具可供下载,有大量数据需要交换,这在客观上为病毒的大面积传播提供了可能和方便。Internet本身也衍生出一些新一代的病毒,如Java和ActiveX病毒。这些病毒不需宿主,它们可通过Internet到处肆意寄生,也可以与传统病毒混杂在一起,不被人们察觉。更有甚者,它们可跨越操作平台,一被传染便可毁坏所有操作系统。网络病毒一旦突破网络安全系统,传播到网络服务器,进而在整个网络上传染和再生,就可能使网络资源遭到严重破坏。

除通过电子邮件传播外,病毒入侵网络的途径还有:病毒通过工作站传播到服务器硬盘,再由服务器的共享目录传播到其他工作站;网络上下载带病毒的文件的传播;入侵者通过网络漏洞进行传播等。Internet也可以作为网络病毒的载体,并通过自身将网络病毒方便地传送到其他站点。比如,用户在使用网络时,可能在不注意的情况下直接从文件服务器复制已感染病毒的文件;用户在工作站上执行一个带毒操作文件后,该文件所携带的病毒会感染网络上其他可执行文件;用户在工作站上执行带毒内存驻留文件后,再访问网络服务器时可能使更多的文件感染病毒。

3. 网络病毒的特点

计算机网络的主要特征是资源共享。一旦共享资源感染了病毒,网络各结点间信息的频繁传输会将计算机病毒迅速传染到其所共享的机器上,从而形成多种共享资源的交叉感染。网络病毒的迅速传播、再生、发作,将比单机病毒造成更大的危害。在Internet中,网络病毒具有以下特点。

(1) 传播方式复杂。网络病毒传染的方式一般有电子邮件、网络共享、网页浏览、服务器共享目录等，其传播方式多且复杂，难以防范。

(2) 传播速度快，范围广。在网络环境下，病毒可以通过网络通信机制，借助网络线路进行迅速扩展，特别是通过 Internet，新出现的病毒可以在短时间内迅速传播到世界各地。

(3) 清除难度大，难以控制。在网络环境下，病毒感染的站点数量多，范围广，很容易在一个网段形成交叉感染。只要有一个站点的病毒未被清除干净，它就会在网络上再次传播开来，使刚完成清理工作的站点再次被感染。

(4) 破坏危害大。网络病毒将直接影响网络的工作，轻则降低速度，影响工作效率；重则破坏服务器系统资源，使通信线路产生拥塞，造成网络系统全面瘫痪。

(5) 病毒变种繁多，功能多样。随着编程技术和网络语言的日益丰富，计算机病毒的编制技术也不断随之发展和变化，其功能也由最开始的简单自身复制挤占硬盘空间到目前的多样化功能，如开启后门、远程控制、密码窃取等，从而使其更具危害性。

7.5.3 特洛伊木马

"特伊洛木马"(下面简称木马或木马程序)的英文名为 Trojan horse，它是一种基于远程控制的黑客工具。木马程序通常寄生在用户的计算机系统中，盗窃用户信息，并通过网络发给黑客。它与普通的病毒程序不同，并不以感染文件，破坏系统为目的，而是以寻找后门，窃取密码和重要文件为主，还可对计算机进行跟踪监视、控制、查看、修改资料等操作，具有很强的隐蔽性、突发性和攻击性。

1. 木马的传播方式

木马的传播方式主要有 4 种：一是通过 E-mail 传播，控制端将木马程序以附件的形式附在邮件上发送出去，收件人只要打开附件就会感染木马；二是通过软件下载传播，一些非正式的网站往往以提供软件下载为名，将木马捆绑在软件安装程序上，用户只要一运行此类安装程序，木马就会自动安装；三是通过会话软件的"文件传输"功能进行传播，不知情的用户一旦打开带有木马的文件，就立刻感染木马；四是通过网页传播，黑客可以通过 JavaScript、Java Applet 或 ActiveX 编辑脚本程序，使木马程序在用户浏览染毒网页时从系统后台偷偷下载并自动完成安装。

2. 木马的工作原理

木马程序与其他病毒程序一样，都需要在运行时隐藏自己。传统的文件型病毒寄生于可正常执行程序体中，通过宿主的执行而执行。与之相反，大多数木马程序都拥有一个独立的可执行文件。木马通常不容易被发现，因为它是以一个正常应用的身份在系统中运行的。木马的运行可以有以下三种模式：潜伏在正常程序应用中，附带执行独立的恶意操作；潜伏在正常程序中，但会修改正常的应用程序进行恶意操作；完全覆盖正常程序应用，执行恶意操作。

木马程序也采用客户机-服务器工作模式。它一般包括一个客户端和一个服务器端，客户端放置在木马控制者的计算机中，服务器端放置在被入侵的计算机中，木马控制者通过客户端与被入侵计算机的服务器端建立远程连接。一旦连接建立，木马控制者可以通过对被入侵计算机发送指令的办法来传输和修改文件。通常，木马程序的服务器部分都是可以定制的，攻击者可以定制的项目包括服务器运行的 IP 端口号、程序启动时机、如何发起调用、如何隐身、是否加密等。另外，攻击者还可以设置登录服务器的密码，确定通信方式，比如发送一个宣告成功接管的 E-mail，或者联系某个隐藏的 Internet 交流通道，广播被侵占机器的 IP 地址。当木马程序的服务器部分完成启动后，它还可以直接与攻击者机器上运行的客户端程序通过预先定义的端口进行通信。

3. 木马的危害及分类

从本质上讲，木马是一种基于远程控制的工具，但其具有隐藏性和非授权性的特点。它可以实现窃取宿主计算机数据、接受非授权操作者指令、远程管理服务器端进程、修改删除文件和数据、操纵系统注册表、监视服务器端动作、建立代理攻击跳板和释放病毒蠕虫等功能。

因此，根据木马的特点及其危害范围，木马可以分为网游木马、网银木马、即时通信木马、后门木马和广告木马。网游木马主要针对网络游戏，木马制作者通过散布木马来大量窃取专门的网游账号，再将账号中的装备和虚拟货币转移或者出卖，从而获取现实利益。网银木马是一种专门针对网络银行进行攻击的木马，它采用记录键盘和系统信息的方法盗窃网银账号和密码，并发送到木马散布者指定的邮箱，直接导致用户的经济损失。即时通信木马利用即时通信工具(如 QQ、MSN 等)进行传播，在感染木马之后，计算机会自动下载病毒和作者指定的任意程序，其危害程度大小不一。后门木马采用反弹端口技术绕过防火墙，对被感染的系统进行远程文件和注册表的操作，从而达到俘获被控制计算机屏幕、远程重启和关闭计算机等目的。广告木马采用各种技术隐藏于系统内，它修改 IE 等网络浏览器的主页，禁止多项系统功能，修改网页定向，定时弹出广告窗口，并收集系统信息发给传播广告木马的网站。

7.5.4 网络蠕虫

网络蠕虫，作为对 Internet 危害严重的一种计算机程序，其破坏力和传染性不容忽视。它与传统计算机病毒不同，并非以破坏计算机为目的，而是以计算机为载体，主动攻击网络。它是一种通过网络传播的恶性代码，不仅具有传播性、隐蔽性和破坏性等普通病毒的特点，也具有自己的一些特征，如不利用文件寄生、可对网络造成拒绝服务、多与黑客技术相结合等。网络蠕虫的传染目标是网络内的所有计算机。

1. 蠕虫的基本结构和传播

网络蠕虫的基本程序结构包含传播模块、隐藏模块和目的功能模块。传播模块主要负责蠕虫的传播，一般包括扫描子模块、攻击子模块和复制子模块；隐藏模块使网络蠕虫在侵入计算机后，立刻隐藏自身，防止被用户所察觉；目的功能模块主要用于实现对计算机的控制、监视和破坏功能。

蠕虫程序的一般传播过程为扫描、攻击和复制三个阶段。蠕虫的扫描功能模块负责收集目标主机的信息，寻找可利用的漏洞或弱点。当程序向某个计算机发送的探测漏洞信息收到成功反馈数据后，就得到了一个可传播的对象，并进入攻击阶段。在攻击阶段中，蠕虫按步骤自动攻击前面扫描所找到的对象，并取得该计算机的权限。在复制阶段，复制模块通过原计算机和新计算机的交互将蠕虫程序复制到新计算机中并启动，从而完成一次典型的传播。

2. 蠕虫的分类

根据使用者情况的不同，网络蠕虫可以分为面向企业用户的蠕虫病毒和面向个人用户的蠕虫病毒。面向企业用户的蠕虫病毒具有很大的主动攻击性，一般利用系统漏洞进行攻击，突然瘫痪网络，但由于其目标集中、目的单一，较易被查杀。面向个人用户的蠕虫病毒由于传播方式比较多样和复杂，除利用系统漏洞外，更多是利用社会工程学陷阱对用户进行欺骗和引诱，很难在网络上被根除掉。

根据传播和攻击的特性，网络蠕虫还可以分为漏洞蠕虫、邮件蠕虫和传统蠕虫等三类。漏洞蠕虫主要利用微软的系统漏洞进行传播，如 SQL 漏洞、RPC(Remote Procedure Call protocol，远程过程调用)漏洞和 LSASS(Local Security Authority Service，本地安全认证服务)漏洞等，它可制造大量攻击数据堵塞网络，并可造成被攻击系统不断重启、系统速度变慢等现象，是网络蠕虫中数量最多的一类。电子邮件蠕虫主要通过邮件进行传播，它使用自己的 SMTP 引擎，将病毒邮件发给搜索到的邮件地址，此外，它还能利用 IE 漏洞，使用户在没有打开附件的情况下就感染病毒。

3. 蠕虫的特点

通过以上对蠕虫程序的分析，可见其具有以下特点。

(1) 传播迅速，清除难度大。一旦网络中某台计算机感染了蠕虫病毒，则在很短时间内，网络上所有计算机都会被依次传染，同时网络出现拥塞，严重影响网络的正常使用。

(2) 利用操作系统和应用程序漏洞主动进行攻击。蠕虫会主动利用各种漏洞来获得被攻击计算机系统的相应权限，继而完成复制和传播过程。在攻击过程中，由于漏洞的多样性和不可预知性，网络中的计算机很难避免被蠕虫感染。

(3) 传播方式多种多样。蠕虫可以利用包括文件、电子邮件、网络共享等多种方式来进行传播。

(4) 病毒制作技术与传统病毒有所不同。许多新型蠕虫病毒利用了最新的编程语言和编程技术来实现，从而易于修改以产生新的变种，同时也能有效的躲避防病毒软件的拦截和搜索。它甚至可以潜伏在 HTML 页面内，在计算机上网浏览时进行感染。

(5) 蠕虫与黑客技术相结合。由于蠕虫具有主动传播和难以防范等特点，因此在现代黑客技术中被广泛采用，不少蠕虫加入了开启被感染计算机后门的功能，有的甚至与木马技术相结合，以取得被感染计算机完全的非授权控制。

7.5.5 病毒防治技术

随着计算机技术和 Internet 的发展，计算机病毒对网络的危害也越来越大，为了维持网络的正常运作，保护用户个人数据和个人隐私不被侵犯，加强计算机系统安全防范，务必要采取行之有效的计算机病毒防治技术，并合理应用软硬件综合进行病毒防治，尽量不给计算机病毒以任何可乘之机。

1. 病毒防治技术分类

从研究的角度，反病毒技术主要分以下三类。

(1) 预防病毒技术。它通过自身常驻系统内存，优先获得系统的控制权，监视和判断系统中是否有病毒存在，进而阻止计算机病毒进入计算机系统和对系统进行破坏。主要手段包括加密可执行程序、引导区保护、系统监控与读写控制等。

(2) 检测病毒技术。它是通过对计算机病毒的特征来进行判断的侦测技术,如自身校验、关键字、文件长度的变化等。病毒检测一直是病毒防护的支柱,然而随着病毒的数目和可能切入点的大量增加,识别古怪代码串的进程变得越来越复杂,而且容易产生错误和疏忽。因此,新的反病毒技术应将病毒检测、多层数据保护和集中式管理等多种功能集成起来,形成多层次防御体系,既具有稳健的病毒检测功能,又具有数据保护能力。

(3) 消除病毒技术。它可通过对病毒的分析,清除病毒并恢复原文件。大量的病毒针对网上资源和应用程序进行攻击,存在于信息共享的网络介质上,因而要在网关上设防,在网络入口实时杀毒。对于内部网络感染的病毒,如客户机感染的病毒,通过服务器防病毒功能,在病毒从客户机向服务器转移的过程中将其清除掉,把病毒感染的区域限制在最小范围内。

2. 常用病毒预防技术

计算机病毒防治的关键是做好预防工作,防患于未然。对计算机用户来说,预防病毒感染的措施主要有两个:一是选用先进可靠的反病毒软件对计算机系统进行实时保护,预防病毒入侵;二是从个人角度,严格遵守病毒预防的有关守则,并不断学习病毒防治知识和经验。从技术的角度看,目前最常用的病毒预防技术有实时监视技术和全平台防病毒技术两种。

实时监视技术可通过修改操作系统,使操作系统本身具备防病毒功能,将病毒隔绝于计算机系统之外。实时监视技术的防病毒软件由于采用了与操作系统的底层无缝连接技术,实时监视器所占用的系统资源极小,基本不会影响用户的操作,它会在计算机运行的每一秒都执行严格的防病毒检查,确保从 Internet、光盘、软盘等途径进入计算机的每一个文件都是安全的,一旦发现病毒,则自动将病毒隔离或清除。

全平台防病毒技术是面向各种不同操作系统的病毒防治技术。目前,病毒活跃的平台有 DOS、Windows、Windows NT、NetWare、Exchange 等。为了使防病毒软件做到与底层无缝连接,实时地检查和清除病毒,必须在不同的平台上使用相应平台的防病毒软件。只有在每一个点上都安装相应的防病毒模块,才能在每一点上都实时地抵御各种病毒的攻击,使网络真正实现安全性和可靠性。

3. 病毒的发展趋势及防范对策

现在的计算机病毒已经由从前的单一传播、单种行为变成了以 Internet 来传播,集电子邮件、文件传染等多种传播方式,融木马、黑客、蠕虫等多种攻击手段于一身,形成了与传统病毒概念完全不同的新型病毒。根据这些病毒的发展和演变,可预见未来的计算机病毒具有如下发展趋势。

(1) 病毒类型网络化。新型病毒将与 Internet 更紧密的结合在一起,利用一切可以利用的方式进行传播。

(2) 病毒功能综合化。新型病毒将集文件传染、蠕虫、木马和黑客程序于一身,破坏性大大加强。

(3) 病毒传播多样化。新型病毒将通过网络共享、网络漏洞、网络浏览、电子邮件和即时通信软件等途径进行传播。

(4) 病毒多平台化。新型病毒将不只针对 Windows 和 Linux 平台,更会扩散到手机、PDA 等移动设备上。

因此，为了使现代防病毒技术跟上时代发展的步伐，保证网络时代的信息系统安全，这就要求新型的防病毒软件必须能够做到：

(1) 全面地与 Internet 结合，不仅能进行手动查杀和文件监控，还必须对网络层、邮件客户端进行实时监控，防止病毒入侵。

(2) 建立快速反应的病毒检测信息网，在新型病毒爆发的第一时间提供解决方案。

(3) 提供方便的在线自动升级服务，使计算机用户随时拥有最新的防病毒能力。

(4) 对病毒经常攻击的应用程序进行重点保护。

(5) 提供完善和及时的防病毒咨询，提高用户的防病毒意识，尽快使用户了解新型病毒的特征和解决方案。

7.6 入侵检测与防御技术

传统的安全防御策略，如访问控制机制、加密技术、防火墙技术等，采用的是静态安全防御技术，对网络环境下日新月异的攻击手段缺乏主动响应。而检测技术是动态安全技术的核心技术之一，是防火墙的合理补充，是安全防御体系的一个重要组成部分。

7.6.1 检测技术概述

入侵是指一些网络攻击者试图进入或者滥用网络系统的行为。在网络中，攻击者首先需要确定目标，并收集相关信息(如邮件地址、相关 IP 地址、漏洞等)，然后根据得到的信息进行渗透，从而完成整个入侵过程。总的来说，入侵者需要尽可能地获得足够的计算机系统权限，为接下来的一系列盗窃、破坏、修改信息活动打好基础。而入侵检测技术正是针对这种网络行为进行检测与防御的一门网络技术。

1. 入侵检测的概念

入侵检测系统(Intrusion Detection Systems，IDS)通过收集计算机网络或计算机系统中的若干关键点的信息并对其进行分析，从中发现网络或系统中潜在的违反安全策略的行为和被攻击的迹象。它能为网络系统提供实时的入侵检测并采用相应的防护手段，如实时记录网络流量用于识别攻击行为、断开网络连接、核查系统配置和漏洞、评估系统关键资源和数据文件的完整性、识别攻击行为、对异常行为进行统计、使用诱骗服务器记录入侵者行为等功能。入侵检测系统具有很多智能模块，可将所得到的数据进行分析，得出有用的结论，并据此对入侵攻击行为及时报警或采取相应的防护手段。

一个合格的实时入侵检测系统可用于检测、报告和终止整个网络中未经授权的活动，以便保护整个网络。它能大大简化网络管理员的工作，保证网络安全地运行。它不仅能够检测外部网络的入侵者，同时也能检测内部网络的未授权行为，这就弥补了防火墙在这方面的不足，并作为继防火墙之后的第二道安全保障，在不影响网络性能的情况下对网络进行检测，提供对内部攻击、外部攻击和误操作的实时保护，从而极大地减少了网络所遭受的攻击概率和攻击所带来的危害程度。

2. 入侵检测的原理

入侵检测可分为实时检测和事后检测两种类型。实时入侵检测是在网络连接过程中进行的，系统根据用户的历史行为模型、存储在计算机中的专家知识和神经网络模型对用户当前的操作进行判断，一旦发现入侵迹象，就立即断开入侵者与主机的连接，并收集证据和实施数据恢复。这个检测过程是循环进行的。

事后入侵检测是由网络管理人员进行的。他们具有网络安全的专业知识，根据计算机系统对用户操作所做的历史审计记录判断是否具有入侵行为，如果确定有入侵行为就断开连接，并记录入侵证据，进行数据恢复。事后入侵检测是由管理员定期或不定期进行的，不具有实时性。因此防御入侵的能力也不如实时入侵检测。入侵检测的基本原理如图 7.24 所示。

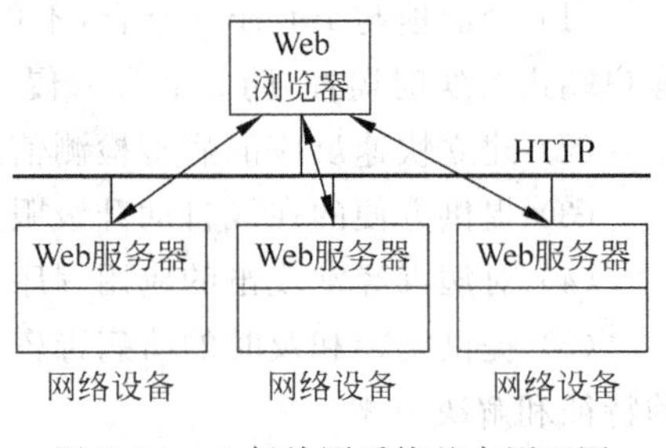

图 7.24　入侵检测系统基本原理图

3. 入侵检测的过程

从整体上看，入侵检测系统在进行入侵检测时需要进行信息收集和信息分析。

信息收集的内容包括系统、网络、数据及用户活动的状态和行为，需要在计算机网络系统中的若干不同关键点收集信息，这不仅扩大了检测范围，也方便系统综合各源点信息来正确判断系统是否受到攻击。在这个阶段中，务必要保证用于检测网络系统的软件具有可靠的完整性和相对较强的坚固性，防止因被攻击而导致原有软件系统或文件被篡改，以免收集到错误的信息或者完全不能检测入侵信息。

信息分析一般通过模式匹配、统计分析和完整性分析三种技术手段对收集到的有关系统、网络、数据及用户活动的状态和行为等信息进行分析。其中前两种方法主要用于实时入侵检测，而后一种方法主要用于事后分析。

模式匹配指将收集到的信息与已知的网络入侵和系统已有的模式数据库进行比较，从而发现可能违反安全策略的行为。该方法只需收集相关数据集合，减少了系统负担，技术已相当成熟，但缺点是需要不断升级以应付不断出现的入侵攻击，并不能检测从未出现过的入侵攻击手段。

统计分析首先为系统对象(如用户、文件、目录和设备等)创建一个统计描述，统计正常使用时的一系列可测量属性(如访问次数、操作失败次数和延时长度等)。测量属性的平均值将被用来与网络、系统的行为进行比较，只要观察值在正常波动的范围之外，就认为有入侵发生。此方法的优点在于可检测到未知的入侵和某些方式复杂的入侵，但缺点是误报、漏报概率高，而且不能适应用户行为的突然改变。

完整性分析主要关注某个文件或对象的修改。它利用严格加密机制来识别对象文件的任何变化。这种方法的优点是只要攻击导致文件或其他被监视对象的任何改变，都能被立刻发现；但缺点是只能用于批处理方式实现，较少用于实时响应。

4. 入侵检测技术分类

根据数据来源的不同，入侵检测系统可以分为基于主机、基于网络和混合型入侵检测系统三类。基于主机的入侵检测系统主要用于保护关键应用服务器，实时监视可疑的网络连接、系统日志检查、非法访问等，并提供对 Web 服务器应用等典型应用的监视，其数据源为系统日志、应用日志等；基于网络的入侵检测系统则主要用于实时监控网络中关键路径的信息，其数据源为网络上的数据包；混合型入侵检测系统基于主机和网络两方面，一般来说配置是分布式的。

根据数据检测方法不同，入侵检测系统可分为异常检测模型和误用检测模型两大类。异常检测模型的特点是首先总结正常操作应该具有的特征，在得出正常操作的模型之后，对后续的操作进行监视，一旦发现偏离正常统计学意义上的操作模式，即进行报警。误用检测模型的特点是收集非正常操作，也就是入侵行为的特征，建立相关特征库，并在后续的检测过程中，将收集到的数据与特征库中的特征代码进行比较，得出是否入侵的结论。

根据数据分析发生的时间不同，可分为脱机分析和联机分析两类。脱机分析就是行为发生后，对产生的数据进行分析；联机分析则是在数据产生或发生改变的同时对其进行检查，以发现攻击行为，这种方式一般用于对网络数据的实时分析，对系统资源要求较高。

按照系统各个模块运行的分布方式不同，可以分为集中式和分布式两类。集中式指系统的各个模块包括数据的收集与分析以及响应模块都集中在一台主机上运行，而分布式则指系统的各个模块分布在网络中的不同计算机、设备上。一般说来，模块的分布性主要体现在数据收集模块上，按层次性原则进行组织。

7.6.2 入侵检测系统模型

1. 通用入侵检测模型

1987 年 Dennying 公布的通用入侵检测模型概括了一般性入侵检测模型的结构，如图 7.25 所示。

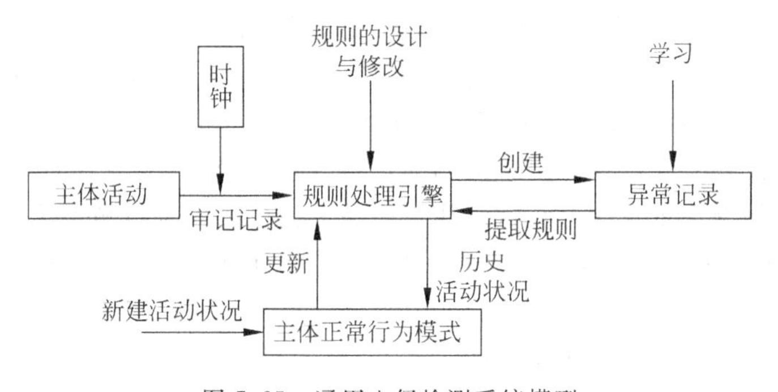

图 7.25 通用入侵检测系统模型

该模型包括以下六个主要部分。

(1) 主体。在目标系统上活动的实体，如用户等。

(2) 对象。特指系统资源，如文件、设备、软件、命令等。

(3) 审计记录。一般由主体、活动、异常条件、资源使用状况和时间戳等组成。其中活动是指主体对目标的操作，异常条件指系统对主体活动异常情况的报告，资源使用状况概括了系统资源的消耗情况。

(4) 活动档案。特指系统的正常行为模型，主要保存系统正常活动的有关信息，一般以统计学方法从事件的数量、频度、资源消耗等方面度量。

(5) 异常记录。一般由事件、时间戳和审计记录组成，表示异常时间的发生情况。

(6) 活动规则。负责对事件是否为入侵行为进行判断，并据此采取相应的行动。

2. 基于网络和主机的入侵检测系统

基于网络的入侵检测系统使用原始网络数据包作为数据源，通常利用一个运行在随机模式下的网络适配器来实时监视并分析通过网络的所有通信业务。它利用表达式和字符匹配、频率、低级事件相关性和统计学意义上的非常规现象检测等四种技术来识别攻击标志。一旦检测到攻击行为，入侵检测系统（IDS）的响应模块就提供多种选择以通知、报警并对攻击采取相应反应，如通知管理员、中断连接、为法庭分析和举证收集会话记录等。

通常，将基于网络的入侵检测系统放置在防火墙或网关之后，对所有内传或外传的数据包进行监视，但不延误它们的传送。在攻击系统之前，攻击者一般会扫描系统企图发现系统存在的缺陷或漏洞，当捕获到明显的端口扫描信息时，入侵检测系统将迅速断开网络，并记录攻击地址。

基于主机的入侵检测系统通常部署在权限被授予和跟踪的主机上，它在被重点检测的主机上运行一个代理程序。该代理程序作为检测引擎，可根据主机行为特征库对受检测主机上的可疑行为进行采集、分析和判断，并把警报信息发送给控制端程序，由管理员集中管理。此外，代理程序需要定期给控制端发出信号，以使管理员能确信代理程序工作正常。

基于主机的入侵检测系统主要依靠主机行为特征进行检测。检测系统可通过监测系统日志和SNMP陷阱寻找某些模式，并找出重要程度很高的安全事件。它的特征库包括大量操作系统事件，如可疑文件的传输，受拒的登录企图和系统重启等。此外，特征库也包括其他来自应用程序和服务的安全信息。

与基于主机的入侵检测系统相比，基于网络的入侵检测系统拥有许多自身的优点。它的建设和拥有成本低，能够检测出基于主机入侵检测所漏掉或忽略掉的攻击；它使用正在发生的网络通信进行实时攻击的检测，使攻击者无法转移证据，并在恶意或可疑攻击发生的同时便能将其检测出来，其通知速度和响应速度比基于主机的入侵检测系统更为迅速；基于网络的入侵检测系统还可检测出未成功的攻击和不良意图，并且在计算机自身操作系统已经遭到破坏的情况下依然能够正常工作。而基于主机的入侵检测系统也具有自身所不能替代的优点，它可监视特定的系统活动，不要求额外的硬件设备，实施成本低廉，适用于被加密和交换的环境。

3. 基于异常和误用的入侵检测系统

基于异常的入侵检测系统能够根据异常行为和使用计算机资源的情况将入侵行为检查出来。它用定量的方式描述可以接受的行为特征，以区分非正常、潜在的入侵行为。为实现该类检测，基于异常的入侵检测系统建立正常活动的规范集，当主体的活动违反其统计规律时，就认为可能存在入侵行为。异常检测的优点之一，是具有抽象系统正常行为从而可检测系统异常行为的能力，这种能力不受系统以前是否知道这种入侵的限制，能够检测出新的入侵行为。但其缺点也正在于此，假如入侵者了解到检测规律，就可小心地避免系统指标的突变，而使用逐渐改变系统指标的方法逃避检测。同时，这种检测效率不高，检测时间较长，而且是一种事后检测，即当检测到入侵行为时，破坏已经发生了。

7.6.3 漏洞扫描技术

就目前的系统安全而言，只要系统中存在漏洞，也就一定存在着潜在的安全威胁，假如人们能够根据具体应用环境，尽可能早地通过漏洞扫描来发现漏洞，并及时采取适当的处理措施来进行修补，就可以有效地阻止入侵事件的发生。漏洞扫描技术就是对计算机系统或其他网络设备进行相关安全检测，从而发现安全隐患和可被利用漏洞的技术。

1. 漏洞扫描概述

网络漏洞是系统软、硬件存在的脆弱性。安全漏洞的存在可导致非法用户入侵系统或未经授权获得访问权限，造成信息被篡改和泄露、拒绝服务或系统崩溃等问题。因此，系统管理员可根据安全策略，采用相应的漏洞扫描工具实现对系统的安全保护。

漏洞扫描是网络管理系统的重要组成部分，它不仅可实现复杂烦琐的信息系统安全管理，而且可从目标信息系统和网络资源中采集信息，帮助用户及时找出网络中存在的漏洞，分析来自网络外部和内部的入侵信号，甚至能及时对攻击做出反应。

漏洞扫描通常采用被动策略和主动策略。被动策略一般基于主机，对系统中不合适的设置、脆弱的口令以及其他与安全规则相抵触的对象进行检查。主动策略则一般基于网络，通过执行一些脚本文件模拟来对系统进行攻击行为，并记录系统的各种反应，从而发现可能存在的漏洞。

2. 常用的漏洞扫描技术

漏洞扫描技术可分为以下五种。

(1) 基于应用的扫描技术。它指采用被动的、非破坏性的办法检查应用软件包的设置，从而发现安全漏洞。

(2) 基于主机的扫描技术。它指采用被动的、非破坏性的办法对系统进行扫描。它涉及系统的内核、文件的属性等问题。它还包括口令解密，可把一些简单的口令剔除。因此，它可以非常准确地定位系统存在的问题，发现系统漏洞。其缺点是与平台相关，升级复杂。

(3) 基于目标的扫描技术。它指采用被动的、非破坏性的办法检查系统属性和文件属性，如数据库、注册号等。通过消息文摘算法，对文件的加密数据进行检验。其基本原理是采用消息加密算法和哈希函数，如果函数的输入有一点变化，那么其输出就会发生大的变化，这样文件和数据流的细微变化都会被感知。这些算法加密强度极大，不易受到攻击，并且其实现是运行在一个闭环上，不断地处理文件和系统目标属性，然后产生检验数，把这些检验数同原来检验数相比较，一旦发现改变就通知管理员。

(4) 基于网络的扫描技术。它指采用积极的、非破坏性的办法来检验系统是否有可能被攻击崩溃。它利用一系列的脚本对系统进行攻击，然后对结果进行分析。这种技术通常被用来进行穿透实验和安全审计。它可以发现网络的一系列漏洞，也容易安装，但是，会影响网络的性能。

(5) 综合利用上述 4 种方法的技术。这种技术集中了以上 4 种技术的优点，极大地增强了漏洞识别的精度。

3. 漏洞扫描技术的选用

在选用漏洞扫描技术时，应该注意以下技术特点。

(1) 扫描分析的位置。在漏洞扫描中，第一步是收集数据，第二步是数据分析。在大型网络中，通常采用控制台和代理结合的结构，这种结构特别适用于异构型网络，容易检测不同的平台。在不同威胁程度的环境下，可以有不同的检测标准。

(2) 报表与安装。漏洞扫描系统生成的报表是理解系统安全状况的关键，它记录了系统的安全特征，针对发现的漏洞提出需要采取的措施。整个漏洞扫描系统还应该提供友好的界面及灵活的配置特性。安全漏洞数据库需不断更新补充。

(3) 扫描后的解决方案。一旦扫描完毕,如果发现漏洞,则系统会采取多种反应机制。预警机制可以让系统发送消息、电子邮件、传呼等来报告发现的漏洞。报表机制则生成包含所有漏洞的报表,以根据这些报告采用有针对性的补救措施。与入侵检测系统一样,漏洞扫描有许多管理功能,通过一系列的报表可让系统管理员对这些结果做进一步的分析。

(4) 扫描系统本身的完整性。有许多设计、安装、维护扫描系统要考虑的安全问题。安全数据库必须安全,否则就会成为黑客的工具,因此,加密就显得特别重要。由于新的攻击方法不断出现,所以要给用户提供一个更新系统的方法,更新的过程也必须给予加密,否则将产生新的危险。实际上,扫描系统本身就是一种攻击,如果被黑客利用,那么就会产生难以预料的后果。因此,必须采用保密措施,使其不会被黑客利用。

7.6.4 入侵防护技术

防火墙只能拒绝明显可疑的网络流量,但仍允许某些流量通过,因此对许多入侵攻击无计可施。入侵检测技术只能被动地检测攻击,而不能主动把变化莫测的威胁阻止在网络之外。面对越来越复杂的网络安全问题,人们迫切需要一种主动入侵防护的解决方案,以保证企业网络在各种威胁和攻击环境下正常运行,因此,入侵防护技术诞生了。

1. 入侵防护概述

入侵防护系统能提供主动性的防护,其设计目的在于预先对入侵活动和攻击性网络流量进行拦截,避免其造成损失,而不是简单的在恶意流量传送时或传送后才发出警报。它通过直接嵌入到网络流量中实现这一功能,即通过一个网络端口接收来自外部系统的流量,经过检查确认其中不包含异常活动或可疑内容后,再通过另外一个端口将它传送到内部系统中,并将所有有问题的数据包以及所有来自同一数据流的后续数据包都在入侵防护设备中被清除掉。

入侵防护系统的出现不仅解决了目前一些安全解决方案不能解决的问题,而且还为企业节省了开销,并最终可能取代入侵检测系统而成为企业入侵防护的主流解决方案。企业要想拥有一个高效、完整的网络结构,深层防护理念一定是构建安全体系的航标,只有在它的指引下,才能真正免遭各种威胁的侵扰。入侵防护系统将是未来深层防护体系的核心,因为只有它才能检测到攻击,并能主动地阻止攻击。

入侵检测系统监视网络并发出警报,但并不能拦截攻击。入侵防护系统则是一种主动的、积极的入侵防范和阻止系统。它部署在网络的进出口处,当检测到攻击企图后,就会自动地将攻击包丢弃或采取措施将攻击源阻断。因此,从实际效果上看,入侵防护系统比入侵检测系统在网络安全方面有了更进一步的提升,能够对网络起到较好的实时防护作用。

2. 入侵防护系统的工作原理

随着网络系统漏洞不断被发现和入侵事件不断增多,企业网络遇到的攻击也越来越多。尽管某些攻击可以绕过传统防火墙,但设置在网络周边或内部网络中的入侵防护系统仍然能够有效地阻止这些攻击,为那些未添加补丁或配置不当的服务器提供保护。

入侵防护系统能够对所有数据包仔细检查,立即确定是许可还是禁止这些包的访问。它拥有多个过滤器,能够防止系统中各种类型的弱点受到攻击。当新的漏洞或攻击手段被发现后,入侵防护系统就会创建一个新的过滤器,并将其纳入自己的管辖之中,试探攻击这些漏洞的任何恶意企图都会受到拦截。如果有攻击者利用介质访问控制层到应用层之间的任何弱点进行入侵，它就能够从数据流中检查出这些攻击并加以阻止。与此相比，传统防火墙只能对第三层或第四层进行检测，而不能检测应用层内容。

入侵防护系统的数据包处理引擎是专业化定制的集成电路，集合了大规模并行处理硬件，能够同时执行数千次的数据包过滤检查，并行过滤处理可以确保数据包能够不间断地快速通过系统，而不会对速度产生影响，使网络出现延时。入侵防护过滤引擎对数据包进行过滤检查时，可以检查数据包中的每一个字节。入侵防护系统利用过滤器对数据流中的全部内容进行检查，每个过滤器包含一系列规则，只有满足规则的数据包才会被确认为不包含恶意攻击内容。为确保准确性，这些规则的定义一般非常广泛。在对传输内容进行分类时，数据包处理引擎必须参照数据包的信息参数，并将其解析到一个有意义的域进行上下文分析。为了防止攻击到达攻击目标，在某一数据流被确定有恶意攻击时，属于该数据流的所有数据包都将被丢弃。

作为一种透明设施，入侵防护系统是整个网络连接中的一部分。为了防止入侵防护系统成为网络中最薄弱的环节，它需要具有出色的冗余能力和故障切换机制，这样可确保网络在发生故障时依然能够正常运行。除了防御功能之外，入侵防护系统还在网络中担任清洁工作，能够清除格式不正确的数据包和非关键任务应用，使网络带宽得到保护。

3. 入侵防护分类

入侵防护技术包括基于主机的入侵防护系统和基于网络的入侵防护系统两大类。

基于主机的入侵防护系统通过在主机或服务器上安装代理程序来防止网络攻击者入侵操作系统以及应用程序。它可保护服务器的安全漏洞不被入侵者所利用，并阻断缓冲区溢出、改变登录口令、改变动态链接库等入侵行为，整体提升主机的安全水平。技术上，基于主机的入侵防护系统采用独特的服务器保护途径，利用由包过滤、状态包检测和实时入侵检测组成的分层防护体系。由于其工作在受保护的主机或服务器上，它不但能利用特征和行为规则进行检测，阻止像缓冲区溢出之类的已知攻击，还能防范未知攻击，防止 Web 页面、应用和资源的任何非法访问。

基于网络的入侵防护系统通过检测流经的网络流量，提供对网络系统的安全防护。在技术上，它吸取了基于网络的入侵检测系统的所有成熟技术，包括特征匹配、协议分析和异常检测。其中，特征匹配是最广泛的应用技术，具有准确率高、速度快的特点。基于状态的特征匹配不仅可以检测攻击行为的特征，也可检测当前网络的会话状态，避免受到欺骗攻击。基于网络的入侵防护系统工作在网络上能直接对数据包进行检测和阻断，而与具体的主机或服务器无关。

7.6.5 网络欺骗技术

网络欺骗技术是根据网络系统中存在的安全弱点，采取适当技术，伪造虚假或设置不重要的信息资源，使入侵者相信网络系统中这些信息资源具有较高价值，并具有可攻击和窃取的安全防范漏洞，然后将入侵者引向这些资源。网络欺骗技术既可迅速检测到入侵者的进攻并获知其进攻技术和意图，又可增加入侵者的工作量、入侵复杂度以及不确定性，使入侵者不知道其进攻是否奏效或成功。网络欺骗技术使网络防御一方可以跟踪网络进攻一方的入侵行为，根据掌握的进攻方意图及其采取的技术，先于入侵者及时修补本方信息系统和网络系统存在的安全隐患和漏洞，达到网络防御的目的。

网络欺骗一般通过隐藏和伪装等技术手段实现，前者包括隐藏服务、多路径和维护安全状态信息机密性，后者包括重定向路由、伪造假信息和设置圈套等等。下面将简单介绍几种网络欺骗技术。

1. 蜜罐技术

蜜罐(honey pot)技术通过模拟存在漏洞的系统，为攻击者提供攻击目标。其目标是寻找一种有效的方法来影响入侵者，使得入侵者将技术、精力集中到蜜罐而不是其他真正有价值的正常系统和资源中。蜜罐技术还能做到一旦入侵企图被检测到时，迅速地将其切断。蜜罐是一种用作侦探、攻击或者缓冲的安全资源，用来引诱人们去攻击或入侵它，其主要目的在于分散攻击者的注意力、收集与攻击和攻击者有关的信息。

但是，对于手段高明的网络入侵，蜜罐技术作用很小。因此，分布式蜜罐技术便应运而生，它将蜜罐散布在网络的正常系统和资源中，利用闲置的服务端口充当欺骗，从而增大了入侵者遭遇欺骗的可能性。它具有两个直接的效果，一是将欺骗分布到更广范围的IP地址和端口空间中，二是增大了欺骗在整个网络中的百分比，使得欺骗比安全弱点被入侵者扫描器发现的可能性增大。

2. 蜜空间技术

蜜空间(honey space)技术是通过增加搜索空间显著地增加入侵者的工作量，从而达到安全防护的目的。利用计算机系统的多宿主能力(multi-homed capability)，即使只有一块以太网卡的计算机上，也拥有众多IP地址，而且每个IP地址有它们自己的MAC地址，这样建立了一大段地址空间的欺骗，花费极低。例如，将4 000个IP地址绑定在一台Linux的PC上，这意味着16台计算机组成的网络系统，就可做到覆盖整个B类地址空间的欺骗。尽管看起来存在许多不同的欺骗，但实际上这些在一台计算机上就可实现。

从效果上看，将网络服务放置在这些IP地址上将毫无疑问地增加了入侵者的工作量，因为他们需要决定哪些服务是真正的，哪些服务是伪造的，特别对6万个以上IP地址都放置了伪造网络服务的系统。在这种情况下，欺骗服务更容易被扫描器发现，通过诱使入侵者上当，增加了入侵时间，从而大量消耗入侵者的资源，使真正的网络服务被探测到的可能性大大减小。当入侵者的扫描器访问到网络系统的外部路由器并探测到一个欺骗服务时，可将扫描器所有的网络流量重定向到欺骗上，使得接下来的远程访问变成这个欺骗的继续。

但是，采用这种欺骗技术时，网络流量和服务的切换即重定向必须严格保密，否则一旦暴露就将招致攻击，导致入侵者很容易将有效的服务和这种用于测试入侵者的扫描探测及其响应的欺骗区分开来。

3. 蜜网技术

蜜网(honey net)是一个用来学习黑客如何入侵系统的工具，包含了设计好的网络系统。一个典型的蜜网包含多台蜜罐和防火墙，通常还包括入侵检测系统。

蜜网与传统意义上的蜜罐是不同的。蜜网是一个网络系统，而并非某台单一主机。该网络系统隐藏在防火墙后面，对所有进出的信息进行监控、捕获及控制。这些被捕获的信息用于分析黑客使用的工具、方法及动机。在蜜网中所有系统都是标准的机器，其上运行的都是真实完整的操作系统及应用程序，它们不需要刻意地模仿某种环境或者故意使系统不安全。

在蜜网中，需要相当多硬件。一种解决办法是使用虚拟设备，在单台设备上运行多个虚拟操作系统，如 Solaris、Linux 和 Windows NT 等，甚至可以把防火墙设置在这台机器上。另外，由于网桥没有 IP 地址，攻击者看不到网桥，因此，通过在蜜罐主机之前放置带有防火墙功能的网桥将大大增加蜜网的安全性。

使用传统的防火墙时，对于谁在攻击、何时被攻击、采用什么方法和手段进行攻击、攻击的目的是什么，都是未知的。防火墙进行的是全方位防护，就如同用百万大军来抵御一个盗贼。而蜜网是一个真实运行网的拷贝，它是网络系统的仿真，不易被黑客发现。通过跟踪，及时准确地记录黑客的攻击信息，获得黑客的犯罪证据。蜜网的引入解决了网络安全中的两大难题。首先，及时发现网络安全中的隐患。通过蜜网使黑客的时间和精力消耗在对蜜网的攻击上，而且每次成功攻击都不会影响网络，同时找出网络安全漏洞以便补漏。其次，解决了证据收集难的问题。在网上数据传输量十分大，要在这茫茫数据海洋中找出黑客信息，区分其危险等级并加以防范是困难的。然而在蜜网中，都是黑客或者误入歧途者，信息量不大，通过跟踪与检测能从中找到不被污染的证据。

尽管蜜网能诱导入侵者实施攻击，消耗他们的时间精力，又能暴露出他们的动机，使营运网免遭攻击。但是，一旦欺骗失败就有可能酿成灾害，这需要及时发现网络中各种潜在的安全风险。例如，由于存在设计缺陷，蜜罐被入侵者接管等。

7.7 无线局域网安全技术

近年来，无线网在全世界取得了较大发展，无线局域网(Wireless Local Area Network, WLAN)应用也越来越多，它将扩展有线局域网或在某些情况下取而代之。可以预见，未来无线局域网将依靠其无法比拟的灵活性、可移动性和极强的扩容性，使人们真正享受到简单、方便、快捷的连接。

但是，与有线网络一样，无线局域网正受到众多安全问题的困扰，其中包括来自网络用户的攻击、未认证的用户获得存取权和来自企业或工作组外部的窃听。由于无线媒体的开放性，窃听是无线通信常见的问题，使得无线网络的安全性比有线网络备受关注。

7.7.1 无线局域网的安全问题

目前，困扰无线局域网发展的因素已不是速度，而是安全、应用和互联互通方面的问题，其中安全已成为制约无线局域网发展的重要因素。调查显示，在所有不愿采用无线局域网的用户中，有 40%的原因来自安全问题。可见，安全问题不解决，无线局域网的应用前景必将大受影响。与有线网络相比较，无线局域网的安全问题主要有两个方面。

1. 物理安全

无线设备包括站点和接入点。站点通常由一台 PC 或笔记本电脑加上一块无线网络接口卡构成；接入点通常由一个无线输出口和一个有线网络接口构成，其作用是提供无线和有线网络之间的桥接。物理安全是关于这些无线设备自身的安全问题。首先，无线设备存在许多的限制，这将对存储在这些设备的数据和设备间建立的通信链路安全产生潜在的影响。与个人计算机相比，无线设备如个人数字助理(Personal Digital Assistant, PDA)和移动电话等，存在如电池寿命短、显示器小、有限的或不同的输入方法、通信链路带宽窄、内存容量小、CPU 处理速度小等缺陷。其次，无线设备虽有一定的保护措施，但是这些保护措施总是基于最小信息保护需求的。如果存储重要信息的无线设备被盗，那么小偷就可能无限期地对设备拥有唯一的访问权，不断地获取受保护的数据。因此，有必要加强无线设备的各种防护措施。

2. 存在的威胁

由无线局域网的传输介质的特殊性，使得信息在传输过程中具有更多的不确定性，受到影响更大，主要表现如下。

(1) 窃听。由于无线局域网使用2.5G范围的无线电波进行网络通信，任何人都可以用一台带无线网卡的PC或者廉价的无线扫描仪进行窃听，但是发送者和预期的接收者无法知道传输是否被窃听，且无法检测到窃听。例如，无线电信号可能传播到办公室外面，入侵者就可以在建筑物外面来访问无线局域网，也就可以窃听网络中传输的数据。

(2) 修改替换。在无线局域网中，通过增加功率或定向天线可以很容易使某一结点的功率高于另一结点。这样，较强结点可以屏蔽较弱结点，用自己的数据取代，甚至会代替其他结点作出反应。

(3) 传递信任。当内部网包括一部分无线局域网时，就会为攻击者提供一个不需要物理安装的接口用于网络入侵。但在无线网络环境下，受攻击却不能通过一条确定的路径找到这个接口，这使得有效认证机制显得特别重要。在所有的情况下，参与通信的双方都应该能相互认证。

(4) 基础结构攻击。基础结构攻击是基于系统中存在的漏洞如软件臭虫、错误配置、硬件故障等。这种情况下也会出现在无线局域网中。但是针对这种攻击进行的保护几乎是不可能的，除非发生了，否则不可能知道系统漏洞的存在。所能做的就是尽可能地降低破坏所造成的损失。

(5) 拒绝服务。无线局域网存在一种比较特殊的拒绝服务攻击，攻击者可以发送与无线局域网相同频率的干扰信号来干扰网络的正常运行，从而导致正常的用户无法使用网络。如果攻击者有足够功率的无线电收发器，就能容易地产生干扰信号，以至于无线局域网无法使用这个无线电通道。

(6) 置信攻击。通常情况下，攻击者可以将自己伪造成基站。因为移动设备通常将自己切换到信号最强的网络，如果失败了就尝试下一个网络。当攻击者拥有一个很强的发送设备时，就能让移动设备尝试登录到他的网络，通过分析窃取密钥和口令，以便发动针对性攻击。

7.7.2 无线局域网安全技术

无线局域网具有随时连线、成本低廉、速度快、部署简易、美观和机动性强等优势。但无线网是以电磁波为介质传输信息，信息传输范围不如有线网容易控制，任何人都有条件窃听或干扰信息，其安全问题令人担忧。因此，在开始应用无线网络时，应该充分考虑其安全性，采用各种可能的安全技术。常用到的安全技术如下。

1. 服务集标识符

服务集标识符(Service Set Identifier，SSID)技术将一个无线局域网分为几个需要不同身份验证的子网，每一个子网都需要独立的身份验证，只有通过身份验证的用户才能进入相应的子网，防止未被授权的用户进入本网络，同时对资源的访问权限进行区别限制。SSID

是相邻的无线接入点(AP)区分的标志,无线接入用户必须设定SSID才能和AP通信。通常SSID须事先设置于所有使用者的无线网卡及AP中。尝试连接到无线网络的系统在被允许进入之前必须提供SSID,这是唯一标识网络的字符串。

但是SSID对于网络中所有用户都是相同的字符串,其安全性差,人们可以轻易地从每个信息包的明文里窃取到它。一般情况下,用户自己配置客户端系统,所以很多人都知道该SSID,很容易共享给非法用户。SSID实际是一个简单口令,可以提供一定的安全,但如果配置AP向外广播其SSID,那么安全程度还将下降。

2. 媒体访问控制

由于每个无线工作站的网卡都有唯一的物理地址,应用媒体访问控制(Media Access Control,MAC)技术,可在无线局域网的每一个AP设置一个许可接入的用户的MAC地址清单,MAC地址不在清单中的用户,接入点将拒绝其接入请求。但因为MAC地址在网上是明码模式传送,只要监听网络便可从中截取或盗用该MAC地址,进而伪装使用者进入内部网络偷取机密资料。其次,部分无线网卡允许通过软件来更改其MAC地址,可通过编程将想用的地址写入网卡就可以冒充这个合法的MAC地址,因此可通过访问控制的检查而获取访问受保护网络的权限。另外,媒体访问控制属于硬件认证,而不是用户认证。这种方式要求AP中的MAC地址列表必须随时更新,由于目前都是手工操作,当用户增加时,MAC地址扩展困难,因此媒体访问控制只适合于小型网络规模。

3. 有线等效保密

有线等效保密(Wired Equivalent Privacy,WEP)是常见的信息加密措施,WEP安全技术RC4(Ron's Code 4)的RSA数据加密技术,可以满足用户更高层次的网络安全需求。在链路层采用RC4对称加密技术,当用户的加密密钥与AP的密钥相同时才能获准存取网络的资源,从而防止非授权用户的监听以及非法用户的访问。其工作原理是通过一组40位或128位的密钥作为认证口令,当WEP功能启动时,每台工作站都使用这个密钥,将准备传输的信息加密形成新的信息,并透过无线电波传送,另一工作站在接收到信息时,也利用同一组密钥来确认信息并做解码动作,以获得原始信息。

WEP的目的是向无线局域网提供与有线网络相同级别的安全保护,它用于保障无线通信信号的安全,即保密性和完整性。但是由于WEP提供的是40位密钥机制,它存在许多缺陷。首先,40位密钥现在很容易破解。加上密钥是手工输入与维护,更换密钥费时和困难,密钥通常长时间使用而很少更换,若一个用户丢失密钥,则将危及到整个网络。其次,WEP标准支持每个信息包的加密功能,但不支持对每个信息包的验证。黑客可以从对已知数据包的响应来重构信息流,从而能够发送欺骗信息包。

针对WEP的不足,对WEP进行了扩展,提出了动态安全链路技术(Dynamic Security link,DSL)。DSL采用了128位密钥,但与WEP不同的是,DSL采用的密钥是动态分配的。它针对每一个会话(Session)都自动生成一把密钥,并且在同一个会话期间,对于每256个数据包,密钥将自动改变一次。采用DSL时,要求无线访问点AP中维护一个用户访问列表,而在用户端请求访问网络时进行用户名/口令的认证,只有认证通过之后才能连通。显然,采用DSL数据传输的保密性将大大增强。

4. Wi-Fi保护性接入

Wi-Fi(或WiFi)保护性接入(Wireless Fidelity Protected Access,WPA)是继承了WEP

基本原理而又解决了WEP缺点的一种新技术。其原理为根据通用密钥,配合表示计算机MAC地址和分组信息顺序号的编号,分别为每个分组信息生成不同的密钥。然后与WEP一样将此密钥用RC4加密处理。通过这种处理,所有客户端的所有分组信息所交换的数据将由各不相同的密钥加密而成。这样,无论收集到多少这样的数据,要想破解出原始的通用密钥几乎是不可能的。WPA还具有防止数据中途被篡改的功能和认证功能。

WPA标准采用了TKIP(Temporal Key Integrity Protocol,动态密钥完整性协议)、EAP(扩展认证协议)和IEEE 802.1x(端口访问控制技术)等技术,在保持Wi-Fi认证产品硬件可用性的基础上,解决IEEE 802.11在数据加密、接入认证和密钥管理等方面存在的缺陷。因此,WPA在提高数据加密能力、增强网络安全性和接入控制能力方面具有重要意义。WPA是一种比WEP更为强大的加密方法。作为IEEE 802.11i标准的子集,WPA包含了认证、加密和数据完整性校验三个组成部分,是一个完整的安全性方案。

5. 国家标准WAPI

国家标准WAPI(WLAN Authentication and Privacy Infrastructure,WAPI),即无线局域网鉴别与保密基础结构,它是针对IEEE 802.11中WEP协议安全问题,在中国无线局域网国家标准GB15629.11中提出的WLAN安全解决方案。WAPI采用公开密钥体制的椭圆曲线密码算法和对称密钥密码体制的分组密码算法,分别用于WLAN设备的数字证书、密钥协商和传输数据的加解密,从而实现设备的身份鉴别、链路验证、访问控制和用户信息在无线传输状态下的加密保护。

WAPI的主要特点是采用基于公钥密码体系的证书机制,真正实现了移动终端(Movable Terminator,MT)与无线接入点(AP)间双向鉴别。用户只要安装一张证书就可在覆盖WLAN的不同地区漫游,方便用户使用。另外,它充分考虑了市场应用,从应用模式上可分为单点式和集中式两种。单点式主要用于家庭和小型公司的小范围应用,集中式主要用于热点地区和大型企业,可以和运营商的管理系统结合起来,共同搭建安全的无线应用平台。采用WAPI能够彻底扭转目前WLAN多种安全机制并存且互不兼容的现状,从而根本上解决安全和兼容性问题。

6. 端口访问控制技术

端口访问控制技术(IEEE 802.1x)是由IEEE定义的,用于以太网和无线局域网中的端口访问与控制。该协议定义了认证和授权,可用于局域网,也可用于城域网。IEEE 802.1x引入了PPP(Point-to-Point Protocol,点对点协议)定义的扩展认证协议(Extensible Authentication Protocol,EAP)。大家知道,传统的PPP协议都采用PAP(Password Authentication Protocol,口令认证协议)/CHAP(Challenge Handshake Authentication Protocol,询问沟通确认协议)或Microsoft的MS-CHAP认证方式,它们都是基于用户名/口令或对口令加密的方式,而作为扩展认证协议,EAP可以采用更多的认证机制,如一次性口令、智能卡、公共密钥等,从而提供更高级别的安全。

实际上,IEEE 802.1x是运行在无线网设备关联之后,其认证层次包括两方面:客户端到认证端,认证端到认证服务器。IEEE 802.1x定义客户端到认证端采用EAP over LAN协议,认证端到认证服务器采用EAP over RADIUS(Remote Authentication Dial In User Service)协议。

IEEE 802.1x要求无线工作站安装IEEE 802.1x客户端软件,无线访问站点要内嵌

IEEE 802.1x 认证代理，同时它还作为 RADIUS 客户端，将用户的认证信息转发给 Radius 服务器。当无线工作站 STA 与无线访问点 AP 关联后，是否可以使用 AP 的服务要取决于 IEEE 802.1x 的认证结果。如果认证通过，则 AP 为 STA 打开这个逻辑端口，否则不允许用户上网。IEEE 802.1x 除提供端口访问控制能力之外，还提供基于用户的认证系统及计费，特别适合于公共无线接入解决方案。

但是 IEEE 802.1x 采用的用户认证信息仅仅是用户名与口令，在存储、使用和认证信息传递中可能泄漏、丢失，存在很大安全隐患。加上无线接入点 AP 与 RADIUS 服务器之间用于认证的共享密钥是静态的且是手工管理，这也存在一定的安全隐患。

7. 新一代无线局域网安全技术标准 IEEE 802.11i

由于 WPA 在 WLAN 安全上的固有缺陷和 WLAN 安全要求的不断提高，IEEE 标准委员会于 2005 年 6 月 25 日审批通过了新一代的无线局域网安全标准——IEEE 802.11i 标准。该安全标准定义了鲁棒安全网络(Robust Security Network，RSN)的概念，增强了 WLAN 中的数据加密和认证性能，并针对 WEP 加密机的各种缺陷进行了多方面改进。IEEE 802.11i 标准主要包括加密技术 TKIP 和 AES，以及认证协议 IEEE 802.1x，其基本结构如图 7.26 所示。

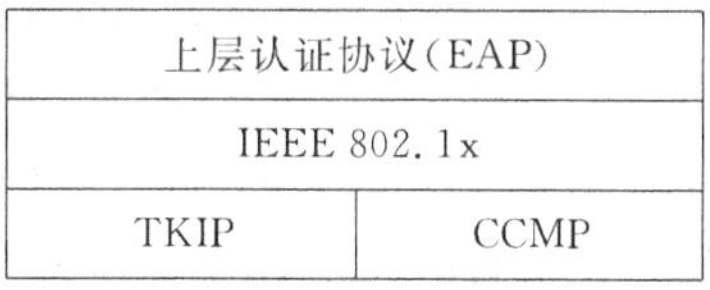

<table>
<tr><td colspan="2">上层认证协议(EAP)</td></tr>
<tr><td colspan="2">IEEE 802.1x</td></tr>
<tr><td>TKIP</td><td>CCMP</td></tr>
</table>

图 7.26　IEEE 802.11i 标准基本结构

(1) 认证方面，IEEE 802.11i 采用 IEEE 802.1x 接入控制来实现无线局域网的认证与密钥管理，并通过 EAP-Key 的四向握手过程与组密钥握手过程对加密密钥进行创建和更新，从而实现 IEEE 802.11i 中定义的 RSN 要求。

(2) 数据加密方面，IEEE 802.11i 定义了 TKIP、CCMP(Counter-Mode/CBC-MAC Protocol)和 WRAP(Wireless Robust Authenticated Protocol)三种加密机制。一方面，TKIP 采用了扩展的 48 位初始向量、密钥混合函数(Key Mixing Function)，重放保护机制和 Michael 消息完整性检验(安全的 MIC 码)这 4 种有力的安全措施，解决了 WEP 中存在的安全漏洞，提高了安全性。另一方面，TKIP 不用修改 WEP 硬件模块，只需修改驱动程序，升级起来也具有很大的便利性。

此外，802.11 中配合 AES 使用加密模式 CCM 和 OCB，并在这两种模式的基础上构造了 CCMP 和 WRAP 密码协议。CCMP 机制基于 AES 加密算法和 CCM 认证方式，使得 WLAN 的安全程度大大提高。但由于 AES 对硬件要求比较高，CCMP 无法通过在现有设备的基础上进行升级实现。

本 章 小 结

本章介绍了网络安全的定义、目标、服务及特征，分析了网络安全风险、安全策略和安全措施，重点阐述各种安全技术的工作原理及其特征，并对相关的安全技术作了比较。

按照 P2DR 安全模型，围绕安全策略，分别从静态和动态的角度，对常用的安全技术作了全面介绍。静态安全技术包括密码技术、防火墙技术等。动态安全技术着重介绍了入侵检测和防御技术。另外，针对目前无线局域网迅速发展的态势，对常用无线局域网安全技术进行了简单介绍。

密码技术是对存储或者传输的信息采取秘密的交换以防止第三者对信息窃取的技术。常用密码技术包括私钥密码技术和公钥密码技术。私钥密码技术使用相同的密钥加密和解密信息；公钥密码技术有一对密钥，用于保密通信和数字签名。

数字证书是一种由CA签发用于识别的电子形式的个人证书。数字认证是检查一份给定的证书是否可用的过程，也称为证书验证。

公钥基础设施结合多种密码技术和手段，采用证书进行公钥管理，通过第三方的可信任机构CA把用户的公钥和用户的其他标识信息捆绑在一起，在Internet网上验证用户的身份，为用户建立一个安全的网络运行环境。

防火墙是一道介于开放的不安全的公共网与信息、资源汇集的内部网之间的屏障。现代防火墙技术已经逐步走向网络层之外的其他安全层次，不仅能完成传统防火墙的过滤任务，还能为各种网络应用提供相应的安全服务。

病毒、蠕虫和黑客是当今破坏计算机网络、引起社会动荡和造成巨大损失的公害之一，对其采取的策略就是预防、检测和消除。

动态安全技术包括入侵检测技术、漏洞扫描技术、入侵防御技术和网络欺骗技术。入侵检测指对计算机和网络资源的恶意使用行为进行识别和响应的处理过程。漏洞扫描是采用模拟攻击的形式对目标可能存在的、已知的安全漏洞进行逐项检查，根据检测结果向系统管理员提供周密可靠的安全性分析报告，为提高网络安全整体水平提供了重要依据。入侵防护技术为计算机和网络提供主动性的防护，其设计目的在于预先对入侵活动和攻击性网络流量进行拦截，避免其造成损失。网络欺骗技术通过伪造不存在的网络资源引诱入侵者对其攻击，从而获取入侵者的进攻意图和技术，并对系统做有针对的调整，以更好防御入侵者的进攻。

无线局域网具有随时连线、成本低廉、速度快、部署简易、美观和机动性强等优势。但容易遭窃听或干扰，同样面临安全问题。常用的安全技术有服务集标识符、媒体访问控制等技术。

习　题　7

7.1　什么是网络安全？常见的网络安全威胁有哪些？

7.2　在考虑网络安全时，应注意哪些影响因素？网络安全的目标是什么？

7.3　网络安全服务包括几方面的内容？网络安全具有哪些特征？

7.4　如何构建一个健全的网络安全体系？请举例说明。

7.5　加密技术的基本原理是什么？对称密钥密码技术和公开密钥密码技术有什么区别？

7.6　常用对称密钥密码技术和公钥密码技术的典型算法有哪些？

7.7　什么是数字签名？实现数字签名的典型技术有哪些？数字签名与信息加密的区别在哪里？

7.8　什么是数字证书和数字认证？CA系统由几部分组成？它们具有什么功能？

7.9　什么是PKI？PKI体系结构由几部分组成？其作用分别是什么？

7.10　什么是数字水印技术，它有哪几种分类？什么是IC卡技术？它的特点和作用是什么？

7.11　防火墙的工作原理是什么？它有哪些功能？

7.12　防火墙的主要技术有哪几种？请详细叙述。

7.13　防火墙有几种体系结构？各具有什么特点？

7.14　结合人们所使用的防火墙，谈谈防火墙未来的发展趋势。

7.15　计算机病毒由几部分组成？各部分的作用是什么？计算机病毒与木马有什么区别？

7.16　按病毒的感染途径，计算机病毒可分为几类？各自的传染原理是什么？

7.17　什么是网络病毒？它的特点是什么？

7.18　木马的工作原理是什么？它对计算机有什么危害？网络蠕虫的特点是什么？

7.19　什么是入侵检测技术？它的工作原理是什么？

7.20　入侵检测系统模型有哪几种分类？它们各自是怎样实现入侵检测的？

7.21　常用的漏洞扫描技术有哪几类？

7.22　入侵防护系统与入侵检测系统有哪些不同之处？

7.23　什么是网络欺骗技术，其具体的实施途径有哪些？

7.24　无线网络与有线网络有什么区别？无线局域网存在哪些安全问题？

7.25　无线网络局域网中有哪些常用的安全技术？

7.26　除了本章所介绍的安全技术外，还有哪些安全技术？它们有什么特点？

第8章 网络管理

网络管理是当前计算机网络理论与技术发展的一个分支。随着网络技术的飞速发展和网络的社会化，对计算机网络系统的运行质量提出了越来越高的要求，因此网络的高效性和可靠性已成为人们关注的重点。

通过本章学习，可以了解（或掌握）：

- 网络管理的定义与目标；
- 网络管理的基本功能与网络管理模型；
- 网络管理协议；
- 典型的网络管理技术和常用的网络管理软件；
- 局域网管理技术。

8.1 网络管理概述

8.1.1 网络管理的定义和目标

1. 网络管理的定义

网络管理，简称网管，简单地说就是为保证网络系统能够持续、稳定、安全、可靠和高效地运行，对网络实施的一系列方法和措施。网络管理的任务就是收集、监控网络中各种设备和设施的工作参数和工作状态信息，将结果显示给管理员并进行处理，从而控制网络中的设备、设施、工作参数和工作状态，使其可靠运行。

2. 网络管理的目标

网络管理的主要目标如下。

（1）减少停机时间，改进响应时间，提高设备利用率。

（2）减少运行费用，提高效率。

（3）减少或消除网络瓶颈。

（4）适应新技术。

（5）使网络更容易使用。

（6）安全。

由此可见，网络管理的目标是最大限度地增加网络的可用时间，提高网络设备的利用率、网络性能、服务质量和安全性，简化网络管理和降低网络运行成本，并提供网络的长期规划。网络管理通过提供单一的网络操作控制环境，可以在复杂网络环境下管理所有的子网和设备，以统一的方式控制网络，排除故障和配置网络设备。

8.1.2 网络管理的基本功能

在实际的网络管理过程中，网络管理具有多种功能。在OSI网络管理标准中定义了网络管理的五个基本功能——配置管理、性能管理、故障管理、安全管理和计费管理。事实上，网络管理还包括其他一些功能，如网络规划、网络操作人员管理等。不过除了网络管理的五个基本功能外，其他管理功能的实现都与具体的网络环境有关，因此一般只需关注这五个功能即可。

1. 配置管理

配置管理(configuration management)包括视图管理、拓扑管理、软件管理、网络规划和资源管理。仅当有权配置整个网络时，才可能正确地管理该网络，排除出现的问题，因此这是网络管理最重要的功能。配置管理的关键是设备管理，它由以下两个方面构成。

(1) 布线系统的维护。做好布线系统的日常维护工作，确保底层网络连接完好，是计算机网络正常、高效运行的基础。城域网和广域网之间的互联除了微波、卫星信道等无线连接方式以外，光缆仍然是最有效的有线连接媒体。对布线系统的测试和维护一般借助于双绞线测试仪、光纤测试仪、规程分析仪和信道测试仪等。智能化分析仪器的使用提高了布线的管理水平和管理效率，可以更好地保证计算机网络的正常运行。

(2) 关键设备管理。无论何种规模的计算机网络，关键设备的管理都是一项相当重要的工作。这是因为网络中关键设备的任何故障都有可能造成网络瘫痪，给用户带来无法弥补的损失。网络中的关键设备一般包括网络的主干交换机、中心路由器以及关键服务器。对这些关键设备的管理除了通过网络软件实时监测外，更重要的是要做好它们的备份工作。

2. 性能管理

网络性能主要包括网络吞吐量、响应时间、线路利用率、网络可用性等参数。网络性能管理(performance management)是指通过监控网络运行状态，调整网络性能参数来改善网络的性能，确保网络平稳运行。它主要包括以下各项工作。

(1) 性能数据的采集和存储。主要完成对网络设备和网络通道性能数据的采集与存储。

(2) 性能门限的管理。性能门限的管理是为了提高网络管理的有效性，在特定的时间内为网络管理者选择监视对象、设置监视时间以及提供设置和修改性能门限的手段。当性能不理想时，通过对各种资源的调整来改善网络性能。

(3) 性能数据的显示和分析。根据管理要求，定期对当前和历史数据进行显示及统计分析，生成各种关系曲线，并产生数据报告。

3. 故障管理

故障管理(fault management)又称失效管理，主要对来自硬件设备或路径节点的报警信息进行监控、报告和存储，以及进行故障诊断、定位与处理。所谓故障，就是那些引起系统以非正常方式运行的事件。它可分为由损坏的部件或软件故障引起的故障，以及由环境引起的外部故障。

用户希望有一个可靠的计算机网络。当网络中某个组成失效时，必须迅速查找到故障并能及时给予排除。通常,分析故障原因对于防止类似故障的再次发生相当重要。网络故障管理包括故障检测、隔离和排除三方面。

(1) 故障检测。维护和检查故障日志,检查事件的发生率,看是否已发生故障,或即将发生故障。

(2) 故障诊断。执行诊断测试,以寻找故障发生的准确位置,并分析其产生的原因。

(3) 故障纠正。将故障点从正常系统中隔离出去,并根据故障原因进行修复。

4. 安全管理

安全管理(security management)主要保护网络资源与设备不被非法访问,以及对加密机构中的密钥进行管理。

安全管理是网络系统的薄弱环节之一。网络中需要解决的安全问题有:①网络数据的私有性,保护网络数据不被侵入者非法获取;②授权,防止侵入者在网络上发送错误信息;③访问控制,控制对网络资源的访问。

安全管理作为降低网络及其网络管理系统风险的一种手段,它是一些功能的组合,通过分析网络安全漏洞,以及通过实施网络安全策略,可动态地确保网络安全。相应地,网络安全管理应包括对授权机制、访问机制、加密和加密密钥的管理等。

5. 计费管理

计费管理(accounting management)主要管理各种业务资费标准,制定计费政策,以及管理用户业务使用情况和费用等。计费管理对网络资源的使用情况进行收集、解释和处理,提出计费报告,包括计费统计、账单通知和会计处理等内容,为网络资源的应用核算成本并提供收费依据。这些网络资源一般包括网络服务如数据的传输、网络应用如对服务器的使用。根据用户所使用网络资源的种类,计费管理分为三种类型:基于网络流量的计费;基于使用时间的计费;基于网络服务的计费。

计费管理作为记录网络资源使用情况的一种手段,目的是控制和检测网络操作的费用和代价。其作用是:计算各用户使用网络资源的费用;规定用户使用的最大费用;当用户需要使用多个网络中的资源时,能计算出总费用。

8.1.3 网络管理模型

在网络管理中,一般采用基于管理者-代理的网络管理模型,如图8.1所示。该模型主要由管理者、管理代理和被管对象组成。其中管理者负责整个网络的管理,管理者与代理之间利用网络通信协议交换相关信息,实现网络管理。

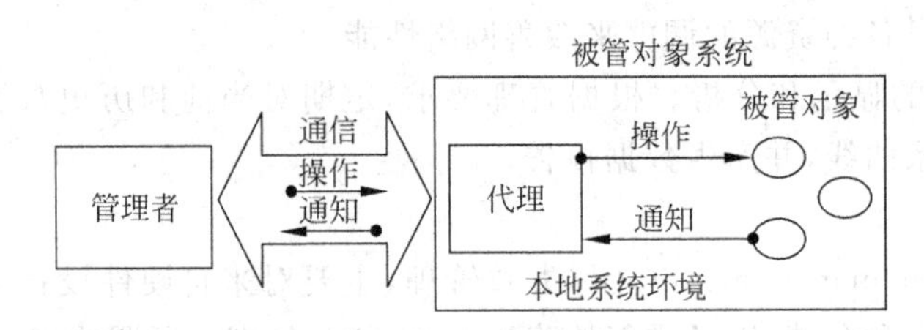

图8.1 管理者-代理的网络管理模型

网络管理者可以是单一的PC、单一的工作站或按层次结构在共享的接口下与并发运行的管理模块连接的几个工作站。

代理是被管对象或设备上的管理程序，它把来自管理者的命令或信息请求转换为本地设备特有的指令，监视设备的运行，完成管理者的指示，或返回它所在设备的信息。另外，代理也可以把自身系统中发生的事件主动通知管理者。一般的代理都是返回它本身的信息，而另一种称为委托代理的，则可以提供其他系统或设备的信息。

管理者将管理要求通过管理操作指令传送给被管理系统中的代理，代理则直接管理设备。但是，代理也可能因为某些原因而拒绝管理者的命令。管理者和代理之间的信息交换可以分为从管理者到代理的管理操作和从代理到管理者的事件通知两种。

一个管理者可以和多个代理进行信息交换。一个代理也可以接受来自多个管理者的管理操作，在这种情况下，代理需要处理来自多个管理者的多个操作之间的协调问题。

8.2 网络管理协议

随着网络规模增大，简单的网络管理技术已不能适应网络迅速发展的要求。以往的网络管理系统往往是厂商开发的专用系统，很难对其他厂商的网络系统、通信设备软件等进行管理，显然这种状况不适应网络发展的需要。20 世纪 80 年代初期，Internet 的发展使人们意识到了这一点，并提出了多种网络管理方案，包括 SNMP、CIMS/CMIP 等。

8.2.1 简单网络管理协议

简单网络管理协议(Simple Network Management Protocol，SNMP)是在应用层进行网络设备间通信的协议，它具有网络状态监视、网络参数设定、网络流量统计与分析和发现网络故障等功能。由于其开发及使用简单，所以得到了普遍应用。

1. SNMP 发展历史

1988 年，Internet 工程任务组(IETF)制定了 SNMP V.1。1993 年，IETF 制定了 SNMP V.2，该版本受到各网络厂商的广泛欢迎，并成为事实上的网络管理工业标准。SNMP V.2 是 SNMP V.1 的增强版。SNMP V.2 较 SNMP V.1 版本在系统管理接口、协同操作、信息格式、管理体系结构和安全性几个方面均有较大改善。1998 年 1 月，SNMP V.3 发布，SNMP V.3 涵盖了 SNMP V.1 和 SNMP V.2 的所有功能，并增加了安全性。

2. SNMP 管理模型

SNMP 采用轮询监控方式，主要对 ISO/OSI 七层参考模型中较低层次进行管理。管理者按一定时间间隔向代理获取管理信息，并根据管理信息判断是否有异常事件发生。当管理对象发生紧急情况时，可以使用称为 trap 信息的报文主动报告。轮询监控的主要优点是对代理资源要求不高，缺点是管理通信开销大。

SNMP 的基本功能包括网络性能监控、网络差错检测和网络配置。图 8.2 为 SNMP 网络管理模型。

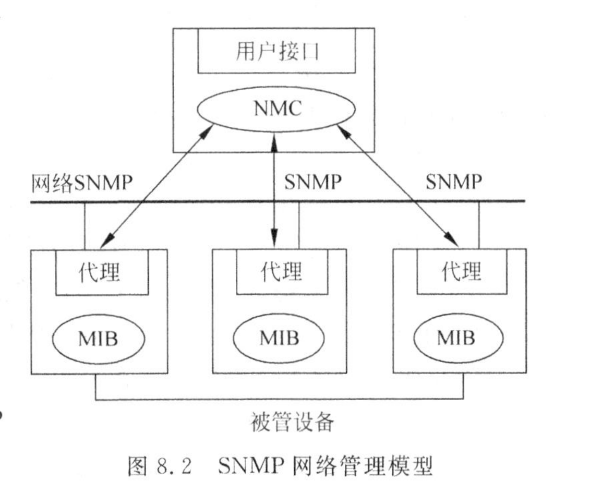

图 8.2　SNMP 网络管理模型

管理进程(Management Station,MS)处于管理模型的核心,负责完成网络管理的各项功能,排除网络故障,配置网络等,一般运行于网络中的某个主机上。管理进程包含和代理(agent)进行通信的模块,搜集管理设备的信息;同时为网络管理人员提供管理界面。

代理的作用是收集被管理设备的各种信息和响应网络中SNMP服务器的要求,并将其传输到MIB数据库中。代理包括智能集线器、网桥、路由器、网关及任何合法节点的计算机。

管理信息库(Management Information Base,MIB)负责存储设备的信息,它是SNMP分布式数据库的分支数据库。

SNMP用于网络管理中心与管理代理之间交互管理信息。网络管理中心通过SNMP向代理发出各种请求报文,代理则接收这些请求后完成相应的操作。

3. SNMP体系结构的主要特点

由于SNMP是为因特网而设计的,而且是为了提高网络管理系统的效率,所以网络管理系统在传输层采用了用户数据报(UDP)协议。SNMP具有如下特点。

(1) 尽可能降低管理代理的软件成本和资源要求。

(2) 提供较强的远程管理功能,以适应对Internet网络资源的管理。

(3) 体系结构具备可扩充性,以适应网络系统的发展。

(4) 管理协议本身具有高度的通用性,可应用于任何厂商任何型号和品牌的计算机、网络和网络传输协议之中。

4. SNMP操作命令

SNMP协议最重要的特性就是简洁清晰,从而使系统的负载可以减至最低限度。SNMP没有一大堆命令,只使用存(存储数据到变量)和取(从变量中取数据)两种操作。在SNMP中,所有操作都可以看作是由这两种操作派生出来的。

在SNMP中只定义了以下四种操作。

(1) 取(get)。从代理那里取得指定的MIB变量值。

(2) 取下一个(get next)。从代理的表中取得下一个指定的MIB的值。

(3) 设置(set)。设置代理指定的MIB的变量值。

(4) 报警(trap)。当代理发生错误时立即向网络管理中心报警,不需等待接收方响应。

8.2.2 公共管理信息服务/公共管理信息协议

公共管理信息服务/公共管理信息协议(Common Management Information Service/Protocol,CMIS/CMIP)是OSI提供的网络管理协议簇。CMIS定义了每个网络组成部件提供的网络管理服务,CMIP则是实现CIMS服务的协议。

OSI网络协议旨在为所有设备在OSI参考模型的每一层提供一个公共网络结构,而CMIS/CMIP正是这样一个用于所有网络设备的完整网络管理协议簇。

出于通用性的考虑,CMIS/CMIP的功能和结构与SNMP不同,SNMP是按照简单和易于实现的原则设计的,而CMIS/CMIP则能提供支持一个完整网络管理方案所需的功能。

CMIS/CMIP的整体结构建立在ISO参考模型基础之上,网络管理应用进程使用ISO参考模型中的应用层。而且在这层上,公共管理信息服务单元(Common Management Information Service Element,CMISE)提供了应用程序以使用CMIP协议接口。同时该层还包括了两个 ISO 应用协议——联系控制服务元素(Association Control Service Element，ACSE)和远程操作服务元素(Remote Operations Service Element,ROSE)，其中 ACSE 在应用程序之间建立和关闭通信连接，而 ROSE 则处理应用之间请求的传送和响应。另外，值得注意的是 OSI 没有在应用层之下特别为网络管理定义协议。

8.2.3 公共管理信息服务与协议

公共管理信息服务与协议(Common Management Information Service and Protocol Over TCP/IP,CMOT)是在 TCP/IP 协议簇上实现 CMIS 服务，这是一种过渡性的解决方案。

CMIS 使用的应用协议并没有根据 CMOT 而修改，CMOT 仍然依赖于 CIMSE、ACSE 和 ROSE 协议，这和 CMIS/CMIP 是一样的。但是，CMOT 并没有直接使用参考模型中的表示层来实现，而是在表示层中使用另外一个协议——轻量级表示协议(Lightweight Presentation Protocol,LPP)，该协议提供了目前最普遍的两种传输协议——TCP 和 UDP 的接口。

8.2.4 局域网个人管理协议

局域网个人管理协议(LAN Man Management Protocol,LMMP)为局域网的管理提供一个解决方案。LMMP 以前被称为 IEEE 802 逻辑链路控制上的公共管理信息服务与协议。由于该协议直接位于 IEEE 802 逻辑链路层上，它可以不依赖于任何特定的网络协议进行网络传输。

由于不依赖其他网络协议，所以 LMMP 比 CIMS/CMIP 或 CMOT 更易于实现，然而没有网络层提供路由信息，LMMP 信息不能跨越路由器，从而限制了它只能在局域网中使用。但是，跨越局域网传输局限的 LMMP 信息转换代理可克服这一问题。

8.2.5 电信管理网络

电信管理网络(Telecommunication Management Network,TMN)是带有标准 OSI 协议、接口和体系结构的管理网络，由国际电信联盟(International Telecommunication Union,ITU)开发。TMN 提供了框架，以实现异类操作系统和电信网络之间的互联与通信。

TMN 模型将网络管理分成配置、性能、故障、记账和安全管理五个功能领域。

TMN 模型按照服务提供商的业务与运行功能来组织功能层。每个管理功能都集中在给定的级别上，而没有其他层的细节。TMN 提供了有组织的体系结构，它允许各种操作系统和电信设备交换管理信息。TMN 模型缺少管理 IP 的技术和允许 IP 服务的接口。ITU 和其他标准组织已经开始为 IP 技术定义网络管理模型。

8.3 网络管理技术与软件

8.3.1 网络管理技术

1. 基于 Web 的网络管理

自从网络诞生以来，网络管理一直受到人们的关注。随着计算机网络和通信规模的不断扩大，网络结构日益复杂和异构化，网络管理也迅速发展。将 WWW 应用于网络以及设备、系统和应用程序而形成的基于 Web 的网络管理(Web-Based Management，WBM)系统是目前网络管理系统的一种发展方向。WBM 允许网络管理人员使用任何一种 Web 浏览器，可在网络任何一个节点上迅速地配置和控制网络设备。WBM 技术是网络管理方案的一次革命，它将使网络用户管理网络的方式得以改进。

1) WBM 的产生和特点

WBM 技术是 Web 技术不断普及的结果。Web 浏览器只需要拥有适量磁盘空间的一般计算机，管理人员就可以将计算存储任务转移到 Web 服务器上，从而可使客户在客户机平台上访问它们，这种所谓瘦客户机-胖服务器模式不但减少了硬件花费，而且使用户得到了更大的灵活性。因此，产生了将网络管理和 Web 结合起来的 WBM 技术。所以说，Web 技术的迅猛发展促进了 WBM 技术的产生与发展。

WBM 融合了 Web 功能与网络管理技术，从而为网络管理人员提供了比传统工具更为有力的手段。WBM 使得管理人员能够在任何站点、通过 Web 浏览器监测和控制企业网络，并且能够解决很多由于多平台结构而产生的互操作性问题。

WBM 可提供比传统命令驱动的远程登录屏幕更直接、更易用的图形界面。因为浏览器操作和 Web 页面对 WWW 用户来讲十分熟悉，所以 WBM 既降低了培训费用，又促进了网络运行状态信息的利用。

另外，WBM 是发布网络操作信息的理想方法。而且，由于 WBM 需要的仅仅是基于 Web 的服务器，所以 WBM 能够快速地集成到 Intranet 企业网之中。作为一种全新的网络管理模式，WBM 表现出强大的生命力，以其特有的灵活性，易操作性赢得了许多技术专家和用户的青睐。

2) WBM 的实现模型

目前，WBM 有两种基本的实现方案，彼此平行地发展着。第一种是代理方案，也就是将一个 Web 服务器加到一个内部工作站(代理)上，如图 8.3 所示。这个工作站轮流地与端设备通信，浏览器用户通过 HTTP 协议与代理通信，同时代理通过 SNMP 协议与端设备通信。这种方案的典型实现方法是提供商将 Web 服务加到一个已经存在的网络管理设备上去。

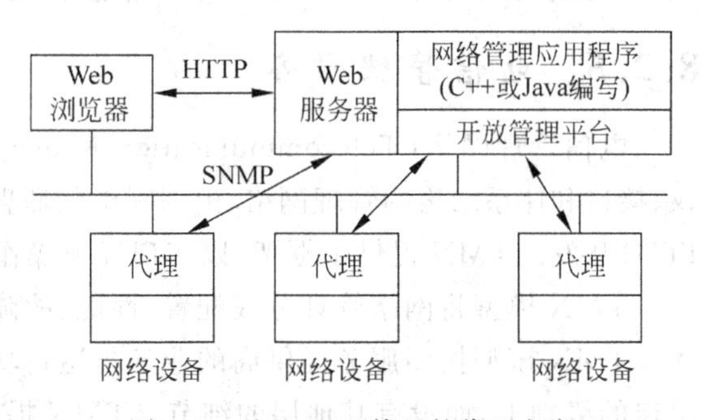

图 8.3　基于 Web 管理的代理方案

代理方式保留了基于工作站的网络管理系统以及设备的全部优点，同时还使其访问更加灵活。既然代理与所有网络设备通信，那么它当然能提供网络中所有物理设备的全体映像，就像一个虚拟网那样，管理者和设备代理之间的通信沿用 SNMP，所以这种方案的实施只需要那些“传统”的设备即可。因此，这种方案要求开发出基于 Web 的网络管理系统而不需要改造现有的设备，并可对整个企业网络进行全面的管理。

第二种实现 WBM 的方案为嵌入式，将 Web 真正地嵌入到网络设备中，每个设备有它自己的 Web 地址，管理人员能够轻松地通过浏览器访问设备并且管理它，如图 8.4 所示。

例如，天网防火墙就采用了嵌入式的 WBM 方式。

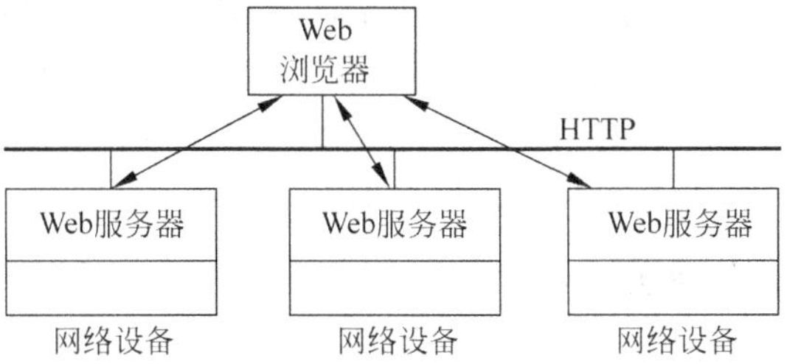

图 8.4 基于 Web 管理的嵌入式方案

嵌入式给各台单独的设备带来了图形化的管理。它提供了简单易用的接口，优于现在的命令行或基于远程登录的界面，而且 Web 接口可提供更简单的操作而又不减弱其功能。

嵌入式对于小规模的环境也许更为理想，小型网络系统简单并且不需要强有力的管理系统以及企业的全面视图。通常企业在网络和设备控制培训方面不足，而嵌入到每个设备的 Web 服务器可使用户从复杂的网络管理中解放出来。另外，基于 Web 的设备能提供真正的即插即用安装，这将减少安装及故障排除时间。

然而，这种方案要求生产厂商对所生产的各类网络产品进行必要的改造，并且针对某一个设备进行 Web 化的管理。

在未来的 intranet 中，基于代理与基于嵌入式的两种网络管理方案都将被应用。大型企业通过代理来进行网络监视与管理，而且代理方案也能充分管理大型机构的纯 SNMP 设备；内嵌式方案对于小型网络的管理则十分理想。显然，将两种方式混合使用，更能体现二者的优点，即在一个网络中既有代理 WBM，同时又有嵌入式 WBM。这样，对于网络中已经安装了基于 SNMP 的设备，可以通过 Proxy 方式解决，而对于新设备使用嵌入式 WBM，则可使这些设备易于设置和管理。

2. RMON 技术

随着网络的扩展，执行远程监视的能力就显得越来越重要了。远程网络监控（Remote Monitor of Network，RMON）的目标是为了扩展 SNMP 的 MIB，使 SNMP 更为有效、更为积极主动地监控远程设备。RMON 定义了远程网络监视的管理信息库和 SNMP 管理站与远程监视器之间的接口。一般地说，RMON 的目标就是监视子网范围内的通信，从而减少管理站和被管理系统之间的通信负担。更具体地说，RMON 的目标是离线操作、主动监视、问题检测和报告、提供增值数据和多管理站操作等。但在应用中可根据实际情况有选择地完成其中的某几个目标。管理信息库是 RMON 的核心内容。RMON MIB 由统计数据、分析数据和诊断数据构成，利用供应商生产的标准工具可以显示出这些数据。RMON 的主要特点是在客户机上放置一个探测器，探测器和 RMON 客户机软件结合在一起，在网络环境中实现 RMON 的功能。RMON 的监控功能是否有效，关键在于其探测器是否具有存储和统计历史数据的能力，若具备这种能力，则就不需要不停地轮询才能生成一个有关网络运行状况的趋势图。当一个探测器发现一个网段处于不正常状态时，它会主动与网络管理控制台的 RMON 客户应用程序联系，将描述不正常状况的信息捕获并转发。

RMON2 扩充了 RMON，它在 RMON 标准的基础上提供一种新层次的诊断和监控功能。RMON2 标准能将网络管理员对网络的监控层次提高到网络协议栈的应用层。因而，除了能监控网络通信与容量外，还提供有关各种应用所占用的网络带宽量的信息，这是C/S环境中进行故障诊断的重要依据。在C/S网络中，RMON2探测器能够观察整个网络中应用层的对话。最好将RMON2探测器放在数据中心、高性能交换机或服务器集群中的高性能服务器之中。原因很简单，因为大部分应用层通信都经过这些地方。物理故障最有可能出现在这些地方，而用户正是从这里接入网络的。

8.3.2 常用网络管理软件

目前，常见的网络管理软件有HP公司的OpenView、IBM公司的NetView、Sun公司的Sun Net Manager、Cisco公司的Cisco Works、3Com公司的Transcend等。

1. HP OpenView

HP OpenView是第一个综合的、开放的、基于标准的管理平台，它提供了标准的、多功能的网络系统管理解决方案。HP OpenView的特点是得到了第三方应用开发厂家的广泛接受和支持，它不仅为第三方应用开发商提供了简单开发平台，而且还提供了最终用户直接安装使用的实用产品，可在多个厂商硬件平台和操作系统上运行。

1）HP OpenView的组成

HP OpenView平台由用户表示服务、数据管理服务和公共服务三部分组成。

(1) 用户表示服务。用户表示服务是用图形显示所有IT资源的当前状态和工作情况，自动用图形显示用户熟悉的管理环境状况。其窗口应用程序接口(Windows API)允许应用程序以图形显示网络系统设备的当前状态，接口比较灵活，但其导航能力不如NetView/6000。所有和HP OpenView软件交互的工作都必须通过X-Windows接口，没有基于文本的报警功能。

(2) 数据管理服务。数据管理服务程序组织数据的存取。数据存放在一个公共的、定义完善的数据存储单元中，提供SQL数据查询支持，使得应用程序易于实现数据操作和报表生成。而且第三方应用程序各自负责存储自己的信息，这样可以防止一些不应该共享的数据被人访问。

(3) 公共服务。公共服务提供了固有的管理功能，与管理软件一起，为系统管理提供重要信息。其中包括：

- 发现和布局服务　监视和显示网络情况，管理和显示IP信息，并用层次图表示IP网络的状态。但它没有理解能力，更适合管理单个具体设备，它并不知道整个环境是什么样的，很难区分某个报警是某个设备出现故障还是整个网络瘫痪。
- 事件监视器　接收、过滤并多路传送SNMP报警到任一注册过的应用程序。
- 事件管理服务　收集任一与网络有关的数据，过滤并传送到应用程序。该服务在一个由多厂家网络设备组成的系统中，提供了一种收集和管理SNMP及CMIP事件的方法，它拥有大量的第三方应用程序支持，其浏览器为OpenView MIB Browser。
- 通信协议　实现了SNMP和CMIP协议，并提供一组程序接口API供管理软件访问HP OpenView的服务。

2）HP OpenView的特点

(1) 自动发现网路拓扑结构图。HP OpenView具有很高的智能，它一经启动，就能自动发现默认的网段，以图标的形式显示网络中的路由器、网关和子网。

(2) 性能分析。使用 OpenView 中的应用软件 HP LAN Prob II 可进行网路性能分析，查询 SNMP MIB,可监控网络连接故障。

(3) 故障分析。OpenView 提供多种故障告警方式,例如,通过图形用户接口来配置和显示报警。

(4) 数据分析。OpenView 提供有效的历史数据分析功能,可实时用图表显示任何指标的数据分析报告。

(5) 多厂商支持。允许其他厂商的网络管理软件和 MIB 集成到 OpenView 中,并得到了众多网络厂商的一致支持。

2. IBM NetView

NetView 是 IBM 公司的网络管理产品,主要运行在 UNIX 系统上。它是 IBM 公司收购系统管理软件厂商 Tivioli 之后形成的网络管理解决方案的拳头产品。

Tivioli NetView 可以满足大型和小型网络管理的需要,能够提供可扩展的、全面的、分布式网络管理解决方案以及灵活的管理关键任务的能力。Tivioli NetView 的功能已经超过了传统网络管理的概念。使用 Tivioli NetView,可以发现 TCP/IP 网络,显示网络拓扑结构,发现事件与 SNMP traps 的关联性,并对其进行管理,监视网络的运行状况以及收集性能数据。

Tivioli 具有如下特点。

(1) 管理异构的、多厂商网络环境。

(2) 可进行网络配置、故障和性能管理。

(3) 具有动态设备发现功能以及易于使用的用户界面。

(4) 能与关系数据库系统集成,并支持众多的第三方应用程序。

(5) 具有 IP 监控和 SNMP 管理以及多协议监控和管理功能,可提供 MIB 管理工具和应用开发接口 API。

(6) 易于安装和维护。

3. Sun Net Manager

SUN Net Manager(SNM)是一个基于 UNIX 的网络管理系统,是最流行的 SNMP 网络管理平台之一。它只能运行在 Sun SPARC 工作站环境下,提供包括最终用户工具的开发环境,提供故障、配置、计费和安全管理服务。

SNM 有三个关键组成部分:用户工具、分布式结构、应用程序开发界面(API)。

SUN Net Manager 具有以下特点。

(1) 具有图形用户界面,并提供网络管理所需的默认值,学习和使用方便。

(2) 基于工业标准,能管理所有支持 SNMP、TCP/IP 的设备,能提供对 SNMP V.2 的支持。

(3) 分布式体系结构,能将网络管理负载分散到整个网络中,使管理负载最小化以及使网络性能和效率最大化。Proxy 能将不同协议产生的管理数据转化成 SUN Net Manager 使用的形式,Proxy 能将分散的网络集合成一个功能实体,实现网络集成化,Proxy 还能连接 SNMP、FDDI、DEC net NICE 和 IBM Tivioli,从而实现异构网络环境的管理。

4. Cisco Works

Cisco Works 是一个基于 SNMP 的网络管理应用系统,它能和几种流行的网络平台集成使用。Cisco Works 建立在工业标准平台上，能监控设备状态，维护配置信息以及查找故障。

Cisco Works 提供的主要功能如下。

(1) 自动安装管理。能使用相邻的路由器来远程安装一个新的路由器，从而使安装更加自动化、更加简便。

(2) 配置管理。可以访问网路中本地与远程 Cisco 设备的配置文件，必要时可进行分析和编辑。同时能比较数据库中两个配置文件的内容，以及将设备当前使用的配置和数据库中上一次的配置进行比较。

(3) 设备管理。创建并维护一个数据库，其中包括所有网络硬件、软件、操作权限级别、负责维护设备的人员以及相关的场地。

(4) 设备监控。监控网络设备以获得环境信息和统计数据。

(5) 设备轮询。通过使用轮询来获得有关网络状态的信息。轮询获得的信息被存放在数据库中，可以用于以后的评估和分析。

(6) 通用命令管理器和通用命令调度器。通过调度器可以在任何时候对某一设备或某一组设备启用以及执行系统命令。

(7) 性能监控。可查看有关设备的状态信息，包括缓冲区、CPU 负载、可用内存和使用的协议与接口。

(8) 离线网络分析。收集网络历史数据，以对性能和通信量进行分析。集成的 Sybase SQL 关系数据库服务器存储 SNMP MIB 变量，用户可使用这些变量来创建和生成图表。

(9) 路径工具和实时图形。用路径工具可查看并分析任意两个设备之间的路径，分析路径的使用效率，并收集出错数据；通过使用图形功能可查看设备的状态信息，比如路由器的性能指标(缓冲区空间、CPU 负载、可用内存)和协议(IP、SNMP、TCP、UDP、IPX 等)的通信量。

(10) 安全管理。通过设置权限来防止未授权人员访问 Cisco Works 系统和网络设备，只有合法用户才能配置路由器、删除数据库备份信息以及定义轮询过程等工作。

5. 3Com Transcend

3Com 网络管理软件使用三层结构，从下到上依次是 SmartAgent 管理代理软件层、中间管理平台层和 Transcend 应用软件层。SmartAgent 管理代理软件是这个结构的基础，它们嵌入到各种 3Com 产品中，能自动搜集每个设备的信息并把这些信息有机联系起来，同时只占用很小的网络开销。中间层是针对 Windows、UNIX 平台和基于开放式工业标准 SNMP 的各种管理平台，通过这些管理平台强化了 SmartAgent 的管理功能，并支持高层的 Transcend 应用软件。最高层的 Transcend 应用软件通过图形化界面把各种管理功能集成化。Transcend 对所有应用软件和网络设备类型都提供同样的界面，因而对管理信息的分析大为简化。

8.3.3 网络管理软件发展趋势及网络管理软件的选择

网络管理软件正朝着智能化、自动化、集成化、高易用性的方向快速发展。智能化是指在网络管理中引入专家系统，不仅能实时监控网络，而且能进行趋势分析，提供建议，真实反映系统的状况。自动化是指能大幅度地减少网络管理人员的工作量，让他们从繁杂的事物性工作中解脱出来，有时间和精力来思考和实施网络的性能提速等疑难问题。集成化是指能够和企业信息系统相结合，运用先进的软件技术将企业的应用整合到网络管理系统中，并且网络管理软件的接口统一。高易用性是指网络管理系统的操作界面进一步向基于Web的模式发展，用户使用方便，并降低了维护费用和培训费用。另外，软件系统的可塑性将增强，企业能够根据自身的需要定制特定的网络管理模块和数据视图。

用户选购网络管理软件时，必须结合具体的网络条件。目前市场销售的网络管理软件可以按功能划分为网元管理（主机系统和网络设备）、网络层管理（网络协议的使用、LAN和WAN技术的应用以及数据链路的选择）、应用层管理（应用软件）三个层次。其中最基础的是网元管理，最上层是应用层管理。

一般来说，选择网络管理软件可以遵循以下原则。

(1) 结合企业网络规模，以企业应用为中心。这是购置网络管理软件的基本出发点。网络管理软件应能根据应用环境及用户需求提供端到端的管理。要综合考虑企业网络未来可能的发展并和企业当前的应用相结合。

(2) 网络管理软件应具有可扩展性，并支持网络管理标准。扩展性还可包括具有通用接口供企业进行二次开发，并支持SNMP、RMON等协议。

(3) 多协议支持和支持第三方管理工具。多协议支持指可以提供TCP/IP、IPX等各种网络协议的监控和管理。有些网络设备需要特殊的第三方工具进行管理，因此网络管理软件也应该支持和这些第三方工具交换数据。

(4) 使用手册说明详细，使用方便，网关软件可快速进行参数及数据视图的配置。

选择网络管理系统除了以上考虑外，还要考虑管理成本低廉、维护便捷等因素。大型企业的网络管理系统应具有专业化和智能化的特点，能自动分析数据，评价配置，并进行网络模拟和资源预测等。中小企业比较倾向于采用集中式的网络管理。无论何种规模的企业，不能认为只要安装了网络管理系统就万事大吉了，必须从网络管理的角度来认识和维护网络，网络管理系统只是网管的一个方面，还要注意与管理人员的专业水平、管理制度和其他辅助网络工具相结合。

8.4 局域网的管理

局域网按传输媒体可分为有线局域网和无线局域网。据此，局域网的管理也可分为有线局域网管理和无线局域网管理，只是有线局域网即为一般传统的局域网，因此有线局域网管理即一般传统的局域网管理。

8.4.1 局域网管理

局域网要管理的对象有服务器、客户机、各种网络线路与互连设备，以及网络操作系统等。企业或组织的局域网管理一般由专人或机构负责，小型的局域网一般只需配备几个网络管理员，而大型的局域网需要成立专门的网络管理机构，如网络信息中心NIC和网络运行中心NOC。网络信息中心主要职能是域名注册服务、目录服务、信息发布服务、IP地址分配服务、协调服务和信息统计等。网络运行中心的任务是完成各自治区域和ISP网络之间的路由、报文转发、计费、安全、用户接入等与网络实际运行和维护有关的工作。

无论局域网多大或多小，要管理好它，首先要非常熟悉自己管理的网络，然后要懂得如何保证网络正常运行。应掌握网络维护技术,并善于借助网络管理工具与软件。

1. 了解网络

(1) 识别网络对象的硬件情况。了解整个网络中所有硬件设施的状况,包括路由器、交换机、集线器、网络线路、园区或楼层信息点数目以及它们的物理性能,主干速率是多少,分支数据速率是多少,路由器的 IP 地址、网络管理口令及方式,路由情况,交换机的 IP 地址、网络管理口令及方式,网络线路的标识等。最后要进一步了解服务器的外设配置情况、硬盘驱动器的容量及内存的大小。

(2) 熟悉网络中运行的软件。熟悉网络中运行的软件,包括系统软件、应用软件两大类。系统软件应了解所安装的是何种操作系统及数据库软件,运行在每台计算机上的操作系统有何用途,区分邮件服务器、OA 服务器、文件服务器、Web 服务器、数据库服务器、视频服务器、DHCP(Dynamic Host Configuration Protocol)服务器和代理服务器。在应用软件方面,熟悉前八大服务器上运行的是何种应用软件,如邮件服务器有基于 Lotus Domino 的,也有基于 Exchange Server 的,这些应用软件是否与自己现有的知识结构相符等。

在软件配置方面,以 DHCP 服务器为例,经过对 DHCP 作用域的查看,可以一目了然地看出当前网络是怎样分布的。如果只有一个作用域,就说明当前网络是一个集中式管理的网络;如果有几个作用域,就说明当前网络已被分成了多个逻辑子网(VLAN)。可结合交换机的配置查看有关信息,进一步弄清楚各个逻辑子网的物理位置。

(3) 判别局域网的拓扑结构。网络拓扑结构即网络的实际布线系统。要查清当前网络拓扑结构,是星状?环状?还是树状?是否划了 VLAN?整个局域网的拓扑结构应该绘成图纸,或形成计算机图形好好保存。在了解局域网布线结构之后,可针对各种结构的优缺点,分析其将导致的性能与故障的差异,然后了解实现网络传输的方式。

(4) 确定网络的互联。需要确定网络连接的设备和接入网络的方式。确定该局域网的所有子网与各个客户机都能连通,并记录网络中各个子网以及客户机的 IP 地址分配。

(5) 确定用户负载和定位。网络负载最重要的方面是用户的分布,因为每一网络和服务器上的用户数量是影响网络性能的关键因素,因此确定网络上有多少用户以及他们各自的定位尤其重要。首先,查看文件服务器上的负载,了解文件服务器正常运行的时间,查看服务器 CPU 的使用率,以及服务器上网络连接的数目,这些数据提供了网络负载的直接数据。然后,利用这些数据分析众多服务器中哪个使用率最高、哪些网络的负担最重,最后对网络用户以及负载分布情况有个大致的了解。

2. 网络运行

要使一个局域网顺利运行必须完成很多工作,这些工作包括以下内容。

(1) 弄清当前的网络需求。要弄清楚当前网络是否能满足用户的需要。如果能满足,就尽可能地开发网络应用;如果不能满足需要,应尽量减少网络应用。譬如,在硬件设备负荷吃紧的时候可以削减相对不重要的网络应用,如文件服务、视频服务等。

(2) 配置网络。配置网络的工作就是选择网络操作系统、选择网络协议,并根据选择的网络协议配置客户机的网络软件。

(3) 服务器管理。企业网络应根据企业网络拓扑结构和网络应用功能来配置服务器、选择服务器的档次以及操作系统,建立文件服务器、数据库服务器和各种专用服务器分工合作的服务器资源环境。网络服务器宜分为主网服务器和子网服务器,企业共享的信息安排到主网服务器，部门共享的信息安排到子网服务器。

在选择操作系统时，企业应考虑下列要求。

① 服务器与服务器、工作站与服务器之间能够实现资源共享、数据通信和交互操作。

② 安全级别最低达到《可信计算机系统评估标准》(Trusted Computer System Evaluation Criteria，TCSEC)规定的C2级安全标准。

③ 操作系统自身功能强、性能优、安全可靠、稳定高效、使用广泛和界面友好，同时应该是业界主流的应用系统。

在安装服务器(或修改服务器配置)时，网络管理员应对服务器的硬件、软件情况进行登记，并填写服务器配置登记(更新)表。服务器配置登记表的内容包括：服务器名称及域名、CPU类型及数量、内存类型及容量、硬盘类型及容量、网卡类型及速率、操作系统类型及版本、服务器逻辑名及IP地址、支撑软件的配置、应用软件的配置、硬件及软件配置的变更情况等。

服务器均有硬盘资源、内存资源、CPU资源、I/O资源等供网络使用。网络管理员应根据用户或进程的优先级，分配和调整服务器的内存、CPU和I/O资源。

另外需要注意的是预防网络意外发生，首先应保证电源(特别是网络服务器的电源)正常供电，一般的方式是配置UPS应急电源；然后是保证服务器的环境状况(比如维持机房的温度与湿度在一定的范围)；最后若要服务器健壮，则企业网络必须采用服务器系统容错机制。服务器双工、服务器群集(Cluster)、磁盘双工、磁盘镜像、RAID磁盘阵列等都是网络服务器可选用的容错措施。

(4) 网络安全控制。网络安全控制的首要任务是管理用户注册和访问权限。对于局域网用户，利用网络操作系统的用户管理和权限分配工具可以检查和设置用户信息、进行账号限制，例如改变账号密码、设置组、确定组中的账号、修改组或账号的权限和设定账号有效时间等。应定时对网络当前访问情况进行检查并做好记录，及时发现异常情况。另外，管理局域网外部权限和连接也很重要，一般局域网外部用户可能会访问该局域网，如查看已有文件、传送他们的文件或使用其他网络资源。因此对这种用户也需要建立账号，但应根据其使用网络的目的而详细控制其访问权限，然后定期检查用户最近的注册情况，对一些不再需要的账号及时注销。

局域网安全控制还需要管理和配置好防火墙，并不断对防火墙升级。局域网安全控制的另一项重要任务就是查找并消除病毒，应在服务器上安装反病毒软件，并不断升级更新。

3. 网络维护

网络维护是保障网络正常运行的重要方面，主要包括以下几个方面：

1) 常见网络故障和修复

根据引起故障的不同对象可划分为：线路故障、路由器故障和主机故障。

(1) 线路故障。线路故障最常见的情况就是线路不通。诊断这种故障，可用ping命令检查线路远端的路由器端口是否还能响应，或检测该线路上的流量是否还存在。一旦发现远端路由器端口不通，或该线路没有流量，则该线路可能出现了故障。这时有几种处理方法。首先是用ping命令检查线路两端路由器端口是否关闭。如果远端端口没有响应则可能是路由器端口故障。如果是近端端口关闭，则可检查端口插头是否松动，路由器端口是否处于down状态；如果是远端端口关闭，则要通知线路对方进行检查。进行这些故障处理之后，线路往往就通畅了。如果线路仍然不通，一种可能就得通知线路的提供商检查线路本身的情况，看线路是否被切断等；另一种可能就是路由器配置出错，比如出现路由循环问题，即远端端口路由又指向了线路的近端，这样线路远端连接的网络用户就不通了，这种故障可以用 traceroute 来诊断。重新配置路由器端口的静态路由或动态路由可解决路由循环问题。

（2）路由器故障。事实上，线路故障中很多情况都涉及路由器，因此也可以把一些线路故障归结为路由器故障。但线路涉及两端的路由器，因此考虑线路故障可能要涉及多个路由器。有些路由器故障仅仅涉及它本身，这些故障比较典型的就是路由器 CPU 温度过高、CPU 利用率过高和路由器内存余量太小。其中最危险的是路由器 CPU 温度过高，因为这可能导致路由器烧毁。而路由器 CPU 利用率过高和路由器内存余量太小都将直接影响到网络服务的质量，比如路由器上丢包率就会随内存余量的下降而上升。检测这种类型的故障，需要利用 MIB 变量浏览器，从路由器 MIB 变量中读出有关数据，通常情况下网络管理系统有专门的管理进程不断地检测路由器的关键数据，并及时给出报警。而解决这种故障，只有对路由器进行升级、扩内存等，或者重新规划网络的拓扑结构。另一种路由器故障就是自身的配置错误。比如配置的协议类型不对，配置的端口不对等。这种故障比较少见，但对其没有什么特别的发现办法，排除故障取决于网络管理人员的经验。

（3）主机故障。常见的现象就是主机配置不当。比如，主机配置的 IP 地址与其他主机冲突，或 IP 地址根本就不在子网范围内，这将导致该主机不能连通。还有一些服务器设置故障，比如 E-mail 服务器设置不当导致不能收发 E-mail，或者域名服务器设置不当将导致不能解析域名。主机故障的另一种可能是主机安全故障。比如，主机没有控制其上的 finger、rpc、rlogin 等多余服务。而恶意攻击者可以通过这些多余进程的正常服务或 bug 攻击该主机，甚至得到该主机的超级用户权限等。另外，还有一些主机的故障，比如共享本机硬盘不当等，将导致恶意攻击者非法利用该主机的资源。发现主机故障是一件困难的事情，特别是攻击者的恶意攻击。一般可以通过监视主机流量或扫描主机端口和服务来防止可能的漏洞。当发现主机受到攻击之后，应立即分析可能的漏洞，严加预防，并尽快通知网络管理人员。

2）网络检查

网络检查是在网络正常运行的情况下，对服务器状态和网络运行的动态信息收集和分析过程。有些数据最好每天检查一次，而有些数据可以较长时间检查一次。表 8-1 列出了一些需要定期检查的网络关键信息。

表 8-1　需要定期检查的网络关键信息

频　率	活　动	频　率	活　动
每日	检查各项服务器的磁盘空间	每日	删除旧用户
每日	列出前一天创建的文件	每月	检查用户账号安全性
每日	找出可被存档/删除的旧文件	每月	确保备份的完整性
每日	检查备份的执行情况	每月	更新服务器模块
每日	检查服务器错误记录文件	每月	更新客户文件

3）网络升级

网络升级是一个持续的过程，网络操作系统的升级通常最迫切，但硬件和软件也可能需要升级。

服务器的升级至关重要。必须升级的服务器有三种，最简单的一种是用户许可证升级。如果网络服务器的能力已达到最大限度，并需要容纳更多的用户，则需要进行许可证升级。另一种服务器升级是网络操作系统的升级，如果使用的是过时的或有故障的网络操作系统，就应该升级为最新的版本。第三种服务器升级所指的范围相对来说要广泛一些，主要指硬件升级，硬件升级可能包括增加磁盘空间、改进容错措施或系统升级。另外，客户软件的升级有时十分必要，因为旧客户软件对于网络操作系统可能是一种沉重的负担。

4) 网络数据备份

网络数据可分为私用、公用、专用、共享、秘密等多种类型；秘密数据又可分为多个密级。对于不同类型的数据，企业应采用访问控制、身份验证、数据加密、数字签名、安全审计等技术手段以保证数据安全。

计算机主板损坏、文件破坏以及其他灾难性事故有可能经常发生。企业可以更换主板等硬件设备，但无法更换数据。因此，企业应制定一个有效的数据备份策略。

数据备份的介质可以是软盘、光盘和磁带等，但从容量、速度、安全性、稳定性、性价比、可操作性和可管理性等方面考虑，企业局域网选用磁带机做数据备份是保护网络数据的较好方法。

8.4.2 无线局域网管理

随着无线局域网(WLAN)的广泛使用，无线局域网的管理变得愈来愈重要。WLAN具有许多区别于一般传统局域网的特性，这就给 WLAN 的设计和管理带来了新的问题。在 WLAN 实际的管理中，既要充分考虑无线网络的特性，又要借鉴一般传统局域网管理的经验，更要以实际测量工作为依据。

WLAN 的网络管理一般包括网络监视和网络控制两个部分。在 WLAN 中，无线信号因受周围环境干扰而有较大的误码率，它的数据传输速率随距离、功率等因素的变化而变化。而 WLAN 的优化以及数据传输质量的保证都是基于对 WLAN 当前性能和状态的了解。因此，对 WLAN 的监视与控制就显得尤其重要。网络管理员可以通过分析监控结果，对 WLAN 进行调整，以使 WLAN 的性能达到最优。

1. 网络监视

网络监视可以通过采用以太网监视器和 IEEE 802.11b 监视器来实现，这两种方法各有特点。

1) 以太网监视器

以太网监视器通过在以太网链路上捕获 IEEE 802.3 的 MAC 帧，然后进行协议分析，按需求对其内容进行统计就可以得到当前网络的运行情况。例如监视当前某一段网络的总流量，监视不同类型业务、不同主机占用网络资源的情况等。捕获 IEEE 802.3 的 MAC 帧的基本原理是将监视器的网卡设为混杂模式，通过使用原始套接字就可以截获数据报文。此方法的优点是效率高、网络业务分析详细，并且不占用带宽；缺点是只能对某一网段进行监视，若要获取每一个接入点 AP 网络业务的运行情况，则必须对每一个 AP 都配置一个监视器，这样成本较高。

2) IEEE 802.11b 监视器

对于 IEEE 802.11b 监视器而言，在空气中传播的无线数据包也可以被捕获，因此可以通过对 IEEE 802.11b 的 MAC 帧进行分析以得到客户机和 AP 的 MAC 地址、服务配置标志符等，对其内容进行统计分析就可以得到当前 WLAN 的状态。目前，很多无线网卡可以工作在监视模式下，通过使用 LinuxNetlink 接口来捕获 IEEE 802.11b 的 MAC 帧。该方法的优点是可以直接获得无线网络数据包并且不占用网络资源。但是由于无线信号的作用范围有限，若要对所有的 AP 都进行监视的话，一般情况下每个 AP 也都要配置一个这样的监视器，成本较高。

此外，基于简单网络管理协议的监视器具有管理站的功能。它读出 AP 的管理信息库中的信息，然后进行统计分析，可以得知 AP 的使用情况。如果哪一个 AP 覆盖的区域中的用户多、负载大，则要在此区域内增加 AP 的数量来平衡负载。一个这样的监视器可以监视多个 AP，因此基于 SNMP 的管理系统很适合于管理 AP 数量众多、分布范围广的 WLAN。尽管 SNMP 的数据包会占用少量带宽，但相对而言大大节省了网络监视的成本，而且方便实用。

2. 网络控制

网络控制是网络管理的重要内容之一。由于无线环境的特殊性以及带宽的限制，更要对 WLAN 进行控制以保证服务质量。WLAN 的网络控制主要有 AP 参数控制和自适应控制两种方式。

1）AP 参数控制

所谓 AP 参数控制是指利用 AP 的自身参数设置进行控制。这种控制主要包括：设置允许接入 AP 的无线用户数量（部分 AP 支持此功能），由于带宽有限，如果对网络有一定的服务质量要求，例如视频课件点播、视频会议等，则必须限制同时使用同一个 AP 的无线用户数量；过滤无线用户的 MAC 地址，允许或禁止某些 MAC 地址的无线用户使用 AP；过滤协议，通过禁用某些网络协议来减少网络不必要的负担。

2）自适应控制

自适应控制是指按照预先指定的控制策略（如基于带宽或响应时间），网络监视器根据监视到的网络信息生成控制信息，然后将控制信息反馈到服务器，服务器对正在进行的服务内容进行相应控制，对某些无线客户的请求进行响应或拒绝。例如，人们在基于 Web 的多媒体点播系统中，预先在网络监视器中设定可用带宽和点播人数的阈值上限，如果当前网络带宽或点播人数超过预设的阈值，那么监视器通知服务器不再接受新的客户点播请求，或降低服务质量（比如降低画面清晰度或只传送声音数据）以响应更多的用户请求；而对于无线信号很弱（小于预先设定的阈值下限，不适合点播多媒体节目）的用户，服务器同样也可以拒绝他的点播请求，并通过 Web 方式通知此用户。对于 TCP 连接，如果无法或不适合在服务器端进行控制，则可以考虑在链路上控制。控制的方法是在链路上监视 TCP 的数据包，当有新的用户进行 TCP 连接请求时，控制器立即发出复位包来中断这个请求。这种方法的缺点是对用户不友好，但在网络拥挤的情况下也不失为一种可行的策略。

8.5 局域网管理案例——校园网管理

8.5.1 校园网的特点

在信息传播技术迅猛发展的今天，校园网以其丰富的信息资源、良好的交互性能以及开放性等特点，越来越受到人们的青睐。由于校园网不仅承担着信息交流，提高校园管理效率，为传统教育的改革提供发展平台的任务，同时还充当了下一代教学和个性化学习试验平台的重任，因此校园网是一种与商业网络、政府网络不同的园区网络。它具有自身的特点：即充满了活力，各种新的网络应用层出不穷。但由于用户群体(尤其是学生群体)活跃，网络环境开放，计算机系统多样化，普遍存在计算机系统的漏洞，所以校园网内计算机蠕虫、病毒泛滥，外来的系统入侵、攻击等恶意破坏行为，内部用户滥用网络资源，垃圾邮件泛滥等现象层出不穷。如何使校园网长期稳定、安全地运行，承担其应负的重任，是各个学校网络中心工作重点中的重点。

8.5.2 校园网安全策略体系

信息网络的安全由两大层面组成。

1. 网络安全

网络安全是指计算机网络系统在进行通信时，处理和利用的信息内容在各个物理位置、逻辑区域、存储介质和传输介质中，确保其机密性、完整性、可用性、可审查性和抗抵赖性，以及与人、网络、环境有关的技术安全、结构安全和管理安全的总和。

2. 信息安全

保护信息免受或少受各种威胁，从而确保业务的连续性，减少业务损失。

在校园网管理中有一个悖论，即从信息安全的角度出发，让第三者知道的东西越少越好，而从网络安全管理的角度出发，知道的东西越多越好。如何平衡以上两点，则需要由安全策略来决定。为了保证校园网安全、稳定地长期运行，有必要在校园网建设的初期就建立安全策略体系。在校园网的安全策略体系中通常都要考虑采用如下策略和技术。

(1) 组织管理。建立健全的管理机构和管理制度，加强管理人员的队伍建设，加强对网络用户的网络安全教育和网络技能培训工作。

(2) 物理安全策略。认真做好防火、防盗、防水、防震、防雷电、放电磁辐射、防尘防鼠等措施，建立健全设备管理制度。

(3) 访问控制策略。访问控制是网络安全最重要的核心策略之一，它的主要任务就是防止对网络资源的非法访问。

(4) 安全审计。实时监测网络上与安全有关的事件，将这些情况如实记录，获得入侵证据和入侵特征，实现对攻击的分析和跟踪。

(5) 防火墙技术。负责执行访问控制策略。

(6) 入侵检测系统(IDS)。入侵检测能力是衡量一个防御体系是否完整有效的重要因素，入侵检测系统可以弥补防火墙的不足。

(7) 加密技术。信息加密是保证网络信息安全最有效的技术之一。网络加密通常有链路加密、端点加密和节点加密三种。

(8) 身份认证技术。在网络通信中标志通信各方身份信息的技术。如数字证书、口令机制等。在各种应用中要解决统一身份认证问题。

(9) 账号管理机制。要重视网络用户账号管理，设置账号的登录权限，对账号的操作进行审核、记录并及时清除过期账号。

(10) 多元素绑定、防盗用策略。通过用户名、IP-MAC、Port 等多元素绑定，防止网络资源被盗用。

(11) VLAN 技术和 VPN 技术。VLAN 技术是控制网络广播风暴、保证网络安全的一种重要手段；VPN 技术可以让用户通过互连网安全地登录到内部网络。

(12) 安全漏洞防范。系统漏洞已经成为计算机病毒横行、黑客攻击的主要途径。及时下载、安装各种补丁、升级应用程序、封锁系统安全漏洞成为当前最重要的安全措施之一。要为不同操作系统提供补丁升级平台。当用户数量很多时，要提供本地的补丁升级平台。

(13) 防病毒安全体系。要解决防病毒软件安装、智能升级、计算机病毒监控问题。

(14) 数据备份和恢复技术。天灾、战争、计算机病毒、黑客入侵、人为破坏等都将造成数据的丢失。数据备份和恢复是在安全防护机制失效的情况下，进行应急处理和响应，及时恢复信息，减少攻击的破坏程度。

8.5.3 网络接入认证技术的选择

在校园网中存在着不同的用户群体，他们各自具有明显不同的特点。例如教工用户群体，他们主要是利用网络查询和交流信息，因此看重的是网络资源的丰富程度和网络的稳定性，他们的文化素养较高，一般都会遵守校园网的有关规定；而学生用户群体则除了通过网络获取与学习有关的知识外，他们更看重网络的开放性和娱乐性，他们所产生的网络流量往往占到所有网络流量的 70%以上，而且他们的好奇心较强，喜欢下载各种黑客软件并针对校园网中存在的漏洞试一试，因此往往对网络安全造成很大影响。为了保证校园网稳定地运行，有必要针对不同的用户群体采用不同的网络接入认证技术。目前在校园网中常用的接入技术有 PPPOE、Portal/Web 和 IEEE 802.1x 三种，分别介绍如下。

1. PPPOE

PPPOE 是由 Redback 网络公司、客户端软件开发商 RouterWare 公司以及 Worldcom 子公司 UUNET Technologies 公司联合开发的，1998 年问世。PPPOE 是基于以太网的点对点协议，其实质是以太网和拨号网络之间的一个中继协议。所以在网络中，它的物理结构与原来的 LAN 接入方式没有任何变化，只是用户需要在保持原接入方式的基础上，安装一个 PPPOE 客户端(这个是通用的)。之所以采用该方式给计时/计流量用户，是为了方便计算时长和流量。一般来说，PPPOE 是基于通过用户认证分发 IP 地址给客户端。

如图 8.5 所示，一个 PPPOE 连接由客户端和一个访问集线服务器(BRAS)组成，客户端可以是一个安装了 PPPOE 协议的 Windows 电脑。PPPOE 客户端和服务器能工作在任何以太网等级的路由器接口。认证过程是由用户拨号发出请求，经过网络传送到 BRAS 服务器，BRAS 服务器接到请求后向 RADIUS 服务器发出 ACCESS REQUEST 请求包，其中含有用户的账号、密码、端口类型等，经 RADIUS 服务器核实后，向 BRAS 回送 ACCESS REPONSE 响应包，其中包含用户的合法性和一些设置，如用户 IP 地址、掩码、网关、域名、用户可使用的带宽等。用户接收到这些信息后就可以上网，上网期间 BRAS 不断地向 RADIUS 服务器发送计费信息，这些信息包括用户的上网时间、用户流量、用户下网时间等，以便 RADIUS 准确计费。

PPPOE 的主要优点如下。

(1) 由于采用动态分配 IP 地址方式，用户拨号后无需自行配置 IP 地址、网关、域名等，不存在用户自行更改 IP 地址的问题，管理用户方便。而且 PPPOE 协议是在包头和用户数据之间插入 PPPOE 和 PPP 封装，这两个封装加起来也只有 8 个字节，广播开销很小。

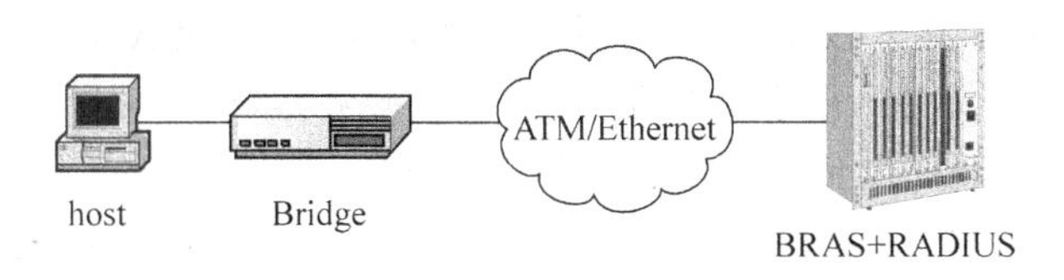

图 8.5　典型的 PPPOE 的连接示意图

(2) 可以实现对用户的灵活计费,可以按时长、流量计费,也可采用包月制。

(3) 支持业务 QoS 保证,可方便地对用户进行实时流量控制。

(4) 可以采用细化 VLAN 的方式来解决用户信息的安全问题,将局域网交换机的每个端口配置成独立的 VLAN,利用 VLAN 可以隔离 ARP、DHCP 等携带用户信息的广播消息,从而使用户数据安全性得到提高。

(5) 而 PPPOE 方式由于采用二层隧道认证,所有链路设备都工作在第二层,不存在第三层广播风暴问题。

PPPOE 的主要缺点如下。

(1) 要在客户机上安装 PPPOE 协议的客户端软件,在前端由 BRAS 服务器配合 RADIUS 服务器实现对用户的认证、计费。

(2) 从 PPPOE 认证过程可以看出,BRAS 服务器在整个链路中起到关键的作用,因此 BRAS 服务器要实现包括认证、连接、终接、安全管理、计费业务汇聚、收敛等功能,设备复杂。由于建立连接后所有数据必须流经 BRAS,所以 BRAS 很容易成为"瓶颈",拥塞严重时用户连接速度慢或根本连接不上。解决的办法是在前端采用多台 BRAS 并接或将多台 BRAS 放到各中继机房,采用分布认证方法。

2. Portal/Web 认证

Portal 又称为门户网站,Portal 认证通常也称为 Web 认证。

Portal/Web 认证的基本原理是:未认证用户只能访问特定的站点服务器,任何其他访问都被无条件地重定向到 Portal 服务器;只有在认证通过后,用户才能访问 Internet。Portal 的基本组网方式如图 8.6 所示,它由四个基本要素组成:认证客户机、接入设备、Portal 服务器和认证/计费服务器。

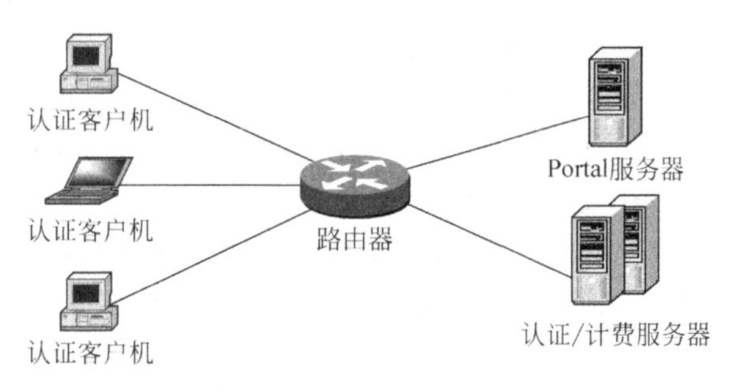

图 8.6　Portal 的基本组网方式

(1) 认证客户机。认证客户机为运行 HTTP/HTTPS 协议的浏览器(Internet Web Brower)。用户在没有通过认证前,所有 HTTP 请求都被提交到 Portal 服务器。

(2) 接入设备。用户在没有通过认证前,接入设备将认证客户机的 HTTP 请求无条件强制到 Portal 服务器。接入设备与认证/计费服务器交互,完成认证、计费的功能。

(3) Portal 服务器。Portal 服务器是一个 Web 服务器,用户可以用标准的 WWW 浏览器来访问,Portal 服务器提供免费门户服务和基于 Web 认证的界面,接入设备与 Portal 服务器之间交互认证客户机的认证信息。网络内容运营商 ICP 可通过该站点向用户提供各自站点的相关信息。

(4) 认证/计费服务器。完成对用户的认证和计费,接入设备和认证/计费服务器之间通过 RADIUS 协议进行交互。

Portal/Web 认证的优点主要如下。

(1) 用户无需安装客户端软件,容易使用。

(2) 新业务支撑能力强大:利用 Portal 认证的门户功能,运营商可以将信息查询、网上购物等业务放到 Portal 上。

Portal/Web 认证的缺点主要如下。

(1) 认证是在 7 层协议上实现的,从逻辑上来说为了确认网络 2 层的连接而跑到 7 层做认证,这不符合网络逻辑。

(2) 由于认证是在 7 层协议上实现的,对设备的性能必然提出更高要求,增加了建网成本。

(3) Portal/Web 认证是在认证通过前就为用户分配了 IP 地址,而且分配 IP 地址的 DHCP 服务器对用户而言是完全裸露的,容易被恶意攻击。一旦 DHCP 服务器受攻击瘫痪,整个网络就没法进行认证了。

(4) Portal/Web 认证用户连接性差,不容易检测用户是否离线,基于时间的计费较难实现。

(5) 用户在访问网络前,不管是 Telnet、FTP 还是其他业务,必须使用浏览器进行 Portal/Web 认证,易用性不够好,而且认证前后业务流和数据流无法区分。

3. IEEE 802.1x 认证体系

IEEE 802.1x 是 IEEE 为了解决基于端口的接入控制(port-based network access control)而定义的一个标准。IEEE 802.1x 认证系统提供了一种用户接入认证的手段,它仅关注端口的打开与关闭。对于合法用户(根据账号和密码)接入时,该端口打开,而对于非法用户接入或没有用户接入时,则使端口处于关闭状态。

IEEE 802.1x 协议起源于 IEEE 802.11 协议,后者是 IEEE 的无线局域网协议,制订 IEEE 802.1x 协议的初衷是为了解决无线局域网用户的接入认证问题。IEEE 802.1x 是一种基于端口的认证协议,是一种对用户进行认证的方法和策略。端口可以是一个物理端口,也可以是一个逻辑端口(如 VLAN)。对于一个端口,如果认证成功,那么就“打开”这个端口,允许所有的报文通过;如果认证不成功,就使这个端口保持“关闭”,即只允许 IEEE 802.1x 的认证协议报文通过。

IEEE 802.1x 的体系结构如图 8.7 所示。它的体系结构中包括请求者系统、认证系统和认证服务器系统三部分。

按照不同的组网方式,IEEE 802.1x 认证可以采用集中式组网(汇聚层设备集中认证)、分布式组网(接入层设备分布认证)和本地认证组网三种不同的方式组网。在不同的组网方式下,IEEE 802.1x 认证系统所在的网络位置有所不同。

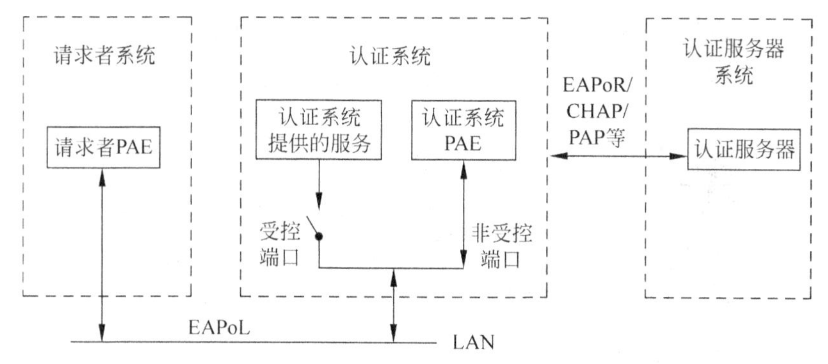

图 8.7　IEEE 802.1x 认证的体系结构

(1) IEEE 802.1x 集中式组网(汇聚层设备集中认证)。这种组网方式的优点在于采用 IEEE 802.1x 集中管理方式,降低了管理和维护成本。IEEE 802.1x 集中式组网方式是将 IEEE 802.1x 认证系统端放到网络位置较高的局域网交换设备上,这些局域网交换为汇聚层设备。其下挂的网络位置较低的局域网交换只将认证报文传给作为 IEEE 802.1x 认证系统端的网络位置较高的局域网交换设备,集中在该设备上进行 IEEE 802.1x 认证处理。汇聚层设备集中认证如图 8.8 所示。

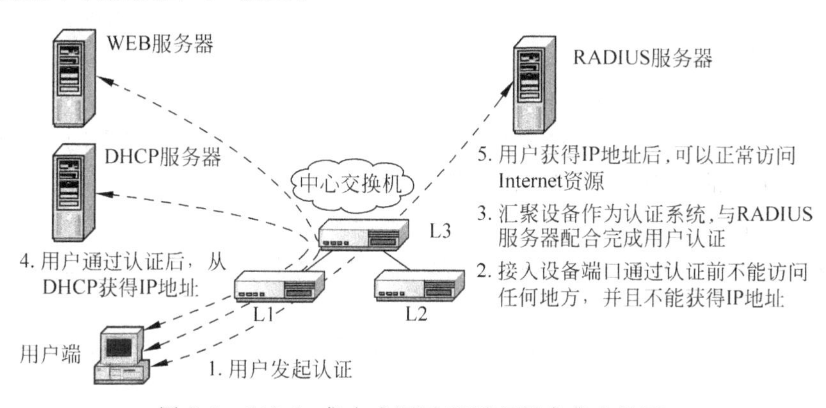

图 8.8　802.1x 集中式组网(汇聚层设备集中认证)

(2) IEEE 802.1x 分布式组网(接入层设备分布认证)。IEEE 802.1x 分布式组网方式适用于受控组播等特性的应用。IEEE 802.1x 分布式组网是把 IEEE 802.1x 认证系统端放在网络位置较低的多个局域网交换设备上,这些局域网交换作为接入层边缘设备。认证报文送给边缘设备,进行 IEEE 802.1x 认证处理。这种组网方式的优点在于,它采用中/高端设备与低端设备认证相结合的方式,可满足复杂网络环境的认证。认证任务分配到众多的设备上,减轻了中心设备的负荷。接入层设备分布认证如图 8.9 所示。

(3) IEEE 802.1x 本地认证组网。这种本地认证的组网方式在小规模应用环境中非常适用。它的优点在于节约成本,不需要单独购置昂贵的服务器;IEEE 802.1x 的 AAA 认证可以在本地进行,而不用到远端认证服务器上去认证。但随着用户数目的增加,还是应该由本地认证向 RADIUS 认证迁移。

IEEE 802.1x 的主要优点如下。

(1) 是国际行业标准,微软的 Windows XP 等操作系统内置支持。

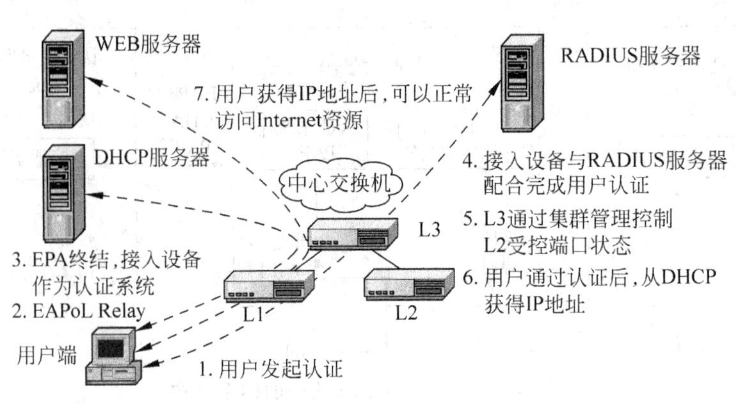

图 8.9　IEEE 802.1x 分布式组网(接入层设备分布认证)

(2) 不涉及其他认证技术所考虑的 IP 地址协商和分配问题，是各种认证技术中最为简化的实现方案，易于支持多业务。

(3) 容易实现，网络综合造价低。

(4) 在二层网络上结合 MAC、端口、账户和密码等参数实现用户认证，绑定技术具有较高的安全性。

(5) 控制流和业务流完全分离，少量改造传统包月制等单一收费制网络即可升级成运营级网络，实现多业务运营。

IEEE 802.1x 的主要缺点如下。

(1) IEEE 802.1x 认证技术的操作对象是端口。而相对于宽带以太网认证而言，这一特性却存在着很大的安全隐患，可能出现端口打开之后，其他用户无需认证就可自由接入、导致无法控制非法接入的问题。

(2) 要求系统内所有设备都必须支持 IEEE 802.1x 协议，在一定程度上加大了现有网络的改造难度。

(3) 需要安装特定客户端软件，增加了用户端的工作量，而且客户端软件容易和其他应用软件产生兼容性冲突。

(4) 对收费管理不利。IEEE 802.1x 协议本身并没有提到计费问题，这是 IEEE 802.1x 协议致命的缺陷。虽然不少厂商推出了基于 IEEE 802.1x 协议的计费方案，但这已在 IEEE 802.1x 协议标准之外了，因此各厂商的基于 IEEE 802.1x 协议的计费方案很难兼容其他厂商的 IEEE 802.1x 网络设备。

综上所述，基于各种网络接入认证技术的特点，PPPOE 主要被 ISP 用于 XDSL 和 cable modems 与用户端的连接，PPPOE 使用 modem 连接来代替普通的以太网，主要用于运营商网络；在校园网管理中，Portal/Web 认证主要用于教学和行政管理的用户，而对于校园中最活跃的学生用户群体，滥用网络资源现象最严重的学生区网络，则主要采用 IEEE 802.1x 认证技术，才能达到维持基本正常网络秩序的要求。近年来，IEEE 802.1x 已经在国内宽带建设，尤其是教育网(CERNET)中得到了广泛的应用，并得到客户的认同和推动。随着网络不断发展、应用的多元化，原有的认证计费方式将很难实现，IEEE 802.1x 协议具备的实现简单、认证效率高、安全可靠、网络带宽利用率高等优点，将显示出优越性。目前国内外众多的交换机厂商所生产的二、三层接入交换机已经都已支持 IEEE 802.1x 协议，IEEE 802.1x 认证技术正在被越来越多的园区网(企业网、校园网等)采用。

8.5.4 校园网络中常见的管理与安全问题

目前在校园网中普遍存在盗用IP地址、MAC地址，滥用网络资源，破坏网络基础设施，私接、乱接网络，对网络设备或其他用户进行协议攻击以及建立不良信息的网站，传播不良信息等不良上网行为。对于减轻这些不良行为的危害，维持正常、有序的网络秩序来说，建立一个安全、有效的网络管理系统是至关重要的。

在校园网的运行管理中，常常遇到的问题是，如果没有网络管理系统，故障查找和诊断总是从用户给网络管理员打电话开始；如果有网络管理系统，则可能不知道选择哪个管理系统更好。应根据校园网的实际情况，对网络设备及应用系统加以规划、监控和管理，并跟踪、记录、分析网络的异常情况，使网络管理人员能够及时处理发生的问题。一个好的网络管理系统应具备以下功能。

(1) 显示。表明状态的变化。

(2) 诊断。了解网络的状态。

(3) 控制。控制或改变网络状态的能力。

(4) 数据库。记录和存储与网络相关的信息。

而管理网络的关键是要知道网络中到底发生了什么，网络中有哪些应用在运行。尽管很多商业网络管理软件有很强的设备管理和性能管理能力，但由于价格昂贵，对异构网络产品兼容性不好，而且安全性管理的功能一般都比较弱，所以单个的商业管理软件往往不能满足复杂网络结构的管理需求。而目前在互联网上有很多开放源码的软件，例如常见的Linux系统中的iptables防火墙、snort入侵检测系统、wireshark协议分析软件、MRTG网络性能监测软件等，都可以用来实现网络管理和安全的功能。因此通过集成多种管理软件得到的数据，经过综合分析，我们可以得知网络中发生的各种事件并采取相应的措施，确保网络安全、稳定地运行。对于在校园网的运行和管理中经常遇到的问题，以及如何处理这些问题，分别介绍如下。

1) 计算机机房的维护管理问题

目前各学校一般都有数量不等的计算机机房。在学校的计算机机房的局域网中，由于计算机的台数众多(一般在几十台到上千台不等)，用户的流动性大，难于管理，黑客攻击、计算机病毒(尤其是蠕虫病毒和DoS攻击)发作频繁，对网络性能影响巨大。因此应特别注意：

(1) 有不少的机房管理人员喜欢将机房里的计算机不断地重装操作系统，希望由此解决计算机病毒频繁发作的问题。但由于没有及时安装系统补丁程序，往往会带来更多的安全问题。维护操作系统的安全性，及时安装最新的系统补丁程序和及时更新杀病毒特征库，往往比重装操作系统更有效。在计算机很多的机房里甚至应该考虑建立专有的补丁更新服务器。

(2) 在计算机机房管理中，有一个常见的误区，就是当机房里有计算机病毒发作时，系统管理员往往只对局域网的代理服务器进行系统维护，安装系统补丁程序和更新杀病毒特征库。其实这是远远不够的，这时必须要对局域网里的每一台计算机(而不管机房里有多少台计算机)都进行系统维护才能真正地解决问题。

(3) 最好在每个机房的网络出口上设置一台防火墙，对机房进出的流量进行管理和控制。

2）网络核心设备的性能与选型问题

校园网的核心路由设备的性能对于网络的性能、稳定和安全是极其关键的。核心设备要有足够强的处理能力才能提供判断网络性能和故障的信息，应付日益猖獗的网络蠕虫病毒和拒绝服务攻击。核心设备的选型不仅要看其数据包转发能力，还应重点了解其所能提供的网络管理信息和对各种网络行为的处理能力，而后者往往是国产网络设备的弱项。

3）防火墙的性能和部署位置

随着各种网络攻击手段层出不穷，防火墙要有足够强的数据处理能力才能应付当前网络病毒和网络攻击，同时还要有足够多的端口才能满足日益复杂的网络拓扑的需求。防火墙的部署位置要尽量向接入层靠近，才能最大限度地减轻网络蠕虫病毒和DoS攻击的危害。

4）路由器的配置问题

正确配置路由器，对于网络性能和安全的影响很大。例如，在Cisco路由器中建立如下访问控制列表并在相应的端口进行配置。

```
Extended IP access list 110
    deny 255 any any
    deny 0 any any
    deny udp any any eq 445
    deny tcp any any eq 593
    deny udp any any eq 593
    deny ip host 127.0.0.1 any
    deny ip 172.16.0.0 0.15.255.255 any
    deny ip 192.68.0.0 0.0.255.255 any
    deny tcp any any eq 4444
    deny udp any any eq 4000
    deny tcp any any eq 135
    deny tcp any any eq 139
    deny tcp any any eq 445
    deny tcp any any eq 1433
    permit ip any any

    interface GigabitEthernet9/2
    ip address 192.168.1.254
    ip access - group 110 in
    ip access - group 110 out
    ip verify unicast source reachable - via rx
    no ip redirects
    no ip unreachables
    ip accounting output - packets
    ip route - cache flow
```

由于以上配置在路由器的端口上启用了源路由校验和访问控制列表，可以在很大程度上减轻常见网络蠕虫病毒（如冲击波病毒、震荡波病毒、SQLsnake蠕虫等）和DoS攻击的危害（尤其是对他人的影响），并显著改善网络的性能。另外由于在端口上启用了计费和Netflow监测功能，对于了解网络的运行状况有很大的帮助。

5）垃圾邮件的阻止

垃圾邮件是Internet技术发展的产物。世界上首次关于垃圾邮件的记录是1985年8月一封通过电子邮件发送的连锁信，这封信一直持续到1993年才在互联网上消失。1994年4月，第一次使用Spam(垃圾邮件)一词，用来描述新闻或电子邮件的主动发布性。1995年5月有人写出了第一个专门的应用程序Floodgate，一次可以自动把邮件发给许多人。目前垃圾邮件已经成为互联网上最大的公害之一。下面以某大学的邮件网关一天的统计为例说明。

系统网络连接数：35 446次
正常连接数：23 825次　67.21%
拦截连接数：11 621次　32.79%
系统总收邮件：22 482封
正常邮件：2342封　大小：771.9MB　10.42%
被截邮件：20 140封　大小：441.5MB　89.58%
病毒邮件：633封　大小：72.1MB
垃圾邮件：7 551封　大小：93.9MB
违规邮件：11 956封　大小：275.5MB

从以上统计可以看出，正常邮件只占到全部邮件的10%左右，足见垃圾邮件已经到了不可容忍的地步。但由于互联网上使用邮件传输协议(SMTP协议)过于简单，缺乏必要的身份认证等安全措施，因此还没有好的根治垃圾邮件的办法。目前在校园网中通常采用如下措施防范垃圾邮件的泛滥。

(1) 安装邮件(计算机病毒)过滤网关。

(2) 关闭邮件服务器的转发功能(OPEN RELAY)。

(3) 封锁垃圾邮件和转发垃圾邮件的服务器。

(4) 将发垃圾邮件的行为纳入上网行为管理的范围。

6) 善用网络统计信息

善用网络统计信息是管理网络重要手段之一。通过分析网络的各种统计信息，往往可以发现很多网络行为的特征，并以此为依据，采取相应的措施，达到改善网络性能和安全的目的。例如，通过MRTG软件得到网络流量图，如图8.10和图8.11所示。

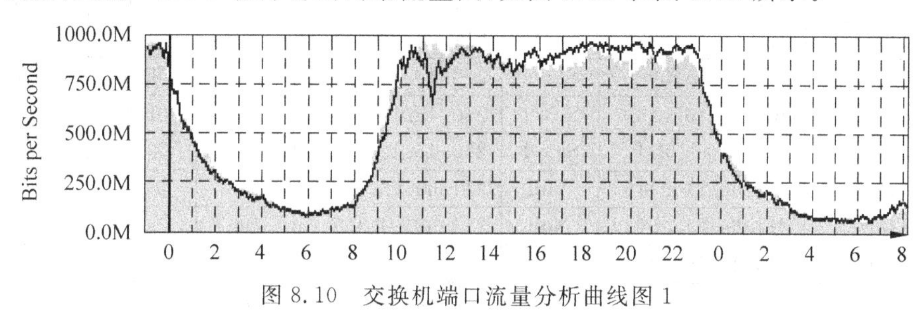

图8.10　交换机端口流量分析曲线图1

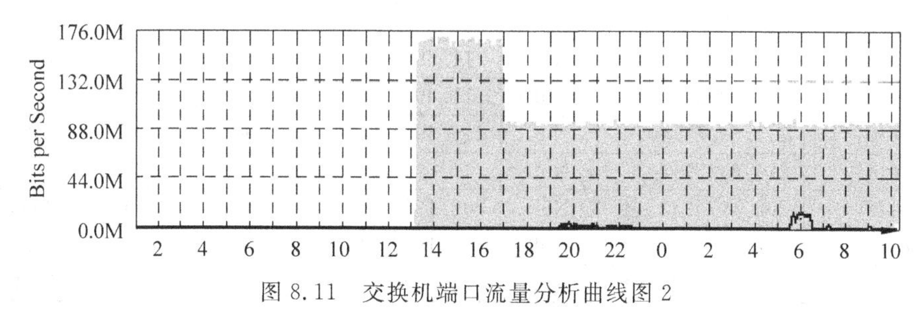

图8.11　交换机端口流量分析曲线图2

（1）可以从平顶形状的流量图和相关数据得知在网络的端口出现了拥塞和丢包现象，需要通过升级带宽来加以改善网络的性能。

在图 8.10 中，阴影表示输入流量，黑线表示输出流量（该交换机端口采用全双工通信）。从图中可以看出，网络流量已长时间（从 10 点到 23 点）达到了端口带宽的上限，出现了严重的阻塞现象。同时，也可从下述相应代码看出，该端口出现了严重的丢包现象。

```
drop 34961 packets(表示已丢包数)
avg_in 88612000 bit/s 14558 pkt/s(表示平均输入流量和包数)
avg_out 94062000 bit/s 30010 pkt/s(表示平均输出流量和包数)
```

（2）从持续的平顶形状的流量图和异常的端口每秒转发包数（进出的转发包数比例严重失调），可以得知网络中存在 DoS 攻击，需要通知有关用户尽快处理，否则将对网络安全造成严重影响。

在正常情况下，网络流量曲线为多峰状，同时流入/流出或流出/流入的包转发率很少超过 10。在图 8.11 中，从 17 点到次日 10 点，流量几乎不变，流量曲线呈平顶状，输入流量大，而输出流量很小（见图 8.11 中靠近横坐标轴的黑线），这是 DoS 攻击的典型特征之一。同时，也可从下述相应代码得出，平均输入流量与平均输出流量的比值为 470，远远大于 10。

```
drop o packets
avg_in 95456000 bit/s 28174pkt/s(表示平均输入流量和包数)
avg_out 191000 bit/s 60pkt/s(表示平均输出流量和包数)
```

（3）此外，利用从路由器中得到的 Netflow 的数据，如表 8-2 所示。

表 8-2　路由器中的 Netflow 的数据

	SrcIf	SrcIPaddress		DstIPaddress	Pr	SrcP	DstP	Pkts
1	Se3/1	211.69.241.235	Null	211.69.77.103	06	0612	0087	1
2	Se3/1	211.69.240.116	Null	211.69.99.183	06	112E	01BD	2
3	Se3/1	211.69.241.235	Null	211.69.80.31	06	0577	0087	2
4	Se3/1	211.69.241.235	Null	211.69.79.248	06	053C	0087	2
5	Se3/1	211.69.241.235	Null	211.69.99.113	06	10AE	0087	2
6	Se3/1	207.14.65.39	Se3/1	210.43.120.141	06	0D7B	0050	11
7	Se3/1	209.63.165.23	Se3/1	210.43.123.206	06	0F6C	0050	3
8	Se3/1	10.254.65.241	Se3/1	210.43.124.214	06	09ED	0050	55
9	Se3/1	211.69.240.116	Null	211.69.79.226	06	04F6	01BD	1
10	Se3/1	211.69.242.36	Null	211.69.94.127	06	091A	01BD	2
11	Se3/1	210.43.59.235	Se3/1	210.43.123.195	06	0F93	0050	47
12	Se3/1	211.69.241.235	Null	211.69.80.134	06	05FC	01BD	2
13	Se3/1	211.69.240.116	Null	211.69.79.192	06	045B	01BD	2
14	Se3/1	211.69.242.36	Null	211.69.82.218	06	0593	01BD	2
15	Se3/1	211.69.242.36	Null	211.69.91.138	06	05AA	01BD	2
16	Se6/0:11	211.69.75.107	Null	211.69.191.92	06	06FB	0599	2
17	Se6/0:11	211.69.75.80	Null	211.69.187.216	06	0A13	0599	2
18	Se4/2	202.197.232.44	Null	202.197.1.229	06	107E	0599	2
19	Se4/2	202.197.232.44	Null	202.197.1.227	06	1078	0599	2
20	Se4/2	202.197.232.44	Null	202.197.1.230	06	107F	0599	2

续表

	SrcIf	SrcIPaddress		DstIPaddress	Pr	SrcP	DstP	Pkts
21	Se3/1	211.69.246.42	Fa2/1	202.196.44.211	11	32F8	3592	5
22	Se4/2	202.197.232.44	Null	202.197.1.228	06	1079	0599	2
23	Se4/2	202.197.232.44	Null	202.197.1.226	06	1077	0599	2
24	Se4/2	202.197.232.44	Null	202.197.1.225	06	1075	0599	2
25	Se6/0:11	211.69.75.80	Null	211.69.187.146	06	0A27	0599	2
26	Se3/1	210.43.116.59	Fa2/1	202.194.40.145	11	1A37	165A	1
27	Se3/1	211.69.240.116	Null	211.69.92.171	06	05B5	0087	2
28	Se3/1	210.43.60.222	Se3/1	210.43.120.34	06	09D7	0050	83
29	Se3/1	211.69.240.116	Null	211.69.90.239	06	070C	0087	2
30	Se3/1	211.69.242.36	Null	211.69.82.88	06	0863	01BD	2
31	Se4/2	202.197.232.44	Null	202.197.1.244	06	10AB	0599	2
32	Se4/2	202.197.232.44	Null	202.197.1.241	06	10A2	0599	2
33	Se4/2	202.197.232.44	Null	202.197.1.240	06	10A1	0599	2
34	Se4/2	202.197.232.44	Null	202.197.1.242	06	10A5	0599	2
35	Se4/2	202.197.232.44	Null	202.197.1.243	06	10A7	0599	2
36	Se4/2	202.197.232.44	Null	202.197.1.234	06	1091	0599	2
…	…	…	…	…	…	…	…	…

（其中 0087-冲击波病毒，01BD-震荡波病毒，0599-SQLsnake 蠕虫）

从表 8-2 中数据可以得知网络中存在大量计算机蠕虫病毒所产生的数据包，需要通知有关用户及时清除计算机蠕虫病毒的危害；同时还可以从 6～8 行的数据得知 Se3/1 端口所连接的网络设备上有关路由的配置存在问题，没有进行源路由检查，导致 IP 欺骗的数据包可以通过该端口向外发送，因此有必要通知相关设备的系统管理员修改配置，消除 IP 欺骗对外部网络的危害。

(4) 对服务器主机的日志反映的异常网络行为进行分析，从而识别出对信息安全威胁较大的入侵企图。例如：

```
Jan 24 18:50:41 localhost sshd[18568]: authentication failure; rhost = 202.118.167.84 user = nobody
Jan 24 18:50:44 localhost sshd[18570]: authentication failure; rhost = 202.118.167.84 user = mysql
Jan 24 19:04:09 localhost sshd[19402]: authentication failure; rhost = 202.118.167.84 user = webalizer
Jan 24 19:04:48 localhost sshd[19441]: authentication failure; rhost = 202.118.167.84 user = postfix
Jan 24 19:04:51 localhost sshd[19444]: authentication failure; rhost = 202.118.167.84 user = squid
Jan 24 19:05:23 localhost sshd[19476]: authentication failure; rhost = 202.118.167.84 user = root
Jan 24 19:06:01 localhost sshd[19509]: authentication failure; rhost = 202.118.167.84 user = games
Jan 24 19:06:24 localhost sshd[19532]: authentication failure; rhost = 202.118.167.84 user = adm
```

从上面的主机日志中，可以看出 IP 地址为 202.118.167.84 这个用户，在不断地试用不同的用户名来连接一台服务器。在 10 多分钟的时间内，它分别用了 nobody、mysql、webalizer、postfix、squid、root 等账号企图登录服务器，因此可以确定 202.118.167.84 这个 IP 是一台在对网络中的服务器进行字典攻击的计算机，对此必须引起高度警惕。

(5) 网络拓扑安全是一种容易被忽视但却易被突破的安全问题。在校园网中私接和乱接现象比较严重，极易出现网络拓扑环路，从而引发广播风暴。图 8.12 是由网络软件

MRTC得到的网络流量图,表示从星期二到星期四出现了广播风暴,产生了很大的网络异常流量,对网络性能造成了严重的影响。

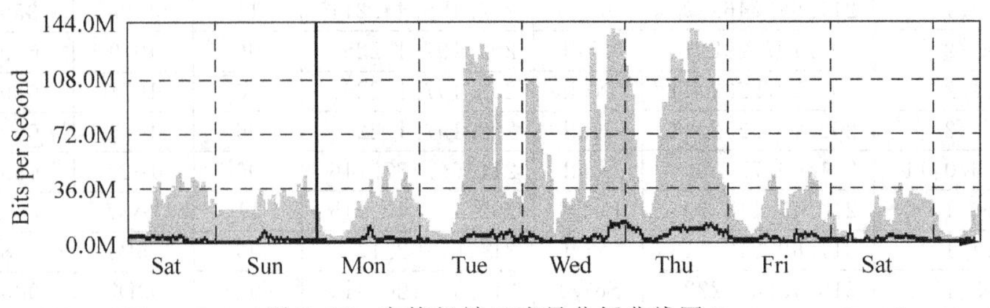

图 8.12　交换机端口流量分析曲线图 3

同时,从下述由交换机产生的日志信息代码也可看出,在设备名为 S3026E-3 的交换机 25 号端口上出现了拓扑环路。因此,应及时拆除拓扑环路,使网络恢复正常工作。

```
% sep 9 10:16:34 2006 S3026E - 3 DRV_NI/5/LOOP BACK:
Loopback does exit on port 25 vlan 1,please check it
```

(6) 目前在校园网的局域网中常见的 ARP 欺骗攻击行为,通常会造成该局域网的其他用户掉线,与其他网络通信中断的后果。可以通过协议分析软件(例如 Sniffer 或 Wireshark 等)捕获的 ARP 广播包进行分析。例如在图 8.13 中,可以看到 IP 地址为 202.197.70.161

8346	09:16:	202.197.70.161	52:54:ab:13:90:c5	202.197.70.254	00:e0:fc:21:6a:69	ARP	60	202.197.70.213 is at 52:54:ab:13:90:c5
8347	09:16:	202.197.70.161	52:54:ab:13:90:c5	202.197.70.254	00:e0:fc:21:6a:69	ARP	60	202.197.70.213 is at 52:54:ab:13:90:c5
9984	09:16:	202.197.70.161	52:54:ab:13:90:c5	202.197.70.254	00:e0:fc:21:6a:69	ARP	60	202.197.70.189 is at 52:54:ab:13:90:c5
9985	09:16:	202.197.70.161	52:54:ab:13:90:c5	202.197.70.254	00:e0:fc:21:6a:69	ARP	60	202.197.70.189 is at 52:54:ab:13:90:c5
9986	09:16:	202.197.70.161	52:54:ab:13:90:c5	202.197.70.254	00:e0:fc:21:6a:69	ARP	60	202.197.70.189 is at 52:54:ab:13:90:c5
9987	09:16:	202.197.70.161	52:54:ab:13:90:c5	202.197.70.254	00:e0:fc:21:6a:69	ARP	60	202.197.70.189 is at 52:54:ab:13:90:c5
9988	09:16:	202.197.70.161	52:54:ab:13:90:c5	202.197.70.254	00:e0:fc:21:6a:69	ARP	60	202.197.70.219 is at 52:54:ab:13:90:c5
9989	09:16:	202.197.70.161	52:54:ab:13:90:c5	202.197.70.254	00:e0:fc:21:6a:69	ARP	60	202.197.70.219 is at 52:54:ab:13:90:c5
9990	09:16:	202.197.70.161	52:54:ab:13:90:c5	202.197.70.254	00:e0:fc:21:6a:69	ARP	60	202.197.70.219 is at 52:54:ab:13:90:c5
9991	09:16:	202.197.70.161	52:54:ab:13:90:c5	202.197.70.254	00:e0:fc:21:6a:69	ARP	60	202.197.70.219 is at 52:54:ab:13:90:c5
11819	09:16:	202.197.70.161	52:54:ab:13:90:c5	202.197.70.254	00:e0:fc:21:6a:69	ARP	60	202.197.70.10 is at 52:54:ab:13:90:c5
11820	09:16:	202.197.70.161	52:54:ab:13:90:c5	202.197.70.254	00:e0:fc:21:6a:69	ARP	60	202.197.70.10 is at 52:54:ab:13:90:c5
11821	09:16:	202.197.70.161	52:54:ab:13:90:c5	202.197.70.254	00:e0:fc:21:6a:69	ARP	60	202.197.70.10 is at 52:54:ab:13:90:c5
11822	09:16:	202.197.70.161	52:54:ab:13:90:c5	202.197.70.254	00:e0:fc:21:6a:69	ARP	60	202.197.70.10 is at 52:54:ab:13:90:c5
11829	09:16:	202.197.70.161	52:54:ab:13:90:c5	202.197.70.254	00:e0:fc:21:6a:69	ARP	60	202.197.70.239 is at 52:54:ab:13:90:c5
11830	09:16:	202.197.70.161	52:54:ab:13:90:c5	202.197.70.254	00:e0:fc:21:6a:69	ARP	60	202.197.70.239 is at 52:54:ab:13:90:c5
11831	09:16:	202.197.70.161	52:54:ab:13:90:c5	202.197.70.254	00:e0:fc:21:6a:69	ARP	60	202.197.70.239 is at 52:54:ab:13:90:c5
11832	09:16:	202.197.70.161	52:54:ab:13:90:c5	202.197.70.254	00:e0:fc:21:6a:69	ARP	60	202.197.70.239 is at 52:54:ab:13:90:c5
12373	09:16:	169.254.126.197	00:0d:61:a1:8c:a2	Broadcast	ff:ff:ff:ff:ff:ff	ARP	60	Who has 169.254.126.90? Tell 169.254.126.197
12374	09:16:	169.254.126.197	00:0d:61:a1:8c:a2	Broadcast	ff:ff:ff:ff:ff:ff	ARP	60	Who has 169.254.126.90? Tell 169.254.126.197
13112	09:16:	202.197.70.161	52:54:ab:13:90:c5	3comEuro_1f:34:98	00:30:1e:1f:34:98	ARP	60	202.197.70.254 is at 52:54:ab:13:90:c5
13113	09:16:	202.197.70.161	52:54:ab:13:90:c5	3comEuro_1f:34:98	00:30:1e:1f:34:98	ARP	60	202.197.70.254 is at 52:54:ab:13:90:c5
13114	09:16:	202.197.70.161	52:54:ab:13:90:c5	3comEuro_1f:34:98	00:30:1e:1f:34:98	ARP	60	202.197.70.254 is at 52:54:ab:13:90:c5
13115	09:16:	202.197.70.161	52:54:ab:13:90:c5	3comEuro_1f:34:98	00:30:1e:1f:34:98	ARP	60	202.197.70.254 is at 52:54:ab:13:90:c5
13667	09:16:	202.197.70.161	52:54:ab:13:90:c5	202.197.70.254	00:e0:fc:21:6a:69	ARP	60	202.197.70.13 is at 52:54:ab:13:90:c5
13668	09:16:	202.197.70.161	52:54:ab:13:90:c5	202.197.70.254	00:e0:fc:21:6a:69	ARP	60	202.197.70.13 is at 52:54:ab:13:90:c5
13671	09:16:	202.197.70.161	52:54:ab:13:90:c5	202.197.70.254	00:e0:fc:21:6a:69	ARP	60	202.197.70.13 is at 52:54:ab:13:90:c5
13672	09:16:	202.197.70.161	52:54:ab:13:90:c5	202.197.70.254	00:e0:fc:21:6a:69	ARP	60	202.197.70.13 is at 52:54:ab:13:90:c5
13675	09:16:	202.197.70.161	52:54:ab:13:90:c5	202.197.70.254	00:e0:fc:21:6a:69	ARP	60	202.197.70.238 is at 52:54:ab:13:90:c5
13676	09:16:	202.197.70.161	52:54:ab:13:90:c5	202.197.70.254	00:e0:fc:21:6a:69	ARP	60	202.197.70.238 is at 52:54:ab:13:90:c5
13678	09:16:	202.197.70.161	52:54:ab:13:90:c5	202.197.70.254	00:e0:fc:21:6a:69	ARP	60	202.197.70.238 is at 52:54:ab:13:90:c5
13679	09:16:	202.197.70.161	52:54:ab:13:90:c5	202.197.70.254	00:e0:fc:21:6a:69	ARP	60	202.197.70.238 is at 52:54:ab:13:90:c5
15734	09:16:	202.197.70.161	52:54:ab:13:90:c5	202.197.70.254	00:e0:fc:21:6a:69	ARP	60	202.197.70.16 is at 52:54:ab:13:90:c5
15735	09:16:	202.197.70.161	52:54:ab:13:90:c5	202.197.70.254	00:e0:fc:21:6a:69	ARP	60	202.197.70.16 is at 52:54:ab:13:90:c5
15736	09:16:	202.197.70.161	52:54:ab:13:90:c5	202.197.70.254	00:e0:fc:21:6a:69	ARP	60	202.197.70.16 is at 52:54:ab:13:90:c5
15737	09:16:	202.197.70.161	52:54:ab:13:90:c5	202.197.70.254	00:e0:fc:21:6a:69	ARP	60	202.197.70.16 is at 52:54:ab:13:90:c5
15740	09:16:	202.197.70.161	52:54:ab:13:90:c5	202.197.70.254	00:e0:fc:21:6a:69	ARP	60	202.197.70.243 is at 52:54:ab:13:90:c5
15741	09:16:	202.197.70.161	52:54:ab:13:90:c5	202.197.70.254	00:e0:fc:21:6a:69	ARP	60	202.197.70.243 is at 52:54:ab:13:90:c5
15742	09:16:	202.197.70.161	52:54:ab:13:90:c5	202.197.70.254	00:e0:fc:21:6a:69	ARP	60	202.197.70.243 is at 52:54:ab:13:90:c5
15743	09:16:	202.197.70.161	52:54:ab:13:90:c5	202.197.70.254	00:e0:fc:21:6a:69	ARP	60	202.197.70.243 is at 52:54:ab:13:90:c5
17483	09:16:	202.197.70.161	52:54:ab:13:90:c5	202.197.70.254	00:e0:fc:21:6a:69	ARP	60	202.197.70.17 is at 52:54:ab:13:90:c5
17484	09:16:	202.197.70.161	52:54:ab:13:90:c5	202.197.70.254	00:e0:fc:21:6a:69	ARP	60	202.197.70.17 is at 52:54:ab:13:90:c5
17485	09:16:	202.197.70.161	52:54:ab:13:90:c5	202.197.70.254	00:e0:fc:21:6a:69	ARP	60	202.197.70.17 is at 52:54:ab:13:90:c5
17486	09:16:	202.197.70.161	52:54:ab:13:90:c5	202.197.70.254	00:e0:fc:21:6a:69	ARP	60	202.197.70.17 is at 52:54:ab:13:90:c5
17487	09:16:	202.197.70.161	52:54:ab:13:90:c5	202.197.70.254	00:e0:fc:21:6a:69	ARP	60	202.197.70.244 is at 52:54:ab:13:90:c5
17488	09:16:	202.197.70.161	52:54:ab:13:90:c5	202.197.70.254	00:e0:fc:21:6a:69	ARP	60	202.197.70.244 is at 52:54:ab:13:90:c5
17489	09:16:	202.197.70.161	52:54:ab:13:90:c5	202.197.70.254	00:e0:fc:21:6a:69	ARP	60	202.197.70.244 is at 52:54:ab:13:90:c5
17490	09:16:	202.197.70.161	52:54:ab:13:90:c5	202.197.70.254	00:e0:fc:21:6a:69	ARP	60	202.197.70.244 is at 52:54:ab:13:90:c5
19234	09:16:	202.197.70.161	52:54:ab:13:90:c5	202.197.70.254	00:e0:fc:21:6a:69	ARP	60	202.197.70.18 is at 52:54:ab:13:90:c5
19235	09:16:	202.197.70.161	52:54:ab:13:90:c5	202.197.70.254	00:e0:fc:21:6a:69	ARP	60	202.197.70.18 is at 52:54:ab:13:90:c5
19236	09:16:	202.197.70.161	52:54:ab:13:90:c5	202.197.70.254	00:e0:fc:21:6a:69	ARP	60	202.197.70.18 is at 52:54:ab:13:90:c5

图 8.13　ARP 分析数据

的计算机正在局域网内播发 ARP 欺骗的广播包，因此将通知 202.197.70.161 的用户尽快清除 ARP 病毒的影响，不然会影响到该局域网其他用户正常上网。

新兴网络媒体博客(Blog)、威客(Wiki)、播客(Podcast)等的出现，使得互联网变得更丰富多彩，但也带来了网络管理风险，必须注意以下问题：要制定管理规章；把好信息发布关，保护敏感数据；加强对知识产权与匿名访问的管理。

现在校园网已经真正成为高校的公共信息基础设施之一。高校正常的教学和行政管理越来越依赖校园网的安全稳定运行，要切记网络安全的风险存在于校园网的任何一个环节。没有一支相对稳定的技术管理队伍，没有长期积累的日常工作经验和系统管理人员的责任心，再好的网络设备和安全设施也无法保障校园网的长期稳定运行。而校园网的安全稳定运行则依赖健全的组织机构、管理条例、适当的安全策略和系统管理人员的责任心。校园网的主体是人，说到底，校园网安全稳定运行所面临的最大挑战是对人的防范、对人的教育和对人的依赖。

本章小结

本章主要介绍了网络管理的概念、目标、基本功能和管理模型，常用的网络管理协议，并重点讨论了简单网络管理协议(SNMP)的管理模型和工作原理。

高效的网络管理离不开网络管理技术和网络管理软件的支撑。网络管理同步技术、RMON 技术和基于 Web 的网络管理技术是典型的网络管理技术；HP OpenView、IBM NetView、Cisco Works 和 3Com Transcend 是市场上常见的网络管理软件。选择网络管理软件应该从实际出发，充分考虑实用性、可扩展性等原则。

局域网的管理是现在企业网管的核心。传统局域网的管理关键在于要了解局域网的结构，配置好网络，对网络进行定期检查；无线局域网的管理主要是做好网络监视与网络控制工作，最后本章以校园网管理为例阐述了局域网管理的一些经验和技术。

习　题　8

8.1　网络管理产生的原因是什么？网络管理的定义与目标是什么？

8.2　网络管理员的职责是什么？

8.3　网络管理的五个基本功能是什么？

8.4　试解释网络管理模型。

8.5　网络管理的常见协议有哪些？什么是 SNMP 网络管理模型？

8.6　简要介绍 SNMP 工作原理。

8.7　简述基于 Web 网络管理模式。

8.8　常用网络管理软件有哪些？

8.9　企业网络管理人员选择网管软件应该注意一些什么问题？

8.10　局域网管理的主要内容是什么？

8.11　结合本章 8.5 节的内容以及读者所在单位的实际，了解本单位局域网(校园网、企业内部网等)管理的相关情况。

第9章 网络操作系统

网络操作系统是计算机网络中用户与网络资源的接口，由一系列软件模块组成，负责控制和管理网络资源。网络操作系统的优劣，直接影响到计算机网络功能的有效发挥，可以说网络操作系统是计算机网络的中枢神经，处于网络的核心地位。早期的网络操作系统只是一种最基本的文件系统，只能提供简单的文件服务和某些安全性能，随着计算机网络的发展，网络操作系统的功能不断得到丰富、完善和提高。因此，掌握网络操作系统是进行一切网络操作的前提和基础。

通过本章学习，可以了解(或掌握)：

- 操作系统及网络操作系统的基本概念、基本原理；
- 操作系统及网络操作系统的发展、分类、特点及基本功能；
- Windows 系列操作系统的发展演变；
- Windows NT/2000 的体系结构、工作组模型及域模型等基本概念；
- Windows 2000 的性能特点及其功能，包括活动目录服务及增强的 IIS 等新功能；
- Windows 2003 的性能特点、功能及其新引进的安全技术；
- UNIX、Linux 等典型网络操作系统的基本情况及其特点。

9.1 操作系统及网络操作系统概述

网络操作系统由操作系统发展而来，故在介绍网络操作系统之前有必要先对操作系统进行简要的介绍。

9.1.1 操作系统概述

1. 操作系统的基本概念

计算机系统由硬件和软件两部分构成。软件又可分为系统软件和应用软件。系统软件是为解决用户使用计算机而编制的程序，如操作系统、编译程序、汇编程序等；应用软件是为解决某个特定问题而编制的程序。在所有软件中，操作系统是紧挨着硬件的第一层软件，其他软件则是建立在操作系统之上。

因此，操作系统在计算机系统中占据着非常重要的地位，它不仅是硬件与所有其他软件之间的接口，而且是整个计算机系统的控制和管理中心。操作系统已成为现代计算机系统中一个必不可少的关键组成部分。

操作系统(Operating System，OS)是若干程序模块的集合，它们能有效地组织和管理计算机系统中的硬件及软件资源，合理地组织计算机工作流程，控制程序的执行，并向用户提供各种服务功能，使得用户能够灵活、方便、有效地使用计算机，使整个计算机系统能够高效运行。

操作系统有下列两个重要作用。

(1) 管理系统中的各种资源。操作系统是资源的管理者和仲裁者，由它负责资源在各个程序之间的调度和分配，保证系统中的各种资源得以有效利用。

(2) 为用户提供良好的界面。

2. 操作系统的特征

(1) 并发性。并发性是指在计算机系统中同时存在多个程序，宏观上看，这些程序是同时向前推进的。在单CPU环境下，这些并发执行的程序是交替在CPU上运行的。程序的并发性具体体现在如下两个方面：用户程序与用户程序之间并发执行；用户程序与操作系统程序之间并发执行。

(2) 共享性。共享性是指操作系统程序与多个用户程序共用系统中的各种资源。这种共享是在操作系统控制下实现的。

(3) 随机性。操作系统是运行在一个随机的环境中。一个设备可能在任何时候向处理机发出中断请求，系统也无法知道运行着的程序会在什么时候做什么事情。

3. 操作系统的地位

没有任何软件支持的计算机称为裸机，而实际的计算机系统是经过若干层软件改造的计算机，操作系统位于各种软件的最底层，是与计算机硬件关系最为密切的系统软件，操作系统是硬件的第一层软件扩充，如图9.1所示。

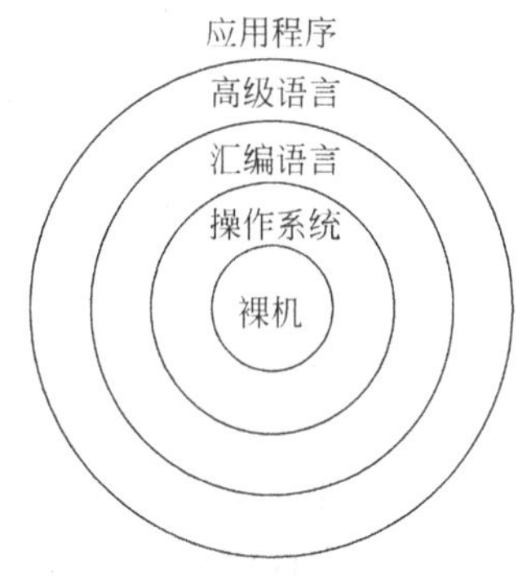

图9.1 计算机系统的层次结构

4. 操作系统的功能

(1) 进程管理。进程管理主要是对处理机进行管理。CPU是计算机系统中最宝贵的硬件资源。为了提高CPU的利用率，采用了多道程序技术。如果一个程序因等待某一条件而不能运行下去，就把处理机占用权转交给另一个可运行程序。或者，当出现了一个比当前运行的程序更重要的可运行的程序时，后者应能抢占CPU。为了描述多道程序的并发执行，就要引入进程的概念。通过进程管理协调多道程序之间的关系，解决对处理机分配调度策略、分配实施和回收等问题，以使CPU资源得到最充分的利用。

因操作系统对处理机管理策略的不同，其提供的作业处理方式也不同，如批处理方式、分时方式和实时方式。从而呈现在用户面前的是具有不同性质的操作系统。

(2) 存储管理。存储管理主要管理内存资源。内存价格相对昂贵，容量也相对有限。因此，当多个程序共享有限的内存资源时，如何为它们分配内存空间，以使存放在内存中的程序和数据能彼此隔离，互不侵扰；尤其是当内存不够用时，如何解决内存扩充问题，即将内存和外存结合起来管理，为用户提供一个容量比实际内存大得多的虚拟存储器，这是操作系统的存储管理功能要承担的重要任务。操作系统的这一部分功能与硬件存储器的组织结构密切相关。

(3) 文件管理。系统中的信息资源是以文件形式存放在外存储器上，需要时再把它们装入内存。文件管理的任务是有效地支持文件的存储、检索和修改等操作，解决文件的共享、保密和保护等问题，以使用户方便、安全地访问文件。操作系统一般都提供很强的文件系统。

(4) 设备管理。设备管理是指计算机系统中除了CPU和内存以外的所有输入、输出设备的管理。除了进行实际I/O操作的设备外，还包括诸如控制器、通道等支持设备。设备管理负责外部设备的分配、启动和故障处理，用户不必详细了解设备及接口的技术细节，就可以方便地对设备进行操作，为了提高设备的使用效率和整个系统的运行速度，可采用中断技术、通道技术、虚拟设备技术和缓冲技术，尽可能发挥设备和主机的并行工作能力。此外，设备管理应为用户提供一个良好的界面，以使用户不必涉及具体的设备物理特性即可方便灵活地使用这些设备。

(5) 用户与操作系统的接口。除了上述四项功能之外，操作系统还应该向用户提供使用它的方法，即用户与计算机系统之间的接口。接口的任务是为用户提供一个使用系统的良好环境，使用户能有效地组织自己的工作流程，并使整个系统高效地运行。除此之外，操作系统还要具备中断处理、错误处理等功能。操作系统的各功能之间不是相互独立的，它们之间存在着相互依赖的关系。

5. 操作系统的类型

操作系统经历了手工操作、早期成批处理、执行系统、多道程序系统、分时系统、实时系统和通用操作系统等阶段。随着硬件技术的飞速发展及微处理机的出现，个人计算机向计算机网络、分布式处理和智能化方向发展，操作系统也因此有了进一步发展。

操作系统可以按不同的方法分类。按硬件系统的大小，可以分为微型机操作系统和中小型操作系统。按适用范围，可以分为实时操作系统和作业处理系统。按操作系统提供给用户工作环境的不同，可以分为批处理操作系统、分时系统、实时系统、个人计算机操作系统、网络操作系统、分布式操作系统六种。下面介绍这六种操作系统。

1) 批处理操作系统

在批处理操作系统中，用户一般不直接操纵计算机，而是将作业提交给系统操作员。操作员将作业成批地装入计算机，由操作系统将作业按规定的格式组织好存入磁盘的某个区域(通常称为输入井)，然后按照某种调度策略选择一个或几个搭配得当的作业调入内存加以处理；内存中多个作业交替执行，处理的步骤事先由用户设定；作业输出的处理结果通常也由操作系统组织存入磁盘某个区域(称为输出井)，由操作系统按作业统一加以输出；最后，由操作员将作业运行结果交给用户。

批处理系统有两个特点：一是“多道”，二是“成批”。“多道”是指系统内可同时容纳多个作业，这些作业存放在外存中，组成一个后备作业队列，系统按一定的调度原则每次从后备作业队列中选取一个或多个作业进入内存运行，运行作业结束并退出运行以及后备作业进入运行均由系统自动实现，从而在系统中形成一个自动转接的连续的作业流。而“成批”是指在系统运行过程中不允许用户与其他作业发生交互作用，即作业一旦进入系统，用户就不能直接干预其作业的运行。

批处理操作系统追求的目标是，提高系统资源利用率和扩大作业吞吐量，以及增强作业流程的自动化。

2) 分时系统

分时系统允许多个用户同时联机使用计算机。一台分时计算机系统连有若干台终端，多个用户可以在各自的终端上向系统发出服务请求，等待计算机的处理结果并决定下一个步骤。操作系统接收每个用户的命令，采用时间片轮转的方式处理用户的服务请求，即按照某个次序给每个用户分配一段CPU时间，进行各自的处理。对每个用户而言，仿佛“独占”了整个计算机系统。分时系统的特点如下。

(1) 多路性。多个用户同时使用一台计算机。微观上是各用户轮流使用计算机；宏观上是各用户在并行工作。

(2) 交互性。用户可根据系统对请求的响应结果，进一步向系统提出新的请求。这种能使用户与系统进行人-机对话的工作方式，明显地有别于批处理系统，因而分时系统又称为交互式系统。

(3) 独立性。用户之间可以相互独立操作，互不干涉。系统保证各用户程序运行的完整性，不会发生相互混淆或破坏现象。

(4) 及时性。系统可对用户的输入及时作出响应。分时系统性能的主要指标之一是响应时间，是指从终端发出命令到系统予以应答所需的时间。

通常，计算机系统中同时采用批处理和分时处理方式来为用户服务，即时间要求不强的作业放入“后台”(批处理)处理，需频繁交互的作业在“前台”(分时)处理。

3) 实时系统

实时系统是随着计算机应用领域的日益广泛而出现的，具体含义是指系统能够及时响应随机发生的外部事件，并在严格的时间范围内完成对该事件的处理。实时系统在一个特定的应用中是作为一种控制设备来使用的。通过模数转换装置，将描述物理设备状态的某些物理量转换成数字信号传送给计算机，计算机分析接收来的数据、记录结果，并通过数模转换装置向物理设备发送控制信号，来调整物理设备的状态。实时系统可分成以下两类。

(1) 实时控制系统。将计算机用于飞机飞行、导弹发射等自动控制时，要求计算机能尽快处理测量系统测量得到的数据，及时地对飞机或导弹进行控制，或将有关信息通过显示终端提供给决策人员。

(2) 实时信息处理系统。若将计算机用于预订飞机票，查询有关航班、航线、票价等事宜时，要求计算机能对终端设备发来的服务请求及时予以正确的回答。

实时操作系统的一个主要特点是及时响应，即每一个信息接收、分析处理和发送的过程必须在严格的时间限制内完成；另一个主要特点是高可靠性。

4) 个人计算机操作系统

个人计算机操作系统是一种联机交互的单用户操作系统，它提供的联机交互功能与分时系统所提供的功能很相似。由于是个人专用，一些功能会简单得多。然而，由于个人计算机应用广泛，对提供方便友好的用户接口和丰富功能的文件系统的要求愈来愈迫切。目前微软公司的Windows系统在个人计算机操作系统中占有绝对优势，2006年底推出了最新的操作系统Windows Vista。

5) 网络操作系统

计算机网络是通过通信设施将地理上分散的具有自治功能的多个计算机系统互连起来，实现信息交换、资源共享、互操作和协作处理的系统。网络操作系统就是在原来各自计算机操作系统上，按照网络体系结构的各个协议标准进行开发，使之包括网络管理、通信、资源共享、系统安全和多种网络应用服务的操作系统。

6) 分布式操作系统

分布式操作系统也是通过通信网络将物理上分布的具有自治功能的数据处理系统或计

算机系统互连起来，实现信息交换和资源共享，协作完成任务。要求分布式操作系统是一个统一的操作系统，实现系统操作的统一性。分布式操作系统管理分布式系统中的所有资源，负责整个系统的资源分配和调度、任务划分、信息传输控制协调工作，并为用户提供一个统一的界面，用户通过这一界面实现所需要的操作和使用系统资源，至于操作定在哪一台计算机上执行或使用哪台计算机的资源则由操作系统自动完成，用户不必知道。此外，由于分布式系统更强调分布式计算和处理，因此对于多机合作和系统重构、健壮性和容错能力有更高的要求，要求分布式操作系统有更短的响应时间、高吞吐量和高可靠性。

9.1.2 网络操作系统概述

1. 网络操作系统的基本概念

网络操作系统(Network Operating System，NOS)也是程序的组合，是在网络环境下，用户与网络资源之间的接口，用以实现对网络资源的管理和控制。对网络系统来说，所有网络功能几乎都是通过其网络操作系统体现的，网络操作系统代表着整个网络的水平。随着计算机网络的不断发展，特别是计算机网络互连、异质网络互连技术及其应用的发展，网络操作系统朝着支持多种通信协议、多种网络传输协议和多种网络适配器的方向发展。

网络操作系统使联网计算机能够方便而有效地共享网络资源，为网络用户提供所需的各种服务的软件与协议。因此，网络操作系统的基本任务是：屏蔽本地资源与网络资源的差异性，为用户提供各种基本网络服务功能，完成网络共享系统资源的管理，并提供网络系统的安全性服务。

计算机网络系统是通过通信媒体将多个独立的计算机连接起来的系统，每个连接起来的计算机各自独立拥有相应的操作系统。网络操作系统是建立在这些独立的操作系统之上，为网络用户提供使用网络系统资源的桥梁。在多个用户争用系统资源时，网络操作系统进行资源调剂管理，它依靠各个独立的计算机操作系统对所属资源进行管理，协调和管理网络用户进程或程序与联机操作系统进行的交互作用。

2. 网络操作系统的类型

网络操作系统一般可以分为两类：面向任务型与通用型。面向任务型网络操作系统是为某一种特殊网络应用设计的；通用型网络操作系统能提供基本的网络服务功能，支持用户在各个领域应用的需求。

通用型网络操作系统也可以分为两类：变形级系统与基础级系统。变形级系统是在原有的单机操作系统基础上，通过增加网络服务功能构成的；基础级系统则是以计算机硬件为基础，根据网络服务的特殊要求，直接利用计算机硬件与少量软件资源专门设计的网络操作系统。

综观近十多年网络操作系统的发展，网络操作系统经历了从对等结构向非对等结构演变的过程，其演变过程如图 9.2 所示。

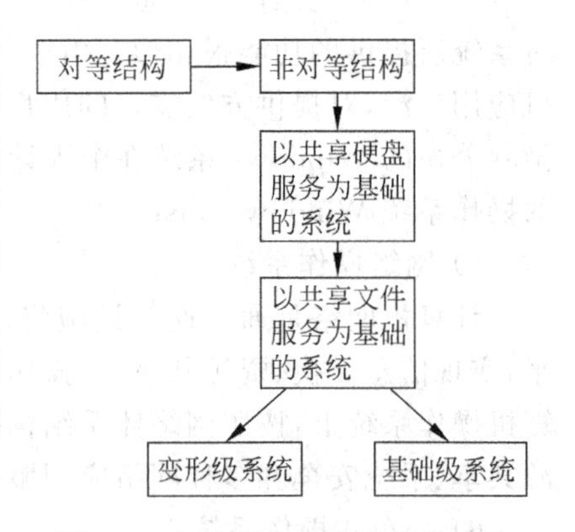

图 9.2　网络操作系统的演变过程

1) 对等结构网络操作系统

在对等结构网络操作系统中，所有的连网结点地位平等，安装在每个连网结点的操作系统软件相同，连网计算机的资源在原则上都可以相互共享。每台连网计算机都以前、后台方式工作，前台为本地用户提供服务，后台为其他结点的网络用户提供服务。

对等结构的网络操作系统可以提供共享硬盘、共享打印机、电子邮件、共享屏幕与共享CPU 服务。

对等结构网络操作系统的优点是结构相对简单，网中任何结点之间均能直接通信。其缺点是每台连网结点既要完成工作站的功能，又要完成服务器的功能，即除了要完成本地用户的信息处理任务外，还要承担较重的网络通信管理与共享资源管理任务。这都将加重连网计算机的负荷，因而信息处理能力明显降低。因此，传统的对等结构网络操作系统支持的网络系统规模一般比较小。

2）非对等结构网络操作系统

针对对等结构网络操作系统的缺点，人们进一步提出了非对等结构网络操作系统的设计思想，即将连网结点分为网络服务器（network server）和网络工作站（network workstation）两类。

非对称结构的局域网中，连网计算机有明确的分工。网络服务器采用高配置与高性能的计算机，以集中方式管理局域网的共享资源，并为网络工作站提供各类服务。网络工作站一般是配置较低的微型机系统，主要为本地用户访问本地资源与网络资源提供服务。

非对等结构网络操作系统软件分为两部分，一部分运行在服务器上，另一部分运行在工作站上。因为网络服务器集中管理网络资源与服务，所以网络服务器是局域网的逻辑中心。网络服务器上运行的网络操作系统的功能与性能，直接决定着网络服务功能的强弱以及系统的性能与安全性，它是网络操作系统的核心部分。

在早期的非对称结构网络操作系统中，人们通常在局域网中安装一台或几台大容量的硬盘服务器，以便为网络工作站提供服务。硬盘服务器的大容量硬盘可以作为多个网络工作站用户使用的共享硬盘空间。硬盘服务器将共享的硬盘空间划分为多个虚拟盘体，虚拟盘体一般可以分为三个部分：专用盘体、公用盘体与共享盘体。

专用盘体可以分配给不同的用户，用户可以通过网络命令将专用盘体链接到工作站，用户可以通过口令、盘体的读写属性与盘体属性，来保护存放在专用盘体的用户数据；公用盘体为只读属性，它允许多用户同时进行读操作；共享盘体的属性为可读写，它允许多用户同时进行读写操作。

共享硬盘服务系统的缺点是用户每次使用服务器硬盘时首先要进行链接；用户需要自己使用 DOS 命令来建立专用盘体上的 DOS 文件目录结构，并且要求用户自己进行维护。因此，使用起来很不方便，系统效率低，安全性差。

为了克服上述缺点，人们提出了基于文件服务的网络操作系统。这类网络操作系统分为文件服务器和工作站软件两个部分。

文件服务器具有分时系统文件管理的全部功能，它支持文件的概念与标准的文件操作，提供网络用户访问文件、目录的并发控制和安全保密措施。因此，文件服务器具备完善的文件管理功能，能够对全网实行统一的文件管理，各工作站用户可以不参与文件管理工作。文件服务器能为网络用户提供完善的数据、文件和目录服务。

目前的网络操作系统基本都属于文件服务器系统，例如 Microsoft 公司的 Windows

NT Server 操作系统与 Novell 公司的 NetWare 操作系统等。这些操作系统能提供强大的网络服务功能与优越的网络性能，它们的发展为局域网的广泛应用奠定了基础。

3. 网络操作系统的功能

网络操作系统除了应具有前述一般操作系统的进程管理、存储管理、文件管理和设备管理等功能之外，还应提供高效可靠的通信能力及多种网络服务功能。

(1) 文件服务(file service)。文件服务是最重要与最基本的网络服务功能。文件服务器以集中方式管理共享文件，网络工作站可以根据所规定的权限对文件进行读写以及其他各种操作，文件服务器为网络用户的文件安全与保密提供了必需的控制方法。

(2) 打印服务(print service)。打印服务可以通过设置专门的打印服务器完成，或者由工作站或文件服务器来担任。通过网络打印服务功能，局域网中可以安装一台或几台网络打印机，用户可以远程共享网络打印机。打印服务实现对用户打印请求的接收、打印格式的说明、打印机的配置和打印队列的管理等功能。网络打印服务在接收用户打印请求后，本着先到先服务的原则，将用户需要打印的文件排队，用排队队列管理用户打印任务。

(3) 数据库服务(database service)。随着计算机网络的迅速发展，网络数据库服务变得越来越重要。选择适当的网络数据库软件，依照 C/S 工作模式，开发出客户端与服务器端的数据库应用程序，客户端可以向数据库服务器发送查询请求，服务器进行查询后将结果传送到客户端。它优化了局域网系统的协同操作模式，从而有效地改善了局域网应用系统性能。

(4) 通信服务(communication service)。主要提供工作站与工作站之间、工作站与网络服务器之间的通信服务功能。

(5) 信息服务(message service)。可以通过存储转发方式或对等方式完成电子邮件服务。目前，信息服务已经逐步发展为文件、图像、数字视频与语音数据的传输服务。

(6) 分布式服务(distributed service)。它将网络中分布在不同地理位置的资源，组织在一个全局性的、可复制的分布数据库中，网络中多个服务器都有该数据库的副本。用户在一个工作站上注册，便可与多个服务器连接。对于用户来说，网络系统中分布在不同位置的资源是透明的，这样就可以用简单方法访问大型互联局域网系统。

(7) 网络管理服务(network management service)。网络操作系统提供了丰富的网络管理服务工具，可以提供网络性能分析、网络状态监控和存储管理等多种管理服务。

(8) Internet/intranet 服务(Internet/intranet service)。为了适应 Internet 与 intranet 的应用，网络操作系统一般都支持 TCP/IP 协议，提供各种 Internet 服务，支持 Java 应用开发工具，使局域网服务器容易成为 Web 服务器，全面支持 Internet 与 intranet 访问。

4. 典型的网络操作系统

目前局域网中主要有以下几类典型的网络操作系统。

(1) Windows 类。微软公司的 Windows 系统在个人操作系统中占有绝对优势，在网络操作系统中也具有非常强劲的力量。由于它对服务器的硬件要求较高，且稳定性能不是很好，所以一般用在中、低档服务器中；高端服务器通常采用 UNIX、Linux 或 Solairs 等非 Windows 操作系统。在局域网中，微软的网络操作系统主要有 Windows NT 4.0 Server、Windows 2000 Server/Advanced Server、Windows 2003 Server/Advanced Server 以及最新的 Windows Vista Enterprise 等。

(2) UNIX 系统。目前 UNIX 系统常用的版本有 UNIX SUR 4.0、HP-UX 11.0、Sun 公司的 Solaris 10.0 等，均支持网络文件系统服务，功能强大。这种网络操作系统稳定和安全性能非常好，但由于它多数是以命令方式进行操作，不容易掌握，特别是对于初级用户。正因如此，小型局域网基本不使用 UNIX 作为网络操作系统，UNIX 一般用于大型的网站或大型企、事业局域网中。UNIX 网络操作系统历史悠久，其良好的网络管理功能已为广大网络用户所接受，拥有丰富的应用软件支持。UNIX 是针对小型机主机环境开发的操作系统，是一种集中式分时多用户体系结构。但因其体系结构不够合理，UNIX 的市场占有率呈下降趋势。

(3) Linux。Linux 是一种新型的网络操作系统，最大的特点是开放源代码，并可得到许多免费的应用程序。目前有中文版本的 Linux，如 Red Hat(红帽子)、红旗 Linux 等，Linux 安全性和稳定性较好，在国内得到了用户的充分肯定。它与 UNIX 有许多类似之处，目前这类操作系统主要用于中、高档服务器中。

总的来说，对特定计算环境的支持使得每一种操作系统都有适合于自己的工作场合。例如，Windows 2000 Professional 适用于桌面计算机，Linux 目前较适用于小型网络，Windows 2000 Server 适用于中、小型网络，而 UNIX 则适用于大型网络。因此，对于不同的网络应用，需要用户有目的地选择合适的网络操作系统。下面将分别对这几种典型网络操作系统进行较详细的介绍。

9.2 Windows 系列操作系统

9.2.1 Windows 系列操作系统的发展与演变

Microsoft 公司开发 Windows 3.1 操作系统的出发点是在 DOS 环境中增加图形用户界面(Graphic User Interface,GUI)。Windows 3.1 操作系统的巨大成功与用户对网络功能的强烈需求是分不开的。微软公司很快又推出了 Windows for Workgroup 操作系统，这是一种对等结构的操作系统。但是，这两种产品仍没有摆脱 DOS 的束缚，严格地说都不能算是一种网络操作系统。

但 Windows NT 3.1 操作系统推出后，这种状况得到了改观。Windows NT 3.1 操作系统摆脱了 DOS 的束缚，并具有很强的联网功能，是一种真正的 32 位操作系统。然而，Windows NT 3.1 操作系统对系统资源要求过高，并且网络功能明显不足，这就限制了它的广泛应用。

针对 Windows NT 3.1 操作系统的缺点，微软公司又推出了 Windows NT 3.5 操作系统，它不仅降低了对微型机配置的要求，而且在网络性能、网络安全性与网络管理等方面都有了很大的提高，并受到了网络用户的欢迎。至此，Windows NT 操作系统才成为微软公司具有代表性的网络操作系统。

后来，微软公司推出 Windows 2000 操作系统，它是在 Windows NT Server 4.0 基础上开发出来的。Windows NT Server 4.0 是整个 Windows 网络操作系统最为成功的一套系统，目前还有很多中、小型局域网把它当作标准网络操作系统。Windows 2000 操作系统是服务器端的多用途网络操作系统，可为部门级工作组和中、小型企业用户提供文件和打印、应用软件、Web服务及其他通信服务，具有功能强大、配置容易、集中管理和安全性能高等特点。

2003年4月底，微软发布Windows 2003操作系统，它主要是工作于服务器端的操作系统。相比之前的任何一个版本，Windows 2003功能更多、速度更快、更安全、更稳定，其提供的各种内置服务以及重新设计的内核程序已经与Windows 2000版有了本质的区别。无论大、中、小型企业都能在Windows 2003中找到适合的组件，尤其是其在网络、管理、安全性能等方面更是有革命性的改进。

9.2.2 Windows NT操作系统

1. Windows NT体系结构

1）用户模式和内核模式

Windows NT在两种模式下运行：用户模式和内核模式。

（1）用户模式（user model）。用户的应用在用户模式下运行，不直接访问硬件，限制在一个被分配的地址空间中，可以使用硬盘作为虚拟内存，访问权限低于内核模式。用户模式进程对资源的访问须经过内核模式组件授权，这有利于限制无权限用户的访问。

（2）内核模式（kernel model）。集中了所有主要操作系统功能的服务在内核模式下运行，与用户模式的应用进程是分开的。内核模式进程可访问计算机的所有内存，只有内核模式组件可直接访问资源。

2）Windows NT内存模式

Windows NT内存模式为虚拟内存系统。它使用虚拟内存体系结构，使所有的应用可以获得充分的内存访问地址，Windows NT分配给每个应用一个被称为虚拟内存的单独的内存空间，并将这个虚拟内存映射到物理内存，这种映射虚拟内存以4KB内存块（称一个page）为单位，每个虚拟内存空间有4GB，共有1 048 576个pages，然而大部分pages实际上是空的，因为应用并未全部使用它们，因此，在Windows NT内，每个进程可访问高达4GB的内存空间。

Windows NT可以组成工作组模型和域模型两种类型的网络模型。支持所有的硬件平台及所有硬件拓扑结构，支持多种网络通信协议，安装Windows NT网络操作系统，即成为Windows NT网。下面分别介绍工作组模型和域模型。

2. 工作组模型

工作组是一组由网络连接在一起的计算机，它们的资源、管理和安全性分散在网络各个计算机上。工作组中的每台计算机，既可作为工作站又可作为服务器，同时它们也分别管理自己的用户账号和安全策略，只要经过适当的权限设置，每台计算机都可以访问其他计算机中的资源，也可提供资源给其他计算机使用，如图9.3所示。

这种工作组模式的优点是：对少量较集中的工作站很方便，容易共享分布式的资源，管理员维护工作少，实现简单。但也存在一些缺点：对工作站数量较多的网络不适合，无集中式账号管理、资源管理及安全性管理。

3. 域模型

1）域的概念

域是安全性和集成化管理的基本单元，是一组服务器组成的一个逻辑单元，属于该域的

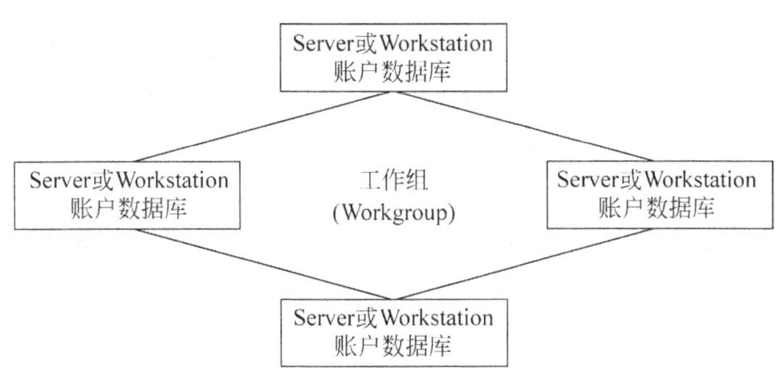

图 9.3　工作组模型

任何用户都可以只通过一次登录而达到访问整个域中所有资源的目的。在一个 Windows NT 域中,只能有一个主域控制器(primary domain controller),它是一台运行 Windows NT Server 操作系统的计算机;同时,还可以有后备域控制器(backup domain controller)与普通服务器,它们都是运行 Windows NT Server 操作系统的计算机。

主域控制器负责为域用户与用户组提供信息。后备域控制器的主要功能是提供系统容错,它保存域用户与用户组信息的备份。后备域控制器可以像主域控制器一样处理用户请求,在主域控制器失效的情况下,它将自动升级为主域控制器。图 9.4 给出了典型的 Windows NT 域的组成。由于 Windows NT Server 操作系统在文件、打印、备份、通信与安全性方面的诸多优点,因此它的应用越来越广泛。

2) 域模型

Windows NT 网络提供了以下四种域的模型。

(1) 单域模型。在单域模型下,整个网络只有一个域,域中的所有账号和安全信息都保存在主域控制器上,如图 9.5 所示。

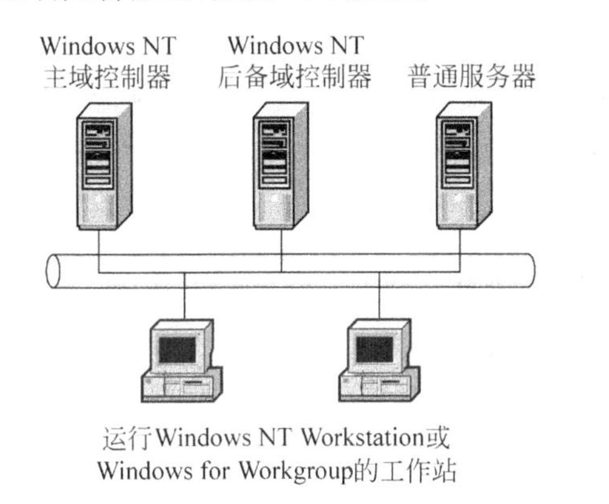

图 9.4　Windows NT 域的构成

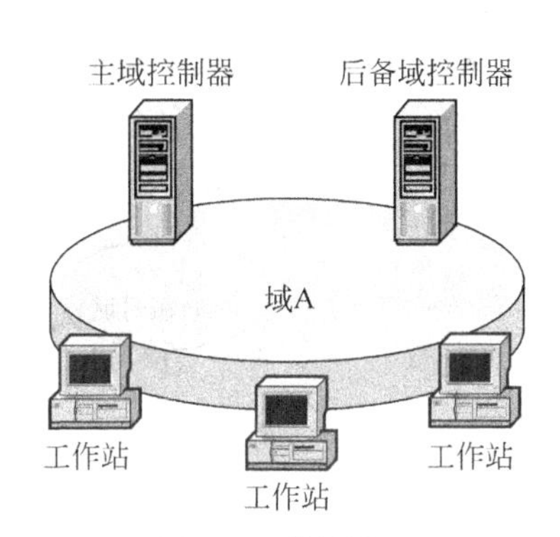

图 9.5　单域模型

单域模型是四种模型中最为简单的一种,它具有设计简单、维护和使用方便的特点。在保持高效率工作的情况下,单域模型可以有多达 26 000 个用户账号。

对于那些网络用户和组的数量较少,要求能对用户账号进行集中管理,并且管理工作简单的单位,最好选择单域模型。

(2) 单主域模型。单主域模型如图 9.6 所示。

单主域模型至少有两个以上的域组成,每个域都有自己的域控制器。其中有一个域作为主域,其他的域作为资源域。所有的用户账号信息保存在主域控制器上,而资源域只负责维护文件、目录和打印机等资源。用户按主域上的账号登录,所有的资源都安装在资源域中。每个资源域都与主域(也称账号域)建立单向的委托关系,使得主域中所有账号的用户可以使用其他域中的资源。

当网络由于工作的需要必须分为多个域,而用户和组的数量又较少时,可采用单主域模型。

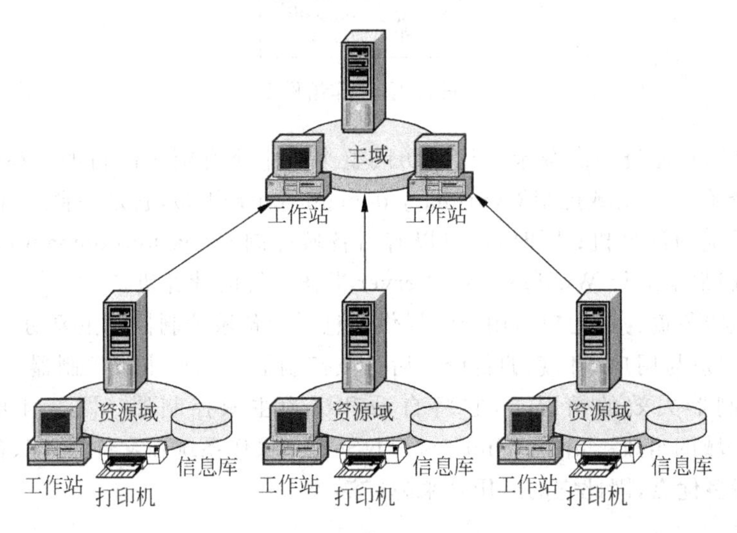

图 9.6 单主域模型

(3) 多主域模型。多主域模型中有多个主域存在,每个域的所有账号和安全信息保存在自己的域控制器上。当然,在多主域模型的网络中也可以存在资源域,它的账号由其中的某个主域提供。

多主域模型与单主域模型类似,主域用作账号域,用于创建和维护用户账号。网络中其他的域成为资源域,它们不存储和管理用户账号,但可以提供共享文件服务器和打印机等网络资源,如图 9.7 所示。

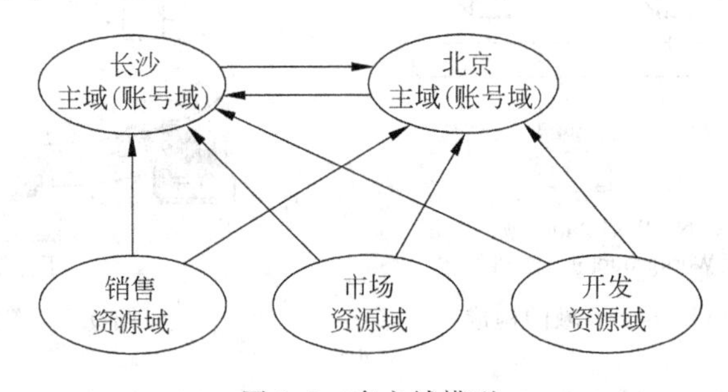

图 9.7 多主域模型

在该模型中,每个主域通过双向委托关系与其他主域相连。每个资源域与每个主域建立单向委托关系。因为每个用户账号总存在于某个主域中,且每个资源域又与每个主域建立单向委托关系,因此,在任意一个主域中都可以使用任何一个用户账号。

多主域模型包括单主域模型的全部特性,也适用于 40 000 用户以上的组织;远程用户可以从网络的任意位置或世界上的任意一个地方登录，并可进行集中和分散管理；根据组织的需要，可对域进行配置，使其对应于特定的部门或企业内部组织。

多主域模型适合用在一些大型的网络中，使网络具有良好的操作性和管理性，并可进行远程登录。

(4) 完全信任模型。完全信任模型是多个单域之间的相互信任模型，即网络中每个域信任其他任何域，而每个域都不管理其他域。该模型把对用户账号和资源的管理权分散到不同的部门中去，而不进行集中管理，每个部门管理自己的域，定义自己的用户账号，这些用户账号可以在任意域内使用，如图 9.8 所示。

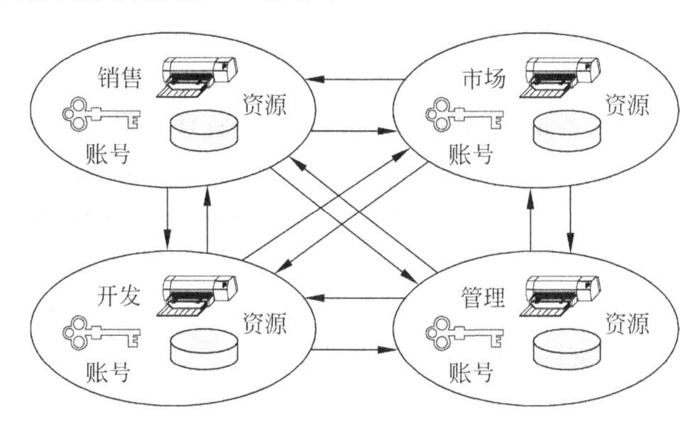

图 9.8 完全信任模型

完全信任模型的优点是：对没有中央网络管理部门的企业非常合适，它可扩展到有任何用户数的大型网络，且每个部门对它自己的用户和资源拥有完全控制权，用户账号和资源可按部门单元进行分组。但当其他域中的用户访问本域资源时可能导致安全危机。

9.2.3 Windows 2000 操作系统

Windows 2000 又称 Windows NT 5.0，是微软公司在 Windows NT 4.0 基础上推出的操作系统。Windows 2000 家族包括 Windows 2000 Professional、Windows 2000 Server、Windows 2000 Advanced Server 与 Windows 2000 DataCenter Server 四个成员。其中，Windows 2000 Professional 是运行于客户端的操作系统，Windows 2000 Server、Windows 2000 Advanced Server 与 Windows 2000 DataCenter Server 都是运行在服务器端的操作系统，只是它们所能实现的网络功能和服务不同。

1. 体系结构

Windows 2000 不是单纯按照层次结构或 C/S 体系建造而成的，而是融和了两者的特点。图 9.9 为 Windows 2000 体系结构概图。

Windows 2000 分为用户态和核心态两大部分。

1) 用户态

用户态有四种类型的用户进程。

(1) 系统支持进程(system support process)，如登录进程 WINLOGON 和会话进程 SMSS，这类进程不是 Windows 2000 的服务，不由服务控制器启动。

(2) 服务进程(service process)，如事件日志服务等的服务进程。

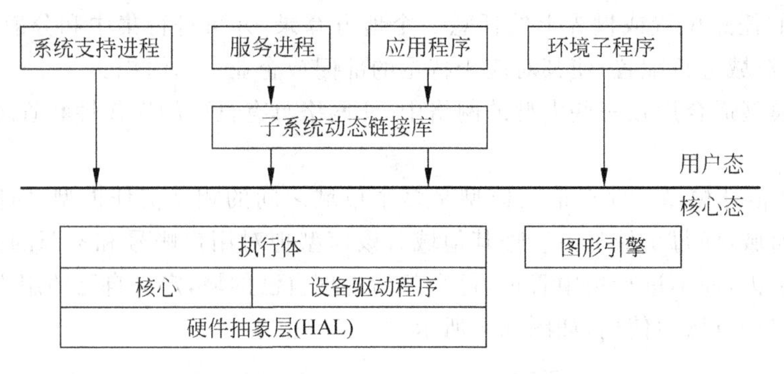

图 9.9　Windows 2000 体系结构概图

(3) 环境子系统(environment subsystem),用于向程序提供运行环境(操作系统功能调用接口),Windows 2000 的环境子系统有 Win32\POSIX 和 OS/21.2。

(4) 应用程序(user application),为 Win32、Windows3.1、MS-DOS、POSIX(UNIX 类型的操作系统接口的国际标准)或 OS/21.2 之一。

服务进程和应用进程不能直接调用操作系统服务,必须通过子系统动态链接库(Subsystem DLLs)和系统交互才能调用。

2) 核心态

核心态组件包括如下内容。

(1) 内核(kernel),包含了最低级的操作系统功能,如线程调度、中断和异常调度、多处理器同步等。Windows 2000 的内核始终运行在核心态,其代码短小紧凑,可移植性很好。

(2) 执行体(executive),是实现高级结构的一组例程和基本对象,包含了基本的操作系统服务,如内存管理器、进程和线程管理、安全控制、I/O 以及进程间的通信。

(3) 设备驱动程序(device drivers),包括文件系统和硬件设备驱动程序等,其中硬件设备驱动程序将用户的 I/O 函数调用转换为对特定硬件设备的 I/O 请求。

(4) 硬件抽象层(Hardware Abstraction Layer,HAL),将内核、设备驱动程序以及执行体同硬件分隔开来,使它们可以适应多种平台。

(5) 图形引擎,包含实现用户界面的基本函数。

2. Windows 2000 的特点及新增功能

1) Windows 2000 的特点

Windows 2000 操作系统除具有 Windows NT 的特点之外,还在其上做了大量改进,其特点如下。

(1) 全面的 Internet 及应用软件服务。

(2) 具有强大的电子商务及信息管理功能。

(3) 增强的可靠性和可扩展性。

(4) 具有整体系统可靠性和规模性。

(5) 强大的端对端管理。

(6) 支持对称的多处理器结构,支持多种类型的 CPU。

2) Windows 2000 的功能

Windows 2000 是在 Windows NT 的内核技术上发展而来的,其功能更强,系统更稳定。它继承了 Windows NT 和 Windows 9x 的优点，与它们相比，Windows 2000 具有如下新增功能。

(1) 终端服务。允许多台计算机使用终端服务功能实现会话。在运行终端服务的服务器上安装基于 Windows 的应用程序，对于连接到服务器桌面的用户都是可用的，并且在客户桌面上打开的终端会话与在每个设备上打开的会话，其外观与运行方式相同。

(2) 活动目录技术。是一种采用 Internet 的标准技术，具有扩展性的多用途目录服务技术。能够有效地简化网络用户及资源管理，使用户更容易寻找资源。

(3) 完善的文件服务。它新增了分布式文件系统、用户配额、加密文件系统、磁盘碎片整理、索引服务、动态卷管理和磁盘管理等。

(4) 打印服务。除了对本地打印机自动检查和安装驱动程序，它还支持脱机打印，而且打印机重新连接时，原来存储的打印任务可以继续进行。

(5) Internet 信息服务。更新了 Internet Information Server(IIS)的版本，提供更方便的安装与管理，体现了扩展性、稳定性和可用性。

3. 活动目录

目录服务的目的是让用户通过目录很容易找到所需的数据。Windows 2000 的目录用来存储用户账户、组、打印机等对象的有关数据，这些数据存储在目录数据库中。Windows 2000 域中负责提供目录服务的组件就是活动目录。它的适用范围非常广，可以包含如设备、程序、文件及用户等对象。活动目录以阶梯式的结构将对象、容器、组织单位等组合在一起，并存储到活动目录的数据库中。名称空间是一块划好的区域，在这块区域内，可以利用某个名字找到与这个名字相关的信息。活动目录就是一个名称空间。利用活动目录，通过对象的名称找到与这个对象有关的信息。容器(container)也叫容区，与对象相似，有自己的名称，也是属性的集合。但它并不代表一个实体，容器内可以包含一组对象及其他的容器。组织单位(organization units，OU)就是活动目录内的一个容器。组织单位内可以包含其他的对象，还可以有其他的组织单位。

Windows 2000 的活动目录是一个具有安全性、分布式、可分区、可复制的目录结构。与 Windows NT 3. x/4. 0 结构相同，Windows 2000 也沿用域的概念。Windows 2000 活动目录中的核心单元也是域，将网络设置为一个或多个域，所有的网络对象都存放在域中。对对象的访问由其访问控制链表(Access Control List，ACL)控制，在默认情况下，管理权限被限制在域的内部。任何一个域都可加入其他域中，成为其子域。因为活动目录的域名采用域名系统(Domain Name System，DNS)的域名结构来命名，子域的域名内一定包含父域的域名，所以，网络具有统一的域名和安全性，用户访问资源更方便容易。

活动目录中的多个域可以通过传递式信任关系进行连接，形成树状的域目录树结构，称为一个域树。域目录树内的所有域共享一个活动目录。活动目录内的数据是分散地存储在各个域内，每个域内只存放该域内的数据。使用包含域的活动目录系统，可以通过对象的名称找到与这个对象有关的信息。两个域之间必须建立信任关系，才可访问对方域内的资源。一个域加入域目录树后，这个域会自动信任其上一层的父域，并且父域也自动信任此域，信任关系是双向传递的。域目录树中的用户可以通过传递式信任关系访问域树中的所有其他域，并具有良好的安全性；管理者也能很方便地管理与检测。同时，活动目录使用一种叫做“多主体式”的对等控制器模式，也就是一个域中的所有域控制器都可接收对象的改变且把改变复制到其他域控制器上。

信任关系的双向传递性这一点，与 Windows NT 的不同。它通过父域与其他域建立的信任关系，自动传递给它而形成隐含的信任关系。因此，当任何一个 Windows 2000 的域加入域目录树后，就会信任域目录树内的所有的域。但是，管理权限却是不可传递的，因此可以通过限制域的范围来增加系统的安全性。

一个网络既可以是单树结构，又可以是多树结构，最小的树就是一个单一的 Windows 2000 域，但一个特定树的名称空间总是连续的。用户打开浏览器，看到的将不再是单独的一个域，而是一个域目录树的列表。把两个以上的域目录树结合起来可以形成一个域森林，组成域森林的域目录树不共享同一个连续的命名空间。

活动目录中存在两种信任机制：传递式双向信任和 Windows NT 3.1/4.0 方式的单向信任关系。第一种信任机制是活动目录独有的。它不需要在每两个域之间都直接建立信任关系，而只要在"信任树"中两个域之间是"连通的"，它们之间就建立了信任关系。第二种信任机制用于以下两种情况：一是不支持活动目录，二是活动目录域目录树中的域与一个 Windows 2000 域目录树之间建立了信任关系。这种方式把访问限制在直接信任的域内，也提供一种限制对网络资源访问的方法。

活动目录与 DNS 紧密地集成在一起。在 TCP/IP 网络环境里，用 DNS 解析计算机名称与 IP 地址的对应关系，以便计算机查找相应的设备及其 IP 地址，是 TCP/IP 网络通信中必不可少的部分。一般 Windows 2000 的域名都采用 DNS 的域名，使网上的内部用户(Intranet)和外部用户(Internet)都用同一名称来访问。

在域中 Windows 2000 Server 可以担当不同的服务器角色，完成不同的任务。

Windows 2000 服务器的类型有以下几种。

(1) 主域控制器服务器。其中存储有其所控制的域中用户账户和其他的活动目录数据。如果使用基于域的用户账户和安全特性，则必须建立一个或多个域。一个域必须至少有一个主域控制器服务器，但通常有多个主域控制器服务器。每个主域控制器都复制其他主域控制器中的用户账户和其活动目录数据，且为用户提供登录验证。主域控制器必须使用 NTFS(New Technology File System)文件系统，因为所有 FAT(File Allocation Table)或 FAT32 磁盘分区的服务器将失去许多安全特性。

(2) 成员服务器。属于某一个域，但没有活动目录数据。

(3) 独立服务器。不属于某一个域或某个工作组。

4. IIS 简介

IIS(Internet Information Server，信息服务系统)建立在服务器端。服务器接收从客户发来的请求并处理它们的请求，而客户机的任务是提出与服务器的对话。只有实现了服务器与客户机之间信息的交流与传递，Internet/intranet 的目标才可能实现。

Windows 2000 集成了 IIS 5.0 版，这是 Windows 2000 中最重要的 Web 技术，同时也使得它成为一个功能强大的 Internet/intranet Web 应用服务器。

Web 服务器是 IIS 所提供的非常有用的服务，用户可以使用浏览器来查看 Web 站点的网页内容。

文件传输协议(FTP)是 IIS 提供的另外一种非常有用的服务。它允许用户在任何地方传输文档和程序，用户可以将数据传输到世界上任何不知名的站点，它也允许在两个不同的操作系统之间方便地传输文件。FTP服务器接收来自客户发来的文件传送请求并满足这些请求。FTP是一种使用最广泛的从一台计算机向另一台计算机传送文件的工具。

除了上述两种服务以外，Windows 2000 IIS还提供了邮件服务的功能，电子邮件(E-mail)是Internet最早提供的主要服务之一，最初许多用户都是为了能够通过E-mail服务来收发电子邮件才开始使用Internet。电子邮件是目前Internet上使用最广泛、最频繁的服务。

Windows 2000的IIS还提供了新闻组服务器，它使得人们可以就某一问题进行全球范围内的讨论。

9.2.4 Windows Server 2003操作系统

Windows Server 2003是Microsoft公司推出的新一代网络服务器操作系统。Windows Server 2003家族包括Windows Server 2003 Web、Windows Server 2003 Standard、Windows Server 2003 Enterprise与Windows Server 2003 Datacenter四个成员。它们都是运行在服务器端的操作系统，只是其所能实现的网络功能和服务不同。

1. Windows Server 2003的体系结构

与Windows 2000一样，Windows Server 2003融合了分层操作系统和C/S操作系统的特点。此前对Windows 2000的体系结构已有介绍，故对Windows Server 2003的体系结构在此不再赘述。

2. Windows Server 2003的特性和新增功能

1) Windows Server 2003的特性

(1) 可扩充性。可以通过升级与当前最新技术同步。

(2) 可移植性。可以在各种硬件体系结构上运行，包括基于Intel的CISC(Complex Instruction Set Computer，复杂指令集计算机)系统和RISC(Reduced Instruction Set Computing，精简指令集计算)系统。

(3) 可靠性与坚固性。可以防止内部故障和外部侵扰以避免造成伤害。

(4) 兼容性。用户界面和应用程序编程接口(API)与已有的Windows版本和旧的操作系统兼容，也能和其他操作系统相互操作。

(5) 国际性。主要是指Windows 2003支持不同地方的语言、日期、时间、金钱等各种书写方式。

2) Windows Server 2003的新增功能

Windows Server 2003系列沿用了Windows 2000 Server的先进技术并使之更易于部署、管理和使用。与Windows 2000 Server相比，Windows Server 2003新增了一些功能，并做了改进或增强，这些改进或增强主要体现在以下几方面。

(1) 活动目录。在性能、管理功能、组策略以及安全性方面均有大量改进，大大提高了它的可管理性，并简化了迁移和部署工作。

(2) 集群技术。仅在服务器版和数据库中心版中提供。集群服务提高了关键应用程序服务器的可用性和可伸缩性。当故障发生时，可通过故障转移将服务切换到其他结点。

(3) 文件服务。主要包括远程文件共享、虚拟磁盘服务、增强的分布式文件系统、脱机文件改进等新增功能。

(4) Internet信息服务6.0(IIS 6.0)。IIS 6.0较Windows 2000中的IIS 5.0有了质的飞跃。IIS 6.0在可靠性与可伸缩性、安全性与易管理性以及网络开发与网络支持功能三个方面进行了增强和改进。

(5) 邮局协议(POP3)。是Windows Server 2003新增的功能。它只是一个具备收发邮件功能的简单服务器,它的配置非常简单,只需按照“指定服务器域名”→“添加邮箱”→“指定邮箱名称与密码”这几个步骤就可以完成。

(6) WMS(Windows Media Services)。改进了客户端和服务器的连接方式,使数据流在比较恶劣的网络环境下也能流畅地播放。另外,它还可在服务器上增添播放列表,列表既可由管理员手工更改,也可由设定的播放方案自动生成,当然也可用专门编制的流媒体服务器程序来产生。流媒体服务器还提供了SDK开发包和各种调用接口,使程序开发人员可以定制和打造个性化的流媒体服务。

(7) 多语言支持,支持多语言的终端服务对话,支持Windows Installer技术,以及拥有更多的支持软件和平台,如Office XP、Windows CE、SQL Server等。

3. Windows Server 2003的新安全技术

IIS 6.0在Windows Server 2003中已经重新设计,以便进一步改变基于Web的事务处理的安全性。IIS 6.0使用户可以将单个Web应用隔离到一个自包含的Web服务进程中。这样可以防止一个中断的应用进程影响运行在同一Web服务器上的另一应用程序。IIS还提供了内置的监测功能,以便发现、修正并避免Web应用程序出现故障。在IIS 6.0中,第三方应用程序代码运行在受隔离的工作进程中,而且使用了具有较低权限的Network Service登录账户。工作进程隔离通过访问控制列表(ACL)提供了将Web站点或应用程序限制在其根目录的能力。这就进一步保护系统,使之免受搜索文件系统试图执行脚本或其他内置代码的攻击。

Windows Server 2003还通过支持强认证协议(802.1x,即WiFi)和受保护的可扩展认证协议(Protected Extensible Authentication Protocol,PEAD)改善了网络通信安全性。IPSec支持已经得到加强,而且进一步集成到操作系统中,从而改善LAN和WAN的数据加密。

Windows Server 2003中引入了通用语言数据库(Common Language Runtime,CLR)软件引擎,改善了可靠性并创建了较为安全的计算环境。CLR确认应用程序是否可以无错误地运行并检查安全性许可,从而保证代码不会执行非法操作。CLR减少了由普通编程错误引起的错误和安全漏洞的数目,这就大大减少了黑客攻击的机会。

Windows Server 2003支持跨森林间信任,允许公司与其他使用活动目录(Active Directory)的公司较好地结合。利用合作伙伴的活动目录建立跨森林的信任关系使得用户可以安全地访问资源,而不损失单一登录的方便性。这一功能允许用户与来自合作伙伴活动目录的用户和用户组一起使用ACL资源。

通过引入证书管理器(credential manager),单一登录得到进一步的改进,这种技术提供了用户名和密码以及与证书和密钥链接的安全存储。这就使用户可获得一致性的单一登录体验。单一登录允许用户访问网络上的资源,而不必重复地提供其安全证书。

Windows Server 2003支持受限制的委派(constrained delegation)。委派(delegation)意味着允许一种服务模仿一个用户或计算机账户来访问网络上的资源。Windows Server 2003中的这一特性允许用户将这类委派限制到特定的服务和资源上。例如,一种利用委派来代表某一用户访问系统的服务，可以被限制为只能模仿用户与单个特定的系统连接，而不允许与网络上的其他机器或服务连接。这类似于将用户限制为只能与有限数目的系统连接。

对用户来说，协议转换是允许一个服务转化为基于 Kerberos(由美国麻省理工学院提出的基于可信赖的第三方认证系统)认证用户身份的技术，而不必已知用户的密码，或者不需要用户通过 Kerberos 认证。这就允许因特网用户使用自定义的认证方法加以认证并接受 Windows 身份。

Windows Server 2003 提供了.NET 通行证与活动目录的集成，允许使用基于.NET 通行证的认证，从而向业务伙伴和客户提供基于 Windows 的资源和应用的单一登录体验。通过使用.NET 通行证服务，常常可减少某管理用户 ID 和密码的成本。

虽然 Windows 2000 支持加密文件，但 Windows Server 2003 还允许使用 EFS (Encrypting File System，加密文件系统)对离线文件和文件夹加密。

9.3 UNIX 操作系统

9.3.1 UNIX 操作系统的发展

1969 年，贝尔实验室 Ken. Thompson 在小型计算机 PDP-7 上，由早期的 Mutics 型系统开发而形成 UNIX，经过不断补充修改，且与 Richie 一起用 C 语言重写了 UNIX 的大部分内核程序，于 1972 年正式推出。它是世界上使用最广泛、流行时间最长的操作系统之一，无论微型机、工作站、小型机、中型机、大型机乃至巨型机，都有许多用户在使用。目前，UNIX 已经成为注册商标，多用于中、高档计算机产品。

UNIX 操作系统经过几十年的发展，产生了许多不同的版本流派。各个流派的内核很相像，但外围程序等其他程序有一定的区别。现有两大主要流派，分别是以 AT&T 公司为代表的 SYSTEM V，其代表产品为 Solaris 系统；另一个是以伯克利大学为代表的 BSD。

UNIX 操作系统的典型产品有以下几种。

(1) 应用于 PC 上的 Xenix 系统、SCO UNIX 和 Free BSD 系统。

(2) 应用于工作站上的 SUN Solaris 系统、HP-UX 系统和 IBM AIX 系统。

一些大型主机和工作站的生产厂家专门为它们的机器开发了 UNIX 版本，其中包括 Sun 公司的 Solaris 系统、IBM 公司的 AIX 和惠普公司的 HP-UX。

9.3.2 UNIX 操作系统的组成和特点

1. UNIX 操作系统的组成

UNIX 操作系统由下列几部分组成。

(1) 核心程序(kernel)，负责调度任务和管理数据存储。

(2) 外围程序(shell)，接受并解释用户命令。

(3) 实用性程序(utility program)，完成各种系统维护功能。

(4) 应用程序(application)，在 UNIX 操作系统上开发的实用工具程序。

UNIX 系统提供了命令语言、文本编辑程序、字处理程序、编译程序、文件打印服务、图形处理程序、记账服务和系统管理服务等设计工具，以及其他大量系统程序。UNIX 的内核和界面可以分开。其内核版本有一个约定，即版本号为偶数时，表示产品为已通过测试的正式发布产品；版本号为奇数时，表示正在进行测试的测试产品。

UNIX操作系统是一个典型的多用户、多任务、交互式的分时操作系统。从结构上看，UNIX是一个层次式可剪裁系统，它可以分为内核(核心)和外壳两大层。但是，UNIX核心内的层次结构不是很清晰，模块间的调用关系较为复杂，图9.10是经过简化和抽象的结构。

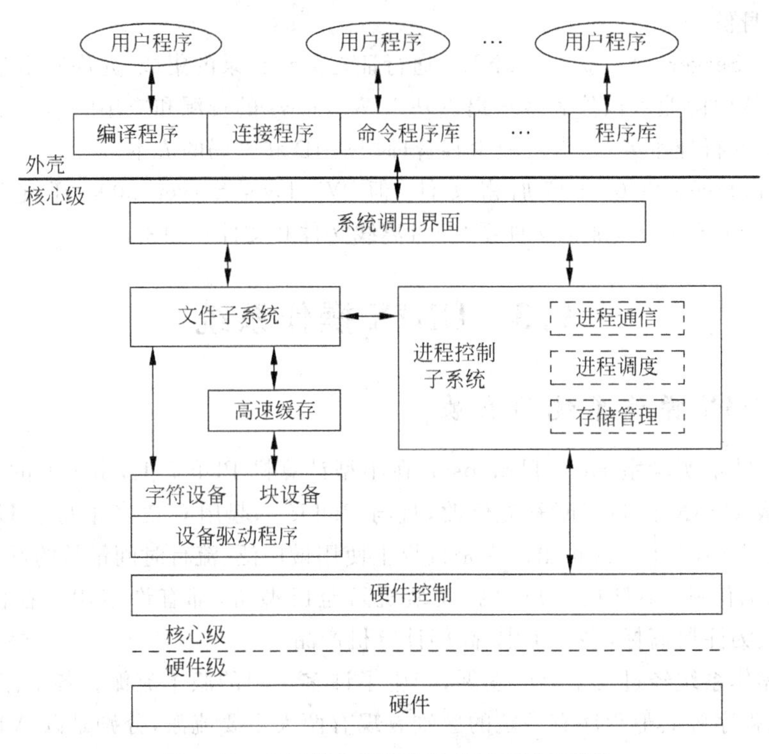

图9.10　经过简化和抽象的UNIX系统结构

核心级直接工作在硬件级之上，它一方面驱动系统的硬件并与其交互作用，另一方面为UNIX外围软件提供有力的系统支持。具体地说，核心功能包括进程管理、内存管理、文件管理与设备驱动以及网络系统支持。

外壳由应用程序和系统程序组成。应用程序的范围非常广泛，可以是用户的任何程序(例如数据库应用程序)，也可以是一些套装软件(如人事工资管理程序、会计系统、UNIX命令等)。系统程序是为系统开发提供服务与支持的程序，如编译程序、文本编辑程序及命令解释程序(shell)等。

在用户层与核心层之间，有一个“系统调用”的中间带，即系统调用界面，是两层间的接口。系统调用界面是一群预先定义好的模块(大部分由汇编语言编写)，这些模块提供一条管道，让应用程序或一般用户能借此得到核心程序的服务，如外部设备的使用、程序的执行和文件的传输等。

2. UNIX操作系统的特点

UNIX系统是一个支持多用户的交互式操作系统，具有以下特点。

(1) 可移植性好。使用C语言编写，易于在不同计算机之间移植。

(2) 多用户和多任务。UNIX采用时间片技术，同时为多个用户提供并发服务。

(3) 层次式的文件系统。文件按目录组织，目录构成一个层次结构。最上层的目录为根目录，根目录下可建子目录，使整个文件系统形成一个从根目录开始的树状目录结构。

(4) 文件、设备统一管理。UNIX将文件、目录、外部设备都作为文件处理，简化了系统，便于用户使用。

(5) 功能强大的Shell。Shell具有高级程序设计语言的功能。

(6) 方便的系统调用。系统可以根据用户要求，动态创建和撤销进程；用户可在汇编语言、C语言级使用系统调用，与核心程序通信，获得资源。

(7) 有丰富的软件工具。

(8) 支持电子邮件和网络通信，系统还提供在用户进程之间进行通信的功能。

当然，UNIX操作系统也有一些不足，如用户接口不好，过于简单；种类繁多，且互相不兼容。

UNIX操作系统经过不断的锤炼，已成为一个在网络功能、系统安全、系统性能等各方面都非常优秀的操作系统。其多用户、多任务、分时处理的特点影响着一大批操作系统，如Linux等均是在其基础上发展起来的。

3. UNIX操作系统的工作态

UNIX有两种工作态：核心态和用户态。UNIX的内核工作在核心态，其他外围软件(包括用户程序)工作在用户态。用户态的进程可以访问它自己的指令和数据，但不能访问核心态和其他进程的指令和数据。一个进程的虚拟地址空间分为用户地址空间和核心地址空间两部分，核心地址空间只能在核心态下访问，而用户地址空间在用户态和核心态下都可以访问。当用户态下的用户进程执行一个用户调用时，进程的执行态将从用户态切换为核心态，操作系统执行并根据用户请求提供服务；服务完成，由核心态返回用户态。

9.3.3 UNIX操作系统的网络操作

Internet之所以能成为流行的网络，在于TCP/IP与UNIX的联合。Internet的原形ARPANET的开发者DARPA(美国国防高级研究项目委员会)采纳TCP/IP作为ARPANET的通信协议之后，意识到UNIX将会流行，于是决定把UNIX加入到TCP/IP中。也正是由于在UNIX中添加了电子自由通信和信息共享，才使ARPANET不断发展、扩充和演变为今天的Internet。目前UNIX已经具有丰富的网络操作功能，其中包括如下一些内容。

(1) 显示局域网中各计算机的状态命令ruptime。

(2) 显示网络中的用户信息。

① 显示网络中所有用户信息命令rwho。

② 显示网络中指定主机上的用户的信息命令 $ finger。

(3) 远程登录。

① UNIX系统的远程登录命令rlogin。

② 非UNIX系统的远程登录命令telnet。

(4) 文件传送。

① UNIX系统的文件传送命令rcp。

② 非UNIX系统的远程登录命令ftp。

(5) 网络文件共享(Network File System,NFS)。

① NFS安装命令mount。

② FS安装删除命令umount。

(6) 电子邮件命令mail和mailx。

(7) 系统配置与系统管理。

9.4 Linux操作系统

9.4.1 Linux操作系统的发展

目前,Linux操作系统已逐渐被国内用户所熟悉,它强大的网络功能开始受到人们的喜爱。Linux操作系统是一个免费的软件包,它可将普通PC变成装有UNIX系统的工作站。Linux操作系统支持很多种软件,其中包括大量免费软件。

最初发明设计Linux操作系统的是一位芬兰年轻人Linus B. Torvalds,他对Minix系统十分熟悉。开始Torvalds并没有发行这套操作系统的二进制文件,只是对外发布源代码而已。如果用户想要编译源代码,还需要MINIX的编译程序才行。起初,Torvalds想将这套系统命名为freax,他的目标是使Linux成为一个基于Intel硬件、在微型机上运行并类似于UNIX的新的操作系统。

Linux操作系统虽然与UNIX操作系统类似,但它并不是UNIX操作系统的变种。Torvalds从开始编写内核代码时就仿效UNIX,几乎所有UNIX的工具与外壳都可以运行在Linux上。因此,熟悉UNIX操作系统的人就能很容易掌握Linux。Torvalds将源代码放在芬兰最大的FTP站点上,人们认为这套系统是“Linux”的“Minix”,因此就建成了一个Linux子目录来存放这些源代码,结果Linux这个名字就被使用起来了。在以后的时间里,世界各地的很多Linux爱好者先后加入到Linux系统的开发工作中。

9.4.2 Linux操作系统的组成和特点

1. Linux操作系统的组成

Linux由内核、shell环境和文件结构三个主要部分组成。内核(kernel)是运行程序和管理诸如磁盘和打印机之类的硬件设备的核心程序。shell环境(environment)提供了操作系统与用户之间的接口,它接收来自用户的命令并将命令送到内核去执行。文件结构(file structure)决定了文件在磁盘等存储设备上的组织方式。文件被组织成目录的形式,每个目录可以包含任意数量的子目录和文件。内核、shell环境和文件结构共同构成了Linux的基础。在此基础上,用户可以运行程序,管理文件,并与系统交互。

Linux本身就是一个完整的32位的多用户多任务操作系统,因此不需要先安装DOS或其他操作系统(如Windows、OS/2、Minix)就可以直接进行安装,当然,Linux操作系统可以与其他操作系统共存。

2. Linux操作系统的特点

作为操作系统,Linux操作系统几乎满足当今UNIX操作系统的所有要求,因此,它具有 UNIX 操作系统的基本特征。Linux 操作系统适合作 Internet 标准服务平台，它以低价格、源代码开放、安装配置简单等特点，对广大用户有着较大的吸引力。目前，Linux 操作系统已开始应用于 Internet 中的应用服务器，如 Web 服务器、DNS 域名服务器、Web 代理服务器等。

Linux 操作系统与 Windows NT、NetWare、UNIX 等传统网络操作系统最大的区别是：Linux 开放源代码。正是由于这点，才引起了人们的广泛注意。

与传统网络操作系统相比，Linux 操作系统主要有以下特点。

(1) 不限制应用程序可用内存大小。

(2) 具有虚拟内存的能力，可以利用硬盘来扩展内存。

(3) 允许在同一时间内运行多个应用程序。

(4) 支持多用户，在同一时间内可以有多个用户使用主机。

(5) 具有先进的网络能力，可以通过 TCP/IP 协议与其他计算机连接，通过网络进行分布式处理。

(6) 符合 UNIX 标准，可以将 Linux 上完成的程序移植到 UNIX 主机上去运行。

(7) 是免费软件，可以通过匿名 FTP 服务在"sunsite. ucn. edu"的"pub/Linux"目录下获得。

9.4.3 Linux 的网络功能配置

Linux 具有强大的网络功能，可以通过 TCP/IP 与网络连接，也可以通过调制解调器使用电话拨号以 PPP(Point-to-Point Protocol，点对点协议)连接上网。一旦 Linux 系统连上网络，就能充分使用网络资源。Linux 系统中提供了多种应用服务工具，可以方便地使用 Telnet、FTP、mail、news 和 WWW 等信息资源。不仅如此，Linux 网络操作系统为 Internet 丰富的应用程序提供了应有的平台，用户可以在 Linux 上搭建各种 Internet/Intranet 信息服务器。当然，要实现这些功能首先要完成 Linux 操作系统的网络功能设置。

Red Hat Linux 允许在安装时进行网络配置，当然如果要在以后完成配置或者改变网络配置也是可以的。Linux 系统上有许多配置文件，用来管理和配置 Linux 系统网络。这些文件可以通过 ipconfig、route 和 netcfg 等网络配置工具来管理。Linux 还提供了测试网络状态的工具，使用 ping 命令可以检查网络接口(网卡)工作是否正常。

1. 设置网络功能

Linux 网络功能是在系统安装时一并安装的，在少数情况下，自行安装网络功能时就要进行重编核心或安装模组工作。这里仅介绍安装过程中的网络设置。

(1) 安装程序检查系统网卡。在多数情况下，Linux 会自动识别网卡，如果不行的话，就必须选择网卡的驱动程序并指定一些必需的选项。

(2) 配置 TCP/IP 网络。配置好网卡之后，首先要选择网络配置方式。

① 静态 IP 地址。必须手工设置网络的信息。

② BOOTP。网络信息通过 BOOTP(Bootstrap Protocol，引导协议)请求自动提供。

③ DHCP。网络信息通过 DHCP(Dynamic Host Configuration Protocol，动态主机配置协议)请求自动提供。

注意：BOOTP 和 DHCP 选择要求局域网上有一台已经配置好的 BOOTP(或 DHCP)

服务器正在运行。如果选择 BOOTP 或 DHCP,网络配置将自动设置。如果选了静态 IP 地址,必须自己设定网络的信息。如表 9-1 是中南大学商学院一台微机配置所需的网络信息。

表 9-1　网络信息实例

Field	Example	Field	Example
Value IP Address	202.198.47.188	Primary Nameserver	202.198.144.65
Netmask	255.255.255.0	Domain Name	csu.edu.cn
Default Gateway	202.198.147.2	Hostname	Hardlab

2. 网络配置文件

在/etc 目录下有一系列文件,见表 9-2,可以使用这些文件来配置和管理 Linux 的 TCP/IP 网络。除了表中描述的文件外,在文件/etc/services 里还列出了系统提供的所有服务,如 FTP 和 Telnet;在文件/etc/protocols 里列出了系统支持的 TCP/IP 协议。

表 9-2　TCP/IP 配置文件

文　件	描　述
/etc/hosts	将主机名和 IP 地址关联起来
/etc/networks	将域名和网络地址关联起来
/etc/host	Conf 列出解析器选项
/etc/hosts	列出远程主机的域名和 IP 地址
/etc/resolv.conf	Conf 列出域名服务器的名称、Ip 地址和域名,可使用它来定位远程主机
/etc/protocols	列出系统上可用的协议
/etc/services	列出对网络的服务,如 FTP 和 Telnet
/etc/HOSTNAME	存放系统的名称

(1) 标识主机名:/etc/hosts。hosts 文件负责维护域名和 IP 地址之间的对应关系。当使用域名时,系统会在该文件中查寻对应的 IP 地址,将域名地址转换为 IP 地址。

hosts 文件中域名项的格式如下所示。

```
/etc/hosts
202.198.47.188        hardlab.csu.edu.cn        localhost
202.198.144.65        www.csu.edu.cn
202.114.96.28         freemail.263.net
202.198.58.200        bbs.tsinghua.edu.cn
```

首先是 IP 地址,后面是对应的域名,中间用空格分开,后面还可以为主机名加上别名。每一项记录的后面,可以加入注释内容,注释内容是以#符号开头的一段内容。在 hosts 文件中总可以找到 localhost 一项,它是用于标识本地主机的特殊地址,它可以使本系统上的用户之间互相进行通信。

(2) 网络名称:/etc/networks。networks 文件中包含的是域名和网络的 IP 地址,而不是某个特定主机的域名。不同类型的 IP 地址其网络地址不同。此外,在该文件中还要定义 localhost 的网络地址 202.112.147.0,这个网络地址用于回放设备。

在 networks 文件中,网络域名后面接的是 IP 地址。总可以找到一项,即计算机 IP 地址的网络地址部分。networks 文件的内容项如下所示。

```
/etc/networks
loopback              202.198.47.0
myhome                202.198.47.0
```

(3) /etc/hostname。Hostname 文件中包含了系统的主机名称。要改变主机名，可以修改这个文件的内容。netcfg 工具允许更改主机名，并将新的主机名放入 hostname 文件中，可以使用 hostname 命令来显示系统的主机名而不必直接显示该文件的内容。

```
$ hostname
hardlab.csu.edu.cn
```

3. 网络配置工具

Red Hat 提供了一个非常容易使用的网络配置工具 netcfg。Red Hat 控制面板上标为 Network Configuration 的图标即是该配置工具。启动该工具，在打开的窗口中有四个面板，每个面板的顶部有一个按钮条，分别是名称(name)、主机(hosts)、接口(interfaces)和路由(routing)。所有的网络配置信息都可以在这些面板上完成。

(1) Names。该面板中的 hostname 和 domain 分别用来配置系统域名的全称和本网络的域名。Search for hostname in additional domains 用来指定搜索域，对于 Internet 地址，系统会先在这些域中查找。Nameservers 用来指定名字服务器地址，可以在其中输入网络名字服务器的 IP 地址，搜索域和名称服务器地址信息都存放在文件/etc/resolv. conf 中。主机名存放在/etc/HostName 文件中。

(2) hosts。hosts 面板用来添加、删除和修改主机名和相关的 IP 地址，也可以增加别名。该面板显示的是/etc/hosts 文件的内容，在该处所做的任何改变都会存放到这个文件中。

(3) interfaces。在 interfaces 面板中列出了系统上网络接口的配置信息。使用 add、edit、alias 和 remove 可以管理网络接口的名称、IP 地址、优先权、启动时是否激活以及当前是否处于活动状态。

(4) routing。routing 面板是用来指定网关系统的。可以输入默认网关或使用的多个网关。如果不使用网关，可以不添加。

除了 netcfg 以外，Linux 还有其他网络配置工具，比如 Linuxconf。用户也可以使用 ifcong 和 route 来配置网络接口。有关这方面的细节，读者可参看有关书籍。

4. 检查网络状态

设置好网络功能后，应该检查主机是否与网络连接无误，使用命令 ping 和 netstat 来检查网络状态。

(1) ping 命令。首先用 ping 命令测试主机的网络功能是否启动，在命令行中输入：

```
$ ping 202.198.47.188
```

ping 后面接的是目标主机的名称，这里测试的是本地主机。ping 命令向目标主机发送请求，然后等待响应，目标主机接到请求后发回响应，信息会显示到发送方的屏幕上。在上述测试主机的过程中，如果没问题，会显示：

```
[root@hardlab root] # ping 202.198.47.188
PING 202.198.47.188(202.198.47.188) : 56 data bytes
```

```
64 bytes from 202.198.47.188:icmp_seq = 0 ttl = 255 time = 0.2 ms
64 bytes from 202.198.47.188:icmp_seq = 1 ttl = 255 time = 0.1 ms
64 bytes from 202.198.47.188:icmp_seq = 2 ttl = 255 time = 0.2 ms
64 bytes from 202.198.47.188:icmp_seq = 3 ttl = 255 time = 0.1 ms
```

ping命令会不断地发送请求，直到使用停止命令（Ctrl＋C）来停止它。如果ping命令失败，说明网络工作不正常，可能是由于某个网络接口、配置或者是由于物理连接有问题。

（2）netstat命令。netstat命令提供了有关网络连接状态的实时信息，以及网络统计数据和路由信息。使用该命令不同的选项，可以得到网络上不同信息，如表9-3所示。

表9-3　netstat 选项

选　　项	描　　述
-a	显示所有的Internet套接字信息，包括那些正在监听的套接字
-i	显示所有网络设备的统计信息
-c	在程序中断前，连接显示网络状况，间隔为1s
-n	显示远程或本地地址，如IP地址
-o	显示定时器状态，截止时间和网络连接的以往状态
-r	显示内核路由表
-t	只显示TCP套接字信息，包括那些正在监听的TCP套接字
-u	只显示UDP套接字信息
-v	显示版本信息
-w	只显示raw套接字信息
-x	显示UNIX域套接字信息

不带选项的netstat命令会显示系统上的所有网络连接，首先是活动的TCP连接，之后是活动的域套接字。域套接字包含一些进程，用来在本系统和其他系统之间建立通信。

本章小结

本章首先对操作系统和网络操作系统的基本概念和基本原理进行了简要介绍，力求读者在理解操作系统相关概念的基础上，了解网络操作系统的发展、分类及其基本功能，并进一步掌握其工作原理和相关概念术语。在接下来的三节中，分别对Windows系列网络操作系统、UNIX及Linux操作系统进行了较为详细的介绍，使读者对网络操作系统有较为完整的认识。

习　题　9

9.1　什么是操作系统？什么是网络操作系统？简述它们的区别和联系。

9.2　网络操作系统具有哪些特征和基本功能？

9.3　试比较对等网络和非对等网络的优缺点。

9.4　简述几种典型网络操作系统的特点及其适用环境。

9.5　域模型与工作组模型的主要优缺点是什么？在组建Windows NT网时应考虑哪些因素？

9.6　FAT文件系统与NTFS文件系统有何区别？若要发挥Windows NT网的功能优势，则在安装Windows NT Server时应选用何种文件系统？

9.7　试述单域模型、单主域模型、多主域模型、完全信任模型网络的结构、功能及优缺点。

9.8　Windows 2000操作系统有哪些版本？

9.9　简述Windows 2000活动目录的概念。

9.10　简述Windows 2000用户管理。

9.11　简述DHCP的基本概念及工作原理。

9.12　简述DNS服务器的概念及工作原理。

9.13　简述WINS服务的基本概念。

9.14　简述Windows Server 2003的新增功能及其特点。

9.15　Windows NT操作系统与UNIX操作系统有何异同？

9.16　简述UNIX操作系统的组成及其层次结构。

9.17　简述UNIX操作系统的特点。

9.18　简述UNIX和Linux操作系统的联系和区别。

9.19　简述Linux操作系统的组成和特点。

第10章　网络设计与案例分析

建立计算机网络系统是涉及面广、技术复杂和专业性较强的系统工程，因此应以系统工程的思想来指导计算机网络系统的分析与设计。它主要包括网络规划、网络设计、设备的选型与采购、设备安装调试、运行管理和维护等环节。本章首先介绍网络规划和设计，然后通过案例介绍实际网络系统建设的主要环节。

通过本章学习，可以了解(或掌握)：

- 网络规划和设计的方法；
- 计算机网络信息集成系统的设计；
- 电子政务网络的设计；
- 容错网络的设计。

10.1　网络规划与设计

10.1.1　网络规划

网络规划是在用户需求分析和系统可行性论证的基础上，确定网络总体方案和网络体系结构的过程。网络规划直接影响到网络的性能和分布情况，它是网络系统建设的重要一环。

1. 需求分析

在网络方案设计之前，需要从多方面对用户进行调查，弄清用户真正的需求。通常采用自顶向下的分析方法，了解用户所从事的行业，该用户在行业中的地位和与其他单位的关系等。不同行业的用户，同一行业的不同用户，对网络建设的需求是不同的。了解其项目背景，有助于更好了解用户建网的目的和目标。

在了解用户建网的目的和目标之后，应进行更细致的需求分析和调研，主要从下列几个方面进行。

(1) 网络的物理布局。充分了解用户的位置、距离、环境，并进行实地考察。

(2) 用户设备的类型与配置。调查用户现有的物理设备。

(3) 通信类型和通信流量。确定用户之间的通信类型，并对数据、语音、视频及多媒体等的通信流量进行估算。

(4) 网络服务。包括数据库系统、共享数据、电子邮件、Web应用、外设共享及办公自动化等。

(5) 网络现状。如果在一个现有网络上规划建立一个新的网络系统，需要了解现有网络使用情况，尽可能在设计新的网络系统时考虑对旧系统的利用，这样才能保护用户原有投资，节约费用。

(6) 网络所需要的安全程度。根据用户需求选用不同类型的防火墙和采用不同的安全措施，以保护网络系统的安全。

(7) 容量和性能。网络容量是指在任何时间间隔，网络能承担的通信量。网络性能一般用经过网络的响应时间或端到端延时表示。通常，当网络的通信量接近其最大容量时，响应时间就变长，网络性能恶化。网络规划者只有掌握了网络上将要负担的通信量以及用户响应时间的要求后，才能选择网络的类型及其配置，以便更好地满足需求。

(8) 建网初步方案。提出实现网络系统的设想，在需求调查的基础上对系统作概要设计，可以根据不同的要求提出多个方案。

2. 可行性分析

可行性分析是结合用户的具体情况，论证建网目标的科学性和正确性。它主要包括技术可行性和经费预算的可行性。

在技术上应该根据用户实际需要，所选网络技术是否能够得到技术基础条件的保证，主要包括下列四方面的内容。

(1) 传输。包括各网络结点传输方式、通信类型、通信容量、数据速率等。

(2) 用户接口。包括采用的协议、工作站类型等。

(3) 服务器。包括服务器类型、容量和协议等。

(4) 网络管理能力。包括网络管理、网络控制和网络安全等。

在进行经费预算可行性分析时，要考虑建网的软硬件设备的投资、安装、培训和用户支持以及运行与维护费用。尤其应该给出用户培训和运行维护费用的预算，这是维持网络正常运行的最为关键的部分。

在网络系统的规划中，通常应给出几个总体方案供用户选择，用户根据具体情况从中选择最佳方案。

3. 网络系统实施计划

用户认可用户需求报告和可行性报告后，网络规划就可以进入制定网络系统工程计划阶段了。此阶段的工作就是把拟议中开发的网络系统的概要设计变成具体实施计划，编制出“网络系统工程计划书”。下面是“网络系统工程计划书”应该具有的内容。

(1) 计划书编制的目的。

(2) 网络系统工程的主要工作。

(3) 主要参加人员及技术水平。

(4) 网络系统的结果。

(5) 网络系统的验收标准，说明制定标准的依据。

(6) 工程的完成期限。

(7) 工程中各项任务的分解与人员分工。

(8) 工程接口人员及其职责。

(9) 工程进度计划，每阶段的开始日期和结束日期，各项任务完成的先后次序，完成的标志。

(10) 工程预算和来源。

(11) 工程的关键问题和技术难点。

(12) 工程可能带来的风险。

(13) 工程实施过程中对施工环境的要求。

(14) 需要使用的工具和来源。

(15) 用户需要承担的工作。

(16) 合作单位需要提供的条件。

(17) 专题计划要点,如分合同计划、培训计划、测试计划、安全保密计划、系统安装计划等。

10.1.2 网络设计

网络设计是根据网络规划及总体方案,对网络的体系结构、逻辑网络和物理网络进行工程化设计的过程,下面分别进行介绍。

1. 网络设计原则

一般在网络设计时,应遵循下列原则。

1) 标准性与开放性

网络系统完成某项功能,需要不同网络产品的互联,而且网络技术发展迅速,要保证构建后的网络能顺利升级,适应未来若干年的网络发展趋势,系统中的硬件、软件、网络协议和数据库系统都应采用与国际标准兼容的开放协议。

2) 经济性与可扩展性

由于需求往往会不断增加和变化,网络系统的建设是逐步进行的,在选择网络方案,进行网络设计时,应充分考虑网络的可扩展性和灵活性,确保所建网络系统不仅能满足目前系统的要求,而且在网络规模扩大以及对网络性能的要求提高时,可以非常容易地以现有平台为基础对网络规模进行扩充,避免原有网络投资的浪费,以达到经济的目的。

3) 先进性与实用性

设计必须以注重实用和成效为原则,应尽可能地采用先进而成熟的技术,采用先进的设计思想、先进的软硬件设备和先进的开发工具。这不仅能使整个网络高速、可靠,而且能提供不同类型的网络接口和互联手段,建成具有广泛连接能力的网络平台,使网络系统获得较高的性价比。

4) 可靠性与安全性

网络的可靠性、安全性应优先考虑。网络要求具有较高的容错性能,保证系统能不间断地为用户提供服务,即使发生某些部分的损坏和失效,也要保证网络系统内信息的完整、正确和恢复。要达到这个目的,就要选择适当的冗余,以避免由于某个模块或电源的单点故障而造成整个网络平台的瘫痪。在网络设计以及工程实施的各个阶段,都必须考虑到所有影响系统安全、可靠性的各种因素,设置各种安全措施,保证从网络用户到数据传输各环节的安全。

5) 可维护性与可管理性

网络的可维护性和可管理性对网络的正常运行非常重要,不能管理的网络是无序的,会给网络安全带来重大安全隐患。而要提高对整个系统的可维护性与可管理性,在设计、组建一个网络时，除了联网设备要便于管理与维护外，布线也要规范，文档尤其要齐全。

6）软硬兼顾

在组建网络系统时，常会出现重硬件、轻软件的毛病。事实上，随着硬件技术的发展，硬件价格的下降，软件变得越来越重要。在网络系统的规划中，必须对软件系统、应用平台、管理、人员和信息资源等进行规划。

2. 网络体系结构

网络的体系结构是层次和协议的集合，确定网络的体系结构即是选择采用何种协议集合。用户需求分析已经对需求有了详细的描述。网络设计过程中，设计人员首先应根据所有计算机及网络的应用水平、业务需求、技术条件、费用预算等，选择恰当和合理的网络体系结构和协议栈。

目前，主导地位的网络模型是 TCP/IP 模型，采取了与具体通信网络无关的策略，是事实上的国际工业标准，并广泛应用于 Internet。建议企事业单位网络以及要与 Internet 连接的网络选择 TCP/IP。

3. 网络的逻辑设计

网络的逻辑设计主要包括网络拓扑结构设计、子网划分、网络地址的分配和命名、安全策略和管理策略设计、网络性能设计等内容。

1）网络拓扑结构设计

在网络拓扑结构设计阶段，要确定网段和互联点，明确网络的大小和范围及所需的网络互联设备。

逻辑结构设计通常采用网络层次结构设计方法，该方法采用分层化的模型来设计园区网和企业网的拓扑结构，三层结构网络图如图 10.1 所示。

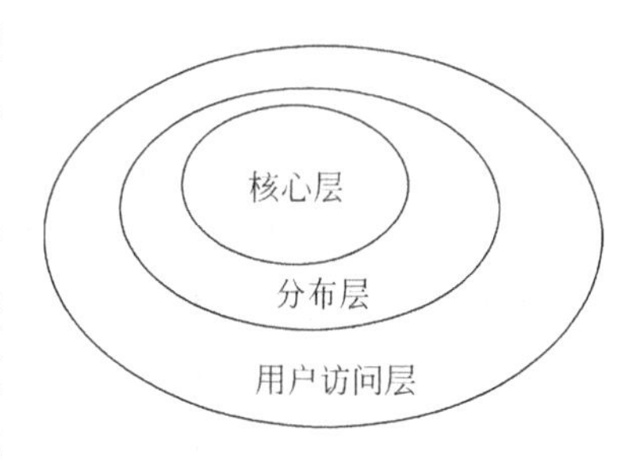

图 10.1 网络拓扑结构设计的三层结构网络图

核心层主要是由高端路由器、交换机组成的网络中心。核心层的主干交换机一般采用高速率的链路连接技术，在与分布层骨干交换机相连时要考虑建立链路冗余连接，以保证与骨干交换机之间存在备份连接和负载均衡，完成高带宽、大容量网络层路由交换功能。

分布层内主要包括路由器、千兆位交换机、防火墙和服务器群（包括域名服务器、文件服务、数据库服务器、应用服务器、WWW 服务器等）、网络管理终端以及主干链路等，它们均可采用千兆模块进行生成树冗余链路连接。分布层交换机和用户访问层交换机之间可以利用全双工技术和高传输率网络互联，保证分支主干无带宽瓶颈。

用户访问层主要由 hub、交换机和其他设备组成，用来连接入网用户。设计时可采用网络管理、可堆叠的以太网交换机作为网络的接入级交换机，以适应高端口密度的部门级大中型网络。交换机的普通端口直接与用户计算机相连，高速端口上连高速率的分布层网络交换机，可以有效缓解网络骨干的瓶颈。用户访问层网络设计还应考虑互联网接入。

对每一网段，也应确定其拓扑结构。

对 LAN，应确定采用何种网络技术（以太网、FDDI、ATM）。目前，在企事业单位通常采用的是交换以太 LAN；一些对网络可靠性要求较高的单位，采用 FDDI；在视频会议、医学成像、语音和远程教育等方面有特殊要求的单位可采用 ATM。

对要通过 WAN 进行通信的网络主要考虑的是它的接入技术。例如,在一个企业的两个相距较远的分支机构可通过公共网络采用 VPN 技术进行信息传送。

2) 子网划分

在局域网和网络互联的相关内容中,已经介绍了将一个网络划分成若干个子网有防止广播风暴和调节网络负荷等作用。在实际系统中,常常需要将一个网络划分成若干个子网,这是网络设计中应考虑的问题。

划分子网的方法很多,通常采用通过物理连接或 VLAN 来实现。VLAN 是在交换 LAN 技术的基础上建立的。目前在交换 LAN 中,往往是使用 VLAN 的方法来划分子网。

划分子网的策略也有很多。在实际应用中,最常用的是按部门划分和按任务划分两种方式。

3) 网络安全和管理策略设计

网络安全和管理策略设计是网络设计的重要一环。网络安全设计一般包括安全性需求分析、确定网络安全策略、开发实现安全策略和测定安全性等方面内容。

网络管理设计主要包括以下内容。

(1) 确定网络管理的目标,即用户对性能管理、故障管理、配置管理、安全管理和记账管理等方面的需求及实现的可能性。

(2) 确定网络管理结构,主要包括网络管理设备、网管代理和网络管理系统等内容。

(3) 确定网络管理工具和协议。

4) 网络性能设计

网络的性能主要是指响应时间、延迟和等待时间,CPU 利用率和链路利用率,带宽、容量和吞吐量,可用性、可靠性和可恢复性,冗余度、适应性和可伸缩性,效率和费用等。网络性能设计的目标是使网络系统能够满足用户应用对网络各方面的要求。

具体设计时,应对网络技术进行全面的了解,根据应用数据流的特点,设计性能监控和优化机制,尽可能避免出现网络的性能瓶颈。在网络运行时注意监控某些关键站点和线路的活动,维持一定水平的服务质量,进行网络的可用性检测和流量管理工作,收集各种事件的统计资料,加以分析并评价网络性能。再按网络性能要求,对网络参数进行调整,以获取网络的最佳性能。

5) 网络地址的分配和命名

在网络设计时,应给出网络地址分配方案和命名模型。在网络地址分配方案中,一般采用分层方式对网络地址进行分配,坚持公有地址、私有地址结合使用,以及动态地址分配的原则,使用一些有意义的编号,以改进其可伸缩性和可用性。同时也可以对多种网络资源进行命名,简短而有意义的名字可以简化网络管理,提高网络的性能和可用性。

4. 网络的物理设计

1) 网络站点设计

网络站点是网络的基本元素,可分为端站点和中继站点。网络的端站点构成了网络的资源子网,提供用户可以共享的应用资源,如各种类型的服务器、微机、外部设备、系统软件和应用软件等。网络的中继站点和通信线路一起构成网络的通信子网,为端站点提供通信服务。

(1) 端站点设计。端站点指工作站、服务器、终端设备等。对于端站点而言,可以利用的媒体访问控制技术或交换技术很多,而且各有特点。以太网仍将是今后端站点最常用的组网方式。高速网络的其他组网手段,如万兆以太网、ATM,则可适应多站点、大数据量和多媒体传输的需要。至于端站点到底选用哪种网络技术组网,可根据具体情况,如需求、资金、技术水平等确定。

由于互联网应用十分广泛,端站点应该在网络层和运输层支持 TCP/IP 协议,同时根据用户的实际需求,选择支持 Novell 网的 SPX/IPX 协议、微软的 NetBEUI/NetBIOS 协议等。

端站点的高层协议,主要是网络系统的应用协议,如支持 WWW 访问的 HTTP 协议,支持邮件服务的 SMTP 协议等。

(2) 中继站点设计。中继站点是负责网络连接和用户数据传输的通信设备,包括中继器、集线器、网桥、交换机、路由器和访问服务器,涉及网络模型中的物理层、数据链路层和网络层。

局域网中的中继站点可以采用和端站点相同的媒体访问技术或交换技术。但是由于中继站点要为众多的端站点服务,因此中继站点之间的传输速率应明显高于端站点,尤其是那些构成核心层的中继站点。为了实现网络之间的连接,中继站点路由器应提供完善的路由选择功能和局域网与广域网的互联功能。

2) 设备选型

网络建设中设备选型一般包括网络系统的交换机、路由器,主机系统的 PC 服务器、中小型机、备份恢复系统以及网络安全产品。

对于中小规模的网络,设备选型时应遵循标准化、技术简单性、环境适应性等原则,对于大型网络,还要坚持可管理性、容错冗余性原则。根据这些原则,在满足需求的前提下,购买那些性价比高、扩展能力强的产品。在选择供应商时,应选择那些在其他网络工程中已有成功的案例,信誉好的生产商。

3) 广域网接入设计

到目前为止,大部分单位的计算机网络已接入了广域网。在进行广域网接入设计时,主要需要考虑带宽、可连接性、互操作性等问题。

广域网的接入带宽一般小于局域网,带宽的瓶颈在于广域网。接入网一方面要为众多的用户提供接入服务,传递信息;另一方面要解决数据的远距离传送。尽管可以提高广域网接入带宽,但在单位网络的内部也要注意设计,限制广播域和减少广播的应用,进行数据缓存,减少相同数据的重复传送,提供数据的管理和调度,合理安排数据流动的时间和方向,以有效利用广域网上现有的接入带宽。

现在,网络产品的制造商越来越多,不同制造商的产品相互连接已非常普遍。为保证网络正常运行,在进行广域网设计时,一定要注意这些产品的互操作性,一般要选择那些遵循通用连接和封装标准的连接设备,而对那些标有"专用设备"的连接设备需要谨慎选用。

10.1.3 网络测试与验收

网络测试是对网络设备、网络系统以及网络对应的支持进行检测,以展示和证明网络系统能否满足用户在性能、安全性、易用性和可管理性等方面需求的测试。网络系统的测试是保证工程质量的关键步骤。在网络建设过程中，通过各阶段的测试，可以及时发现工程中的问题，并尽快加以解决。同时，通过测试也保证了用户能够科学和公正地验收网络系统，获得合同所要求的设备和网络系统。网络系统的工程测试要由有经验的网络技术工程师负责。

在测试前，应该有一个测试计划书。在测试计划内，应对每项测试活动的内容、技术指标、测试需要的环境和设备、参与人员、时间进度以及测试结果分析准则等详细说明。测试时，要严格按照测试计划进行。对测试过程中的主要步骤、配置参数、出现的问题以及解决方法和效果记录下来，以便工程结束时整理成文档交付用户。

网络系统的验收可以根据工程的进展分以下三步进行。

(1) 设备及软件到货验收。在设备及软件到货时，应认真验货和清点设备，形成收货验货清单。

(2) 网络系统的初步验收。网络系统的初步验收在网络系统安装、调试和测试完毕后进行。初步验收的内容主要是检查和测试系统是否满足合同规定的功能指标和性能指标，应明确地给出验收的结论。

(3) 最终验收。最终验收以合同的技术要求为依据，评价系统的功能和性能是否符合合同的规定，系统是否稳定可靠，最终验收的结果需形成最终验收报告。

10.1.4 网络运行与维护

在系统投入使用后，应该设置专门的网络管理人员对网络的运行与维护进行管理。网络维护人员必须使用经过多年工作积累起来的经验与技巧，利用网络管理工具、网络协议分析工具和专用的网络监控工具系统地检查网络中点对点的数据流，分析复杂的网络报文序列，测量网络数据通信流量和性能，及时反映当前网络运行的状态。当发现错误时，应迅速定位引起这些错误的设备或传输媒体，在错误产生的影响进一步扩大之前予以排除。

网络系统运行与维护一般包括以下内容。

(1) 备份。备份是网络系统运行与维护的一种常用方法。一般来讲，不管采用什么样的安全技术，系统总还是存在一定的风险。当故障发生时，可通过使用备份来保持系统继续正常运行，从而将损失降低到最小。

(2) 优化网络运行环境。定期重整服务器硬盘，压缩文件碎片，全面优化硬盘，提高文件读写速度；定期删除临时文件；缩短网段长度，可在文件服务器中插入两块网卡，以网桥方式连接两个网段，从而减少数据传输次数，缩短网络访问时间，进一步提高网络运行速度。

(3) 定期检测计算机病毒。在与病毒的对抗中，及早发现病毒很重要。早发现，早处置，可以减少损失。检测病毒方法有特征代码法、校验和法、行为监测法、软件模拟法，这些方法依据的原理不同，实现时所需开销不同，检测范围不同，各有所长，应选择适当的方法定期进行检测。

(4) 故障处理。故障处理指对错误状态的恢复、错误数据的纠正和错误结果的消除。故障的处理原则一般是先发生先处理，但全局性故障必须得到优先处理。发生故障后，故障的检测和恢复应由专业的网络维护人员负责或协调，利用有关工具和测试设备检测问题所在，及时解决问题，恢复系统的正常运行。

(5) 系统扩展与升级。随着网络技术的发展和应用水平的逐步提高，用户将提出新的需求，要求网络系统增加新功能或提高性能。网络管理维护人员应及时对系统进行扩展与升级，使客户可以定期得到最新版本的操作环境软件和文档，获得操作环境的所有可得到的修补软件和维护版本。作为一项可选择服务，客户还可以获得任何一种非随机软件的修补软件和维护版本。不过在对网络进行调整时，要分析这些改变是否会对网络环境中其他区域产生负面影响，新设备是否适合当前的网络结点。

以上五点对网络的一般规划和设计过程给出了简单的描述，但应该指出，网络的规划和设计是一个复杂工程，也是一个与社会、经济和人的主观意识有很大关系的工程。特别是在广域网的规划设计中，虽然网络设计的理论比较完善，但实际运行中的网络却不一定是完全按照网络理论来进行设计的，有很多其他的因素决定了网络的设计与规划，例如，领导的决策、资金的投入等都是不可忽视的重要因素。因此，上述过程不可以硬性照搬。

10.2 某纸业集团计算机网络信息集成系统设计简介

企业信息化就是企业的计算机网络化、信息数字化和系统的集成化，进而实现企业管理的自动化和生产过程的自动化。某纸业集团在企业信息化建设过程中取得了显著成绩，其建立的计算机网络信息集成系统是一个成功的案例。而计算机网络系统是该系统的物理基础，可以说，企业不建立计算机网络系统，企业信息化就是一句空话；当然，如果企业不开发各种应用系统，不进行系统集成，实现各种资源共享，那么计算机网络就是一种摆设，发挥不了作用。因此，企业如何在计算机网络系统的基础上，开发生产过程控制系统和管理信息系统，并进行无缝集成，实现数据实时交换和共享以及各类系统的优化运行，就是影响企业效益和核心竞争力的关键问题。该集团在这方面作出了示范，下面简要介绍。

10.2.1 集团简介

该纸业集团前身为某造纸厂，始建于 1958 年，经过近 50 年的发展，公司已成为集制浆造纸、林业开发、发电供热、轻机制造、科研设计及国际港口贸易于一体的国有大型一类企业，拥有资产 50 多亿元，是全国系列胶印书刊纸、轻涂纸、新闻纸的重点生产企业，是国家经贸委确定的 520 家重点企业之一，同时也是湖南省加快推进新型工业化建设而实施“十大标志性工程”的龙头企业。

近五年来，该集团在信息化工程中共投入 2.2 亿元，已基本建成了计算机网络信息集成系统，它们已在企业生产经营过程中发挥了重要作用。

10.2.2 计算机网络信息集成系统的可行性分析

随着中国经济加速融入经济全球化，中国造纸行业面对着与世界一流造纸企业激烈竞争的严峻局面。如何把握机遇，应对全球化竞争，是关系到该集团生死存亡的大问题。实施企业信息化，就能让公司及时准确地掌握企业运作状况和运行环境，从而有利于面对客观经济环境的变化，迅速解决企业在传统模式下无法解决的低效率问题，提高企业的反应速度。

另一方面，该集团在建立现代企业制度并逐步发展的过程中，业务流程、基础数据、部门间及业务间的协调、库存、资金周转、财务结算周期、信息集成和系统统一等方面的问题逐步显现，以致管理成本上升、工作效率低下和盈利能力下降。要彻底解决这些问题，必须从战略上、整体上规划，提出整体解决方案。集团公司领导通过分析认为，实施企业信息化，建立计算机网络信息集成系统是解决这些根本问题的关键措施。

然而，该集团是否有可能建成计算机网络信息集成系统呢？通过分析可以发现，集团的内外环境对建成计算机网络信息集成系统存在一些不利因素。集团内部环境和外部环境都不具备产品系统集成和集团纵横整体集成的条件。从集团内部来看，一个产品的链条往往分割成几个部门，由于管理体制和利益的原因，有些部门并不关心计算机网络信息集成系统的整体效益，甚至出现需求分析时的“盲人摸象”、“卖鱼的不管虾市”等现象，以及系统实施时存在“各自为政”、“得过且过”的思想。从集团外部来看，虽然同行业其他企业有的产品系统集成的方法和技术可以借鉴一些，如有的企业产品系统集成考虑了两个层面，即管控（管理和控制）一体化的解决方案，但很少有“管、控、营（管理、控制、营销）”一体化的解决方案，而现有的应用系统产品供应商几乎没有开发涵盖一个产品三个层面的整体解决方案。该纸业集团需要建立的计算机网络信息集成系统就是一个集“管、控、营”为一体的解决方案。显然，在造纸企业要建立这样一个系统有较大的难度。尽管该集团建设计算机网络信息集成系统存在上述不利因素，但同时也有许多有利的条件，如集团于 1999 年就成立了以总经理为组长的领导小组，负责制定企业信息化战略规划，确定了明确的系统建设目标，而且集团坚持统一领导、积极协调，牢牢把握住系统建设的主动权，并采用正确的集成方法进行系统集成，同时集团有一支经验丰富的技术队伍和比较充裕的资金，因此集团的计算机网络信息集成系统完全可以建成。

10.2.3 计算机网络信息集成系统的设计思路

该纸业集团计算机网络信息集成系统的设计思路是：坚持坚定的一把手工程，坚持企业整体利益优先的原则，坚持科学的集成方法，坚持扎实细致的工作。

所谓科学的集成方法，指系统集成要遵循流程型化工制造企业系统集成的规律，即分层集成，自下而上的集成顺序，以应用范围确定集成的跨度，集成数据与以计算机网络和以产品系统中集成的数据为系统集成的基础。

分层集成指公司的计算机网络信息集成系统分为基础层和高层。基础层是企业的执行系统（含生产过程控制系统）和各种管理信息系统；高层指对基础层进行纵横集成后的总系统。基础集成可以产生直接的经济效益和提高效率，如集成的财务系统可以提高资金的周转率；集成的物资系统可以减少流动资金的积压，并使生产持续进行，从而直接提高经济效益；集成的产品生产系统可以提高该产品的市场竞争力。

10.2.4 计算机网络信息集成系统的设计与实施

该纸业集团计算机网络信息系统主要设计与实施的子系统有企业网络平台、办公自动化平台、企业资源计划系统、生产指挥及生产过程控制系统以及其他应用系统。

1. 网络平台

在网络建设方面，应充分考虑集团公司下属各子公司、分公司、驻外机构和移动用户的需要，通过租用专线、配备 VPN 和安全体系，使集团各成员企业相互联系，共享同一平台。

通过租用专线，使企业网络融为一体，充分实现了资源共享，一体化办公，形成了集团公司大局域网。通过配备小型机等数据、应用服务器和安全体系，构建了 VPN 与公司驻外机构、移动用户连通。其网络结构如图 10.2 所示。

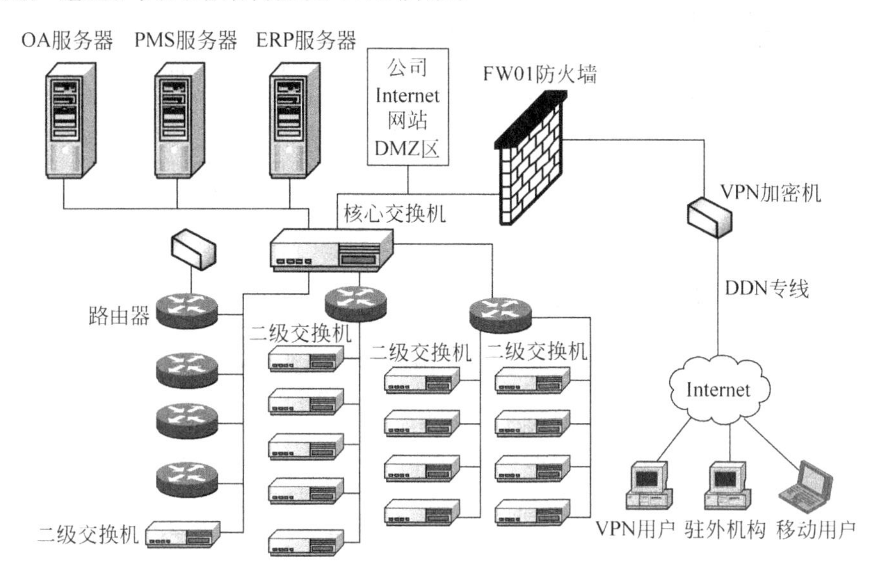

图 10.2　某纸业集团计算机网络平台结构示意图

2. 办公自动化平台

根据当今办公自动化技术发展的趋势，该集团办公自动化系统的技术水准定位在第三代智能化办公系统层次，即充分利用知识管理的最新成果，采用 Lotus Domino/Notes 平台和 Lotus 公司最新的知识管理产品，如 Domino. Doc、Sametime、Lotus ESB，建设一个高起点的、易学易用、便于扩展、安全性高的第三代智能化综合办公信息系统。系统设计的总体目标是，采用 Lotus Domino R5 平台，开发和建设办公自动化系统，实现集办文、办会、办事和各种审批流程管理于一体的电子化办公环境，建立一个信息流转及时、决策支持迅速、知识管理先进的第三代智能化办公系统，在高效快捷、实用、安全、稳定可靠的基础上实现办公自动化。

根据该集团办公自动化系统建设的总体要求和目标，系统向人们提供方便、人性化和快捷的办公事务处理综合服务功能，使得在该管理系统上工作的人们能够实现信息、资源和工作任务的共享，提高办事效率、降低成本和为企业创造更高的工作价值。按系统各部分所完成的功能来分，该纸业集团办公自动化平台(TG-OA)总体构架如图 10.3 所示。

3. 企业资源计划系统

该纸业集团企业资源计划系统(TG-ERP)，以企业资源计划原理为指导思想，以提高企业业务处理效率和增强成本控制为目标，以现代企业管理软件为手段，实现了企业效益的最大化。它结合该集团自身的实际情况，规范和优化了主体业务处理流程，并以优化后的流程为依据进行了岗位及组织机构的重组。同时它还整合了集团的内部资源，将各业务环节(产、供、销、存、运、财务)有机贯穿起来，实现了企业内部供应链的有效集成，解决了影响企业效率的主要瓶颈。该纸业集团企业资源计划系统构架如图 10.4 所示。

TG-ERP 涉及集团生产、经营、管理的各个主要领域。其主要功能模块有供应管理模块、仓储管理模块、成品库存管理模块、销售管理模块、成本管理模块、财务管理模块、计划与统计管理模块、作业计划与生产调度管理模块、制造车间管理系统模块、辅助车间管理系统

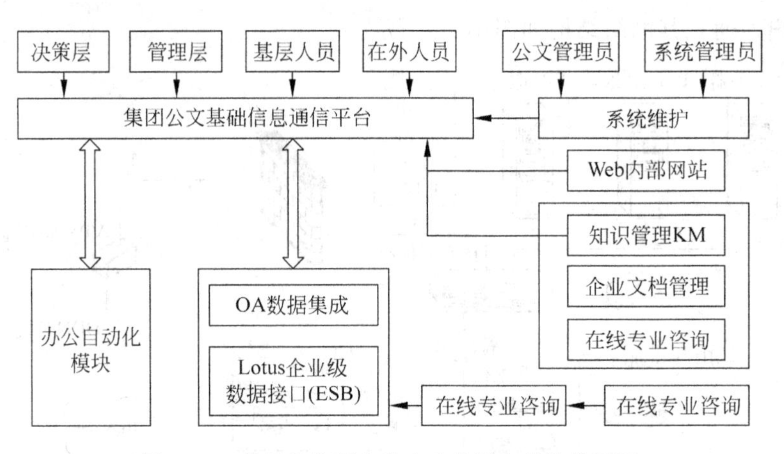

图 10.3　某纸业集团办公自动化平台总体构架图

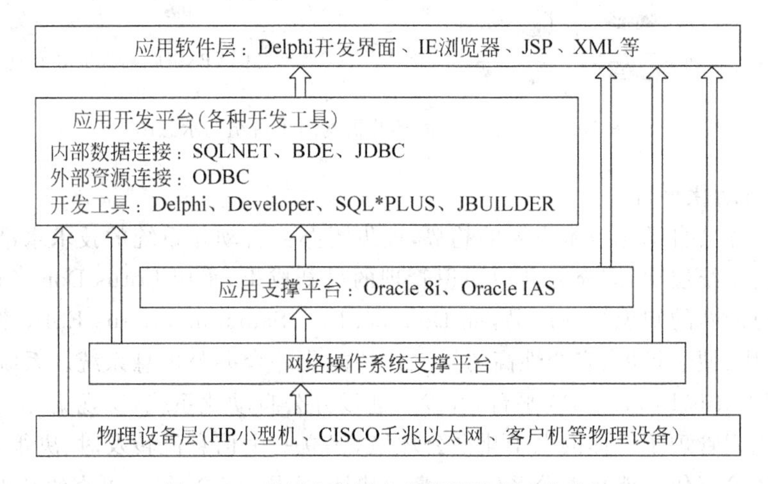

图 10.4　某纸业集团企业资源计划系统构架

模块、质量管理模块、设备管理模块、人事管理模块、技术管理模块、决策支持系统模块、权限管理系统等 16 个模块。其主要数据流向线说明如下。

(1) 物流线。供应—仓储—车间管理—成品库存管理—销售管理。

(2) 计划线。计划与统计—作业计划与生产调度—车间管理及车间生产计划。

(3) 生产线。作业计划与生产调度管理—车间管理(制造、辅助)。

(4) 资金流线。各模块所产生的收入(产出)与支出(消耗)的数据总汇。

4. 生产指挥及生产过程控制系统

企业经营管理人员和技术研究人员一般都认为保证企业生产过程的平稳控制、协调生产是提高企业竞争力的主要途径。一方面，企业习惯采用 MIS、ERP 等来管理、协调各基层单位的生产、业务过程，但一般管理系统无法获取生产实时数据；另一方面，在过程控制中，自动控制系统(如 DCS、PLC、FCS、智能化仪表等)的广泛应用，尽管可以获得大量有关生产过程运行的“海量数据”，但是这些数据只是各个生产过程的一些细节、片面的信息，并不能全面反映产品质量、生产计划执行情况和能源消耗情况等。

这种存在于企业经营管理系统和自动控制系统之间的信息鸿沟是所有企业在实施各种

管理信息系统时遇到的实际问题。该集团的生产指挥系统就是针对这个问题，以"集成全部过程控制系统，决策调度全厂生产过程，整合支持管理信息系统"为目标，设计并开发了一个综合集成软件。

在集团各生产线上建立和配备了包括 MCS(Management Control Systems，管理控制系统)、DCS(Distributed Control Systems，分布控制系统)、QCS(Quality Control Systems，质量控制系统)等在内的 53 套各类控制系统，特别是年产 20 万吨的优质纸项目中，全部采用了智能控制，实现了纸机本体控制、流程控制、产品包装及入库控制的全过程和全方位的智能化。

整个硬件系统的数据采集系统采用了"客户机-服务器-现场智能数据采集器"的三级分布式网络系统，即由现场智能数据采集器进行数据采集、预处理、存储，并以数字信号的方式向数据采集服务器发送。服务器通过光纤连接至交换机，从而可实现与现场智能数据采集器的数据交换和客户机以 Web 方式访问服务器。

整个硬件系统的视频采集采用"客户机-服务器-现场摄像机"的三级分布式网络系统。现场摄像机的视频信息及时送入服务器，因此客户机通过访问服务器即可获取现场摄像机的视频图像信号。

5. 其他应用系统

1984 年，该纸业集团对一号纸机进行了全面技术改造并引进了美国 ABB 公司的质量控制系统(QCS)，对纸产品的主要指标进行在线控制，实现了稳定质量、降低成本和提高效益的目的。之后该公司不断对其控制系统进行改造或扩容，以满足不断变化的需求。

同时，集团公司还在集团总部和各子公司建立了财务系统。在技术中心应用了 CAD 系统，整个审计工作应用了工程审计与预算系统。

另外，在集团总部，建立了视频会议中心，各大子公司可通过专线实时参加公司会议。集团公司实现了一卡通，职工凭借员工卡，可以实现门禁、考勤和消费的功能。同时，还建有酒店管理系统、小区安防系统等。

6. 应用系统集成

除建立了上述应用系统外，集团公司还建立了集团公司网站以及部分公司网站，进行信息发布，与客户交流和沟通，宣传企业和产品形象，并进行了系统集成。该集团信息集成管理系统总体(TG-IIMS)结构如图 10.5 所示。

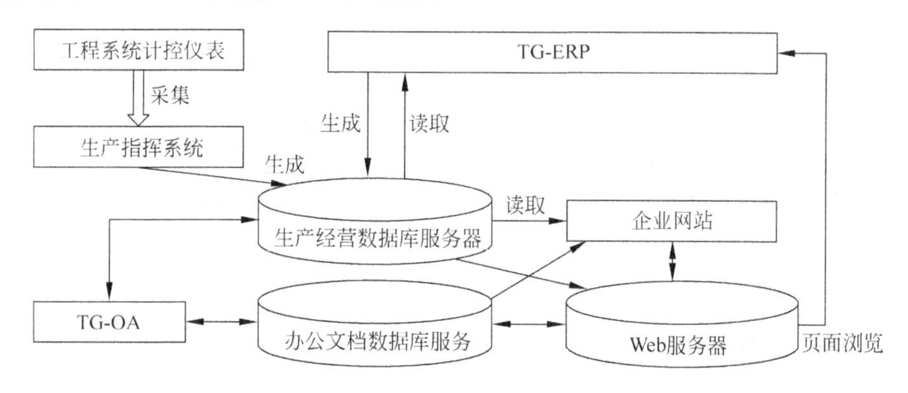

图 10.5　某纸业集团信息集成管理系统总体结构

10.2.5 计算机网络信息集成系统评述

该集团信息化集成系统实现了系统全方位的集成，不但 TG-ERP 系统内部数据完全集成，而且能够灵活提取生产指挥系统相关计量仪表及控制点的数据，避免了人工输入数据的缺陷，为系统实现成本核算和对关键工艺的分析打下了坚实的数据基础，而且还能够与集团的办公自动化系统实现灵活的数据交换，同时实现了远程信息查询收集、合同审批、信息发布等功能。该系统功能完善，运行稳定，建成以来大大提高了企业的经济效益和企业的核心竞争力。

该集团计算机网络信息集成系统的设计和实施，可以给人们提供以下启示和借鉴：

(1) 从不同层面进行集成。基础层集成可以产生直接的效益或提高效率；高层集成即对基础层进行纵横集成，可实现集团企业集成制造、集中管理并提高核心竞争力的目标。这样就将建立企业信息系统和系统集成的目标与集团企业的经营目标和战略统一起来，达到自然应用，水到渠成的效果。

(2) 遵从规律，客观集成，事半功倍。遵循分层集成、自下而上的集成顺序，以应用范围确定集成的跨度、数据和网络的集成原则，以产品系统集成中的数据为系统集成的基础等都遵循了流程型化工制造企业信息系统集成的客观规律。事实证明，遵循规律、客观集成可以取得事半功倍的效果。

(3) 克服不利环境因素，加强集成协调管理，牢牢把握信息化建设的主动权。虽然该集团企业的外部环境和内部环境都不具备产品系统集成和纵横整体集成的条件，但集团公司在信息化建设过程中，始终坚持坚定的一把手工程，坚持统一领导、积极协调，并自始至终把握信息化建设的主动权，因此信息化建设取得了可喜的成绩。

10.3 某市电子政务系统设计

信息化水平标志着一个国家的现代化水平，随着国家信息化带动工业化发展战略的制定，电子政务建设已被定义为国家信息化建设的牵头工程。

电子政务建设的指导思想是转变政府职能，提高工作效率和监管的有效性，更好地服务人民群众；以需求为导向，以应用促发展，通过积极推广和应用信息技术，增强政府工作的科学性、协调性和民主性，全面提高依法行政能力，加快建设廉洁、勤政、务实、高效的政府，促进国民经济持续快速发展和社会全面进步。根据这一指导思想，要求电子政务建设坚持如下原则：电子政务建设必须紧密结合政府职能转变和管理体制改革，根据政府业务的需要，结合人民群众的要求，突出重点，稳步推进；重点抓好建设统一网络平台，建设和整合关系国民经济和社会发展全局的业务系统；正确处理发展与安全的关系，综合平衡成本和效益，一手抓电子政务建设，一手抓网络与信息安全，制定并完善电子政务网络与信息安全保障体系。

10.3.1 需求分析

该市已在市政府大楼信息中心建立网控中心，市委、市人大和市政府等单位的网络普及率也达到了一定的程度，全市各政务部门逐步建成了相当规模的信息资源数据库，基础性、战略性信息资源开发利用已取得进展，部门业务数据库建设已成为信息资源开发的重点，并且经过多年的建设，全市各政务部门结合各自职能，建成了众多的应用系统，如文档管理、人事管理和财务管理等办公自动化系统，已建立政府网站，对外发布信息。"金"字工程，包括金税工程、金关工程、金盾工程和金保工程等已取得明显成效。

尽管该市电子政务系统的建设取得了不少成绩，但还存在以下问题。

(1) 部分部门网络不能互联互通，缺乏统一规划，信息孤岛现象严重。

(2) 网络建设各自为政，纵向系统广域网重复建设现象严重。

(3) 内、外网应用系统、信息资源界面划分不清楚。

(4) 网络安全防护能力薄弱，安全问题日显突出。

政务网不同于一般意义上的数据网，它所承载的内容大多涉及国家的政治和经济机密，安全性要求很高，因此在采用信息化建设提高政府办公效率和服务能力的同时，一定要保障网上数据的安全。其一是安全隔离的要求，电子政务网接入了很多部门，一定要保障各部门数据在电子政务网上的安全隔离，防止黑客进入其中一个部门就能进入整个政务网这种情况的出现；其二是网络设备安全的要求，防止黑客对网络设备的攻击，保障政务网不间断地提供服务。

电子政务网建成后，政府办公的各项业务将向政务网迁移，政务网的稳定运行将成为政府部门顺利办公、提高工作效率的重要保障，因此电子政务网必须是一个稳定的网络。稳定性要求包括四个层面，一是设备架构的稳定性，要能够提供电信级可靠性设计的产品，保障数据的无中断转发，保障设备故障的快速排除和恢复能力；二是传输链路的稳定，传输链路将设备连成了网，传输链路的不稳定将直接导致网络的动荡，因此要采用相应的技术保障链路的稳定性；三是路由的稳定性，保障链路稳定采用的是数据链路层的技术，而数据链路层之上是网络层的路由技术，路由的稳定十分重要；四是业务的稳定，政务网上的业务实现很多依赖于多协议标记交换 MPLS VPN，因此保障 MPLS VPN 的稳定同样重要。保障了上述四个层面的稳定，才能最终保障网络应用的稳定。

政务网是国家信息化建设的重要推动力量，政务网的先进性将直接推进信息技术在国民经济中的广泛应用。而网络的建设不仅仅要看到目前的需求，还要考虑到今后几年网络和业务发展的需求，要考虑到保护投资的要求。因此采用先进的技术建设政务网，为将来的扩容、升级和网络新技术改造保留充分的空间，应该在保证满足现有应用的基础上适度超前。

具体需求如下。

(1) 网络互联互通。网络平台应在纵向上能够实现与省电子政务外网平台、市县电子政务外网网络平台的连接，在横向上能够方便连接市政府组成部门、直属机构、办事机构、事业单位等部门，以及横向连接市委、市人大、市政协等。

(2) 网络发展与安全的需求。建立统一的电子政务外网平台，很好地整合硬件资源，减少重复建设，同时，将网络安全纳入统一的平台考虑，外网平台必须具备高度的可靠性和稳定性，从网络安全、应用安全、数据资源保护、安全管理以及对出现问题的查找、定位、分析、处理、恢复等方面满足不同的安全需求。为应对今后的技术发展和业务量的扩展，还应具备可伸缩、可管理、可扩展的能力，满足网络平台平滑升级的要求。

(3) 各联网部门纵向网络的应用。电子政务外网平台的城域网建成后，各个纵向网络将逐步整合到统一的连接通道。外网平台既要满足互联互通，又要保证部门纵向系统的相对独立性和现有纵向网络系统的正常运行，应当提供各个部门高速通达、逻辑专用、安全可靠、方便使用的纵向系统虚拟专用网络，支持至少 60 个市直部门的 MPLS VPN 需求，并有足够的扩充能力，满足部门纵向系统的应用和原有业务系统的平稳过渡需求。

(4) 各联网部门横向网络的应用。统一外网平台建立后，各个联网部门将逐步开展横向电子政务业务。外网平台既要满足互联互通，又要保证相关部门横向业务系统的相对独立性，应当提供各个横向业务高速通达、逻辑专用、安全可靠、方便使用的横向系统虚拟专用网络，支持省直部门的横向 MPLS VPN 需求。

(5) 各联网部门实现公共资源共享。各联网部门连接到外网平台后，应该能够通过外网平台方便访问外网平台内部数据中心、外部数据中心和互联网等公共资源；统一的外网平台，应提供数据交换和整合功能，支持跨平台操作，支持各种不同数据库，实现数据的实时获取、转换、传输、交换、整合等，实现信息资源共享。同时，通过统一出口，方便与社会各界、企业、个人等实现数据交换；应满足各个联网部门数据存储的不同需求。数据量少的部门，采用数据集中存储、集中管理方式；数据量大的部门，采用数据的分布存储管理方式；公共数据资源采用集中存储、集中管理方式。

(6) 省电子政务外网接入。网络平台应在纵向上能够实现与省电子政务外网平台的接入，并对 MPLS VPN 跨自治域等可能产生的问题提出建设性方案。

(7) 互联网接入。网络平台应能够提供统一互联网接入，并提供 ISP 链路负载均衡和 WEB 加速缓存解决方案。

(8) 各联网部门不同接入方式。统一的外网平台，应满足市政府组成部门、直属机构、办事机构、事业单位等市直部门以及中央在该市所属省单位以及其他部门根据不同要求，以不同带宽、接入方式接入到统一外网平台的需求。

(9) 市县接入。外网平台核心广域网设备须满足不同阶段带宽的需求。市级到县级广域网采用 SDH 155Mbps 数字电路为主，MSTP 8Mbps 数字电路备份。

10.3.2 建设目标

遵循某市电子政务建设规划的总体框架，依托市内公共通信设施的基础资源，采用先进的信息、网络技术，以电子政务应用为主导，以资源整合为核心，以安全保障为支撑，构建标准统一、功能完善、安全可靠的具有该市特色的全市电子政务外网平台，承担政府部门之间的非涉密的信息交换和业务互动，在网络环境下逐步实现同层次和上下级政府机构之间各主要业务系统的信息交换和信息共享，开展政府部门面向企业和公民的监管和服务业务，支持政府公共业务系统的开发和应用。

建设总体目标是：按照该市电子政务总体规划，建立统一的电子政务外网平台，建成内容完整、数据准确的政务资源数据库，基本建立政务信息资源共享机制，基本建立信息安全基础设施及保障体系、电子政务政策法规体系。用三年左右的时间，基本建成上联省、下联区县、标准统一、功能完善、安全可靠、纵横互通的全市电子政务网络，实现全部政务部门联网，80%以上政府职能部门上网，50%以上的行政许可项目在线办理，满足各级政务部门进行社会管理、公共服务的需要，为企业和公众提供透明、方便、快捷的政务服务。

10.3.3 网络拓扑结构设计

该市电子政务外网总体布局如下。

(1) 在该市政府内信息中心建立网控中心。

(2) 在该市各区分别建立区网控中心,高速接入市网控中心。

(3) 其他部门以光纤、数字电路或其他方式就近接入市网控中心或汇聚结点。

(4) 该市旗下的四县建立县网控中心,并通过广域网接入市网控中心。

(5) 该市电子政务外网采用交换以太网。

按照该市电子政务外网平台的总体框架,将以市政府一号楼、市政府二号楼、市委、劳动局、国土局等五个为主要汇聚结点,构筑该市电子政务外网平台的城域网。政务城域网应具备可伸缩性、可用性、可管理性、可扩展性、开放性及安全性,以满足IP数据业务的爆炸性增长对网络的要求,满足新业务的增加对网络平台平滑升级的要求。网络设计可按照分层次结构的原则自顶向下设计,分别划分为核心层、汇聚层、接入层。通过合理划分网络层次的方法,隔离网络故障;通过路由聚合、默认路由、合理规划IP地址等手段减小路由表的规模;通过链路和设备的冗余备份等手段提高网络的稳定性、可靠性。

根据省外网平台建设要求和本省电子政务外网平台技术规范的要求,结合该市电子政务外网需求,拓扑结构采用双核心星状网络架构。根据该市电子政务外网的总体结构,从市到县区,从县(区)到乡(镇),必须建立统一的高带宽、高稳定、安全可靠的广域网主干通道。其中,市级到县级广域网采用SDH 155Mbps数字电路为主,MSTP 8Mbps数字电路备份。纵向虚拟专网利用MPLS VPN技术建立各纵向系统的虚拟专用网络。

10.3.4 网络设计

1. 电子政务网总体组网架构

网络设计按照分层次结构的原则自顶向下设计,分别划分为核心层、汇聚层、接入层。网络拓扑结构包括城域网和广域网两大部分:其中城域网采用以太网技术,广域网采用数字电路技术,包括下属市县接入。采用多协议标记交换/边界网关协议(Border Gateway Protocol,BGP)VPN(三层)解决方案并提供各部门、系统网络间的逻辑隔离(VLAN、VPN),保证互访的安全控制。

网络结构设计如下。

(1) 核心层(市网控中心)。外网平台网控中心,设在市政府机关信息中心机房。采用双核心配置(配置两台高性能的核心交换路由器)。核心设备之间通过两条千兆以太网(Gigabit Ethernet,GE)接口捆绑互联作双机热备,提供设备和端口冗余,保证核心设备的实时切换,避免单点故障。核心设备通过城域网分别与六个汇聚结点设备连接,通过广域网接入下属市县网络平台。同时,每台设备配置主控制引擎、交换网板、电源和端口冗余,并提供交换网板负载均衡冗余热备份,提供核心设备超越电信级的高可靠性,以保证整个政务网超高的稳定性。

(2) 汇聚层(省城内汇聚结点)。设计市委结点、市人大结点、市政府结点、市政府机关二院结点、市政协结点、河西结点六个汇聚点。汇聚结点向上分别连接双核心设备,向下连接各汇聚点园区部门接入设备和就近部门接入设备。采用高性能汇聚路由器作为城域汇聚结点设备，提供电信级可靠性。配置 GE 单模/多模光接口模块、10/100/1 000Mbps 电接口模块。GE 单模光接口模块上联网控中心核心设备，GE 单模/多模光接口模块、10/100/1 000Mbps 电接口模块向下连接各汇聚点园区部门接入交换机和就近的部门接入交换机。

(3) 接入层(单位接入结点)。主要是指六个汇聚点的园区省直部门宽带接入设备，其他主要市直部门的宽带接入设备，部分市直部门的窄带接入设备，市县的接入设备。市直部门宽带接入设备上联汇聚结点设备，向下连接各部门局域网。部分市直部门窄带接入设备上联网控中心窄带接入设备，向下连接各部门局域网。市县的接入设备上联核心结点设备，向下连接各市县网络平台核心设备。接入设备采用三层智能交换机，配置 GE 单模/多模光接口模块和 10/100/1 000Mbps 电接口模块。GE 光接口模块上联汇聚结点交换机，10/100/1 000Mbps 电接口模块向下连接各省直部门局域网。

其网络拓扑图如图 10.6 所示。

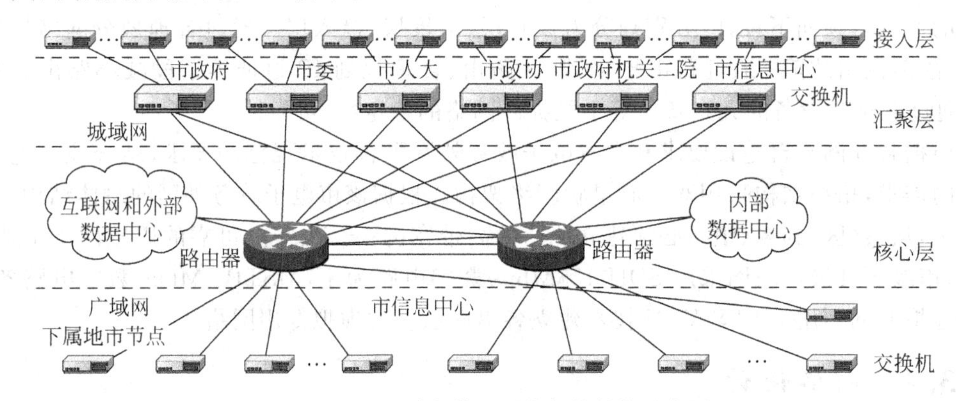

图 10.6　电子政务外网网络拓扑结构示意图

2. 市 Internet 接口和数据中心

数据中心采用三台三层千兆交换机，一台用于外部数据中心，一台用于内部数据中心，一台用于托管服务器接入。外部数据中心交换机通过千兆线路连接防火墙，内部数据中心和托管服务器接入交换机，通过千兆线路直接连接省核心路由器，如图 10.7 所示。

在纵向上，通过市核心路由器与省政务网结点连接，运行 MPLS/BGP VPN 跨域解决方案，实现省外网承载的纵向 VPN 与市网相应 VPN 互通，并使政务网内用户实现对省网内公共资源的访问。

通过广域汇聚设备连接各市县政务外网网络平台，并通过该设备将 MPLS 延伸到各市县，形成完整的全市 MPLS VPN 政务外网，实现市内厅局的纵向 VPN，并使各市县单位可以访问市政务网公共资源。实现纵向的互联互通。

在横向上，通过城域汇聚设备，汇聚市政府组成部门、直属机构、办事机构、事业单位等市直部门，以及市委、市人大、市政协等。向各单位提供 GE、快速以太网(Fast Ethernet，FE)、E1、帧中继、DDN 等灵活的接入链路，实现就近的各种形式的接入，作为 MPLS VPN 的提供商端(Provider Edge，PE)路由器设备，提供各单位 MPLS VPN 纵向和横向 VPN 支持和用户授权，使各单位可自如访问政务网公共数据资源和 Internet 资源。

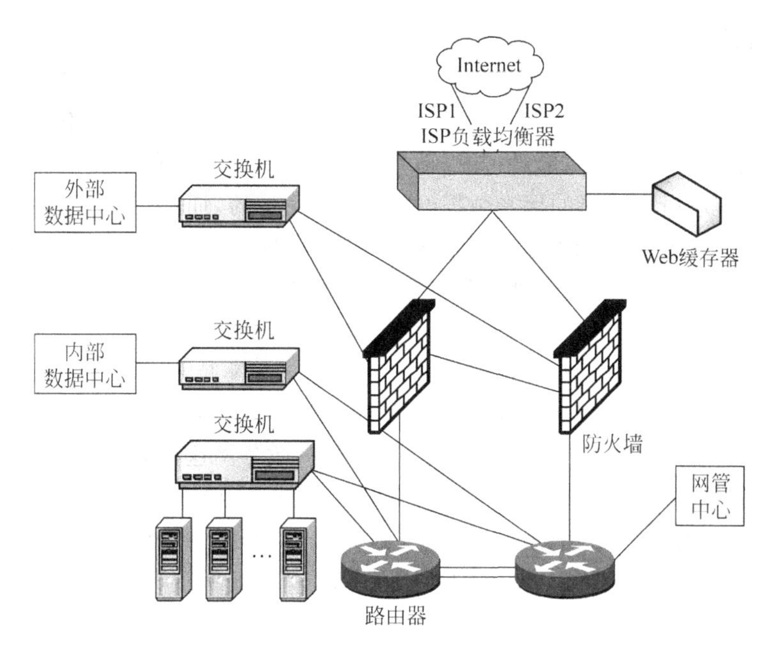

图 10.7 Internet 接口和数据中心结构示意图

3. 联网部门不同接入方式

(1) 与省电子政务外网平台的连接

通过省统一配置的路由器采用 155～622Mbps 或千兆带宽连接省外网平台,1 000Mbps 电接口连接市网控中心核心设备。

(2) 与市县网络平台的连接

市内通过政务城域网以 1 000Mbps 单模光纤方式接入网控中心核心设备。其他市县采用 SDH 数字电路方式,155Mbps 为主、2Mbps 备份接入网控中心核心设备。

(3) 与省直部门的连接

市委、市人大、市政府、市政府机关二院、市政协等园区所在各部门局域网通过 10/100/1 000Mbps 快速以太网电接口接入所在办公楼楼层的楼层以太网交换机,并通过局域网接入各汇聚点城域汇聚路由器。

其他省直部门都通过千兆单模/多模光接口就近接入所属汇聚结点设备或以 2Mbps 数字电路等方式接入网控中心。也可通过 E1(2.048Mbps)、帧中继、DDN 等方式就近接入汇聚结点设备。

(4) 其他部门局域网接入

各个部门局域网按工作性质、信息交换频度等分成以下三个层次。

(1) 核心接入。政府组成单位、直属机构、办事机构以及其他信息交换较大的单位,采用光纤方式,高速接入。

(2) 一般接入。直属事业单位、中央在湘单位的部分,可根据情况采用光纤或其他方式接入。

(3) 边缘接入。中央在湘单位的部分(企业)、院校等,通过互联网 VPN 方式接入。

4. 安全设计

电子政务网是一个统一的政务网络平台，为与政务相关的几乎所有部门提供基础网络服务，而部门与部门间是独立的，各部门间的数据不能随意访问，需要严格的隔离和控制，否则将造成极大的安全隐患。如果没有隔离，黑客攻破了政务网中的一点，就可以在整个政务网中肆意游荡，获取所有部门的保密数据，这是极度危险的，而又是非常容易做到的，因此部门间的隔离极为重要。但隔离并不意味着隔绝，实现了部门间的完全隔绝就失去了政务网统一平台的意义，就不能实现公众服务平台和部门间协同办公这两个最重要的政务网功能。

目前能够实现部门间隔离的技术即 VPN 技术，VPN 技术主要有路由封装(Generic Routing Encapsulation，GRE)隧道和 IPSec VPN 加密技术等 IP VPN 技术和 MPLS VPN 技术。IP VPN 技术是点对点的 VPN 技术，不能支持政务网这种大规模 VPN 应用，也不能满足协同办公等业务要求。MPLS VPN 技术中又分为 MPLS L2 VPN 和 MPLS L3 VPN。MPLS L2 VPN 目前还处于不断完善阶段，因此适合电子政务网应用的 VPN 技术只有 MPLS L3 VPN，也就是 MPLS/BGP VPN 技术，如图 10.8 所示。

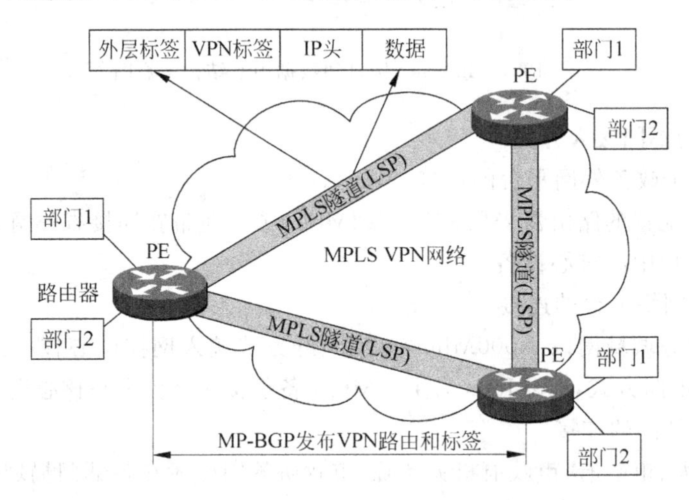

图 10.8　MPLS/BGP VPN 图

1) 采用 MPLS/BGP VPN 技术

对于电子政务网分布在不同地理位置的相同系统，可以利用市电子政务骨干网来实现互联。其目的是实现地市不同系统和省中心不同系统的互联。实现分布在不同地理位置相同业务部门内部的信息互通。并根据用户实际要求，针对不同业务的要求进行业务的隔离和受控互通。不同地理位置相同系统的互联如图 10.9 所示。

主要原理为：每个用户端(Customer Edge，CE)路由器设备可以看成是一个业务系统，CE 设备可以是三层交换机或者路由设备，每个 PE 和若干个 CE 设备互联，CE 通过静态路由或 BGP 将用户网络中的路由信息通知 PE，同时根据用户要求在 PE 之间传送 VPN-IP 信息以及相应标记，而在 PE 与 P 路由器之间，则采用传统的路由协议，相互学习路由信息，采用 LDP 协议进行路由信息与标记的绑定，使得 PE 路由器拥有骨干网络的路由信息以及每一个 VPN 的路由信息。

其实现过程如下：当属于某一 VPN 的 CE 用户数据进入网络时，在 CE 与 PE 连接的

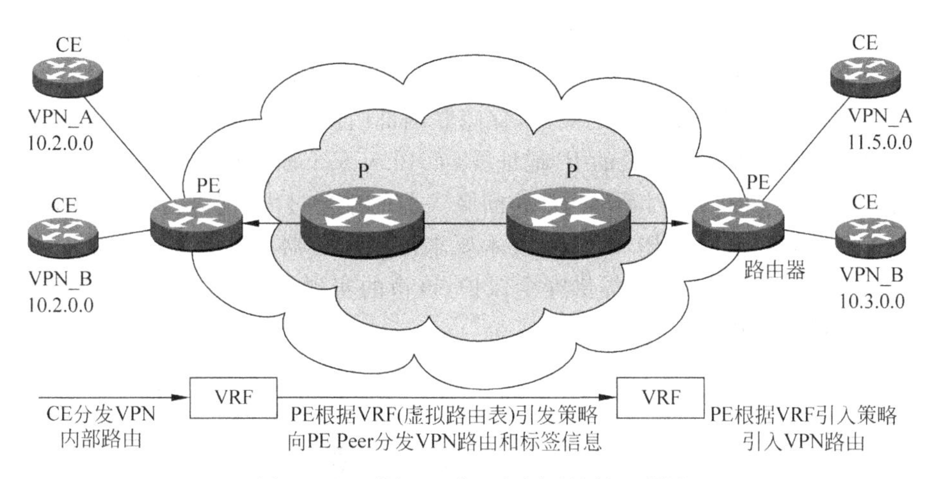

图 10.9　不同地理位置相同系统的互联图

接口上可以识别出该 CE 属于哪一个 VPN，在前传的数据包中打上 VPN 标记，同时到该 VPN 的路由表中去读取下一跳转的地址信息，即与该 CE 作 Peer 的 PE 的地址。在该 PE 中需读取骨干网络的路由信息，从而得到下一个 P 路由器的地址，同时采用 LDP 在用户前传数据包中打上骨干网络中的标记。接着是信息在 P 路由器和 P 路由器之间的传递。直到到达目的端 PE 之前的最后一个 P 路由器，此时将外层标记去掉，读取内层标记，找到 VPN，并送到相关的接口上，进而将数据传送到 VPN 的目的 CE。

2）纵向隔离

为保障数据安全，各纵向系统要进行 VPN 隔离。以工商为例，省、市、县三级都有相应的工商部门，上下存在业务和行政关系，是一个纵向系统。在技术实现时，市工商和县工商采用标准 MPLS/BGP VPN 技术，实现 VPN 功能，如图 10.10 所示。

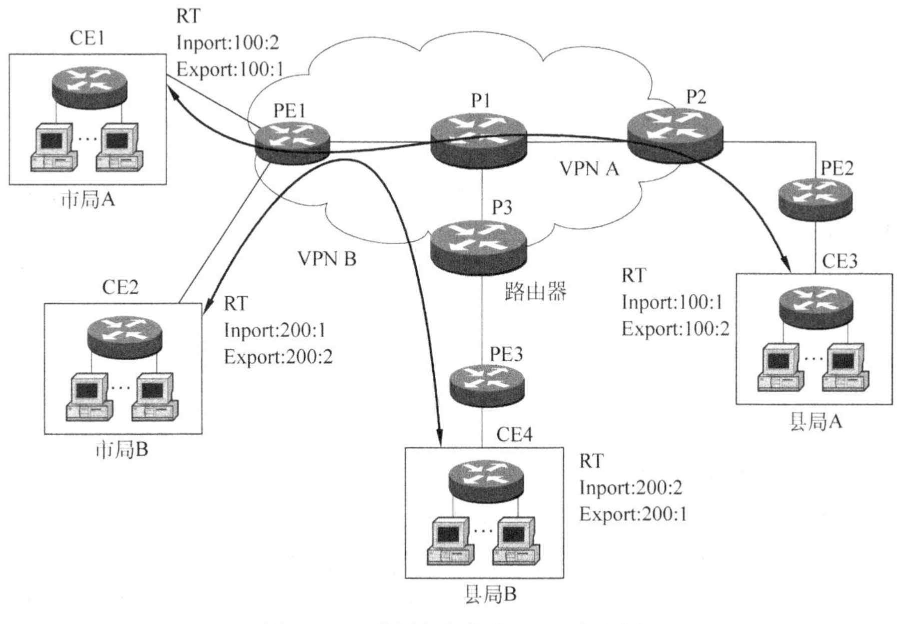

图 10.10　联网部门纵向 VPN 实现图

市局 A 与县局 A 的实时(Real Time,RT)配置可互相交换路由信息,形成 VPN A。市局 B 与县局 B 的 RT 配置可互相交换路由信息,形成 VPN B。但 VPN A 与 VPN B 不能交换路由信息,形成了纵向 VPN 间的隔离,保障联网部门的业务安全。各 VPN 内部可独立规划分配 IP 地址,可以采用重叠的 IP 地址段,如 10. x. x. x 段的私有 IP 地址。

但是如果一个纵向系统因系统内部访问服务器的流量过大,则需要将服务器放到省中心机房托管。考虑到采用 MPLS VPN 技术要求汇聚服务器群的设备必须能很好地支持 MPLS VPN,并且能对服务器群提供安全保护,该市的实现设备采用的是支持防火墙模块的交换路由器,如图 10.11 所示。

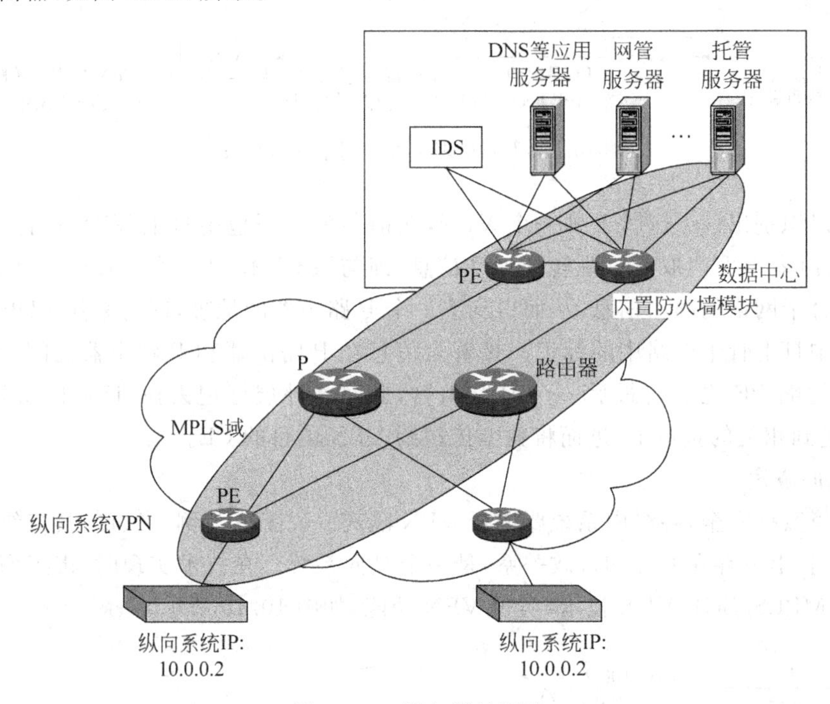

图 10.11 服务器托管图

3) 横向互通

各联网部门有共同的业务应用,并需要相互交换数据,如市政府与各厅局相关业务,这样就需要建立横向 VPN,如图 10.12 所示。

这种横向 VPN 采用标准的 MPLS VPN 技术,使各厅局业务 PC 和服务器与省政府的相应 PC 和服务器交换数据。

在设置横向 VPN 时,应遵循以下原则。

(1) 所有 VPN 内的 IP 不允许冲突。也就是说,需要对横向 VPN 内进行单独的 IP 地址规划,采用政务网为该 VPN 分配的 IP 地址空间。这样,各厅局加入这个 VPN 的 PC、服务器与厅局内的其他 PC 将采用两套 IP。

(2) 市局接入采用交换机,交换机不支持两个独立的路由空间。即一个交换机只能作为一个 VPN 的 CE,而不能作为两个 VPN 的 CE 来应用。这样,要求属于该 VPN 的 PC、服务器要单独置于一个 VLAN 内,在厅局接入交换机上传送该 VLAN 给 PE,在 PE 上对该 VLAN 启用虚拟路由表(VPN Routing and Forwarding instances,VRF),而这些 PC、服务

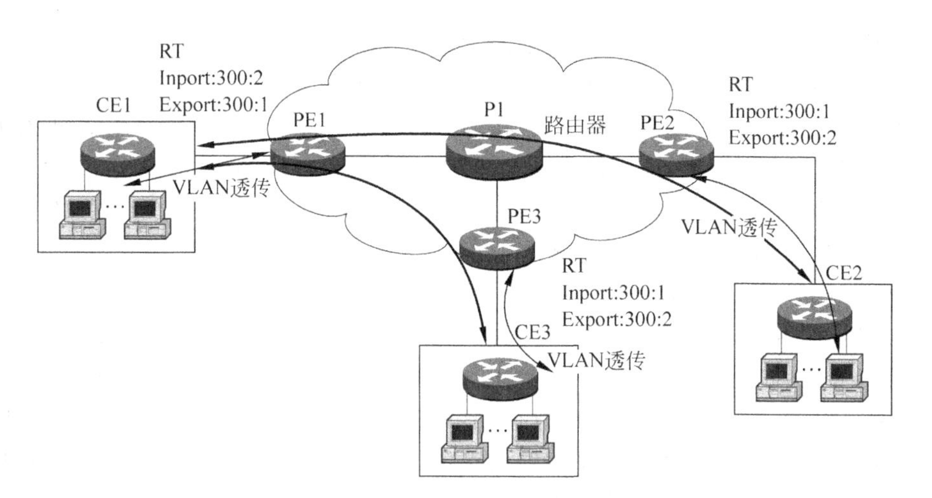

图 10.12 联网部门横向 VPN 实现

器相当于这个 VRF 的直连路由，这种情况称为无 CE 的 MPLS VPN。

4）对省外网的接入

由于管理的原因，省外网与市电子政务网的 BGP AS（BGP 指 Border Gateway Protocol，边界网关协议；AS 指 Autonomous System，自治系统）域不同，两个 AS 自治域互相独立。要让市部门与省网承载的同部门业务进行互通，也就是让省网承载的部门 VPN 与市内相应部门的 VPN 进行互通，则必须解决 MPLS VPN（MPLS 指 Multiple Protocol Label Switching，多协议标签交换）跨 AS 域的问题。该市采用 Multi-hop MP-EBGP（Multi-hop Multi-protocol Extensions BGP，多跳多协议扩展 BGP）实现，如图 10.13 所示。这种方式的可扩展性较好，不需要在自治系统边界路由器（Autonomous System Boundary Router，ASBR）上维护具体用户的 VPN 路由信息。

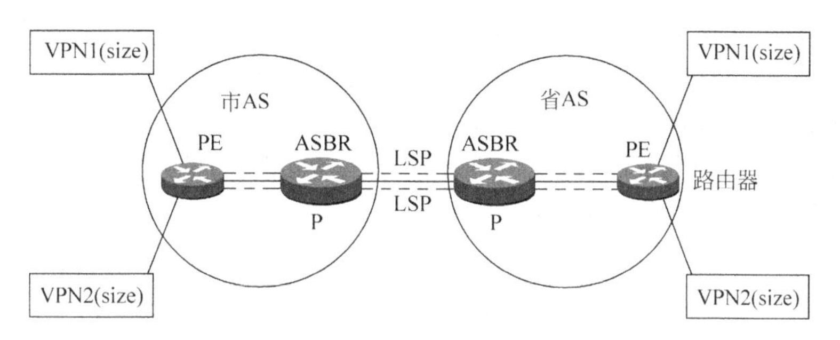

图 10.13 Multi-hop MP-EBGP 跨域实现省网接入示意图

10.3.5 建设评价

1. 社会效益

1）有利于提高政府对社会、公众的服务水平

加强政府管理和促进公共服务，是建设电子政务的两个重要目标，两者相辅相成，互为条件，相互促进。建立互联互通的政府网络平台，将管理与服务通过网络技术进行集成，在网上实现政府组织结构和工作流程的优化，打破时间、空间和部门分隔的限制，全方位地向

社会提供优质、规范、透明、符合国际水准的管理和服务。

2）有利于提高政府工作人员的办事效率，减少行政成本

外网平台的建立和各种应用的开展，将逐渐对政府的行政组织结构产生影响，缩减甚至取消中间管理层，大大简化行政运作的环节和程序。同时，可以通过信息网络，发布政府的文件、公告、通知等，使公众能迅速地获取政府信息，不仅能保证信息的时效性、全面性与准确性，并且可以大大降低信息的传递成本，节省大量的人力、物力和财力。

3）有利于适应加入世界贸易组织后的新形势

中国加入世界贸易组织的根本目的，就是要在更大范围、更广领域、更高层次上参与国际经济技术合作和竞争，拓展经济发展空间。随着入世适应期的即将结束和行政许可法的实施，传统的工作方式已越来越难以适应新形势的发展要求，“手工政府”将面临国外“电子政府”的挑战。随着电子政务外网平台的建立和各种应用的开展，将更好地发挥政府的公共职能，提高政府工作的透明度和广大人民群众对政务的参与度，有利于按照“非歧视原则”、“透明原则”和“法制统一” 原则，更好地与国际惯例和标准接轨，更好地适应世界贸易组织规则，建设良好的法制环境和投资环境。

4）有利于全面推进信息化建设进程

电子政务是信息化建设的排头兵，电子政务外网平台的建设，对信息产业的发展带来了机遇。政府可以积极地创造条件，规范招投标和政府采购行为，不断完善市场秩序，并且通过这一过程，增加自主知识产权的比例，应用成熟的国产软件产品，增强 IT 企业的核心竞争力，促进信息产业的发展。

2. 经济效益

电子政务外网平台的建设是一个公益性的项目，社会效益是主要目标，但也具有一定的经济效益。

1）避免重复建设，有效减少电子政务建设和运行成本

建立统一的电子政务外网平台，能够从根本上解决部门各自为政、重复建设的问题，实现资源共享、避免信息孤岛，大大降低电子政务建设和运营成本。

2）挖掘增值服务，创造直接经济效益

在电子政务外网平台建设中，有些项目除了给政府部门提供服务，还可以用于电子商务，进行有偿服务，创造部分经济效益。

10.4 某金融机构容错网络的设计

某金融机构为了向用户提供可靠的金融服务，要求构建一网络系统，对该系统提出的要求除具有类似于 10.3 的性能要求外，还对网络可靠性提出了要求，即在网络主干上某处发生故障时，系统能正常运行。从服务器网卡到交换机都使用网络容错技术，构成一个主干没有单点故障的可靠网络系统即可满足该金融机构的要求。当然使用双环结构的 FDDI 可以满足要求。但目前 FDDI 的传输速度达不到交换 LAN 的传输速度。在前面已介绍了 FDDI 的容错机制，在此仅对交换 LAN 的容错网络技术进行介绍，并给出该金融机构主干网拓扑结构图。

10.4.1 网络容错

网络容错通过构造冗余链路来避免单点故障。由于在现有交换 LAN 中，不允许有回路存在，因此网络容错的任务之一是采用一种技术使交换 LAN 中可以存在回路。同时在网络中，服务器是最关键的设备之一，而服务器中出现故障最多的是网卡（Network Interface Card，NIC）。在网络容错时，如何实现服务器 NIC 的冗余也是应该考虑的问题。

1. 冗余服务器链路

冗余服务器链路（Redundant Server Link，RSL）技术使服务器与网络基础设施之间可以有冗余的链路。采用 RSL 技术的服务器允许有 2～4 个 NIC，其中一个为主链路，其余为备用链路。网卡专用驱动程序使它们成为一个逻辑的 NIC。主 NIC 监视网络连接是否正常，而软件则监视 NIC 状态。如果由于交换机、hub、线缆或 NIC 发生故障导致链路失效，软件则将 MAC 地址和所有的连接主 NIC 转到一个备用的 NIC，并将这个备用的 NIC 输出的信息广播出去，使交换 LAN 的其他设备知道连接已转到新的链路上，会话照常进行，用户感觉不到网络故障的发生。

2. 交换机的容错技术

目前，交换机主要采用冗余链路、生成树和主干（trunking）通路三种技术支持网络容错。冗余链路技术可以在交换机与网络之间定义两条链路，一条为主链路，另一条为备用链路。一般情况下，主链路工作，完成交换机与网络之间的信息交换，备用链路被阻塞不进行通信。一旦主链路发生故障，交换机能自动切断主链路，而让备用链路进行交换机与网络之间的信息交换；如果主链路被修复，网络管理人员可以人为地切换到主链路上，让主链路畅通，备用链路再次被阻塞；也可用备用链路继续进行通信，修复后的主链路作为备用链路；若备用链路发生故障，交换机自动切换到主链路上。

生成树技术允许交换机之间存在冗余链路。正常情况下，交换机之间只允许一条链路工作，别的冗余链路被阻塞，这通过生成树算法来实现。一旦某个链路发生故障，交换机自动启动生成树算法，将原来阻塞的冗余链路变为工作状态，保证交换机之间存在通信链路。只要交换机之间存在正常的通信链路，生成树算法总能保证该链路畅通。对于支持 VLAN 划分的交换机，可以为每个 LAN 产生一个生成树，这样每一个 VLAN 内都允许有冗余链路保证系统的容错性。

生成树技术和冗余链路技术不能一起使用。这两种技术各有特点，冗余链路技术要求网络管理员在需要容错的连接上定义冗余链路。这两条链路互为备份，只要有一条能正常通信，就能保证连接成功。而生成树技术可在整个网络上设置冗余链路，只要网络的连通性不被破坏，生成树算法保证网络连接成功。

目前，主干技术也叫链路合并技术，它将多条物理链路定义为一个主干，这些物理链路逻辑上等同于一条链路。在没有故障的情况下，两台交换机之间的带宽可能随物理链路的增加而增加，信息流量均匀地分配给主干中的各条物理链路。当某条物理链路发生故障时，该物理链路自动失效并停止传输信息，交换机不再将信息流分配给该失效的物理链路所连接的端口。主干中一条或多条物理链路失效不会影响两台交换机之间的连通性，只是链路带宽随着失效链路数的增加而下降，因此主干技术是提高网络带宽和容错的有效方法，但使用主干技术只能在两台交换机之间实现链路级容错，无法实现设备级容错。

为使用主干技术实现链路级和设备级的容错，多点链路合并技术（Multi-Point Link Aggregation，MPLA）被提出。一个实现 MPLA 的网络拓扑结构需要 MPLA 边缘设备和 MPLA 核心设备。MPLA 边缘设备是定义主干端口的设备，MPLA 核心设备是用来互连 MPLA 边缘设备的。

MPLA 网络中所有边缘设备分别连接在两台核心设备上，在没有发生故障的情况下，所有链路都传输信息，一旦发生故障，系统能绕过故障链路，动态地调整信息流分配。

主干控制信息协议（Trunk Control Message Protocol，TCMP）用来实现 MPLA 技术，它在实现点对点的主干技术中是可选的，但在实现 MPLA 中是必需的，它主要有以下两个功能。

（1）检测、处理物理配置错误，正确地激活或阻塞主干中的端口。

（2）简化 MPLA 连接。

MLPA 主要有以下优点。

（1）带宽的可扩充性。它将多条物理链路合并成单一的逻辑链路，可以提高交换机之间的带宽。

（2）良好的容错性能。冗余链路技术可以为需要高可靠性的物理链路配置一条备份的链路，当主链路发生故障时，能够切换到备份链路上。在容错方面，MPLA 技术与冗余链路技术完全一致。

（3）实现简单。根据交换机工作原理，一般不能构成网状结构来提高系统的可靠性，传统设计高可靠性网络的方法一般采用路由器来构成网状网络，用路由发现算法来寻找最佳路由，并在链路发生故障的情况下，生成新的路由表。这种系统不仅复杂，而且与具体的网络层协议有关，而 MPLA 技术完全在链路层上实现网络的容错功能，不仅简单，而且支持所有网络层协议。

（4）性价比高。由于 MPLA 实现了链路级和设备级的容错能力，其实现费用比路由器实现的网状网络要便宜得多。目前 MPLA 技术主要用于 1 000Mbps 交换以太网。

10.4.2 某金融机构容错网络设计

1. 功能要求

主交换机采用 1 000Mbps 以太网交换机，二级交换机采用 100Mbps 以太网交换机，二级交换机与主交换机之间采用 1 000Mbps 链路冗余连接，服务器与主交换机之间进行冗余连接，在一台主交换机或二级交换机和主交换机之间单条链路发生故障的情况下，能保证工作站和服务器之间的正常数据交换。

2. 拓扑结构

根据上述要求，该机构的容错网络拓扑结构如图 10.14 所示。

在该网络中，配备了两个服务器，一个为主服务器，另一个为备份服务器，两个服务器采用双工方式工作，当主服务器出现故障时，启用备份服务器工作。每一服务器采用 RSL 技术，配备两个 NIC。同时，该网络采用 MPLA 技术的交换机，保证当一台主交换机、一台服务器或服务器上的一个 NIC 出现故障时，整个网络还可正常运行。

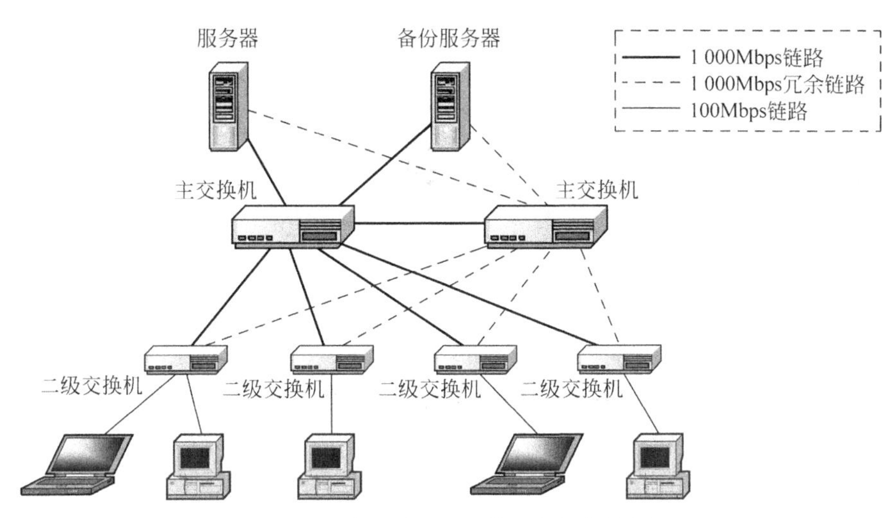

图 10.14　某金融机构容错网络拓扑结构图

本章小结

网络系统的构建是一项复杂的系统工程，要根据用户单位的需求及具体情况，结合现时网络技术的发展水平及产品化程度，经过充分的需求分析和市场调研，确定网络建设方案，依据方案有步骤、有计划地实施网络建设活动。

本章首先讲述了网络工程中的网络规划和网络设计两个基本步骤。网络规划是在用户需求分析和系统可行性论证基础上确定网络总体方案和网络体系结构的过程。网络设计是根据网络总体方案，对网络体系结构、子网划分、网络逻辑设计等进行工程化设计的过程。然后，以某纸业集团计算机网络信息集成系统设计、某市电子政务系统设计和某金融机构容错网络设计为例，分别从不同的应用角度，在综合运用本书前面知识的基础上，说明了网络的设计方法和步骤。

习　题　10

10.1　说明网络设计的过程及在各个步骤中应注意的事项。

10.2　在相关网站上，查找一个企业网络或校园网，并分析其设计的优缺点，提出改进方案。

10.3　对学校某一部门或学院的网络系统进行调查，按网络设计步骤为其设计一个网络系统。

10.4　上网查找有关电子政务的资料，了解电子政务的发展状况。

10.5　上网查找某一城市电子政务网络建设情况，分析网络系统，写出分析报告。

10.6　分析10.3节中介绍的网络系统拓扑结构图，根据电子政务的需要，提出改进意见。

10.7　电子政务网络与企业网络有何不同?

10.8　分析银行网络与电子政务网络、企业网络的不同需求。

10.9　上网查找某一银行计算机网络应用情况，写出分析报告。

10.10　查找容错网络的最新技术资料，了解其应用现状，利用其为某一金融机构设计一个容错网络，写出分析设计报告。

附录　实　　验

实验 1　局域网组网

1. 实验题目

局域网组网。

2. 实验课时

2 课时。

3. 实验目的

(1) 参观校园网或商学院局域网，对计算机网络组成、硬件设备等有一定的了解。

(2) 利用网络设备，学生自己组成局域网，培养学生的动手能力。

(3) 使学生进一步了解局域网组网技术，培养分析问题、解决问题的能力，提高查询资料和撰写书面文件的能力。

4. 实验内容和要求

(1) 了解局域网的组成、各种设备的用途。

(2) 利用实验室提供的网络设备和双绞线，5～6 位同学一组，将计算机组成一局域网，并对局域网进行相应配置。

(3) 独立完成上述内容，并提交书面实验报告。

实验 2　因特网应用

1. 实验题目

因特网应用。

2. 实验课时

2 课时，课外 2 学时。

3. 实验目的

(1) 了解浏览器与收发邮件系统的用法与配置。

(2) 访问中南大学校园网等网站，并在网络中获得关于计算机网络新技术的资料。

(3) 提高查询资料和撰写书面文件的能力。

4. 实验内容和要求

(1) IE 浏览器的配置和使用。

(2) 收发邮件系统的配置和使用。

(3) 访问中南大学校园网等网站。

(4) 访问学术期刊网,查找计算机网络新发展的相关资料。
(5) 利用 Google 等搜索引擎,获取有 PDF 格式的计算机网络新发展的资料,并下载。
(6) 独立完成上述内容,并提交书面实验报告。

实验 3 Windows 网络操作系统的配置与使用

1. 实验题目

Windows 网络操作系统的配置与使用。

2. 实验课时

2 课时。

3. 实验目的

(1) 通过指导老师指导和学生动手操作,使学生熟悉网络操作系统的配置。
(2) 培养学生动手能力和书面表达能力。

4. 实验内容和要求

(1) Windows NT 或 Windows 2000 中域的配置与管理。
(2) Windows NT 或 Windows 2000 中用户的管理。
(3) 独立完成上述内容,并提交书面实验报告。

实验 4 Windows 2000 文件系统和共享资源管理

1. 实验题目

Windows 2000 文件系统和共享资源管理。

2. 实验课时

2 课时。

3. 实验目的

(1) 掌握 NTFS 文件系统特点。
(2) 利用 NTFS 权限保护文件。
(3) 掌握共享文件夹的建立与管理。
(4) 掌握共享打印机的建立与管理。

4. 实验内容和要求

(1) 为用户账户和组指派 NTFS 文件系统文件夹和文件权限。
(2) 测试 NTFS 文件夹和文件权限。
(3) 创建和测试、管理文件夹共享。
(4) 创建和测试、管理共享打印机。
(5) 独立完成上述内容,并提交书面实验报告。

5. 实验步骤

(1) 实验准备。
(2) 利用 NTFS 权限保护文件和文件夹。
(3) 共享文件夹的建立和管理。

(4) 共享打印机的建立和管理。

实验 5　Web 服务器的建立和管理

1. 实验题目

Web 服务器的建立和管理。

2. 实验课时

2 课时。

3. 实验目的

(1) 学会用 Windows 2000 建立 Web 服务器。

(2) 掌握 Web 服务中的主要参数及其作用。

(3) 掌握 Web 服务器的配置和管理。

(4) 掌握使用浏览器访问 Web 服务器。

4. 实验内容和要求

(1) 安装、配置和管理 Windows 2000 的 Web 服务。

(2) 建立 Web 站点。

(3) 实现多个站点。

(4) 使用浏览器浏览 Web 服务器。

(5) 独立完成上述内容,并提交书面实验报告。

5. 实验步骤

(1) 实验准备。

(2) 在服务器上安装 Web 信息服务组件。

(3) 创建一个 Web 站点。

(4) 利用绑定多个 IP 地址实现多个站点。

(5) 利用多个端口实现多个 Web 站点。

(6) 配置 Web 站点的安全性。

(7) 对 IIS 服务的远程管理。

实验 6　活动目录的实现和管理

1. 实验题目

活动目录的实现和管理。

2. 实验课时

2 课时。

3. 实验目的

(1) 掌握 Windows 2000 中新增的活动目录服务。

(2) 学会安装和配置活动目录。

(3) 使用活动目录工具创建和管理活动目录对象。

(4) 学会使用组策略实现安全策略。

4. 实验内容和要求

(1) 加深对活动目录的理解,掌握如何用单域模式组建小型网络和管理活动目录。

(2) 安装和配置活动目录,建立域、域树、域林。校验活动目录安装正确与否。

(3) 通过使用活动目录工具创建和管理活动目录对象。

(4) 使用组策略以实现安全策略。

(5) 独立完成上述内容,并提交书面实验报告。

5. 实验步骤

(1) 安装和配置活动目录。

(2) 安装活动目录后的校验。

(3) 将计算机加入活动目录。

(4) 管理活动目录。

(5) 组策略。

实验7　软件防火墙和硬件防火墙的配置

1. 实验题目

软件防火墙和硬件防火墙的配置。

2. 实验课时

2课时。

3. 实验目的

(1) 了解防火墙的安全原理和功能。

(2) 掌握软件防火墙的安装、设置、管理方法。

(3) 掌握硬件防火墙的搭建、调试、配置和监控技术。

4. 实验内容和要求

(1) 学会常见的桌面防火墙软件的安装。

(2) 掌握防火墙软件中应用程序规则、包过滤规则、安全模式、区域属性的配置方法。

(3) 学会硬件防火墙的搭建、安装和调试。

(4) 了解硬件防火墙的基本设置命令,学会IP地址转换、网络端口安全级别设置、静态地址翻译和静态路由设置。

(5) 学会编写简单配置文档,并能够阅读防火墙日志。

5. 实验步骤

(1) 安装个人防火墙软件。

(2) 设定应用程序规则和包过滤规则。

(3) 按网络安全需求配置安全模式和区域属性。

(4) 根据网络拓扑结构在子网中安装硬件防火墙。

(5) 对硬件防火墙进行初始化设置。

(6) 配置网络端口参数。

(7) 配置内外网卡IP地址,并指定要进行转换的内部地址。

(8) 配置静态路由。

(9) 配置静态地址翻译。

实验8　Linux网络服务的配置

1. 实验题目

Linux网络服务的配置。

2. 实验课时

2课时。

3. 实验目的

(1) 学会Linux操作系统的安装和配置。

(2) 掌握Linux操作系统TCP/IP属性的配置。

(3) 掌握Linux操作系统Web、FTP、E-mail、Samba服务的配置。

(4) 熟悉Linux操作系统的基本操作和应用。

4. 实验内容和要求

(1) 安装和配置Redhat Linux 8.0操作系统。

(2) 掌握Redhat Linux 8.0下IP、子网掩码、网关、主机名、DNS、设备别名、配置文件等TCP/IP属性的配置方法。

(3) 了解和掌握Redhat Linux 8.0下Apache、vsftpd、sendmail、postfix和Samba等几个服务器的配置和使用。

(4) 独立完成上述内容,并提交书面试验报告。

5. 实验步骤

(1) 安装Redhat Linux 8.0网络操作系统。

(2) 配置TCP/IP属性。

(3) 配置Apache服务器。

(4) 配置vsftpd服务器。

(5) 配置sendmail和postfix服务器。

(6) 配置Samba服务器。

参 考 文 献

（第1版和第2版引用的参考文献从略）

1　高阳等. 计算机网络原理与实用技术(第2版). 北京：电子工业出版社，2005
2　Greg Tomsho等著. 计算机网络教程(第4版). 冉晓旻等译. 北京：清华大学出版社，2005
3　陈志雨等. 计算机信息安全技术应用. 北京：电子工业出版社，2005
4　邵波等. 计算机网络安全技术及应用. 北京：电子工业出版社，2005
5　薛永毅等. 接入网技术. 北京：机械工业出版社，2005
6　李蔷薇. 移动通信技术. 北京：北京邮电大学出版社，2005
7　王顺满等. 无线局域网络技术与安全. 北京：机械工业出版社，2005
8　骆耀祖. 计算机网络实用教程. 北京：机械工业出版社，2005
9　张新有. 网络工程技术与实用教程. 北京：清华大学出版社，2005
10　姚建永等. 光纤原理与技术. 北京：科学出版社，2005
11　王建玉等. 实用组网技术教程与实训. 北京：清华大学出版社，2005
12　邓亚平. 计算机网络. 北京：电子工业出版社，2005
13　高林等. 计算机网络技术. 北京：人民邮电出版社，2006
14　李正军. 现场总线与工业以太网及其应用系统设计. 北京：人民邮电出版社，2006
15　杨军等. 无线局域网组建实战. 北京：电子工业出版社，2006
16　Jeanna Matthews著. 计算机网络实验教程. 李毅超等译. 北京：人民邮电出版社，2006
17　高晗等. 网络互联技术. 北京：中国水利水电出版社，2006
18　吴企渊. 计算机网络. 北京：清华大学出版社，2006
19　陈明等. 实用网络教程. 北京：清华大学出版社，2006
20　郭世满等. 宽带接入技术及应用. 北京：北京邮电大学出版社，2006
21　喻宗泉. 蓝牙技术基础. 北京：机械工业出版社，2006
22　程光等. Internet基础与应用. 北京：清华大学出版社，北京交通大学出版社，2006
23　周伯扬等. 下一代计算机网络技术. 北京：国防工业出版社，2006
24　张仁斌等. 计算机病毒与反病毒技术. 北京：清华大学出版社，2006
25　王文鼐等. 局域网与城域网技术. 北京：清华大学出版社，2006
26　赵阿群等. 计算机网络基础. 北京：清华大学出版社；北京交通大学出版社，2006
27　靳荣等. 计算机网络——原理、技术与工程应用. 北京：北京航空航天大学出版社，2007
28　阎德升等. EPON——新一代宽带光接入技术与应用. 北京：机械工业出版社，2007
29　赵安军等. 网络安全技术与应用. 北京：人民邮电出版社，2007
30　王卫亚等. 计算机网络——原理、应用和实现. 北京：清华大学出版社，2007
31　于维洋等. 计算机网络基础教程与实验指导. 北京：清华大学出版社，2007
32　吴功宜. 计算机网络(第2版). 北京：清华大学出版社，2007
33　杨天路等. P2P网络技术原理与系统开发案例. 北京：人民邮电出版社，2007
34　陈向阳等. 网络工程规划与设计. 北京：清华大学出版社，2007

参考文献

读者意见反馈

亲爱的读者：

感谢您一直以来对清华版计算机教材的支持和爱护。为了今后为您提供更优秀的教材，请您抽出宝贵的时间来填写下面的意见反馈表，以便我们更好地对本教材做进一步改进。同时如果您在使用本教材的过程中遇到了什么问题，或者有什么好的建议，也请您来信告诉我们。

地址：北京市海淀区双清路学研大厦 A 座 602 室　计算机与信息分社营销室　收

邮编：100084　　电子信箱：jsjjc@tup.tsinghua.edu.cn

电话：010-62770175-4608/4409　　邮购电话：010-62786544

教材名称：计算机网络原理与实用技术

ISBN：978-7-302-20071-0

个人资料

姓名：________ 年龄：________ 所在院校/专业：________

文化程度：________ 通信地址：________

联系电话：________ 电子信箱：________

您使用本书是作为：□指定教材 □选用教材 □辅导教材 □自学教材

您对本书封面设计的满意度：

□很满意 □满意 □一般 □不满意　改进建议________

您对本书印刷质量的满意度：

□很满意 □满意 □一般 □不满意　改进建议________

您对本书的总体满意度：

从语言质量角度看　□很满意 □满意 □一般 □不满意

从科技含量角度看　□很满意 □满意 □一般 □不满意

本书最令您满意的是：

□指导明确 □内容充实 □讲解详尽 □实例丰富

您认为本书在哪些地方应进行修改？（可附页）

____

____

您希望本书在哪些方面进行改进？（可附页）

____

____

电子教案支持

敬爱的教师：

为了配合本课程的教学需要，本教材配有配套的电子教案(素材)，有需求的教师可以与我们联系，我们将向使用本教材进行教学的教师免费赠送电子教案(素材)，希望有助于教学活动的开展。相关信息请拨打电话 010-62776969 或发送电子邮件至 jsjjc@tup.tsinghua.edu.cn 咨询，也可以到清华大学出版社主页(http://www.tup.com.cn 或 http://www.tup.tsinghua.edu.cn)上查询。

"21世纪高等学校计算机教育实用规划教材"
系列书目

书　名	作　者	ISBN号
32位微型计算机原理·接口技术及其应用(第2版)	史新福等	9787302134039
AutoCAD实用教程(配光盘)	张强华等	9787302127260
Internet实用教程——技术基础及实践	田力	9787302110668
Java程序设计实践教程	张思民	9787302132585
Java程序设计实用教程	胡伏湘等	9787302109600
Java语言程序设计	张思民	9787302144113
Visual Basic程序设计基础	李书琴等	9787302132684
Visual C++程序设计与应用教程	马石安等	9787302155027
XML实用技术教程	顾兵	9787302142867
大学计算机公共基础	阮文江	9787302143307
大学计算机网络公共基础教程	徐祥征等	9787302130161
大学计算机基础	刘腾红	9787302155812
大学计算机基础实验指导	刘腾红	9787302155522
大学计算机基础应用教程	黄强	9787302152163
多媒体技术教程——案例　训练与课程设计	胡伏湘等	9787302126201
多媒体课件制作——Authorware实例教程	唐前军等	9787302156000
多媒体技术与应用	李飞等	9787302161653
汇编语言程序设计教程与实验	徐爱芸	9787302143413
计算机操作系统	颜彬等	9787302141471
计算机网络实用教程——技术基础与实践	刘四清等	9787302104513
计算机网络应用技术教程	孙践知	9787302118893
计算机网络与Internet实用教程——技术基础与实践	徐祥征等	9787302106593
计算机网络应用与实验教程	徐小明等	9787302158813
计算机硬件技术基础	张钧良	9787302160564
实用软件工程	陆惠恩	9787302125594
软件工程技术与应用	顾春华等	9787302161318
软件开发技术与应用	李昌武等	9787302161257
数据库及其应用系统开发(Access 2003)	张迎新	9787302128281
数据库技术与应用——SQL Server	刘卫国等	9787302143673
数据库技术与应用实践教程——SQL Server	严晖等	9787302142317
数据库应用案例教程(Access)	周安宁等	9787302146056
数据库技术与应用	史令等	9787302161608

数据库原理及开发应用	周屹	9787302156802
数据库原理与DB2应用教程	杨鑫华等	9787302155546
网络技术应用教程	梁维娜等	9787302134848
网页制作教程	夏宏等	9787302105916
微型计算机原理及应用导教·导学·导考(第2版)	史新福等	9787302133995
程序设计语言——C	王珊珊等	9787302158035
PHP Web程序设计教程与实验	徐辉等	9787302155508
面向对象程序设计教程(C++语言描述)	马石安等	9787302150534

教学资源支持

敬爱的教师：

感谢您一直以来对清华版计算机教材的支持和爱护。为了配合本课程的教学需要，本教材配有配套的电子教案（素材），有需求的教师请到清华大学出版社主页（http://www.tup.com.cn）上查询和下载，也可以拨打电话或发送电子邮件咨询。

如果您在使用本教材的过程中遇到了什么问题，或者有相关教材出版计划，也请您发邮件告诉我们，以便我们更好地为您服务。

我们的联系方式：

地　　址：北京海淀区双清路学研大厦 A 座 707

邮　　编：100084

电　　话：010－62770175－4604

课件下载：http://www.tup.com.cn

电子邮件：weijj@tup.tsinghua.edu.cn

教师交流 QQ 群：136490705

教师服务微信：itbook8

教师服务 QQ：883604

（申请加入时，请写明您的学校名称和姓名）

用微信扫一扫右边的二维码，即可关注计算机教材公众号。

扫一扫

课件下载、样书申请

教材推荐、技术交流